SCHMELZPUNKT-TABELLEN ORGANISCHER VERBINDUNGEN

SCHMELZPUNKT TABELLEN ORGANISCHER VERBINDUNGEN

VON

DR. WALTHER UTERMARK

DIPLOM-CHEMIKER

1951

AKADEMIE-VERLAG · BERLIN

Erschienen im Akademie-Verlag GmbH., Berlin NW 7, Schiffbauerdamm 19
Lizenz-Nr. 156 · 5788/49—8001/49
Gedruckt bei Buchdruckerei Richard Hahn (H. Otto), Leipzig O 5 (M 134)
Gebunden in der Buchbinderei H. Sperling, Leipzig
Bestell- und Verlagsnummer 5031/1

VORWORT

Der Mangel an einer neuzeitlichen und übersichtlichen Zusammenstellung der wichtigsten organischen Verbindungen mit steigenden Schmelzpunkten, insbesondere der pharmazeutischen Präparate, veranlaßte mich, die aus der praktischen Arbeit im analytischen Laboratorium von mir gesammelten Aufzeichnungen zusammenzustellen und weiteren Fachkreisen zugänglich zu machen.

Das vorliegende Tabellenbuch ist in erster Linie daher für den Analytiker bestimmt und soll seine Arbeit zur Identifizierung organischer Präparate und zur Feststellung von Reaktionsprodukten und ihrer Reinheitsgrade erleichtern.

Die erste Grundlage zu den Tabellen gab mir der Chemiker-Kalender 1930, dessen aufgezeichnete Werte ich mit dem *Beilstein*-Handbuch der organischen Chemie, 4. Auflage, verglich und ergänzte. Weiterhin benutzte ich das Verzeichnis von Trivialnamen der organischen Verbindungen (Verlag Chemie), die Werke von *Bauer*, Analytische Chemie der Alkaloide (Verlag Gebr. Bornträger), *Kestner*, Chemie der Eiweißkörper (Verlag Friedr. Vieweg u. Sohn), *H. Meyer*, Nachweis und Bestimmung organischer Verbindungen (Verlag Jul. Springer), *H. Meyer*, Analyse und Konstitutionsermittlung organischer Verbindungen (Verlag Jul. Springer), *Waser*, Synthese der organischen Arzneimittel (Verlag Ferd. Enke), *Karrer*, Lehrbuch der organischen Chemie (Verlag Georg Thieme), *Weygand*, Organisch-chemische Experimentierkunst (Verlag Joh. Ambrosius Barth), *Hückel*, Theoretische Grundlagen der organischen Chemie (Akademische Verlags-Gesellschaft Leipzig), die Register des Chemischen Zentralblattes und die entsprechende Originalliteratur zur Vervollständigung der Tabellen.

Neben den allgemein üblichen Angaben der physikalischen Konstanten und der Beilsteinzitate wurden in der letzten Spalte, soweit es möglich war, Erkennungsreaktionen angeführt. Ich habe mich bemüht, die Auswahl der organischen Verbindungen den Anforderungen des analytischen Laboratoriums anzupassen; es mußten jedoch auch seltener vorkommende Verbindungen aufgenommen werden, um ein geschlossen wirkendes Werk zu erstellen. Es wird aber immer wieder einmal der Schmelzpunkt einer Substanz zu bestimmen sein, der vielleicht in den vorliegenden Tabellen und Register nicht zu finden ist. In Hinsicht auf das Fehlen wichtiger Verbindungen werde ich für Anregungen stets dankbar sein.

Herr Dr. *W. Schicke* von der Registerabteilung des Chemischen Zentralblattes übernahm auf Anregung von Herrn Prof. Dr. *M. Pflücke* die Durcharbeitung des Manuskripts sowie die Zusammenstellung der Register, wofür ihm ganz besonderer Dank gebührt. Mein Dank gilt auch dem Akademie-Verlag GmbH. für seine verständnisvolle Unterstützung und sein liebenswürdiges Entgegenkommen.

Berlin, im Oktober 1950

W. Utermark

VORBEMERKUNG

Zur Kontrolle für das Vorliegen einer einheitlichen Substanz dienen die physikalischen Konstanten und darüber hinaus die chemischen Reaktionen. Erfahrungsgemäß zeigt fast jede organische Verbindung, falls sie nicht besonders zersetzlich ist, in kristallinischer Form einen bestimmten Schmelzpunkt. Als Schmelzpunkt ist jene Temperatur anzusprechen, bei der die Substanz nach der Meniskusbildung vollkommen klar und durchsichtig erscheint. Bei vollkommen reinen Stoffen liegt das Schmelzpunktintervall innerhalb eines oder höchstens zweier Grade. Zur Vermeidung einer Überhitzung des gut leitenden Quecksilbergefäßes gegenüber dem schlecht leitenden Substanzröhrchen ist es notwendig, das Erwärmen etwa 10^0 unterhalb des zu erwartenden Schmelzpunktes so langsam vorzunehmen, daß die Temperatur innerhalb einer Minute nur um 1^0 steigt. Sehr wichtig ist es auch, die Substanz vor Ausführung der Schmelzpunktsbestimmung fein gepulvert 24 Stunden lang in einem evakuierten Exsikkator stehen zu lassen oder, wenn angängig, bei höherer Temperatur zu trocknen, um Spuren der vom Umkristallisieren anhaftenden Lösungsmittel bzw. auch der aus der Atmosphäre „angezogenen" Feuchtigkeit zu entfernen. Es genügen z. B. bereits einige Prozente Feuchtigkeit, um den Schmelzpunkt der wasserfreien Oxalsäure um 80—90^0 herabzudrücken. Aber auch geringe, hartnäckig anhaftende Verunreinigungen, die chemisch gar nicht nachweisbar sind, können oftmals den Schmelzpunkt wesentlich beeinflussen. Ob die betreffende Verunreinigung den Schmelzpunkt herabdrückt oder erhöht, hängt von ihrem Charakter ab. Im allgemeinen pflegt sie ihn herabzudrücken. Wenn aber die Verunreinigung mit der Substanz isomorph ist und einen höheren Schmelzpunkt besitzt als diese, kann auch die Mischung höher schmelzen.

Bei der Heizbank nach *Kofler*, die im wesentlichen aus einem langen, schmalen Metallkörper besteht, auf dem durch einseitige Heizung ein annähernd linearer Temperaturabfall von 265 bis 50^0 erzeugt wird, kann man innerhalb einer Minute Schmelzpunkte und Mischschmelzpunkte bestimmen. Auch bei vielen zersetzlichen Substanzen lassen sich die Schmelzpunkte bestimmen, da die Heizbank innerhalb weniger Sekunden auf die Schmelztemperatur gebracht werden kann. Bei diesem Gerät kann man bei Hydraten das Entweichen des Kristallwassers, das Schmelzen des Hydrates und der wasserfreien Substanz besser verfolgen als bei Verwendung von Kapillarröhrchen. Das Verfahren ist unter anderem auch zur schnellen Kontrolle von Arzneigemischen geeignet, indem man das zu prüfende Präparat und ein entsprechend der Vorschrift hergestelltes Gemisch nebeneinander auf die Heizbank aufträgt und dabei vergleicht, ob die Schmelzgrenzen der beiden Proben übereinstimmen.

HÄUFIG VORKOMMENDE ELEMENT- UND RADIKAL-BEZEICHNUNGEN

Acetalyl	$—CH_2 \cdot CH(O \cdot C_2H_5)_2$
Acetonyl	$—CH_2 \cdot CO \cdot CH_3$
Acetyl	$—CO \cdot CH_3$
Acetylenyl	$—C \vdots CH$
Acridyl	$—C_{13}H_8N$
Äthoxalyl	$—CO \cdot CO \cdot O \cdot C_2H_5$
Äthoxy	$—O \cdot C_2H_5$
Äthyl	$—CH_2 \cdot CH_3$
Äthylen	$—CH_2 \cdot CH_2—$
Äthyliden	$>CH \cdot CH_3$
Alanyl	$—CO \cdot C_2H_4(NH_2)$
Allyl	$—CH_2 \cdot CH{:}CH_2$
Allyliden	$>CH \cdot CH{:}CH_2$
Amino	$—NH_2$
Aminoformyl	$—CO \cdot NH_2$
Amyl	$—C_5H_{11}$
Anilino	$—NH \cdot C_6H_5$
Anisal	$>CH^1 \cdot C_6H_4(O \cdot CH_3)^4$
Anisidino	$—NH \cdot C_6H_4 \cdot O \cdot CH_3$
Anisoyl	$—CO^1 \cdot C_6H_4(O \cdot CH_3)^4$
Anisyl	$—CH_2^1 \cdot C_6H_4(O \cdot CH_3)^4$
Anisyliden	$>CH^1 \cdot C_6H_4(O \cdot CH_3)^4$
Anthracyl, Anthryl	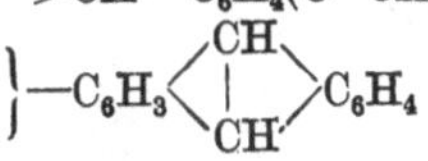
Anthranyl	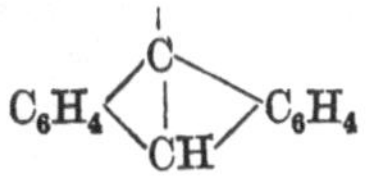
Arseno	$—As{:}As—$
Arsino	$—AsH_2$
Azido	$—N_3$
Azimino	$—NH \cdot N{:}N—$ (cyclisch gebunden)
Azo	$—N{:}N—$
Azoxy	$—N_2(O)—$
Benzal	$>CH \cdot C_6H_5$
Benzenyl	$\geqslant C \cdot C_6H_5$
Benzhydryl	$—CH(C_6H_5)_2$
Benzoyl	$—CO \cdot C_6H_5$
Benzoylen	$—CO \cdot C_6H_4—$
Benzyl	$—CH_2 \cdot C_6H_5$
Benzylen	$—CH_2 \cdot C_6H_4—$
Benzyliden	$>CH \cdot C_6H_5$
Bornyl	$—C_{10}H_{17}$
Brom	$—Br$
α-Butenyl	$—CH{:}CH \cdot CH_2 \cdot CH_3$
n-Butyl	$—CH_2 \cdot CH_2 \cdot CH_2 \cdot CH_3$
sek.-Butyl	$—CH(CH_3) \cdot CH_2 \cdot CH_3$
tert.-Butyl	$—C(CH_3)_3$
n-Butyryl	$—CO \cdot (CH_2)_2 \cdot CH_3$
Caproyl	$—CO \cdot C_5H_{11}$
Capryl	$—C_8H_{17}$
Capryloyl	$—CO \cdot C_7H_{15}$
Carbäthoxy	$—CO \cdot O \cdot C_2H_5$
Carbaminyl	$—CO \cdot NH_2$
Carbomethoxy	$—CO \cdot O \cdot CH_3$
Carbonyl	$>CO$
Carboxyl	$—COOH$
Carboxyloxy	$—O \cdot COOH$
Carvacryl	$—C_6H_3<^{(CH_3)^2}_{[CH(CH_3)_2]^5}$
Carvyl	$—C_{10}H_{15}$
Ceryl	$—C_{26}H_{53}$
Cetyl	$—C_{16}H_{33}$
Chinolyl	$—C_9H_6N$
Chlor	$—Cl$
Cinnamal	$>CH \cdot CH{:}CH \cdot C_6H_5$
Cinnamenyl	$—CH{:}CH \cdot C_6H_5$
Cinnamoyl	$—CO \cdot CH{:}CH \cdot C_6H_5$
Cinnamyl	$—CH_2 \cdot CH{:}CH \cdot C_6H_5$
Cinnamyliden	$>CH \cdot CH{:}CH \cdot C_6H_5$
Cuminyl	$—CH_2^1 \cdot C_6H_4[CH(CH_3)_2]^4$
Cyan	$—C \vdots N$
Cyanur	$\equiv(CN)_3$
Cyclobutyl	$—CH<^{CH_2}_{CH_2}>CH_2$
Cycloheptyl	$—CH<^{CH_2 \cdot CH_2 \cdot CH_2}_{CH_2 \cdot CH_2 \cdot CH_2}$
Cyclohexyl	$—CH<^{CH_2 \cdot CH_2}_{CH_2 \cdot CH_2}>CH_2$
Cyclohexyliden	$>C—CH_2 \cdot CH_2$ / $CH_2 \cdot CH_2 \cdot CH_2$ (ringförmig verbunden)

Cyclopentyl	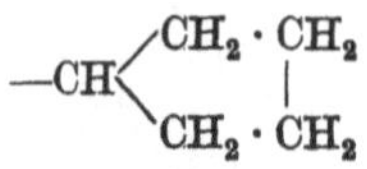
Cyclopropyl	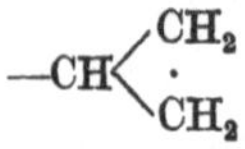
Decyl	$-C_{10}H_{21}$
Desyl	$-CH(C_6H_5)\cdot CO\cdot C_6H_5$
Diazo	
Diazoamino	$-NH\cdot N:N-$ (acyclisch gebunden)
Diphenylyl	$-C_6H_4\cdot C_6H_5$
Dodecyl	$-C_{12}H_{25}$
Duryl	$-C_6H(CH_3)_4^{2\cdot 3\cdot 5\cdot 6}$ und $-CH_2\cdot C_6H_2(CH_3)_3$
Eikosyl	$-C_{20}H_{41}$
Fenchyl	$-C_{10}H_{17}$
Fluor	$-F$
Formyl	$-CHO$
Furfural	$>CH\cdot C_4H_3O$
Furfuroyl	$-CO\cdot C_4H_3O$
Furfuryl	$-CH_2\cdot C_4H_3O$
Furfuryliden	$>CH\cdot C_4H_3O$
Furyl	$-C_4H_3O$
Galloyl	$-CO\cdot C_6H_2(OH)_3^{3\cdot 4\cdot 5}$
Glycyl	$-CO\cdot CH_2\cdot NH_2$
Glykoloyl (Glykolyl)	$-CO\cdot CH_2\cdot OH$
Glyoxyl	$-CO\cdot CHO$
Guanidino	$-NH\cdot C(:NH)\cdot NH_2$
Guanyl	$-C(:NH)\cdot NH_2$
Heptyl	$-C_7H_{15}$
Hexamethylen	$-CH_2\cdot(CH_2)_4\cdot CH_2-$
Hexyl	$-C_6H_{13}$
Hippuryl	$-CO\cdot CH_2\cdot NH\cdot CO\cdot C_6H_5$
Hydrazino	$-NH\cdot NH_2$
Hydrazo	$-NH\cdot NH-$
Hydrindonyl	$-C_9H_7O$
Hydrindyl	$-C_9H_9$
Hydroxy	$-OH$
Hydroxylamino	$-NH\cdot OH$
Hydroxymercuri	$-Hg\cdot OH$
Imino	$>NH$
Indolyl	$-C_8H_6N$
Indonyl	$-C_9H_5O$
Isoamyl	$-CH_2\cdot CH_2\cdot CH(CH_3)_2$
Isobutyl	$-CH_2\cdot CH(CH_3)_2$
Isobutylen	$-C(CH_3)_2\cdot CH_2-$
Isobutyliden	$>CH\cdot CH(CH_3)_2$
Isobutyryl	$-CO\cdot CH(CH_3)_2$
Isoduryl	$-C_6H(CH_3)_4^{2\cdot 3\cdot 4\cdot 6}$ und $-CH_2\cdot C_6H_2(CH_3)_3$
Isopropenyl	$-C(:CH_2)\cdot CH_3$
Isopropyl	$-CH(CH_3)_2$
Isopropyliden	$>C(CH_3)_2$
Jod	$-J$
Jodo	$-JO_2$
Jodoso	$-JO$
Keto	$>O$ (in doppelter Bindung an ein C-Atom)
Kresoxy	$-O\cdot C_6H_4\cdot CH_3$
Lactyl	$-CO\cdot C_2H_4(OH)$
Leucyl	$-CO\cdot C_5H_{10}(NH_2)$
Lutidyl	$-CH_2\cdot(CH_3)C_5H_3N$
Malonyl	$-CO\cdot CH_2\cdot CO-$
Menaphthyl	$-CH_2\cdot C_{10}H_7$
Menthyl	$-C_{10}H_{19}$
Mercapto	$-SH$
Mercuri	$>Hg$
Mesityl	$-C_6H_2(CH_3)_3^{2\cdot 4\cdot 6}$ und $-CH_2\cdot C_6H_3(CH_3)_2^{3\cdot 5}$
Methoxy	$-OCH_3$
Methyl	$-CH_3$
Methylen	$>CH_2$
Methylol	$-CH_2\cdot OH$
Myricyl	$-C_{30}H_{61}$
Naphthoyl	$-CO\cdot C_{10}H_7$
Naphthyl	$-C_{10}H_7$
Nitramino	$-NH\cdot NO_2$
Nitro	$-NO_2$
Nitroso	$-NO$
Nonyl	$-C_9H_{19}$
Octyl	$-C_8H_{17}$
Oenanthoyl	$-CO\cdot C_6H_{13}$
Oenanthyl	$-C_7H_{15}$
Oxalyl	$-CO\cdot CO-$
Oxido	$>O$ (in Bindung an zwei C-Atome)
Oximino	$>N\cdot OH$
Oxo	$>O$ (in doppelter Bindung an ein C-Atom)
Oxy	$-OH$
Ozonido	$-O_3$

Palmitoyl . . . (Palmityl)	$-CO \cdot [CH_2]_{14} \cdot CH_3$
Pentamethylen	$-CH_2 \cdot [CH_2]_3 \cdot CH_2-$
Pentyl	$-C_5H_{11}$
Phenacal . . .	$>CH \cdot CO \cdot C_6H_5$
Phenacetyl . .	$-CO \cdot CH_2 \cdot C_6H_5$
Phenacyl . . .	$-CH_2 \cdot CO \cdot C_6H_5$
Phenacyliden .	$>CH \cdot CO \cdot C_6H_5$
Phenäthyl . .	$-C_2H_4 \cdot C_6H_5$
Phenanthryl .	$-C_{14}H_9$
Phenetidino . .	$-NH \cdot C_6H_4 \cdot O \cdot C_2H_5$
Phenoxy . . .	$-OC_6H_5$
Phenyl	$-C_6H_5$
Phenylen . . .	$-C_6H_4-$
Phosphino . .	$-PH_2$
Phthalal . . .	$\genfrac{}{}{0pt}{}{>CH^1}{>CH^2}>C_6H_4$
Phthaliden . .	$>C\genfrac{}{}{0pt}{}{\diagup C_6H_4}{\diagdown O-CO}$ (ring)
Phthalimido .	$-N<\genfrac{}{}{0pt}{}{CO}{CO}>C_6H_4$
Phthalyl . . .	$-CO^1 \cdot C_6H_4 \cdot CO^2-$
Picolyl	$-CH_2 \cdot C_5H_4N$
Pikryl	$-C_6H_2(NO_2)_3^{2 \cdot 4 \cdot 6}$
Pinyl	$-C_{10}H_{15}$
Piperidino . .	$-N<\genfrac{}{}{0pt}{}{CH_2 \cdot CH_2}{CH_2 \cdot CH_2}>CH_2$
Piperidyl . . .	$-C_5H_9>NH$
Piperonyliden .	$>CH^1 \cdot C_6H_3\genfrac{}{}{0pt}{}{-O^3}{-O^4}>CH_2$
Propargyl . .	$-CH_2 \cdot C \vdots CH$
α-Propenyl . .	$-CH : CH \cdot CH_3$
α-Propenyliden	$>C : CH \cdot CH_3$
Propionyl . . .	$-CO \cdot CH_2 \cdot CH_3$
Propyl	$-CH_2 \cdot CH_2 \cdot CH_3$
Propylen . . .	$-CH(CH_3) \cdot CH_2-$
Propyliden . .	$>CH \cdot C_2H_5$
Pseudocumyl .	$-C_6H_2(CH_3)_3^{2 \cdot 4 \cdot 5}$ und $-CH_2 \cdot C_6H_3(CH_3)_2$
Pyridyl	$-C_5H_4N$
Pyrimidyl . .	$-C_4H_3N_2$
Pyromucyl . .	$-CO \cdot C_4H_3O$
Pyrroyl . . .	$-CO \cdot C_4H_3>NH$
Pyrryl	$-C_4H_3>NH$
Pyrrylen . . .	$-C_4H_2>NH$
Pyruvyl . . .	$-CO \cdot CO \cdot CH_3$
Rhodan . . .	$-S \cdot C \vdots N$
Salicoyl . . .	$-CO^1 \cdot C_6H_4(OH)^2$
Salicyliden . .	$>CH^1 \cdot C_6H_4(OH)^2$
Semicarbazino	$-NH \cdot NH \cdot CO \cdot NH_2$
Stearoyl . . . (Stearyl)	$-CO \cdot [CH_2]_{16} \cdot CH_3$
Stibino	$-SbH_2$
Styryl	$-CH : CH \cdot C_6H_5$
Suberyl . . .	$-CH\genfrac{}{}{0pt}{}{\diagup CH_2 \cdot CH_2 \cdot CH_2}{\diagdown CH_2 \cdot CH_2 \cdot CH_2}$ (ring)
Succinimido .	$-N\genfrac{}{}{0pt}{}{\diagup CO-CH_2}{\diagdown CO-CH_2}$ (ring)
Succinyl . . .	$-CO \cdot [CH_2]_2 \cdot CO-$
Sulfhydryl . .	$-SH$
Sulfo	$-SO_3H$
Tanacetyl . .	$-C_{10}H_{17}$
Tetramethylen	$-CH_2 \cdot CH_2 \cdot CH_2 \cdot CH_2-$
Tetrazolyl . .	$-CHN_4$
Thenoyl . . .	$-CO \cdot C_4H_3S$
Thenyl	$-CH_2 \cdot C_4H_3S$
Thenyliden . .	$>CH \cdot C_4H_3S$
Thiazolyl . . .	$-C_3H_2NS$
Thiazyl	$-C_3H_2NS$
Thienyl . . .	$-C_4H_3S$
Thio(n)	S
Thiocarbonyl .	$>CS$
Thiol	$-SH$
Thioureido . .	$-NH-CS-NH_2$
Thujyl	$-C_{10}H_{17}$
Thymyl . . .	$-C_6H_3<\genfrac{}{}{0pt}{}{(CH_3)^3}{[CH(CH_3)_2]^6}$
Tolacyl	$-CH_2 \cdot CO \cdot C_6H_4 \cdot CH_3$
Toluidino . . .	$-NH \cdot C_6H_4 \cdot CH_3$
Toluyl	$-CO \cdot C_6H_4 \cdot CH_3$
Toluylen . . .	$-C_6H_3(CH_3)-$
Tolyl	$-C_6H_4 \cdot CH_3$
Triazo	$-N_3$
Triazolyl . . .	$-C_2H_2N_3$
Trimethylen .	$-CH_2 \cdot CH_2 \cdot CH_2-$
Triphenylmethyl	$-C(C_6H_5)_3$
Undecyl . . .	$-C_{11}H_{23}$
Ureido	$-NH \cdot CO \cdot NH_2$
Valeryl	$-CO \cdot C_4H_9$
Valyl	$-CO \cdot C_4H_8(NH_2)$
Vallyliden . .	$>CH^1 \cdot C_6H_3(O \cdot CH_3)^3(OH)^4$
Vinyl	$-CH : CH_2$
Vinylen . . .	$-CH : CH-$
Vinyliden . . .	$>C : CH_2$
Xanthyl . . .	$-CH<\genfrac{}{}{0pt}{}{C_6H_4}{C_6H_4}>O$
Xenyl	$-C_6H_4 \cdot C_6H_5$
Xylyl	$-C_6H_3(CH_3)_2$ und $-CH_2 \cdot C_6H_4 \cdot CH_3$
Xylylen . . .	$-C_6H_2(CH_3)_2-$ und $-CH_2 \cdot C_6H_4 \cdot CH_2-$

ABKÜRZUNGEN

A	Alkohol
$[\alpha]_D^{20}$	spez. Drehung bei 20° C
abs.	absolut
Ae	Äther
alkohol.	alkoholisch
allg.	allgemein
asym.	asymmetrisch
At.Gew.	Atomgewicht
Blätt.	Blättchen
Best.	Bestimmung
BZ.	Beilstein-Zitat
Bldg.	Bildung
Bzl.	Benzol
Bzn.	Benzin
bzw.	beziehungsweise
ca.	zirka
Chlf.	Chloroform
D	Dichte
D_4^{20}	spezifisches Gewicht bei 20° bezogen auf Wasser von 4°
$^nD^{20}$	Brechungsexponent bei 20°
$^RD^{20}$	Mol-Refraktion bei 20°
DE.	Dielektrizitätskonstante
Deriv.	Derivate
Dest.	Destillation
Darst.	Darstellung
Eig.	Eigenschaft
Einfl.	Einfluß
Einw.	Einwirkung
Eg.	Eisessig
Ep.	Erstarrungspunkt
expl.	explosiv
$^nF^{20}$	Dispersion bei 20°
Fl.	Flüssigkeit
fl.	flüssig
Fp	Schmelzpunkt
fluoresz.	fluoreszierend
gelbl.	gelblich
gesätt.	gesättigt
Ggw.	Gegenwart
g.Z.	geringe Zersetzung
h.	heiß
H_2SO_4	konz. H_2SO_4
Herst.	Herstellung
JZ.	Jodzahl
k.	kalt
Koeff.	Koeffizient
konz.	konzentriert
Korr.	Korrektion
Kp.	Siedepunkt
Krist.	Kristalle
l., lösl.	löslich
ll.	leicht löslich
Lg.	Ligroin
Lsg.	Lösung
Lsgg.	Lösungen
Lsgm.	Lösungsmittel
Mol.Gew.	Molekulargewicht
Nachw.	Nachweis
n.	normal
Nd.	Niederschlag
od.	oder
opt.akt.	optisch-aktiv
Oxyd.	Oxydation
PAe	Petroläther
polym.	polymerisiert sich
Prod.	Produkt
Py.	Pyridin
Red.	Reduktion
red.	reduziert
Rk.	Reaktion
riech.	riechend
sd.	siedend
spez.	spezifisch
sll.	sehr leicht löslich
swl.	sehr wenig löslich
Stde.	Stunde
subl.	sublimiert
Subst.	Substanz
SZ.	Säurezahl
u.	und
unl.	unlöslich
v.	von
Vak.	Hochvakuum
Verb.	Verbindung
verd.	verdünnt
vgl.	vergleiche
Vork.	Vorkommen
VZ.	Verseifungszahl
W	Wasser
W-Bad	Wasserbad
wl.	wenig löslich
Wrk.	Wirkung
wss.	wässerig
z.B.	zum Beispiel
Zers.	Zersetzung
Z., zers.	zersetzt sich
zll.	ziemlich leicht löslich
zwl.	ziemlich wenig löslich
∞	in jed. Verhältnis mischbar

SCHMELZPUNKT-TABELLEN

Lfd. Nr.	*Fp*	Name	Summenformel	Strukturformel	Mol.-Gewicht
1	2	3	4	5	6
1	**<—190**	α-Butylen	C_4H_8	$C_2H_5 \cdot CH : CH_2$	56,10
2	**—189,9**	Propan	C_3H_8	$CH_3 \cdot CH_2 \cdot CH_3$	44,09
3	**—185,2**	Propylen	C_3H_6	$CH_3 \cdot CH : CH_2$	42,08
4	**—184,0**	Methan	CH_4	CH_4	16,04
5	**—172,0**	Äthan	C_2H_6	$CH_3 \cdot CH_3$	30,07
6	**—169,5**	Äthylen	C_2H_4	$CH_2 : CH_2$	28,05
7	**—161,5**	Bortrimethyl	C_3H_9B	$(CH_3)_3B$	55,92
8	**—159,7**	Vinylchlorid	C_2H_3Cl	$CH_2 : CHCl$	62,50
9	**—158,6**	Isopentan	C_5H_{12}	$C_2H_5 \cdot CH(CH_3)_2$	72,14
10	**—156,5**	Methylmonosilan	CH_6Si	$CH_3 \cdot SiH_3$	46,12
11	**—151,0**	Keten	C_2H_2O	$CH_2 : CO$	42,04
12	**—149,9**	Dimethylmonosilan	C_2H_8Si	$(CH_3)_2SiH_2$	60,14
13	**—147,0**	Penten-(2)	C_5H_{10}	$CH_3 \cdot CH_2 \cdot CH : CH \cdot CH_3$	70,13
14	**—146,0**	Propadien	C_3H_4	$CH_2 : C : CH_2$	40,06
15	**—145,0**	Diazomethan	CH_2N_2	$CH_2 : N \vdots N$	42,04
16	**—145,0**	Isobutan	C_4H_{10}	$(CH_3)_2CH \cdot CH_3$	58,12
17	**—144,0**	Äthylmercaptan	C_2H_6S	C_2H_5SH	62,13
18	**—140,8**	Diallyl	C_6H_{10}	$CH_2 : CH \cdot (CH_2)_2 \cdot CH : CH_2$	82,14
19	**—138,7**	Äthylchlorid	C_2H_5Cl	C_2H_5Cl	64,52
20	**—138,5**	Dimethyläther (Methyläther)	C_2H_6O	$CH_3 \cdot O \cdot CH_3$	46,07

Aggregat-zustand Farbe	Spez. Gewicht	Siede-punkt °C	Beilstein Zitat	Physikalische Konstanten und Eigenschaften	Löslichkeit	Reaktionen
7	8	9	10	11	12	13
Gas	$0{,}6298^{10°}$	— 6,1	I 203			
Gas	2,0196 g/l	— 44,5	I 103			
Gas	0,647	— 47,0	I 196			
Gas	0,7168 g/l	—164,0	I 56	brennt mit schwach leuchtender Flamme; riecht lauchartig		durch Ozon wird Methan in 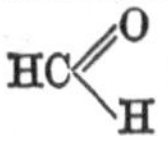 verwandelt
Gas	1,3562 g/l	— 88,5	I 80	geruchlos		
Gas	1,2604 g/l	—103,9	I 180	riecht ätherisch erstickend		Durchleiten durch konz. Lsg. von $HgJ_2 \cdot 2KJ$ + NaOH → gelbe Trübung → gelber Nd.
Gas	2,536	— 20,0	IV 641	stechender Geruch; selbstentzündlich		
Gas	0,9692	— 13,9	I 186			+ alkohol. NH_3 bei 150° → Äthylendiamin
Fl.	0,6206	27,95	I 134		unl. in W l. in A, Ae	
Gas	0,62	—57	E IV 579	zers beim Erwärmen	unl. in W	
Gas		—56	I 724	riecht unerträglich		+ W → Essigsäure + A → Essigester
Gas	0,68	—20	E IV 579			
Fl.	0,6535	36,4	I 210	$^{n}D^{20}$ 1,37576; ^{R}D 24,82 cm; ^{n}F 79,7	unl. in W ∞ A, Ae	
Gas		—32	I 248			
Gas		—24	XXIII 25	explodiert beim Erhitzen; sehr giftig; Methylierungsmittel		
Gas	2,6726 g/l	—10,2	I 124			
Fl.	0,8454	33,4 (724mm)	I 340	$^{n}D^{10}$ 1,43055; ^{R}D 17,99 cm; ^{n}F 101,9; riecht durchdringend, lauchartig; (f. Schlafmittel Sulfonal)	wl. in W l. in A, Ae ll. in Alkalien	+ HNO_2 (KNO_2) oder $C_2H_5NO_2$ → rosarot, E 1:7500 + verd. alkohol $FeCl_3$-Lsg. → blau (unbeständig) Hg-Merkaptid *Fp* 76—77° (aus A)
Fl.	0,6872	59,6	I 253	$^{n}D^{20}$ 1,40102; ^{R}D 28,99 cm; ^{n}F 98,1; riecht rettigartig; polymerisiert beim Erhitzen	unl. in W	
Fl.	0,9171	13,1	I 82	ebullioskop. Konst. 1,95; riecht ätherisch; schmeckt brennend süß	swl. in W ∞ A, Ae	
Gas	2,1096	—23,7	I 281			+ HCl → CH_3Cl

Lfd. Nr.	*Fp*	Name	Summenformel	Strukturformel	Mol.-Gewicht
1	2	3	4	5	6
21	—138,2	Kohlenoxysulfid	COS	O=C=S	60,07
22	—137,8	Vinylbromid	C_2H_3Br	$CH_2 : CHBr$	106,96
23	—137,4	β-Chlorpropylen	C_3H_5Cl	$CH_3 \cdot CCl : CH_2$	76,53
24	—136,4	Allylchlorid	C_3H_5Cl	$CH_2 : CH \cdot CH_2Cl$	76,53
25	—135,0	Butan	C_4H_{10}	$CH_3 \cdot CH_2 \cdot CH_2 \cdot CH_3$	58,12
26	—134,9	2,3-Dimethylbutan	C_6H_{14}	$(CH_3)_2CH \cdot CH(CH_3)_2$	86,17
27	—134,8	Trimethyläthylen (β-Methyl-β-butylen)	C_5H_{10}	$(CH_3)_2C : CH \cdot CH_3$	70,13
28	—131,3	sek. Butylchlorid	C_4H_9Cl	$C_2H_5 \cdot CHCl \cdot CH_3$	92,57
29	—131,2	Isobutylchlorid	C_4H_9Cl	$(CH_3)_2CH \cdot CH_2Cl$	92,57
30	—130,8	Pentan	C_5H_{12}	$CH_3 \cdot (CH_2)_3 \cdot CH_3$	72,14
31	—130,0	Äthylacetylen	C_4H_6	$C_2H_5 \cdot C \vdots C \cdot H$	54,09
32	—129,0	Allylalkohol	C_3H_6O	$CH_2 : CH \cdot CH_2 \cdot OH$	58,08
33	—127,0	β-Butylen	C_4H_8	$CH_3 \cdot CH : CH \cdot CH_3$	56,10
34	—127,0	Cyclopropan	C_3H_6	$\begin{matrix} H_2C \\ \mid \\ H_2C \end{matrix}\!\!>CH_2$	42,08
35	—126,4	Methylcyclohexan	C_7H_{14}	$H_2C<\begin{matrix} CH_2 \cdot CH_2 \\ CH_2 \cdot CH_2 \end{matrix}>CH \cdot CH_3$	98,18
36	—126,0	n-Propylalkohol	C_3H_8O	$C_2H_5 \cdot CH_2 \cdot OH$	60,09
37	—124,8	β-Brompropylen	C_3H_5Br	$CH_3 \cdot CBr : CH_2$	120,99
38	—124,0	Trimethylamin	C_3H_9N	$(CH_3)_3N$	59,11
39	—123,1	Butylchlorid	C_4H_9Cl	$C_2H_5 \cdot CH_2 \cdot CH_2 \cdot Cl$	92,57

Aggregat-zustand Farbe	Spez. Gewicht	Siede-punkt °C	Beilstein-Zitat	Physikalische Konstanten und Eigenschaften	Löslichkeit	Reaktionen
7	8	9	10	11	12	13
Gas	2,721 g/l	–50,2	III 131	geruchlos; stark narkotisch		$+H_2O \rightarrow$ allmählich $\rightarrow CO_2 + H_2S$
Fl.	1,5167	15,8	I 188	polymerisiert im Sonnenlicht		
Fl.	0,918	22,7	I 198			
Fl.	0,938	44,6	I 198	$^{n}D^{20}$ 1,40950; ^{R}D 20,44 cm; ^{n}F 99,3		
Gas	2,7031 g/l	0,6	I 118			
Fl.	0,6795	58,1	I 151	^{n}F 62,5		
Fl.	0,668	37,2	I 211			
Fl.	0,8732	68,3	I 119	$^{n}D^{20}$ 1,40147; ^{R}D 25,46 cm; ^{n}F 71,2; riecht ätherisch		
Fl.	0,8829	68,9	I 124	$^{n}D^{15}$ 1,40096; ^{R}D 25,73 cm; ^{n}F 72,5		
Fl.	0,6337	36,2	I 130	$^{n}D^{20}$ 1,35800; ^{R}D 25,28 cm; ^{n}F 61,9	unl. in W ∞ A, Ae	
Fl.	0,6680	18,0	I 248			
Fl.	0,8703	97,1	I 436	$^{n}D^{15}$ 1,41152; ^{R}D 16,95 cm; ^{n}F 96,6; heftig reizender Geruch	∞ W	Phenylurethan *Fp* 70° α-Naphthylurethan *Fp* 109°, Tafeln
Gas	0,6315	1. +1,0 2. +2,5	I 204	2 stereoisomere Formen	l. in A unl. in H_2SO_4	Nitrosit Fp 134°
Gas	0,720	–34,5 (750mm)	V 15		unl. in W	bei Rotglut $\rightarrow$ Propylen
Fl.	0,7718	100,3	V 29	^{n}D 1,42531; ^{R}D 32,47 cm; ^{n}F 75,0; riecht benzinartig	unl. in W l. in A, Ae	
Fl.	0,8044	97,2	I 350	$^{n}D^{20}$ 1,38543; ^{R}D 17,52 cm; ^{n}F 66,3; ebullioskop. Konst. 1,73; sehr hygroskopisch, giftig	∞ W, A, Ae	1 ml Alkohol + 2–8 Tropfen Beckmannsche Mischung schnell violett $\rightarrow$ weinrot
Fl.	1,3965	48,4	I 200	$^{n}D^{20}$ 1,45193; ^{R}D 23,09 cm; ^{n}F 119,8		
Gas	0,662	3,5	IV 43	riecht fischartig; brennbar (noch mit W 1:1)	ll. in W, A	Chloroplatinat *Fp* 242 bis 243°; orangerot, Oktaeder; Pikrat *Fp* 216° hellgelbe Prismen, Dinitro-α-naphthoat *Fp* 185°, zitronengelbe Prismen
Fl.	0,8972	78,0	I 118	$^{n}D^{20}$ 1,40147; ^{R}D 25,46 cm; ^{n}F 71,2		

Lfd. Nr.	*Fp*	Name	Summenformel	Strukturformel	Mol.-Gewicht
1	2	3	4	5	6
40	–123,0	Acetaldehyd	C_2H_4O	$CH_3 \cdot CHO$	44,50
41	–122,8	Propylchlorid	C_3H_7Cl	$C_2H_5 \cdot CH_2Cl$	78,54
42	–122,0	Dipropyläther	$C_6H_{14}O$	$C_3H_7 \cdot O \cdot C_3H_7$	102,17
43	–121,0	Methylmercaptan	CH_4S	$CH_3 \cdot SH$	48,10
44	–120,0	Isopren	C_5H_8	$CH_2:CH \cdot C(CH_3):CH_2$	68,11
45	–119,4	Allylbromid (γ-Brompropylen)	C_3H_5Br	$CH_2:CH \cdot CH_2Br$	120,99
46	–119,0	Äthylbromid	C_2H_5Br	C_2H_5Br	108,98
47	–118,1	Isobutylbromid	C_4H_9Br	$(CH_3)_2CH \cdot CH_2 \cdot Br$	137,03
48	–118,0	Phosgen	$COCl_2$	$O{=}C<^{Cl}_{Cl}$	98,92
49	–117,2	Gärungsamylalkohol	$C_5H_{12}O$	$C_5H_{11} \cdot OH$	88,14
50	–117,0	Isopropylchlorid	C_3H_7Cl	$CH_3 \cdot CHCl \cdot CH_3$	78,54

Aggregat-zustand Farbe	Spez. Gewicht	Siede-punkt °C	Beilstein-Zitat	Physikalische Konstanten und Eigenschaften	Löslichkeit	Reaktionen
7	8	9	10	11	12	13
Fl.	0,7883	20,2	I 594	$^{n}D^{20}$ 1,33157; ^{R}D 11,57 cm; ^{n}F 61,3; Dampf giftig; polymerisiert zu Metaldehyd und Paraldehyd	∞ W, A, Ae	+ Fuchsinschweflige Säure → rot; verd. Lsg. + Piperidin oder Piperazin → blau (1:20000), +NH^{3} gelb; Semicarbazon *Fp* 163°, Nadeln
Fl.	0,8918	46,4	I 104	$^{n}D^{20}$ 1,38856; ^{R}D 20,84 cm; ^{n}F 68,5		
Fl.	0,7360	90,6	I 354	$^{n}D^{14,5}$ 1,38318; ^{R}D 31,66 cm; ^{n}F 66,1		
Fl.	0,8961	5,8 (752mm)	I 288	riecht nach faulem Kohl	l. in A, Ae	+ W → krist. Hydrat
Fl.	$0,6849^{16°}$	34,08	I 252	$^{n}D^{18,3}$ 1,44207; ^{R}D 25,22 cm; ^{n}F 148,0; polymerisiert beim Erhitzen zu Isopren-Kautschuk		
Fl.	1,398	70,0	I 201	$^{n}D^{20}$ 1,46545; ^{R}D 23,95 cm; ^{n}F 132,0		
Fl.	1,4586	38,4	I 88	$^{n}D^{20}$ 1,42386; ^{R}D 19,11 cm; ^{n}F 93,3; ebullioskop. Konst. 2,53; riecht ätherisch; wirkt anästhesierend		
Fl.	1,2720	91,4	I 126			bei 210° — teilweise tert. Butylbromid
Gas	$1,376^{20°}$	8,2 (756,4 mm)	III 13	Litergewicht d. Dampfes 4,4 g; Dampfdruck 20° 1173,4 mm Hg; Flüchtigkeit 20° 7800000 mg/m³; Oberflächenspannung 0° 34,6 dyn/cm; Ausdehnungskoeffizient 10° 0,001561; spez. Wärme 0,243 cal; ebullioskop. Konst. 2,9; Verdampfungswärme 60 cal; riecht erstickend; greift Atmungsorgane an	wl. in W ll. in Benzol und Toluol	+ h. W. → HCl + CO_2 therm. Zers. → CO + Cl + Anilinwasser (3 : 100) → Diphenylharnstoff
Fl.	$0,812^{12°}$	131,6	I 393	Gemisch von Alkoholen	2,67 W ∞ A, Ae	
Fl.	$0,8588^{20°}$	36,5	I 105		0,31 W 20° ∞ A, Ae	

Lfd. Nr.	*Fp*	Name	Summenformel	Strukturformel	Mol.-Gewicht
1	2	3	4	5	6
51	−116,3	Diäthyläther	$C_4H_{10}O$	$C_2H_5 \cdot O \cdot C_2H_5$	74,12
52	−114,8	Triäthylamin	$C_6H_{15}N$	$(C_2H_5)_3N$	101,19
53	−114,15	Äthylalkohol	C_2H_6O	$C_2H_5 \cdot OH$	46,07
54	−113,0	α-Brompropylen	C_3H_5Br	$CH_3 \cdot CH : CHBr$	120,99
55	−112,6	Butyronitril	C_4H_7N	$C_2H_5 \cdot CH_2 \cdot CN$	69,10
56	−112,4	Butylbromid	C_4H_9Br	$C_2H_5 \cdot CH_2 \cdot CH_2Br$	137,03
57	−112,0	Schwefelkohlenstoff	CS_2	S=C=S	76,13
58	−112,0	Zinntetraäthyl	$C_8H_{20}Sn$	$(C_2H_5)_4Sn$	234,94
59	−111,9	sek. Butylbromid	C_4H_9Br	$C_2H_5 \cdot CHBr \cdot CH_3$	137,03
60	−111,9	Isoamylbromid	$C_5H_{11}Br$	$(CH_3)_2CH \cdot CH_2 \cdot CH_2Br$	151,05
61	−111,3	Äthylenoxyd	C_2H_4O	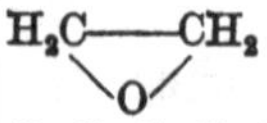	44,05
62	−111,3	Kohlensuboxyd	C_3O_2	O : C : C : C : O	68,03

Aggregatzustand Farbe	Spez. Gewicht	Siedepunkt °C	Beilstein-Zitat	Physikalische Konstanten und Eigenschaften	Löslichkeit	Reaktionen
7	8	9	10	11	12	13
Fl.	0,71925 $_{15°}$	34,6	I 314	$^{n}D^{20}$ 1,3526; ^{n}F 61,0 cm; ebullioskop. Konst. 1,83; kryoskop. Konst. 1,79; riecht angenehm; leicht entzündlich; Dampf wirkt betäubend	7,5 W 16° ∞ A, Chlf.	Beim Kochen mit 3,5-Dinitrobenzoylchlorid und $ZnCl_2$ → Dinitrobenzoat *Fp* 92—93°
Fl.	$0,7277^{20°}$	89,4	IV 99	$^{n}D^{20}$ 1,40032; ^{R}D 33,74 cm; ^{n}F 80,9 cm; ammoniakalisch riechendes Öl	∞ W $<$ 18,7° l. in A, Ae	Chlorhydrat *Fp* 253—254°, hexagonale Krist.; Dinitro-α-naphthoat *Fp* 93°, hellgelbe Nadeln
Fl.	$0,7892^{20°}$	78,3	I 292	$^{n}D^{20}$ 1,36232; ^{R}D 12,78 cm; ^{n}F 61,1; ebullioskop. Konst. 1,04; Oberflächenspannung 20° 22,03 dyn/cm; brennt mit blaßblau nichtleuchtender Flamme	∞ W, Chlf.	Auf 40—50° erwärmen, + 6 Tropfen 10%iges KOH und Jodjodkalium bis Braunfärbung, mit KOH entfärben, abkühlen → Jodoform E 1:2000; Subst. + Benzoylchlorid, umschütteln + NaOH bis stechender Geruch des Chlorids verschwunden ist und Lsg nach Benzoesäureäthyl-ester riecht
Fl.	$1,433^{16°}$	57,8	I 200	^{R}D 23,09; ^{n}F 119,8 cm; $^{n}D^{20}$ 1,45193		
Fl.	$0,794^{20°}$	117,4	II 275		wl. in W l. in A	
Fl.	$1,2829^{15°}$	100,3	I 119	$^{n}D^{20}$ 1,43983; ^{R}D 28,46 cm; ^{n}F 89,4	0,061 W 30°	
Fl.	$1,2634^{20°}$	46,25	III 197	$^{n}D^{20}$ 1,6204; ebullioskop. Konst. 2,29; riecht ätherisch; giftig; leicht entzündlich	0,18 W 16° ∞ A, Ae	zur sd. Lsg. von $Pb(NO_3)_2$ in 2n KOH 1 ml Subst. → schwarzer Nd. (E 60 γ) + 30% alkohol. KOH erhitzen + 1 Tropfen 1%ige $CuSO_4$-Lsg. + CH_3COOH ansäuern → gelber Nd. von Kupferxanthogenat
Fl.	$1,1988^{20°}$	78,0 (13 mm)	IV 632	leicht entzündlich	unl. in W l. in Ae	
Fl.	$1,251^{25°}$	91,3	I 119	riecht angenehm		
Fl.	$1,236^{0°}$	120,3	I 136	$^{n}D^{20}$ 1,44118; ^{R}D 33,12 cm; ^{n}F 82,7	0,02 W 16° l. in A, Ae	
Gas	$0,8896^{6°}$	10,7	XVII 4	$^{n}D^{20}$ 1,3597; ^{n}F 58,0	∞ in W, A, Ae	bei 400° → Acetaldehyd
Gas	$1,114^{0°}$	+7	I 805	giftig	l. in CS_2	+ W → Malonsäure

Lfd. Nr.	*Fp*	Name	Summenformel	Strukturformel	Mol.-Gewicht
1	2	3	4	5	6
63	**—110,9**	Äthyljodid	C_2H_5J	C_2H_5J	155,98
64	**—110,8**	3-Fluortoluol	C_7H_7F	$F \cdot C_6H_4 \cdot CH_3$	110,12
65	**—109,9**	Propylbromid	C_3H_7Br	$C_2H_5 \cdot CH_2Br$	123,00
66	**—108,0**	Isobutylalkohol	$C_4H_{10}O$	$(CH_3)_2CH \cdot CH_2OH$	74,12
67	**—105,0**	tert. Amylamin	$C_5H_{13}N$	$C_2H_5 \cdot C(CH_3)_2 \cdot NH_2$	87,16
68	**—105,0**	Methylal	$C_3H_8O_2$	$CH_3O \cdot CH_2 \cdot OCH_3$	76,09
69	**—104,7**	Methylacetylen	C_3H_4	$CH_3 \cdot C \vdots CH$	40,06
70	**—104,1**	sek. Butyljodid	C_4H_9J	$C_2H_5 \cdot CH(J) \cdot CH_3$	184,03
71	**—104,0**	dl-sek.-Butylamin	$C_4H_{11}N$	$C_2H_5 \cdot CH(NH_2) \cdot CH_3$	74,12
72	**—103,7**	Cyclohexen	C_6H_{10}	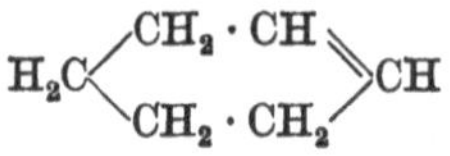	82,14
73	**—103,5**	Chlordimethyläther	C_2H_5OCl	$CH_2Cl \cdot O \cdot CH_3$	80,52
74	**—103,0**	n-Butyljodid	C_4H_9J	$C_2H_5 \cdot CH_2 \cdot CH_2J$	184,03
75	**—102,1**	Diäthylsulfid	$C_4H_{10}S$	$(C_2H_5)_2S$	90,18
76	**—102,0**	Äthylnitrat	$C_2H_5O_3N$	$C_2H_5 \cdot O \cdot NO_2$	91,07
77	**—101,6**	Propylbenzol	C_9H_{12}	$C_2H_5 \cdot CH_2 \cdot C_6H_5$	120,18
78	**—101,4**	Propyljodid	C_3H_7J	$C_2H_5 \cdot CH_2J$	170,00
79	**—101,2**	Isopropylamin	C_3H_9N	$CH_3 \cdot CH(NH_2) \cdot CH_3$	59,11
80	**—100,0**	Allylsenföl	C_4H_5NS	$CH_2 : CH \cdot CH_2 \cdot N : C : S$	99,15

Aggregatzustand Farbe	Spez.-Gewicht	Siedepunkt °C	Beilstein-Zitat	Physikalische Konstanten und Eigenschaften	Löslichkeit	Reaktionen
7	8	9	10	11	12	13
Fl.	1,933$^{20°}$	72,3	I 96	${}^{n}D^{20}$ 1,51307; ${}^{R}D$ 24,29 cm; ${}^{n}F$ 162,8; ebullioskop. Konst. 5,01	0,40 W 20° l. in A, Ae	
Fl.	0,9972$^{13°}$	116	V 290	${}^{n}D^{20}$ 1,46524; ${}^{R}D$ 30,73 cm; ${}^{n}F$ 136,0	unl. in W	
Fl.	1,3539$^{20°}$	70,8	I 108	${}^{n}D^{20}$ 1,43411; ${}^{R}D$ 23,70 cm; ${}^{n}F$ 91,3	0,25 W 20° l. ∞ A, Ae	+ alkohol. KOH → Propylen und Äthylpropyläther
Fl.	0,8050$^{16°}$	108,15	I 373	${}^{n}D^{17,5}$ 1,3968; ${}^{R}D$ 22,16 cm; ${}^{n}F$ 68,0	10 W 15° ∞ A, Ae	Phenylurethan *Fp* 80° + 0,5% Piperonal-Lsg. und vorsichtig mit konz. H_2SO_4 kurze Zeit auf W-Bad erwärmen + 30%ige Essigsäure → rosa—rot
Fl.	0,748$^{15°}$	76,9	IV 179		∞ W, A	
Fl.	0,8665$^{15°}$	42,3	I 574	${}^{n}D^{20}$ 1,35344; ${}^{R}D$ 19,19 cm; ${}^{n}F$ 58,0	30 W ∞ A, Ae	
Gas	0,7128$_{-55°}$	—27	I 246	riecht unangenehm	l. in W. ll. in A	
Fl.	1,595$^{20°}$	117-118	I 123			
Fl.	0,8109$^{15°}$	99,5	I 371	${}^{n}D^{16,7}$ 1,39501; ${}^{R}D$ 24,10 cm	12,5 W 20° ∞ A, Ae	
Fl.	0,8102$^{20°}$	83,3	V 63	${}^{n}D^{22,1}$ 1,44507; ${}^{R}D$ 27,72 cm; ${}^{n}F$ 94,9	unl. in W l. in A, Ae	
Fl.	1,0703$^{20°}$	59	I 580	${}^{n}D^{20}$ 1,39737 ${}^{R}D$ 18,13 cm; ${}^{n}F$ 73,4		+ W → Formaldehyd
Fl.	1,614	130,5	I 123	${}^{n}D^{20}$ 1,50006; ${}^{R}D$ 33,48 cm; ${}^{n}F$ 140,4		
Fl.	0,8364$^{21°}$	92,0	I 344	${}^{n}D^{20,5}$ 1,44253; ${}^{R}D$ 29,55 cm; ${}^{n}F$ 99,0	swl. in W l. in A, Ae	
Fl.	1,105$^{22°}$	87,7	I 329	${}^{n}D^{21,5}$ 1,38484; ${}^{R}D$ 19,30 cm;	3,09 W 55° l. in A, Ae	
Fl.	0,8617$^{20°}$	159	V 390	${}^{n}D^{12,3}$ 1,49549; ${}^{R}D$ 40,38 cm; ${}^{n}F$ 145,4	swl. in W l. in A	
Fl.	1,7472$^{16°}$	102,2	I 113	${}^{n}D^{20}$ 1,50508; ${}^{R}D$ 28,94 cm; ${}^{n}F$ 148,4	0,107 W 20° ∞ A, Ae	zers. bei 175° → Propan
Fl.	0,694$^{15°}$	33,0	IV 152	${}^{n}D^{15,4}$ 1,37698; ${}^{R}D$ 19,59 cm	∞ W, A, Ae	
Öl	1,0057$^{24°}$	150,7	IV 214	${}^{n}D^{20}$ 1,52660; ${}^{R}D$ 30,07 cm; ${}^{n}F$ 173,2; riecht stechend; reizt zu Tränen; wirkt blasenziehend; giftig	0,2 W ∞ A, Ae	Thiosinamin. Subst. mit gleichen Mengen abs. A und 30%igem NH_3 unter Schütteln anwärmen. Eindampfen. Prismen *Fp* 74°; riecht lauchartig

Lfd. Nr.	*Fp*	Name	Summenformel	Strukturformel	Mol.-Gewicht
1	2	3	4	5	6
81	**—99,8**	Ameisensäuremethylester	$C_2H_4O_2$	$HCO \cdot OCH_3$	60,05
82	**—99,3**	Isovaleriansäureäthylester	$C_7H_{14}O_2$	$(CH_3)_2CH \cdot CH_2 \cdot CO \cdot OC_2H_5$	130,18
83	**—99,0**	n-Amylchlorid	$C_5H_{11}Cl$	$CH_3 \cdot (CH_2)_3 \cdot CH_2Cl$	106,59
84	**—98,9**	Essigsäureisobutylester	$C_6H_{12}O_2$	$CH_3 \cdot CO \cdot OCH_2 \cdot CH(CH_3)_2$	116,15
85	**—98,2**	2,2-Dimethylbutan	C_6H_{14}	$CH_3 \cdot C(CH_3)_2 \cdot CH_2 \cdot CH_3$	86,17
86	**—98,1**	Essigsäuremethylester (Methylacetat)	$C_3H_6O_2$	$CH_3 \cdot CO \cdot OCH_3$	74,08
87	**—97,2**	Allyljodid	C_3H_5J	$CH_2 : CH \cdot CH_2J$	167,99
88	**—97,1**	Butyraldehyd	C_4H_8O	$C_2H_5 \cdot CH_2 \cdot CHO$	72,10
89	**—97,1**	Methylalkohol	CH_4O	$CH_3 \cdot OH$	32,04
90	**—96,9**	Cumol	C_9H_{12}	$C_6H_5 \cdot CH(CH_3)_2$	120,18
91	**—96,7**	Äthylidenchlorid	$C_2H_4Cl_2$	$CH_3 \cdot CHCl_2$	98,97
92	**—96,7**	Methylenchlorid	CH_2Cl_2	$Cl \cdot CH_2 \cdot Cl$	84,94

Aggregat-zustand Farbe	Spez. Gewicht	Siede-punkt °C	Beilstein-Zitat	Physikalische Konstanten und Eigenschaften	Löslichkeit	Reaktionen
7	8	9	10	11	12	13
Fl.	1,0032$^{0°}$	31,8	II 18	$^{n}D^{10}$ 1,3444; ebullioskop. Konst. 1,505; Oberflächenspannung 20° 24,62 dyn/cm		
Fl.	0,8657$^{20°}$	134,7	II 312	$^{n}D^{18,4}$ 1,39738; ^{R}D 36,15 cm; ^{n}F 69,1		
Fl.	0,8716$^{30°}$	108,3	I 130	$^{n}D^{20}$ 1,41192; ^{R}D 30,20 cm; ^{n}F 72,6	unl. in W l. in A, Ae	
Fl.	0,8711$^{20°}$	118	II 131	$^{n}D^{18,8}$ 1,39066; ^{R}D 31,59 cm; ^{n}F 67,8	0,67 W 20° ∞ A, Ae	
Fl.	0,6486$^{20°}$	49,6	I 150	^{n}F 64,9	unl. in W l. in A, Ae	
Fl.	0,9244$^{20°}$	56,9	II 124	$^{n}D^{20}$ 1,36099; ^{R}D 17,65 cm; ^{n}F 62,5; ebullioskop. Konst. 2,06; ätherisch riechend		
Fl.	1,848$^{12°}$	102	I 202	$^{n}D^{20}$ 1,49548; ^{R}D 38,28 cm; ^{n}F 131,1	l. in A	
Fl.	0,817$^{20°}$	74,7	I 662		3,7 W ∞ A, Ae	p-Nitrophenylhydrazon *Fp* 91—92°, gelbe Nadeln Semicarbazon *Fp* 106°
Fl.	0,7923$^{20°}$	64,7	I 273	$^{n}D^{18}$ 1,329; ^{R}D 8,23 cm; ^{n}F 53,9; Oberflächenspannung 15° 22,99 dyn/cm; ebullioskop. Konst. 0,84; giftig, geruchlos	∞ W, A, Ae	0,1 ml Subst. + 5 ml $KMnO_4$-Lsg. (1%ig) + 0,2 ml H_2SO_4 nach 2 bis 3 Min. 1 ml 8%ige Oxalsäure-Lsg. + 5 ml Fuchsinschweflige Säure-Lsg. → violett (nach kurzer Zeit)
Fl.	0,862$^{20°}$	152,5	V 393		unl. in W l. in A, Ae	
Fl.	1,174$^{20°}$	57,3	I 83	$^{n}D^{20}$ 1,41655; ^{R}D 21,01 cm; ^{n}F 80,3; ebullioskop. Konst. 3,20	0,55 W 20° ll. in A, Ae	
Fl.	1,336$^{20°}$	41,6	I 60	$^{n}D^{15}$ 1,42721; ^{R}D 16,55 cm; ^{n}F 83,1; Oberflächenspannung 15° 28,83 dyn/cm; Verdampfungswärme 0° 78 cal; erstarrt unter *Fp* zu rhombischen Prismen	2 W 20° ∞ A, Ae	2 g Subst. mit 2 g KOH und 18 g A ¼ Stunde kochen (Rückfluß). Nach Ansäuern kann Formaldehyd und Cl_2 nachgewiesen werden

Lfd. Nr.	*Fp*	Name	Summenformel	Strukturformel	Mol.-Gewicht
1	2	3	4	5	6
93	**—96,6**	d-Limonen	$C_{10}H_{16}$	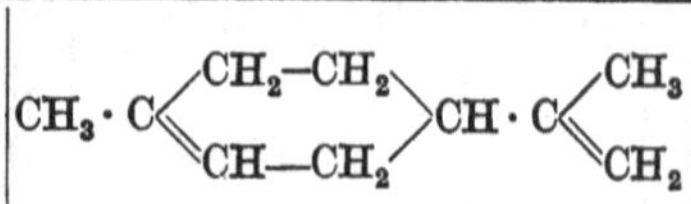	136,22
94	**—96,5**	Acetylbromid	C_2H_3OBr	$CH_3 \cdot COBr$	122,96
95	**—96,0**	Dimethylamin	C_2H_7N	$(CH_3)_2NH$	45,08
96	**—96,0**	Valeronitril	C_5H_9N	$CH_3 \cdot (CH_2)_3 \cdot CN$	83,13
97	**—95,5**	Ameisensäureisobutylester	$C_5H_{10}O_2$	$H \cdot CO \cdot OCH_2 \cdot CH(CH_3)_2$	102,13
98	**—95,2**	Dibutyläther	$C_8H_{18}O$	$(C_2H_5 \cdot CH_2 \cdot CH_2)_2O$	130,22
99	**—95,0**	Aceton	C_3H_6O	$CH_3 \cdot CO \cdot CH_3$	58,08
100	**—95,0**	n-Amylbromid	$C_5H_{11}Br$	$CH_3 \cdot (CH_2)_3 \cdot CH_2Br$	151,05
101	**—95,0**	Toluol	C_7H_8	$C_6H_5 \cdot CH_3$	92,13
102	**—94,3**	Hexan	C_6H_{14}	$CH_3 \cdot (CH_2)_4 \cdot CH_3$	86,17
103	**—93,9**	Äthylbenzol	C_8H_{10}	$C_6H_5 \cdot C_2H_5$	106,16

Aggregatzustand Farbe	Spez. Gewicht	Siedepunkt °C	Beilstein-Zitat	Physikalische Konstanten und Eigenschaften	Löslichkeit	Reaktionen
7	8	9	10	11	12	13
Fl.	$0,842^{20°}$	177,6 bis 178	V 133		unl. in W l. in A, Ae	Tetrabromid *Fp* 104—105°, Tafeln α-Nitrosochlorid *Fp* 103 bis 104°, monokline Krist. Carvoxim *Fp* 72°, Platten (durch Kochen des Nitrosochlorids mit alkohol. Lauge)
Fl.	$1,663^{15°}$	76,7	II 174	an der Luft stark rauchend		+ W → zers.
Fl.	$0,6865_{=5,8°}$	7	IV 39	riecht stark ammoniakalisch, brennbar	ll. in W l. in A	+ o-Phthalaldehyd in verd. essigs. Lsg. rötlicher Nd. → tief-rote Färbung α-Naphthylurethan *Fp* 158 bis 159° Dinitro-α-naphthoat *Fp* 180°, braune Prismen
Fl.	$0,9566^{15°}$	140,8	II 301			
Fl.	$0,8832^{20°}$	97,7	II 18	$n_D^{19,9}$ 1,38584; ^{R}D 27,18 cm; ^{n}F 67,7	1,01 W 20° l. in A, Ae	
Fl.	$0,769^{20°}$	140,9	I 369		∞ A, Ae	
Fl.	$0,796^{15°}$	56,3	I 635	$n_D^{19,4}$ 1,35886; ^{R}D 16,15 cm; ^{n}F 69,4; Oberflächenspannung 20° 23,7 dyn/cm; ebullioskop. Konst. 1,48	∞ W, A, Ae	Rk. mit Nitroprussidnatr. 0,5 ml Subst. + 1 ml ammoniakal. $(NH_4)_2SO_4$-Lsg. + 1—2 Tropfen 20%iges Nitroprussidnatrium in längstens ½ Stunde Permanganatfärbung. Dibenzalaceton *Fp* 112° gelbe Krist. (Kochen der Lsg mit Benzaldehyd und Lauge)
Fl.	$1,1218^{20°}$	128	I 131	n_D^{30} 1,44435; ^{R}D 32,97 cm; ^{n}F 89,2	unl. in W l. in A, Ae	
Fl.	$0,8716^{15°}$	110,8	V 280	$n_D^{14,7}$ 1,4992; ^{R}D 31,06 cm; ^{n}F 160; Oberflächenspannung 20° 27,4 dyn/cm	0,057 W 30° ∞ A, Ae, Bzl.	+ rauchende HNO_3 eintropfen ohne Kühlung, läßt Rk. nach + KNO_3. Dann unter Kühlung gleiches Volumen H_2SO_4. Nach Beendigung der Rk. ½ Stunde kochen, auf Eis gießen, Ausscheidung aus CS_2 umkristallisieren. Monokline, prismatische Nadeln. *Fp* 70 bis 71°. Alkohol. Lsg. + KOH → blau
Fl.	$0,6603^{20°}$	69,0	I 142	n_D^{20} 1,37536; ^{R}D 29,90 cm; ^{n}F 65,1	0,01 W 15° l. in A, Ae	
Fl.	$0,8669^{20°}$	136,15	V 351	n_D^{15} 1,49857; ^{R}D 35,72 cm; ^{n}F 154,2	swl. in W ∞ A, Ae	Oxydation mit MnO_2 und H_2SO_4 zu Benzaldehyd und Acetophenon 2,4,6-Trinitroäthylbenzol *Fp* 37° Nadeln (+ KOH → rot)

Lfd. Nr.	*Fp*	Name	Summenformel	Strukturformel	Mol.-Gewicht
1	2	3	4	5	6
104	**−93,5**	Isobutyljodid	C_4H_9J	$(CH_3)_2CH \cdot CH_2J$	184,03
105	**−93,5**	Tripropylamin	$C_9H_{21}N$	$(C_2H_5 \cdot CH_2)_3N$	143,26
106	**−93,3**	Buttersäureäthylester	$C_6H_{12}O_2$	$C_2H_5 \cdot CH_2 \cdot CO \cdot OC_2H_5$	116,15
107	**−93,3**	Cyclopentan	C_5H_{10}	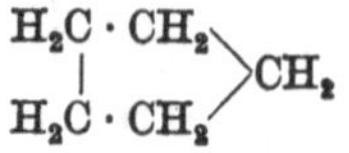	70,13
108	**−93,1**	Isopropyljodid	C_3H_7J	$CH_3 \cdot CHJ \cdot CH_3$	170,00
109	**−93,0**	Methylbromid	CH_3Br	CH_3Br	94,95
110	**−93,0**	Methylchlorid	CH_3Cl	CH_3Cl	50,49
111	**−92,9**	Ameisensäurepropylester	$C_4H_8O_2$	$HCO \cdot OCH_2 \cdot C_2H_5$	88,10
112	**−92,9**	Bortriäthyl	$C_6H_{15}B$	$(C_2H_5)_3B$	98,00
113	**−92,5**	Essigsäurepropylester	$C_5H_{10}O_2$	$CH_3 \cdot CO \cdot OCH_2 \cdot C_2H_5$	102,13
114	**−92,5**	Methylamin	CH_5N	$CH_3 \cdot NH_2$	31,06
115	**−92,0**	Formaldehyd	CH_2O	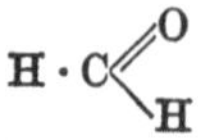	30,03
116	**−91,9**	Propionitril	C_3H_5N	$C_2H_5 \cdot CN$	55,08
117	**−91,9**	Methylisopropylketon	$C_5H_{10}O$	$CH_3 \cdot CO \cdot CH(CH_3)_2$	86,13
118	**−91,5**	Valeraldehyd	$C_5H_{10}O$	$CH_3 \cdot (CH_2)_3 \cdot CHO$	86,13

Aggregat-zustand Farbe	Spez. Gewicht	Siede-punkt °C	Beilstein-Zitat	Physikalische Konstanten und Eigenschaften	Löslichkeit	Reaktionen
7	8	9	10	11	12	13
Fl.	1,605$^{20°}$	120,4	I 128		unl. in W ∞ A, Ae	
Fl.	0,757$^{20°}$	156	IV 139	$^{n}D^{19,4}$ 1,41756; ^{R}D 47,61 cm	swl. in W l. in A	Hydrobromid *Fp* 180°
Fl.	0,879$^{20°}$	120	II 270	$^{n}D^{20}$ 1,405	wl. in W l. in A, Ae	
Fl.	0,7543$^{20°}$	49,5	V 19	$^{n}D^{20}$ 1,40609; ^{R}D 22,93 cm; ^{n}F 73,3	unl. in W ∞ A, Ae,	
Fl.	1,7109$^{15°}$	89,5	I 114	$^{n}D^{20}$ 1,49969; ^{R}D 29,34 cm; ^{n}F 156,1	0,14 W 20° ∞ A, Ae	bei 250° → Propan
Gas	1,732$^{0°}$	4,6	I 66	im fl. Zustand zers.; wirkt narkotisch	∞ A, Ae, Chlf.	
Gas	2,3073 g/l	−23,7	I 59	brennt mit grüngesäumter Flamme; Lokalanästhesie	400 ml W 3500 ml A l. in Ae, Chlf.	+ KNO_3 → Methylnitrit und dieses mit α-Naphthylaminacetat und Sulfanilsäure nachweisen 3-Nitromethylphthalimid *Fp* 112-113, Nadeln
Fl.	0,9058$^{20°}$	81,2	II 21		2,18 W 22°	
Fl.	0,6931$^{23°}$	95,0	IV 641	scharf riechend; selbstentzündlich	swl. in W	
Fl.	0,8908$^{18°}$	101,6	II 129	$^{n}D^{20}$ 1,38438; ^{R}D 26,98 cm; ^{n}F 66,8	1,47 W 16° ∞ A, Ae	
Gas	1,3425 g/l	−7,55	IV 32	stark ammoniakalisch riechend; brennbar	97200 ml W	+ o-Phthalaldehyd u. Essigsäure in verd. Lsg. schwach gelber Nd. → grünlichbraune Färbung + Neßlers Reagens unl. Nd. (im Überschuß), Unterschied von Di- und Triamin
Gas	0,815$^{-20°}$	−21	I 558	wss. Lsg. riecht stechend; polymerisiert zu Paraformaldehyd	ll. in W l. in A	+ 0,1 ml konz. HCl + 0,2 ml Fuchsinschweflige Säure + wss. Pikrinsäure, mit Ae ausschütteln → Fuchsin in Ae (E 1 : 500000)
Fl.	0,8021$^{0°}$	97,1	II 245	$^{n}D^{14,6}$ 1,36888; ^{R}D 15,78 cm; ebullioskop. Konst. 1,87	11,9 W 40° 29 W 100° l. in A, Ae	
Fl.	0,803$^{20°}$	93,5	I 682	$^{n}D^{16}$ 1,38788; ^{R}D 25,24 cm; ^{n}F 69,9; Geruch erinnert an Petersilie		Semicarbazon *Fp* 114° p-Nitrophenylhydrazon *Fp* 108–109°, orangegelbe Nadeln
Fl.	0,819$^{11°}$	103,7	I 676	$^{n}D^{20}$ 1,38824; ^{R}D 25,46 cm; ^{n}F 72,2	wl. in W	Oxim *Fp* 52° + Nitroprussidnatrium + Alkali → rot Dimethonderiv. *Fp* 104,5°

Lfd. Nr.	*Fp*	Name	Summenformel	Strukturformel	Mol.-Gewicht
1	2	3	4	5	6
119	**—91,3**	Diisobutyl	C_8H_{18}	$(CH_3)_2CH \cdot (CH_2)_2 \cdot CH(CH_3)_2$	114,22
120	**—90,0**	Heptan	C_7H_{16}	$CH_3 \cdot (CH_2)_5 \cdot CH_3$	100,19
121	**—89,5**	Isopropylalkohol	C_3H_8O	$CH_3 \cdot CH(OH) \cdot CH_3$	60,09
122	**—89,0**	Butyrylchlorid	C_4H_7OCl	$C_2H_5 \cdot CH_2 \cdot COCl$	106,55
123	**—89,0**	Isopropylbromid	C_3H_7Br	$CH_3 \cdot CHBr \cdot CH_3$	123,00
124	**—88,2**	Isobuttersäureäthylester	$C_6H_{12}O_2$	$(CH_3)_2CH \cdot CO \cdot OC_2H_5$	116,15
125	**—88,0**	Acrolein	C_3H_4O	$CH_2 : CH \cdot CHO$	56,06
126	**—86,4**	Methyläthylketon	C_4H_8O	$CH_3 \cdot CO \cdot C_2H_5$	72,10
127	**—85,6**	n-Amyljodid	$C_5H_{11}J$	$CH_3 \cdot (CH_2)_3 \cdot CH_2J$	198,06
128	**—85,5**	Äthylrhodanid	C_3H_5NS	$C_2H_5 \cdot S \cdot CN$	87,14

Aggregat-zustand Farbe	Spez. Gewicht	Siede-punkt °C	Beilstein-Zitat	Physikalische Konstanten und Eigenschaften	Löslichkeit	Reaktionen
7	8	9	10	11	12	13
Fl.	$0{,}7000^{12^\circ}$	109	I 162	$^{n}D^{15}$ 1,39481; ^{R}D 39,20 cm; ^{n}F 71,8; riecht angenehm süßlich	unl. in W	
Fl.	$0{,}6838^{20^\circ}$	98,4	I 154	$^{n}D^{20}$ 1,38777; ^{R}D 34,51 cm; ^{n}F 66,7; ebullioskop. Konst. 4,25	0,005 W 15° ll. in A ∞ Ae	
Fl.	$0{,}7876^{16^\circ}$	82,0	I 360		∞ W, A, Ae	mit 0,5%iger Piperonal-Lsg. und vorsichtig mit konz. H_2SO_4 kurze Zeit auf dem W-Bad erwärmen, + 30%ige Essigsäure → rosa bis rote Färbung p-Nitrobenzoesäureester *Fp* 110° p-Nitrophenylurethan *Fp* 116°
Fl.	$1{,}028^{20^\circ}$	100-101	II 274	$^{n}D^{20}$ 1,42508; ^{R}D 24,07 cm; ^{n}F 93,5	l. in Ae	+ W → zers.
Fl.	$1{,}3222^{25^\circ}$	59,4	I 108		0,32 W 20° ∞ A, Ae	
Fl.	$0{,}8710^{20^\circ}$	110,1	II 291	$^{n}D^{17,8}$ 1,39114; ^{R}D 31,61 cm; ^{n}F 69,2	l. in A, Ae	
Fl.	$0{,}8389^{20^\circ}$	52-52,5	I 725	$^{n}D^{20}$ 1,39975; ^{R}D 16,14 cm; ^{n}F 127,0; $n\frac{20}{\alpha}$ 1,39620; $n\frac{20}{\gamma}$ 1,41691; Dampfdichte 1,94; Litergewicht d. Dampfes 2,3 g; Flüchtigkeit 20° 407000 mg/m³; unbeständig; giftig; greift Schleimhäute an; stechender Geruch; Tränenreiz	26,7 W 20° ll. in A, Ae	Lsg. von Acrolein + Nitritreagens (0,5 ml 3,6%ige KNO_2-Lsg. in 1000 ml HCl (1,19) + 2—3 ml Eiweißlösung → grün bis grünblaue Färbung, Empfindlichkeit 1 : 1000000 + Thiophen und konz. H_2SO_4 → karmoisinrot; Dimethonderiv. *Fp* 192°, Prismen
Fl.	$0{,}8255^{6^\circ}$	79,6	I 666	$^{n}D^{15,9}$ 1,38071; ^{R}D 20,67 cm; ^{n}F 71,0; Oberflächenspannung 75° 17,8 dyn/cm; ätherisch riechend	29,2 W 20° 18 W 79°	p-Nitrophenylhydrazon *Fp* 124—125°
Fl.	$1{,}5018^{20^\circ}$	157,0	I 133		unl. in W l. in A, Ae	
Fl.	$0{,}9964^{25^\circ}$	144,4	III 175	riecht lauchartig	unl. in W ∞ A, Ae	

Lfd. Nr.	*Fp*	Name	Summenformel	Strukturformel	Mol.-Gewicht
1	2	3	4	5	6
129	**—85,5**	Isobutylamin	$C_4H_{11}N$	$(CH_3)_2CH \cdot CH_2 \cdot NH_2$	73,13
130	**—85,0**	Cyclopentadien	C_5H_6	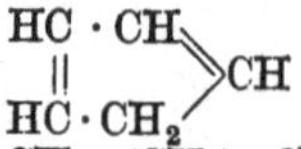	66,10
131	**—84,9**	Hexylbromid	$C_6H_{13}Br$	$CH_3 \cdot (CH_2)_4 \cdot CH_2Br$	165,08
132	**—84,7**	Isobuttersäuremethylester	$C_5H_{10}O_2$	$(CH_3)_2CH \cdot CO \cdot OCH_3$	102,13
133	**—83,5**	Methylisobutylketon	$C_6H_{12}O$	$(CH_3)_2CH \cdot CH_2 \cdot CO \cdot CH_3$	100,15
134	**—83,5**	Methylpropylketon	$C_5H_{10}O$	$C_2H_5 \cdot CH_2 \cdot CO \cdot CH_3$	86,13
134 a	**—83,2**	Dimethylsulfid	C_2H_6S	$(CH_3)_2S$	62,13
135	**—83,0**	Essigsäureäthylester	$C_4H_8O_2$	$CH_3 \cdot CO \cdot OC_2H_5$	88,10
136	**—83,0**	Propylamin	C_3H_9N	$C_2H_5 \cdot CH_2 \cdot NH_2$	59,11
137	**—81,8**	Acetylen	C_2H_2	$CH \vdots CH$	26,04
138	**—81,0**	Propionaldehyd	C_3H_6O	$C_2H_5 \cdot CHO$	58,08
139	**—80,6**	Äthylamin	C_2H_7N	$C_2H_5 \cdot NH_2$	45,08
140	**—80,6**	Chlorameisensäureäthylester	$C_3H_5O_2Cl$	$Cl \cdot CO \cdot OC_2H_5$	108,53

Aggregat-zustand Farbe	Spez. Gewicht	Siede-punkt °C	Beilstein-Zitat	Physikalische Konstanten und Eigenschaften	Löslichkeit	Reaktionen
7	8	9	10	11	12	13
Fl.	$0,736^{17°}$	68	IV 163	$^{n}D^{17}$ 1,39878; ^{R}D 24,02 cm	∞ W, A, Ae	Hydrochlorid *Fp* 160° + Vanillin (1% in konz. HCl) + gleiches Volumen H_2SO_4 → grün (bei 100° tiefblau)
Fl.	$0,8047^{19°}$	41,0	V 112		unl. in W ∞ A, Ae, Bzl.	
Fl.	$1,1725^{20°}$	155,5 (744mm)	I 144	$^{n}D^{20}$ 1,44778; ^{R}D 37,53 cm; ^{n}F 88,2	unl. in W l. in A, Ae	
Fl.	$0,8906^{20°}$	92,3	II 290		l. in A, Ae	
Fl.	$0,8032^{17°}$	116,9	I 691	$^{n}D^{17,4}$ 1,39694 ^{R}D 30,01 cm; ^{n}F 73,5	unl. in W ∞ A, Ae	Semicarbazon *Fp* 132°
Fl.	$0,8124^{15°}$	102	I 676	$^{n}D^{20,2}$ 1,39946; ^{R}D 25,20 cm; ^{n}F 70,7; ebullioskop. Konst. 3,14	swl. in W ∞ A, Ae	p-Nitrophenylhydrazon *Fp* 117° Semicarbazon *Fp* 110°
Öl	$0,8458^{21°}$	38,0	I 288	riecht ätherisch und nach Meerrettich		
Fl.	$0,9010^{20°}$	77,1	II 215	$^{n}D^{16,6}$ 1,39006; ^{R}D 19,43 cm; ^{n}F 73,9; Oberflächenspannung 15° 24,36 dyn/cm; ebullioskop. Konst. 2,83	8,53 W 20° ∞ A, Ae	
Fl.	$0,719^{20°}$	47,8	IV 136	brennbar	∞ W	Hydrochlorid *Fp* 157-158°
Gas	$0,613^{-80°}$	−83,8	I 228	brennt mit stark rußender Flamme; riecht schwach ätherisch; süßlicher Geschmack;	100 ml W 18° 600 ml A 18° 2500 ml Aceton	1 g $Cu(NO_3)_2$ in 50-ml-Kolben mit wenig W lösen + 4 ml NH_3 (20 bis 21%) + 3 g Hydroxylaminchlorhydrat auf 50 ml auffüllen — entfärbt. Reagens mit Subst. in Stöpselzylinder schütteln → roter Nd. E $1{,}7 \cdot 10^{-6}$ Subst. in 4 l Gasgemisch
Fl.	$0,807^{20°}$	+49	I 629	riecht erstickend	20 W 20° ∞ A, Ae	p-Nitrophenylhydrazon *Fp* 129°, gelbe Nadeln; + 10 ml 1%iges Nitroprussidnatrium + 0,5 g Piperazin → blau
Fl.	$0,6892^{15°}$	16,6	IV 87	Oberflächenspannung 24,6 dyn/cm; stark ammoniakalisch; schmeckt brennend; brennbar	∞ W, A, Ae	o-Phthalaldehyd in verd. essigs. Lsg. gelber Nd. → rote → grüne Färbg. α-Naphthylurethan *Fp* 199 bis 200°
Fl.	$1,1352^{20°}$	93,0	III 10	$^{n}D^{20}$ 1,35975; ^{R}D 17,82 cm; ^{n}F 62,5; riecht erstickend		+ h. W zers.

Lfd. Nr.	*Fp*	Name	Summenformel	Strukturformel	Mol.-Gewicht
1	2	3	4	5	6
141	**—80,5**	Ameisensäureäthylester	$C_3H_6O_2$	$H \cdot CO \cdot OC_2H_5$	74,08
142	**—80,5**	cis-α,β-Dichloräthylen	$C_2H_2Cl_2$	$CHCl : CHCl$	96,95
143	**<-80,0**	Cyclobutan	C_4H_8	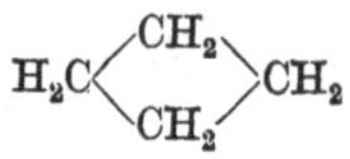	56,10
144	**—80,0**	Isobutyraldoxim	C_4H_9ON	$(CH_3)_2CH \cdot CH : N \cdot OH$	87,12
145	**—80,0**	dl-Methyläthylessigsäure	$C_5H_{10}O_2$	$C_2H_5 \cdot CH(CH_3) \cdot COOH$	102,13
146	**<-80,0**	β-Nitroäthylalkohol	$C_2H_5O_3N$	$O_2N \cdot CH_2 \cdot CH_2 \cdot OH$	91,07
147	**—79,9**	n-Butylalkohol	$C_4H_{10}O$	$C_2H_5 \cdot CH_2 \cdot CH_2 \cdot OH$	74,12
148	**—79,4**	Capronitril	$C_6H_{11}N$	$CH_3 \cdot (CH_2)_4 \cdot CN$	97,15
149	**—78,5**	n-Amylalkohol	$C_5H_{12}O$	$CH_3 \cdot (CH_2)_3 \cdot CH_2 \cdot OH$	88,14
150	**—76,5**	α-Brompropylen	C_3H_5Br	$CH_3 \cdot CH : CHBr$	120,99
151	**—75,0**	Buttersäureanhydrid	$C_8H_{14}O_3$	$(C_2H_5 \cdot CH_2 \cdot CO)_2O$	158,19
152	**—74,0**	Crotonaldehyd	C_4H_6O	$CH_3 \cdot CH : CH \cdot CHO$	70,09
153	**—73,9**	Propionsäureäthylester	$C_5H_{10}O_2$	$C_2H_5 \cdot CO \cdot OC_2H_5$	102,13

Aggregat-zustand Farbe	Spez. Gewicht	Siede-punkt °C	Beilstein-Zitat	Physikalische Konstanten und Eigenschaften	Löslichkeit	Reaktionen
7	8	8	10	11	12	13
Fl.	$0{,}9229^{10°}$	54,1	II 19	$^{n}D^{20}$ 1,3598; Oberflächen-spannung 15° 24,37 dyn/cm; ebullioskop. Konst. 2,18; Dampdruck 27° 222 mm	11 W 18° l. in A	
Fl.	$1{,}2913^{25°}$	60,3	E I 78	ebullioskop. Konst. 3,44; wirkt narkot.		+ alkohol. KOH → Chloracetylen
Gas	$0{,}703^{0°}$	11–12	V 17		unl. in W sll. in A, Aceton	
Öl	$0{,}8943^{20°}$	139	I 674	riecht angenehm	l. in W	
Fl.	$0{,}941^{21°}$	177	II 304	richt schwächer, aber ähnlich Isovaleriansäure		Amid *Fp* 112° Silbersalz, fadenförmige, glänzende Nadeln Brucinsalz *Fp* 95°, monokline Prismen
Fl.	$1{,}270^{15°}$	194	I 339	stechender Geruch und Geschmack	ll. in W, A, Ae	
Fl.	$0{,}8098^{20°}$	117	I 367	$^{n}D^{20}$ 1,39931; ^{R}D 22,14 cm; ^{n}F 67,3; Oberflächenspannung 17,5° 24,42 dyn/cm	l. in W 7,4 W 15° ∞ A, Ae	Phenylurethan *Fp* 61°, Lamellen α-Naphthylurethan *Fp* 71 bis 72°, Tafeln p-Diphenylylurethan *Fp* 109° 3, 5-Dinitrobenzoesäureester *Fp* 62,5°, Nadeln
Fl.	$0{,}8090^{20°}$	163,9	II 324	$^{n}D^{14,3}$ 1,40851; ^{R}D 29,72 cm	unl. in W ll. in A, Ae	
Fl.	$0{,}8866^{15°}$	138,0	I 383	$^{n}D^{15}$ 1,41173; ^{R}D 26,74 cm; ^{n}F 71,9; Oberflächenspannung 15° 26,03 dyn/cm; ebullioskop. Konst. 2,58	swl. in W	p-Nitrophenylurethan *Fp* 86° p-Diphenylylurethan *Fp* 99° 3, 5-Dinitrobenzoesäureester *Fp* 46,4° p-Joddiphenylylurethan, *Fp*. 165,3—165,5°, nadelförmige Prismen
Fl.	$1{,}4169^{16°}$	63,3	I 200	$^{n}D^{20}$ 1,45193; ^{R}D 23,09 cm; ^{n}F 119,8		
Fl.	$0{,}978^{16°}$	198,2	II 274			
Fl.	$0{,}8477^{21°}$	102,2	I 728	$^{n}D^{17,3}$ 1,43838; ^{R}D 21,50 cm; ^{n}F 149,3; mit Dampf flüchtig, riecht zuerst obstartig, dann stechend	ll. in W ∞ A, Ae	Oxim *Fp* 119–120°, Prismen Aldazin *Fp* 96°, schwefelgelbe Nadeln oder Prismen
Fl.	$0{,}8907^{20°}$	99,1	II 240	$^{n}D^{20}$ 1,3847; ^{R}D 26,88 cm; ^{n}F 65,2; Oberflächenspannung 15° 24,83 dyn/cm	1,7 W 20° ∞ A, Ae	

Lfd. Nr.	*Fp*	Name	Summenformel	Strukturformel	Mol.-Gewicht
1	2	3	4	5	6
154	—73,5	p-Cymol	$C_{10}H_{14}$	$CH_3 \cdot C_6H_4 \cdot CH(CH_3)_2$	134,21
155	—73,0	Acetanhydrid (Essigsäure-anhydrid)	$C_4H_6O_3$	$(CH_3 \cdot CO)_2O$	102,09
156	—73,0	Trichloräthylen	C_2HCl_3	$CHCl : CCl_2$	131,40
157	—72,7	tert.-Amylchlorid	$C_5H_{11}Cl$	$C_2H_5 \cdot CCl(CH_3)_2$	106,59
158	—70,2	Isobutylenbromid	$C_4H_8Br_2$	$(CH_3)_2CBr \cdot CH_2Br$	215,93
159	—70,0	Diisobutylamin	$C_8H_{19}N$	$[(CH_3)_2CH \cdot CH_2]_2NH$	129,24
160	—70 bis —69	2-Chlorthiophen	C_4H_3ClS	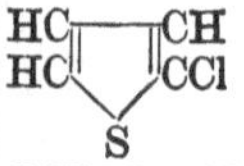	118,68
161	—69,9	α-Picolin	C_6H_7N	$C_5H_4N \cdot CH_3$	93,12
162	—69,2	Chlorpikrin	CO_2NCl_3	$CCl_3 \cdot NO_2$	164,38
163	—68,6 bis —68,4	2-Methyl-5-äthylthiophen	$C_7H_{10}S$	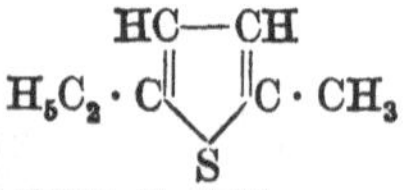	126,21
164	—67,5	tert.-Butylamin	$C_4H_{11}N$	$(CH_3)_3C \cdot NH_2$	73,13
165	—67,5	Capronsäureäthylester	$C_8H_{16}O_2$	$CH_3 \cdot (CH_2)_4 \cdot CO \cdot OC_2H_5$	144,20
166	—67,5	β-Chloräthylalkohol	C_2H_5OCl	$CH_2Cl \cdot CH_2OH$	80,52
167	—67,1	Methylheptenon	$C_8H_{14}O$	$(CH_3)_2C : CH \cdot CH_2 \cdot CH_2 \cdot CO \cdot CH_3$	126,19

Aggregatzustand Farbe	Spez. Gewicht	Siedepunkt °C	Beilstein-Zitat	Physikalische Konstanten und Eigenschaften	Löslichkeit	Reaktionen
7	8	9	10	11	12	13
Fl.	0,8586$^{20°}$	176,7	V 420	$^{n}D^{13,7}$ 1,4926; ^{R}D 45,18 cm; ^{n}F 140,0; ebullioskop. Konst. 5,34; riecht möhrenähnlich, eigentüml. herb	unl. in W l. in A, Ae	
Fl.	1,082$^{20°}$	139,4 44,6 (15 mm)	II 166	$^{n}D^{20}$ 1,39038; ^{R}D 27,38 cm; ^{n}F 69,3; ebullisk. Konst. 3,53; scharf riechend	∞ A, Ae	+ W zersetzend p-Acetaminobenzoesäure *Fp* 253—254°, Nadeln
Fl.	1,4660$^{18°}$	87,2	I 187	$^{n}D^{20}$ 1,481; ebullioskop. Konst. 4,43; Dampfdruck 20° 50 mm; mit Dampf flüchtig wirkt narkotisch	∞ A, Ae	
Fl.	0,871$^{20°}$	85,7	I 134	$^{n}D^{13,5}$ 1,4082; ^{R}D 30,25 cm; ^{n}F 84,0		
Fl.	1,7675	149,0	I 127			
Fl.	0,745$^{20°}$	139	IV 166	$^{n}D^{19,6}$ 1,40934; ^{R}D 42,91 cm	swl. in W l. in A, Ae	
Fl.	—	127-128	XVII 32	$^{n}D^{19}$ 1,55058		
Fl.	0,950$^{15°}$	128	XX 234		ll. in W ∞ A, Ae	
ölige Fl.	1,6579$^{20°}$	111,9 (49° 40 mm)	I 76	$^{n}D^{22,8}$ 1,46075 Dampfdruck 20° 18,31 mm Hg; Dampfdichte 5,69; Flüchtigkeit 20° 184000; riecht stechend; greift Augen und Schleimhäute an; Geruch pyridinähnlich	0,17 W 20° l. in A, Ae, Bzl., CS_2	Pikrat *Fp* 169—171°, Nadeln Golddoppelsalz *Fp* 186 bis 187°, Prismen Platindoppelsalz *Fp* 221 bis 222°, Prismen
Fl.	0,9663$^{20°}_{0°}$	159,8 bis 160	—			
Fl.	0,698$^{15°}$	45,2	IV 173	$^{n}D^{18}$ 1,37940; ^{R}D 24,23 cm; ^{n}F 70,0	∞ W, A	Nitrit *Fp* 126—127°
Fl.	0,8733$^{19°}$	166,8	II 323		swl. in W l. in A, Ae	
Fl.	1,2019$^{20°}$	128,6	I 337		∞ W l. in A, Ae	
Fl.	0,860$^{20°}$	173,2	I 741	flüchtig mit Dampf, riecht nach Amylacetat	unl. in W l. in A, Ae	p-Nitrophenylhydrazon *Fp* 104° Semicarbazon *Fp* 136—138° 2,4-Dinitrophenylhydrazon *Fp* 81°, rotorange Krist.

Lfd. Nr.	*Fp*	Name	Summenformel	Strukturformel	Mol.-Gewicht
1	2	3	4	5	6
168	**—66,5**	Formaldehyddiäthylacetal	$C_5H_{12}O_2$	$CH_2(O \cdot C_2H_5)_2$	104,14
169	**—66,1**	Methyljodid	CH_3J	CH_3J	141,95
170	**<—66,0**	Äthylisocyanid	C_3H_5N	$C_2H_5 \cdot N \vdots C$	55,08
171	**—65,9**	Isobutyraldehyd	C_4H_8O	$(CH_3)_2CH \cdot CHO$	72,10
172	**—65,0**	Äthylarsindichlorid	$C_2H_5Cl_2As$	$C_2H_5 \cdot AsCl_2$	174,88
173	**—65,0**	Diisopropenyl	C_6H_{10}	$CH_2 : C(CH_3) \cdot C(CH_3) : CH_2$	82,14
174	**—63,5**	Chloroform	$CHCl_3$	$CHCl_3$	119,39
175	**—63,0**	Dipropylamin	$C_6H_{15}N$	$(C_2H_5 \cdot CH_2)_2NH$	101,19
176	**—63,0** bis **—62,0**	3-Chlorthiophen	C_4H_3ClS	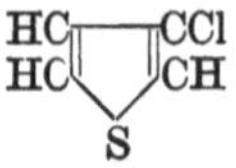	118,68
177	**—62,0**	Malonsäuredimethylester	$C_5H_8O_4$	$CH_2(CO \cdot OCH_3)_2$	132,11
178	**—61,0**	5-Jod-3-thiotolen	C_5H_5JS	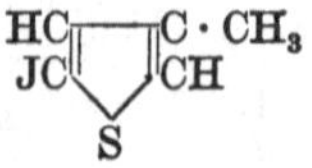	224,07
179	**—60,0**	Dimethyl-o-toluidin	$C_9H_{13}N$	$CH_3 \cdot C_6H_4 \cdot N(CH_3)_2$	135,20

Aggregatzustand Farbe	Spez. Gewicht	Siedepunkt °C	Beilstein-Zitat	Physikalische Konstanten und Eigenschaften	Löslichkeit	Reaktionen
7	8	9	10	11	12	13
Fl.	$1{,}8319^{20°}_{0°}$	87,9	I 574		7,3 W 18° ∞ A, Ae	
Fl.	$2{,}2790^{20°}$	42,4	I 69	$^{n}D^{20}$ 1,52973; ^{R}D 19,40 cm; ^{n}F 80,9; ebullioskop. Konst. 4,19	1,8 W 15° ∞ A, Ae	
Fl.	$0{,}7442^{25°}$	78,1	IV 107	Dampf verursacht unangenehmen Geschmack	wl. in W l. in A, Ae	
Fl.	$0{,}7938^{20°}$	61,0	I 671	riecht stechend	8,8 W 20° ∞ A, Ae	an der Luft → Isobuttersäure p-Nitrophenylhydrazon *Fp* 132°
Fl.	$1{,}68^{20°}$	156 (Z) (44,0 11 mm)	—	Dampfdichte 6; Dampfdruck 21,5° 229 mm Hg; Flüchtigkeit 20° 20000 mg/m³; Oberflächenspannung 47,9 dyn/cm; riecht schwach obstartig; wird bei Aufbewahrung gelb	ll. in Bzl., Aceton, A, Ae, Kerosen, Cyclohexan wl. in W	
Fl.	$0{,}7304^{16°}$	67,3-67,8	I 256			
Fl.	$1{,}49845^{15}$	61,21	I 61	$^{n}D^{20}$ 1,44671; ^{R}D 21,40 cm; ^{n}F 89,1; Oberflächenspannung 20° 27,1 dyn/cm; ebullioskop. Konst. 3,802; kryoskop. Konst. 4,90; riecht ätherisch; schmeckt süßlich; nicht brennbar. Narkotikum	0,82 W 20° ll. in A, Ae	1 Tropfen $CHCl_3$ mit Anilin und alkoh. KOH erwärmen. Es bildet sich Phenylcarbylamingeruch. E 1 : 60000 + Resorcin in NaOH-Lsg. erhitzt → gelbrot
Fl.	$0{,}7384^{20°}$	109,2	IV 138	$^{n}D^{19,5}$ 1,40955; ^{R}D 33,53 cm; brennbar	l. in W, A	Hydrobromid *Fp* 271°
Fl.	—	136-137	XVII 32	$^{n}D^{22}$ 1,55322		
Fl.	$1{,}1437^{25°}$	181	II 572		l. in W, A	
Fl.	—	86,5 bis 87,5 (bei 12 mm)				
Fl.	$0{,}9286^{20°}$	185,0	XII 785	$^{n}D^{20}$ 1,52643; ^{R}D 44,69 cm		Hydrochlorid *Fp* 156-157°

Lfd. Nr.	*Fp*	Name	Summenformel	Strukturformel	Mol.-Gewicht
1	2	3	4	5	6
180	**—60,0**	Methylchlorsulfat	CH_3O_3ClS	$CH_3 \cdot O \cdot SO_2Cl$	130,55
181	**—60,0** bis **—59,0**	2-Methyl-4-äthylthiophen	$C_7H_{10}S$	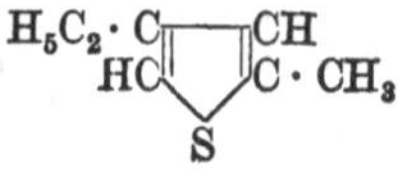	126,21
182	**—59,0**	Mesityloxyd	$C_6H_{10}O$	$(CH_3)_2C : CH \cdot CO \cdot CH_3$	98,14
183	**—57,5**	Chloral	C_2HOCl_3	$CCl_3 \cdot CHO$	147,40
184	**—57,4**	Pseudocumol (1,2,4-Trimethylbenzol)	C_9H_{12}		120,18
185	**—57,0**	Chlorameisensäure-trichlormethylester (Diphosgen)	$C_2O_2Cl_4$	$Cl \cdot CO \cdot OCCl_3$	197,84
186	**—57,0**	N-Methylanilin	C_7H_9N	$C_6H_5 \cdot NH \cdot CH_3$	107,15
187	**—56,9**	Methylbutylketon	$C_6H_{12}O$	$CH_3 \cdot (CH_2)_3 \cdot CO \cdot CH_3$	100,15
188	**—56,5**	Octan	C_8H_{18}	$CH_3 \cdot (CH_2)_6 \cdot CH_3$	114,22
189	**—55,3**	1,2-Dibrompropan	$C_3H_6Br_2$	$CH_3 \cdot CHBr \cdot CH_2Br$	201,91

Aggregatzustand Farbe	Spez. Gewicht	Siedepunkt °C	Beilstein-Zitat	Physikalische Konstanten und Eigenschaften	Löslichkeit	Reaktionen
7	8	9	10	11	12	13
Fl.	$1{,}492^{15°}$	134-135 (42° 15 bis 16 mm)		Dampfdichte 4,5; Dampfdruck 20° 5,607 mm Hg; Flüchtigkeit 20° 40000 mg/m³	l. in Chlf., Ae, CCl_4	
Fl.	$0{,}9742^{20°}_{4°}$	162-164		$^{n}D^{20}$ 1,5098		
Fl.	$0{,}8542^{21°}$	131,4	I 736	$^{n}D^{16,4}$ 1,4458; ^{R}D 30,46 cm; ^{n}F 135,6	unl. in W ∞ A, Ae	Semicarbazon *Fp* 164° p-Nitrophenylhydrazon *Fp* 207° Oxim *Fp* 49°, Blättchen
Fl.	$1{,}512^{20°}$	98	I 616	$^{n}D^{20}$ 1,45572; ^{R}D 26,49 cm; ^{n}F 93,7; riecht süßlich und stechend		+ W → Hydrat + A → Alkoholat
Fl.	$0{,}8784^{20°}$	168,2	V 400	$^{n}D^{15,2}$ 1,50672; ^{R}D 40,62 cm; ^{n}F 158,2	unl. in W l. in A, Ae	
Fl.	$1{,}6525^{14°}$	127 (49° 18 mm)	III 18	$^{n}D^{20}$ 1,45664; Dampfdichte 6,9; Dampfdruck 20° 10,33 mm Hg; Flüchtigkeit 20° 54300 mg/m³; Oberflächenspannung 40,5 dyn/cm; Seßhaftigkeit 20° 0,4; Viskosität 0,75°; erstickender Geruch, sehr giftig	ll. in Bzl., Toluol	+ Anilinwasser (3 : 100) → weiße Kristalle von Diphenylharnstoff
Fl.	$0{,}9868^{20°}$	193,8	XII 135	$^{n}D^{20}$ 1,57144; ^{R}D 35,60 cm; ^{n}F 249,2; mit Dampf flüchtig	l. in A, Ae, Bzl.	Erhitzen mit Mellitsäureanhydrid → gelbrot Platindoppelsalz *Fp* 199°, orange Krist. Pikrat *Fp* 134°, gelbes Krist.-Pulver Benzylsulfonamid *Fp* 101°
Fl.	$0{,}830^{0°}$	127,2	I 689	$^{n}D^{17,4}$ 1,39694; ^{R}D 30,01 cm; ^{n}F 73,5	swl. in W ∞ A, Ae	Semicarbazon *Fp* 118°
Fl.	$0{,}7042^{18°}$	125,8	I 159	$^{n}D^{20}$ 1,39760; ^{R}D 39,19 cm; ^{n}F 69,8; Oberflächenspannung 20° 31,11 dyn/cm	0,001 W 16° ∞ A, Ae	
Fl.	$1{,}9463^{17°}$	139,9	I 109		swl. in W l. in A ll. in Ae	erhitzen → 1,3- oder 2,2-Dibrompropan

Lfd. Nr.	*Fp*	Name	Summenformel	Strukturformel	Mol.-Gewicht
1	2	3	4	5	6
190	**—55,0**	n-Amylamin	$C_5H_{13}N$	$CH_3 \cdot (CH_2)_3 \cdot CH_2 \cdot NH_2$	87,16
191	**—55,0**	akt. α-Pinen	$C_{10}H_{16}$	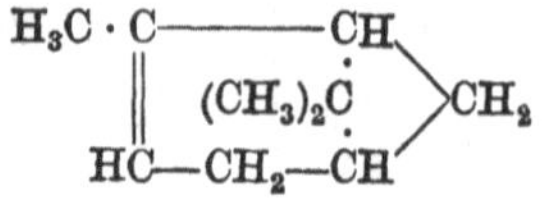	136,22
192	**—54,0**	Bromaceton	C_3H_5OBr	$CH_3 \cdot CO \cdot CH_2Br$	136,50
193	**—53,9**	Nonan	C_9H_{20}	$CH_3 \cdot (CH_2)_7 \cdot CH_3$	128,25
194	**—53,6**	Methylrhodanid	C_2H_3NS	$CH_3 \cdot S \cdot CN$	73,11
195	**—53,5**	m-Xylol	C_8H_{10}	$C_6H_4(CH_3)_2$	106,16
196	**—53,0**	cis-α,β-Dibromäthylen	$C_2H_2Br_2$	CHBr : CHBr	185,87
197	**—53,0**	Xanthogensäure	$C_3H_6OS_2$	$C_2H_5 \cdot O \cdot CS \cdot SH$	122,20
198	**—52,8**	Cyclopentanon	C_5H_8O	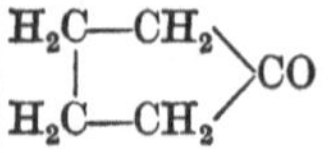	84,11
199	**—52,7**	Mesitylen (1,3,5-Trimethylbenzol)	C_9H_{12}	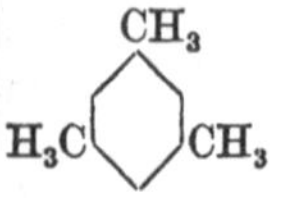	120,18
200	**—52,6**	Methylenbromid	CH_2Br_2	CH_2Br_2	173,86

Aggregat-zustand Farbe	Spez. Gewicht	Siede-punkt °C	Beilstein-Zitat	Physikalische Konstanten und Eigenschaften	Löslichkeit	Reaktionen
7	8	9	10	11	12	13
Fl.	$0{,}766^{19^\circ}$	103	IV 175	$^{n}D^{17,9}$ 1,40959; ^{R}D 28,70 cm;	l. in W, A	
Fl.	$0{,}862^{18^\circ}$	153,3	V 144	$^{n}D^{18,1}$ *da*- 1,46634, $^{n}D^{16,8}$ *la* 1,46803; ^{R}D *da*- 43,99 cm, *la*- 43,91 cm; ^{n}F *da*- 96,8, *la*- 99,2; leicht bewegliche Flüssigkeit von charakteristischem Geruch	∞ A, Ae	geht bei 250—270° in Dipenten über Nitrosochlorid *Fp* 103° Nitrolbenzylamin *Fp* 122 bis 123°, rhomb. Säulen
Fl.	$1{,}6223^{16^\circ}$	138 (z) 35-38 (10 mm)	I 657	Dampfdruck 4,75; Litergewicht d. Dampfes 5,69 g; Dampfdruck 20° 9 mm Hg; Flüchtigkeit 20° 75000 mg/m³; stechender Geruch; unerträglich: 10 mg/m³	swl. in W. ll. in A, Aceton	+ m-Dinitrobenzol in Ggw. von NaOH → dunkelrote Färbung, schnell in schwarz übergehend 0,5 ml sehr verd. Lsg. mit etwas Na_2CO_3 1 Min. mäßig erwärmen + 1 klein. Kristall (0,01 g) KBr +2 ml konz. H_2SO_4 — schütteln + 1 Tropfen 5%ige wss. Natr.-salicylat.-Lsg. → auf H_2SO_4 violetter Ring
Fl.	$0{,}7177^{20^\circ}$	150,6	I 165	$^{n}D^{20}$ 1,40550; ^{R}D 43,84 cm; ^{n}F 69,2	unl. in W ∞ A, Ae	
Fl.	$1{,}0765^{15^\circ}$	131	III 175	ebullioskop. Konst. 2,64; riecht lauchartig	swl. in W ∞ A, Ae	bei 180° → Methylsenföl
Fl.	$0{,}8642^{20^\circ}$	139	V 370	$^{n}D^{15,7}$ 1,4996; ^{R}D 35,90 cm; ^{n}F 158,0; Oberflächenspannung 15° 30,12 dyn/cm	swl. in W ll. in A, Ae	Tetrabrom-m-xylol *Fp* 247°, Nadeln m-Toluylsäure *Fp* 110,5°, prismat. Krist. Isophthalaldehydtetraacetat *Fp* 101°, Prismen
Fl.	$2{,}2846^{18^\circ}$	112,5	E I 81	$^{n}D^{20}$ 1,54367; ^{R}D 26,30 cm ^{n}F 164,9		+ alkohol. KOH → Bromacetylen
Öl	>1	24 (zers.)	III 209		0,24 W 0°	+ A zers. bei 24° → CS_2 + A
Öl	$0{,}9416^{22^\circ}$	130,5	VII 5		swl. in W l. in A, Ae	Oxim *Fp* 58,5°
Fl.	$0{,}864^{20^\circ}$	164,6	V 406	$^{n}D^{17,1}$ 1,49804; ^{R}D 40,72 cm; ^{n}F 153,3	unl. in W l. in A, Ae	
Fl.	$2{,}4953^{20^\circ}$	96,5	I 67	$^{n}D^{15}$ 1,54463; ^{R}D 21,89 cm; ^{n}F 149,0	1,15 W 20° ∞ A, Ae	

Lfd. Nr.	*Fp*	Name	Summenformel	Strukturformel	Mol.-Gewicht
1	2	3	4	5	6
201	**—52,5**	Diisoamyl	$C_{10}H_{22}$	$[(CH_3)_2CH \cdot CH_2 \cdot CH_2\text{-}]_2$	142,27
202	**—52,5**	Pinakolin	$C_6H_{12}O$	$(CH_3)_3C \cdot CO \cdot CH_3$	100,15
203	**—52,0**	Resorcindimethyläther	$C_8H_{10}O_2$	$C_6H_4(OCH_3)_2$	138,16
204	**—51,6**	Hexylalkohol	$C_6H_{14}O$	$CH_3 \cdot (CH_2)_4 \cdot CH_2 \cdot OH$	102,17
205	**—51,5**	Essigsäurebenzylester	$C_9H_{10}O_2$	$CH_3 \cdot CO \cdot OCH_2 \cdot C_6H_5$	150,17
206	**—51,0**	cis-Dekalin	$C_{10}H_{18}$	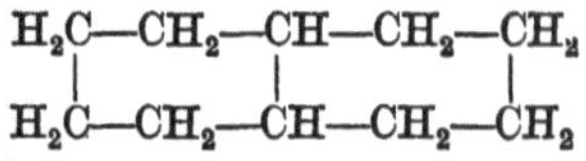	138,24
207	**—50,5**	Butylamin	$C_4H_{11}N$	$C_2H_5 \cdot CH_2 \cdot CH_2 \cdot NH_2$	73,13
208	**<—50,0**	γ-Conicein	$C_8H_{15}N$	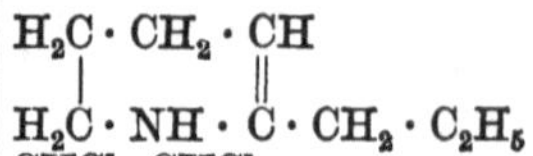	125,21
209	**—50,0**	trans-α,β-Dichloräthylen	$C_2H_2Cl_2$	CHCl : CHCl	96,95
210	**—50,0**	Diäthylamin	$C_4H_{11}N$	$(C_2H_5)_2NH$	73,13
211	**—50,0**	β-Pinen	$C_{10}H_{16}$	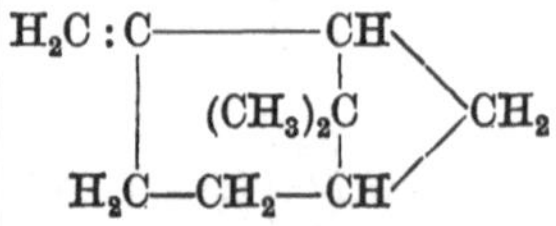	136,22
212	**—49,8**	Malonsäurediäthylester	$C_7H_{12}O_4$	$CH_2(\cdot CO \cdot OC_2H_5)_2$	160,16
213	**—49,1** bis **—48,9**	2,3-Thioxen	C_6H_8S	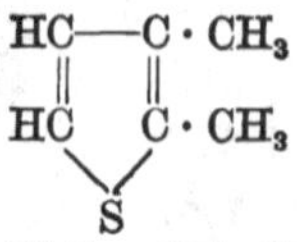	112,18
214	**—48,0**	Epichlorhydrin	C_3H_5OCl	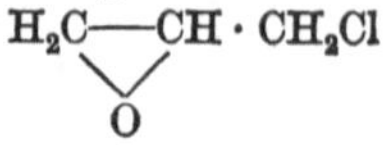	92,53

Aggregatzustand Farbe	Spez. Gewicht	Siedepunkt °C	Beilstein-Zitat	Physikalische Konstanten und Eigenschaften	Löslichkeit	Reaktionen
7	8	9	10	11	12	13
Fl.	$0{,}7216^{22^\circ}$	160,3	I 169	$^{n}D^{18,1}$ 1,40924; ^{R}D 48,33 cm; ^{n}F 72,0		
Fl.	$0{,}7999^{16^\circ}$	106,5	I 694	riecht pfefferminzartig	2,44 W 15° ∞ A, Ae	Oxim *Fp* 77—78°
Fl.	$1{,}0617^{15^\circ}$	217,0	VI 813	mit Dampf flüchtig	wl. in W ll. in A, Ae	l. in H_2SO_4 gelb
Fl.	$0{,}8204^{20^\circ}$	155,8	I 407		wl. in W l. in A, Ae	Phenylurethan *Fp* 42° α-Naphthylurethan *Fp* 59° p-Nitrophenylurethan *Fp* 103°
Fl.	$1{,}057^{16^\circ}$	214,9	VI 435	riecht nach Birnen	swl. in W ∞ A, Ae	
Fl.	$0{,}8953^{20^\circ}$	193	V 92	$^{n}D^{18}$ 1,48035; ^{R}D 43,85 cm; ^{n}F 84,9; Oberflächenspannung 19,8° 31,48 dyn/cm; ebullioskop. Konst. 5,76	unl. in W l. in A, Ae	
Fl.	$0{,}742^{15^\circ}$	77,8	IV 156	$^{n}D^{20}$ 1,401; ^{n}F 75,0; riecht ammoniakalisch	∞ W	Hydrochlorid *Fp* 195°
Fl.	$0{,}8753^{15^\circ}$	172,0 (752mm)	XX 144	giftig	wl. in W l. in A	Chloroaurat *Fp* 69—70°
Fl.	$1{,}2651^{15^\circ}$	48,4	E I 78	Dampfdruck 23°C 293 mm; Verdampfungswärme 41 cal		
Fl.	$0{,}7108^{18^\circ}$	55,5	IV 95	$^{n}D^{17,6}$ 1,38730; ^{R}D 24,23 cm; ^{n}F 75,4; brennbar	∞ W l. in A	Chlorhydrat *Fp* 223,5°, Blätter Bromaurat *Fp* 162°, kleine rote Nadeln N-α-Naphthyl-N′, N′-diäthylharnstoff *Fp* 127 bis 128°
Fl.	$0{,}8708^{20^\circ}$	165,2	V 154		unl. in W l. in A, Ae	Oxydation zu Nopinsäure mit Permanganat unter 40° in neutraler Lsg., *Fp* 126°
Fl.	$1{,}0550^{20^\circ}$	198,9	II 573	$^{n}D^{20}$ 1,414; Oberflächenspannung 30° 30,56 dyn/cm; schwach aromatischer Geruch, bitterer Geschmack	l. in W, A	
Fl.	$1{,}0021^{20^\circ}_{4^\circ}$	140,2 bis 141,2	E XVII 242	$^{n}D^{20}$ 1,5073		
Fl.	$1{,}1801^{20^\circ}$	117	XVII 6		swl. in W ∞ A, Ae	

Lfd. Nr.	*Fp*	Name	Summenformel	Strukturformel	Mol.-Gewicht
1	2	3	4	5	6
215	—48,0 bis —40,0	Phenylacetylen	C_8H_6	$C_6H_5 \cdot C \vdots CH$	102,13
216	—47,8	3-Chlortoluol	C_7H_7Cl	$CH_3 \cdot C_6H_4 \cdot Cl$	125,58
217	—47,0	Isobuttersäure	$C_4H_8O_2$	$(CH_3)_2CH \cdot COOH$	88,10
218	—47,0	1,3-Methylcyclohexanol	$C_7H_{14}O$	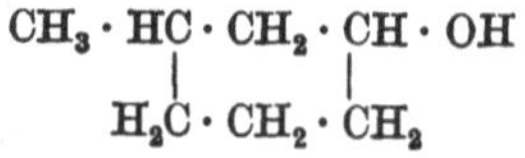	114,18
219	—45,9 bis —43,7	2-Jod-3-thiotolen	C_5H_5JS	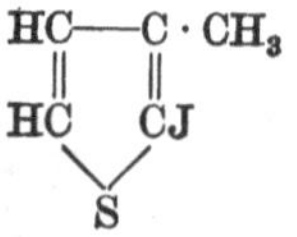	224,07
220	—45,0	Chlorbenzol	C_6H_5Cl	C_6H_5Cl	112,56
221	—45,0	α,α-Dichloraceton	$C_3H_4OCl_2$	$CHCl_2 \cdot CO \cdot CH_3$	126,96
222	—45,0	Dimethylarsinchlorid (Kakodylchlorid)	C_2H_6ClAs	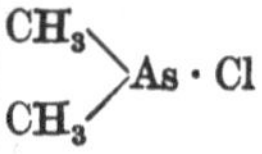	140,42
223	—45,0	Methylisocyanid	C_2H_3N	$CH_3 \cdot N:C$	41,05
224	—44,9	Acetonitril	C_2H_3N	$CH_3 \cdot CN$	41,05
225	—44,8	Caprylsäureäthylester	$C_{10}H_{20}O_2$	$CH_3 \cdot (CH_2)_6 \cdot CO \cdot OC_2H_5$	172,26
226	—44,0	Acetessigester	$C_6H_{10}O_3$	$CH_3 \cdot CO \cdot CH_2 \cdot CO \cdot OC_2H_5$	130,14
227	—43,9	Cyclohexylchlorid	$C_6H_{11}Cl$	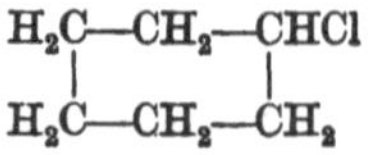	118,50

Aggregatzustand Farbe	Spez. Gewicht	Siedepunkt °C	Beilstein-Zitat	Physikalische Konstanten und Eigenschaften	Löslichkeit	Reaktionen
7	8	9	10	11	12	13
Fl.	$0{,}9295^{20°}$	139-140	V 511		l. in W	
Fl.	$1{,}0722^{20°}$	161,6	V 291		unl. in W l. in A	
Fl.	$0{,}9682^{0°}$	154,4	II 288	$^{n}D^{20}$ 1,39300; ^{R}D 22,15 cm; ^{n}F 69,9; riecht buttersäureähnlich, weniger unangenehm	20 W 20° ∞ A, Ae	Silbersalz → tafelförmige Blättchen + Benzimidazol *Fp* 223 bis 225°, $Kp._{15}$ 180° p-Bromphenacylester *Fp* 76,8°
Sirup	$0{,}9158^{20°}$	175-176	VI 12	$^{n}D^{20}$ 1,46165; ^{R}D 33,84 cm; ^{n}F 81,9	1,03 W l. in A, Ae	
Fl.		84,5 bis 85,5				
Fl.	$1{,}1064^{20°}$	132	V 199	$^{n}D^{20}$ 1,52479; ^{R}D 31,14 cm; ^{n}F 170,7; Oberflächenspanng. 18° 33,7 dyn/cm; riecht angenehm	0,049 W. 30° sll. in A, Ae, Chlf., Bzl.	
Fl.	$1{,}236^{21°}$	120,0	I 654		wl. in W ll. in A, Ae	Semicarbazon *Fp* 163°
Fl.	$1{,}504^{12°}_{4°}$	106,5 bis 107	IV 607	scharfer Geruch	unl. in W, Ae l. in A	
Fl.	$0{,}756^{4°}$	59,6	IV 56	sehr giftig	~ 10 W. 15° l. in A, Ae	+ Säuren → Methylamin + Ameisensäure
Fl.	$0{,}783^{20°}$	81,6	II 183	$^{n}D^{16,5}$ 1,34596; ^{R}D 11,11 cm; ^{n}F 57,7; ebullioskop. Konst. 1,3; brennt mit leuchtender Flamme, die pfirsichblütenfarben gesäumt ist	∞ W	
Fl.	$0{,}873^{16°}$	207 bis 208 (750mm)	II 348		swl. in W l. in A, Ae	
Fl.	$1{,}021^{25°}$	180,0 (754mm)	III 632	Oberflächenspannung 25° 32,0 dyn/cm; angenehmer Geruch	12,5 W 16° ∞ A, Ae	+ $FeCl_3$ violette Färbung Semicarbazon *Fp* 129° p-Nitrophenylhydrazon *Fp* 118°, hellgelbe Prismen
Fl.	$1{,}0000^{20°}$	140-141	V 21		l. in A, Ae	

Lfd. Nr.	*Fp*	Name	Summenformel	Strukturformel	Mol.-Gewicht
1	2	3	4	5	6
228	**—43,6**	m-Toluidin	C_7H_9N	$CH_3 \cdot C_6H_4 \cdot NH_2$	107,15
229	**—43,0**	Kohlensäurediäthylester	$C_5H_{10}O_3$	$O{=}C\langle^{OC_2H_5}_{OC_2H_5}$	118,13
230	**—42,5**	1,1,2,2-Tetrachloräthan	$C_2H_2Cl_4$	$CHCl_2 \cdot CHCl_2$	167,86
231	**—42,0**	Butyrolacton	$C_4H_6O_2$	H_2C—CH_2 / H_2C—O—CO	86,09
232	**—42,0**	Diäthylketon	$C_5H_{10}O$	$C_2H_5 \cdot CO \cdot C_2H_5$	86,13
233	**—42,0**	1,3-Dioxan	$C_4H_8O_2$	$H_2C\langle^{CH_2 \cdot O}_{CH_2 \cdot O}\rangle CH_2$	88,10
234	**—42,0**	Önanthaldehyd (Heptanal)	$C_7H_{14}O$	$CH_3 \cdot (CH_2)_5 \cdot CHO$	114,18
235	**—42,0**	Pyridin	C_5H_5N		79,10
236	**—41,2**	Fluorbenzol	C_6H_5F	C_6H_5F	96,10

Aggregat-zustand Farbe	Spez. Gewicht	Siede-punkt °C	Beilstein-Zitat	Physikalische Konstanten und Eigenschaften	Löslichkeit	Reaktionen
7	8	9	10	11	12	13
Fl.	0,9891$^{20°}$	203,2	XII 853	$^{n}D^{22,4}$ 1,57106; ^{R}D 35,33 cm	wl. in W ll. in A, Ae	+ Chromsäure → grün; + W → braun; + NH_3 → rot Chlorhydrat *Fp* 228°, Blättchen, Kp. 249,8° Acetylderivat *Fp.* 66°, Nadelbüschel Benzoylderivat *Fp* 125°, monoklin-prismat. Krist.
Fl.	0,974$^{13°}$	126	III 5	$^{n}D^{20}$ 1,38523; ^{R}D 28,37 cm; ^{n}F 63,4; riecht ätherisch	unl. in W l. in A	
Fl.	1,002$^{20°}$	146,2	I 86	$^{n}D^{26}$ 1,49; ^{n}F 99,2; Dampfdruck 20° 11 mm; riecht wie Chloroform; giftig	unl. in W ∞ A, Ae	
Fl.	1,1286$^{15°}_{0°}$	206,0	XVII 234	mit Dampf-flüchtig	∞ W ll. in A, Ae	
Fl.	0,8159$^{19°}$	101,7	I 679	$^{n}D^{16,6}$ 1,39385; ^{R}D 25,18 cm; ^{n}F 70,9	4,6 W 20° 3,7 W 100° ∞ A, Ae	Semicarbazon *Fp* 139° p-Nitrophenylhydrazon *Fp* 144°, orangegelbe Nadeln
Fl.	1,0342$^{20°}$	106	XIX 2	Oberflächen-spannung 20° 35,42; riecht acetalähnlich	∞ W, A, Ae	
Fl.	0,8226$^{15°}_{15°}$	155,0 58,0 (24,3 mm)	I 695		wl. in W l. in A, Ae	Oxim *Fp* 57—58° p-Nitrophenylhydrazon *Fp* 73° 2,4-Dinitrophenylhydrazon *Fp* 106°, blaßorange Nadeln
Fl.	0,9772$^{23°}$	115,5	XX 189	$^{n}D^{21}$ 1,50919 ^{R}D 24,07 cm; ^{n}F 157,2; Oberflächenspannung 25° 34,9 dyn/cm; ebullioskop. Konst. 2,69; kryoskopische Konst. 4,97; hygroskopisch; mit Dampf flüchtig; eigentümlicher, scharfer Geschmack und Geruch	∞ W, A, Ae	+ etwas W + Spur Cyanbromidlsg. + einige Tropfen Anilin → rot + α-Dinitrochlorbenzol in alkohol. Lsg. + Lauge → rotviolett Chloraurat *Fp* 304°, Prismen Chloroplatinat *Fp* 240 bis 242°, orangegelbe Spieße Quecksilbersalz *Fp.* 177 bis 178°, Nadeln Phenacylpyridiniumchlorid *Fp* 113°
Fl.	1,0236$^{20°}$	85	V 198	$^{n}D^{20}$ 1,46673; ^{R}D 26,00 cm; ^{n}F 146,0	0,15 W.30° l. in A	

Lfd. Nr.	*Fp*	Name	Summenformel	Strukturformel	Mol. Gewicht
1	2	3	4	5	6
237	—41,0 bis 40,0	2-Jodthiophen	C_4H_3JS	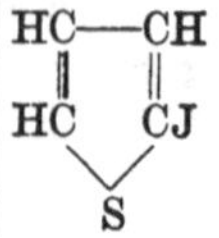	211,04
238	—40,6	Oxalsäurediäthylester	$C_6H_{10}O_4$	$H_5C_2O \cdot OC \cdot CO \cdot OC_2H_5$	146,14
239	—40,0	cis-Dekahydrochinolin	$C_9H_{17}N$	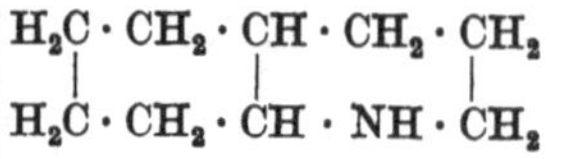	139,23
240	<—40,0	Kakodylsulfid	$C_4H_{12}SAs_2$	$[(CH_3)_2As]_2S$	242,01
241	—40,0	Milchsäurenitril	C_3H_5ON	$CH_3 \cdot CH(OH) \cdot CN$	71,08
242	—40,0	Thiophen	C_4H_4S	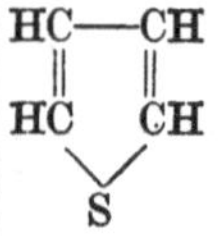	84,13
243	—40,0	Zinkdimethyl	C_2H_6Zn	$(CH_3)_2Zn$	95,45
244	—39,8	3-Bromtoluol	C_7H_7Br	$CH_3 \cdot C_6H_4 \cdot Br$	171,04
245	—39,0	Benzylchlorid	C_7H_7Cl	$C_6H_5 \cdot CH_2Cl$	126,58
246	—39,0	Vinylessigsäure	$C_4H_6O_2$	$CH_2 : CH \cdot CH_2 \cdot COOH$	86,09
247	—38,6	sek.-n-Octylalkohol	$C_8H_{18}O$	$CH_3 \cdot (CH_2)_5 \cdot CH(OH) \cdot CH_3$	130,22
248	<—38,0	Methyldiäthylcarbinol	$C_6H_{14}O$	$(C_2H_5)_2C(OH)CH_3$	102,17
249	—38,1	N,N-Diäthylanilin	$C_{10}H_{15}N$	$C_6H_5 \cdot N(C_2H_5)_2$	149,25

Aggregat-zustand Farbe	Spez. Gewicht	Siede-punkt °C	Beilstein-Zitat	Physikalische Konstanten und Eigenschaften	Löslichkeit	Reaktionen
7	8	8	10	11	12	13
Fl.		73 (15 mm)	XVII 34			
Öl	1,0785$^{20°}$	185	II 535	$^{n}D^{20}$ 1,41043; ^{R}D 33,57 cm; ^{n}F 74,0	wl. in W ll. in Ae ∞ A	
Fl.	0,9191$^{56°}$	205,0 (735mm)	XX 157			
Öl		211	IV 608	riecht widerlich; mit Dampf flüchtig	swl. in W l. in A, Ae	
Fl.	0,988$^{20°}$	183	III 284	$^{n}D^{18,4}$ 1,40582; ^{R}D 17,59 cm	∞ W, A l. in Ae	
Fl.	1,0705$^{15°}$	84	XVII 29	$^{n}D^{18,5}$ 1,52989, $^{n}D^{20}$ 1,52853; ^{R}D 24,35 cm; ^{n}F 172,8; Oberflächenspanng. 19° 36,0 dyn/cm, 87° 22,8 dyn/cm; schwacher, laugenartig. Geruch	unl. in W l. in A, Bzl.	mit nitrithaltiger H_2SO_4 → zuerst grüne, dann blaue Färbung + $SbCl_5$ in CCl_4 → grün + Phenanthrenchinon → tiefgrüne Flocken
Fl.	1,386$^{10°}$	46	IV 671	riecht widerlich	l. in Ae	+ H_2O → Zers.
Fl.	1,4099$^{20°}$	183,7	V 305	$^{n}D^{20}$ 1,5546; ^{R}D 38,60 cm	unl. in W. l. in A	
Fl.	1,1002$^{20°}$	179,4 64° (12mm)	V 292	$^{n}D^{15,4}$ 1,5415; ^{R}D 35,72 cm; ^{n}F 175,0; Dampfdichte 4,4; Litergewicht d. Dampfes 5,26 g; riecht stark stechend; Dampf ist tränenreizend	unl. in k. W ∞ A, Ae	+ sied. W → Benzylalkohol
Fl.	1,013$^{15°}$	163	II 407			+ sied. H_2SO_4 oder + HBr → Crotonsäure Amid *Fp* 72°
Fl.	0,8199$^{20°}$	179	I 419	$^{n}D^{15}$ 1,43230; ^{R}D 40,58 cm; ^{n}F 78,9	0,15 W 15°	
Fl.	0,8237$^{20°}$	122-123	I 411		wl. in W l. in A, Ae	
Öl	0,9351$^{20°}$	215,5 147,3 (100mm) 91,9 (10mm)	XII 164		wl. in W l. in A, Chlf., Eg.	Platindoppelsalz gelbe Krist. + 1,3,5-Trinitrobenzol *Fp* 42—42,5, schwarze Prismen Salz d. 2,4,6-Trinitroresorcins *Fp* 159°, gelbe Nadeln Salz der 2,4,6-Trinitrobenzoesäure *Fp* 115 bis 116°, farblose Prismen

Lfd. Nr.	*Fp*	Name	Summenformel	Strukturformel	Mol.-Gewicht
1	2	3	4	5	6
250	**—37,6**	Isovaleriansäure	$C_5H_{10}O_2$	$CH_3 \cdot CH(CH_3) \cdot CH_2 \cdot COOH$	102,13
251	**—37,2**	Anisol	C_7H_8O	$C_6H_5 \cdot O \cdot CH_3$	108,13
252	**—37,2**	Dipropylcarbinol	$C_7H_{16}O$	$C_3H_7 \cdot CH(OH) \cdot C_3H_7$	116,19
253	**—36,5**	Furfurol	$C_5H_4O_2$	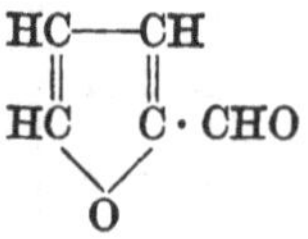	96,08
254	**—36,2**	1,3-Dibrompropan	$C_3H_6Br_2$	$CH_2Br \cdot CH_2 \cdot CH_2Br$	201,91
255	**—36,0**	trans-Dekalin	$C_{10}H_{18}$	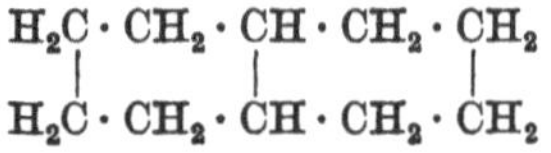	138,24
256	**—35,5**	1,1,2-Trichloräthan	$C_2H_3Cl_3$	$CH_2Cl \cdot CHCl_2$	133,41
257	**—35,3**	Äthylenchlorid	$C_2H_4Cl_2$	$CH_2Cl \cdot CH_2Cl$	98,97
258	**—35,0**	1,5-Dibrompentan (Pentamethylenbromid)	$C_5H_{10}Br_2$	$CH_2Br \cdot (CH_2)_3 \cdot CH_2Br$	229,96
259	**—35,0**	Isocapronsäure (Isobutylessigsäure)	$C_6H_{12}O_2$	$(CH_3)_2CH \cdot (CH_2)_2 \cdot COOH$	116,15
260	**—35,0**	Methylheptylcarbinol	$C_9H_{20}O$	$CH_3 \cdot (CH_2)_6 \cdot CH(OH) \cdot CH_3$	144,25
261	**—34,6**	2,2-Dichlorpropan	$C_3H_6Cl_2$	$CH_3 \cdot CCl_2 \cdot CH_3$	112,99
262	**—34,6**	Heptylalkohol	$C_7H_{16}O$	$CH_3 \cdot (CH_2)_5 \cdot CH_2OH$	116,19
263	**—34,5**	n-Valeriansäure	$C_5H_{10}O_2$	$CH_3 \cdot (CH_2)_3 \cdot COOH$	102,13

Aggregatzustand Farbe	Spez. Gewicht	Siedepunkt °C	Beilstein-Zitat	Physikalische Konstanten und Eigenschaften	Löslichkeit	Reaktionen
7	8	9	10	11	12	13
Fl.	$0{,}9332^{17^\circ}$	176,7	II 309	$^{n}D^{20}$ 1,40433; ^{R}D 26,90 cm; ^{n}F 71,1; riecht nach Baldrian und faulem Käse	4,24 W 20° ∞ A, Ae	Silbersalz stark glänzende Dendriten p-Bromphenacylester *Fp* 68° p-Phenylphenacylester *Fp* 76°
Fl.	$1{,}0124^{0^\circ}$	153,8	VI 138	$^{n}D^{21,8}$ 1,51503; ^{R}D 33,00 cm; ^{n}F 172,6	unl. in W l. in A, Ae	mit Vanillin und HCl → kirschrot 4'-Nitro-4-methoxybenzophenon *Fp* 120,5—121°
Fl.	$0{,}8183^{20^\circ}$	156	I 415	riecht nach Pfefferminz		
Öl	$1{,}1594^{20^\circ}$	161,6	XVII 272	$^{n}D^{20}$ 1,52608; ^{R}D 25,43 cm; ^{n}F 270,4	8,3 W 20° ll. in A, Ae	+ Anilinacetat → rote Färbung
Fl.	$1{,}9874^{15^\circ}$	167,0	I 110		0,168 W 30° l. in A, Ae	
Fl.	$0{,}8734^{19^\circ}$	185	V 92	$^{n}D^{18}$ 1,48035; ^{R}D 43,85 cm; ^{n}F 84,9	unl. in W l. in A, Ae	
Fl.	$1{,}441^{25^\circ}$	113,5	I 85	$^{n}D^{22}$ 1,47192; ^{R}D 25,83 cm; ^{n}F 93,5	l. in A	
Fl.	$1{,}2576^{17^\circ}$	83,7	I 84	$^{n}D^{20}$ 1,44432; ^{R}D 21,01 cm; ^{n}F 83,5; Oberflächenspannung 29,9° 30,1 dyn/cm; ebullioskop. Konst. 3,12	0,865 W 25° l. in A, Ae	
Fl.	$1{,}706^{18^\circ}$	221	I 131	mit Dampf flüchtig; riecht aromatisch	unl. in W l. in A, Ae	
Öl		199,2 bis 199,7	II 327	riecht angenehm		Amid *Fp* 179° p-Phenylphenacylester *Fp* 70° Oxydation mit alkal. $KMnO_4$ → Isocaprolacton *Fp* 7—8°
Fl.	$0{,}8471^{20^\circ}$	193-194	I 423		l. in A, Ae	
Fl.	$1{,}0966^{15^\circ}$	69,7	I 105		l. in A	
Fl.	$0{,}8787^{25^\circ}$	174,0	I 414	$^{n}D^{20}$ 1,425; ^{n}F 74,0	swl. in W ∞ A, Ae	Dinitrobenzoesäureester *Fp* 47—48,5° Phenylurethan *Fp* 60° α-Naphthylurethan *Fp* 62°, Nadeln
Fl.	$0{,}9397^{19^\circ}$	187,0	II 299	$^{n}D^{15}$ 1,41049; ^{R}D 26,83 cm; ^{n}F 73,5; riecht ähnlich wie Buttersäure	3,7 W 16° ∞ A, Ae	p-Chlorphenacylester *Fp* 97,8° Silbersalz → glänzende, wollige Nadeln (dient zur quantitativen Bestimmung)

Lfd. Nr.	*Fp*	Name	Summenformel	Strukturformel	Mol.-Gewicht
1	2	3	4	5	6
264	**—34,2**	Benzoesäureäthylester	$C_9H_{10}O_2$	$C_6H_5 \cdot CO \cdot OC_2H_5$	150,17
265	**—34,0**	2-Chlortoluol	C_7H_7Cl	$CH_3 \cdot C_6H_4 \cdot Cl$	126,58
266	**—34,0**	Dibromdimethyläther	$C_2H_4OBr_2$	$CH_2Br \cdot O \cdot CH_2Br$	203,87
267	**—34,0**	Dipropylketon	$C_7H_{14}O$	$C_3H_7 \cdot CO \cdot C_3H_7$	114,18
268	**—33,6**	tert.-Butyljodid	C_4H_9J	$(CH_3)_3C \cdot J$	184,03
269	**—32,0**	Dimethylsulfat	$C_2H_6O_4S$	$(CH_3O)_2SO_2$	126,12
270	**—31,3**	Jodbenzol	C_6H_5J	C_6H_5J	204,02
271	**—31,0**	Glykoldiacetat	$C_6H_{10}O_4$	$(CH_3 \cdot CO \cdot OCH_2—)_2$	146,14
272	**—31,0**	γ-Valerolacton	$C_5H_8O_2$	H_2C——CH_2 |　　　| $OC \cdot O \cdot CH \cdot CH_3$	100,11
273	**—31,0**	Tetralin (1,2,3,4-Tetra-hydronaphthalin)	$C_{10}H_{12}$	C_6H_4 ⟨ $CH_2 \cdot CH_2$ / $CH_2 \cdot CH_2$ (ringförmig verbunden)	132,19
274	**—30,6**	Brombenzol	C_6H_5Br	C_6H_5Br	157,02
275	**—30,2**	Phenetol	$C_8H_{10}O$	$C_6H_5 \cdot O \cdot C_2H_5$	122,16

Aggregat-zustand Farbe	Spez. Gewicht	Siede-punkt °C	Beilstein-Zitat	Physikalische Konstanten und Eigenschaften	Löslichkeit	Reaktionen
7	8	9	10	11	12	13
Fl.	$1{,}0509^{15°}$	212,9	IX 110	$^{n}D^{20}$ 1,50602; $^{R}D^{20}$ 42,58 cm; ^{n}F 161,1; Oberflächenspannung 25° 34,6 dyn/cm; Dämpfe sind hustenreizend	0,1 W 60° l. in A, Ae	
Fl.	$1{,}0187^{20°}$	159,5	V 290		unl. in W l. in A	
Fl.	$2{,}203^{20°}$	154-155	I 582	Dampfdichte 7,0; Flüchtigkeit 20° 21 100 mg/m³; Viskosität 20° 1,1; Ausdehnungskoeffizient 0,0009	unl. in W l. in Ae, Bzl., Aceton	
Fl.	$0{,}8205^{15°}$	144,1	I 699	mit Dampf flüchtig; riecht durchdringend; schmeckt brennend	swl. in W ∞ A, Ae	
Fl.	$1{,}571^{0°}$	98-99	I 129			+ H_2O → tert.-Butylalkohol + HJ
Öl	$1{,}3276^{20°}$	188,5 (z) 96° (15 mm)	I 283	Dampfdichte 4,3; Dampfdruck 20° 1,3874; Flüchtigkeit 20° 3300 mg/m³; greift Schleimhäute an; giftig	l. in A, Ae Bzl., Chlf. 2,8 k. W	+ H_2O → zers.
Fl.	$1{,}8228^{25°}$	188,5	V 215	$^{n}D^{18,5}$ 1,62145; ^{R}D 39,12 cm; ^{n}F 252,6	0,034 W 30° ll. in A, Ae	
Fl.	$1{,}4959^{17°}$		II 142	explodiert durch Schlag		
Fl.	$1{,}057^{18°}$	207-208	XVII 235		∞ W	
Fl.	$0{,}9732^{18°}$	206-207	V 491	$^{n}D^{17,8}$ 1,48035; ^{R}D 84,9 cm; ^{n}F 43,85; Oberflächenspannung 19,3° 34,21 dyn/cm; ebullioskop. Konst. 5,58	unl. in W ll. in A, Ae	
zerfließliche Nadeln Fl.	$1{,}5219^{0°}$	155,6	V 206	$^{n}D^{20}$ 1,55977; ^{R}D 33,93 cm; ^{n}F 192,3; Oberflächenspannung 20° 28,88	0,045 W 30° ll. in A sll. in Ae	p-Sulfochlorid *Fp* 75—76° p-Sulfamid *Fp* 165°
Fl.	$0{,}9666^{20°}$	172,0	VI 140	riecht aromatisch	unl. in W ll. in A, Ae	

Lfd. Nr.	*Fp*	Name	Summenformel	Strukturformel	Mol.-Gewicht
1	2	3	4	5	6
276	**—30,0**	Decan	$C_{10}H_{22}$	$CH_3 \cdot (CH_2)_8 \cdot CH_3$	142,27
277	**<—30,0**	Methylschwefelsäure	CH_4O_4S	$CH_3 \cdot O \cdot SO_3H$	112,10
278	**—30,0** bis **—25,0**	2,4-Dibromthiophen	$C_4H_2Br_2S$	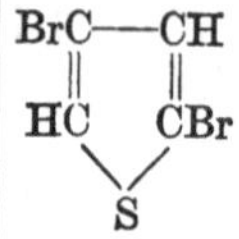	241,95
279	**—29,5**	Butyraldoxim	C_4H_9ON	$C_2H_5 \cdot CH_2 \cdot CH:NOH$	87,12
280	**—29,2**	Nitromethan	CH_3O_2N	$CH_3 \cdot NO_2$	61,04
281	**<—29,0**	Antimontriäthyl	$C_6H_{15}Sb$	$(C_2H_5)_3Sb$	208,94
282	**—29,0**	Glutarsäuredinitril	$C_5H_6N_2$	$NC \cdot (CH_2)_3 \cdot CN$	94,11
283	**—29,0**	Pentachloräthan	C_2HCl_5	$CCl_3 \cdot CHCl_2$	202,31
284	**—28,5**	tert.-Butylchlorid	C_4H_9Cl	$(CH_3)_3C \cdot Cl$	92,57
285	**—28,5** bis **—25,4**	5-Jod-2-thiotolen	C_5H_5JS	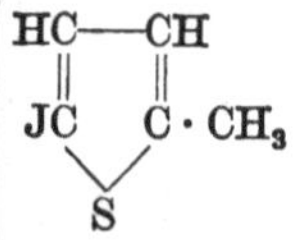	224,07
286	**—28,2**	β,β-Difluoräthylalkohol	$C_2H_4OF_2$	$CHF_2 \cdot CH_2OH$	63,05
287	**—28,0**	Zinkdiäthyl	$C_4H_{10}Zn$	$(C_2H_5)_2Zn$	123,50
288	**—27,9**	Dicyan	C_2N_2	$NC \cdot CN$	52,04
289	**—27,5**	Bleitetramethyl	$C_4H_{12}Pb$	$(CH_3)_4Pb$	267,34
290	**—27,0**	Cyclooctatetraen	C_8H_8	HC : CH · CH : CH |　　　　　　| HC : CH · CH : CH	104,14
291	**—26,5**	β-Fluoräthylalkohol	C_2H_5OF	$CH_2F \cdot CH_2OH$	64,06
292	**—26,5**	Undecan	$C_{11}H_{24}$	$CH_3 \cdot (CH_2)_9 \cdot CH_3$	156,30

Aggregat-zustand Farbe	Spez. Gewicht	Siede-punkt °C	Beilstein-Zitat	Physikalische Konstanten und Eigenschaften	Löslichkeit	Reaktionen
7	8	9	10	11	12	13
Fl.	$0{,}7304^{20°}$	173	I 168	$^{n}D^{20}$ 1,41203; ^{R}D 48,25 cm; ^{n}F 73,4	unl. in W l. in A, Ae	
Öl		z	I 283		sll. in W l. in A ∞ Ae	Erhitzen zers. → Dimethylsulfat + H_2SO_4
Öl	$2{,}147^{23°}_{23°}$	210	XVII 33	$^{n}D^{22,8}$ 1,63039; mit Dampf flüchtig	unl. in W.	
Fl.	$0{,}923^{20°}$	152 (715mm)	I 663		1,08 W ∞ A, Ae	
Öl	$1{,}1322^{20°}$	100,9	I 74	$^{n}D^{15}$ 1,38411; ^{R}D 12,49 cm; ^{n}F 91,9; ebullioskop. Konst. 1,95	wl. in W l. in A, Ae	+ Alkali → Nitroacetaldoxim
Fl.	$1{,}324^{16°}$	158 (30 mm)	IV 618	riecht nach Zwiebel; entzündet sich an der Luft	swl. in W l. in A, Ae	
Fl.	$0{,}995^{15°}_{15°}$	281	II 635	Dampfdruck 20° 7 mm	l. in W, A unl. in Ae	
Fl.	$1{,}693^{10°}$	161,9	I 87	$^{n}D^{15}$ 1,50542; ^{R}D 35,57 cm; ^{n}F 102,0; riecht wie Chloroform	unl. in W l. in A, Ae	
Fl.	$0{,}8471^{15°}_{15°}$	51	I 125	$^{n}D^{15}$ 1,40096; ^{R}D 25,73 cm; ^{n}F 72,5		+ sied. W. → tert. Butylalkohol
		93-95 (16mm)				
Fl.	$1{,}3084^{17°}$	96	I 336		∞ W, A, Ae	
Fl.	$1{,}182^{18°}$	118	IV 672	riecht durchdringend; entzündet sich an der Luft	l. in Ae	+ H_2O zers.
Gas		–21,2	II 549	giftig	350 ml W 30° 2600 ml A 20° 500 ml Ae 20°	
Fl.	$1{,}9952^{20°}$	110	IV 639	giftig	unl. in W l. in A, Ae	
gelbes Öl	$0{,}923^{20°}$	42 (17mm)	E_1 V 228	riecht süßlich		
Fl.	$1{,}1112^{18°}$	103,4	E_1 I 170		∞ W	
Fl.	$0{,}7411^{20°}$	194,5	I 170	$^{n}D^{20}$ 1,41730; ^{R}D 52,38 cm; ^{n}F 72,0	unl. in W ∞ A, Ae	

Lfd. Nr.	*Fp*	Name	Summenformel	Strukturformel	Gewicht Mol.-
1	2	3	4	5	6
293	—26,0	Benzaldehyd	C_7H_6O	$C_6H_5 \cdot CHO$	106,12
294	—26,0	Chloressigsäureäthylester	$C_4H_7O_2Cl$	$CH_2Cl \cdot CO \cdot OC_2H_5$	122,55
295	—26,0	Cyclohexanon	$C_6H_{10}O$	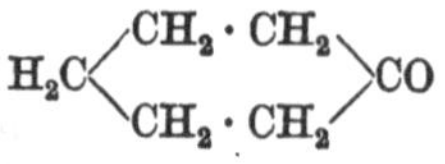	98,14
296	—26,0	Dibenzylamin	$C_{14}H_{15}N$	$(C_6H_5 \cdot CH_2)_2NH$	197,27
297	—26,0	Tetrolaldehyd	C_4H_4O	$CH_3 \cdot C \vdots C \cdot CHO$	68,07
298	—26,0	1,1,2-Tribromäthan	$C_2H_3Br_3$	$CH_2Br \cdot CHBr_2$	266,79
299	—25,8	2-Bromtoluol	C_7H_7Br	$CH_3 \cdot C_6H_4 \cdot Br$	171,04
300	—25,8	Triisobutylamin	$C_{12}H_{27}N$	$[(CH_3)_2CH \cdot CH_2]_3N$	185,34
301	<—25,0	4-Allylphenol	$C_9H_{10}O$	$CH_2 : CH \cdot CH_2 \cdot C_6H_4 \cdot OH$	134,17
302	—25,8	o-Xylol	C_8H_{10}	$CH_3 \cdot C_6H_4 \cdot CH_3$	106,16
302a	<—25,0	m-Cymol	$C_{10}H_{14}$	$CH_3 \cdot C_6H_4 \cdot CH(CH_3)_2$	134,21
303	—25,0	Kakodyloxyd	$C_4H_{12}OAs_2$	$[(CH_3)_2As]_2O$	225,95
304	—25,0 bis —24,0	2-Chlor-5-jodthiophen	C_4H_2ClJS	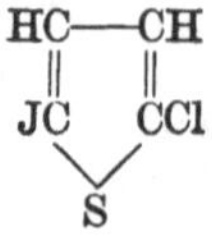	244,49
305	—24,6	Benzylcyanid (α-Tolunitril)	C_8H_7N	$C_6H_5 \cdot CH_2 \cdot CN$	117,14
306	—24,5	Diäthylsulfat	$C_4H_{10}O_4S$	$(C_2H_5O)_2SO_2$	154,18
307	—24,4	m-Dichlorbenzol	$C_6H_4Cl_2$	$C_6H_4Cl_2$	147,01
308	—24,4	o-Toluidin (α-Form)	C_7H_9N	$CH_3 \cdot C_6H_4 \cdot NH_2$	107,15
309	—24,0	1,2,3,5-Tetramethylbenzol (Isodurol)	$C_{10}H_{14}$	$C_6H_2(CH_3)_4$	134,21

Aggregatzustand Farbe	Spez. Gewicht	Siedepunkt °C	Beilstein-Zitat	Physikalische Konstanten und Eigenschaften	Löslichkeit	Reaktionen
7	8	9	10	11	12	13
Fl.	1,0498$^{20°}$	178,1	VII 174	$^{n}D^{20}$ 1,54638; ^{R}D 32,0 cm; ^{n}F 232,1; Oberflächenspannung 15,4° 39,19 dyn/cm; mit Dampf flüchtig; riecht bittermandelartig; schmeckt brennend aromatisch	0,3 W ∞ A, Ae	+ Acenaphthen und konz. H_2SO_4 → rotviolett p-Nitrophenylhydrazon *Fp* 192—193°, orangerote Nadeln Semicarbazon *Fp* 221 bis 222°, Tafeln α-Naphthylhydrazon *Fp* 144—145°, gelbe Nadeln oder Blättchen
Fl.	1,159$^{20°}$	143,6	II 197	$^{n}D^{20}$ 1,42271; ^{R}D 26,91 cm; ^{n}F 75,6	l. in A	+ H_2O zers.
Öl	0,9466$^{20°}$	155	VII 8	$^{n}D^{25}$ 1,449; riecht nach Pfefferminz	l. in W, A, Ae	Oxim *Fp* 90°
Öl	1,026$^{21°}$	270 (250mm)	XII 1035		unl. in W ll. in A, Ae	
Fl.	0,9265$^{17°}_{0°}$	107	E_1 I 388	riecht stechend	wl. in W l. in A, Ae	Semicarbazon *Fp* 158°
Fl.	2,5790$^{20°}$	187-188 (721mm)	I 93	$^{n}D^{20}$ 1,58902; ^{R}D 34,86 cm; ^{n}F 162,0	l. in A	
Fl.	1,4222$^{20°}$	181	V 304		unl. in W l. in A	
Fl.	0,771$^{17°}$	184-186	IV 166		unl. in W	
Fl.	1,033$^{18°}$	237	VI 571		unl. in W ∞ A, Ae	+ $FeCl_3$ → blau
Fl.	0,8812$^{20°}$	144	V 362	$^{n}D^{15,5}$ 1,50777; ^{R}D 35,77 cm; ^{n}F 159,2; riecht angenehm	swl. in W ll. in A, Ae	4-Sulfochlorid *Fp* 51—52°, prismat. Nadeln 3-Sulfamid *Fp* 167°, Nädelchen Tetrabrom-o-xylol *Fp* 258°, weiche Nadeln
Fl.	0,8619$^{20°}$	175	V 419	riecht nach Möhren, herb	unl. in W l. in A, Ae	
Fl.	1,4943$^{0°}$	150-151	IV 608	riecht widerlich; Dampf greift Augen an	wl. in W ll. in A, Ae	
Fl.						
Fl.	1,016$^{20°}$	233-234	IX 441	$^{n}D^{20,2}$ 1,52422; ^{R}D 35,22 cm	l. in A, Ae	
Öl	1,1837$^{19°}$	208	I 327	riecht nach Pfefferminz	unl. in W l. in A, Ae, Bzl.	
Fl.	1,2881$^{20°}$	172	V 202		swl. in W l. in A	
Fl.	0,9986$^{20°}$	200,7	XII 772		1,50 W 25° ll. in A, Ae	
Fl.	0,896$^{0°}$	195-197	V 430	$^{n}D^{16}$ 1,52031; ^{R}D 45,10 cm; ^{n}F 157,1	unl. in W l. in A, Ae	

Lfd. Nr.	*Fp*	Name	Summenformel	Strukturformel	Mol.-Gewicht
1	2	3	4	5	6
310	—23,8	Glutarsäurediäthylester	$C_9H_{16}O_4$	$CH_2(CH_2 \cdot CO \cdot OC_2H_5)_2$	188,21
311	—23,2	Acetylaceton	$C_5H_8O_2$	$CH_3 \cdot CO \cdot CH_2 \cdot CO \cdot CH_3$	100,11
312	—22,95	Tetrachlorkohlenstoff	CCl_4	CCl_4	153,84
313	—22,4	Tetrachloräthylen	C_2Cl_4	$CCl_2 : CCl_2$	165,85
314	—22,0	6-Methylchinolin	$C_{10}H_9N$	$C_9H_6N \cdot CH_3$	143,18
315	—22,0	Diazoessigester	$C_4H_6O_2N_2$	$N \vdots N : CH \cdot CO \cdot OC_2H_5$	114,10
316	—22,0	1-Methylnaphthalin	$C_{11}H_{10}$	$C_{10}H_7 \cdot CH_3$	142,19
317	—21,5	Diphenylsulfid	$C_{12}H_{10}S$	$(C_6H_5)_2S$	186,26
318	—21,0	Cadmiumdiäthyl	$C_4H_{10}Cd$	$(C_2H_5)_2Cd$	170,53
319	<—21,0	Lävulinaldehyd	$C_5H_8O_2$	$CH_3 \cdot CO \cdot CH_2 \cdot CH_2 \cdot CHO$	100,11
320	<—21,0	o-Phenetidin	$C_8H_{11}ON$	$H_2N \cdot C_6H_4 \cdot O \cdot C_2H_5$	137,17
321	—21,0	Phenylsenföl	C_7H_5NS	$C_6H_5 \cdot N : CS$	135,18
322	—20,8	Bernsteinsäurediäthylester	$C_8H_{14}O_4$	$C_2H_5O \cdot OC \cdot (CH_2)_2 \cdot CO \cdot OC_2H_5$	174,19
323	<—20,8	Hydratropasäure	$C_9H_{10}O_2$	$C_6H_5 \cdot CH(CH_3) \cdot COOH$	150,17
324	<—20,0	4-Äthyltoluol	C_9H_{12}	$CH_3 \cdot C_6H_4 \cdot C_2H_5$	120,18
325	—20,0	tert.-Butylbromid	C_4H_9Br	$(CH_3)_3C \cdot Br$	137,03
326	<—20,0	1,3-Dijodpropan	$C_3H_6J_2$	$CH_2J \cdot CH_2 \cdot CH_2J$	295,92

Aggregatzustand Farbe	Spez. Gewicht	Siedepunkt °C	Beilstein-Zitat	Physikalische Konstanten und Eigenschaften	Löslichkeit	Reaktionen
7	8	9	10	11	12	13
Fl.	$1{,}0270^{15°}$	233,7	II 633		swl. in W ll. in A	
Fl.	$0{,}977^{19°}$	137,5	I 777	Oberflächenspannung 25,2 29,2 dyn/cm; riecht nach Aceton und Essigsäure	12,5 W 20° ∞ A, Ae	+ $FeCl_3$ → intensiv rot; o-Phenylendiamin in alkohol. essigsaurer Lsg. → violett Kupferacetylaceton blaue Krist.
Fl.	$1{,}5985^{18°}$	76,75	I 64	$^{n}D^{20}$ 1,46072; ^{R}D 26,51 cm; ^{n}F 96,6; Oberflächenspannung 20° 25,68 dyn/cm; ebullioskop. Konst. 4,88; kryoskop. Konst. 29,8; Dampfdruck 20° 17 mm; riecht ätherisch; nicht brennbar; wirkt anästhesierend	0,077 W 25° ∞ A, Ae	mit CuCl wird Lsg. schmutzig dunkelrot, in 2—3 Minuten dunkelblau
Fl.	1,6239	120,8	I 187	$^{n}D^{20}$ 1,50547; ^{R}D 30,33 cm; ^{n}F 136,9; ebullioskop. Konst. 5,5	unl. in W	
Fl.	$1{,}0654^{20°}$	258,6	XX 397	$^{n}D^{25,4}$ 1,60909; ^{R}D 47,03 cm; ^{n}F 290,9	wl. in W ∞ A, Ae	Pikrat *Fp* 229°
gelbes Öl	$1{,}085^{17°}$	45° (12 mm)	XXV 110	stark riechend; mit Dampf flüchtig	wl. in W l. in A, Ae	+ sd. W → Glykolsäureäthylester + N_2; Rk. wird durch H-Ionen beschleunigt
Öl	$1{,}0005^{19°}$	240-243	V 566	mit Dampf flüchtig	unl. in W ll. in A, Ae	
Fl.	$1{,}1185^{15°}_{15°}$	296	VI 299		unl. in W ll. in h. A ∞ Ae, CS_2	
Fl.	$1{,}6531^{22°}$	64° (19 mm)	IV 677	riecht unangenehm; raucht an der Luft	l. in A, Ae	+ H_2O → zers.
Fl.	$1{,}084^{21°}$	186-188	I 774	riecht stechend; ätzt die Haut	∞ W, A, Ae	
Öl		229	XIII 359			Acetylderivat *Fp* 79°
Fl.	$1{,}128^{25°}$	218,5	XII 453		l. in Chlf.	Erhitzen mit W → Thiocarbanilid + CO_2 + H_2S + sd. A → Thiocarbanilsäureester
Fl.	$1{,}0402^{20°}$	217,7	II 609			
Fl.	1,1	264-265	IX 524	mit Dampf flüchtig	wl. in W	
Öl	$0{,}869^{14°}$	161-162	V 397		unl. in W l. in A, Ae	
Fl.	$1{,}1892^{22°}$	73,3	I 127			
Fl.	$2{,}563^{19°}$	227 (Z.)	I 115			

Lfd. Nr.	*Fp*	Name	Summenformel	Strukturformel	Mol.-Gewicht
1	2	3	4	5	6
327	<-20,0	N,N-Dimethyl-m-phenylendiamin	$C_8H_{12}N_2$	$H_2N \cdot C_6H_4 \cdot N(CH_3)_2$	136,19
328	<-20,0	Glycinäthylester	$C_4H_9O_2N$	$H_2N \cdot CH_2 \cdot CO \cdot OC_2H_5$	103,12
329	<-20,0	Thio-m-kresol	C_7H_8S	$CH_3 \cdot C_6H_4 \cdot SH$	124,19
330	—19,7	Propionsäure	$C_3H_6O_2$	$C_2H_5 \cdot COOH$	74,08
331	—19,5	Phenylcarbylaminchlorid (Phenyliminphosgen)	$C_7H_5NCl_2$	$C_6H_5 \cdot N:CCl_2$	173,96
332	—19,0	2-Äthylnaphthalin	$C_{12}H_{12}$	$C_{10}H_7 \cdot C_2H_5$	156,21
333	—19,0	α-Oxyisobuttersäurenitril	C_4H_7ON	$(CH_3)_2C(OH) \cdot CN$	85,10
333a	<-18,0	Allylessigsäure	$C_5H_8O_2$	$CH_2:CH \cdot CH_2 \cdot CH_2 \cdot COOH$	100,11
334	<-18,0	2-Äthylphenol	$C_8H_{10}O$	$C_2H_5 \cdot C_6H_4 \cdot OH$	122,16
335	<-18,0	Anthranil	C_7H_5ON	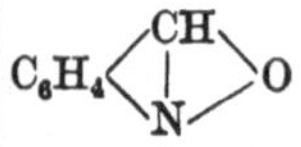	119,12
336	—18,0	2, 4,5-Trichlor-3-thiotolen	$C_5H_3Cl_3S$	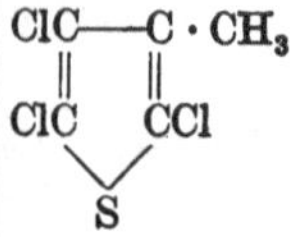	201,51
337	—17,5	o-Dichlorbenzol	$C_6H_4Cl_2$	$Cl \cdot C_6H_4 \cdot Cl$	147,01
338	—17,5	2,3-Dibromthiophen	$C_4H_2Br_2S$	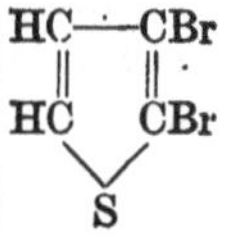	241,95
339	—17,0	Acetol (Oxyaceton)	$C_3H_6O_2$	$CH_3 \cdot CO \cdot CH_2 \cdot OH$	74,08
340	—17,0	Benzalchlorid	$C_7H_6Cl_2$	$C_6H_5 \cdot CHCl_2$	161,03

Aggregat-zustand Farbe	Spez. Gewicht	Siede-punkt °C	Beilstein-Zitat	Physikalische Konstanten und Eigenschaften	Löslichkeit	Reaktionen
7	8	9	10	11	12	13
Öl	$0,995^{25°}$	267	XIII 40			
Öl	$1,0275^{20°}$	148,0 (748mm)	IV 340		∞ W, A, Ae	Hydrochlorid *Fp* 144°
Fl.	$1,0625^{0°}$	195,4	VI 388	mit Dampf flüchtig	unl. in W l. in A	
Fl.	$0,9985^{15°}$	140,7	II 234	$^{n}D^{20}$ 1,3872; ^{R}D 17,47 cm; ^{n}F 67,4; Oberflächenspannung 15° 27,91 dyn/cm; ebullioskop. Konst. 3,51; riecht stechend	∞ W, A, Ae	+ o-Phthalaldehyd → grünlichblau p-Nitrobenzylester *Fp* 31° p-Chlorphenacylester *Fp* 98,2° Bariumsalz, durch Verdunsten zur Kristallisation gebracht, → rhombische, oktaedrische Krist.
gelbliche ölige Fl.	$1,30^{15°}$	210 95° (15 mm)	E_1 XII 168	Dampfdruck 20° 0,2210 mm Hg; Flüchtigkeit 20° 2100 mg/m³; Oberflächenspannung 52,2 dyn/cm; wenig flüchtig; Geruch nach Zwiebeln	unl. in W l. in Chlf, CCl_4	
Fl.	$1,008^{0°}$	251	V 569		unl. in W	
Fl.	$0,932^{19°}$	82 (232mm)	III 316	$^{n}D^{20}$ 1,41502; ^{R}D 22,13 cm; ^{n}F 77,6	ll. in W, A, Ae	+ Spuren Alkali → Aceton + HCN
Fl.	$0,9843^{48°}$	188	II 425		wl. in W ll. in A, Ae	Amid *Fp* 94°
Fl.	$1,037^{0°}$	207,5	VI 470		swl. in W ll. in A, Ae	
Öl	$1,183^{20°}$	210 (Z.)	XXVII 39	mit Dampf flüchtig	wl. in W ll. in A, Ae	
Fl.		115-116 (23mm)				
Fl.	$1,3348^{20°}$	179	V 201	$^{n}D^{20}$ 1,549; ^{n}F 176,0	swl. in W l. in A	
Fl.		212-213	XVII 33			
Fl.	$1,082^{20°}_{20°}$	145-146	I 821	riecht angenehm; anfangs süßer, dann brennender Geschmack		Phenylhydrazon *Fp* 103°, Säulen Oxim *Fp* 71°, Prismen mit o-Nitrobenzaldehyd u. Alkali in der Kälte → Indigo
Fl.	$1,2557^{14°}$	205,2	V 297	reizt zu Tränen	l. in A	+ H_2O → Benzaldehyd + HCl

Lfd. Nr.	*Fp*	Name	Summenformel	Strukturformel	Mol.-Gewicht
1	2	3	4	5	6
341	—17,0	1-Chlornaphthalin	$C_{10}H_7Cl$	$C_{10}H_7Cl$	162,61
342	<—17,0	γ-Oxybuttersäure	$C_4H_8O_3$	$HO \cdot CH_2 \cdot CH_2 \cdot CH_2 \cdot COOH$	109,10
343	<—17,0	Resorcinmonomethyläther	$C_7H_8O_2$	$HO \cdot C_6H_4 \cdot O \cdot CH_3$	124,13
344	<—17,0	Thioessigsäure	C_2H_4OS	$CH_3 \cdot CO \cdot SH$ oder $CH_3 \cdot CS \cdot OH$	76,11
345	—17,0 bis —15,6	3-Jod-2-thiotolen	C_5H_5JS	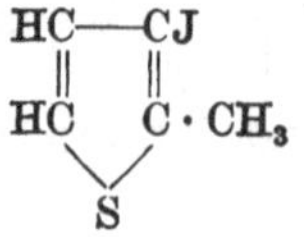	224,07
346	—16,5	Thioglykolsäure	$C_2H_4O_2S$	$HS \cdot CH_2 \cdot COOH$	92,11
347	—16,3	o-Toluidin (β-Form)	C_7H_9N	$CH_3 \cdot C_6H_4 \cdot NH_2$	107,15
348	—16,3	Octylalkohol	$C_8H_{18}O$	$CH_3 \cdot (CH_2)_6 \cdot CH_2 \cdot OH$	130,22
349	—16,0	Carvacrylamin	$C_{10}H_{15}N$	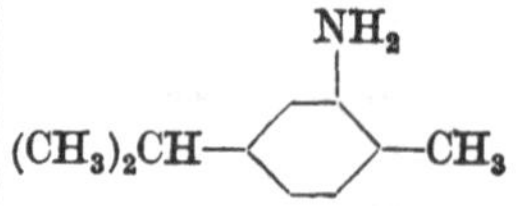	149,23
350	—16,0	Methylhexylketon	$C_8H_{16}O$	$CH_3 \cdot (CH_2)_5 \cdot CO \cdot CH_3$	128,20
351	—15,3	Benzylalkohol	C_7H_8O	$C_6H_5 \cdot CH_2OH$	108,13
352	<—15,0	Äthyl-β-naphthylamin	$C_{12}H_{13}N$	$C_{10}H_7 \cdot NH \cdot C_2H_5$	171,23
353	—15,0	Chinolin	C_9H_7N	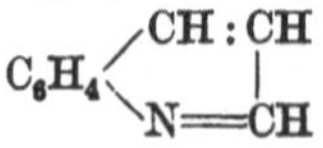	129,15

Aggregatzustand Farbe	Spez. Gewicht	Siedepunkt °C	Beilstein-Zitat	Physikalische Konstanten und Eigenschaften	Löslichkeit	Reaktionen
7	8	9	10	11	12	13
Fl.	1,0938$^{20°}$	259,3	V 541	$^{n}D^{20}$ 1,63321; ^{R}D 49,85 cm; ^{n}F 405,5	unl. in W l. in A, Ae	
Fl.		Z.	III 311	sehr leicht flüchtig		Erhitzen zers. → Butyrolacton + W
Fl.	>1	243-244	VI 813		l. in W ∞ in A, Ae l. in NaOH	
Fl.	1,074$^{10°}$	93	II 230	riecht stechend nach Essigsäure und Schwefelwasserstoff	l. in W ll. in A	
Fl.		83-86 (11 mm)		angenehm riechend	∞ A, Ae	
Fl.	1,325$^{20°}$	107-108 (16 mm)	III 244	oxydiert leicht	l. in W, A, Ae	
Fl.	0,9986$^{20°}$	200,7	XII 772	$^{n}D^{20}$ 1,57276; ^{R}D 35,33 cm; ^{n}F 229,5	1,50 W 25° ll. in A, Ae	3 Tropfen Subst. + 2 ml 50% H_2SO_4, auf 60 bis 70° erwärmen + 3 Tropfen gesätt. $K_2Cr_2O_7$-Lsg. → blau Chlorhydrat *Fp* 214,5 bis 215°, Kp. 242,2 Pikrat *Fp* 212—215°
Fl.	0,827$^{20°}$	196-197	I 412	$^{n}D^{15}$ 1,43230; ^{R}D 40,58 cm; ^{n}F 78,9	swl. in W ∞ A, Ae	Phenylurethan *Fp* 74,2° α-Naphthylurethan *Fp* 66°, spießige Nadeln
Öl	0,994$^{20°}$	240	XII 1171			Hydrochlorid *Fp* 207°
Fl.	0,8179$^{21°}$	172,9	I 704	$^{n}D^{20}$ 1,41613; ^{R}D 39,22 cm; ^{n}F 74,3; hygroskopisch; riecht wie Methylamin	l. in W ∞ A, Ae	Pikrat *Fp* 166° Semicarbazon *Fp* 123° *p*-Nitrophenylhydrazon *Fp* 92—93°
Fl.	1,0427$^{19°}$	205,2	VI 428	$^{n}D^{24,9}$ 1,62450; ^{R}D 32,41 cm; ^{n}F 172,3; wirkt lokalanästhesierend; riecht schwach aromatisch; Stehen an d. Luft → Bittermandelgeruch	4 W 17° 66,7 50%igen A ∞ A, Ae	Phenylurethan *Fp* 78° α-Naphthylurethan *Fp* 134,5° Phthalsäureester *Fp* 106 bis 107°, Prismen
Fl.		315-316	XII 1274			Chlorhydrat *Fp* 238°
Fl.	1,0929$^{20°}$	238,0 133,3 (16 mm)	XX 339	$^{n}D^{24,9}$ 1,62450; ^{R}D 41,87 cm; ^{n}F 309,2; ebullioskop. Konst. 5,33; charakteristisch riechend; mit Dampf flüchtig; hygroskopisch; schwache Base	wl. in k. W ll. in h. W ∞ A, Ae, CS_2, Aceton	Pikrat *Fp* 203°, hellgelbe Nadeln Chloroaurat *Fp* 235 bis 238°, gelbe Nadeln Chloroplatinat *Fp* 225°, gelbe Nadeln + p-Toluolsulfonsäuremethylester *Fp* 125 bis 126°

Lfd. Nr.	*Fp*	Name	Summenformel	Strukturformel	Mol.-Gewicht
1	2	3	4	5	6
354	<–15,0	Diäthylessigsäure	$C_6H_{12}O_2$	$(C_2H_5)_2CH \cdot COOH$	116,15
355	<–15,0	2,3-Dimethylanilin (o-Xylidin)	$C_8H_{11}N$	$(CH_3)_2C_6H_3 \cdot NH_2$	121,17
356	<–15,0	Dinitromethan	$CH_2O_4N_2$	$CH_2(NO_2)_2$	106,04
357	<–15,0	Geraniol	$C_{10}H_{18}O$	$CH_2{:}C(CH_3) \cdot (CH_2)_3 \cdot C(CH_3){:}CH \cdot CH_2OH$ und $(CH_3)_2 \cdot C{:}CH \cdot CH_2 \cdot CH_2 \cdot C(CH_3){:}CH \cdot CH_2OH$	154,24
358	<–15,0	Mesidin	$C_9H_{13}N$	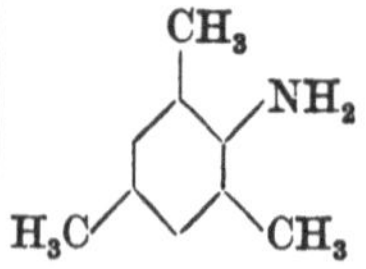	135,20
359	<–15,0	1,2,3,4-Tetrahydroiso-chinolin	$C_9H_{11}N$	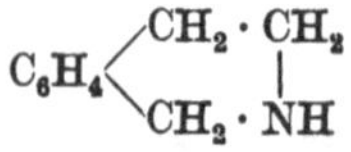	133,18
360	–14,7	1,2,3-Trichlorpropan	$C_3H_5Cl_3$	$CH_2Cl \cdot CHCl \cdot CH_2Cl$	147,44
360a	<–15,0	1,2,3-Trimethylbenzol (Hemellitol)	C_9H_{12}	$C_6H_3(CH_3)_3$	120,18
361	<–14,0	1-Äthylnaphthalin	$C_{12}H_{12}$	$C_{10}H_7 \cdot C_2H_5$	156,21
362	–14,0	2-Chloranilin	C_6H_6NCl	$Cl \cdot C_6H_4 \cdot NH_2$	127,57
363	–14,0	Dimethylisopropylcarbinol	$C_6H_{14}O$	$(CH_3)_2C(OH) \cdot CH(CH_3)_2$	102,17
364	–13,8	cis-α,β-Dijodäthylen	$C_2H_2J_2$	$CHJ{:}CHJ$	279,88
365	–13,4	3-Jodthiophen	C_4H_3JS	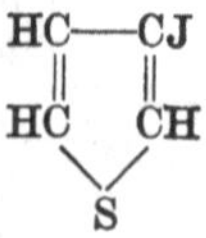	210,04
366	–13,0	Benzonitril	C_7H_5N	$C_6H_5 \cdot CN$	103,12

Aggregat-zustand Farbe	Spez. Gewicht	Siede-punkt °C	Beilstein-Zitat	Physikalische Konstanten und Eigenschaften	Löslichkeit	Reaktionen
7	8	9	10	11	12	13
Fl.	$0{,}9196^{18°}_{0°}$	194	II 333	schwacher, nicht unangenehmer Geruch		Amid *Fp* 107° Silbersalz seideglänzende Nadeln p-Jodphenacylester *Fp* 54°, Blättchen Bishydrazid *Fp* 234°, glänzende Nädelchen
Fl.	$0{,}991^{15°}$	221-222	XII 1101		swl. in W l. in A, Ae	Acetylderivat *Fp* 134°
Öl			I 77	mit Bzl.-Dampf flüchtig	l. in W	
Fl.	$0{,}8825^{15°}$	229,7	I 457	riecht nach Rosen	unl. in W ∞ A, Ae	Acetat Kp. 242° Tetrabromid *Fp* 70—71° α-Naphthylurethan *Fp* 47 bis 48°
Fl.	0,963	229	XII 1160		l. in A	Acetylderivat *Fp* 216 bis 217°
Fl.	$1{,}064^{23°}$	232-233	XX 275		wl. in W	Pikrat *Fp* 195°
Fl.	$1{,}417^{15°}$	156,9	I 106		unl. in W l. in A, Ae	Erhitzen mit W auf 160° → Glycerin
Fl.	$0{,}895^{20°}$	175	V 399		unl. in W l. in A, Ae	
Fl.	$1{,}018^{10°}$	257-259	V 569		unl. in W	
Fl.	$1{,}2125^{20°}$	208,8	XII 597	$^{n}D^{20}$ 1,58951; ^{R}D 35,46 cm; ^{n}F 240,2; Oberflächenspannung 24,9° 44,7 dyn/cm		
Fl.	$0{,}821^{20°}$	120-121	I 413	riecht campherartig		
Fl.	$3{,}023^{11°}$	188	I 194			+ alkohol. KOH → HJ-Abspaltung, viel schneller wie trans-Form
Fl.		68 (12 mm)	XVII 34			
Fl.	$1{,}0051^{20°}$	191,3	IX 275	$^{n}D^{25,5}$ 1,52570; ^{R}D 31,56 cm; ^{n}F 190,7; ebullioskop. Konst. 3,87; riecht nach Bittermandelöl; giftig	l. in sd. W ∞ A, Ae	

Lfd. Nr.	*Fp*	Name	Summenformel	Strukturformel	Mol.-Gewicht
1	2	3	4	5	6
367	—13,0	Cyanwasserstoffsäure	CHN	H · C ⋮ N	27,02
368	—13,0	3,5-Dibrom-2-thiotolen	$C_5H_4Br_2S$	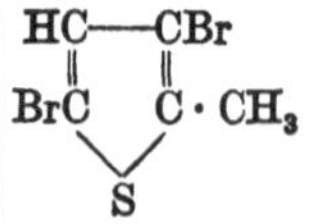	255,97
369	—13,0	Dimethyläthylessigsäure	$C_6H_{12}O_2$	$CH_3 \cdot CH_2 \cdot C(CH_3)_2 \cdot COOH$	116,16
370	—13,0	Piperidin	$C_5H_{11}N$	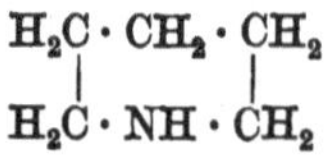	85,14
371	—13,0	o-Tolunitril	C_8H_7N	$CH_3 \cdot C_6H_4 \cdot CN$	117,14
372	—12,5	Benzoesäuremethylester	$C_8H_8O_2$	$C_6H_5 \cdot CO \cdot OCH_3$	136,14
373	—12,0	Cycloheptan	C_7H_{14}	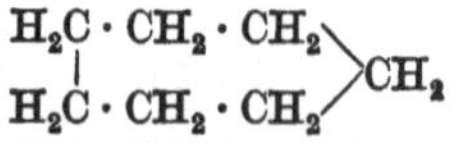	98,18
374	—12,0	Dodekan	$C_{12}H_{26}$	$CH_3 \cdot (CH_2)_{10} \cdot CH_3$	170,32
375	—12,0	Oxalylchlorid	$C_2O_2Cl_2$	ClOC · COCl	126,93
376	—11,2	Glykol	$C_2H_6O_2$	$HO \cdot CH_2 \cdot CH_2 \cdot OH$	62,07

Aggregatzustand Farbe	Spez. Gewicht	Siedepunkt °C	Beilstein-Zitat	Physikalische Konstanten und Eigenschaften	Löslichkeit	Reaktionen
7	8	9	10	11	12	13
Fl.	$0{,}6969^{18°}$	26	II 29	$^{n}D^{19}$ 1,254; Litergew. des Dampfes 0° 1,21 g; Dampfdruck 18° 567 mm Hg; Flüchtigkeit 20° 87300000 mg/m³ schwache Säure; brennt mit violetter Flamme; riecht betäubend, in Verdünnung bittermandelartig; sehr giftig	∞ W, A, Ae	alkal. Lsg. 5 Min. mit einigen Tropfen gelbem $(NH_4)_2S$ kochen, überschüssiges Sulfid mit 10% Cadmiumacetat entfernen, mit HNO_3 ansäuern + Ferrisulfat 0,1 mg je Liter noch Blutrotfärbung (Rhodanreaktion)
Fl.		227,5 bis 230				
Fl.		186 bis 187,5	II 335			Silbersalz Büschel seideartiger Nadeln p-Phenylphenacylester *Fp* 86,5°
Fl.	$0{,}8603^{21°}$	106,2	XX 6	$^{n}D^{18,7}$ 1,45350; ^{R}D 26,68 cm; ^{n}F 89,2; Oberflächenspannung 16,5° 29,89 dyn/cm; ebullioskop. Konst. 2,84; riecht charakteristisch, pfefferartig und zugleich ammoniakalisch; schmeckt stark kaustisch	∞ W, A, Ae	Hydrochlorid *Fp* 145°; Kp 190°; d 1,32; ll. in W, A Pikrat *Fp* 151—152°, gelbe Nadeln Benzylsulfonamid *Fp* 131,5°
Fl.	$0{,}996^{20°}$	205,2	IX 466	$^{n}D^{23,1}$ 1,52720; ^{R}D 36,39 cm	l. in A, Ae	
Fl.	$1{,}0937^{15°}$	199,5	IX 109	$^{n}D^{20}$ 1,51800; ^{R}D 37,82 cm; ^{n}F 131,7	unl. in W l. in A, Ae	+ $FeCl_3$ (verd.) + Eg. + H_2O_2 → violett
Öl	$0{,}8099^{20°}$	118	V 29		unl. in W ll. in A, Ae	
Fl.	$0{,}7511^{20°}$	214,5	I 171	$^{n}D^{20}$ 1,42188; ^{R}D 57,67 cm; ^{n}F 73,5	unl. in W ∞ A, Ae	
Nadeln	$1{,}488^{13°}$	63,5	II 542		l. in Ae	+ H_2O → CO_2, CO u. HCl + A → Oxalsäurediäthylester
Fl.	$1{,}1131^{20°}$	197,4	I 465	^{R}D 20° 8 cm; $^{n}F^{19,2}$ 73,0; Oberflächenspannung 16,8° 46,38 dyn/cm; schmeckt süß	∞ W, A 1,1 in Ae	Gibt Aldehydreaktion des Glycerins, nicht aber Acroleingeruch Dibenzoat *Fp* 73—74°, rhomb. Prismen

Lfd. Nr.	*Fp*	Name	Summenformel	Strukturformel	Mol.-Gewicht
1	2	3	4	5	6
377	—11,0	Undecylalkohol	$C_{11}H_{24}O$	$CH_3 \cdot (CH_2)_9 \cdot CH_2 \cdot OH$	172,30
378	—10,4	Eugenol	$C_{10}H_{12}O_2$	$CH_2 : CH \cdot CH_2 \cdot C_6H_3 \langle {OH(4) \atop OCH_3(3)}$	164,19
379	—10,2	3-Chloranilin	C_6H_6NCl	$Cl \cdot C_6H_4 \cdot NH_2$	127,57
380	—10,0	2,3-Dijodthiophen	$C_4H_2J_2S$	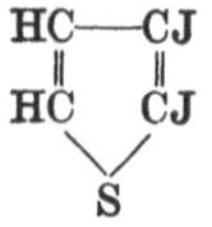	335,96
381	<—10,0	α-Naphtholmethyläther	$C_{11}H_{10}O$	$C_{10}H_7 \cdot O \cdot CH_3$	158,19
382	<—10,0	Nicotin	$C_{10}H_{14}N_2$	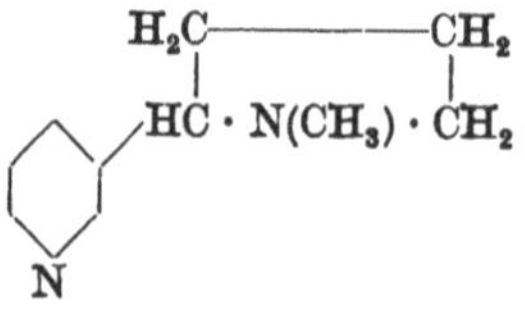	162,23
383	—10,0	Önanthsäure (Heptylsäure)	$C_7H_{14}O_2$	$CH_3 \cdot (CH_2)_5 \cdot COOH$	130,18
384	<—10,0	Phenylacetaldehyd	C_8H_8O	$C_6H_5 \cdot CH_2 \cdot CHO$	120,14
385	—9,6	2-Nitrotoluol (α-Form)	$C_7H_7O_2N$	$O_2N \cdot C_6H_4 \cdot CH_3$	137,13
386	—9,0	Acetonylaceton	$C_6H_{10}O_2$	$CH_3 \cdot CO \cdot CH_2 \cdot CH_2 \cdot CO \cdot CH_3$	144,14
387	—8,6	Salicylsäuremethylester	$C_8H_8O_3$	$HO \cdot C_6H_4 \cdot CO \cdot OCH_3$	152,14
388	—8,4	tert. Amylalkohol (Schlafmittel „Amylenhydrat“)	$C_5H_{12}O$	$C_2H_5 \cdot C(CH_3)_2 \cdot OH$	88,14

Aggregat-zustand Farbe	Spez. Gewicht	Siede-punkt °C	Beilstein-Zitat	Physikalische Konstanten und Eigenschaften	Löslichkeit	Reaktionen
7	8	9	10	11	12	13
Fl.	$0{,}8334^{23°}$	146 (30 mm)	I 427			Phenylurethan *Fp* 62°, Nadeln p-Joddiphenylylurethan *Fp* 146,5, haarförmige Krist. oder lange Platten
gelbliches Öl	$1{,}0630^{18°}$	253,5	VI 961	riecht nach Nelken, brennender Geschmack	swl. in W ll. in A, Ae	alkohol. Lsg. + $FeCl_3$ → blau + Natriumhypobromit → goldgelb → tiefbraun Phenylurethan *Fp* 95° Nadeln
Fl.	$1{,}2156^{20°}$	230 (767mm)	XII 602	$^{n}D^{20}$ 1,57305; ^{R}D 35,55 cm; ^{n}F 242,7; mit Dampf flüchtig		
Fl.		138,5 (12 mm)	XVII 34			
Öl	$1{,}0963^{14°}$	267	VI 606	mit Dampf flüchtig	unl. in W ll. in A, Ae	
Fl.	$1{,}0093^{20°}$	246 (730mm)	XXIII 110	$[\alpha]D^{20}$ −160°; mit Dampf flüchtig	∞ in W <64° >205° ll. in A, Ae	ätherische Lsg. von J_2 → rubinrote Krist. Erhitzen mit Epichlorhydrin → rot
Fl.	$0{,}9216^{14°}$	222-224 121-122 (18 mm)	II 338	riecht schwach talgartig	0 24 W 15° l. in A. Ae	Cd-Salz *Fp* 95—96°, Blättchen Hg-Salz *Fp* 106,5° Pb-Salz *Fp* 90,5—91,5°, Blättchen p-Chlorphenacylester *Fp* 65° p-Phenylphenacylester *Fp* 62°
Fl.	$1{,}025^{20°}$	193-194 88 (11 mm)	VII 292	polymerisiert leicht; intensiver Hyazinthengeruch	swl. in W l. in A, Ae	Oxim *Fp* 103°, Spieße Semicarbazon *Fp* 156°, Prismen Phenylhydrazon *Fp* 62 bis 63°, Prismen Diphenylhydrazon *Fp* 101 bis 102° 2,4-Dinitrophenylhydrazon *Fp* 110°, goldgelbe Blättchen
Fl.	$1{,}1674^{16°}$	222,3	V 318	$^{n}D^{20,4}$ 1,54739; ^{R}D 37,41 cm	0,065 W 30° ll. in A, Ae	
Fl.	$0{,}973^{20°}$	194 (754mm)	I 788		∞ W, A, Ae unl. in KOH	Dioxim *Fp* 137°
Fl.	$1{,}1843^{20°}$	223,3	X 70		0,074 W 30° l. in A, Ae	
Fl.	$0{,}8066^{25°}_{0°}$	102,3	I 388	$^{n}D^{13}$ 1,40890; ^{R}D 26,70 cm; ^{n}F 59,80; ebullioskop. Konst. 2,26	12,5 W ∞ A, Ae	Phenylurethan *Fp* 44—47°

Lfd. Nr.	*Fp*	Name	Summenformel	Strukturformel	Mol.-Gewicht
1	2	3	4	5	6
389	—8,2	Methylheptylketon	$C_9H_{18}O$	$CH_3 \cdot (CH_2)_6 \cdot CO \cdot CH_3$	142,23
390	—8,0	1,2-Dihydronaphthalin	$C_{10}H_{10}$	$C_6H_4 \langle {CH_2 \cdot CH_2 \atop CH{=}CH} \rangle$	130,18
391	—8,0	Pyridazin	$C_4H_4N_2$	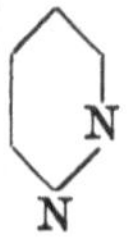	80,09
392	—8,0 bis —7,0	Linolsäure	$C_{18}H_{32}O_2$	$CH_3 \cdot (CH_2)_4 \cdot CH : CH$ >CH_2 $HOOC \cdot (CH_2)_7 \cdot CH : CH$	280,18
393	—7,6	Methyldiphenylamin	$C_{13}H_{13}N$	$(C_6H_5)_2N \cdot CH_3$	183,24
394	—7,5	Zimtaldehyd	C_9H_8O	$C_6H_5 \cdot CH : CH \cdot CHO$	132,15
395	—6,9	m-Dibrombenzol	$C_6H_4Br_2$	$C_6H_4Br_2$	235,92
396	—6,6	*l*-Menthon	$C_{10}H_{18}O$	$H_2C \cdot CH_2 \cdot CH \cdot CH(CH_3)_2$ / $CH_3 \cdot HC \cdot CH_2 \cdot CO$	154,24
397	—6,5 bis —8,0	3,5-Dijod-2-thiotolen	$C_5H_4J_2S$	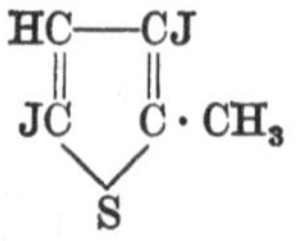	349,98
399	—6,5	trans-α,β-Dibromäthylen	$C_2H_2Br_2$	$CHBr : CHBr$	185,87
400	—6,2	Anilin	C_6H_7N	$C_6H_5 \cdot NH_2$	93,12
401	—6,2	Tridecan	$C_{13}H_{28}$	$CH_3 \cdot (CH_2)_{11} \cdot CH_3$	184,35

Aggregat-zustand Farbe	Spez. Gewicht	Siede-punkt °C	Beilstein-Zitat	Physikalische Konstanten und Eigenschaften	Löslichkeit	Reaktionen
7	8	9	10	11	12	13
Fl.	$0{,}8261^{15°}$	195,3	I 709	$^{n}D^{15}$ 1,41817; ^{R}D 39,22 cm; ^{n}F 77,3	unl. in W l. in A, Ae	Semicarbazon *Fp* 119° alkohol. Lsg. + H_2SO_4 + 5%ige Weinsäure → rosenrot
Fl.	$0{,}9974^{20°}$	89,0 (24 mm)	E_1 V 249	$^{n}D^{18,3}$ 1,58317; ^{R}D 43,59 cm; ^{n}F 245,1	unl. in W l. in A, Ae	
Fl.	$1{,}104^{23°}$	208	XXIII 89		ll. in W l. in A, Ae, Bzl.	Pikrat *Fp* 169° (Z.)
Fl.	$0{,}9026_{4°}^{18°}$	228° (14 mm)	II 496			
Fl.	$1{,}048^{20°}$	293,4	XII 80		unl. in W l. in A, Ae	
gelbe Fl.	$1{,}0497^{20°}$	250-252 (Z.) 172 (90 mm)	VII 348	$^{n}D^{20}$ 1,61949; $^{R}D^{20}$ 44,18 cm; ^{n}F 426,8; charakteristischer Geruch des Zimtöles	unl. in W l. in A, Ae	Phenylhydrazon *Fp* 169°, gelbe Nadeln Semicarbazon *Fp* 215 bis 216°, Blättchen p-Nitrophenylhydrazon *Fp* 194°, orangerote Krist. Diphenylhydrazon *Fp* 135 bis 136°, gelbe Nadeln
Fl.	$1{,}9523^{20°}$	217	V 211		l. in A, Ae	
Fl.	$0{,}896_{20°}^{20°}$	209,6	VII 38	schmeckt bitter; mit Dampf flüchtig; Pfefferminzgeruch	wl. in W ∞ A, Ae	2,4-Dinitrophenylhydrazon *Fp* 145°, organgerote Krist. Oxim *Fp* 60—61° Semicarbazon *Fp* 189°
Fl.		103-105 (2 mm)				
Fl.	$2{,}2667^{18°}$	108	E_1 I 81			
Öl	$1{,}0217^{20,7°}$	184,25 138,8 (200 mm) 69,2 (10 mm)	XII 59	$^{n}D^{20}$ 1,58629; $^{R}D^{20}$ 30,58 cm; $^{n}F^{20}$ 248,6; Oberflächenspannung 19,5 43,4 dyn/cm; ebullioskop. Konst. 3,69; kryoskop. Konst. 5,87; schwacher, charakteristischer Geruch	3,61 W 18° ∞ A, Ae, Bzl. H_2SO_4	+ Natriumkobaltnitrit, $Na_3[Co(NO_2)_6]$, → ziegelroter Nd. Chlorhydrat *Fp* 198° wss. Lsg. + Calcium- oder Natriumhypochlorit (Überschuß vermeiden) → purpurrot (E 1:26000) α-Naphthalinsulfonat *Fp* 183° p-Nitrobenzylanilin *Fp* 168°, tiefgelbe Krist. + H_2SO_4 + $K_2Cr_2O_7$ → blau
Fl.	0,7571	234	I 171		unl. in W ∞ A, Ae	

Lfd. Nr.	*Fp*	Name	Summenformel	Strukturformel	Mol.-Gewicht
1	2	3	4	5	6
402	—6,0	2,5-Dibromthiophen	$C_4H_2Br_2S$	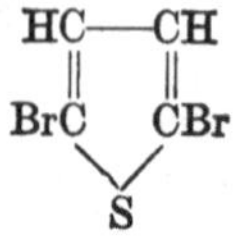	241,95
403	—6,0	Kakodyl	$C_4H_{12}As_2$	$(CH_3)_2As \cdot As(CH_3)_2$	209,95
404	—6,0	1-Methylimidazol	$C_4H_6N_2$	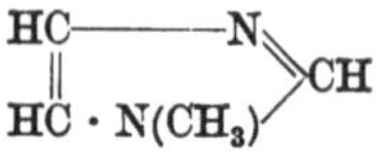	82,10
405	—5,9	Äthylsenföl	C_3H_5NS	$C_2H_5 \cdot N : CS$	87,14
406	—5,9	Dibutylketon	$C_9H_{18}O$	$(C_2H_5 \cdot CH_2 \cdot CH_2)_2CO$	142,23
407	—5,0	Benzotrichlorid	$C_7H_5Cl_3$	$C_6H_5 \cdot CCl_3$	195,48
408	—5,0	Chlorcyan	CNCl	$Cl \cdot C \vdots N$ oder $C : N \cdot Cl$	61,47
409	—5,0	Nonylalkohol	$C_9H_{20}O$	$CH_3 \cdot (CH_2)_7 \cdot CH_2OH$	144,25
410	—5,0	dl-α-Pipecolin	$C_6H_{13}N$	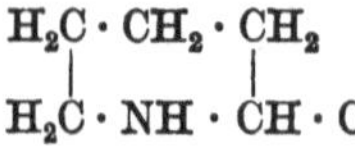	99,17
411	—5,0	Triolein	$C_{57}H_{104}O_6$	$C_3H_5[O \cdot CO \cdot O \cdot (CH_2)_7 \cdot CH : CH \cdot (CH_2)_7 \cdot CH_3]_3$	885,38
412	—4,7	Buttersäure	$C_4H_8O_2$	$C_2H_5 \cdot CH_2 \cdot COOH$	88,10
413	—4,5	Cadmiumdimethyl	C_2H_6Cd	$(CH_3)_2Cd$	142,48
414	—4,0	dl-α-Brombuttersäure	$C_4H_7O_2Br$	$C_2H_5 \cdot CH(Br) \cdot COOH$	167,01
415	—4,0	1,2,3,4-Tetramethylbenzol (Prehnitol)	$C_{10}H_{14}$	$C_6H_2(CH_3)_4$	134,21

Aggregatzustand Farbe	Spez. Gewicht	Siedepunkt °C	Beilstein-Zitat	Physikalische Konstanten und Eigenschaften	Löslichkeit	Reaktionen
7	8	9	10	11	12	13
Fl.		210,3	XVII 33	$n_D^{20,5}$ 1,62748		
Öl	>1,0	~170	IV 615	riecht widerlich; entzündet sich an der Luft	wl. in W	
Fl.	$1{,}036^{16°}$	198,0	XXIII 46		∞ W	Pikrat *Fp* 159°
Fl.	$1{,}0194^{0°}$	131-132	IV 123	riecht stechend	unl. in W l. in A, Ae	
Fl.	$0{,}8270^{13°}$	181-182	E_1 I 365		swl. in W l. in A, Ae	Semicarbazon *Fp* 90°
Fl.	$1{,}38^{14°}$	213-214	V 300		unl. in W l. in A, Ae	erhitzen mit W → Benzoesäure
Gas	$1{,}222^{0°}$	12,6	III 38	Dampfdichte 2,11; Dampfdruck −20° 148.2 mm Hg, +20° 1001,8 mm Hg; Flüchtigkeit 20° 2600000 mg/m³; Litergewicht d. Dampfes 2,56 g; riecht stechend; reizt zu Tränen; sehr giftig	2500 ml W 20° 10000 ml A 20° 5000 ml Ae 20°	+ W → Cyanurchlorid
Fl.	$0{,}8279^{20°}$	213,5	I 423	riecht nach Citronellol		Phenylurethan *Fp* 62—64° p-Nitrophenylurethan *Fp* 104, glänzende Blättchen
Fl.	$0{,}844^{23°}$	119	XX 95		l. in W ll. in A, Ae	
Öl	$0{,}915^{15°}$	237 (18 mm)	II 468		unl. in W wl. in A l. in Ae	
Fl.	$0{,}9599^{19°}$	163,5	II 264	n_D^{20} 1,39789; R_D 22,19 cm; n_F^{20} 70,2; Oberflächenspannung 15° 27,32 dyn/cm; ebullioskop. Konst. 3,94; riecht ranzig u. nach Essigsäure	∞ W oberhalb −3,8° ∞ A, Ae	Kupfersalz (2%) unl. in Bzl., l. in Ae, Chlf. und Essigester → blau + o-Phthalaldehyd in der Kälte grünlichblau p-Nitrobenzylester *Fp* 35° p-Chlorphenacylester *Fp* 55°
Fl.	$1{,}9852^{17°}$	105,5	IV 677	riecht dumpf; reizt zu Tränen	l. in A, Ae	+ W zers.
Öl	$1{,}567^{20°}$	127-128 (25 mm)	II 281		~7 W l. in A	
Fl.	$0{,}904^{16°}$	204	V 430	n_D^{16} 1,52031; R_D^{16} 45,10 cm; n_F^{16} 157,1	unl. in W l. in A, Ae	

Lfd. Nr.	*Fp*	Name	Summenformel	Strukturformel	Mol.-Gewicht
1	2	3	4	5	6
416	—4,0	β,β′,β″-Trichlortriäthylamin	$C_6H_{12}NCl_3$	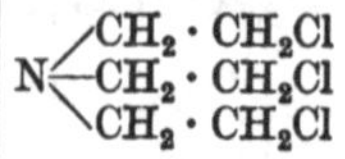	204,45
417	—3,9	Benzylbromid	C_7H_7Br	$C_6H_5 \cdot CH_2Br$	171,04
418	—3,9	n-Capronsäure	$C_6H_{12}O_2$	$CH_3 \cdot (CH_2)_4 \cdot COOH$	116,15
419	—3,9	2-Nitrotoluol (β-Form)	$C_7H_7O_2N$	$O_2N \cdot C_6H_4 \cdot CH_3$	137,13
420	—3,5	2,3,5-Trichlorthiophen	C_4HCl_3S	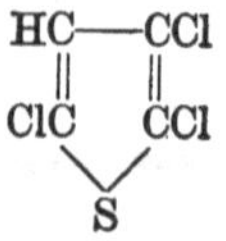	152,02
421	—3,0 bis —2,0	2,4,5-Tribrom-3-thiotolen	$C_5H_3Br_3S$	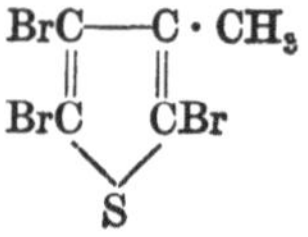	334,88
422	—2,5	d-Coniin (d-α-n-Propylpiperidin)	$C_8H_{17}N$	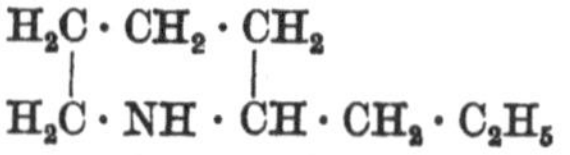	127,22
423	—2,0	Inden	C_9H_8	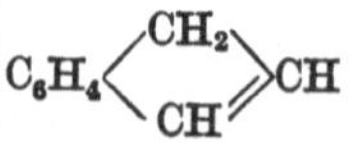	116,15
424	—2,0	2-Methylchinolin (Chinaldin)	$C_{10}H_9N$	$C_9H_6N \cdot CH_3$	143,18
425	—2,0	Tetramethyl-m-phenylendiamin	$C_{10}H_{16}N_2$	$(CH_3)_2N \cdot C_6H_4 \cdot N(CH_3)_2$	164,24

Aggregatzustand Farbe	Spez. Gewicht	Siedepunkt °C	Beilstein-Zitat	Physikalische Konstanten und Eigenschaften	Löslichkeit	Reaktionen
7	8	9	10	11	12	13
Fl.		180 (Z.) 137-138 (15mm)		Dampfdruck 20° 2,0 mm Hg; Flüchtigkeit 20° 2230 mg/m³	unl. in W l. in Bzl., Chlf., CCl_4	+ 5%ige Phosphorwolframsäure → starke Trübung + Dragendorff-Reagens → rotgelber Nd. + Tetrachlorjodwasserstoffsäure → gelber Nd.
Fl.	$1{,}443^{17°}$	198-199 82,5 (10mm)	V 306	Dampfdichte 5,8; Dampfdruck 20° 0,33 mm Hg; Flüchtigkeit 20° 2440 mg/m³; Litergewicht d. Dampfes 7,11 g; Dampf reizt zu Tränen	unl. in W ∞ A, Ae	
Öl	$0{,}9294^{20°}_{20°}$	205,0	II 321	n_D^{20} 1,41382; R_D^{20} 31,50 cm; n_F^{20} 73,6; Oberflächenspannung 25,7° 27,0 dyn/cm; schwacher, unangenehmer Geruch	unl. in W	Bleisalz *Fp* 73—74° p-Phenylphenacylester *Fp* 65° p-Bromphenacylester *Fp* 72°, glänzende Blättchen
Fl.	$1{,}1674^{16°}$	222,3	V 318	$n_D^{20,4}$ 1,54739; $R_D^{20,4}$ 37,41 cm	0,065 W 30° ll. in A, Ae	
Fl.		207,7 bis 209,7	XVII 33	$n_D^{19,3}$ 1,58375		
Fl.		131-135 (14mm)				
Fl.	$0{,}8440^{20°}$	166	XX 110	$[\alpha]_D^{19}$ + 15,7°; $n_D^{29,9}$ 1 45119; $R_D^{29,9}$ 40,64cm; sehr giftig; mit Wasserdampf flüchtig; oxydiert an der Luft → braun	l. in W sll. in A, Ae, Bzl.	Pikrat *Fp* 75° Formalin · H_2SO_4 → tiefblau + Kaliumplatinsulfocyanid → roter, öliger Nd. (E 1 : 1000)
Fl.	$1{,}002^{15°}_{15°}$	182,2	V 515	kryoskop. Konst. 7,28; polymerisiert beim Aufbewahren und Erhitzen	unl. in W l. in A, Ae	Dibromid *Fp* 31,5—32,5°, Prismen Pikrat *Fp* 98°, goldgelbe Nadeln
Fl.	$1{,}0585^{20°}$	247,6	XX 387	$n_D^{25,4}$ 1,60909; $R_D^{25,4}$ 47,03; cm $n_F^{25,4}$ 29,09; riecht schwach nach Chinon	swl. in A l. in A, Ae	Pikrat *Fp* 191°, hellgelbe Krist. Chromat, lange gelbrote Nadeln Quecksilbersalz *Fp* 165,5°, Nadeln
Fl.	$0{,}9849^{16°}$	266,7	XIII 40			

Lfd. Nr.	*Fp*	Name	Summenformel	Strukturformel	Mol.-Gewicht
1	2	3	4	5	6
426	—1,0	Benzoylchlorid	C_7H_5OCl	$C_6H_5 \cdot COCl$	140,57
427	—0,5	Kohlensubsulfid	C_3S_2	SC : C : CS	100,15
428	—0,5	2,3,4-Trichlorthiophen	C_4HCl_3S	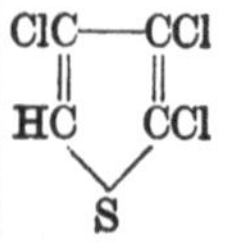	152,02
429	—0,02	Anisaldehyd (4-Methoxybenzaldehyd)	$C_8H_8O_2$	$CH_3 \cdot O \cdot C_6H_4 \cdot CHO$	136 14
430	0,0	Aluminiumtrimethyl	C_3H_9Al	$(CH_3)_3Al$	72,07
431	0,0	1,1,2,2-Tetrabromäthan	$C_2H_2Br_4$	$CHBr_2 \cdot CHBr_2$	345,70
432	0,1	Peressigsäure	$C_2H_4O_3$	$CH_3 \cdot CO \cdot O \cdot OH$	76,05
433	0,1	Chlorvinylarsindichlorid	$C_2H_2Cl_3As$	$Cl \cdot CH : CH \cdot As\begin{smallmatrix}Cl\\Cl\end{smallmatrix}$	207,36
434	0,5	Carvacrol	$C_{10}H_{14}O$	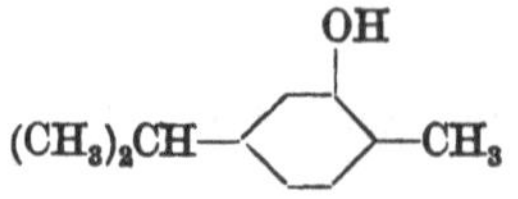	150,21
435	0,6	Fumarsäurediäthylester	$C_8H_{12}O_4$	$C_2H_5O \cdot OC \cdot CH : CH \cdot CO \cdot OC_2H_5$	172,17
436	1,3	Cineol (Eucalyptol)	$C_{10}H_{18}O$	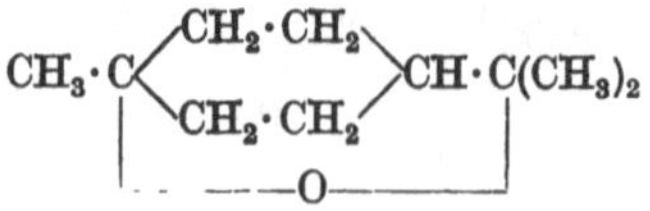	154,24
437	1,3	Salicylsäureäthylester	$C_9H_{10}O_2$	$HO \cdot C_6H_4 \cdot CO \cdot OC_2H_5$	166,17
438	1,6	Salicylaldehyd (2-Oxybenzaldehyd)	$C_7H_6O_2$	$HO \cdot C_6H_4 \cdot CHO$	122,12

Aggregat-zustand Farbe	Spez. Gewicht	Siede-punkt °C	Beilstein-Zitat	Physikalische Konstanten und Eigenschaften	Löslichkeit	Reaktionen
7	8	9	10	11	12	13
Fl.	$1,2188^{15°}$	197	IX 182	$^{n}D^{20}$ 1,55369; $^{R}D^{20}$ 37,13 cm; $^{n}F^{20}$ 221,3; riecht stechend	l. in Ae	+ W und + A → zers.
rote Fl.	$1,319^{15°}$		III 207	greift Schleimhäute an; polymerisiert beim Aufbewahren	ll. in A, Ae	
Fl.		209,2 bis 210,2	XVII 33	$^{n}D^{19,1}$ 1,58588		
Fl.	$1,1301^{13°}$	247	VIII 67	schmeckt brennend, gewürzhaft; Geruch der Weißdornblüte	0,2 k. W ∞ A, Ae	Phenylhydrazon *Fp* 120 bis 121°, Blättchen oder Nadeln Semicarbazon *Fp* 203-204°
Fl.		130	IV 643	entzündet sich an der Luft		
Fl.	$2,9673^{20°}$	123,7 (19mm)	I 94	$^{n}D^{20}$ 1,62772; $^{R}D^{20}$ 42,66 cm; $^{n}F^{20}$ 188,6 kryoskop. Konst. 21,7	0,065 W 30° ∞ A, Ae	
Fl.		expl. bei 110	II 169	riecht stechend; greift Epidermis an	ll. in W, A, Ae l. in H_2SO_4	
Fl.	1,8855	190 77-78 (12mm)		Dampfdichte 7,2; Dampfdruck 20° 0,3954 mm Hg; Flüchtigkeit 20° 2300 mg/m³; riecht nach Geranien	unl. in W und verd. S. ll. in A, Bzl., Petroleum in Alkalien lösl. unter Entwicklung von Acetylen	
Fl.	$0,976^{20°}$	237,7	VI 527	mit Dampf flüchtig; riecht in der Hitze stechend	swl. in W ll. in A, Ae l. in Alkalien	+ $FeCl_3$ in alkohol. Lsg. → grün + NaOH in $CHCl_3$ beim Erwärmen → rot Phenylurethan *Fp* 138°, Nadeln
Fl.	$1,0552^{17°}$	218,5	II 742		l. in A	
Fl.	$0,9267^{20°}$	176-177	XVII 24	riecht campherartig	0,22 W 15° ∞ A, Ae	mit Br_2 ziegelroter Nd., mit J_2 dunkelgrüne Nadeln
Fl.	$1,1372^{15°}_{15°}$	231,5	X 73	$^{n}D^{20}$ 1,523; riecht nach Gaultheriaöl färbt sich an der Luft gelb	l. in A, Ae	
Öl	$1,1690^{20°}_{20°}$	196,5	VIII 31	riecht würzig; mit Dampf flüchtig	1,7 W 86° ∞ A, Ae 75,7 Bzl. 12°	Phenylurethan *Fp* 133° Phenylhydrazon *Fp* 142 bis 143°, Prismen + $FeCl_3$ → intensiv violett

Lfd. Nr.	*Fp*	Name	Summenformel	Strukturformel	Mol.-Gewicht
1	2	3	4	5	6
439	2,0	N,N-Dimethylanilin	$C_8H_{11}N$	$C_6H_5 \cdot N(CH_3)_2$	121,17
440	2,0	4-Nitro-m-xylol	$C_8H_9O_2N$	$O_2N \cdot C_6H_3(CH_3)_2$	151,16
441	2,2	Formamid	CH_3ON	$HCO \cdot NH_2$	45,04
442	2,4	p-Phenetidin	$C_8H_{11}ON$	$H_2N \cdot C_6H_4 \cdot O \cdot C_2H_5$	137,17
443	3,6	Dibenzyläther (Benzyläther)	$C_{14}H_{14}O$	$(C_6H_5 \cdot CH_2)_2O$	198,25
444	4,0	Methylenjodid	CH_2J_2	CH_2J_2	267,87
445	4,5	3,4-Dibromthiophen	$C_4H_2Br_2S$	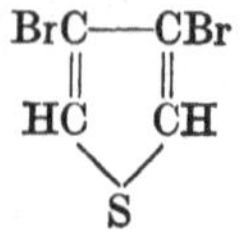	241,95
446	4,5	3,4-Dijodthiophen	$C_4H_2J_2S$	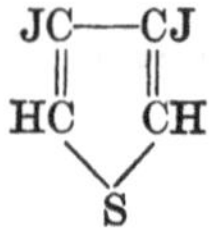	335,96
447	4,5	2,5-Dimethyl-3-acetothienon	$C_8H_{10}OS$	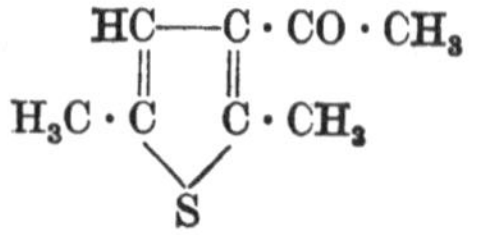	154,22
448	4,5	α-Phenyl-α-γ-butadien	$C_{10}H_{10}$	$C_6H_5 \cdot CH:CH \cdot CH:CH_2$	130,18
449	5,0	Diäthylsulfoxyd	$C_4H_{10}OS$	$(C_2H_5)_2SO$	104,18
450	5,0	Pyron-(2) (Cumalin)	$C_5H_4O_2$	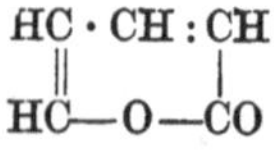	96,08
451	5,0	Ricinolsäure	$C_{18}H_{34}O_3$	$CH_3 \cdot (CH_2)_5 \cdot CH(OH) \cdot CH_2 \cdot CH$ ‖ $HOOC \cdot (CH_2)_7 \cdot CH$	298,45
452	5,2	o-Anisidin	C_7H_9ON	$CH_3 \cdot O \cdot C_6H_4 \cdot NH_2$	123,15
453	5,49	Benzol	C_6H_6		78,11

Aggregat-zustand Farbe	Spez. Gewicht	Siede-punkt °C	Beilstein-Zitat	Physikalische Konstanten und Eigenschaften	Löslichkeit	Reaktionen
7	8	9	10	11	12	13
Fl.	$0{,}9555^{20°}$	193	XII 141	$^{n}D^{21,3}$ 1,55914; $^{R}D^{21,3}$ 39,95cm; kryoskop. Konst. 5,8	swl. in W l. in Bzl.	+ Br_2 + NH_3 → intensiv blaugrün Kochen mit Mellitsäure-anhydrid → blau Pikrat *Fp* 142°, gelbe Krist.
Fl.	$1{,}135^{15°}$	244	V 378		unl. in W l. in A, Ae	
Fl.	$1{,}1284^{25°}$	105 (11mm)	II 26	hygroskopisch	∞ W, A swl. in Ae	
Fl.	1,0613	254-255	XIII 436		l. in A, Ae	
Fl.	$1{,}0428^{20°}$	296	VI 434	zers. an d. Luft unter Bildung von Benzaldehyd		
Blättchen und Nadeln	$3{,}3254^{20°}$	181 (Z.)	I 71	$^{n}D^{15}$ 1,74428; $^{R}D^{15}$ 32,54 cm; $^{n}F^{15}$ 375,8; kryoskop. Konst. 14,0	1,42 W 20° l. in A, Ae	
		221	XVII 33			
		142-143 (12mm)	XVII 35			
		224 125-126 (28mm)				
Fl.	$0{,}9286^{20°}$	95 (20mm)	V 517	riecht stechend; polymerisiert an der Luft	unl. in W l. in A, Ae	
Fl.		88–89 (15mm)	I 346		ll. in W l. in A, Ae	
Fl.	$1{,}2001^{20}$	206 (717mm)	XVII 271	riecht cumarin-artig	∞ W l. in Alkali	
Öl	$0{,}954^{16°}$	227 (10mm)	III 385		∞ A, Ae	+ HNO_2 → Ricinelaidin-säure Ca-Salz *Fp* 80°, Schuppen Amid *Fp* 66°, Warzen
Fl.	$1{,}0923^{20°}$	225	XIII 358		l. in A	
Fl.	$0{,}8786^{20°}$	80,12	V 179	$^{n}D^{20}$ 1,50144; $^{R}D^{20}$ 26,14 cm; $^{n}F^{20}$ 166,4; Oberflächen-spannung 20° 28,88 dyn/cm; ebullioskop. Konst. 2,64; kryoskop. Konst. 5,07	0,07 W 22° 0,185 W 30° ∞ A, Ae, Ace-ton, Toluol	Nitrieren in CCl_4 unter Kühlung mit Nitrier-säure, Lsgm. vorsichtig abdampfen, neutralisie-ren, mit Ae ausschütteln + 2 ml Aceton, + 0,002 mg Dinitrobenzol gelöst in n/10-KOH → Violettfärbung

Lfd. Nr.	*Fp*	Name	Summenformel	Strukturformel	Mol.-Gewicht
1	2	3	4	5	6
454	**5,5**	Kreosol	$C_8H_{10}O_2$	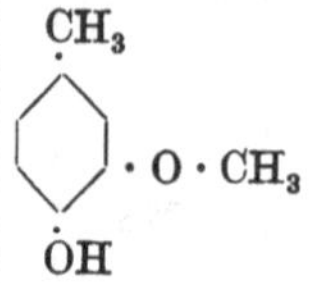	138,16
455	**5,5**	Methyl-tert.-butylcarbinol	$C_6H_{14}O$	$(CH_3)_3C \cdot CH(OH) \cdot CH_3$	102,17
456	**5,5**	Tetradecan	$C_{14}H_{30}$	$CH_3 \cdot (CH_2)_{12} \cdot CH_3$	198,37
457	**5,6**	2-Bromphenol	C_6H_5OBr	$Br \cdot C_6H_4 \cdot OH$	173,02
458	**5,7**	Nitrobenzol	$C_6H_5O_2N$	$C_6H_5 \cdot NO_2$	123,11
459	**5,75 bis 6,0**	Thiophthen (Thiopheno-2′,3′: 2,3-thiophen)	$C_6H_4S_2$	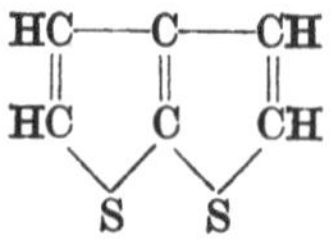	140,21
460	**6,0**	2,3-Dichlor-5-brom-thiophen	C_4HCl_2BrS	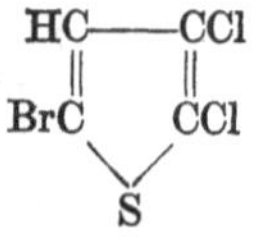	231,94
461	**6,0**	m,m′-Ditolyl	$C_{14}H_{14}$	$CH_3 \cdot C_6H_4 \cdot C_6H_4 \cdot CH_3$	182,25
462	**6,0**	d-Fenchon	$C_{10}H_{16}O$	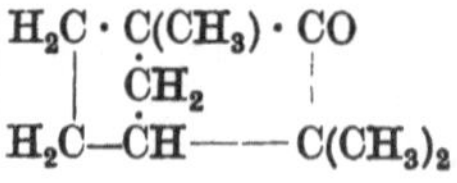	152,22
463	**6,2**	1-Bromnaphthalin	$C_{10}H_7Br$	$C_{10}H_7Br$	207,07

Aggregat-zustand Farbe	Spez. Gewicht	Siede-punkt °C	Beilstein-Zitat	Physikalische Konstanten und Eigenschaften	Löslichkeit	Reaktionen
7	8	8	10	11	12	13
Öl	$1,0919^{25°}$	221	VI 878	$^{n}D^{20}$ 1,547; $^{n}F^{20}$ 185,0	swl. in W ∞ A, Ae, Bzl.	+ Spur $FeCl_3$ → blau + mehr $FeCl_3$ → grün
Fl.	$0,8185^{20°}$	120 bis 120,6	I 412	riecht campherartig; schmeckt brennend	swl. in W l. in A, Ae	Phenylurethan *Fp* 79°
Fl.	$0,7645^{20°}$	252,5	I 171		unl. in W ∞ A, Ae	
Öl	$1,5529^{80°}$	194-195	VI 197	Oberflächenspannung 18° 42,58 dyn/cm; riecht unangenehm	swl. in W l. in A, Ae	
Fl.	$1,2229^{0°}$	210,9	V 233	$^{n}D^{20}$ 1,55319; $^{R}D^{20}$ 32,74 cm; $^{n}F^{20}$ 252,4; ebullioskop. Konst. 5,27; kryoskop. Konst. 6,89; mit Dampf flüchtig; riecht bittermandelölartig; giftig	0,19 W 20° 0,27 W 55° l. in A, Ae	durch Reduktion → Anilin + Hypochlorit-Lsg. → violett
		225	E_1 XIX 612			
		212-214				
Öl	$0,999^{16°}$	286,0 (716mm)	V 609		unl. in W l. in A, Ae, Bzl.	
Öl	$0,946^{20°}$	193,5	VII 96	[α]D + 62,8°; ebullioskop. Konst. 5,94; kryoskop. Konst. 6,8; campherähnlicher Geruch	unl. in W l. in A, Ae	Semicarbazon *Fp* 184°, Prismen Oxim *Fp* 165°, Nädelchen Azin *Fp* 106—107°, Nadeln
Öl	$1,4865^{20°}$	281	V 547	$^{n}D^{19,4}$ 1,65876; $^{R}D^{19,4}$ 51,32cm; $^{n}F^{19,4}$ 325,0; Oberflächenspannung 20,1° 44,53 dyn/cm; mit Dampf flüchtig	unl. in W l. in A, Ae, Bzl.	

Lfd. Nr.	*Fp*	Name	Summenformel	Strukturformel	Mol.-Gewicht
1	2	3	4	5	6
464	6,4	Cyclohexan (Hexahydrobenzol)	C_6H_{12}	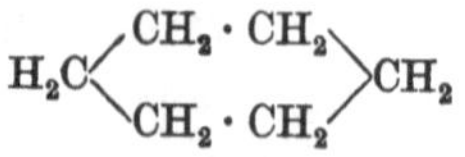	84,15
465	6,5 bis 8,0	3,5-Dijod-2-thiotolen	$C_5H_4J_2S$	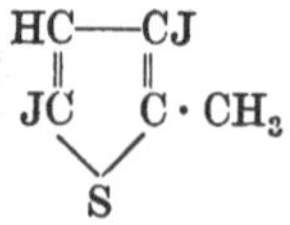	349,98
466	6,7	o-Dibrombenzol	$C_6H_4Br_2$	$C_6H_4Br_2$	235,92
467	6,7	Isosafrol	$C_{10}H_{10}O_2$	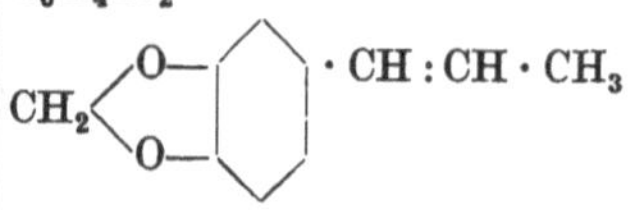	162,18
468	7,0	ω-Bromstyrol	C_8H_7Br	$C_6H_5 \cdot CH : CHBr$	183,05
469	7,0	Decylalkohol	$C_{10}H_{22}O$	$CH_3 \cdot (CH_2)_8 \cdot CH_2 \cdot OH$	158,27
470	7,5	4-Chlortoluol	C_7H_7Cl	$Cl \cdot C_6H_4 \cdot CH_3$	126,58
471	7,5	Citraconsäureanhydrid	$C_5H_4O_3$	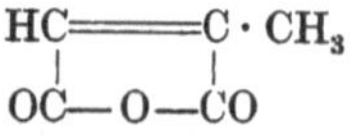	112,08
472	7,5 bis 8,0	Vitamin A (Axerophthol)	$C_{20}H_{30}O$	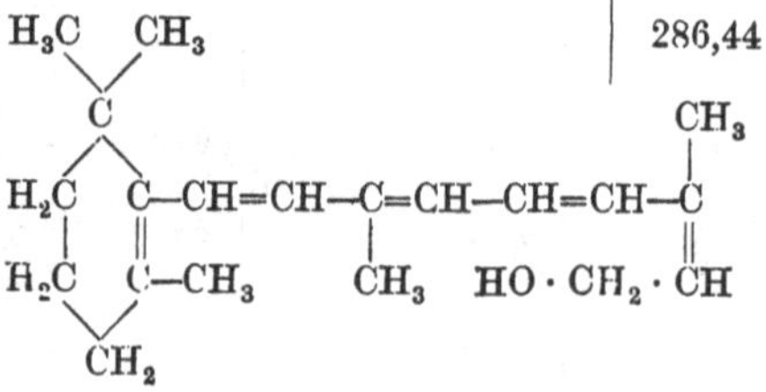	286,44
473	8,05	Bromoform	$CHBr_3$	$CHBr_3$	252,77

Aggregatzustand Farbe	Spez. Gewicht	Siedepunkt °C	Beilstein-Zitat	Physikalische Konstanten und Eigenschaften	Löslichkeit	Reaktionen
7	8	9	10	11	12	13
Fl.	$0{,}7791^{20°}$	80,8	V 20	$^{n}D^{20}$ 1,4254; $^{R}D^{20}$ 27,73 cm; $^{n}F^{20}$ 75,3; Oberflächenspannung 20° 26,54 dyn/cm; ebullioskop. Konst. 2,75; kryosk. Konst. 20,2; riecht nach Chloroform und Rosenöl	unl. in W ∞ A, Ae	
		103-105 (2 mm)				
Fl.	$1{,}994^{11°}$	221	V 210		l. in A, Ae	
Fl.	$1{,}117^{15°}$	242-243	XIX 35		unl. in W l. in A, Ae, Bzl.	Pikrat *Fp* 68,5° Nitrit *Fp* 132° + alkohol. Alkali erwärmen → β-Nitroisosafrol *Fp* 98°, gelbe Krist.
Fl.	$1{,}4269^{16°}$	219	V 477	riecht nach Hyazinthen	unl. in W l. in A, Ae	
Öl	$0{,}8297^{20°}$	231	I 425	stark lichtbrechend	l. in A, Ae	α-Naphthylurethan *Fp* 71,4° p-Nitrophenylurethan *Fp* 117°, glänzende Blättchen Phenylurethan *Fp* 59,6°, kleine Nadeln
Fl.	$1{,}0697^{20°}$	162	V 292	mit Dampf flüchtig	unl. in W l. in A	
Fl.	$1{,}250^{15°}$	213-214	XVII 440		l. in A	+ W → Citraconsäure
blaßgelbe Nadeln				optisch inaktiv; Absorption bei 328 mμ; hitze- und sauerstoffempfindlich	unl. in W l. in Fett, Öl	+ $SbCl_3$ in Chlf. → blau
Tafeln	$2{,}8899^{20°}$	149,6	I 68	$^{n}D^{20}$ 1,5890; $^{R}D^{20}$ 30,22 cm; $^{n}F^{20}$ 176,0; Oberflächenspannung 20° 51,0 dyn/cm; kryosk. Konst. 14,4; riecht nach Chloroform; schmeckt süßlich, wirkt anästhesierend	0,319 W 30° ll. in A, Ae	$CHBr_3$-Dampf im Wasserstoffstrom über Gemisch von festem KOH und Thymol, das gelinde erwärmt wird, leiten → violette Färbung

Lfd. Nr.	*Fp*	Name	Summenformel	Strukturformel	Mol.-Gewicht
1	2	3	4	5	6
474	8,4	Ameisensäure	CH_2O_2	$H \cdot COOH$	46,03
475	8,5	Äthylendiamin	$C_2H_8N_2$	$H_2N \cdot CH_2 \cdot CH_2 \cdot NH_2$	60,10
476	8,5	α,α-Diphenyläthylen	$C_{14}H_{12}$	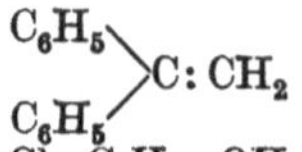	180,23
477	8,7	2-Chlorphenol	C_6H_5OCl	$Cl \cdot C_6H_4 \cdot OH$	128,56
478	9	2-Acetothienon (2-Acetylthiophen)	C_6H_6OS	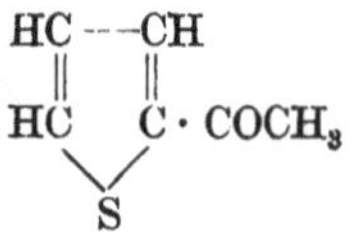	126,17
479	9	3,4-Dibrom-2-thiotolen	$C_5H_4Br_2S$	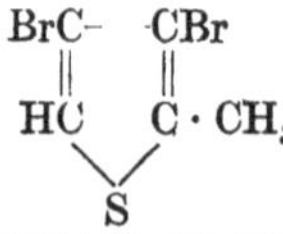	255,97
480	9	Propiolsäure	$C_3H_2O_2$	$HC⋮C \cdot COOH$	70,05
481	9,4	2-Nitroanisol	$C_7H_7O_3N$	$O_2N \cdot C_6H_4 \cdot O \cdot CH_3$	153,13
482	9,5	4-Methylchinolin (Lepidin)	$C_{10}H_9N$	$C_9H_6N \cdot CH_3$	143,18
483	10	Pentadecan	$C_{15}H_{32}$	$CH_3 \cdot (CH_2)_{13} \cdot CH_3$	212,40
484	10	o-Toluolsulfochlorid	$C_7H_7O_2ClS$	$CH_3 \cdot C_6H_4 \cdot SO_2Cl$	190,64
485	10,01	Äthylenbromid	$C_2H_4Br_2$	$BrCH_2 \cdot CH_2Br$	187,88

Aggregat-zustand Farbe	Spez. Gewicht	Siede-punkt °C	Beilstein-Zitat	Physikalische Konstanten und Eigenschaften	Löslichkeit	Reaktionen
7	8	9	10	11	12	13
Fl.	$1,2259^{18^0}$	100,8 50 (120mm)	II 8	$^{n}D^{20,0}$ 1,37137; $^{R}D^{20,0}$ 8,57 cm; $^{n}F^{20}$ 71,6; Oberflächen-spannung 15° 38,13 dyn/cm; ebullioskop. Konst. 2,4; kryoskop. Konst. 2,77; riecht stechend; ätzt die Haut	∞ W l. in A, Ae	+ konz. H_2SO_4 → CO mit $PdCl_2$-Lsg. nachweisen. Durch Reduktion in schwach saurer Lsg. mit Mg entsteht Formaldehyd p-Nitrobenzylester *Fp* 31° p-Chlorphenacylester *Fp* 128,0°, Platten Cerosalz Pentagondode-kaeder (E 13—14 γ)
Fl.	$0,902^{15^0}$	116,5	IV 230	$^{n}D^{26,1}$ 1,45400; $^{R}D^{26,1}$ 18,24cm; $^{n}F^{26,1}$ 95,2; schwach ammo-niakalisch rie-chend; ätzender Geschmack	ll. in W l. in A 0,3 Ae	Dibenzoylderivat *Fp* 245°, Nadeln Pikrat *Fp* 233—235°, Blättchen
Fl.	$1,0206^{22^0}$	277	V 639		l. in A, Ae	Oxydation → Benzo-phenon
Fl.	$1,235^{25^0}$	175-176	VI 183	kryoskop. Konst. 7,72; riecht jodo-formartig	2,8 W 20° l. in A, Ae	
Fl.	$1,168^{20^0}_{4^0}$	213,9 (± 0,055 je mm)	XVII 287	$^{n}D^{20}$ 1,5667; $^{n}E^{20}$ 1,5727; Viskosität (30°) 2,32 cP; Ober-flächenspan-nung (30°) 44,5 dyn/cm	l. in Ae, CS_2 1,4 W 30°	Phenylhydrazon *Fp* 96°
		237 bis 237,5				
Fl.	$1,139^{15^0}_{15^0}$	144 (Z.)	II 477		l. in W, A, Ae	Amid *Fp* 61—62°
Fl.	$1,254^{20^0}$	265	VI 217	mit Dampf flüchtig	0,169 W 30° l. in A, Ae	
Öl	$1,0868^{20^0}$	246,2	XX 395	$^{n}D^{25,4}$ 1,60909; $^{R}D^{25,4}$ 47,03cm; $^{n}F^{25,4}$ 290,9; hygroskopisch; riecht stechend; reizt zum Nie-sen	wl. in W ll. in A, Ae	Pikrat *Fp* 207°
Fl.	$0,7689^{20^0}$	270,5	I 172		unl. in W ∞ A, Ae	
Öl	$1,3443^{17^0}$	126 (10 mm)	XI 86			
Fl.	$2,1804^{20^0}$	131,6	I 90	$^{n}D^{20}$ 1,51277; $^{R}D^{20}$ 27,44cm; $^{n}F^{20}$ 131,5; ebullioskop. Konst. 6,43; kryoskop. Konst. 12,5	0,431 W 30° ∞ A, Ae	

Lfd. Nr.	*Fp*	Name	Summenformel	Strukturformel	Mol.-Gewicht
1	2	3	4	5	6
486	**10,25**	Brompikrin	CO_2NBr_3	$CBr_3 \cdot NO_2$	297,77
487	**10,5 bis 12**	2,5-Dijod-3-thiotolen	$C_5H_4J_2S$	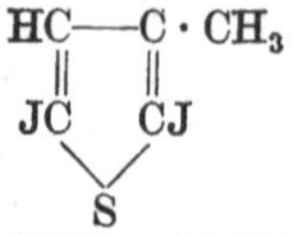	349,98
488	**10,8**	Dichloressigsäure	$C_2H_2O_2Cl_2$	$CHCl_2 \cdot COOH$	128,95
489	**10,9**	m-Kresol	C_7H_8O	$CH_3 \cdot C_6H_4 \cdot OH$	108,13
490	**11**	4-Bromanisol	C_7H_7OBr	$Br \cdot C_6H_4 \cdot O \cdot CH_3$	187,04
491	**11**	Butyrophenon	$C_{10}H_{12}O$	$C_2H_5 \cdot CH_2 \cdot CO \cdot C_6H_5$	148,19
492	**11**	2-Chlorbenzaldehyd	C_7H_5OCl	$Cl \cdot C_6H_4 \cdot CHO$	140,57
493	**11,2**	Safrol	$C_{10}H_{10}O_2$	$CH_2\langle^{O}_{O}\rangle C_6H_3 \cdot CH_2 \cdot CH : CH_2$	162,18
494	**11,3**	1,4-Dioxan	$C_4H_8O_2$	$O\langle^{CH_2 \cdot CH_2}_{CH_2 \cdot CH_2}\rangle O$	88,10
495	**12**	Zimtsäureäthylester	$C_{11}H_{12}O_2$	$C_6H_5 \cdot CH : CH \cdot CO \cdot OC_2H_5$	176,20
496	**12,5**	Pelargonsäure	$C_9H_{18}O_2$	$CH_3 \cdot (CH_2)_7 \cdot COOH$	158,23
497	**12,6**	Paraldehyd	$C_6H_{12}O_3$	$CH_3 \cdot CH\langle^{O \cdot CH(CH_3)}_{O \cdot CH(CH_3)}\rangle O$	132,15
498	**13**	Acrylsäure	$C_3H_4O_2$	$CH_2 : CH \cdot COOH$	72,06
499	**13**	Anthranilsäureäthylester	$C_9H_{11}O_2N$	$H_2N \cdot C_6H_4 \cdot CO \cdot OC_2H_5$	165,18
500	**13**	Methylphenylnitrosamin	$C_7H_8ON_2$	$C_6H_5 \cdot N(NO) \cdot CH_3$	136,15
501	**13**	Tetranitromethan	CO_8N_4	$C(NO_2)_4$	196,04

Aggregat-zustand Farbe	Spez. Gewicht	Siede-punkt °C	Beilstein-Zitat	Physikalische Konstanten und Eigenschaften	Löslichkeit	Reaktionen
7	8	9	10	11	12	13
Prismen	2,811$^{12,5^\circ}$	127 118mm) 120-121 2,5mm)	I 77	flüchtig mit Dampf; scharfer Geruch	wl. in W ll. in A, Ae, Bzl., Chlf., CCl_4	
Fl.	1,573$^{15^\circ}_{15^\circ}$	194	II 202		l. in W, A, Ae	
Fl.	1,034$^{20^\circ}$	201,8	VI 373		2,42 W 25° 4,4 W 88° ∞ A, Ae	Kalischmelze → 3-Oxybenzoesäure + $FeCl_3$ → rotviolett Acetat Kp. 212°
Fl.	1,494$^{9^\circ}$	215	VI 199		l. in W, A, Ae	
Fl.	0,990$^{18^\circ}$	231 (727mm)	VII 313		unl. in W l. in A, Ae	
Nadeln	1,252$^{20^\circ}$	208 (748mm)	VII 233	riecht stechend	swl. in W ll. in A, Ae	Phenylhydrazon *Fp* 86°
Krist.	1,106$^{15^\circ}$	234,5	XIX 39		unl. in W l. in A, Ae	Erhitzen mit alkohol. KOH → Isosafrol + konz. H_2SO_4 → intensiv rot Pentabromid *Fp* 169 bis 170°, Nadeln
Fl.	1,0329$^{20^\circ}$	100,8	XIX 3	$^nD^{20}$ 1,425; Oberflächenspannung 20° 35,42 dyn/cm; ebullioskop. Konst. 3,13; kryoskop. Konst. 4,7	∞ W, A, Ae	
Fl.	1,049$^{20^\circ}$	271,0	IX 81	$^nD^{20}$ 1,55982; $^RD^{20}$ 54,27 cm; $^nF^{20}$ 282,7	unl. in W l. in A, Ae	
blättrige Krist. oder Öl	0,9068$^{18^\circ}$	253-254	II 352	$^nD^{20}$ 1,43446; $^RD^{20}$ 45,51 cm; $^nF^{20}$ 78,7; flüchtig mit Wasserdampf	l. in W, A	Amid *Fp* 99° Pb-Salz *Fp* 94—95° Zn-Salz *Fp* 131—132° Cd-Salz *Fp* 96°, Blättchen p-Chlorphenacylester *Fp* 59°
Fl.	0,9943$^{20^\circ}$	124	XIX 385	$^nD^{20}$ 1,41976; $^RD^{20}$ 32,55 cm; $^nF^{20}$ 81,2; kryoskop. Konst. 7,05	12 W 13° 6 W 100° ∞ A, Ae	depolymerisiert sich bei Dest. oder bei Ggw. von Katalysatoren teilweise zu Acetaldehyd
Fl. Prismen oder Tafeln	1,062$^{16^\circ}$	140,8 bis 141	II 397	riecht stechend	∞ W	polymerisiert bei Dest.; Hg-Salz Tafeln; Ag-Salz Prismen; Pb-Salz lange Nadeln + Hydroxamsäure *Fp* 115 bis 116°, Flocken + $FeCl_3$ → rot
Krist.	1,177$^{20^\circ}$	266	XIV 319		l. in A	
Hellgelbes Öl	1,125$^{25^\circ}$	128 (19mm)	XII 579		l. in A, Ae	
Fl.	1,650$^{13^\circ}$	126	I 80		unl. in W ll. in A, Ae	+ alkohol. KOH → Nitroform und Äthylnitrat

Lfd. Nr.	*Fp*	Name	Summenformel	Strukturformel	Mol.-Gewicht
1	2	3	4	5	6
502	13	γ-[2-Thienyl]-buttersäure	$C_8H_{10}O_2S$	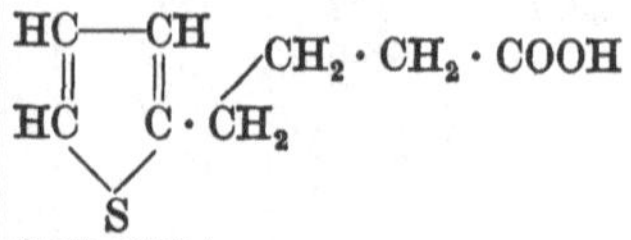	170,20
503	13,2	p-Xylol	C_8H_{10}	$C_6H_4(CH_3)_2$	106,16
504	13,3	Nitroglycerin	$C_3H_5O_9N_3$	$(O_2N \cdot O \cdot CH_2)_2CH \cdot O \cdot NO_2$	277,09
505	13,5	β,β'-Dichlordiäthylsulfid	$C_4H_8Cl_2S$	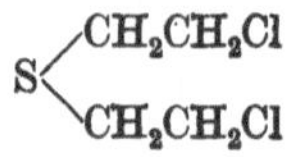	159,08
506	13,6	Brenztraubensäure	$C_3H_4O_3$	$CH_3 \cdot CO \cdot COOH$	88,06
507	14	Benzhydrylchlorid	$C_{13}H_{11}Cl$	$(C_6H_5)_2CHCl$	202,67
508	14	Ölsäure	$C_{18}H_{34}O_2$	$CH_3 \cdot (CH_2)_7 \cdot CH:CH \cdot (CH_2)_7 \cdot COOH$	
509	14,5	Benzolsulfochlorid	$C_6H_5O_2ClS$	$C_6H_5 \cdot SO_2Cl$	176,62
510	15,0	Acetoin	$C_4H_8O_2$	$CH_3 \cdot CH(OH) \cdot CO \cdot CH_3$	88,10
511	15,0	2,5-Dimethylpyrazin	$C_6H_8N_2$	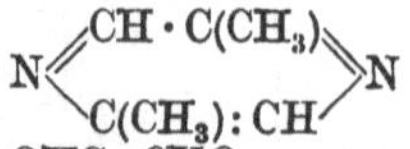	108,14
512	15	Glyoxal	$C_2H_2O_2$	$OHC \cdot CHO$	58,04

Aggregatzustand Farbe	Spez. Gewicht	Siedepunkt °C	Beilstein-Zitat	Physikalische Konstanten und Eigenschaften	Löslichkeit	Reaktionen
7	8	9	10	11	12	13
Tafeln	$0{,}8611^{20°}$	138	V 382	$^{n}D^{16,2}$ 1,49734; $^{R}D^{16,2}$ 35,96cm; $^{n}F^{16,2}$ 157,7; kryoskop. Konst. 4,3	swl. in W ll. in A, Ae	Tetrabrom-p-xylol *Fp* 253°, lange Nadeln 2,3,5-Trinitro-p-xylol *Fp* 137—138°, Nadeln p-Xylol-2-sulfonsäure *Fp* 86°, Blätter
Öl	$1{,}6011^{15°}_{15°}$	160 (15mm)	I 516	explodiert durch Stoß, Schlag oder Erhitzen; giftig	0,18 W 20° 37,5 A 0° 54 A 20° ∞ Ae, Chlf. wl. in CS_2	
Öl	$1{,}2741^{20°}$ $1{,}2790^{15°}$	216 bis 217,5 105 (15mm)	I 349	Dampfdichte 5,5; Litergewicht d. Dampfes 7,09g; Dampfdruck 20° 0,0650 mg/m³; Flüchtigkeit 20° 625 mg/m³; Oberflächenspannung 58,1 dyn/cm; Viscosität 20° 2,6° E; $^{n}D^{15}$ 1,53125; mit Dampf flüchtig; senfartiger Geruch	0,068 W 25° l. in A, Ae, Aceton, Benzin, Petroleum	
Fl.	$1{,}2649^{25°}_{25°}$	165 (Z.)	III 608	riecht nach Essigsäure	∞ W, A, Ae	Phenylhydrazon *Fp* 192°, Nadeln + α-Naphthol-H_2SO_4 gelb, in der Wärme rotorange + β-Naphthol-H_2SO_4 rot, in der Wärme blau
Krist.		173 (19mm)	V 590		l. in A, Ae	
Nadeln	$0{,}900^{12°}$	286 (100mm)	II 463	Oberflächenspannung 20° 33,3 dyn/cm; geruchlos und geschmacklos	unl. in W ∞ A, Ae	Pb-Salz *Fp* 80° Li-Salz, krist. Büschel p-Aminoazoverbindung *Fp* 93—94°, hellgelbe Krist. p-Phenylphenacylester *Fp* 61°
Krist.	$1{,}378^{23°}$	119 (15mm)	XI 34		unl. in W ll. in A	
Fl.	$1{,}002^{15°}$	140-142	I 827	riecht angenehm	∞ W ll. in A wl. in Ae	
Tafeln und Prismen	$0{,}9896^{18°}$	155	XXII 96	mit Dampf flüchtig	ll. in W, A, Ae	Pikrat *Fp* 159°
gelbe Prismen	$1{,}14^{20°}$	51 (776mm)	I 759	Dampf ist grün, brennt mit violetter Farbe; polymerisiert leicht	l. in W ll. in A, Ae	+$FeCl_3$ + Pepton-HCl blaßviolett + H_2SO_4 violettbraun

Lfd. Nr.	*Fp*	Name	Summenformel	Strukturformel	Mol.-Gewicht
1	2	3	4	5	6
513	15	Isocrotonsäure (β-Crotonsäure)	$C_4H_6O_2$	$CH_3 \cdot CH : CH \cdot COOH$	86,09
514	15	Methylnonylketon	$C_{11}H_{22}O$	$CH_3 \cdot (CH_2)_8 \cdot CO \cdot CH_3$	170,28
515	15	Nitroform	CHO_6N_3	$CH(NO_2)_3$	151,04
516	15	3-Nitro-o-xylol	$C_8H_9O_2N$	$O_2N \cdot C_6H_3(CH_3)_2$	151,16
517	15	Phenylarsindijodid	$C_6H_5J_2As$	$C_6H_5AsJ_2$	405,81
518	15	Thio-o-kresol	C_7H_8S	$CH_3 \cdot C_6H_4 \cdot SH$	124,19
519	15—16	Phthalylchlorid	$C_8H_4O_2Cl_2$	$C_6H_4(COCl)_2$	203,03
520	15,5	2,5-Dimethylanilin (p-Xylidin)	$C_8H_{11}N$	$(CH_3)_2C_6H_3 \cdot NH_2$	121,17
521	16	Benzalhydrazin	$C_7H_8N_2$	$C_6H_5 \cdot CH : N \cdot NH_2$	120,15
522	16	Calciumoxalat	C_2O_4Ca	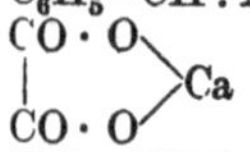	128,10
523	16	Caprylsäure	$C_8H_{16}O_2$	$CH_3 \cdot (CH_2)_6 \cdot COOH$	144,20
524	16	Methacrylsäure	$C_4H_6O_2$	$CH_2 : C(CH_3) \cdot COOH$	86,09
525	16	3-Nitrotoluol	$C_7H_7O_2N$	$O_2N \cdot C_6H_4 \cdot CH_3$	137,13
526	16	Tetramethylenglykol	$C_4H_{10}O_2$	$HO \cdot CH_2 \cdot (CH_2)_2 \cdot CH_2 \cdot OH$	90,12
527	16—17	Hämopyrrol	$C_8H_{13}N$	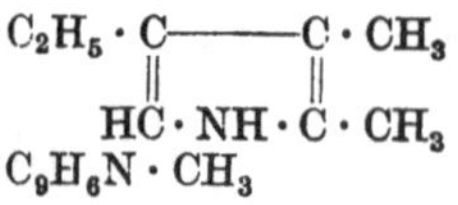	123,19
528	16—17	3-Methylchinolin	$C_{10}H_9N$	$C_9H_6N \cdot CH_3$	143,18
529	16—17	1,2,3-Tribrompropan	$C_3H_5Br_3$	$CH_2Br \cdot CHBr \cdot CH_2Br$	174,44
530	16,68	Essigsäure	$C_2H_4O_2$	$CH_3 \cdot COOH$	60,05

Aggregat-zustand Farbe	Spez. Gewicht	Siede-punkt °C	Beilstein-Zitat	Physikalische Konstanten und Eigenschaften	Löslichkeit	Reaktionen
7	8	9	10	11	12	13
Nadeln (P.-Ae)	1,031$^{15°}$	169 bis 169,3	II 412		40 W l. in A	Amid *Fp* 102°
Fl.	0,8295$^{17°}$	225	I 713	${}^{n}D^{17,3}$ 1,43002; ${}^{R}D^{17,3}$ 53,0 cm; ${}^{n}F^{17,3}$ 77,4; riecht apfelsinenartig	unl. in W l. in A, Ae	Oxim *Fp* 46—47° Semicarbazon *Fp* 122–124° p-Nitrophenylhydrazon *Fp* 90—91°, gelbe Nadeln Oxydation mit Hypobromit → n-Caprinsäure
Krist.	1,5967$^{24°}$	45—47 (22 mm)	I 79		l. in W l. in Alkali gelb	
Nadeln (A)		240	V 367		unl. in W l. in A	
zitronengelbe Nadeln		190 (12 mm)			l. in h. A oder Aceton	
Blätter		194,3	VI 370	mit Dampf flüchtig	unl. in W l. in A	
Fl.	1,409$^{20°}$	276,7	IX 798		l. in Ae, Bzl.	+ W → zers.
Öl	0,9790$^{21°}$	218	XII 1135	${}^{n}D^{21,3}$ 1,55914; ${}^{R}D^{21,3}$ 39,95 cm; Oberflächenspannung 26,0° 36,6 dyn/cm	l. in h. A	Acetylderivat *Fp* 139°
Blätter		140 (14 mm)	VII 225	riecht nach Seifenlauge	l. in A, Ae	
Krist.			II 515		0,0006 W 18° 0,0014 W 95°	
Blätter	0,910$^{20°}$	237,5	II 347	${}^{n}D^{21}$ 1,42677; ${}^{R}D^{21}$ 40,71 cm; ${}^{n}F^{21}$ 75,5; riecht schweißähnlich; Dampf reizt zum Husten	unl. in k. W 0,25 in sd. W ll. in A, Ae, Bzl.	+ o-Phthalaldehyd in der Kälte farblos, in der Hitze schmutzigblau Pb-Salz *Fp* 83,5—84,5°, Blättchen p-Chlorphenacylester *Fp* 63,0°
Prismen	1,015$^{20°}$	163	II 421		ll. in h. W ∞ A, Ae	
Krist.	1,160$^{18°}$	230-231	V 321		0,050 W 30° ll. in A, Ae	
Fl.	1,020$^{20°}$	230	I 478	schmeckt brennend und bitter	∞ W, A wl. in Ae	
Krist.	0,915$^{20°}$	198 (725 mm)	E_1 XX 46	mit Dampf flüchtig	wl. in h. W ll. in A, Ae	
Prismen	1,0673$^{20°}$	259,6	XX 394	${}^{n}D^{25,3}$ 1,60909; ${}^{R}D^{25,4}$ 47,03 cm; ${}^{n}F^{25,4}$ 290,9; mit Dampf flüchtig	swl. in W	Pikrat *Fp* 187°
Prismen	2,436$^{23°}$	219-221	I 112		unl. in W l. in A	
Fl.	1,0492$^{20°}$	118,1	II 96	${}^{n}D^{20}$ 1,37182; ${}^{R}D^{20}$ 12,99 cm; ${}^{n}F^{20}$ 66,3; Oberflächenspanng. 20° 23,5 dyn/cm; ebullioskop. Konst. 3,07; kryoskop. Konst. 3 9; stechender Geruch	∞ A, A, Ae	Jod-Lanthan-Rk. 1—3 ml der Lsg. + 1 ml 5%ige Lanthannitratlsg., + 1 ml n/50-Jodlsg. + einige Tropfen NH_3, langsam bis zum Sieden erwärmen → blau Phenacylester *Fp* 40° p-Nitrobenzylester *Fp* 78°

Lfd. Nr.	*Fp*	Name	Summenformel	Strukturformel	Mol.-Gewicht
1	2	3	4	5	6
531	17	4-tert.-Butylanilin	$C_{10}H_{15}N$	$(CH_3)_3C \cdot C_6H_4 \cdot NH_2$	149,23
532	17	cis-β-Dekalol	$C_{10}H_{18}O$	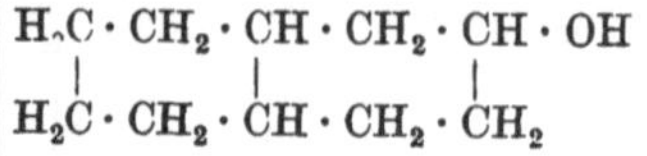	154,24
533	17	Pentamethyläthylalkohol	$C_7H_{16}O$	$(CH_3)_3C \cdot C(CH_3)_2 \cdot OH$	116,19
534	17	Succinylchlorid	$C_4H_4O_2Cl_2$	$ClOC \cdot CH_2 \cdot CH_2 \cdot COCl$	154,99
535	17	1,2,4-Trichlorbenzol	$C_6H_3Cl_3$	$C_6H_3Cl_3$	181,45
536	17	d-Weinsäurediäthylester	$C_8H_{14}O_6$	$C_2H_5O \cdot OC \cdot [CH(OH)]_2 \cdot CO \cdot OC_2H_5$	206,19
537	17—18	3-Chlorbenzaldehyd	C_7H_5OCl	$Cl \cdot C_6H_4 \cdot CHO$	140,57
538	17,7	4,5-Dijod-3-thiotolen	$C_5H_4J_2S$	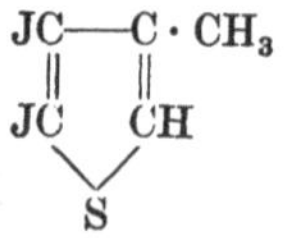	349,98
539	17,8	o,o′-Ditolyl	$C_{14}H_{14}$	$CH_3 \cdot C_6H_4 \cdot C_6H_4 \cdot CH_3$	182 25
540	17,8	β,β,β-Trichloräthylalkohol	$C_2H_3OCl_3$	$CCl_3 \cdot CH_2 \cdot OH$	149,41
541	18	Acetonoxalester	$C_7H_{10}O_4$	$CH_3 \cdot CO \cdot CH_2 \cdot CO \cdot CO \cdot OC_2H_5$	158,15
542	18	3-Bromanilin	C_6H_6NBr	$Br \cdot C_6H_4 \cdot NH_2$	172,03
543	18	(dl-)Milchsäure	$C_3H_6O_3$	$CH_3 \cdot CH(OH) \cdot COOH$	90,08
544	18	β,β′,β″-Trichlortrivinylarsin	$C_6H_6Cl_3As$	$(Cl \cdot CH : CH)_3As$	259,33
545	18—19	Cyclopropancarbonsäure	$C_4H_6O_2$	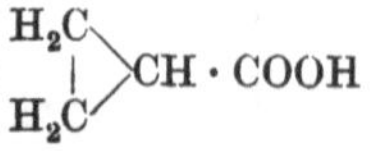	86,09
546	19	N-Methylanthranilsäuremethylester	$C_9H_{11}O_2N$	$CH_3 \cdot NH \cdot C_6H_4 \cdot CO \cdot OCH_3$	165,18
547	19,5	Bernsteinsäuredimethylester	$C_6H_{10}O_4$	$CH_3O \cdot OC \cdot (CH_2)_2 \cdot CO \cdot OCH_3$	146,14

Aggregatzustand Farbe	Spez. Gewicht	Siedepunkt °C	Beilstein-Zitat	Physikalische Konstanten und Eigenschaften	Löslichkeit	Reaktionen
7	8	9	10	11	12	13
Öl	$0{,}937^{25°}$	238-240	XII 1166	riecht unangenehm	swl. in W ∞ A, Ae	
Fl.		243 (746mm)				Phenylurethan *Fp* 102°
Fl.		131-132	I 418	riecht campherartig	ll. in A, Ae	
Fl.	$1{,}395^{15°}$	190-192	II 613		l. in Ae, Bzl.	+ H_2O → Zers.
	$1{,}446^{26°}$	213	V 204			
Fl.	$1{,}204^{20°}$	280	III 512	$[\alpha]_D$ + 7,66°	l. in W, A	
Prismen	$1{,}250^{15°}$	213-214	VII 234		wl. in W ll. in A, Ae	Phenylhydrazon *Fp* 134 bis 135°
		98,5 (0,5 mm)				
Krist.		258 (738mm)	V 608		unl. in W ll. in A, Ae, Bzl.	
Tafeln	$1{,}550^{23°}$	151 (737mm)	I 338	riecht ätherisch; hykroskopisch	wl. in W ∞ A, Ae l. in KOH	
Krist.	$1{,}1251^{20°}$	213-215	III 747	$^{n}D^{18,2}$ 1,47228; $^{R}D^{18,2}$ 39.33cm; $^{n}F^{18,2}$ 195,5		+ $FeCl_3$ → Rotfärbung
Krist.	$1{,}5808^{20,6}$	251	XII 633	$^{n}D^{20,4}$ 1,62604; $^{R}D^{20,4}$ 38,55cm; $^{n}F^{20,4}$ 265,0	l. in A	Acetylderivat *Fp* 87,5°
Krist.		122 (12mm)	III 268	$^{n}D^{20}$ 1,44145; $^{R}D^{20}$ 19,19 cm; $^{n}F^{20}$ 77,1; sehr hygroskopisch; mit Wasserdampf flüchtig	ll. in W, A wl. in Ae	+ $Fe(NO_3)_3$-Lsg. → zitronengelb; J_2 + NaOH erwärmt → CHJ_3; 1 mg Subst. + 5 mg α-Naphthol in 1 ml konz. H_2SO_4 gelinde erwärmt orangerote Lsg., beim Erhitzen → gelb und braungrüne Fluoreszenz Amid *Fp* 124° Phenylester *Fp* 96°
Fl.	$1{,}5727^{21,5°}_{4°}$	260 145-146 (18mm)		Dampfdichte 9; Litergew. des Dampfes 10,79 g; $^{n}D^{16,2}$ 1,5985; sehr starken anhaftenden Geruch nach Geranien	unl. in W, A l. in Ae, Bzl.	
Krist.	$1{,}088^{20°}$	181	IX 4		l. in CS_2	
Krist.	$1{,}120^{15°}$	256	XIV 324	riecht nach Jasmin	unl. in W l. in A, Ae	
Krist.	$1{,}1208^{20°}$	195	II 609	Kryoskop. Konst. 5,55		

Lfd. Nr.	*Fp*	Name	Summenformel	Strukturformel	Mol.-Gewicht
1	2	3	4	5	6
548	19,6	Phenylhydrazin	$C_6H_8N_2$	$C_6H_5 \cdot NH \cdot NH_2$	108,14
549	19,7	Acetophenon	C_8H_8O	$CH_3 \cdot CO \cdot C_6H_5$	120,14
550	20	Glycerin	$C_3H_8O_3$	$HOCH_2 \cdot CH(OH) \cdot CH_2OH$	92,09
551	20	Hexadecan	$C_{16}H_{34}$	$CH_3 \cdot (CH_2)_{14} \cdot CH_3$	226,43
552	20	1,2.3,4-Tetrahydrochinolin	$C_9H_{11}N$	$C_6H_4\left\langle\begin{matrix}CH_2 \cdot CH_2\\ \vert\\ NH \cdot CH_2\end{matrix}\right.$	133,18
553	20 bis 22,5	Pyrimidin	$C_4H_4N_2$	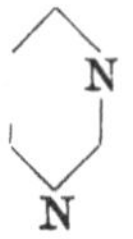	80,09
554	20,5	Zimtsäurenitril	C_9H_7N	$C_6H_5 \cdot CH : CH \cdot CN$	129,15
555	21	Benzoesäurebenzylester	$C_{14}H_{12}O_2$	$C_6H_5 \cdot CO \cdot OCH_2 \cdot C_6H_5$	212,23
556	21	Propiophenon	$C_9H_{10}O$	$C_2H_5 \cdot CO \cdot C_6H_5$	134,17
557	21	o-Xylylbromid	C_8H_9Br	$CH_3 \cdot C_6H_4 \cdot CH_2Br$	185,07
558	22	dl-Mandelsäurenitril	C_8H_7ON	$C_6H_5 \cdot CH(OH) \cdot CN$	133,14

Aggregatzustand Farbe	Spez. Gewicht	Siedepunkt °C	Beilstein-Zitat	Physikalische Konstanten und Eigenschaften	Löslichkeit	Reaktionen
7	8	9	10	11	12	13
Tafeln	1,097$^{23°}$	243,5	XV 67	$^{n}D^{20,3}$ 1,60813; $^{R}D^{20,3}$ 34,06cm; $^{n}F^{20,3}$ 255,5; kryoskop. Konst. 5,86; erzeugt auf der Haut Ekzeme; starkes Blutgift; riecht ungenehm	wl. in k. W ∞ A, Ae, Bzl., Chlf. swl. in konz. Alkali	+ Formaldehyd erhitzen + Nitroprussidnatrium → blau Chlorhydrat *Fp* 243–246°, Blättchen 1-Phenyl-4-p-nitrophenyl-semicarbazid *Fp* 211 bis 213, gelbe Nadeln
Blättchen	1,0238$^{25°}$	201,5	VII 271			Diphenylhydrazon *Fp.* 97 bis 98°, Warzen β-Naphthylhydrazon *Fp* 150°, Nädelchen Semicarbazon *Fp* 198°, Tafeln
Fl.	1,2604$^{20°}$	290	I 502	Refraktion 20° 55—65; Oberflächenspannung 30° 64,7 dyn/cm; hygroskopisch; schmeckt süß	∞ A, W unl. in Ae, Chlf.	+ HNO_3 (+ H_2SO_4) → Nitroglycerin Acroleinbildung durch Erhitzen mit Kaliumbisulfat oder Borsäure α-Naphthylurethan *Fp* 279—280°
Blättchen	0,771$^{18°}$	270	I 172	$^{n}F^{20}$ 76,0	unl. in W ∞ A, Ae	
Fl.	1,0588$^{20°}$	251	XX 262	$^{n}D^{23,4}$ 1,59331; $^{R}D^{23,4}$ 42,79cm; $^{n}F^{23,4}$ 301,8; starke Base	wl. in W ∞ A, Ae	
Krist.		124	XXIII 89	riecht durchdringend; narkotisch	ll. in W	Pikrat *Fp* 156°
Krist.	1,035$^{0°}$	255-256	IX 589		unl. in W ll. in A	
Nadeln oder Blättchen	1,122$^{19°}$	323-324	IX 121			
Tafeln	1,0133$^{16°}$	218	VII 300		l. in A, Ae	Oxim *Fp* 53°
Prismen	1,381$^{23°}$	223-224	V 365	Dampfdichte 6,4; Litergew. des Dampfes 8,49; Dampfdruck 20° 0,24 mm Hg; Flüchtigkeit 2400 mg/m^3; Oberflächenspannung 48 bis 50 dyn/cm; riecht aromatisch; verdünnt fliederartig; reizt zu Tränen	unl. in W ∞ A, Ae, Bzl.	+ H_2SO_4 → blutrot
Prismen (A)	1,116$^{20°}$	170 (Z.)	X 206		unl. in W l. in A, Ae	+ H_2SO_4 → rot >170° → Benzaldehyd und HCN

Lfd. Nr.	*Fp*	Name	Summenformel	Strukturformel	Mol.-Gewicht
1	2	3	4	5	6
559	**22,5**	Heptadecan	$C_{17}H_{36}$	$H_3C \cdot (CH_2)_{15} \cdot CH_3$	240,45
560	**22,5**	4-Propenylanisol	$C_{10}H_{12}O$	$CH_3 \cdot CH : CH \cdot C_6H_4 \cdot O \cdot CH_3$	148,19
561	**22,5**	Veratrol	$C_8H_{10}O_2$	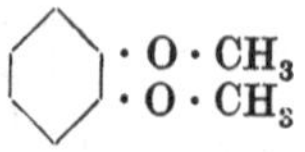	138,16
562	**22,8 bis 23**	Anethol	$C_{10}H_{12}O$	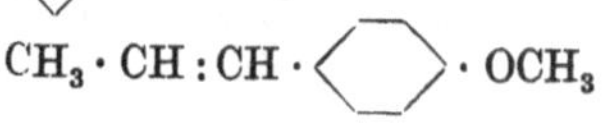	148,20
563	**23**	1,2,3-Triazol	$C_2H_3N_3$	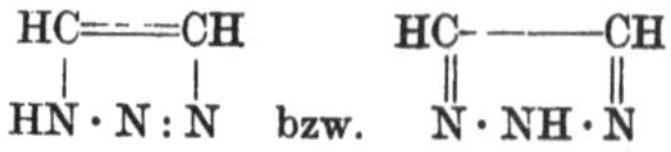	69,07
564	**23,4**	o-Dijodbenzol	$C_6H_4J_2$	$C_6H_4J_2$	329.93
565	**23,4**	Tetramethylendiamin (Putrescin)	$C_4H_{12}N_2$	$H_2N \cdot (CH_2)_4 \cdot NH_2$	88,15
566	**23,9**	Cyclohexanol	$C_6H_{12}O$	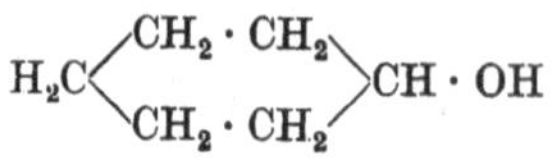	100,15
567	**24**	Benzyljodid (ω-Jodtoluol)	C_7H_7J	$C_6H_5 \cdot CH_2 \cdot J$	218,04
568	**24**	Dodecylalkohol	$C_{12}H_{26}O$	$CH_3 \cdot (CH_2)_{10} \cdot CH_2 \cdot OH$	186,32
569	**24**	Thiobenzoesäure	C_7H_6OS	$C_6H_5 \cdot CO \cdot SH$ oder $C_6H_5 \cdot CS \cdot OH$	138,18
570	**24—25**	β,β'-Dicyandiäthylsulfid	$C_6H_8N_2S$	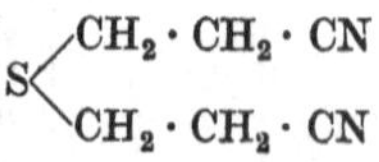	140,14
571	**24,5**	Anthranilsäuremethylester	$C_8H_9O_2N$	$H_2N \cdot C_6H_4 \cdot CO \cdot OCH_3$	151,16

Aggregatzustand Farbe	Spez. Gewicht	Siedepunkt °C	Beilsteinzitat	Physikalische Konstanten und Eigenschaften	Löslichkeit	Reaktionen
7	8	9	10	11	12	13
Tafeln	$0{,}7766^{23°}$	303	I 173	$^{n}D^{23,7}$ 1,43583; $^{R}D^{23,7}$ 80,98cm; $^{n}F^{23,7}$ 76,2	unl. in W l. in A, Ae	
Blätter (A)	$0{,}9875^{25°}_{25°}$	235,3	VI 566	Anisgeschmack	swl. in W ∞ A, Ae, Bzl., Chlf.	
Krist. (PAe.)	$1{,}0811^{21°}$	207	VI 771		wl. in W l. in A, Ae	Pikrat *Fp* 56—57°
Blättchen (A)		233-234	VI 566	riecht nach Anis; schmeckt stark süß	ll. in A l. in Ae l. in H_2SO_4	Dibromid *Fp* 67°, Nadeln Monobromanetholdibromid *Fp* 112,5°, dicke, trikline Nadeln + H_2SO_4 → rot + W Entfärbung → Abscheidung von Anisoin *Fp* 140°
Krist.	$1{,}186^{25°}$	203 (739mm)	XXVI 11	schmeckt widerlich süß	ll. i W, A, Ae	
Tafeln (Ligroin)		287	V 225	mit Dampf flüchtig	swl. in W wl. in k. A	
Krist.	$0{,}877^{25°}$	158-160	IV 264	riecht nach Piperidin	ll. in W	Dichlorhydrat *Fp* 315° (Z.) Au-Salz *Fp* 212—214°, grünlichgelbe Prismen Pikrat *Fp* 260° (Z.), hellgelbe Prismen
Nadeln	$0{,}9369^{34°}$	160,5	VI 5	$^{n}D^{37}$ 1,46055; Acetylzahl 561; $^{n}D^{37}$ 29,28 cm; ^{R}F 78,3; Oberflächenspannung 45° 31,37 dyn/cm; sehr hygroskopisch; riecht nach Campher und Fusel	5,67 W 11° l. in A, Ae	3,5-Dinitrobenzoesäureester *Fp* 112—113° p-Diphenylylurethan *Fp* 166° Phenylurethan *Fp* 82°, Nadeln α Naphthylurethan *Fp* 128 bis 129° saurer Phthalsäureester *Fp* 99°, dicke Krist.
farblose Krist.	$1{,}733^{25°}$	226 (Z.) 93° (11mm)	V 314	Dampfdichte 7,5; Litergewicht d. Dampfes 9,07 g; Dampfdruck 20° 0,11 mm Hg; Dampf reizt zu Tränen	unl. in W l. in A, Ae, Bzl.	
Blättchen (A)	$0{,}8309^{24°}$	255-259	I 428		wl. in W l. in A, Ae	α-Naphthylurethan *Fp* 80° p-Nitrophenylurethan *Fp* 117°, Blättchen
gelbes Öl		Z.	IX 419	mit Dampf flüchtig	unl. in W sll. in A, Ae	+ Alkohole → Benzoesäureester
Öl		182 (6 mm)			unl. in W l. in Bzl., Azeton	
Krist.	$1{,}168^{18°}$	127 (11mm)	XIV 317	riecht nach Orangeblüten; flüchtig mit Wasserdampf	wl. in W ll. in A, Ae	Pikrat *Fp* 105—106°, gelbe Nadeln Benzoylderivat *Fp* 100 bis 102°, Nadeln

Lfd. Nr.	*Fp*	Name	Summenformel	Strukturformel	Mol.-Gewicht
1	2	3	4	5	6
572	24,5	ι,κ-Undecylensäure	$C_{11}H_{20}O_2$	$CH_2:CH\cdot(CH_2)_8\cdot COOH$	184,27
573	24,8	Isochinolin	C_9H_7N	$C_6H_4<\begin{matrix}CH:CH\\ \vert\\ CH:N\end{matrix}$	129,15
574	25	Anisalkohol (p-Methoxy-benzylalkohol)	$C_8H_{10}O_2$	$CH_3\cdot O\cdot C_6H_4\cdot CH_2\cdot OH$	138,16
575	25	1,4-Dihydronaphthalin	$C_{10}H_{10}$	$C_6H_4<\begin{matrix}CH_2\cdot CH\\ \Vert\\ CH_2\cdot CH\end{matrix}$	130,18
576	25	Methylarsindijodid	CH_3J_2As	$CH_3\cdot AsJ_2$	343,78
577	25	Pyrrolidon-(2)	C_4H_7ON	$\begin{matrix}H_2C-CH_2\\ \vert\quad\quad\vert\\ H_2C\cdot NH\cdot CO\end{matrix}$	85,10
578	25,4	α-Brombenzylcyanid	C_8H_6NBr	$C_6H_5\cdot CH(Br)\cdot CN$	195,98
579	25,5	tert.-Butylalkohol (Trimethylcarbinol)	$C_4H_{10}O$	$(CH_3)_3C\cdot OH$	74,12
580	25—26	α-Brompropionsäure	$C_3H_5O_2Br$	$CH_3\cdot CH(Br)\cdot COOH$	152,99
581	25—26	d-Milchsäure	$C_3H_6O_3$	$CH_3\cdot CH(OH)\cdot COOH$	90,08
582	26	2-Aminothiophenol	C_6H_7NS	$H_2N\cdot C_6H_4\cdot SH$	125,18
583	26	Benzophenon (labil)	$C_{13}H_{10}O$	$C_6H_5\cdot CO\cdot C_6H_5$	182,21
584	26	2,4-Dimethylphenol (m-Xylenol)	$C_8H_{10}O$	$(CH_3)_2C_6H_3\cdot OH$	122,16
585	26	Glycerin-α,α'-dinitrat	$C_3H_6O_7N_2$	$HO\cdot CH(CH_2\cdot O\cdot NO_2)_2$	182,09

Aggregat-zustand Farbe	Spez. Gewicht	Siede-punkt °C	Beilstein-Zitat	Physikalische Konstanten und Eigenschaften	Löslichkeit	Reaktionen
7	8	9	10	11	12	13
		275 198-200 (90mm)	II 458			Bariumsalz, flache Nadeln oder Blättchen Cu-Salz *Fp* 232—234° Zn-Salz *Fp* 115—116° Pb-Salz *Fp* 80°
Krist.	$1{,}0980^{20°}$	240,6	XX 380	hygroskopisch; riecht angenehm	swl. in W	Pikrat *Fp* 223°, hellgelbe Nadeln saures Sulfat *Fp* 205 bis 206,5, Tafeln Tetrajodid *Fp* 130°, dunkelblaue Krist.
Nadeln	$1{,}1076^{25°}_{25°}$	258,8	VI 897		l. in A, Ae	
Blättchen	$0{,}993^{32°}$	94,5 (17mm)	V 518	$n_D^{18,3}$ 1,58137; $R_D^{18,3}$ 43,59cm; $n_F^{18,3}$ 245,1	unl. in W l. in A, Ae	
gelbe Nadeln		122,7 (11mm)			swl. in W ll. in A, Ae, Bzl., CS_2	
Krist. (PAe)	$1{,}116^{25°}$	245	XXI 236	ebullioskop. Konst. 1,77; kryoskop. Konst. 12,8	ll. in W, A, Ae, Chlf., Bzl.	
weiße Krist.	$1{,}5160^{20°}$	242-247 132-134 (12mm)		Dampfdichte 6,8; Litergewicht d. Dampfes 8,75; Dampfdruck 20° 0,0122 mm Hg; Flüchtigkeit 20° 174 mg/m³; mit Dampf flüchtig	unl. in W l. in A, Ae, Bzl. CS_2, Chlf., CCl_4. Aceton, Essigsäure	
Tafeln und Prismen	$0{,}7887^{20°}$	82,55	I 379	n_D^{20} 1,38779; R_D^{20} 22,22 cm; n_F^{20} 67,1	∞ W, A, Ae	α-Naphthylurethan, lange Tafeln, *Fp* 100—101° 3,5-Dinitrobenzoesäureester, rhomb. längliche Platten *Fp* 141,5 bis 142,5°
Prismen	$1{,}700^{20°}$	204 (Z.)	II 254		ll. in w. W	
Prismen		Zers.	III 261	$[\alpha]_D^{20}$ +3,3; n_D^{20} 1,44145; R_D^{20} 19,19cm; n_F^{20} 77,1; zerfließlich	l. in W, A, Ae	
Nadeln		234	XIII 397			Oxydation → 2,2′-Diaminodiphenyldisulfid
monokline Krist.	$1{,}1108^{18°}$	306	VII 410	$n_D^{23,4}$ 1,60596; $R_D^{23,4}$ 56,70cm; $n_F^{23,4}$ 268,3; kryoskop. Konst. 9,8	unl. in W 16,95 A (97%) 18° 24,7 Ae 13°	
Nadeln	$1{,}036^{0°}$	211,5	VI 486		swl. in W ∞ A, Ae	p-Diphenylylurethan *Fp* 184° 3,5-Dinitrobenzoat *Fp* 164,6°, Tafeln
Prismen	$1{,}47^{15°}$	146-148 (15mm)	I 515	detoniert beim Erhitzen	ll. in W, A, Ae	

Lfd. Nr.	*Fp*	Name	Summenformel	Strukturformel	Mol.-Gewicht
1	2	3	4	5	6
586	**26**	1-Methylcyclohexanol	$C_7H_{14}O$	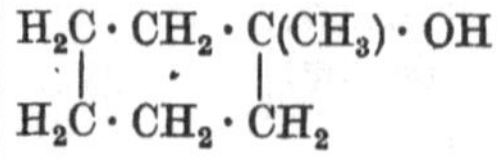	**114,18**
587	**26**	p-Tolylsenföl	C_8H_7NS	$CH_3 \cdot C_6H_4 \cdot N:C:S$	**149,20**
588	**26,6**	Acetonphenylhydrazon	$C_9H_{12}N_2$	$(CH_3)_2C:N \cdot NH \cdot C_6H_5$	**148,20**
589	**27**	Dithioresorcin	$C_6H_6S_2$	$HS \cdot C_6H_4 \cdot SH$	**142,12**
590	**27**	2,3-Dichlor-5-jodthiophen	C_4HCl_2JS	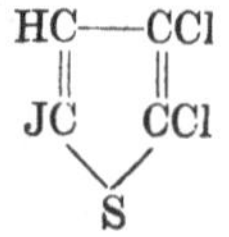	**278,94**
591	**27**	Diphenyläther	$C_{12}H_{10}O$	$C_6H_5 \cdot O \cdot C_6H_5$	**170,20**
592	**27**	Diphenylmethan	$C_{13}H_{12}$	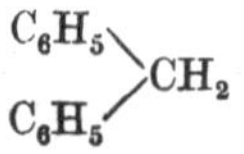	**168,22**
593	**27**	Methylbenzylketon	$C_9H_{10}O$	$C_6H_5 \cdot CH_2 \cdot CO \cdot CH_3$	**134,17**
594	**27**	o-Nitrobenzalchlorid	$C_7H_5O_2NCl_2$	$O_2N \cdot C_6H_4 \cdot CHCl_2$	**206,03**
595	**27**	3-Nitrobenzylalkohol	$C_7H_7O_3N$	$O_2N \cdot C_6H_4 \cdot CH_2 \cdot OH$	**153,13**
596	**27**	Octadecan	$C_{18}H_{38}$	$CH_3 \cdot (CH_2)_{16} \cdot CH_3$	**254,48**
597	**27—28**	5-Methyl-2-acetothienon	C_7H_8OS	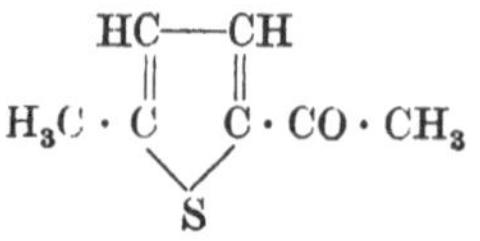	**140,19**
598	**28**	4-Bromtoluol	C_7H_7Br	$Br \cdot C_6H_4 \cdot CH_3$	**171,04**
599	**28**	4-Chlor-1,2-dinitrobenzol (bei 28° schm. Form)	$C_6H_3O_4N_2Cl$	$Cl \cdot C_6H_3(NO_2)_2$	**202,56**
600	**28**	5-Chlorthiophen-2-sulfon-säurechlorid	$C_4H_2O_2Cl_2S_2$	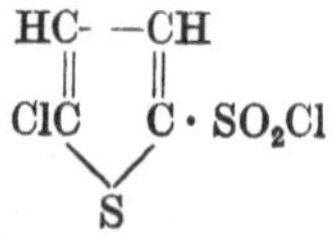	**217,09**
601	**28**	Di-p-tolylmethan	$C_{15}H_{16}$	$(CH_3 \cdot C_6H_4)_2CH_2$	**196,27**
602	**28**	ω-Jodacetophenon	C_8H_7OJ	$C_6H_5 \cdot CO \cdot CH_2J$	**246,06**
603	**28**	4-Methylacetophenon	$C_9H_{10}O$	$CH_3 \cdot C_6H_4 \cdot CO \cdot CH_3$	**134,17**
604	**28**	Phoron	$C_9H_{14}O$	$[(CH_3)_2C:CH]_2CO$	**138,20**

Aggregat-zustand Farbe	Spez. Gewicht	Siede-punkt °C	Beilstein-Zitat	Physikalische Konstanten und Eigenschaften	Löslichkeit	Reaktionen
7	8	9	10	11	12	13
Krist.	$0,9387^{12°}$	170	VI 11	$^{n}D^{20}$ 1,46357; $^{R}D^{20}$ 32,14 cm; $^{n}F^{20}$ 85,1; Acetylzahl 492; riecht nach Campher	unl. in W l. in A, Ae	
Nadeln (Ac)		237	XII 956			
		163 (50 mm)	XV 129		0,24 W 22°	
Krist.		243	VI 834	riecht durchdringend		
Platten (A)	$1,151^{1°}$	259	VI 146	riecht nach Geranien	unl. in W ll. in A ∞ Ae	
Nadeln	$1,0008^{26°}$	260-261	V 588	kryoskop.Konst. 6,72; riecht nach Orangen	unl. in W ll. in A, Ac, Chlf.	
Krist.	$1,003^{20°}$	215	VII 303			Semicarbazon *Fp* 197°
Krist. (A)		143 (12 mm)	V 332		l. in A, Ae	
Krist.	$1,296^{18°}_{15°}$	175-180 (3 mm)	VI 449		wl. in W ll. in Ae	
Krist. (A)	$0,7754^{80}$	317	I 173		unl. in W l. in A, Ae	
		232-233				
Krist. (A)	$1,3898^{20°}$	183,6	V 305	$^{n}D^{20}$ 1,5546; $^{R}D^{20}$ 38,60 cm	unl. in W l. in A	
			V 262		unl. in W l. in A ll. in Ae	
Prismen (A)	$0,980^{20°}$	286	V 615		unl. in W, A ll. in Ae	
		170 (30 mm)	I 660			
		150 (15 mm)				
Nadeln	$1,006^{18°}$	220	VII 307	riecht fenchelartig	ll. in A, Ae, Bzl.	
gelbgrüne Prismen	$0,885^{20°}$	79,8 (14 mm)	I 751		l. in A, Ae	

Lfd. Nr.	*Fp*	Name	Summenformel	Strukturformel	Mol.-Gewicht
1	2	3	4	5	6
605	28,3	Guajacol (Brenzcatechinmonomethyläther)	$C_7H_8O_2$	$HO \cdot C_6H_4 \cdot O \cdot CH_3$	124,13
606	29	p-Chlorbenzylchlorid	$C_7H_6Cl_2$	$Cl \cdot C_6H_4 \cdot CH_2Cl$	161,03
607	29	2,3,5-Tribromthiophen	C_4HBr_3S	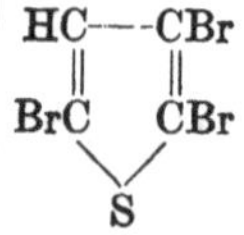	320,86
608	29—30	Undecylsäure	$C_{11}H_{22}O_2$	$CH_3 \cdot (CH_2)_9 \cdot COOH$	186,29
609	29,5	p-Tolunitril	C_8H_7N	$CH_3 \cdot C_6H_4 \cdot CN$	117,14
610	30	Acetylperoxyd	$C_4H_6O_4$	$[CH_3 \cdot CO \cdot O\text{-}]_2$	118,09
611	30	3-Aminodiphenyl	$C_{12}H_{11}N$	$C_6H_5 \cdot C_6H_4 \cdot NH_2$	169,21
612	30	Apiol (1,2-Methylendioxy-3,6-dimethoxy-4-allylbenzol; Petersiliencampher)	$C_{12}H_{14}O_4$	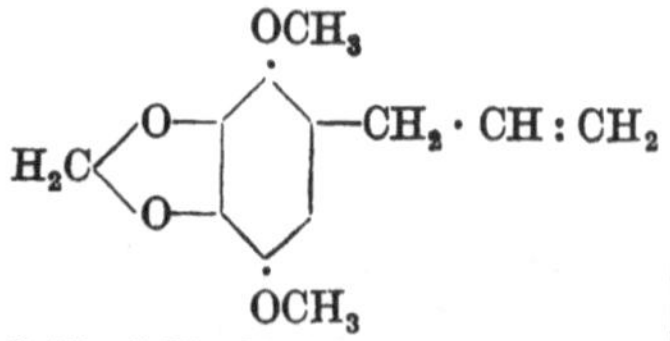	222,23
613	30	4-Nitro-o-xylol	$C_8H_9O_2N$	$O_2N \cdot C_6H_3(CH_3)_2$	151,16
614	30—35	2-Thenalaceton	C_8H_8OS	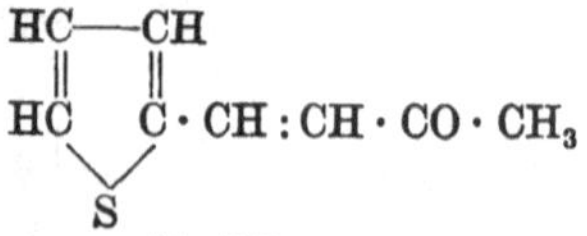	152,20
615	30,5	Chinoxalin	$C_8H_6N_2$	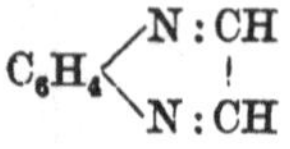	130,14
616	30,5	n-Tridecylalkohol	$C_{13}H_{28}O$	$CH_3 \cdot (CH_2)_{11} \cdot CH_2OH$	200,35
617	31,0	Benzoxazol	C_7H_5ON	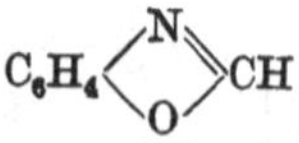	119,12
618	31	Hexahydrobenzoesäure	$C_7H_{12}O_2$	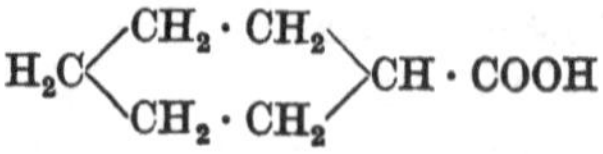	128,16

Aggregat-zustand Farbe	Spez.-Gewicht	Siede-punkt °C	Beilstein-Zitat	Physikalische Konstanten und Eigenschaften	Löslichkeit	Reaktionen
7	8	9	10	11	12	13
schwach rötliche oder gelbliche Prismen	$1{,}1287^{21°}$	205	VI 768	riecht aromatisch, phenol- und rauchartig; Geschmack brennend; wirkt antiseptisch	1,88 W 15° ll. in A, Ae l. in Lauge	+ $Fe(NO_3)_3$ → grün → rotbraun + $AgNO_3$ bei Zimmertemp. sehr langsam, + 1 Tropfen NH_3 sofort reduziert + konz. HNO_3 → intensiv rot + Eisen-Schwefelsäure → braun → grün → langsam blau; beim Erwärmen blauviolett, nach Abkühlen wieder blau Tribromguajacol *Fp* 116°, Nadeln
Nadeln		213-214	V 297			
		259-260	XVII 34	sublimiert; Dampf reizt zu Tränen	unl. in W wl. in k. A l. in h. A ll. in Ae, Bzl.	
Schuppen		179 (28 mm)	II 358			p-Chlorphenacylester *Fp* 60,2° p-Jodphenacylester *Fp* 81,8°
Nadeln (A)	$0{,}9805^{20°}_{20°}$	217,6	IX 489		l. in A, Ae	
Krist. (A)			II 170		l. in h. W 4,02 A 25° wl. in Ae	
Nadeln		254 (135mm)	XII 1318	mit Dampf flüchtig	ll. in A, Ae	Acetylderivat *Fp* 148°
weiße Nadeln	1,015	294	XIX 87	nach Petersilie riechend; mit Dampf flüchtig	unl. in W ll. in A, Ae	5 mg α-Naphthol + 1 ml konz. H_2SO_4 + 1 mg Substanz intensiv rot, gelindes Erwärmen intensiv grüne Fluoreszenz
Gelbe Prismen (A)	$1{,}139^{30°}_{30°}$	258	V 368		unl. in W ∞ A >30° ll. in Ae	
Krist.	$1{,}133^{48°}$	229,5	XXIII 176	kryoskop. Konst. 8,90	∞ W, A, Ae	Sulfat *Fp* 186°
		140 (16 mm)	I 428			p-Joddiphenylylurethan *Fp* 144—144,5°, Scheiben oder Platten
Krist.		183	XXVII 43	mit Dampf flüchtig	unl. in W	Jodmethylat *Fp* 183 (Z.)
Tafeln od. Prismen	$1{,}0253^{34°}$	232-233	IX 7		0,20 W 15° ll. in A, Ae	

Lfd. Nr.	*Fp*	Name	Summenformel	Strukturformel	Mol.-Gewicht
1	2	3	4	5	6
619	**31**	o-Kresol	C_7H_8O	$CH_3 \cdot C_6H_4 \cdot OH$	108,13
620	**31—34**	β,β'-Dibromdiäthylsulfid	$C_4H_8Br_2S$	$S(CH_2 \cdot CH_2Br)_2$	247,97
621	**31,5**	Caprinsäure (Decansäure-1)	$C_{10}H_{20}O_2$	$CH_3 \cdot (CH_2)_8 \cdot COOH$	172,26
622	**31,5**	Diphenylarsincyanid	$C_{13}H_{10}NAs$	$(C_6H_5)_2As \cdot CN$	255,0
623	**31,5**	5-Oxymethylfurfurol	$C_6H_6O_3$	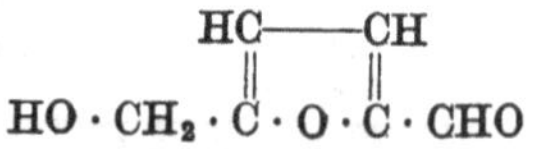	126,11
624	**31,5 bis 32**	Thiophen-2-sulfonsäurechlorid	$C_4H_3O_2ClS_2$	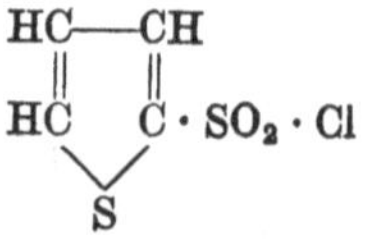	182,64
625	**32**	Benzalmalonsäurediäthylester	$C_{14}H_{16}O_4$	$C_6H_5 \cdot CH : C(CO \cdot OC_2H_5)_2$	248,26
626	**32**	Benzazid	$C_7H_5ON_3$	$C_6H_5 \cdot CO \cdot N_3$	147,13
627	**32**	2-Bromanilin	C_6H_6NBr	$Br \cdot C_6H_4 \cdot NH_2$	172,03
628	**32**	Malonsäuredinitril	$C_3H_2N_2$	$NC \cdot CH_2 \cdot CN$	66,06
629	**32**	2-Nitro-p-kresol (OH = 1)	$C_7H_7O_3N$	$CH_3 \cdot C_6H_3(NO_2) \cdot OH$	153,13
630	**32**	Nonadecan	$C_{19}H_{40}$	$CH_3 \cdot (CH_2)_{17} \cdot CH_3$	268,50
631	**32**	α-Ketobuttersäure	$C_4H_6O_3$	$C_2H_5 \cdot CO \cdot COOH$	102,09

Aggregatzustand Farbe	Spez. Gewicht	Siedepunkt °C	Beilstein-Zitat	Physikalische Konstanten und Eigenschaften	Löslichkeit	Reaktionen
7	8	9	10	11	12	13
Krist.	$1{,}0482^{20^0}$	190,8	VI 349	$^nD^{20}$ 1,547; $^nF^{20}$ 185,0; kryoskop. Konst. 5,60; angenehmer Karbolgeruch	2,6 W 25° ∞ h. A, Ae	Kalischmelze → Salicylsäure Acetat Kp. 208° + $FeCl_3$ → blaue Färbung → grün → schmutziggelb
weiße Krist.	$2{,}05_{15^0}$	240 139-142 (17 mm)		Dampfdruck 20° 0,0295 mm Hg; Flüchtigkeit 20° 400 mg/m³	unl. in W ll. in A, Ae, Bzl.	
Nadeln	$0{,}8858^{40^0}$	266,4	II 355	kryoskop. Konst. 4,7	swl. in W ll. in A, Ae	Amid *Fp* 108° Anilid *Fp* 63° Pb-Salz *Fp* 100° p-Chlorphenacylester *Fp* 61,6°
weiße Blättchen	$1{,}3160^{52^0}_{4^0}$	377 195 (12 mm)		Dampfdichte 8,8; Oberflächenspannung 41 dyn/cm; Dampfdruck 20° 0,00011 mm Hg; Flüchtigkeit 20° 0,15 mg/m³; $^nD^{52}$ 1,6153; scharfer, zum Nießen reizender Geruch	unl. in W wl. in A ll. in Bzl., Ae, Chlf. und h. A	
Nadeln (Ae + PAe)	$1{,}2629^{36^0}$	114 (1 mm)	XVIII 14	riecht nach Kamillen	ll. in W, A, Ae	
Krist.	$1{,}105^{20^0}$	308-312	IX 892		unl. in W ll. in A, Ae	
Tafeln (Aceton)		Z.	IX 332		unl. in W l. in A ll. in Ae	
Krist.		229	XII 631	$^nD^{20,4}$ 1,62604; $^RD^{20,4}$ 38,55 cm; $^nF^{20,4}$ 265,0; Ep. 28,7°	unl. in W sll. in A	Acetylderivat *Fp* 99°
Krist.	$1{,}051^{32^0}$	218-219	II 589	$^nD^{34,2}$ 1,41463; $^RD^{34,2}$ 15,76 cm; giftig	13,3 W; 40 A; 20 Ae; 10 Chlf.	
gelbe Nadeln (verd. A)	$1{,}2399^{39^0}$	125 (22 mm)	VI 412	mit Dampf flüchtig	wl. in W ll. in A, Ae, Bzl.	
Blättchen	$0{,}7720^{40^0}$	330	I 174		unl. in W l. in A, Ae	
Tafeln		85 (21 mm)	III 629		l. in W, A wl. in Ae	Oxim *Fp* 154° (Z.) Phenylhydrazon *Fp* 151 bis 152°

Lfd Nr.	*Fp*	Name	Summenformel	Strukturformel	Mol.-Gewicht
1	2	3	4	5	6
632	**32**	Thionaphthen	C_8H_6S	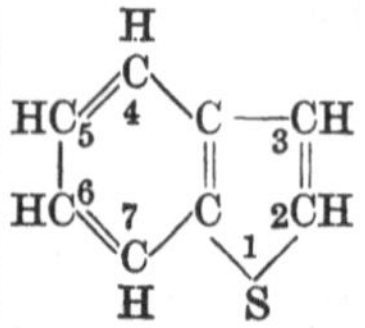	134,19
633	**32—33**	2,5-Dibromthiophen-3-sulfonsäurechlorid	$C_4HO_2ClBr_2S_2$	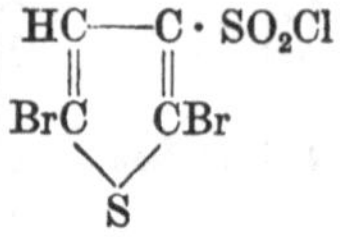	340,46
634	**32—34**	Benzoylcyanid	C_8H_5ON	$C_6H_5 \cdot CO \cdot CN$	131,13
635	**32,5**	3-Bromphenol	C_6H_5OBr	$Br \cdot C_6H_4 \cdot OH$	173,02
636	**32,5**	2-Chlor-1-nitrobenzol	$C_6H_4O_2NCl$	$Cl \cdot C_6H_4 \cdot NO_2$	157,56
637	**32,5**	Dimethylarsincyanid	C_3H_6NAs	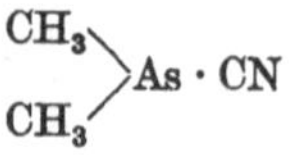	131,04
638	**32,5**	Pyron-(4)	$C_5H_4O_2$	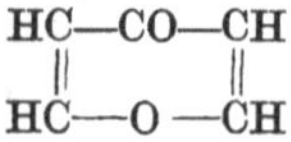	96,08
639	**32,5**	Zibeton	$C_{17}H_{30}O$	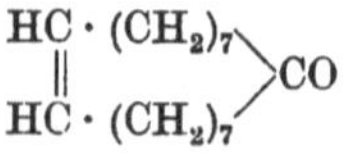	250,40
640	**32,8**	3-Chlorphenol	C_6H_5OCl	$Cl \cdot C_6H_4 \cdot OH$	128,58
641	**32,9**	Dicyclopentadien	$C_{10}H_{12}$	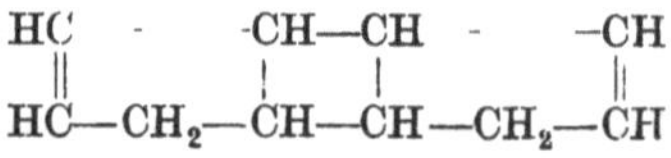	132,20
642	**33**	β-Aminocrotonsäureäthylester	$C_6H_{11}O_2N$	$CH_3 \cdot C(NH_2) : CH \cdot CO \cdot OC_2H_5$ oder $CH_3 \cdot C(:NH) \cdot CH_2 \cdot CO \cdot OC_2H_5$	129,15
643	**33**	2,4-Dichlor-1-nitrobenzol	$C_6H_3O_2NCl_2$	$Cl_2C_6H_3 \cdot NO_2$	192,01
644	**33**	Dimethyl-[2-thienyl-]carbinol	$C_7H_{10}OS$	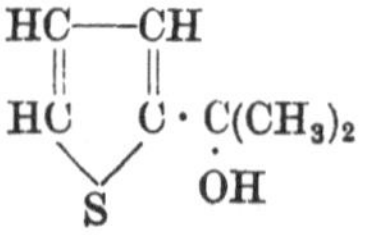	142,21
645	**33**	2,2'-Dithienyl	$C_8H_6S_2$	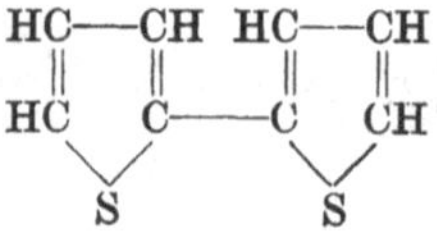	166,25
646	**33**	Isoeugenol	$C_{10}H_{12}O_2$	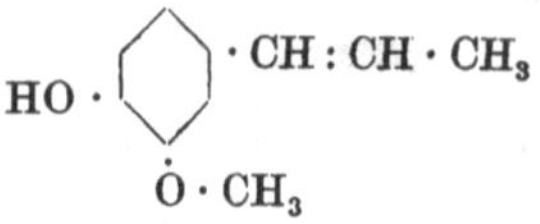	164,19

Aggregatzustand Farbe	Spez. Gewicht	Siedepunkt °C	Beilstein-Zitat	Physikalische Konstanten und Eigenschaften	Löslichkeit	Reaktionen
7	8	9	10	11	12	13
Blättchen	$1,1486^{36°}$	221-222	XVII 59	$n_D^{36,2}$ 1,633; riecht naphthalinartig; mit Dampf flüchtig	unl. in W ll. in A, Ae	+ H_2O_2 → Sulfon *Fp* 142 bis 143° + Kalk erhitzen 301–330° → o-Thiokresol + HCOOH lösl. in H_2SO_4 → rot
Tafeln		206-208	X 659		l. in Ae	
Blättchen		236	VI 198		swl. in W l. in A, Ae	
Nadeln	$1,305^{80°}$	243	V 241	kryoskopKonst. 7,5	unl. in W l. in A	
weiße Prismen	1,43	144	IV 608	sublimiert	unl. in W ll. in A, Ae	
Krist.		215	XVII 271		sll. in W, Ae l. in A	lösl. in KOH → gelb
Krist.		342 (741mm)	E_1 VII 95	mit Dampf flüchtig; riecht nach Moschus	unl. in W l. in A	Oxim *Fp* 92°
Nadeln	$1,268^{25°}$	214	VI 185	kryoskop.Konst. 8,30	2,6 W 20° l. in A, Ae	
sternförmige Krist.		88 (55mm)	V 495			Bisnitrosochlorid *Fp* 182° Pseudonitrosit $C_{20}H_{24}O_6N_4$ *Fp* 147°, Blätter (in sd. Toluol → grün, abkühlen farblos)
Krist. (PAe)	$1,0144^{36°}$	210 (Z.)	III 654		unl. in W ll. in A, Ae, Bzl., Chlf.	
Nadeln (A)	$1,4390^{80°}$	258,5	V 245		unl. in W ll. in h. A ∞ Ae	
		103-104 (25mm)				
Blättchen (verd. A)		260	XIX 32	mit Dampf flüchtig; charakteristisch riechend	ll. in A, Ae	l. in konz. H_2SO_4 → gelb mit grünlicher Fluoreszenz
rechteckige Tafeln	$1,087^{20°}$	140 (12mm) 270 (750mm)	VI 955	riecht eugenolartig	wl. in W ll. in A, Ae	Oxydation → Vanillin alkohol. Lsg. + $FeCl_3$ → olivgrün + 1,3,5-Trinitrobenzol *Fp* 70°, hellrote Nadeln Acetat *Fp* 79—80°, Nadeln Diphenylylurethan *Fp* 112 bis 113° Benzoat *Fp* 104°

Lfd. Nr.	*Fp*	Name	Summenformel	Strukturformel	Mol.-Gewicht
1	2	3	4	5	6
647	**33**	Zimtalkohol	$C_9H_{10}O$	$C_6H_5 \cdot CH:CH \cdot CH_2 \cdot OH$	134,17
648	**33,5**	Lävulinsäure	$C_5H_8O_3$	$CH_3 \cdot CO \cdot CH_2 \cdot CH_2 \cdot COOH$	116,11
649	**33,8**	p-Kresol	C_7H_8O	$CH_3 \cdot C_6H_4 \cdot OH$	108,13
650	**34**	Brenzschleimsäureäthylester	$C_7H_8O_3$	HC— —CH ‖ ‖ HC—O—C · CO · OC_2H_5	140,13
651	**34**	Erucasäure	$C_{15}H_{28}O_2$	$CH_3 \cdot (CH_2)_7 \cdot CH:CH \cdot (CH_2)_4 \cdot COOH$	338,55
652	**34**	Pilocarpin	$C_{11}H_{16}O_2N_2$	$C_2H_5 \cdot$ HC —— CH · CH_2 · C—N · CH_3 | | ‖ ›CH OC · O · CH_2 HC—N	208,25
653	**34,1**	2-Methylnaphthalin	$C_{11}H_{10}$	$C_{10}H_7 \cdot CH_3$	142,19
654	**34,2**	m-Dijodbenzol	$C_6H_4J_2$	$C_6H_4J_2$	329,93
655	**34,2**	m-Xylylenchlorid	$C_8H_8Cl_2$	$C_6H_4(CH_2Cl)_2$	175,06
656	**34,5**	4-Aminodiphenylmethan	$C_{13}H_{13}N$	$C_6H_5 \cdot CH_2 \cdot C_6H_4 \cdot NH_2$	183,24
657	**34,5**	N,N'-Dimethyl-o-phenylendiamin	$C_8H_{12}N_2$	$C_6H_4(NH \cdot CH_3)_2$	136,19
658	**34,5**	N,N-Diphenylhydrazin	$C_{12}H_{12}N_2$	$(C_6H_5)_2N \cdot NH_2$	184,23
659	**34,9**	Triacetonamin	$C_9H_{17}ON$	$H_2C \cdot CO \cdot CH_2$ | | $(CH_3)_2C \cdot NH \cdot C(CH_3)_2$	155,23
660	**35**	α-Benzaldoxim	C_7H_7ON	$C_6H_5 \cdot CH:N \cdot OH$	121,13
661	**35**	Dibenzylketon	$C_{15}H_{14}O$	$C_6H_5 \cdot CH_2$ ⟩CO $C_6H_5 \cdot CH_2$	210,26
662	**35**	1,2-Dichlornaphthalin	$C_{10}H_6Cl_2$	$C_{10}H_6Cl_2$	197,06
663	**35**	4-Jodtoluol	C_7H_7J	$J \cdot C_6H_4 \cdot CH_3$	218,04
664	**35**	Methylsenföl	C_2H_3NS	$CH_3 \cdot N:CS$	73,11

Aggregat-zustand Farbe	Spez. Gewicht	Siede-punkt °C	Beilstein-Zitat	Physikalische Konstanten und Eigenschaften	Löslichkeit	Reaktionen
7	8	9	10	11	12	13
Nadeln	$1{,}0440^{20^\circ}$	257,5	VI 570	$^{n}D^{33}$ 1,57580; $^{R}D^{33}$ 42,91 cm; $^{n}F^{33}$ 244,7	l. in W sll. in A, Ae	
Blättchen	$1{,}143^{17^\circ}$	245 (Z.)	III 671		ll. in W, A. Ae	Semicarbazon *Fp* 187° (Z.) + $Fe(NO_3)_3$ → schwach rötlichgelb + Paraform-H_2SO_4 → orange, und grüne Fluoreszenz
Prismen	$1{,}0347^{20^\circ}$	202,1	VI 389	kryoskop.Konst. 7,00; Geruch erinnert an Pferdeställe	2,29 W 40° ∞ h. A, Ae	Kalischmelze → 4-Oxy-benzoesäure + $FeCl_3$ → blaue Färbung Acetat *Fp* 212,5° Phenylurethan *Fp* 114°
Blättchen	$1{,}1174^{21^\circ}$	197	XVIII 275		unl. in W	
Nadeln (A) Tafeln (PAe)	$0{,}8602^{55^\circ}$	281 (30 mm)	II 472		unl. in W sll. A, Ae	+ HNO_2 → Brassidin-säure Amid *Fp* 84° p-Phenylphenacylester *Fp* 76°
Nadeln			XXVII 633	$[\alpha]_D$ +106°; pupillenver-engend; schweißtrei-bend; starkes Gift	ll. in W, A wl. in Ae	+ Formaldehyd-H_2SO_4 angefeuchtet → gelb → gelbbraun → blutrot → braunrot Pikrat *Fp* 145—147°
Tafeln		241-242	V 567		unl. in W l. in A	
Tafeln (A + Ae)		285	V 225			
Krist.	$1{,}302^{20^\circ}$	250-255	V 373		unl. in W ll. in A, Ae	
Krist. (Ligroin)		198 (15 mm)	XII 1323		ll. in A, Ae	Acetylderivat *Fp* 128 bis 129°
Prismen (Ligroin)		245-255	XIII 15			+ $FeCl_3$ + HCl → rote Färbung
Tafeln (Ligroin)	$1{,}19^{16^\circ}$	220 (45 mm)	XV 122		swl. in W ll. in A, Ae	lösl. in H_2SO_4 → blau
Nadeln (Ae)		205	XXI 249		ll. in W, A, Ae	
Prismen	$1{,}111^{20^\circ}$	117 (14 mm)	VII 218		wl. in W ll. in Ae, Bzl.	
Krist. (Ae)		330,6	VII 445	zers. am Licht	unl. in W ll. in A, Ae	Semicarbazon *Fp* 145 bis 146°, Spieße Oxim *Fp* 123° (+ konz. H_2SO_4 → grün) Phenylhydrazon *Fp*. 128 bis 129°, Blättchen
Tafeln (A)		295	V 542		l. in A, Ae	
Blättchen		211,5	V 312		unl. in W ll. in A, Ae, CS_2	
Krist.	$1{,}0697^{37^\circ}$	119	IV 77	mit Dampf flüchtig; riecht stechend nach Meerrettich	unl. in W l. in A, Ae	

Lfd. Nr.	*Fp*	Name	Summenformel	Strukturformel	Mol.-Gewicht
1	2	3	4	5	6
665	35	3-Nitrobenzoylchlorid	$C_7H_4O_3NCl$	$O_2N \cdot C_6H_4 \cdot COCl$	185,57
666	35	α-Terpineol	$C_{10}H_{18}O$	$CH_3 \cdot C \langle {}^{CH_2 \cdot CH_2}_{CH \cdot CH_2} \rangle CH \cdot C(OH)(CH_3)_2$	154,24
667	35	Trimethylessigsäure	$C_5H_{10}O_2$	$(CH_3)_3C \cdot COOH$	102,13
668	35	p-Xylylbromid	C_8H_9Br	$CH_3 \cdot C_6H_4 \cdot CH_2 \cdot Br$	185,07
669	35,5	2-Benzylnaphthalin	$C_{17}H_{14}$	$C_{10}H_7 \cdot CH_2 \cdot C_6H_5$	218,28
670	35,5	Methyl-p-phenylendiamin	$C_7H_{10}N_2$	$H_2N \cdot C_6H_4 \cdot NH \cdot CH_3$	122,16
671	35,5 bis 37	4-Keto-4,5,6,7-tetrahydro-thionaphthen	C_8H_8OS	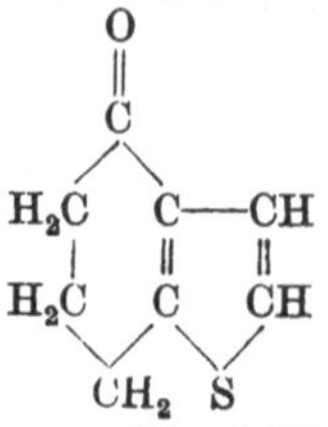	152,20
672	36	Atophanallylester (Atochinol)	$C_{19}H_{15}O_2N$	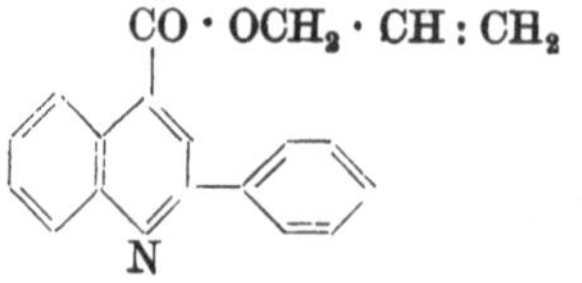	289,32
673	36	Azoxybenzol	$C_{12}H_{10}ON_2$	$C_6H_5 \cdot N(O) : N \cdot C_6H_5$	198,21
674	36	Benzylamin	C_7H_9N	$C_6H_5 \cdot CH_2 \cdot NH_2$	107,15
675	36	Brenzweinsäureanhydrid	$C_5H_6O_3$	H_2C——$CH \cdot CH_3$ / $OC \cdot O \cdot CO$	114,10
676	36	4-Chlor-1,2-dinitrobenzol (α-Form)	$C_6H_3O_4N_2Cl$	$Cl \cdot C_6H_3(NO_2)_2$	202,56
677	36	3-Jod-1-nitrobenzol	$C_6H_4O_2NJ$	$J \cdot C_6H_4 \cdot NO_2$	249,02
678	36	Tetrachlorthiophen	C_4Cl_4S	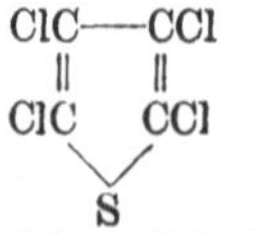	221,93
679	36	Zimtsäurechlorid (Cinnamoylchlorid)	C_9H_7OCl	$C_6H_5 \cdot CH : CH \cdot COCl$	166,60
680	36	Zimtsäuremethylester	$C_{10}H_{10}O_2$	$C_6H_5 \cdot CH : CH \cdot CO \cdot OCH_3$	162,18

Aggregat-zustand Farbe	Spez. Gewicht	Siedepunkt °C	Beilstein-Zitat	Physikalische Konstanten und Eigenschaften	Löslichkeit	Reaktionen
7	8	9	10	11	12	13
Krist.		154-155 (15 mm)	IX 381		ll. in Ae	
Krist.	$0{,}928^{40^\circ}_{40^\circ}$	219	VI 58		unl. in W ll. in A, Ae, Essigsäure	Nitrosochlorid *Fp* 112 bis 114°, Nadeln Phenylurethan *Fp* 113°, spießige Nadeln α-Naphthylurethan *Fp* 151 bis 152°
Nadeln	$0{,}905^{20^\circ}$	163,7	II 319		2,2 W 20°	Amid *Fp* 155—156°
Nadeln (A)		219 (740mm)	V 385		unl. in W l. in A sll. in h. Ae, Chlf.	
Prismen (A)	$1{,}176^{0^\circ}$	350	V 690		unl. in W 2,27 A 15° ll. in sd. A, Bzl.	
Blättchen		257-259	XIII 71		ll. in W, A, Ae	
gelbliche Krist.					unl. in W, Lauge und verd. Säure	+ Jodlösung → braunes Perjodid gelbe Lsg. in konz. H_2SO_4 gelinde erwärmt → orange, stark erwärmt → intensiv braun
gelbe Nadeln	$1{,}248^{20^\circ}_{20^\circ}$	Z.	XVI 621		unl. in W 21 abs. A 16° 11,4 94% A 15° ll. in Ae 43,5 Ligroin 15°	
Fl.	$0{,}9826^{19^\circ}$	184,5	XII 1013	riecht charakteristisch	∞ W, A, Ae	Acetylderivat *Fp* 60—61° Benzoylderivat *Fp* 105—106°
Krist. (Chlf.)	$1{,}2378^{15^\circ}_{15^\circ}$	247,4	XVII 414		wl. in W	
Säulen (Ae)			V 262		unl. in W l. in A ll. in Ae	
gelbe Krist.	$1{,}804^{155^\circ}$	~280	V 253			
		224-225	XVII 33	n_D^{36} 1,59216		
Krist.	$1{,}162^{45^\circ}$	251-253	IX 587		l. in CCl_4, PAe	
Krist.	$1{,}0415^{26^\circ}_{0^\circ}$	259,6	IX 581	$n_D^{20,4}$ 1,57661; $R_D^{20,4}$ 49,34cm; $n_F^{20,4}$ 310,9	unl. in W ll. in A, Ae	

Lfd. Nr.	*Fp*	Name	Summenformel	Strukturformel	Mol.-Gewicht
1	2	3	4	5	6
681	**36—38**	Pinakon	$C_6H_{14}O_2$	$(CH_3)_2C(OH) \cdot C(OH)(CH_3)_2$	118,17
682	**37**	Benzofulven	$C_{10}H_8$	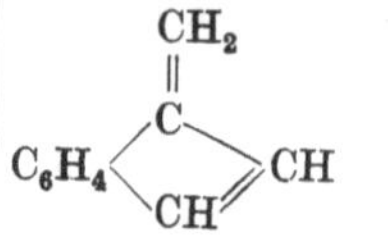	128,16
683	**37**	„Dijodbrassidinsäure-äthylester" (Lipojodin)	$C_{24}H_{46}O_2J_2$	$CH_3 \cdot (CH_2)_7 \cdot CH \cdot J$ $C_2H_5O \cdot OC \cdot (CH_2)_{11} \cdot CH \cdot J$	
684	**37**	α-Napthonitril	$C_{11}H_7N$	$C_{10}H_7 \cdot CN$	153,17
685	**37**	2-Nitrodiphenyl	$C_{12}H_9O_2N$	$C_6H_5 \cdot C_6H_4 \cdot NO_2$	199,20
686	**37**	Piperonal (Heliotropin)	$C_8H_6O_3$	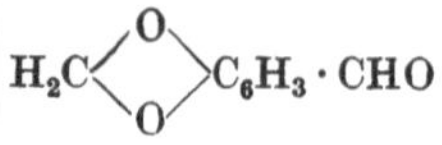	150,13
687	**37**	Phenylarsindifluorid	$C_6H_5F_2As$	$C_6H_5 \cdot AsF_2$	189,95
688	**37,1**	4-Chlor-1,2-dinitrobenzol (β-Form)	$C_6H_3O_4N_2Cl$	$Cl \cdot C_6H_3(NO_2)_2$	202,56
689	**37,5 bis 38,5**	3,4-Dijod-2-thiotolen	$C_5H_4J_2S$	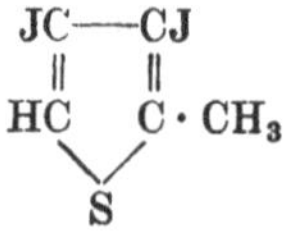	349,98
690	**38**	dl-Camphenilon	$C_9H_{14}O$	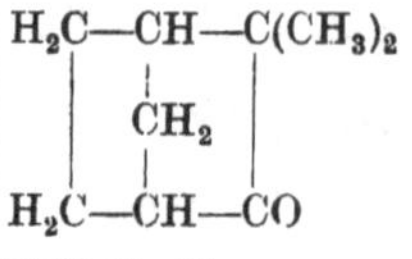	138,20
691	**38**	2-Chlorchinolin	C_9H_6NCl	$C_9H_6N \cdot Cl$	163,60
692	**38**	Eikosan	$C_{20}H_{42}$	$CH_3 \cdot (CH_2)_{18} \cdot CH_3$	282,53
693	**38**	2-Methoxyacetophenon	$C_9H_{10}O_2$	$CH_3 \cdot O \cdot C_6H_4 \cdot CO \cdot CH_3$	150,17
694	**38**	2-Methoxybenzaldehyd	$C_8H_8O_2$	$CH_3 \cdot O \cdot C_6H_4 \cdot CHO$	136,14
695	**38**	Methylnitramin	$CH_4O_2N_2$	$CH_3 \cdot NH \cdot NO_2$	76,06
696	**38**	n-Tetradecylalkohol	$C_{14}H_{30}O$	$CH_3 \cdot (CH_2)_{12} \cdot CH_2OH$	214,38

Aggregatzustand Farbe	Spez. Gewicht	Siedepunkt °C	Beilstein-Zitat	Physikalische Konstanten und Eigenschaften	Löslichkeit	Reaktionen
7	8	9	10	11	12	13
Nadeln (A, Ae, CS_2)	$0{,}967^{15^0}$	174,4	I 487	Geruch nach Campher	wl. in k. W ll. in h. W A, Ae	destilliert mit verd. H_2SO_4 → Pinakolin Hydrat *Fp* 46,5⁰, durchsichtige, quadratische Tafeln
grüngelbe Blättchen		95 (17 mm)	E_1 V 265	riecht naphthalinartig; sehr flüchtig		
weißes Pulver					unl. in W l. in Alkalien, Säuren alkohol. KOH verseift	+ konz. H_2SO_4 → blaßviolettrot + $HNO_3 \cdot H_2SO_4$ → gelb
Nadeln (Ligroin)	$1{,}117^{15^0}_{15^0}$	299	IX 649		ll. in A l. in CS_2, Essigsäure	
Tafeln (A)	1,44	~320	V 582		unl. in W ll. in A, Ae	
weiße Krist. (W)		263	XIX 115	riecht heliotropartig	0,35 W 20⁰ 0,66 W 78⁰ 125 A 20⁰ ~700 sd. A ∞ Ae	0,5 mg Substanz + 5 mg α-Naphthol in 1 ml konz. H_2SO_4 → grüne Lsg. → rot mit grüner Fluoreszenz (wenn ungelöste Subst. → langsam violett) Semicarbazon *Fp* 230 bis 233⁰, Blättchen
Krist.		213				
			V 262		unl. in W l. in A ll. in Ae	
Krist.	$0{,}971^{38^0}$	192-194	VII 71	kryoskop. Konst. 64,0; mit Dampf flüchtig; riecht nach Campher		Semicarbazon *Fp* 244⁰
Nadeln (verd. A)	$1{,}246^{25^0}$	268 (744 mm)	XX 359		swl. in W ll. in A, Ae, Bzl.	
Krist.	$0{,}7779^{37^0}$	205 (15 mm)	I 174		unl. in W l. in A, Ae	
Tafeln (Ae)	$1{,}082^{41^0}$	260	VIII 87		sll. in W, A, Ae	Oxim *Fp* 86—87⁰
Prismen	$1{,}1354^{15^0}_{15^0}$	243-244	VIII 43		unl. in W l. in A ll. in Ae	
Nadeln (Ae)	$1{,}243^{49^0}$	Z.	IV 567		ll. in W, A l. in Ae	
		170 (15 mm)	I 428			p-Joddiphenylylurethan *Fp* 142,2—143⁰, Scheiben oder Nadeln

Lfd. Nr.	*Fp*	Name	Summenformel	Strukturformel	Mol.-Gewicht
1	2	3	4	5	6
697	**38**	5,6,7,8-Tetrahydronaphthylamin-(2)	$C_{10}H_{13}N$	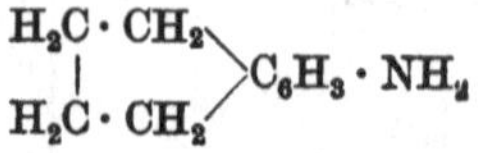	147,21
698	**38**	p-Toluolsulfonsäure	$C_7H_8O_3S$	$CH_3 \cdot C_6H_4 \cdot SO_3H$	172,19
699	**38,5**	Cinnolin	$C_8H_6N_2$	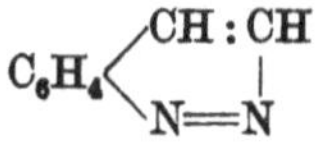	130,14
700	**38,7** bis **38,9**	Diphenylarsinchlorid	$C_{12}H_{10}ClAs$	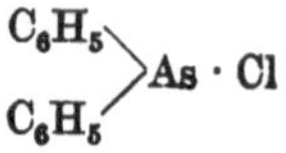	264,45
701	**38,8**	4-Chlor-1,2-dinitrobenzol (γ-Form)	$C_6H_3O_4N_2Cl$	$Cl \cdot C_6H_3(NO_2)_2$	202,56
702	**38,9**	5-Chlor-2-nitrophenol	$C_6H_4O_3NCl$	$O_2N \cdot C_6H_3(Cl) \cdot OH$	173,56
703	**39**	2,5-Dichlor-3-acetothienon	$C_6H_4OCl_2S$	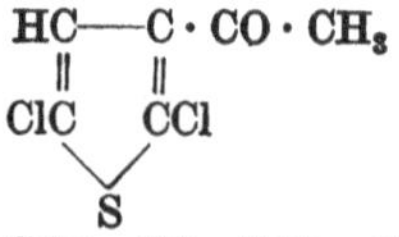	195,07
704	**39**	2-Oxybenzophenon	$C_{13}H_{10}O_2$	$C_6H_5 \cdot CO \cdot C_6H_4 \cdot OH$	198,21
705	**39**	Zimtsäurebenzylester	$C_{16}H_{14}O_2$	$C_6H_5 \cdot CH : CH \cdot CO \cdot OCH_2 \cdot C_6H_5$	238,27
706	**39—40**	2-Aminobenzaldehyd	C_7H_7ON	$H_2N \cdot C_6H_4 \cdot CHO$	121,13
707	**39—40**	Furfurylidenaceton	$C_8H_8O_2$	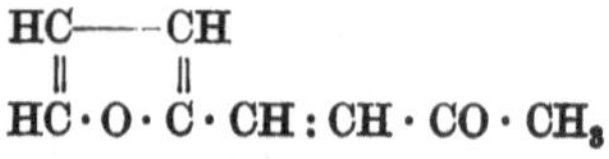	136,14
708	**31—40**	Piperidon-(2)	C_5H_9ON	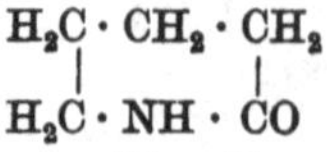	99,13
709	**39,5** bis **41**	2,7-Dimethyl-3-keto-3,4,5,6-tetrahydro-β-thionaphthen	$C_{10}H_{12}OS$	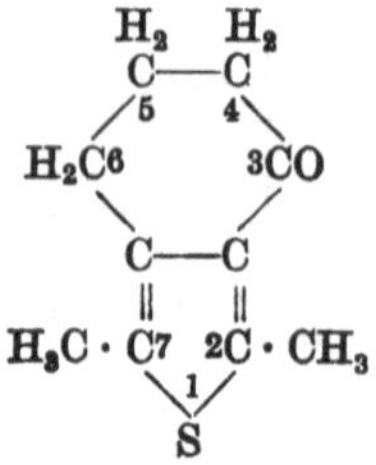	168,25

Aggregatzustand Farbe	Spez. Gewicht	Siedepunkt °C	Beilstein-Zitat	Physikalische Konstanten und Eigenschaften	Löslichkeit	Reaktionen
7	8	9	10	11	12	13
Nadeln (Ligroin)		276 (173mm)	XII 1198		ll. in A, Ae	Acetylderivat *Fp* 107°
violette Krist.		146 (Hochvakuum)	XI 97			
hellgelbe Krist. (Ligroin)			XXIII 173	starke Base; riecht charakteristisch; schmeckt bitter; giftig	ll. in W, A, Ae	
Weiße Krist.	$1{,}4820_{4^0}^{16^0}$	333 (Z.) 193 (20mm)	XVI 845	Dampfdichte 9,0; Dampfdruck 20° 0,005 mm Hg; Flüchtigkeit 20° 0,3 mg/m³; n_D^{56} 1,6332; Oberflächenspannung 39,35 dyn/cm; reizt Nasen- u. Rachenschleimhäute	fast unl. in W (0,2 : 100) l. in A sll. in Bzl.	
Nadeln (Ae)			V 262		unl. i. W. l. in A ll. in Ae	
gelbe Prismen (W)		subl.	VI 238		wl. in W ll. in A, Ae, Essigsäure	
Blättchen (verd. A)		250 (650mm)	VIII 155	mit Dampf flüchtig; riecht nach faulenden Äpfeln	unl. in W ll. in A, Ae, Bzl.	Kalischmelze → Salicylsäure Oxim *Fp* 133—134°
Prismen		240-244 (25mm)	IX 584		unl. in W ll. in A, Ae	
Blättchen		Z.	XIV 21	mit Dampf flüchtig	wl. in W sll. in A, Ae, Bzl.	Oxim *Fp* 136°
Nadeln		135-137 (33mm)	XVII 306		ll. in A, Ae, Chlf. wl. in PAe	+ H_2SO_4 → rot
Krist.		256	XXI 238		ll. in W, A, Ae, verd. Säuren unl. in Alkali	

Lfd. Nr.	*Fp*	Name	Summenformel	Strukturformel	Mol.-Gewicht
1	2	3	4	5	6
710	**40** (subl.)	Äthylbordihydroxyd	$C_2H_7O_2B$	$C_2H_5 \cdot B(OH)_2$	73,89
711	**40**	5-Chlor-2,2'-dithienyl	$C_8H_5ClS_2$	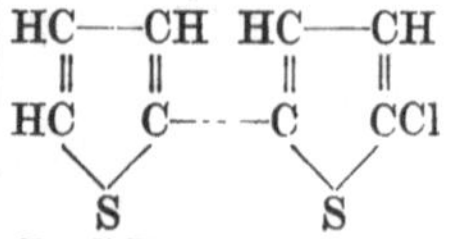	200,74
712	**40**	2,4-Dibromphenol	$C_6H_4OBr_2$	$Br_2C_6H_3 \cdot OH$	251,92
713	**40**	*l*-Ephedrin (l-Phenyl-1-oxy-2-methylamino-propan)	$C_{10}H_{15}ON$	$C_6H_5 \cdot CH \cdot CH \cdot CH_3$ OH $NH \cdot CH_3$	165,23
714	**40**	3-Jodphenol	C_6H_5OJ	$J \cdot C_6H_4 \cdot OH$	220,02
715	**40**	Pseudopelletierin	$C_9H_{15}ON$	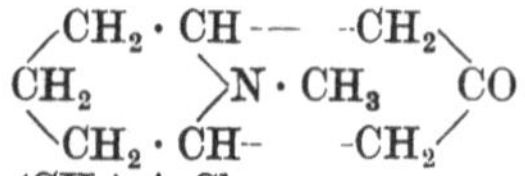	153,22
716	**40—50**	Kakodyltrichlorid	$C_2H_6Cl_3As$	$(CH_3)_2AsCl_3$	211,35
717	**40,4**	2-Jodphenol	C_6H_5OJ	$J \cdot C_6H_4 \cdot OH$	220,02
718	**40,5**	Diphenylarsinjodid	$C_{12}H_{10}JAs$	$(C_6H_5)_2As \cdot J$	356,03
719	**40,5**	2-Nitrobenzaldehyd	$C_7H_5O_3N$	$O_2N \cdot C_6H_4 \cdot CHO$	151,12
720	**40,5** bis **41,5**	2,5-Dijodthiophen	$C_4H_2J_2S$	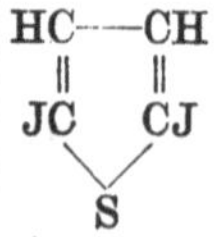	341,96
721	**41**	*β*-Chlorpropionsäure	$C_3H_5O_2Cl$	$CH_2Cl \cdot CH_2 \cdot COOH$	108,53
722	**41**	*l*-*β*-Conicein	$C_8H_{15}N$	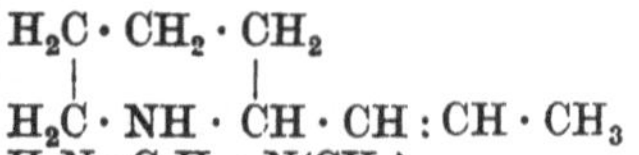	125,21
723	**41**	N,N-Dimethyl-p-phenylendiamin	$C_8H_{12}N_2$	$H_2N \cdot C_6H_4 \cdot N(CH_3)_2$	136,19
724	**41**	Isophthalylchlorid	$C_8H_4O_2Cl_2$	$C_6H_4(COCl)_2$	203,03
725	**41**	Phenol	C_6H_6O	$C_6H_5 \cdot OH$	94,11

Aggregatzustand Farbe	Spez. Gewicht	Siedepunkt °C	Beilstein-Zitat	Physikalische Konstanten und Eigenschaften	Löslichkeit	Reaktionen
7	8	9	10	11	12	13
Krist. (Ae)			IV 642	sehr flüchtig	ll. in W, A, Ae	
Nadeln (PAe)		177 (17mm)	VI 202	riecht widerlich anhaftend	0,19 W 15° sll. in A, Ae	
Krist. (Ae)		255	XIII 636		ll. in W A, Ae	Chloroplatinat *Fp* 186°
Nadeln (Ligroin)			VI 207	mit Dampf flüchtig	ll. in A, Ae	
Prismen (W oder PAe)		246	XXI 261		ll. in W, A, Ae, Chlf. swl. in PAe	+ $K_2Cr_2O_7$ + H_2SO_4 → intensiv grün
Säulen (A)			IV 612	raucht an der Luft	l. in Ae	+ W, + A Zers. Erhitzen > 50° → Methylarsindichlorid und Methylchlorid
Tafeln (Ligroin)	$1{,}8757^{80°}$	186 (160mm)	VI 207	mit Dampf flüchtig	l. in h. W ll. in A, Ae	
gelbe hexagonale Krist. (A)		204-218 (18mm)			unl. in W ll. i. Ae, Bzl., Chlf., CCl_4, Aceton	
hellgelbe Nadeln		153 (23mm)	VII 243	labile Form	0,23 W 25° ll. in A, Ae	Phenylhydrazon *Fp* 154°
		139-140 (15mm)	XVII 35			
hygroskop. Blättchen		204 (Z.)	II 249		sll. in A, Ae	
Nadeln	$0{,}8520^{50°}$		XX 146	$[\alpha]_D^{45}$ —50,5°	wl. in W ll. in A, Ae	
Nadeln (Bzl. + Ligroin)	$1{,}0414^{15°}_{15°}$	262,3	XIII 73		ll. in W, A l. in Ae	
Krist.		276	IX 834		l. in Ae, Bzl.	
Nadeln	$1{,}0545^{45°}$	181,4 90,2 (25mm)	VI 110	$n_D^{40,6}$ 1,54247; $R_D^{40,6}$ 27,95cm; $n_F^{40,6}$ 189,0; Oberflächenspannung 55° 36,5 dyn/cm; ebullioskop. Konst. 3,60; kryoskop. Konst. 7,27; riecht charakteristisch; ätzt die Haut; giftig	8,2 W 15° ∞ W >65,3° ∞ A, Ae	wss. Lsg. + $Fe(NO_3)_3$-Lsg. → blauviolett wss. Lsg + 2 Tropfen 0,3%ige H_2O_2-Lsg. → tiefgrün → braun + einige mg $NaHCO_3$ → intensiv blaurot + 1 Tropfen 2-n. NH_3 → kirschrot wss. Lsg. + Eisen-Schwefelsäure → blaßgrün Millons Reagens b. Kochen gelber Nd. + HNO_3 tiefrot Diphenylylurethan *Fp* 104 bis 105° α-Naphthylurethan *Fp* 132 bis 133°

Lfd. Nr.	*Fp*	Name	Summenformel	Strukturformel	Mol.-Gewicht
1	2	3	4	5	6
726	**41**	Thiocarbamidsäure-O-äthylester (Xanthogenamid)	C_3H_7ONS	$H_2N \cdot CS \cdot O \cdot C_2H_5$	105,15
727	**41—42**	2-Brom-1-nitrobenzol	$C_6H_4O_2NBr$	$Br \cdot C_6H_4 \cdot NO_2$	202,02
728	**41—43**	Benzopersäure	$C_7H_6O_3$	$C_6H_5 \cdot CO \cdot O \cdot OH$	138,12
728 a	**42**	Benzalaceton	$C_{10}H_{10}O$	$CH_3 \cdot CO \cdot CH : CH \cdot C_6H_5$	146,18
729	**42**	Benzoesäureanhydrid	$C_{14}H_{10}O_3$	$(C_6H_5 \cdot CO)_2O$	226,22
730	**42**	Hydrindon-1 (Indanon-1)	C_9H_8O	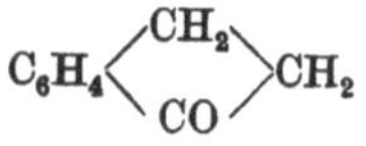	132,15
731	**42**	*β*-Methylhydroxylamin	CH_5ON	$CH_3 \cdot NH \cdot OH$	47,06
732	**42—43**	2-Phenylthiophen	$C_{10}H_8S$	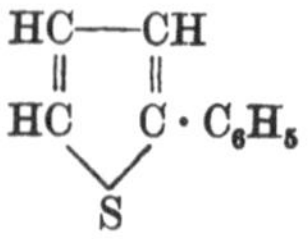	160,22
733	**42—43**	Thallin	$C_{10}H_{13}ON$	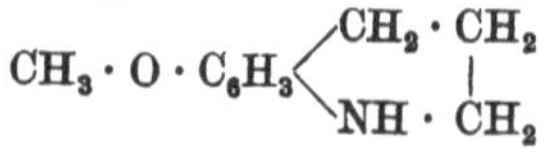	163,21
734	**42—44**	*l*-Menthol	$C_{10}H_{20}O$	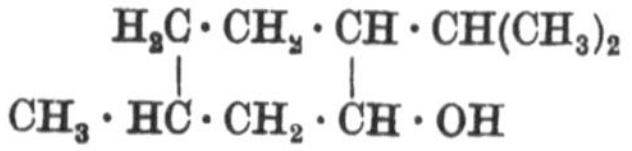	156,26
735	**42,9**	4-Chlorphenol	C_6H_5OCl	$Cl \cdot C_6H_4 \cdot OH$	128,56
736	**43**	Benzylrhodanid	C_8H_7NS	$C_6H_5 \cdot CH_2 \cdot S \cdot CN$	149,20
737	**43**	4-Chlor-1,3-dinitrobenzol (*β*-Form)	$C_6H_3O_4N_2Cl$	$Cl \cdot C_6H_3(NO_2)_2$	202,56
738	**43**	3,4-Dichlor-1-nitrobenzol	$C_6H_3O_2NCl_2$	$Cl_2 \cdot C_6H_3NO_2$	192,01
739	**43**	3,4-Dimethoxybenzaldehyd (Veratrumaldehyd)	$C_9H_{10}O_3$	$(CH_3 \cdot O \cdot)_2C_6H_3 \cdot CHO$	166,17

Aggregat-zustand Farbe	Spez. Gewicht	Siede-punkt °C	Beilstein-Zitat	Physikalische Konstanten und Eigenschaften	Löslichkeit	Reaktionen
7	8	9	10	11	12	13
Pyramiden		Z.	III 137		wl. in W ∞ A, Ae	erhitzen → Äthylmercaptan, Cyansäure und Cyanursäure
gelbliche Krist.	$1{,}625^{80°}$	261	V 247	kryoskop.Konst. 9,10	l. in verd. A	
Blätter (Bzl.)		97-100 (13 bis 15 mm)	IX 178	sehr flüchtig; riecht stechend; flüchtig mit Dampf	wl. in W l. in A, Ae	
dicke Tafeln	$1{,}0347^{20°}_{20°}$	260-262	VII 364	riecht nach Cumarin und Rhabarber	ll. in A, Ae, Bzl.	Oxim *Fp* 117° Phenylhydrazon *Fp* 159° (+ HCl intensiv gelb) Semicarbazon *Fp* 187 bis 188°, Nadeln od. Blättchen
Prismen (A)	$1{,}1989^{15°}$	360	IX 164		swl. in W l. in A, Ae	
Nadeln (W)	$1{,}099^{42°}$	243-245	VII 360	mit Dampf flüchtig; riecht phthalidartig; schmeckt bitter	unl. in W ll. in A, Ae	Oxim *Fp* 146°, Nadeln Azin *Fp* 164—165°, Nadeln oder Prismen Semicarbazon *Fp* 233°, Tafeln
Prismen	$1{,}003^{20°}$	62,5 (15mm)	IV 534 XVII 66	hygroskopisch	ll. in W, A wl. in Ae	
Krist. (W)		283 (735mm)	XXI 61		wl. in W ll. in A, Ae, Bzl.	+ $FeCl_3$ → grün
Nadeln	$0{,}890^{15°}_{15°}$	215,5	VI 28	ebullioskop. Konst. 6,15; kryoskop. Konst. 12,24; Geschmack würzig u. brennend, Geruch pfefferminzartig	0,04 k. W sll. in A, Ae, Essigsäure	Phenylurethan *Fp* 111 bis 112°, Nadeln Lösen 2 mg Substanz und 2 mg Piperonal in 1 ml konz. H_2SO_4 gelb, bei Verdünnen mit A intensiv rotviolett bis blauviolett
Nadeln	$1{,}260^{45°}$	217	VI 186	kryoskop.Konst. 42,9; riecht stärker als Phenol	2,7 W 20° ll. in A, Ae	+ 10—20 mg Paraform + 1ml H_2SO_4 → gelb wss. Lsg. + $Fe(NO_3)_3$ → intensiv violett + 1—2 Tropfen 0,3%ige H_2O_2-Lsg. → tiefgrün
Prismen		230-235	VI 460	riecht nach Kresse; schmeckt brennend	unl. in W l. in A, Ae	
Krist. (Ae)		315 (Z.	V 263		unl. in W wl. in k. W ll. in Ae	
Nadeln (A)	$1{,}4514^{80°}$	255-256	V 246		unl. in W wl. in k. A	
Nadeln (Ae)		281	VIII 255	riecht nach Vanille	unl. in k. W ll. in A, Ae	

Lfd. Nr.	*Fp*	Name	Summenformel	Strukturformel	Mol.-Gewicht
1	2	3	4	5	6
740	43	Salicylsäurephenylester (Salol)	$C_{13}H_{10}O_3$	$HO \cdot C_6H_4 \cdot CO \cdot OC_6H_5$	214,21
741	43	Thialdin	$C_6H_{13}NS_2$	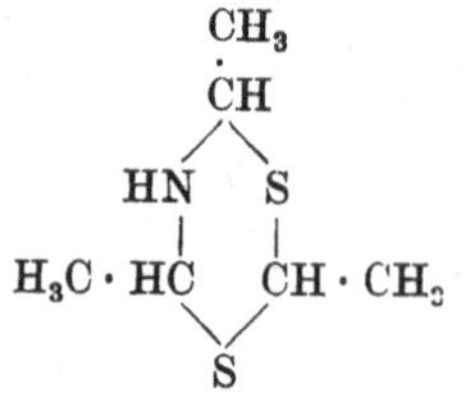	163,29
741a	43,5	2-Nitrobenzaldehyd	$C_7H_5O_3N$	$O_2N \cdot C_6H_4 \cdot CHO$	151,12
742	43—44	Cyanamid	CH_2N_2	$H_2N \cdot C \vdots N$	42,04
743	43—44	dl-α-Oxybuttersäure	$C_4H_8O_3$	$C_2H_5 \cdot CH(OH) \cdot COOH$	104,10
744	43—44	p-Thiokresol	C_7H_8S	$CH_3 \cdot C_6H_4 \cdot SH$	124,19
745	43—46	2,3,4-Tribromthiophen	C_4HBr_3S	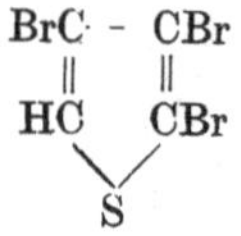	320,86
746	43—47	Psicain (d-Pseudococain-bitartrat)	$C_{21}H_{27}O_{10}N$	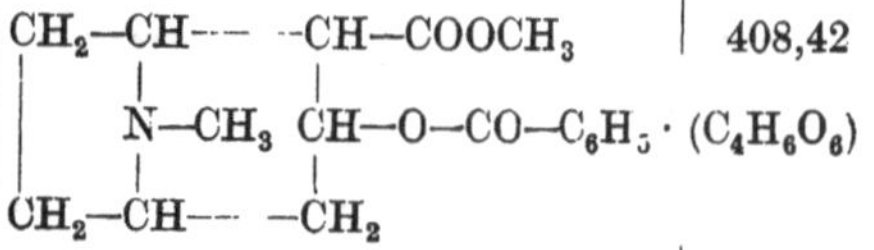	408,42
747	44	Laurinsäure	$C_{12}H_{24}O_2$	$CH_3 \cdot (CH_2)_{10} \cdot COOH$	200,31
748	44	1,2,4-Tribrombenzol	$C_6H_3Br_3$	$C_6H_3Br_3$	314,83
749	44	Zimtsäurecinnamylester	$C_{18}H_{16}O_2$	$C_6H_5 \cdot CH:CH \cdot COO \cdot CH_2 \cdot CH:CH \cdot C_6H_5$	264,30
750	44—45	2,5-Dimethylthienyl-(3)-phenylketon	$C_{13}H_{12}OS$	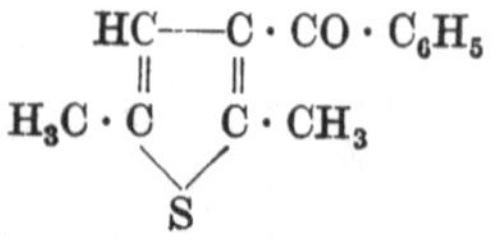	216,26
751	44—45	3,4,5-Trijod-2-thiotolen	$C_5H_3J_3S$	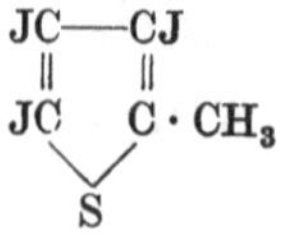	475,89

Aggregat-zustand Farbe	Spez. Gewicht	Siede-punkt °C	Beilstein-Zitat	Physikalische Konstanten und Eigenschaften	Löslichkeit	Reaktionen
7	8	9	10	11	12	13
weiße Tafeln (Me)		172-173 (12 mm)	X 76	Geruch u. Geschmack schwach würzig	0,015 W 25° 53,8 A 25° ll. in Ae sll. in Bzl. l. in Lauge	alkohol. Lsg. + $Fe(NO_3)_3$-Lsg. → violett Eisen-H_2SO_4 → 15° → blaßgrün, beim Erwärmen stärker grün und braun
Tafeln (A + Ae)	$1{,}191^{18^\circ}$	Z.	XXVII 461	flüchtig mit Dampf	swl in W ll. in A, Ae	
hellgelbe Nadeln		153 (23 mm)	VII 243	stabile Form	0,23 W 25°	Phenylhydrazon *Fp* 154°
Nadeln	$1{,}0729^{48^\circ}$	140 (19 mm)	III 74	zerfließlich; mit Dampf flüchtig; zers. bei etwa 150°	sll. in W A, Ae wl. in CS_2	Silbersalz hochgelb, amorph, ll. in verd. HNO_3, fast unl. in verd. NH_3
zerfließl. Krist.		255-260 (Z.)	III 302	sublimiert		
Blättchen (verd. A oder Ae)		195	VI 416	mit Dampf flüchtig	unl. in W l. in A ll. in Ae	
			XVII 34			
strahlige. prismat Krist.						Chlorhydrat *Fp* 205°, Nadeln wss. Lsg. + $Fe(NO_3)_3$-Lsg. intensiv zitronengelb
Nadeln (A)	$0{,}864^{60^\circ}$	225 (100 mm)	II 359	kryoskop.Konst 4,4; Oberflächenspannung bei 78,3° 26,0 dyn/cm; mit Dampf flüchtig	unl. in W ll. in A, Ae	Pb-Salz *Fp* 104,6—108° Ag-Salz *Fp* 212—213° p-Phenylphenacylester *Fp* 84° Phenacylester *Fp* 48—49°, lange Nadeln
Nadeln (A + Ae)		275	V 213	sublimiert	ll. in sd. A, Ae sll. in Bzl., CS_2	
Nadeln	1,157		IX 585		5 k. W 23 sd. A 33 Ae	

Lfd. Nr.	*Fp*	Name	Summenformel	Strukturformel	Mol.-Gewicht
1	2	3	4	5	6
752	44—46	5-Bromthiophen-2-sulfonsäurechlorid	$C_4H_2O_2ClBrS_2$	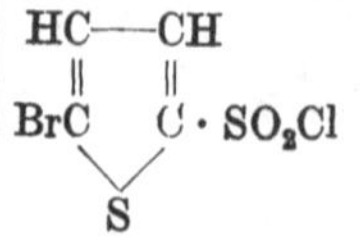	261,55
753	44—46	Thiophen-2,5-disulfonsäurechlorid	$C_4H_2O_4Cl_2S_3$	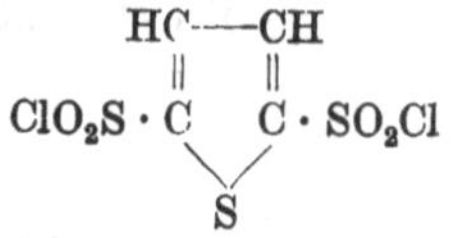	281,15
754	45	α-Äthylcrotonsäure	$C_6H_{10}O_2$	$CH_3 \cdot CH : C(C_2H_5) \cdot COOH$	114,14
755	45	Angelicasäure	$C_5H_8O_2$	$CH_3 \cdot CH : C(CH_3) \cdot COOH$	100,11
756	45	Benzhydrylbromid	$C_{13}H_{11}Br$	$(C_6H_5)_2CH \cdot Br$	247,13
757	45	2,4′-Diaminodiphenyl	$C_{12}H_{12}N_2$	$H_2N \cdot C_6H_4 \cdot C_6H_4 \cdot NH_2$	184,23
758	45	3,5-Dibrom-2-acetothienon	$C_6H_4OBr_2S$	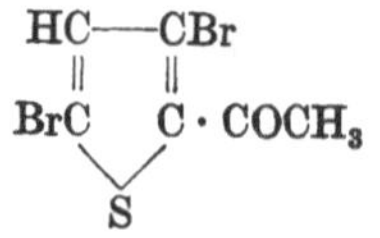	283,98
759	45	α,α′-Dichloraceton	$C_3H_4OCl_2$	$CH_2Cl \cdot CO \cdot CH_2Cl$	126,98
760	45	2,4-Dichlorphenol	$C_6H_4OCl_2$	$Cl_2C_6H_3 \cdot OH$	163,01
761	45	Elaidinsäure	$C_{18}H_{34}O_2$	$CH_3 \cdot (CH_2)_7 \cdot CH : CH \cdot (CH_2)_7 \cdot COOH$	282,45
762	45	1-Phenylnaphthalin	$C_{16}H_{12}$	$C_{10}H_7 \cdot C_6H_5$	204,25
763	45	p-Toluidin	C_7H_9N	$CH_3 \cdot C_6H_4 \cdot NH_2$	107,15
764	45	n-Undecadiensäure-isobutylamid	$C_{15}H_{27}ON$	$C_{10}H_{17} \cdot CO \cdot NH \cdot CH_2 \cdot CH(CH_3)_2$	309,43
765	45—46	2-Nitroselenophen	$C_4H_3O_2NSe$	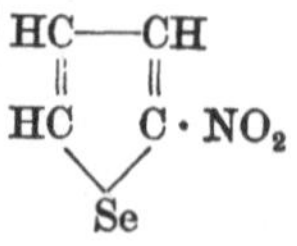	176,03
766	45—46	n-Pentadecylalkohol	$C_{15}H_{32}O$	$CH_3 \cdot (CH_2)_{13} \cdot CH_2OH$	228,41

Aggregat-zustand Farbe	Spez. Gewicht	Siede-punkt °C	Beilstein-Zitat	Physikalische Konstanten und Eigenschaften	Löslichkeit	Reaktionen
7	8	9	10	11	12	13
Prismen		209	II 440		wl. in W ll. in A, Ae	
monokline Nadeln	$0{,}954^{76°}$	185	II 428	riecht gewürzartig	wl. in k. W ll. in h. W	Ca-Salz, Blättchen
Krist. (PAe)	$1{,}491^{13°}$	184 (20 mm)	V 592		l. in A, Ae sll. in Bzl.	
Nadeln (verd. A)		363	XIII 211		swl. in W ll. in A, Ae	N,N'-Diacetylderiv. *Fp* 202°
Tafeln oder Nadeln	$1{,}3826^{46°}$	172,5	I 655	wirkt blasenziehend; riecht ätzend; Dampf entzündet die Schleimhäute	l. in W ll. in A, Ae	
Nadeln (Bzl.)		209-210	VI 189	riecht unangenehm	0,45 W 20° ll. in A, Ae	
Blättchen (A)	$0{,}851^{79°}$	288 (100mm)	II 469	kryoskop. Konst. 3,9	unl. in W ll. in A, Ae	Oxydation mit $KMnO_4$ in alkohol. Lsg. → 9,10-Dioxystearinsäure, sternförmig angeordnete Plättchen, *Fp* 99—100°
wachsartig		324-325	V 687		unl. in W ll. in A, Ae	
Krist.	$0{,}9339^{79°}$	200,4	XII 880	$n_D^{59,1}$ 1,55324; $R_D^{59,1}$ 35,95 cm; ebullioskop. Konst. 4,14; riecht weinartig; schmeckt brennend	0,74 W 21° 240 A 22° ll. in Ae	+ $FeCl_3$ → hellgelb → rosenrot + Chromsäure → rotbraun Chlorhydrat *Fp* 243°, Nadeln, Kp. 257,5° Acetylderivat *Fp* 153°, prismatische Krist., subl.
weiße Nadeln					unl. in W, verd. Säuren, Alkalien l. in A, Ae, CS_2, Bzl., Chlf., Aceton	
						Phenylurethan *Fp* 72° p-Joddiphenylylurethan *Fp* 141,3—141,5°

Lfd. Nr.	*Fp*	Name	Summenformel	Strukturformel	Mol.-Gewicht
1	2	3	4	5	6
767	45—47	5-Nitrothiophen-2-sulfonsäurechlorid	$C_4H_2O_4NClS_2$	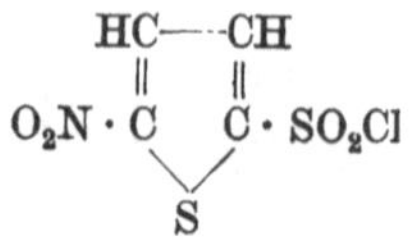	227,64
768	45,1	2-Nitrophenol	$C_6H_5O_3N$	$O_2N \cdot C_6H_4 \cdot OH$	139,11
769	45,5	3-Methoxysalicylaldehyd	$C_8H_8O_3$	$CH_3O \cdot C_6H_3(OH) \cdot CHO$	152,14
770	46	Metacrolein	$C_9H_{12}O_3$	$(C_3H_4O)_3$	168,18
771	46	4-Äthylphenol	$C_8H_{10}O$	$C_2H_5 \cdot C_6H_4 \cdot OH$	122,16
772	46	4-Aminothiophenol	C_6H_7NS	$H_2N \cdot C_6H_4 \cdot SH$	125,18
773	46	Benzaldiacetat	$C_{11}H_{12}O_4$	$C_6H_5 \cdot CH(O \cdot CO \cdot CH_3)_2$	208,20
774	46	Chloralalkoholat	$C_4H_7O_2Cl_3$	$CCl_3 \cdot CH(OH) \cdot O \cdot C_2H_5$	193,47
775	46	3-Chlor-1-nitrobenzol	$C_6H_4O_2NCl$	$Cl \cdot C_6H_4 \cdot NO_2$	157,56
776	46	Dimethyl-β-naphthylamin	$C_{12}H_{13}N$	$C_{10}H_7 \cdot N(CH_3)_2$	171,23
777	46	Essigsäure-α-naphthylester	$C_{12}H_{10}O_2$	$CH_3 \cdot CO \cdot OC_{10}H_7$	186,20
778	46	p-Nitrobenzalchlorid	$C_7H_5O_2NCl_2$	$O_2N \cdot C_6H_4 \cdot CHCl_2$	206,03
779	46	Phenylnitramin	$C_6H_6O_2N_2$	$C_6H_5 \cdot NH \cdot NO_2$	138,12
780	46	Trilaurin	$C_{39}H_{74}O_6$	$C_3H_5(O \cdot CO \cdot [CH_2]_{10} \cdot CH_3)_3$	638,37
781	46,5	2-Nitrothiophen	$C_4H_3O_2NS$	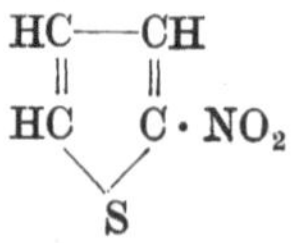	129,13
782	47	Acetaldoxim	C_2H_5ON	$CH_3 \cdot CH : N \cdot OH$	59,07
783	47	*l*-Fenchylalkohol	$C_{10}H_{18}O$	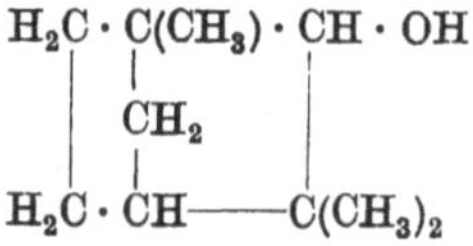	154,24
784	47	Isocumarin	$C_9H_6O_2$	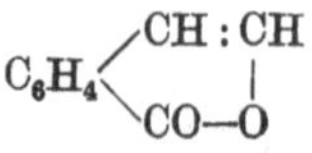	146,15
785	47	Phenylcyanamid	$C_7H_6N_2$	$C_6H_5 \cdot NH \cdot CN$	118,13
786	47	m-Xylylenglykol	$C_8H_{10}O_2$	$C_6H_4(CH_2 \cdot OH)_2$	138,16

Aggregat-zustand Farbe	Spez. Gewicht	Siede-punkt °C	Beilstein-Zitat	Physikalische Konstanten und Eigenschaften	Löslichkeit	Reaktionen
7	8	9	10	11	12	13
gelbe Nadeln (A oder Ae)	$1{,}2945^{45}$	214	VI 213	kryoskop.Konst 7,44; mitDampf flüchtig; riecht nach angebrannntem Zucker	0,32 W 18° 1,08 W 100° 24,5 A 15° 95 Ae 15°	
hellgelbe Nadeln		265-266	VIII 24(		wl. in k. W ll. in A, Ae	
			I 727		unl. in W ll. in A, Ae	
Nadeln		219	VI 472		l. in W ll. in A, Ae	
Krist.		140 (18mm)	XVIII 553	mit Dampf flüchtig	l. in W ll. in A, Ae	
Krist. (A)		220 (Z.)	VII 210		sll. in A, Ae	
Nadeln	$1{,}3286^{66°}$	115-116	I 621		l. in W, A	
gelbliche Prismen (A)	1,543	235,6	V 243	kryoskop.Konst 6,07	unl. in W l. in A ll. in Ae	
Krist.	$1{,}0387^{70°}_{70°}$	305	XII 1273			
Nadeln od. Tafeln (A)			VI 608		ll. in A, Ae	durch heißes W. zers.
Prismen (A)			V 332		ll. in A, Ae	
Blättchen (Ligroin)			XVI 661		l. in W sll. in A	erhitzen 97—98° 2- und 4-Nitroanilin
Nadeln (A)	$0{,}8944^{60°}$		VI 362		unl. in W wl. in k. A ll. in Ae	
Krist.		224-225	XVII 35		unl. in W l. in h. Alkali (braunrot)	
Nadeln	$0{,}9645^{20}$	114-115	I 608		∞ W, A, Ae	
Krist.	$0{,}933^{50°}$	200-205 (750mm)	VI 70	mit Dampf flüchtig; riecht nach Schimmel	unl. in W ll. in A, Ae, PAe	Oxalat *Fp* 92,5—93,5° Phenylurethan *Fp* 82 bis 82,5°, Nadeln Phthalestersäure *Fp* 146,5 p-Chlorbenzoat *Fp* 73—74°, Nadeln p-Nitrobenzoat *Fp* 108 bis 109°, gelbe Nadeln
Tafeln (Bzl.)		285 (719mm)	XVII 333	mit Dampf flüchtig	sll. in A, Ae	
Krist. 1½ H_2O (A)			XII 368		wl. in W sll. in A, Ae	+ W → Phenylharnstoff
Krist. (Bzl.)	$1{,}135^{53°}$	156 (13mm)	VI 914		ll. in W l. in Ae	

Lfd. Nr.	*Fp*	Name	Summenformel	Strukturformel	Mol.-Gewicht
1	2	3	4	5	6
787	47—48	Thiophen-3-sulfonsäure-chlorid	$C_4H_3O_2ClS_2$	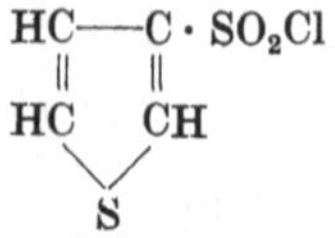	182,64
788	47,5	α-Brom-d-campher-β-sulfonsäure	$C_{10}H_{15}O_4BrS$	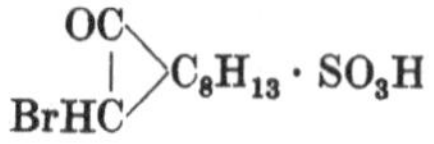	311,19
789	47,5	1,2,3,4-Tetrachlorbenzol	$C_6H_2Cl_4$	$C_6H_2Cl_4$	215,90
790	48	Benzophenon (stabil)	$C_{13}H_{10}O$	$C_6H_5 \cdot CO \cdot C_6H_5$	182,21
791	48	N-Benzoylpiperidin	$C_{12}H_{15}ON$	$C_6H_5 \cdot CO \cdot NC_5H_{10}$	189,25
792	48	Chinazolin	$C_8H_6N_2$	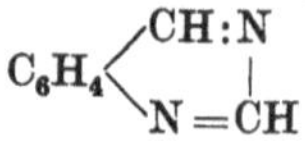	130,14
793	48	2-[Chloracetyl]-thiophen	C_6H_5OClS	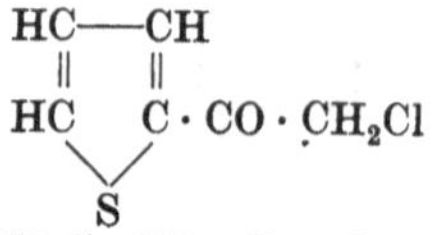	160,62
794	48	trans-Dekahydrochinolin	$C_9H_{17}N$	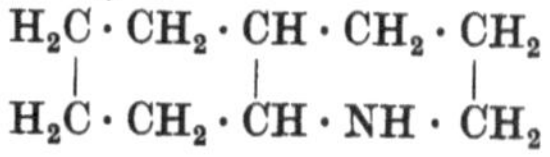	139,23
795	48	Dibromessigsäure	$C_2H_2O_2Br_2$	$CHBr_2 \cdot COOH$	217,87
796	48	Stearolsäure	$C_{18}H_{32}O_2$	$CH_3 \cdot (CH_2)_7 \cdot C \vdots C \cdot (CH_2)_7 \cdot COOH$	280,43
797	48	Thymochinon	$C_{10}H_{12}O_2$	$(CH_3)_2CH \cdot C_6H_2(:O)_2 \cdot CH_3$	164,19
798	48—49	3-Brom-2-nitrothiophen	$C_4H_2O_2NBrS$	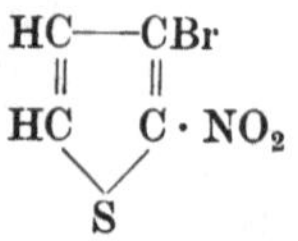	208,04
799	48—49	1,2-Dioxy-3-jodpropan (Alival)	$C_3H_7O_2J$	$HOCH_2 \cdot CH(OH) \cdot CH_2J$	202,01
800	48—49	α-Eläostearinsäure	$C_{18}H_{30}O_2$	$CH:CH \cdot CH:CH \cdot (CH_2)_3 \cdot CH_3$ | $CH:CH \cdot (CH_2)_7 \cdot COOH$	278,43
801	48—49	Hydrozimtsäure (Benzylessigsäure)	$C_9H_{10}O_2$	$C_6H_5 \cdot CH_2 \cdot CH_2 \cdot COOH$	150,17

Aggregatzustand Farbe	Spez. Gewicht	Siedepunkt °C	Beilstein-Zitat	Physikalische Konstanten und Eigenschaften	Löslichkeit	Reaktionen
7	8	9	10	11	12	13
Prismen + 3 H_2O (W)			XI 317		sll. in W ll. in A, Ae	
Nadeln		254	V 204		unl. in W wl. in A ll. in Ae, CS_2	
rhomb. Prismen	$1{,}1108^{18^\circ}$	305,4 224,2 (100mm)	VII 410	$^{n}D^{53,5}$ 1,59570; $^{R}D^{53,5}$ 57,02cm; $^{n}F^{53,5}$ 286,3; kryoskop. Konst. 9,8; sublimierbar	unl. in W 16,95 A (97%) 18° 24,7 Ae 13°	Oxim *Fp* 143,5—144°, Nadeln Phenylhydrazon *Fp* 137°, Nadeln Semicarbazon *Fp* 167°, Nadeln
Krist.		320-321	XX 46		l. in A	
Blättchen (PAe)		243	XXIII 175	wss. Lsg. reagiert neutral	ll. in W A, Ae	
Prismen (Ligroin)	$0{,}9021^{56^\circ}$	203 (735mm)	XX 156	mit Dampf flüchtig; riecht betäubend; reagiert basisch	ll. in h. W, A, Ae	
zerfließl. Krist.		232 (Z.)	II 218		ll. in A, Ae	
Prismen (A)		260	II 495		unl. in W wl. in k. A ll. in Ae	
gelbe Tafeln		232	VII 662	riecht durchdringend	swl. in W ll. in A, Ae l. in H_2SO_4	Semicarbazon *Fp* 201 bis 202°, gelbe Nadeln Oxim *Fp* 160—162°, Nadeln + Thymohydrochinon → schwarzviolette Nad.
weiße Krist.				schmeckt bitter, kühlend		Lsg. + $AgNO_3$ → klar + Natriumacetat oder 1 Tropfen NH_3 → sofort AgJ
Blättchen (A)		235 (12mm)	II 497		ll. in Ae, CS_2	Tetrabromid *Fp* 115° (in Eg. bei 5—10°)
Krist. (Ligroin)	$1{,}0712^{49^\circ}_{0^\circ}$	280	IX 508	mit Dampf flüchtig	0,59 W 20° ll. in A l. in Ae	Amid *Fp* 105°, Nadeln 4-Nitrobenzylester *Fp* 36,3° p-Phenylphenacylester *Fp* 95°

Lfd. Nr.	*Fp*	Name	Summenformel	Strukturformel	Mol.-Gewicht
1	2	3	4	5	6
802	**48—49**	o-Nitrobenzylchlorid	$C_7H_6O_2NCl$	$O_2N \cdot C_6H_4 \cdot CH_2Cl$	171,58
803	**48,8** bis **49**	Triphenylphosphat	$C_{18}H_{15}O_4P$	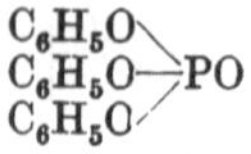	326,28
804	**48,8** bis **49,4**	5,5'-Dimethyl-4,4'-diäthyl 2,2'-dithienyl	$C_{14}H_{18}S_2$	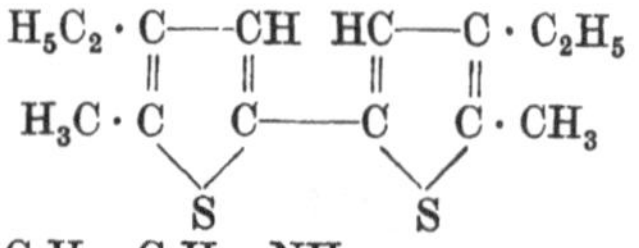	250,40
805	**49**	2-Aminodiphenyl	$C_{12}H_{11}N$	$C_6H_5 \cdot C_6H_4 \cdot NH_2$	169,21
806	**49**	Benzoylpseudotropin (Tropinbenzoat, Tropacocain)	$C_{15}H_{19}O_2N$	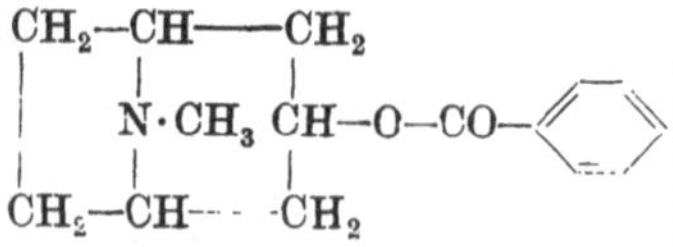	245,31
807	**49**	4-Chlorbenzaldehyd	C_7H_5OCl	$Cl \cdot C_6H_4 \cdot CHO$	140,57
808	**49**	Diacetylaceton	$C_7H_{10}O_3$	$(CH_3 \cdot CO \cdot CH_2)_2CO$	142,15
809	**49**	Dibenzylsulfid (Benzylsulfid)	$C_{14}H_{14}S$	$(C_6H_5 \cdot CH_2)_2S$	214,31
810	**49**	1,6-Dichlornaphthalin	$C_{10}H_6Cl_2$	$C_{10}H_6Cl_2$	117,06
811	**49**	3,4-Dimethylanilin (asym. o-Xylidin)	$C_8H_{11}N$	$(CH_3)_2C_6H_3 \cdot NH_2$	121,17
812	**49**	2,6-Dimethylphenol (vic. m-Xylenol)	$C_8H_{10}O$	$(CH_3)_2C_6H_3 \cdot OH$	122,16
813	**49** bis **49,5**	Tri-[2-thienyl]-antimon	$C_{12}H_9S_3Sb$	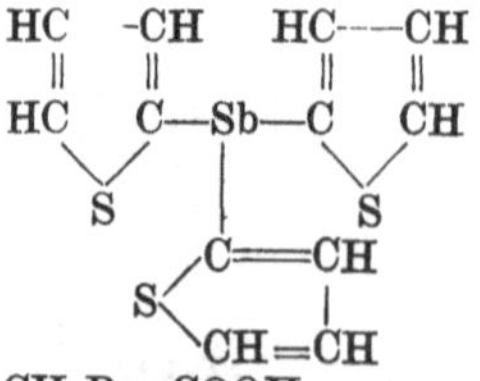	370,13
814	**49—50**	Bromessigsäure	$C_2H_3O_2Br$	$CH_2Br \cdot COOH$	138,96
815	**49—50**	Hydrochinonmonoamyläther	$C_{11}H_{16}O_2$	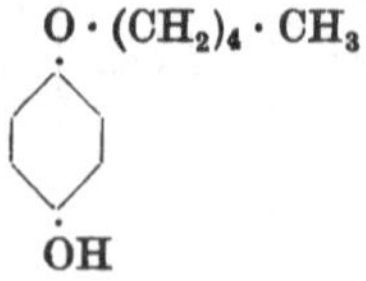	180,24

Aggregat-zustand Farbe	Spez. Gewicht	Siede-punkt °C	Beilstein-Zitat	Physikalische Konstanten und Eigenschaften	Löslichkeit	Reaktionen
7	8	9	10	11	12	13
Krist. (PAe)			V 327	Dampfdichte 5,9; brennt auf der Haut	unl. in W ll. in h. A, h. Ae, k. Bzl.	
Krist.	$1{,}85^{20°}_{4°}$	260 (20 mm)	VI 179	Viskosität nach Engler 70° C 1,7°; Verdampfungsverlust 2 Stdn. bei 100° 0,05%	0,2 W 50°	
Krist. (verd. A) weiße Tafeln (Ae)		299	XII 1317	mit Dampf flüchtig optisch inaktiv; salziger Geschmack; geruchlos; anästhesierend	unl. in k. W ll. in A, Ae wl. in W l. in A, Ae	Acetylderivat *Fp* 117,5°, Kp. 355° + 1 Tropfen Eisen-Phosphorsäure bis Verfärbung erhitzen + 0,5 ml konz. H_2SO_4 + 0,5 ml W + 1 Tropfen CH_3OH → Geruch Benzoesäuremethylester 5 mg mit Glasstab auf Uhrglas mit 1 Tropfen 5%iger K_2CrO_4 → reichliche Fällung feiner Nadeln, die mit 1 Tropfen konz. HCl nicht harzig wird Pikrat *Fp* 243—245°
Platten		213 (748mm)	VII 235		wl. in k. A ll. in A, Ae, Bzl., CS_2	
Blättchen	$1{,}053^{80°}_{80°}$		I 808		ll. in h. A, Ae l. in Alkali (gelb)	an der Luft → Dimethylpyren
Tafeln (Ae, Chlf.)	$1{,}0712^{50°}_{50°}$	>185 Z.	VI 455		unl. in W l. in A, Ae	
Nadeln (A)		subl.	V 543	mit Dampf flüchtig	unl. in W l. in A, Ae	
Tafeln (Ligroin)	$1{,}076^{17°}$	226	XII 1103		wl. in k. W	Acetylderivat *Fp* 99°
Blättchen oder Nadeln		205	VI 485		l. in W, A	Pikrat *Fp* 50—53°, orangegelbe Krist. p-Diphenylylurethan *Fp* 198°
Krist.	$1{,}934^{50°}_{50°}$	196	II 213	erzeugt auf der Haut Blasen	sll. in W, A	

Lfd. Nr.	*Fp*	Name	Summenformel	Strukturformel	Mol.-Gewicht
1	2	3	4	5	6
816	**49—50**	Tetraäthylammonium-hydroxyd	$C_8H_{21}ON$	$(C_2H_5)_4N \cdot OH$	147,25
817	**49,5**	Cetylalkohol	$C_{16}H_{34}O$	$CH_3 \cdot (CH_2)_{14} \cdot CH_2OH$	242,43
818	**49,5**	2-Jod-1-nitrobenzol	$C_6H_4O_2NJ$	$J \cdot C_6H_4 \cdot NO_2$	249,02
819	**49,5**	*l*-β-Oxybuttersäure	$C_4H_8O_3$	$CH_3 \cdot CH(OH) \cdot CH_2 \cdot COOH$	104,10
820	**49,6**	Carbaminsäureäthylester (Äthylurethan)	$C_3H_7O_2N$	$H_2N \cdot CO \cdot OC_2H_5$	178,19
821	**50**	Anthranilsäurenitril	$C_7H_6N_2$	$H_2N \cdot C_6H_4 \cdot CN$	118,13
822	**50**	dl-Camphen	$C_{10}H_{16}$	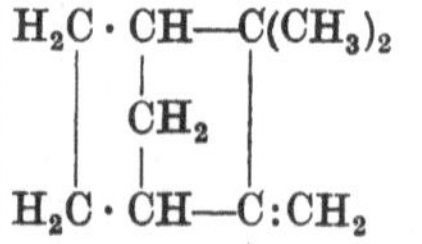	136,22
823	**50**	Carbamidsäurechlorid	CH_2ONCl	$H_2N \cdot COCl$	79,49
824	**50**	3,4-Dibrom-2,5-thioxen	$C_6H_6Br_2S$	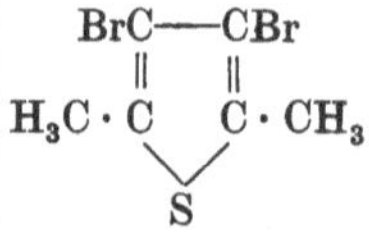	257,99
825	**50**	2,5-Dichloranilin	$C_6H_5NCl_2$	$Cl_2C_6H_3 \cdot NH_2$	162,02
826	**50**	Formanilid	C_7H_7ON	$H \cdot CO \cdot NH \cdot C_6H_5$	121,13
827	**50**	Methylphenyl-[2-thienyl]-carbinol	$C_{12}H_{12}OS$	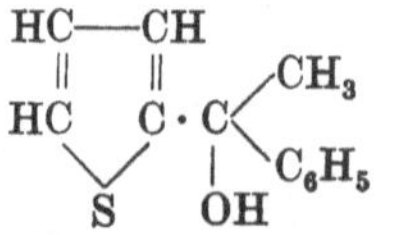	204,28
828	**50**	α-Naphthylamin	$C_{10}H_9N$	$C_{10}H_7 \cdot NH_2$	143,18
829	**50**	Phenolsulfonsäure-(2)	$C_6H_6O_4S$	$HO \cdot C_6H_4 \cdot SO_3H$	174,17
830	**50—51**	Benzolsulfonsäure	$C_6H_6O_3S$	$C_6H_5 \cdot SO_3H$	158,17

Aggregat-zustand Farbe	Spez. Gewicht	Siede-punkt °C	Beilstein-Zitat	Physikalische Konstanten und Eigenschaften	Löslichkeit	Reaktionen
7	8	9	10	11	12	13
Nadeln mit $4H_2O$			IV 103		sll. in W	
Blättchen (A)	$0{,}817^{50^0}$	189,5 (15 mm)	I 429	kryoskop. Konst. 6,0	unl. in W l. in A, Ae	p-Nitrophenylurethan *Fp* 117—118° α-Naphthylurethan *Fp* 81 bis 82°, feine Nadeln
gelbe Nadeln	$1{,}810^{155^0}$	288 (729 mm)	V 252	sublimiert	unl. in W ll. in h. A sll. in Ae	
hygroskop. Krist.		Z.	III 307	$[\alpha]_D^{16}$ —24,9° (W)	ll. in W, A, Ae unl. in Bzl.	erhitzen → Crotonsäure + W
weiße Blättchen	$1{,}0482^{60^0}$	184	III 22	Geschmack salzig, kühlend; hygroskopisch	35,0 W 11° 380,7 W 40° zll. A 22° ll. in Bzl., Chlf. swl. in Laugen	alkalische HgJ_2-Lsg. → weißer Nd., Erwärmen → orange + Jod und Lauge → CHJ_3 Methylendiurethan *Fp* 131° Chloralurethan *Fp* 103°, blättrige Masse
Nadeln (PAe)		262 (751 mm)	XIV 322		wl. in W ll. in A, Ae	
Krist. (A)	$0{,}8223^{78^0}$	160	V 156	eigentümlicher Geruch	unl. in W l. in A ll. in Ae	Chlorhydrat *Fp* 125—127°, riecht mentholartig + Alkalien und Schütteln → Camphenhydrat, *Fp* 146—147°
Säulen		61—62 (Z.)	III 31	riecht heftig		+ W → CO_2 + NH_4Cl + A → zers. beim Aufbewahren → Cyanursäure und HCl
Nadeln (Ligroin)		251	XII 625		swl. in W ll. in A, Ae, CS_2	Acetylderivat *Fp* 132°
Prismen (A, Ae)	$1{,}112^{60^0}$	166 (14 mm)	XII 230		l. in W ll. in A l. in Ae	
Nadeln (verd. A)	$1{,}108^{50^0}$	300,8	XII 1212	mit Dampf flüchtig; sublimierbar; riecht unangenehm; schmeckt beißend bitter	0,17 W ll. in A, Ae	Acetylderivat *Fp* 159°, Nädelchen Benzoylderivat *Fp* 161 bis 162°, Nadeln Oxydationsmittel → blau → purpur
Krist.			XI 234		sll. in W	+ h. H_2SO_4 → Phenolsulfonsäure-(4)
Nadeln		135-137 (Vakuum)	XI 26		sll. in W, A unl. in Ae wl. in Bzl.	

Lfd. Nr.	*Fp*	Name	Summenformel	Strukturformel	Mol.-Gewicht
1	2	3	4	5	6
831	**50—51**	**2,4,5-Trichlor-3-brom-thiophen**	C_4Cl_3BrS	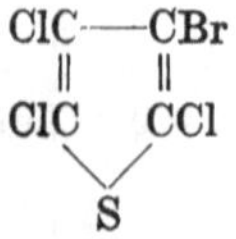	266,39
832	**50—51**	**3,4,5-Trichlor-2-jod-thiophen**	C_4Cl_3JS	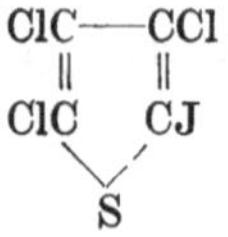	313, 39
833	**50—51**	**4-Brom-2-chlorphenol**	C_6H_4OClBr	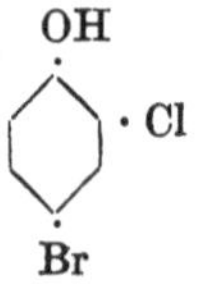	207,44
834	**50—52**	**Vitamin K_1**	$C_{31}H_{46}O_2$	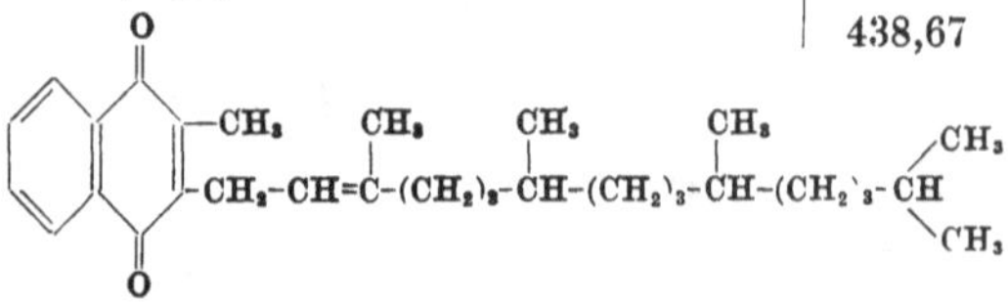	438,67
835	**50,5**	**Di-[2-thienyl]-tellur**	$C_8H_6S_2Te$	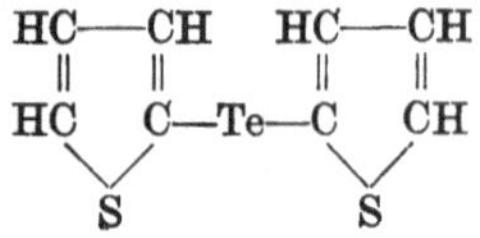	293,86
836	**50,5**	**3,5-Dichloranilin**	$C_6H_5NCl_2$	$Cl_2C_6H_3 \cdot NH_2$	162,02
837	**50,5**	**2,3,4-Trichlor-5-brom-thiophen**	C_4Cl_3BrS	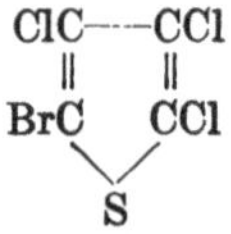	266,39
838	**50,5 bis 51**	**2,3,5-Trichlor-4-brom-thiophen**	C_4Cl_3BrS	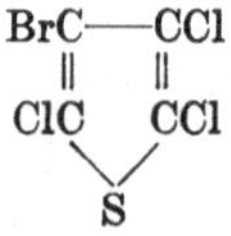	266,39
839	**51**	**ω-Bromacetophenon**	C_8H_7OBr	$C_6H_5 \cdot CO \cdot CH_2Br$	199,05
840	**51**	**5-Methyl-2-phenylthiophen**	$C_{11}H_{10}S$	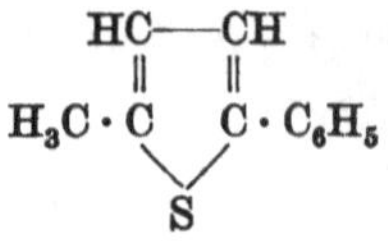	174,25
841	**51**	**1,2,3,5-Tetrachlorbenzol**	$C_6H_2Cl_4$	$C_6H_2Cl_4$	215,90
842	**51**	**Tetramethyl-p-phenylen-diamin**	$C_{10}H_{16}N_2$	$(CH_3)_2N \cdot C_6H_4 \cdot N(CH_3)_2$	164,24

Aggregatzustand Farbe	Spez. Gewicht	Siedepunkt °C	Beilstein-Zitat	Physikalische Konstanten und Eigenschaften	Löslichkeit	Reaktionen
7	8	9	10	11	12	13
				schwach blaue Lumineszenz		
Nadeln (Ligroin)		233-234				
gelbe Krist.						
Nadeln (W)		259-260	XII 626			
Prismen (verd. A)	$1,709^{15°}$	260 (Z.) 135 (12 mm)	VII 283 XVII 67	Dampfdichte 6,8; reizt zu Tränen	ll. in A, Ae, Chlf., Bzl., Essigsäure unl. in W	
Nadeln (A)		246	V 204		wl. in k. A ll. in Bzl. sll. in CS_2	
Blättchen (verd. A)		260	XIII 74	wss. Lsg. wird an der Luft violettblau; brennt auf der Haut	wl in k. W ll. in A, Ae	

Lfd. Nr.	*Fp*	Name	Summenformel	Strukturformel	Mol.-Gewicht
1	2	3	4	5	6
843	51	2,4,5-Trichlor-3-jod-thiophen	C_4Cl_3JS	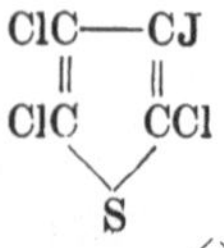	313,39
844	51	2-Chlorpyridin-5-sulfon-säurechlorid	$C_5H_3O_2NCl_2S$	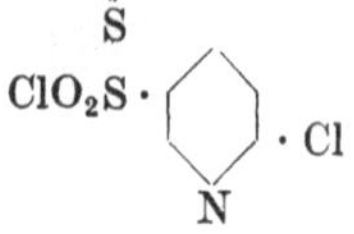	212,01
845	51—52	α-Brom-α-isopropylbutyr-amid (Neodorm)	$C_7H_{14}ONBr$	$CH_3 \cdot CH_2$ / $(CH_3)_2CH$ > $C(Br) \cdot CONH_2$	208,11
846	51—52	5-Jodthiophen-2-sulfon-säurechlorid	$C_4H_2O_2ClJS_2$	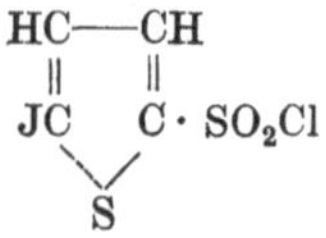	308,55
847	51,4	4-Nitrotoluol	$C_7H_7O_2N$	$O_2N \cdot C_6H_4 \cdot CH_3$	137,13
848	51,5	Chloralhydrat	$C_2H_3O_2Cl_3$	$CCl_3 \cdot CH(OH)_2$	165,41
849	51,5	Ricinelaidinsäure	$C_{18}H_{34}O_3$	$CH_3 \cdot (CH_2)_5 \cdot CH(OH) \cdot CH_2 \cdot CH$ = $HOOC \cdot (CH_2)_7 \cdot CH$	298,45
850	51,5	Thymol	$C_{10}H_{14}O$	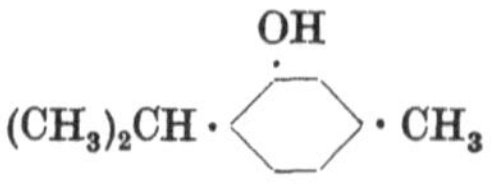	150,21
851	52	2-Aminodiphenylmethan	$C_{13}H_{13}N$	$C_6H_5 \cdot CH_2 \cdot C_6H_4 \cdot NH_2$	183,24
852	52	Benzalanilin	$C_{13}H_{11}N$	$C_6H_5 \cdot N : CH \cdot C_6H_5$	181,22
853	52	7,8-Benzochinolin	$C_{13}H_9N$	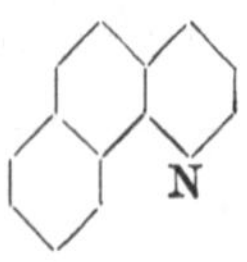	179,21

Aggregatzustand Farbe	Spez. Gewicht	Siedepunkt °C	Beilstein-Zitat	Physikalische Konstanten und Eigenschaften	Löslichkeit	Reaktionen
7	8	9	10	11	12	13
Nadeln (PAe)						Sulfamid, *Fp* 159°, perlmutterglänzende Blättchen; nur in W lösl.
weißes Pulver				Geruch nach Fettsäure; Geschmack mentholartig	swl. in W 15°	Lsg. in Paraform-H_2SO_4 beim Erwärmen orange und grüne Fluoreszenz
Krist.	$1{,}1392^{55°}_{55°}$	238	V 323	$^{n}D^{20,4}$ 1,54739; $^{R}D^{20,4}$ 37,41 cm	0,044 W 30° l. in A ll. in Ae	
monokline prismat. Krist.	$1{,}908^{20°}$	96	I 619	ebullioskop. Konst. 2,28; eigentümlich riechend, schwach bitterer Geschmack	474 W 17° 250 A 14°	Erwärmen mit Lauge → Chloroform, das mit Orcin oder Resorcin nachgewiesen wird Subst. + einige Tropfen Na_2S-Lsg. → gelb bis rot Erwärmen mit α-Naphthol und H_2SO_4 grüne bis blaue Lsg.
Nadeln (Ligroin)		241 (10mm)	III 388		ll. in A wl. in k. PAe	
Tafeln (Eisessig)	$0{,}969^{24°}$	233,5	VI 532	$^{R}D^{9,6}$ 158,8; ebullioskop. Konst. 6,82; Geschmack brennend, Geruch würzig; flüchtig mit Dampf	0,09 W 19° 0,14 W 40° 357 91 Vol.-% A 20° 385 Ae 20° ll. in Alkali	gibt keine $FeCl_3$-Rk. mit Selenigschwefelsäure → gelb, blau, purpur, grün Phenylurethan *Fp* 107 bis 107,5° 3,5-Dinitrobenzoat *Fp* 103°, Nadeln
Prismen (Ae)		190 (22mm)	XII 1322	mit Dampf flüchtig	ll. in A, Ae	Acetylderivat *Fp* 135°
Blättchen (verd. A) gelbe Nadeln (CS_2)	$1{,}038^{55°}$	300	XII 195	mit Dampf flüchtig	unl. in W ll. in A, Ae	
Blättchen (A)		338 (719mm)	XX 463		unl. in W ll. in A, Ae	Hydrochlorid *Fp* 213°

Lfd. Nr.	*Fp*	Name	Summenformel	Strukturformel	Mol.-Gewicht
1	2	3	4	5	6
854	**52**	Bromcyan	CNBr	Br · C ⋮ N oder C : N · Br	105,92
855	**52**	Carbanilsäureäthylester (Phenylurethan, Euphorin)	$C_9H_{11}O_2N$	$C_6H_5 \cdot NH \cdot CO \cdot OC_2H_5$	165,18
856	**52**	5-Chlor-2-acetothienon	C_6H_5OClS	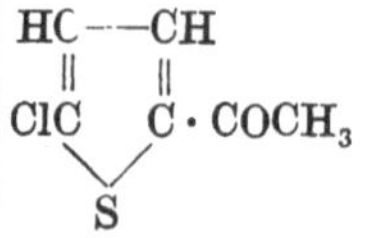	160,62
857	**52**	2,5-Dinitrotoluol	$C_7H_6O_4N_2$	$(O_2N)_2C_6H_3 \cdot CH_3$	182,13
858	**52—55**	Antipyrinmandelat (Tussol)	$C_{19}H_{20}O_4N_2$	$C_{11}H_{12}ON_2 \cdot C_8H_8O_3$	340,37
859	**52,2**	Dibenzyl	$C_{14}H_{14}$	$C_6H_5 \cdot CH_2 \cdot CH_2 \cdot C_6H_5$	182,25
860	**52,5 bis 53,5**	3-Methyl-4,4,5,5-tetrachlortetrahydrothiophen-2-carbonsäuremethylester	$C_7H_8O_2Cl_4S$	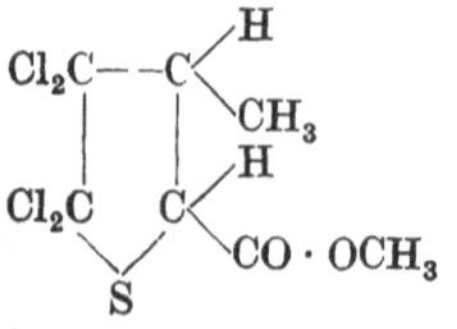	298,02
861	**52,9**	Triäthylphosphinoxyd	$C_6H_{15}OP$	$(C_2H_5)_3PO$	134,02
862	**53**	4-Aminodiphenyl	$C_{12}H_{11}N$	$C_6H_5 \cdot C_6H_4 \cdot NH_2$	169,21
863	**53**	tert.-Butylcarbinol (Neopentylalkohol)	$C_5H_{12}O$	$(CH_3)_3C \cdot CH_2OH$	88,14
864	**53**	trans-β-Dekalol	$C_{10}H_{18}O$	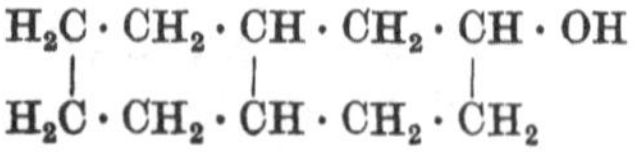	154,24
865	**53**	p-Dichlorbenzol	$C_6H_4Cl_2$	$C_6H_4Cl_2$	147,01

Aggregatzustand Farbe	Spez. Gewicht	Siedepunkt °C	Beilstein-Zitat	Physikalische Konstanten und Eigenschaften	Löslichkeit	Reaktionen
7	8	9	10	11	12	13.
Farblose Nadeln oder Prismen	1,92	61,6	II 39	Dampfdichte 3,7; Litergewicht d. Dampfes 4,40 g; Dampfdruck 25^0 119,5 mm; Flüchtigkeit bei 20^0 296000 mg/m^3; sehr flüchtig; riecht heftig; sehr giftig	wl. in W, CS_2, Aceton, Bzl., CCl_4 ll. in Ae	+ A → zers.
Nadeln (W)	$1{,}106^{30^0}$	237*	XII 320	geruchlos; brennender Geschmack	swl. in k. W ll. in A, Ac	* beim Erhitzen über 237^0 zers. → Phenylisocyanat + Alkohol
Nadeln (A) weiße Krist.	$1{,}282^{111^0}$		V 341	salzig, schwach bitter	ll. in A, Bzl., CS_2 15 W 3—4 A 25—26 Ae	Subst. + konz. H_2SO_4 → farblos, bei gelinder Erwärmung im sd. W-Bad intensiv braunorange Erhitzen mit α-Naphthol u. konz. H_2SO_4 → orangerot
Spieße (A)	$0{,}9682^{52^0}$	284	V 598	kryoskop. Konst. 7,23; Oberflächenspannung $108{,}3^0$ 27,86 dyn/cm; therm. Zers. → Toluol-Stilben, Phenanthren	l. in A ll. in Ae, CS_2	
Nadeln		240	IV 592		∞ in W, A wl. in Ae unl. in KOH	
Blättchen (verd. A)		302	XII 1318	mit Dampf flüchtig	wl. in k. W ll. in h. W, A, Ae	Acetylderivat *Fp* 171^0
Krist.		113	I 406	riecht pfefferminzartig; sehr flüchtig		Phenylurethan *Fp* 114^0
Prismen (PAe)		230 (746mm)	VI 67			Phenylurethan *Fp* 99^0
Blättchen (A)	$1{,}2675^{55^0}_{55^0}$	173,7	V 203	sublimiert	0,008 W 30^0 ll. in h. A, Ae, Bzl	

Lfd. Nr.	*Fp*	Name	Summenformel	Strukturformel	Mol.-Gewicht
1	2	3	4	5	6
866	53	2,5-Dimethoxybenzaldehyd	$C_9H_{10}O_3$	$(CH_3 \cdot O)_2C_6H_3 \cdot CHO$	166,17
867	53	N,N'-Dimethyl-p-phenylendiamin	$C_8H_{12}N_2$	$CH_3 \cdot NH \cdot C_6H_4 \cdot NH \cdot CH_3$	136,19
868	53	Indol	C_8H_7N	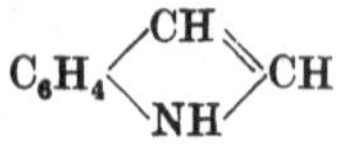	117,14
869	53	Maleinsäureanhydrid	$C_4H_2O_3$	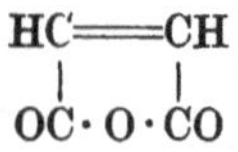	98,06
870	53	2-Nitro-m-toluidin	$C_7H_8O_2N_2$	$CH_3 \cdot C_6H_3(NO_2) \cdot NH_2$	152,15
871	53	Pentamethylbenzol	$C_{11}H_{16}$	$C_6H(CH_3)_5$	148,23
872	53	Piperonylalkohol	$C_8H_8O_3$	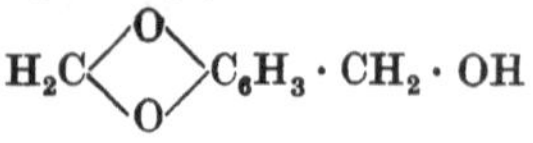	152,14
873	53—54	Thionaphthen-3-carbonsäurechlorid	C_9H_5OClS	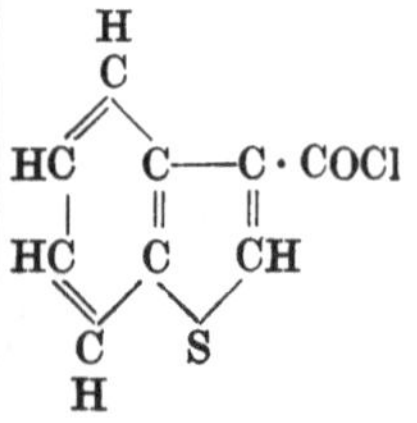	184,64
874	53—54	1,2,3-Trichlorbenzol	$C_6H_3Cl_3$	$C_6H_3Cl_3$	181,45
875	53,4	4-Chlor-1,3-dinitrobenzol (α-Form)	$C_6H_3O_4N_2Cl$	$Cl \cdot C_6H_3(NO_2)_2$	202,56
876	53,5	Bromalhydrat	$C_2H_3O_2Br_3$	$CBr_3 \cdot CH(OH)_2$	298,79
877	53,8	Myristinsäure	$C_{14}H_{28}O_2$	$CH_3 \cdot (CH_2)_{12} \cdot COOH$	228,36
878	54	Carbamidsäuremethylester	$C_2H_5O_2N$	$H_2N \cdot CO \cdot OCH_3$	75,07
879	54	Diphenylamin	$C_{12}H_{11}N$	$(C_6H_5)_2NH$	169,21
880	54	Glycerin-β-mononitrat	$C_3H_7O_5N$	$HOCH_2 \cdot CH(O \cdot NO_2) \cdot CH_2OH$	137,09
881	54	4-Nitroanisol	$C_7H_7O_3N$	$O_2N \cdot C_6H_4 \cdot OCH_3$	153,13

Aggregatzustand Farbe	Spez. Gewicht	Siedepunkt °C	Beilstein-Zitat	Physikalische Konstanten und Eigenschaften	Löslichkeit	Reaktionen
7	8	9	10	11	12	13
Nadeln (verd. A)		146 (10mm)	VIII 245		wl in k. W ll. in A, Ae	
Krist. (Ligroin)		149 (17mm)	XIII 71	brennt auf der Haut	wl. in W ll. in A, Ae	
Blättchen (W)		253	XX 304	schwache Base, mit Dampf flüchtig	l. in h. W ll. in A, Ae	Oxydation → Indigo gibt rote Fichtenspanreaktion, sehr empfindlich; mit Nitroprussidnatrium + Lauge → violett Pikrat, lange rote, stark glänzende Nadeln
Nadeln (Chlf. oder Ae)	1,509	202	XVII 432		ll. in Chlf. ~ 17 Xylol 30°	
gelbe Nadeln			XII 876		wl. in k. W ll. in A	Acetylderivat *Fp* 136°
Prismen (verd. A)	$0{,}847^{107°}$	231	V 443		unl. in W ll. in A	
Nadeln		Z.*	XIX 67		wl. in k. W ∞ in A, Ae	* Erhitzen → Piperonal; Benzoat *Fp* 66°
Tafeln (A)		218-219	V 203		swl. in A	
Nadeln (A)			V 264	mit Dampf flüchtig	unl. in W ll. in A, Ae	
Krist. + H_2O (W)	$2{,}566^{40°}$	Z.*	I 626			* Erhitzen → Bromal + W
Blättchen	$0{,}8622^{54°}$	250,5 (100mm)	II 365	Oberflächenspannung bei 56,8° 28,6 dyn/cm	unl. in W ll. in A, Ae, Bzl.	Lithiumsalz *Fp* 223,6 bis 224,2°, Schuppen Ag-Salz *Fp* 211°, amorphes Pulver Phenacylester *Fp* 56°, Platten
Tafeln	$1{,}136^{56°}$	177	III 21		217 W 11° 73 A 13°	
Blättchen (Ligroin)	$1{,}159^{20°}$	302	XII 174	kryoskop.Konst. Konst. 8,6; schmeckt brennend; riecht blumenartig	0,03 W 25° 56 A 20° ll. in Ae, Eisessig	+ Cl_2 in alkohol. Lsg. → violett (E 1:65000) Lsg. in konz. HCl + 1 Tropfen HNO_3 → tiefblau Acetylderivat *Fp* 103°, Blättchen
Blättchen (W)		155-160	I 515		ll. in W, A l. in Ae	
Prismen (A)	$1{,}233^{20°}$	258-260	VI 230	mit Dampf flüchtig	0,007 W 15° 0,059 W 30° l. in A, Ae	

Lfd. Nr.	*Fp*	Name	Summenformel	Strukturformel	Mol.-Gewicht
1	2	3	4	5	6
882	**54**	Oxalsäuredimethylester	$C_4H_6O_4$	$CH_3O \cdot OC \cdot CO \cdot OCH_3$	118,09
883	**54**	2-Phenyl-5-[2'-thienyl]-pyrazol-3-carbonsäure	$C_{14}H_{10}O_2N_2S$	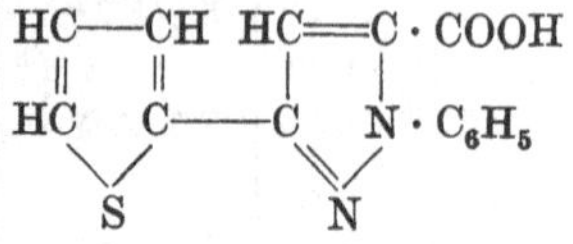	270,30
884	**54**	Pyrazin	$C_4H_4N_2$	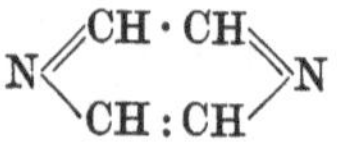	80,09
885	**54—55**	Phloroglucintrimethyläther	$C_9H_{12}O_3$	$C_6H_3(O \cdot CH_3)_3$	168,18
886	**54—55**	o-Xylolsulfonsäure-(4)	$C_8H_{10}O_3S$	$(CH_3)_2C_6H_3 \cdot SO_3H$	186,22
887	**54—56**	Diphenylarsinbromid	$C_{12}H_{10}BrAs$	$(C_6H_5)_2AsBr$	308,91
888	**54,5**	m,m'-Azotoluol	$C_{14}H_{14}N_2$	$CH_3 \cdot C_6H_4 \cdot N:N \cdot C_6H_4 \cdot CH_3$	210,27
889	**54,5**	Bernsteinsäuredinitril	$C_4H_4N_2$	$NC \cdot CH_2 \cdot CH_2 \cdot CN$	80,09
890	**54,5**	2,3-Dimethoxybenzaldehyd	$C_9H_{10}O_3$	$(CH_3O)_2C_6H_3 \cdot CHO$	166,17
891	**54,5**	2-Jodnaphthalin	$C_{10}H_7J$	$C_{10}H_7J$	254,07
892	**54,6**	2,5-Dichlor-1-nitrobenzol	$C_6H_3O_2NCl_2$	$Cl_2C_6H_3 \cdot NO_2$	192,01
893	**55**	o,o'-Azotoluol	$C_{14}H_{14}N_2$	$CH_3 \cdot C_6H_4 \cdot N:N \cdot C_6H_4 \cdot CH_3$	210,27
894	**55**	4-Bromdimethylanilin	$C_8H_{10}NBr$	$Br \cdot C_6H_4 \cdot N(CH_3)_2$	200,08
895	**55**	2,5-Dibrom-3-acetothienon	$C_6H_4OBr_2S$	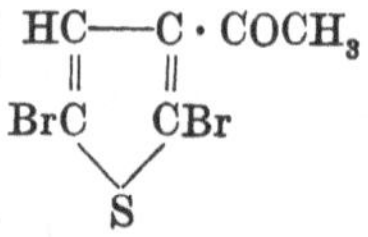	283,98
896	**55**	o-Xylylenchlorid	$C_8H_8Cl_2$	$C_6H_4(CH_2Cl)_2$	175,06
897	**55—56**	3-Brom-2,5-dijodthiophen	C_4HBrJ_2S	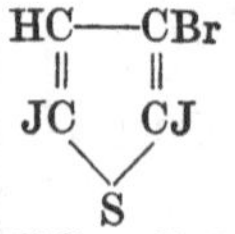	414,86
898	**55—56**	4,5-Dichlor-2,3-dinitrothiophen	$C_4O_4N_2Cl_2S$	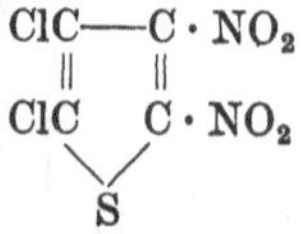	243,03
899	**55—56**	4,5-Dichlorthiophen-2-sulfonsäurechlorid	$C_4HO_2Cl_3S_2$	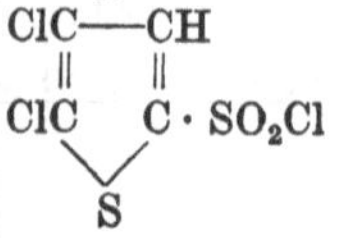	251,54

Aggregat-zustand Farbe	Spez. Gewicht	Siede-punkt °C	Beilstein-Zitat	Physikalische Konstanten und Eigenschaften	Löslichkeit	Reaktionen
7	8	9	10	11	12	13
Tafeln	$1,1479^{54^\circ}$	163	II 534	$^{R}D^{20}$ 1,385 cm; durch W. zers.	l. in A	
Prismen (W) Tafeln (Ae)	$1,031^{61^\circ}$	116	XXIII 91	flüchtig mit Dampf	ll. in W, A, Ae	Pikrat *Fp* 157°
Gelbgrüne Prismen	$0,885^{20^\circ}$	79,8 (14 mm)	VI 1101		l. in A, Ae	
Tafeln			XI 121			Amid *Fp* 144°
farblose Krist.		356 (Z.)			unl. in W ll. in Bzl. l. in A	
orangerote Krist. (A)			XVI 64		ll. in A, Ae	
Krist.	$0,9686^{84^\circ}$	265-267	II 615		ll. in W, A wl. in Ae, CS_2	
Nadeln) (A oder Ae)		256 (745mm)	E_1 VIII 601	mit Dampf flüchtig	wl. in k. W ll. in A, Ae	
Blättchen		308-310	V 552	$^{n}D^{19,5}$ 1,70256; $^{R}D^{19,5}$ 56,54 cm; mit Dampf flüchtig	unl. in W ll. in A, Ae	
Tafeln u. Prismen (A)		266	V 245	mit Dampf flüchtig	unl. in W wl. in k. A ll. in Bzl., Chlf.	
rote Krist. (A od. Ae)			XVI 61	mit Dampf flüchtig	6,03 A 15° 147,7 Ae 17°	
Blättchen (A)		264	XII 637		l. in A, Ae	
Krist. (PAe)	$1,393^{0^\circ}$	239-241	V 364	Lösungen riechen stechend	unl. in W ll. in A, Ae	

Lfd. Nr.	*Fp*	Name	Summenformel	Strukturformel	Mol.-Gewicht
1	2	3	4	5	6
900	55—56	γ-[2,5-Dimethylthienyl]-buttersäure	$C_{10}H_{14}O_2S$	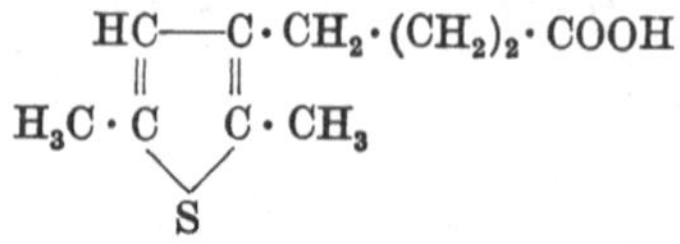	198,26
901	55—56	3,4,5-Trichlorthiophen-2-sulfonsäurechlorid	$C_4O_2Cl_4S_2$	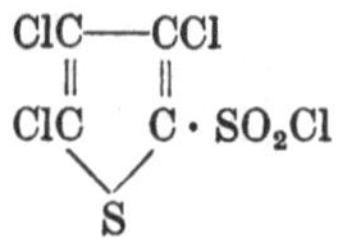	285,99
902	55—57	Bis-[5-isoamylthienyl-(2)]-quecksilber	$C_{18}H_{26}S_2Hg$	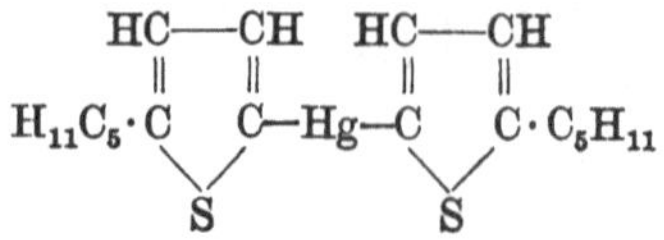	507,12
903	55,5	Isoapiol	$C_{12}H_{14}O_4$	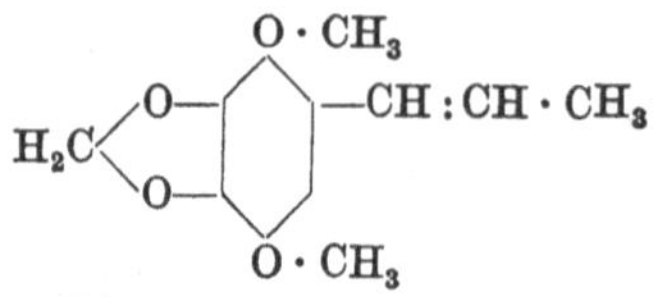	222,23
904	56	2-Aminopyridin	$C_5H_6N_2$	$C_5H_4N \cdot NH_2$	94,11
905	56	3-Brom-1-nitrobenzol	$C_6H_4O_2NBr$	$Br \cdot C_6H_4 \cdot NO_2$	202,02
906	56	3,4-Dichlor-2-acetothienon	$C_6H_4OCl_2S$	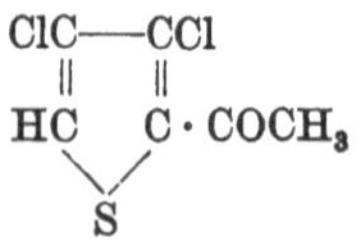	195,07
907	56	2,4-Dinitrothiophen	$C_4H_2O_4N_2S$	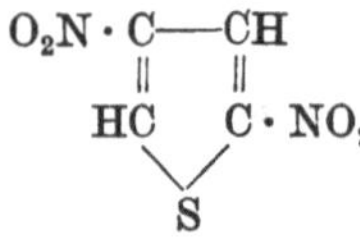	174,13
908	56	Hydrochinondimethyläther	$C_8H_{10}O_2$	$C_6H_4(\cdot O \cdot CH_3)_2$	138,16
909	56	6-Nitro-m-kresol (OH = 1)	$C_7H_7O_3N$	$CH_3 \cdot C_6H_3(NO_2) \cdot OH$	153,13
910	56	o-Phthalaldehyd	$C_8H_6O_2$	$C_6H_4(CHO)_2$	134,13
911	56	Thiopheno-3',2' : 2,3-thiophen	$C_6H_4S_2$	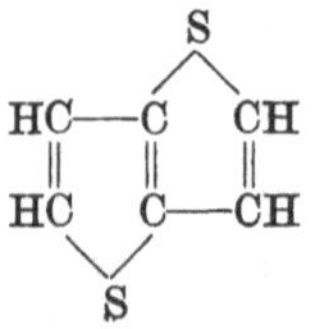	140,21
912	56	1,1,1-Trinitroäthan	$C_2H_3O_6N_3$	$CH_3 \cdot C(NO_2)_3$	165,07

Aggregatzustand Farbe	Spez. Gewicht	Siedepunkt °C	Beilstein-Zitat	Physikalische Konstanten und Eigenschaften	Löslichkeit	Reaktionen
7	8	9	10	11	12	13
Blättchen (A)		303-304	XIX 85		unl. in W ll. in h. A, Ae l. in H_2SO_4 rot	
Blättchen (Ligroin)		204	XXII 428		ll. in W, A, Ae wl in Lauge	
Krist.	$1{,}704^{20°}$	256,5	V 248	kryoskop.Konst. 8,75	wl. in W ll. in A	
			XVII 35			
Blättchen	$1{,}0386^{100°}_{100°}$	212,6	VI 843		ll. in A, Ae	
gelbe Tafeln (Ae)			VI 385	mit Dampf flüchtig	wl. in W ll. in A, Ae, Bzl.	
gelbe Nadeln (PAe)			VII 674		0,6 h. W l. in A, Ae	+ konz. KOH → Phthalid
Würfel			I 103	flüchtig mit Chloroform-dampf; riecht stark reizend	wl. in W ll. in A, Ae	

Lfd. Nr.	*Fp*	Name	Summenformel	Strukturformel	Mol.-Gewicht
1	2	3	4	5	6
913	56—57	2,6-Dibromphenol	$C_6H_4OBr_2$	$Br_2C_6H_3 \cdot OH$	251,92
914	56—57	Pentabromäthan	C_2HBr_5	$CBr_3 \cdot CHBr_2$	424,61
915	56—58	Guajacolbenzoesäureester (Benzosol)	$C_{14}H_{12}O_3$	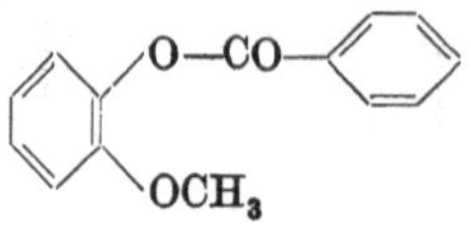	228,24
916	56—58	Pentamethylentetrazol (Cardiazol)	$C_6H_{10}N_4$	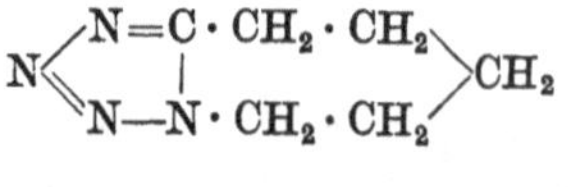	138,17
917	56,5	Trimyristin	$C_{45}H_{86}O_6$	$C_3H_5(O \cdot CO \cdot [CH_2]_{12} \cdot CH_3)_3$	723,12
918	56,5 bis 57,5	2,4-Dijod-3-thiotolen	$C_5H_4J_2S$	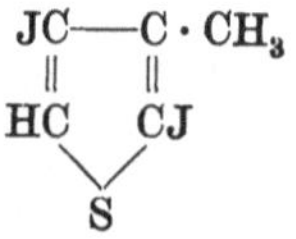	349,98
919	57	β-Benzylhydroxylamin	C_7H_9ON	$C_6H_5 \cdot CH_2 \cdot NH \cdot OH$	123,15
920	57	3,4-Dibromthenylbromid	$C_5H_3Br_3S$	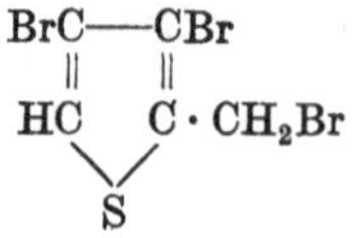	334,88
921	57	2,3-Dichlorphenol	$C_6H_4OCl_2$	$Cl_2C_6H_3 \cdot OH$	163,01
922	57	Dimethylnitramin	$C_2H_6O_2N_2$	$(CH_3)_2N \cdot NO_2$	90,08
923	57	5-Propyl-2-thiophensäure	$C_8H_{10}O_2S$	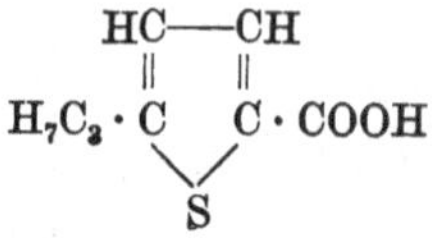	170,22
924	57	Tetrabromäthylen	C_2Br_4	$CBr_2 : CBr_2$	343,68
925	57	Trichloressigsäure	$C_2HO_2Cl_3$	$CCl_3 \cdot COOH$	163,40
926	57	2,4,5-Trichlorthiophen-3-sulfonsäurechlorid	$C_4O_2Cl_4S_2$	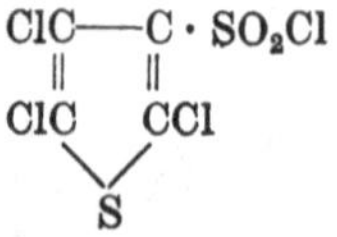	285,99
927	57—58	Benzalacetophenon	$C_{15}H_{12}O$	$C_6H_5 \cdot CO \cdot CH : CH \cdot C_6H_5$	208,25

Aggregat-zustand Farbe	Spez. Gewicht	Siede-punkt °C	Beilstein-Zitat	Physikalische Konstanten und Eigenschaften	Löslichkeit	Reaktionen
7	8	9	10	11	12	13
Nadeln (W)		162,21	VI 202	mit Dampf flüchtig	wl. in k. W ll. in A, Ae	
Prismen	3,312	210 (300mm)	I 95		unl. in W l. in A ll. in Ae	
farblose Krist.			IX 130	vgl. Nr. 975	unl. in W wl. in Eisessig ll. in h. A, Ae, Chlf.	0,1 g Subst. + 10%ige NaOH → Trübung, erstarrt zu gallertartiger Masse
farblose Krist.				Geschmack kühlend bitter	ll. in W, A, Ae	$HgCl_2$-Lsg. gibt weiße Kriställchen, die sich bereits in wenigen Tropfen 2n-Salzsäure lösen
Blättchen (Ae)	$0{,}8848^{60°}$		II 367		unl. in W ll. in A, Bzl., Chlf.	
Nadeln (PAe)			XV 17		l. in W	
Krist. (Benzin)			E_1 VI 102	riecht durchdringend jodoformartig		
Nadeln (Ae)	$1{,}109^{72°}$	187	IV 85	mit Dampf flüchtig	ll. in W, A, Ae	
Tafeln (verd. A)		226-227	I 192	mit Dampf flüchtig		
zerfließl. Krist.	$1{,}630^{60°}_{60°}$	196,5	II 206	kryoskop.Konst. 12,1; ätzt und zerstört die Haut, Geruch an Johannisbrot erinnernd, wss. Lsg. reagiert sauer	1201 W 25° l. in A, Ae	Beim Kochen mit Lauge u. Resorcin → rotviolette Lsg.; mit Lauge u. Orcin → gelbe, grün fluoreszierende Lsg.
hellgelbe Prismen (PAe)	$1{,}071^{62°}$	345-348	VII 478		unl. in W l. in A ll. in Ae	

Lfd. Nr.	*Fp*	Name	Summenformel	Strukturformel	Mol.-Gewicht
1	2	3	4	5	6
928	57—58	ω-Chloracetophenon	C_8H_7OCl	$C_6H_5 \cdot CO \cdot CH_2Cl$	154,59
929	57—58	Isonitroacetessigester	$C_6H_9O_4N$	$CH_3 \cdot CO \cdot C(:N \cdot OH) \cdot CO \cdot OC_2H_5$	159,14
930	57—58	Paraconsäure	$C_5H_6O_4$	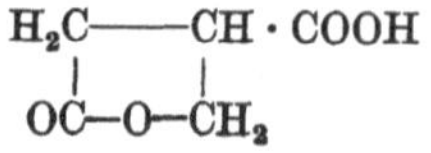	130,10
931	57—58	Bis-[5-propylthienyl-(2)]-quecksilber	$C_{14}H_{18}S_2Hg$	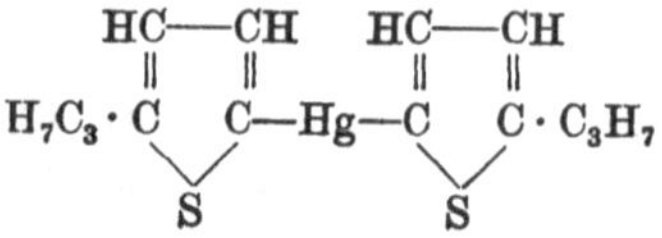	451,01
932	57,2	p-Anisidin	C_7H_9ON	$CH_3 \cdot O \cdot C_6H_4 \cdot NH_2$	123,15
933	57,5	Behenolsäure	$C_{22}H_{40}O_2$	$CH_3 \cdot (CH_2)_7 \cdot C\vdots C \cdot (CH_2)_{11} \cdot COOH$	336,53
934	58	Atophanmethylester (Novatophan, 2-Phenylchinolin-4-carbonsäuremethylester)	$C_{17}H_{13}O_2N$	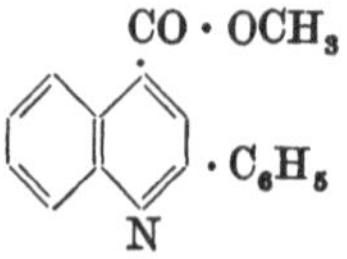	263,33
935	58	2,5-Dichlorphenol	$C_6H_4OCl_2$	$Cl_2C_6H_3 \cdot OH$	163,01
936	58	3-Nitrobenzaldehyd	$C_7H_5O_3N$	$O_2N \cdot C_6H_4 \cdot CHO$	151,12
937	58	ω-Nitrostyrol	$C_8H_7O_2N$	$C_6H_5 \cdot CH:CH \cdot NO_2$	149,14
938	58	Thionaphthen-3-aldehyd	C_9H_6OS	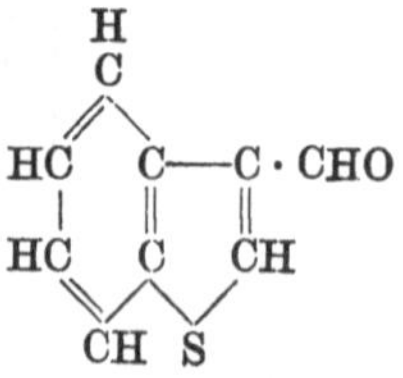	150,19
939	58—59	Cinchotoxin	$C_{19}H_{22}ON_2$	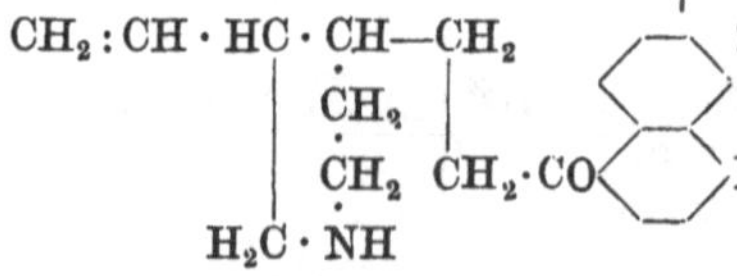	294,38

Aggregat-zustand Farbe	Spez.-Gewicht	Siede-punkt °C	Beilstein-Zitat	Physikalische Konstanten und Eigenschaften	Löslichkeit	Reaktionen
7	8	9	10	11	12	13
farblose bis gelbliche Krist. oder rhomb. Blättchen	$1{,}321^{20}$	247 (Z.) 143 (25 mm) 139-141 (14 mm)	VII 282	Litergewicht d. Dampfes 6,43 g; Dampfdruck 20° 0,0130 mm Hg; Flüchtigkeit 20° 105 mg/m³; Dampfdichte 5,3; spez. Wärme 0,264 cal; Geruch angenehm aromatisch; Dampf reizt Schleimhäute stark	unl. in W ll. in A, CS_2, Ae, 40 Bzl. l. 9,6 $COCl_2$, 63 CNCl, $S(C_2H_4)_2Cl$, wl. in $SnCl_4$, $TiCl_4$	0,002 mg in 5 ml alkohol. m-Dinitrobenzol-Lsg. in Ggw. von NaOH → kirschrote Lsg.
Säulen (Chlf.) zerfließl. Krist.		155 (15 mm)	III 744 XVIII 371		wl. in W sll. in A, Ae	+ metallisches Eisen → blaue Färbung
Tafeln (W)	$1{,}0605^{67°}$	243	XIII 435		wl. in W l. in A	Acetylderivat *Fp* 130 bis 132°
Nadeln			II 497		unl. in W ll. in A, Ae	Amid *Fp* 92° Methylester *Fp* 22°, lange Nadeln Äthylester *Fp* 15—16°, Nadeln
gelbstichige Krist.					unl. in W und Laugen l. in 2n-Säuren	+ wss. Jodlsg. → blau gelbe Lsg. in Paraform-H_2SO_4 beim Erhitzen → braun mit intensiv roter Fluoreszenz
Prismen (PAe)		211 (744 mm)	VI 189		wl. in W ll. in A, Ae	
Nadeln (W)		164 (23 mm)	VII 250		0,16 W 25° ll. in h. A zll. in Ae	Phenylhydrazon *Fp* 121°
gelbliche Prismen (A)		250-260	V 478	riecht nach Zimt; reizt Haut und Schleimhäute	wl. in h. W l. in A ll. in Ae	
Prismen (Ae)			XXIV 203	$[\alpha]_D^{4}$ +57,7 (abs. A); giftig	0,18 W 18° l. in A ~ 50 Ae unl. in CS_2	

Lfd. Nr.	*Fp*	Name	Summenformel	Strukturformel	Mol.-Gewicht
1	2	3	4	5	6
940	58—59	Glycerin-α-mononitrat	$C_3H_7O_5N$	$HO \cdot CH_2 \cdot CH(OH) \cdot CH_2 \cdot O \cdot NO_2$	137,09
941	58,2	Natriumacetat	$C_2H_3O_2Na$	$CH_3 \cdot COONa + 3H_2O$	136,09
942	59	Acetophenonoxim	C_8H_9ON	$CH_3 \cdot C(:N \cdot OH) \cdot C_6H_5$	135,16
943	59	Benzalacetessigester	$C_{13}H_{14}O_3$	$C_6H_5 \cdot CH:C \cdot CO \cdot OC_2H_5$ $CO \cdot CH_3$ (an C)	218,24
944	59	1-Benzylnaphthalin	$C_{17}H_{14}$	$C_{10}H_7 \cdot CH_2 \cdot C_6H_5$	218,28
945	59	2-Bromnaphthalin	$C_{10}H_7Br$	$C_{10}H_7Br$	207,07
946	59	5-Chlor-1,3-dinitrobenzol	$C_6H_3O_4N_2Cl$	$Cl \cdot C_6H_3(NO_2)_2$	202,56
947	59	Chromon	$C_9H_6O_2$	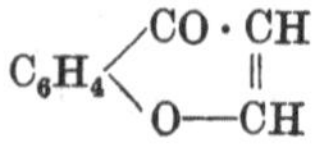	146,14
948	59	2,3-Dibrom-5-jodthiophen	C_4HBr_2JS	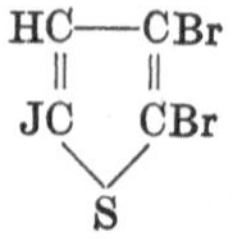	367,86
949	59	2-Fluornaphthalin	$C_{10}H_7F$	$C_{10}H_7F$	146,15
950	59	*l*-Scopolamin	$C_{17}H_{21}O_4N$	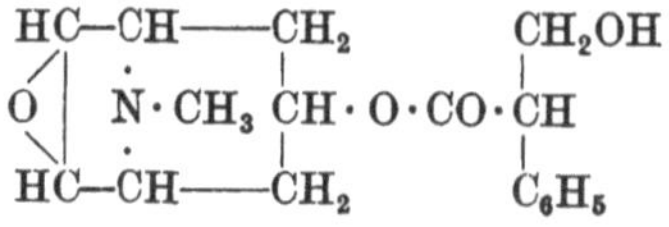	291,34
951	59	o-Tolylhydrazin	$C_7H_{10}N_2$	$CH_3 \cdot C_6H_4 \cdot NH \cdot NH_2$	122,16
952	59	α-Thienalacetophenon	$C_{13}H_{10}OS$	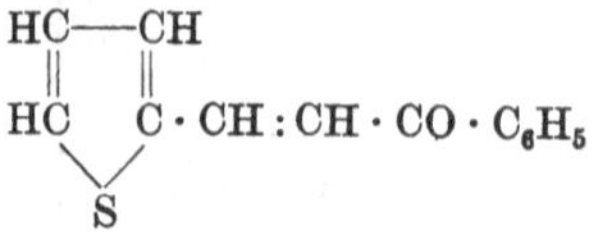	214,27
953	59—60	β-Äthylhydroxylamin	C_2H_7ON	$C_2H_5 \cdot NH \cdot OH$	61,08
954	59—60	2,2'-Dioxybenzophenon	$C_{13}H_{10}O_3$	$HO \cdot C_6H_4 \cdot CO \cdot C_6H_4 \cdot OH$	214,21
955	59—60	4-Methylbenzophenon	$C_{14}H_{12}O$	$CH_3 \cdot C_6H_4 \cdot CO \cdot C_6H_5$	149,20
956	59—60	5,6,7,8-Tetrahydro-naphthol-(2)	$C_{10}H_{12}O$	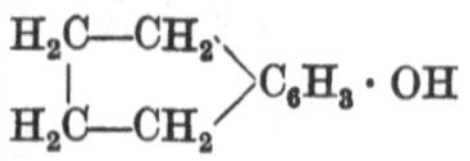	148,19
957	59—60	Acetoxim	C_3H_7ON	$(CH_3)_2C:N \cdot OH$	73,09

Aggregat-zustand Farbe	Spez. Gewicht	Siede-punkt °C	Beilstein-Zitat	Physikalische Konstanten und Eigenschaften	Löslichkeit	Reaktionen
7	8	9	10	11	12	13
Prismen (W, A od. Ae)	1,40	155-160	I 514	nicht explosiv	ll. in W, A swl. in Ae	
Krist.	$1{,}44^{25^\circ}$	123	II 107	beim F. Wasserabspaltung		
Nadeln (W)		245 (Z.)	VII 278	mit Dampf flüchtig	sll. in A, Ae	+ $H_2SO_4 \rightarrow$ Acetanilid
Tafeln (A oder Ae)		181 (17mm)	X 731		l. in A, Ae ll. in Chlf. l. in h. H_2SO_4	in heißer $H_2SO_4 \rightarrow$ rot
Blättchen (A)	$1{,}166^{17^\circ}$	350	V 689	kryoskop.Konst. 12,4	unl. in W 1,66 A 15° 3,33 sd. A 50 k. Ae	
Blättchen (A)	$1{,}605^{0^\circ}$	281-282	V 548	$n_D^{19,4}$ 1,65876; $R_D^{19,4}$ 51,32cm; $n_F^{19,4}$ 325,0	unl. in W 6 92% A 20° ll. in Ae, Bzl.	
Nadeln (A)			V 264	mit Dampf flüchtig	unl. in W ll. in A, Ae	
Nadeln (PAe)			XVII 327		ll. in A, Ae, Chlf., Bzl.	
Blättchen (A)		212,5	V 541		ll. in A, Chlf., Bzl.	
weiße Krist.			XXVII 99	$[\alpha]_D$ −28,0° (W) schmeckt bitter	swl. in W ll. in org. Lsgm.	+ alkalische Quecksilberjodidlösung bleibt bei Zimmertemperatur klar. Beim Erhitzen wird graues Quecksilber abgeschieden Pikrat *Fp* 190—191°
Nadeln			XV 496		ll. in A, Ae, Chlf.	
Nadeln (Ligroin)	$0{,}9070^{20^\circ}$		IV 535		ll. in W, A wl. in Ae	
hellgelbe Prismen oder Blättchen (Ligroin)		330-340 (Z.)	VIII 313		unl. in W ll. in A, Ae, Chlf.	Erhitzung > 330° $\rightarrow$ Xanthon + H_2O
Krist.		326,5	VII 440		swl. in W l. in A ll. in Ae	
Nadeln (Ligroin)		275-276	VI 579		wl. in k. W ll. in A, Ae l. in H_2SO_4	
Krist.	$0{,}97^{20^\circ}_{20^\circ}$	135 (728mm)	I 649		sll. in W, A, Ae	

Lfd. Nr.	*Fp*	Name	Summenformel	Strukturformel	Mol.-Gewicht
1	2	3	4	5	6
958	**59,4 bis 59,8**	Stearylalkohol	$C_{18}H_{38}O$	$CH_3 \cdot (CH_2)_{16} \cdot CH_2OH$	270,48
959	**60**	Benzoylaceton	$C_{10}H_{10}O_2$	$C_6H_5 \cdot CO \cdot CH_2 \cdot CO \cdot CH_3$	162,18
960	**60**	Chinotoxin	$C_{20}H_{24}O_2N_2$	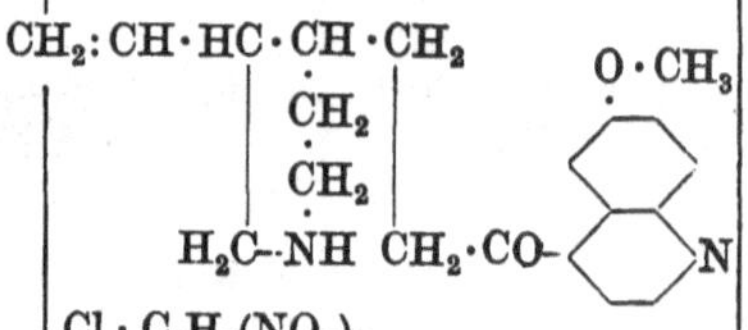	324,40
961	**60**	2-Chlor-1,4-dinitrobenzol	$C_6H_3O_4N_2Cl$	$Cl \cdot C_6H_3(NO_2)_2$	202,56
962	**60**	2-Chlornaphthalin	$C_{10}H_7Cl$	$C_{10}H_7Cl$	162,61
963	**60**	Desoxybenzoin	$C_{14}H_{12}O$	$C_6H_5 \cdot CO \cdot CH_2 \cdot C_6H_5$	196,23
964	**60**	3,4-Dibrom-2-jodthiophen	C_4HBr_2JS	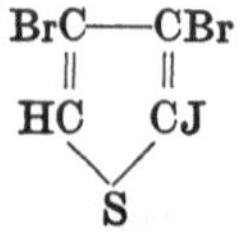	367,86
965	**60**	2,6-Dimethylchinolin	$C_{11}H_{11}N$	$C_9H_5N(CH_3)_2$	157,20
966	**60**	3,4-Dinitrotoluol	$C_7H_6O_4N_2$	$(O_2N)_2C_6H_3 \cdot CH_3$	182,13
967	**60**	2-Acetonylthiophen	C_7H_8OS	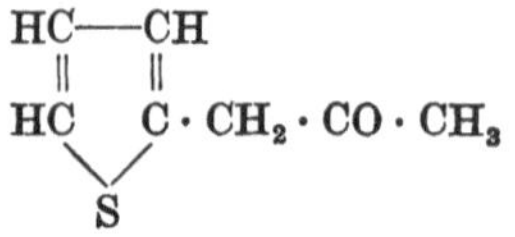	140,19
968	**60**	2-Methylindol	C_9H_9N	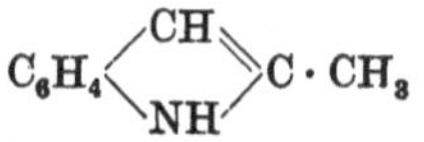	131,17
969	**60**	1-Oxynaphthaldehyd-(2)	$C_{11}H_8O_2$	$HO \cdot C_{10}H_6 \cdot CHO$	172,17
970	**60**	Thiophen-2,3-dicarbonsäuredimethylester	$C_8H_8O_4S$	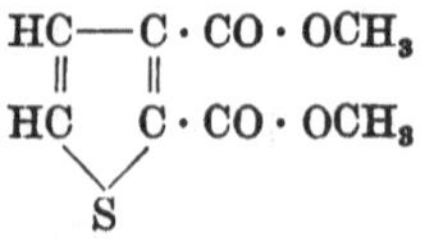	200,20
971	**60**	Tolan	$C_{14}H_{10}$	$C_6H_5 \cdot C \vdots C \cdot C_6H_5$	178,22
972	**60**	Triphenylarsin	$C_{18}H_{15}As$	$(C_6H_5)_3As$	306,21

Aggregat-zustand Farbe	Spez. Gewicht	Siede-punkt °C	Beilstein-Zitat	Physikalische Konstanten und Eigenschaften	Löslichkeit	Reaktionen
7	8	9	10	11	12	13
Blättchen (Bzl. od. Aceton)		210 (15mm)	I 429			Acetat *Fp* 33° p-Joddiphenylylurethan *Fp* 137,2—137,5° p-Nitrophenylurethan *Fp* 115°, Nadeln
Prismen	$1{,}090^{60°}_{60°}$	260-262	VII 680	mit Dampf flüchtig	wl. in k. W sll. in A, Ae ll. in NaOH	
amorph			XXV 39	$[\alpha]_D^{15}$ +44° (Chlf.); schmeckt bitter; giftig	wl. in W ll. in A, Ae, Chlf.	
Nadeln (A)			V 264		unl. in W l. in A	
Blättchen (A)	$1{,}2656^{16°}$	265 (751mm)	V 541	kryoskop.Konst. 9,76	unl. in W ll. in A, Ae	
Tafeln (A)		320-322	VII 431		wl. in sd. W ll. in A, Ae	Semicarbazon *Fp* 148° Oxim *Fp* 98°, Nadeln Phenylhydrazon *Fp* 116°, gelbliche Blättchen
Prismen (Ae)		266-267	XX 408		wl. in h. W ll. in A, Ae	
Nadeln (CS_2)	$1{,}259^{111°}$		V 341	mit Dampf flüchtig	2,19 CS_2 17°	
Nadeln (W) Blättchen (verd. A)		272	XX 311		wl. in h. W ll. in A, Ae	
grüngelbe Nadeln (verd. A)			VIII 148	mit Dampf flüchtig; riecht zimtartig	wl. in k. W ll. in A, Ae	
Blättchen oder Säulen (A)	$0{,}966^{99,8°}$	170 (19mm)	V 656		unl. in W ll. in h. A, Ae	
Tafeln (Bzl.)	1,306	>360	XVI 828		unl. in W wl. in k. A ll. in Ae	

Lfd. Nr.	*Fp*	Name	Summenformel	Strukturformel	Mol.-Gewicht
1	2	3	4	5	6
973	60—61	9-Äthylanthracen	$C_{16}H_{14}$	$C_6H_4\langle{}^{C(C_2H_5)}_{CH}\rangle C_6H_4$	121,17
974	60—61	3,4-Dibrom-2-nitro-thiophen	$C_4HO_2NBr_2S$	BrC—CBr ‖ ‖ HC C · NO_2 \ / S	286,95
975	60—61	Guajacolbenzoat	$C_{14}H_{12}O_3$	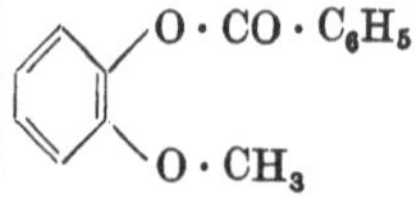	228,24
976	60—61	2-Jodanilin	C_6H_6NJ	$J \cdot C_6H_4 \cdot NH_2$	219,03
977	60—61	3-Nitrodimethylanilin	$C_8H_{10}O_2N_2$	$O_2N \cdot C_6H_4 \cdot N(CH_3)_2$	166,17
978	60—61	Phenoxthin	$C_{12}H_8OS$	$C_6H_4\langle{}^{O}_{S}\rangle C_6H_4$	200,24
979	60—61	3,4,5-Tribrom-2-thenal-bromid	C_5HBr_5S	BrC—CBr ‖ ‖ BrC C · $CH\langle{}^{Br}_{Br}$ \ / S	492,70
980	60—70	o-Chinon (Benzochinon-1,2)	$C_6H_4O_2$	$HC\langle{}^{CH \cdot CO}_{CH : CH}\rangle CO$	108,09
981	60,5	Margarinsäure (n-Heptadecylsäure, Daturinsäure)	$C_{17}H_{34}O_2$	$CH_3 \cdot (CH_2)_{15} \cdot COOH$	270,44
982	61	β-Chlorisocrotonsäure	$C_4H_5O_2Cl$	$CH_3 \cdot CCl : CH \cdot COOH$	120,54
983	61	2,3-Dichlor-1-nitrobenzol	$C_6H_3O_2NCl_2$	$Cl_2C_6H_3 \cdot NO_2$	192,01
984	61	Diphenyldisulfid	$C_{12}H_{10}S_2$	$C_6H_5 \cdot S \cdot S \cdot C_6H_5$	218,32
985	61	Erythrittetranitrat	$C_4H_6O_{12}N_4$	$[O_2N \cdot O \cdot CH_2 \cdot CH(O \cdot NO_2)—]_2$	302,12
986	61	Hydrindon-(2)	C_9H_8O	$C_6H_4\langle{}^{CH_2}_{CH_2}\rangle CO$	132,15
987	61	β-Naphthaldehyd	$C_{11}H_8O$	$C_{10}H_7 \cdot CHO$	156,17

Aggregat-zustand Farbe	Spez. Gewicht	Siede-punkt °C	Beilstein-Zitat	Physikalische Konstanten und Eigenschaften	Löslichkeit	Reaktionen
7	8	9	10	11	12	13
Blätter (A)			V 678			Pikrat *Fp* 120°
weiße Krist.			IX 130	kaum riechende und schmekkende Krist. vgl. Nr. 915	unl. in W, Lauge und Säure wl. in Eisessig ll. in h. A, Ae, Chlf.	+ Eisen-H_2SO_4 → graugrün → graublau; gelinde erwärmen → grauviolett; vorsichtig erhitzen bis braun — abkühlen → intensiv grün Subst. + 1 Tropfen Eisen-Phosphorsäure + 1 ml konz. H_2SO_4-Lsg. olivgrün → stahlblau → grün; erwärmen grauviolett → braungrün; abkühlen grau → olivgrün
Nadeln			XII 669	mit Dampf flüchtig	wl. in k. W sll. in A, Ae	Acetylderivat *Fp* 110°
rote Krist. (Ae)	$1{,}313^{17°}$	280-285	XII 701	mit Dampf flüchtig		
Nadeln (A)		183 (12mm)	XIX 45	riecht geraniolartig	unl. in W ll. in A, Ae	
rote Tafeln (Ae)			VII 600	färbt die Haut braun; nicht flüchtig; geruchlos; sehr zersetzlich	l. in W, A ll. in Ae	macht aus angesäuerter KJ-Lsg. sofort J_2 frei, liefert mit SO_2 oder $(NH_4)_2S$ in der Kälte Brenzcatechin
dünne Platten		227 (100mm)	II 376			Zn-Salz *Fp* 126,6°, Nadeln Mg-Salz *Fp* 137-142° Methylester *Fp* 30°, Nadeln Äthylester *Fp* 27,5°
Prismen (W)	$1{,}197^{69°}$	194,8	II 416		1,91 W 19° ll. in A, Ae	erhitzen → β-Chlorcrotonsäure
Nadeln (PAe)	$1{,}4494^{80°}$	257-258	V 245	mit Dampf flüchtig	unl. in W ll. in A, Ae	
Nadeln (A)		310	VI 323		unl. in W l. in A ll. in Ae	+ konz. H_2SO_4 → Thianthren
Blättchen (A)			I 527	detoniert durch Schlag	unl. in k. W l. in A	
Nadeln (A oder Ae)	$1{,}071^{67°}$	220-225 (Z.)	VII 363	mit Dampf flüchtig	unl. in W ll. in A, Ae	Oxim *Fp* 155°
Blättchen (W)	$1{,}078^{98°}$		VII 401	mit Dampf flüchtig	wl. in sd. W ll. in A, Ae	Semicarbazon *Fp* 245°

Lfd. Nr.	*Fp*	Name	Summenformel	Strukturformel	Mol.-Gewicht
1	2	3	4	5	6
988	**61**	3-Nitrodiphenyl	$C_{12}H_9O_2N$	$C_6H_5 \cdot C_6H_4 \cdot NO_2$	199,20
989	**61**	2,4,5-Trimethoxy-1-propenylbenzol (Asaron)	$C_{12}H_{16}O_3$	$CH_3 \cdot CH : CH \cdot C_6H_2(O \cdot CH_3)$	208,24
990	**61**	1,2,4-Trinitrobenzol	$C_6H_3O_6N_3$	$C_6H_3(NO_2)_3$	213,11
991	**61—62**	Atophanäthylester (Acitrin)	$C_{18}H_{15}O_2N$	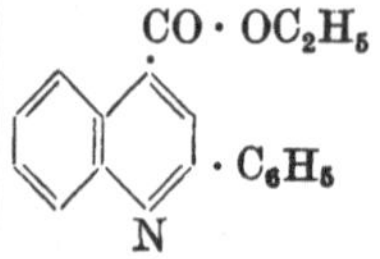	277,31
992	**61,3**	Monochloressigsäure	$C_2H_3O_2Cl$	$CH_2Cl \cdot COOH$	94,50
993	**61,3**	d-Weinsäuredimethylester	$C_6H_{10}O_6$	$CH_3O \cdot OC \cdot [CH(OH)]_2 \cdot CO \cdot OCH_3$	278,14
994	**61,5**	1,3-Dichlornaphthalin	$C_{10}H_6Cl_2$	$C_{10}H_6Cl_2$	197,06
995	**61,5**	1-Nitronaphthalin	$C_{10}H_7O_2N$	$C_{10}H_7 \cdot NO_2$	173,16
996	**62**	Apoatropin	$C_{17}H_{21}O_2N$	$H_2C \cdot CH$——CH_2 $N \cdot CH_3$ $CH \cdot O \cdot CO \cdot C(:CH_2) \cdot C_6H_5$ $H_2C \cdot CH$——CH_2	259,34
997	**62**	Benzoinäthyläther	$C_{16}H_{16}O_2$	$C_6H_5 \cdot CH(O \cdot C_2H_5) \cdot CO \cdot C_6H_5$	240,28
998	**62**	N,N'-Dimethylthioharnstoff	$C_3H_8N_2S$	$CH_3 \cdot NH \cdot CS \cdot NH \cdot CH_3$	104,17
999	**62**	Phenyl-α-naphthylamin	$C_{16}H_{13}N$	$C_{10}H_7 \cdot NH \cdot C_6H_5$	219,27
1000	**62—63**	β-Brompropionsäure	$C_3H_5O_2Br$	$CH_2Br \cdot CH_2 \cdot COOH$	152,99
1001	**62—63**	Tetramethylammoniumhydroxyd	$C_4H_{13}ON$	$(CH_3)_4N \cdot OH$	91,15
1002	**62,5**	3,4-Dimethylphenol (asymm.-o-Xylenol)	$C_8H_{10}O$	$(CH_3)_2C_6H_3 \cdot OH$	122,16
1003	**62,6**	Palmitinsäure	$C_{16}H_{32}O_2$	$CH_3 \cdot (CH_2)_{14} \cdot COOH$	256,41

Aggregat-zustand Farbe	Spez. Gewicht	Siede-punkt °C	Beilstein-Zitat	Physikalische Konstanten und Eigenschaften	Löslichkeit	Reaktionen
7	8	9	10	11	12	13
gelbe Blättchen (A)			V 582		unl. in W ll. in A, Eisessig, Lauge	
Nadeln u. Blättchen (W)	$1{,}165^{18°}$	296	VI 1129	sublimiert	wl. in sd. W ll. in A, Ae, Chlf.	
Blättchen (Ae)	$1{,}73^{15°}$		V 271		5,45 A 15° 7,13 Ae 15° 14,08 Bzl. 15°	
gelblich-weiße Krist.					swl. in W ll. in A, Ae	
weiße, zerfließliche Krist.	$1{,}58^{20°}_{20°}$	189	II 194	kryoskop.Konst. 5,24; ätzt die Haut; β-Modifikation *Fp* 56,2°, γ-Modifikation *Fp* 50,0°	614 W 30°	beim Eindampfen mit Lauge → Glykolsäure, *Fp* 80°
Krist. (Bzl.)	$1{,}340^{15°}$	280	III 510		wl. in W, Ae	
Nadeln (A)		291 (775mm)	V 542		l. in A	
gelbe Nadeln (A)	$1{,}2226^{62°}$	304	V 553	kryoskop.Konst. 9,1	unl. in W l. in A, Ae ll. in CS_2	+ H_2SO_4 → dunkelrot
Prismen (Chlf.)			XXI 20		wl. in W sll. in A, Ae	
Nadeln (Ligroin)			VIII 174		ll. in A, Ae, Bzl.	
Tafeln			IV 70		sll. in W, A wl. in Ae	
Nadeln (A)		335 (528mm)	XII 1224	Lösungen fluoreszieren blau	ll. in A, Ae, Bzl.	
Prismen	$1{,}700^{20°}$	204 (Z.)	I 200		ll. in W, A	
Nadeln mit $5H_2O$			IV 50		220 W 15° ∞ W 63°	Destillation → $(CH_3)_3N$ + CH_3OH Chlorplatinat *Fp* 278° (Z.) Pikrat *Fp* 312—313°, monokline Prismen $K_3Fe(CN)_6$ Rauten und Sechsecke (100—150 μ)
Nadeln (W)	$1{,}023^{17°}_{15°}$	225	VI 485		l. in W, A	Pikrat *Fp* 83,3°, chromgelbe Krist. p-Diphenylylurethan *Fp* 183°
Perlmutterartige Krist.	$0{,}853^{62°}$	271,5 (100mm)	II 370	kryoskop.Konst. 4,3; Oberflächenspannung 65,2° 26,8 dyn/cm	unl. in W 9,3 A 19° l. in Ae	Lsg. in konz. H_2SO_4 schäumt beim Schütteln + Zusatz von Paraform beim Erwärmen orange und zeigt grüne Fluoreszenz

Lfd. Nr.	*Fp*	Name	Summenformel	Strukturformel	Mol.-Gewicht
1	2	3	4	5	6
1004	**62,8**	m-Phenylendiamin	$C_6H_8N_2$	$H_2N \cdot C_6H_4 \cdot NH_2$	108,14
1005	**63**	p-Aminobenzoyldiäthyl-aminoäthanol (Novocainbase)	$C_{13}H_{20}O_2N_2$	NH_2 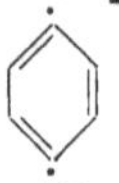 $CO \cdot O \cdot CH_2 \cdot CH_2 \cdot N(C_2H_5)_2$	272,77
1006	**63**	trans-α-Dekalol	$C_{10}H_{18}O$	$H_2C \cdot CH_2 \cdot CH \cdot CH(OH) \cdot CH_2$ $H_2C \cdot CH_2 \cdot CH$——CH_2——CH_2	154,24
1007	**63**	2,4-Dichloranilin	$C_6H_5NCl_2$	$Cl_2C_6H_3 \cdot NH_2$	162,02
1008	**63**	2,3-Dinitrotoluol	$C_7H_6O_4N_2$	$(O_2N)_2C_6H_3 \cdot CH_3$	182,13
1009	**63**	1,3,5-Trichlorbenzol	$C_6H_3Cl_3$	$C_6H_3Cl_3$	181,45
1010	**63**	Tropin	$C_8H_{15}ON$	$H_2C \cdot CH$———CH_2 $N \cdot CH_3$ $CH \cdot OH$ $H_2C \cdot CH$———CH_2	141,21
1011	**63—67**	2,4,5-Tribrom-3-thenyl-bromid	$C_5H_2Br_4S$	BrC——$C \cdot CH_2 \cdot Br$ BrC CBr S	413,79
1012	**63,5**	Äthylanilin	$C_8H_{11}N$	$C_6H_5 \cdot NH \cdot C_2H_5$	121,17
1013	**63,5**	4-Bromphenol	C_6H_5OBr	$Br \cdot C_6H_4 \cdot OH$	173,02
1014	**63—64**	2,3-Diaminotoluol (o-Toluylendiamin)	$C_7H_{10}N_2$	$CH_3 \cdot C_6H_3(NH_2)_2$	122,16
1015	**63—64**	1,7-Dichlornaphthalin	$C_{10}H_6Cl_2$	$C_{10}H_6Cl_2$	197,06
1016	**63—64**	Rongalit (Na-Salz der Formaldehydsulfoxyl-säure)	CH_3O_3SNa	$HO \cdot CH_2 \cdot S(:O) \cdot ONa + 2H_2O$	153,23
1017	**63—64**	m-Xylolsulfonsäure-(4)	$C_8H_{10}O_3S$	$(CH_3)_2C_6H_3 \cdot SO_3H$	186,22
1018	**63,5 bis 64**	2-p-Tolylthiophen	$C_{11}H_{10}S$	HC——CH HC $C \cdot C_6H_4 \cdot CH_3$ S	174,25
1019	**64**	p-Aminobenzoesäure-isobutylester (Cycloform)	$C_{11}H_{15}O_2N$	$H_2N \cdot C_6H_4 \cdot COO \cdot CH_2 \cdot CH(CH_3)_2$	193,24

Aggregat-zustand Farbe	Spez. Gewicht	Siede-punkt °C	Beilstein-Zitat	Physikalische Konstanten und Eigenschaften	Löslichkeit	Reaktionen
7	8	9	10	11	12	13
Krist. (A)	$1{,}1389^{15°}_{15°}$	282-284	XIII 33		26,9 W 24° ll. in A l. in Ae	Diacetylderivat *Fp* 191°, Prismen Dibenzoylderivat *Fp* 240°, Nadeln
Tafeln (Ae)			XIV 424 (E_1 568)			Chlorhydrat (Novocain) *Fp* 156° Nitrat *Fp* 101° Pikrat *Fp* 153—154°
Nadeln (PA)		130 (28mm)	VI 67	flüchtig mit Dampf	wl. in W ll. in A, Ae	Phenylurethan *Fp* 172°
Nadeln (W o.A)	$1{,}567^{20°}$	239	XII 621	flüchtig mit Dampf	wl. in W ll. in A, Ae	Acetylderivat *Fp* 146°
Nadeln (PAe)	$1{,}263^{111°}$		V 339	flüchtig mit Dampf	unl. in W	
Nadeln		208	V 204			
Tafeln (Ae)	$1{,}039^{36°}$	233	XXI 16	hygroskopisch	ll. in W, A wl. in Ae	Chloroplatinat *Fp* 198° (Z.)
Öl	$0{,}963^{20°}$	206	XII 159	n_D^{20} 1,5593; R_D^{20} 40,41 cm; n_F^{20} 224,5		Pikrat *Fp* 132—133°, hellgelbe Blättchen p-Brombenzolsulfamid *Fp* 91° Acetylderivat *Fp* 54,4°, rhombische Krist.
Krist. (Chlf. od. Ae)	$1{,}5875^{80°}$	235-236	VI 198		1,42 W 15° ll. in A, Ae, Eisessig	
Krist.		255	XIII 123		l. in W, A, Ae	
Blättchen (verd. A)		286	V 543		unl. in W l. in A, Ae, Bzl.	
Nadeln (Eisessig)						
Tafeln		125 (Z.)	I 577		50 W unl. in A, Ae	+ NaOH → Formaldehyd + $NaHSO_3$ → reduz. Indigo
Blättchen (verd. H_2SO_4)			XI 123			Amid *Fp* 137°
weiße Krist.			E_1 XIV 567	geruchlos, anästhesierend	swl. in W ll. in A, Ae, Öl l. in Säuren	amorphes Perjodid

Lfd. Nr.	*Fp*	Name	Summenformel	Strukturformel	Mol.-Gewicht
1	2	3	4	5	6
1020	**64**	Caryophyllenoxyd	$C_{15}H_{24}O$		220,34
1021	**64**	2,5-Diaminotoluol (p-Toluylendiamin)	$C_7H_{10}N_2$	$CH_3 \cdot C_6H_3(NH_2)_2$	122,16
1022	**64**	α,β-Dibrompropionsäure	$C_3H_4O_2Br_2$	$CH_2Br \cdot CHBr \cdot COOH$	231,89
1023	**64**	2,6-Dinitrophenol	$C_6H_4O_5N_2$	$(O_2N)_2C_6H_3 \cdot OH$	184,11
1024	**64**	4-Jodanilin	C_6H_6NJ	$J \cdot C_6H_4 \cdot NH_2$	219,03
1025	**64**	Nitrourethan	$C_3H_6O_4N_2$	$O_2N \cdot NH \cdot CO \cdot OC_2H_5$	134,09
1026	**64—65**	Carbamidsäuretrichloräthylester (Voluntal)	$C_3H_4O_2NCl_3$	$H_2N \cdot CO \cdot OCH_2 \cdot CCl_3$	192,44
1027	**64,5**	Antipyrinacetylsalicylat (Acetopyrin)	$C_{20}H_{20}O_5N_2$	$C_{11}H_{12}ON_2 \cdot C_9H_8O_4$	378,37
1028	**64,5**	Tiglinsäure	$C_5H_8O_2$	$CH_3 \cdot CH : C(CH_3) \cdot COOH$	100,11
1029	**64,5**	o-Xylylenglykol	$C_8H_{10}O_2$	$C_6H_4(CH_2OH)_2$	138,16
1030	**65**	4-Aminobenzylalkohol	C_7H_9ON	$H_2N \cdot C_6H_4 \cdot CH_2OH$	123,15
1031	**65**	3-Aminopyridin	$C_5H_6N_2$	$C_5H_4N \cdot NH_2$	94,11
1032	**65**	α-Chloracrylsäure	$C_3H_3O_2Cl$	$CH_2 : CCl \cdot COOH$	106,51
1033	**65**	2,5-Dichlor-3,4-dibromthiophen	$C_4Cl_2Br_2S$	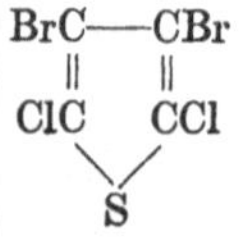	310,85
1034	**65**	Dihydrocodein (Paracodin)	$C_{18}H_{23}O_3N$	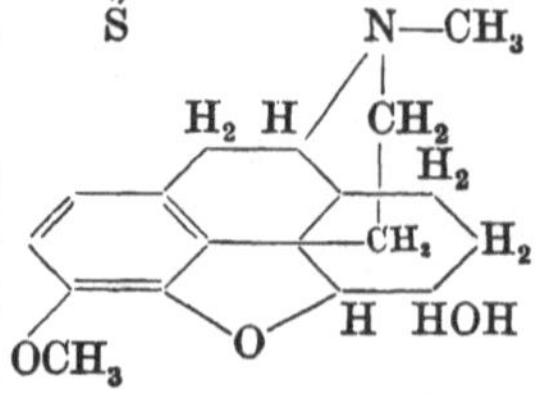	306,37
1035	**65**	3,5-Dimethylphenol (symm. m-Xylenol)	$C_8H_{10}O$	$(CH_3)_2C_6H_3 \cdot OH$	122,16
1036	**65**	4-Methylbrenzcatechin	$C_7H_8O_2$	$CH_3 \cdot C_6H_3(OH)_2$	124,13
1037	**65**	m-Nitrobenzalchlorid	$C_7H_5O_2NCl_2$	$O_2N \cdot C_6H_4 \cdot CHCl_2$	206,03
1038	**65 bis 65,5**	2-Thienylphenyldiketon	$C_{12}H_8O_2S$	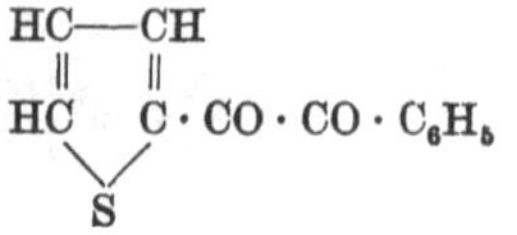	216,24

Aggregatzustand Farbe	Spez. Gewicht	Siedepunkt °C	Beilstein-Zitat	Physikalische Konstanten und Eigenschaften	Löslichkeit	Reaktionen
7	8	9	10	11	12	13
Prismen (Bzl.)	$0{,}9658_{4°}^{20°}$			$[\alpha]_D^{25}$ —68°; n_D^{20} 1,4958		
Tafeln (Bzl.)		273-274	XIII 144		ll. in W, A, Ae	
Tafeln		160 (20mm)	II 258	2. Form — Prismen *Fp* 51°	1945 W 11° ll. in A 304 Ae 10°	
hellgelbe Nadeln (W)	1,645	subl.	VI 257		wl. in W ll. in sd. A, Ae	
Nadeln (W)			XII 670	flüchtig mit Dampf	ll. in A l. in Ae	Acetylderivat *Fp* 184°
Blättchen (Ligroin)		140 (Z.)	III 125		ll. in W sll. in A, Ae wl. in Lauge	
Nadeln			E_1 III 9	Geschmack etwas pelzig	wl. in W ll. in A	
weiße Krist.			XXIV 32		l. in W	+ $Fe(NO)_3$ → rot Zers. — CH_3COOH-Abspaltung + $Fe(NO_3)_3$ → violett
Tafeln u. Säulen	$0{,}964^{76°}$	198,5	II 430	riecht wie Angelicasäure	wl. in k. W l. in A, Ae	Ca-Salz Blättchen Bromphenacylester *Fp* 67,9°
Tafeln (Ae)			VI 910		ll. in W, A 25 Ae 18°	
Blättchen (Bzl.)			XIII 620		sll. in W l. in A, Ae	
Blättchen (Ligroin + Bzl.)		251	XXII 431		ll. i W, A, Ae unl. in Laugen	
Nadeln			II 401	sehr flüchtig		
Nadeln (A)						Chlorhydrat *Fp* 246°
Nadeln (W)		219,5	VI 492		wl. in W l. in A	p-Diphenylylurethan *Fp* 150° 3,5-Dinitrobenzoesäureester *Fp* 195,4°, Stäbe
Prismen (Bzl.)	$1{,}129^{73°}$	251	VI 878		ll. in W, A, Ae	
Krist. (A)			V 332		ll. in W, A, Ae	
farblos, schmilzt gelb						Benzoin → smaragdgrüne Färbung

Lfd. Nr.	*Fp*	Name	Summenformel	Strukturformel	Mol.-Gewicht
1	2	3	4	5	6
1039	**65—66**	Brassidinsäure	$C_{22}H_{42}O_2$	$CH_3\cdot(CH_2)_7\cdot CH{:}CH\cdot(CH_2)_{11}\cdot COOH$	338,55
1040	**65—66**	2,3-Dichlor-4,5-dibrom-thiophen	$C_4Cl_2Br_2S$	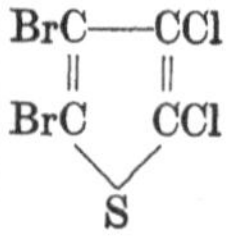	310,85
1041	**65—66**	Phenylglyoxylsäure (Benzoylameisensäure)	$C_8H_6O_3$	$C_6H_5\cdot CO\cdot COOH$	150,13
1042	**65—66**	p-Tolylhydrazin	$C_7H_{10}N_2$	$CH_3\cdot C_6H_4\cdot NH\cdot NH_2$	122,16
1043	**65—67**	Isocamphan	$C_{10}H_{18}$	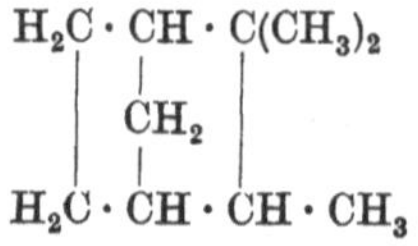	138,24
1044	**65,1**	Tripalmitin	$C_{51}H_{98}O_6$	$C_3H_5(O\cdot CO\cdot [CH_2]_{14}\cdot CH_3)_3$	807,27
1045	**65,4**	3,5-Dichlor-1-nitrobenzol	$C_6H_3O_2NCl_2$	$Cl_2C_6H_3\cdot NO_2$	192,01
1046	**65,6**	Cyanessigsäure	$C_3H_3O_2N$	$NC\cdot CH_2\cdot COOH$	85,06
1047	**66**	Acet-m-toluidid	$C_9H_{11}ON$	$CH_3\cdot CO\cdot NH\cdot C_6H_4\cdot CH_3$	149,18
1048	**66**	2,6-Dinitrotoluol	$C_7H_6O_4N_2$	$(O_2N)_2C_6H_3\cdot CH_3$	182,13
1049	**66**	Isonitrosoaceton	$C_3H_5O_2N$	$CH_3\cdot CO\cdot CH{:}N\cdot OH$	87,08
1050	**66**	β-Naphthonitril	$C_{11}H_7N$	$C_{10}H_7\cdot CN$	153,17
1051	**66—67**	4-Aminodiphenylamin	$C_{12}H_{12}N_2$	$H_2N\cdot C_6H_4\cdot NH\cdot C_6H_5$	184,23
1052	**66—67**	N-Methyl-3-jod-2-pyridon	C_6H_6ONJ	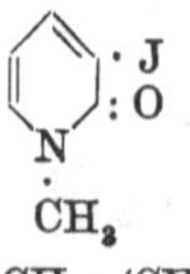	235,52
1053	**66,1**	Triakontan	$C_{30}H_{62}$	$CH_3\cdot(CH_2)_{28}\cdot CH_3$	422,78
1054	**66,4**	4-Bromanilin	C_6H_6NBr	$Br\cdot C_6H_4\cdot NH_2$	172,03

Aggregatzustand Farbe	Spez. Gewicht	Siedepunkt °C	Beilstein-Zitat	Physikalische Konstanten und Eigenschaften	Löslichkeit	Reaktionen
7	8	9	10	11	12	13
Blättchen (A)	$0{,}8585^{57°}$	282 (30 mm)	II 474		wl. in W swl. in k. A wl. in Ae	Amid *Fp* 94° Na-Salz *Fp* 245—248°, Blättchen Methylester *Fp* 34—35°, Blätter Äthylester *Fp* 29—30°, Blätter
Prismen		Z.	X 654		sll. in W l. in A ll. in Ae unl. in CS_2	Phenylhydrazon *Fp* 163°
Blättchen (A)		240-248	VI 510		wl. in W ll. in A, Ae	
farnkrautähnliche Krist. (Methanol)	$0{,}8276^{67°}$	164 (713mm)	V 103	kryoskop. Konst. 44,5	unl. in W ll. in A, Bzl.	
Nadeln (Ae)	$0{,}8657^{80°}$		II 373		unl. in W 0,004 A 21° ll. in Ae	
hellgelbe Blättchen (A)	$1{,}4278^{80°}$		V 246		unl. in W wl. in A	
zerfließl. Krist.		165 (Z.)	II 583		l. in W, A, Ae wl. in Chlf., Bzl.	
Nadeln (W)	$1{,}041^{15°}$	303	XII 860		0,44 W 13° ll. in A, Ae l. in Eisessig	
Nadeln (A)	$1{,}283^{111°}$		V 341		l. in A	
Blättchen (Ae + PAe)	$1{,}0744^{67°}$	subl.	I 763	mit Dampf flüchtig	ll. in W, A l. in Alkali gelb	
Blättchen (Ligroin)	$1{,}091^{80°}_{80°}$	305	IX 659		swl. in W l. in A, Ae	
Blättchen oder Nadeln (verd. A)		354 (in H_2)	XIII 76		wl. in W ll. in A, Ae	+ $FeCl_3$ → rot → grün
weißes Krist.-Pulver					ll. in A, Ae, Chlf.	
Blättchen (Bzl.)		235 (1 mm)	I 176		unl. in W wl. in A l. in Ae	
Krist.	$1{,}799^{18°}$	Z.	XII 636	$n_D^{20,4}$ 1.62604; $R_D^{20,4}$ 38,55cm; $n_F^{20,4}$ 265,0	unl. in k. W sll. in A, Ae	Acetylderivat *Fp* 167 bis 168°

Ldf. Nr.	*Fp*	Name	Summenformel	Strukturformel	Mol.-Gewicht
1	2	3	4	5	6
1055	**66,5**	Diäthylbromessigsäure-amid (Neuronal)	$C_6H_{12}ONBr$	$(C_2H_5)_2C(Br) \cdot CO \cdot NH_2$	194,08
1056	**66,5**	Naphthylendiamin-(1,8)	$C_{10}H_{10}N_2$	$H_2N \cdot C_{10}H_6 \cdot NH_2$	158,19
1057	**67**	Chloralhydrat-Antipyrin (Hypnal)	$C_{13}H_{15}O_3N_2Cl_3$	$CCl_3 \cdot CH(OH)_2 \cdot C_{11}H_{12}ON_2$	353,64
1058	**67**	2,6-Dichlorphenol	$C_6H_4OCl_2$	$Cl_2C_6H_3 \cdot OH$	163,01
1059	**67**	3-Oxybenzylalkohol	$C_7H_8O_2$	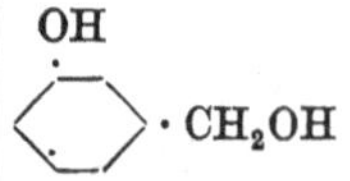	124,13
1060	**67**	5,5'-Dimethyl-2,2'-dithienyl	$C_{10}H_{10}S_2$	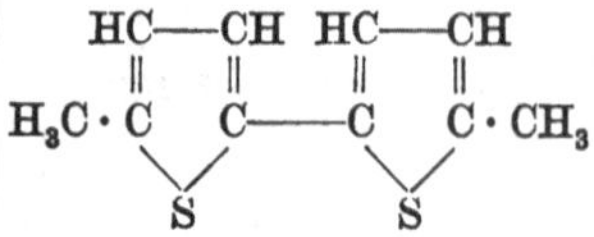	194,30
1061	**67**	Diphenylnitrosamin (N-Nitroso-diphenyl-amin)	$C_{12}H_{10}ON_2$	$(C_6H_5)_2N \cdot NO$	198,21
1062	**67**	Phenylbenzylcarbinol	$C_{14}H_{14}O$	$C_6H_5 \cdot CH_2 \cdot CH(OH) \cdot C_6H_5$	198,25
1063	**67**	2,4,6-Trichlorphenol	$C_6H_3OCl_3$	$Cl_3C_6H_2 \cdot OH$	197,45
1064	**67—68**	3-Äthyl-2-chlormercuri-thiophen	C_6H_7ClSHg	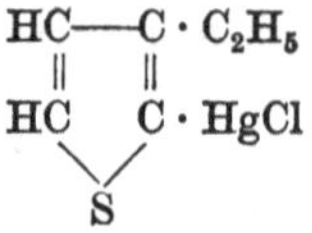	346,24
1065	**67—68**	1,4-Dichlornaphthalin	$C_{10}H_6Cl_2$	$C_{10}H_6Cl_2$	197,06
1066	**67,5**	Isophthalsäuredimethyl-ester	$C_{10}H_{10}O_4$	$C_6H_4(CO \cdot OCH_3)_2$	194,18
1067	**68**	2-Äthylbenzoesäure	$C_9H_{10}O_2$	$C_2H_5 \cdot C_6H_4 \cdot COOH$	150,17
1068	**68**	Azobenzol	$C_{12}H_{10}N_2$	$C_6H_5 \cdot N:N \cdot C_6H_5$	182,21
1069	**68**	p-Chlorbenzolsulfonsäure	$C_6H_5O_3ClS$	$Cl \cdot C_6H_4 \cdot SO_3H$	192,62
1070	**68**	Bis-[3-äthylthienyl-2]-quecksilber	$C_{12}H_{14}S_2Hg$	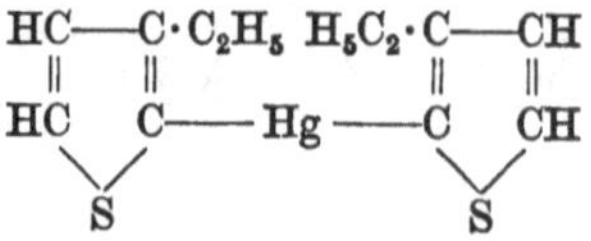	422,96

Aggregatzustand Farbe	Spez. Gewicht	Siedepunkt °C	Beilstein-Zitat	Physikalische Konstanten und Eigenschaften	Löslichkeit	Reaktionen
7	8	9	10	11	12	13
Krist.			II 334	wirkt hypnotisch	0,7 k. W ll. in h. W, A, Ae, Bzl	bei 160—170° HBr-Abspaltung
Krist. (verd. A)		205 (12 mm)	XIII 205		l. in W ∞ in A, Ae	
weißes Krist.-Pulver			XXIV 31		wl. in W l. in A	wss. Lsg + $FeCl_3$ → blutrot Spur Subst. in W gelöst + 1 Tropfen rauch. HNO_3 → grün
Nadeln		218-220	VI 190	riecht durchdringend, anhaftend	∞ in A, Ae	
Nadeln		ca. 300 (Z.)	VI 896		ll. in A, Ae, h. W wl. in Chlf.	wss. Lsg. + wenig $FeCl_3$ → veilchenblau
gelbe Tafeln (Bzl.+A)			XII 580		wl. in k. A ll. in h. A sll. in h. Bzl.	
Nadeln (verd. A)		167 (10 mm)	VI 683		0,06 sd. W 42 in 94% A 7° ll. in Ae	Dest. → Stilben
farblose Nadeln	$1{,}49^{75^{\circ}}$	244	VI 190	durchdringender Geruch	0,085 W 25° 0,243 W 96° sll. in A, Ae l. in Lauge	gesättigte wss. Lsg + $Fe(NO_3)_3$-Lsg. → schwach graublau + $AgNO_3$ in Anwesenheit von 1 Tropfen 2n-NH_3 → eigelben, flockigen Niederschlag
Nadeln (A)		286 (745mm)	V 542		unl. in W wl. in A ll. in Aceton	
Nadeln (verd. A)			IX 834			
Nadeln (W)		259	IX 526		swl. in k. W ll. in A, Ae	
orangerote Blättchen (A)	1,203	293	XVI 8		0,03 W 20° 7,9 A 16° l. in Ae ll. in Lauge	
Nadeln		147-148 (Vakuum)	XV 54		l. in W, A unl. in Ae	Chlorid *Fp* 53° Amid *Fp* 143—144°

Lfd. Nr.	*Fp*	Name	Summenformel	Strukturformel	Mol.-Gewicht
1	2	3	4	5	6
1071	**68**	4,5-Dichlor-2-aceto-thienon	$C_6H_4OCl_2S$	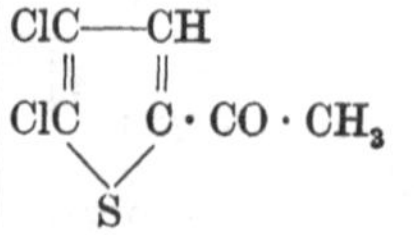	195,07
1072	**68**	Emetin	$C_{29}H_{40}O_4N_2$		508,64
1072a	**68**	3,4-Dichlorphenol	$C_6H_4OCl_2$	$Cl_2C_6H_3 \cdot OH$	163,01
1073	**68**	3,5-Dichlorphenol	$C_6H_4OCl_2$	$Cl_2C_6H_3 \cdot OH$	163,01
1074	**68**	Methylnitrolsäure	$CH_2O_3N_2$	$O_2N \cdot CH : N \cdot OH$	90,04
1075	**68**	α-Naphthalinsulfochlorid	$C_{10}H_7O_2ClS$	$C_{10}H_7 \cdot SO_2Cl$	226,67
1076	**68**	Nitrosobenzol	C_6H_5ON	$C_6H_5 \cdot NO$	107,11
1077	**68**	Pseudocumidin	$C_9H_{13}N$	$(2,4,5)\ (CH_3)_3C_6H_2 \cdot NH_2\ (1)$	135,20
1078	**68**	cis-Zimtsäure (allo)	$C_9H_8O_2$	$HC \cdot C_6H_5$ ‖ $HC \cdot COOH$	148,15
1079	**68—76**	Pyramidonsalicylat	$C_{20}H_{23}O_4N_3$	$C_{13}H_{17}ON_3 \cdot C_7H_6O_3$	369,41
1080	**69**	Benzhydrol	$C_{13}H_{12}O$	$(C_6H_5)_2CH \cdot OH$	184,22
1081	**69**	Chaulmoograsäure	$C_{18}H_{32}O_2$	$HC : CH$ | >$CH \cdot (CH_2)_{12} \cdot COOH$ $H_2C \cdot CH_2$	280,43
1082	**69**	β,β-Dimethylacrylsäure	$C_5H_8O_2$	$(CH_3)_2C : CH \cdot COOH$	100,11
1083	**69**	2,3-Dimethylchinolin	$C_{11}H_{11}N$	$C_9H_5N(CH_3)_2$	157,20
1084	**67**	Mesitol	$C_9H_{12}O$	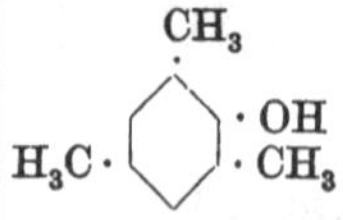	136,80
1085	**69**	Phyllopyrrol	$C_9H_{15}N$	$C_2H_5 \cdot C$———$C \cdot CH_3$ ‖ ‖ $H_3C \cdot C$—NH—$C \cdot CH_3$	137,22
1086	**69**	5,6,7,8-Tetrahydro-naphthol-(1)	$C_{10}H_{12}O$	$H_2C \cdot CH_2$ | >$C_6H_3 \cdot OH$ $H_2C \cdot CH_2$	148,19

Aggregatzustand Farbe	Spez. Gewicht	Siedepunkt °C	Beilstein-Zitat	Physikalische Konstanten und Eigenschaften	Löslichkeit	Reaktionen
7	8	9	10	11	12	13
gelbliche Krist.					unl. in k. W ll. in A, Ae, Chlf., Aceton, h. Bzl.	+ 10—20 mg Paraform + 1 ml H_2SO_4 → grüngelb + $HNO_3 \cdot H_2SO_4$ → intensiv grüngelb → orangegelb konz. HCl + Chlorwasser → orange
Nadeln		253	VI 190	riecht phenolartig		
Krist. (PAe)		233	VI 190	riecht phenolartig	ll. in A	
Nadeln (Ae)		explod.	II 92	unbeständig	ll. in W, A, Ae l. in Alkali → rot	
Blättchen (Ae)		194 (13 mm)	XI 157		unl. in W 18,18 A 18° ll. in Ae	
Krist. (A + Ae)		57—59 (18 mm)	V 230	Lsgg. sind grün, mit Dampf flüchtig, stechender Geruch	unl. in W l. i A, Ae	
Nadeln (W)		234-235	XII 1150		0,12 W 19° l. in A, Ae	
Krist.		95 (Vakuum)	IX 591	Isozimtsäuren: a) *Fp* 58° 0,76 W 18° b) *Fp* 42° 0,19 W 18°	0,69 W 18°	
weißes Krist.-Pulver				wss. Lsg. sauer	16 W 5—6 A	wss. Lsg + $FeCl_3$ → violettrot
Nadeln (Ligroin)		298	VI 678	zers. bei 300°	0,05 W 20° ll. in A, Ae, Chlf.	
Blättchen (A)		247-248 (20 mm)	IX 80	$[\alpha]_D^{20}$ +62° (Chlf.)	unl. in W wl. in A ll. in Ae, Chlf.	
Prismen (W.)	$1{,}066^{24°}$	199	II 432		wl. in k. W ll. in A, Ae	
Krist. (Ligroin)		261 (729 mm)	XX 406		wl. in W ll. in A l. in Ae	
Nadeln		219	VI 518	mit Dampf flüchtig	swl. in W ll. in A, Ae	
Blättchen (PAe)		213 (725 mm)	E_1 XX 51	verharzt an der Luft	unl. in W ll. in A, Ae l. in verd. H_2SO_4 gelb	
Tafeln		265 (705 mm)	VI 578		wl. in h. W ll. in A, Ae	

Lfd. Nr.	*Fp*	Name	Summenformel	Strukturformel	Mol.-Gewicht
1	2	3	4	5	6
1087	**69**	Thienyl-2-[1-naphthyl]-keton	$C_{15}H_{10}OS$	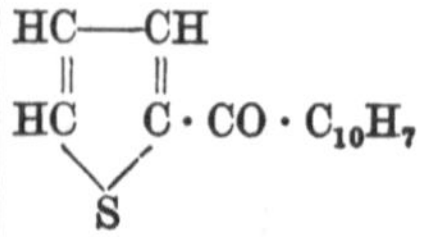	238,29
1088	**69**	Toluchinon	$C_7H_6O_2$	$O:C_6H_3(CH_3):O$	122,12
1089	**69**	p-Toluolsulfochlorid	$C_7H_7O_2ClS$	$CH_3 \cdot C_6H_4 \cdot SO_2Cl$	190,64
1090	**69,3**	Stearinsäure	$C_{18}H_{36}O_2$	$CH_3 \cdot (CH_2)_{16} \cdot COOH$	284,46
1091	**69,5**	Dipyridyl-(2,2′)	$C_{10}H_8N_2$	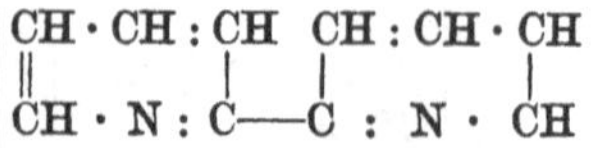	156,18
1092	**69,5**	6-Nitro-o-kresol (OH = 1)	$C_7H_7O_3N$	$CH_3 \cdot C_6H_3(NO_2) \cdot OH$	153,13
1093	**69,5**	2-Oxydiphenylamin	$C_{12}H_{11}ON$	$C_6H_5 \cdot NH \cdot C_6H_4 \cdot OH$	185,21
1094	**70**	Benzoesäurephenylester	$C_{13}H_{10}O_2$	$C_6H_5 \cdot CO \cdot OC_6H_5$	198,21
1095	**70**	Essigsäure-β-naphthyl-ester	$C_{12}H_{10}O_2$	$CH_3 \cdot CO \cdot OC_{10}H_7$	186,20
1096	**70**	Thiosinaminjodäthylat (Jodamin)	$C_6H_{13}N_2JS$	$H_2C:CH \cdot CH_2 \cdot NH \cdot C(:S) \cdot NH_2 \cdot C_2H_5J$	271,17
1097	**70**	4-Oxydiphenylamin (Allegan)	$C_{12}H_{11}ON$	$C_6H_5 \cdot NH \cdot C_6H_4 \cdot OH$	185,21
1098	**70**	Pyrazol	$C_3H_4N_2$	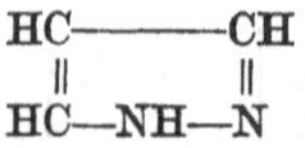	68,08
1099	**70**	2,4,5-Trichlor-3-nitro-thiophen	$C_4O_2NCl_3S$	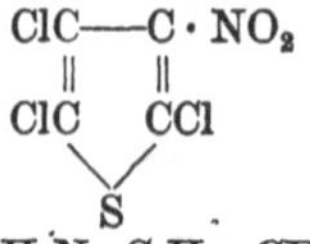	232,48
1100	**70—71**	4-Aminobenzaldehyd	C_7H_7ON	$H_2N \cdot C_6H_4 \cdot CHO$	121,13
1101	**70—71**	4-Chloranilin	C_6H_6NCl	$Cl \cdot C_6H_4 \cdot NH_2$	127,57
1102	**70—71**	6-Chlor-2-nitrophenol	$C_6H_4O_3NCl$	$O_2N \cdot C_6H_3(Cl) \cdot OH$	173,56

Aggregatzustand Farbe	Spez. Gewicht	Siedepunkt °C	Beilstein-Zitat	Physikalische Konstanten und Eigenschaften	Löslichkeit	Reaktionen
7	8	9	10	11	12	13
		383				
gelbe Blättchen und Nadeln		subl.	VII 645	riecht wie Benzochinon; sehr flüchtig; sublimiert in Blättchen	wl. in k. W ll. in A, Ae	wss. Lsg. + Alkalien → intensiv braunrot Oxim *Fp* 165°, Semicarbazon *Fp* 178 bis 179°, gelbe Nadeln
Tafeln (Ae)		146 (15 mm)	XI 103		l. in A, Ae	
Blättchen	$0{,}8286^{80°}$	291 (100 mm)	II 377	Oberflächenspannung 70° 28,9 dyn/cm; kryoskop. Konst. 4,5	swl. in W 2,5 k. W 19,7 A 40° 22 Bzl. 23°	Lsg. + konz. H_2SO_4 schäumt beim Schütteln + Paraform beim Erwärmen orange mit grüner Fluoreszenz Pb-Salz *Fp* 125°
Krist. (verd. A)		272,5	XXIII 199	aromatisch riechend	0,5 W ll. in A, Ae, Bzl., Chlf.	mit $Fe^{''}$-Ionen rote Komplexsalze
gelbe Prismen (verd. A)			VI 365		unl. in W ll. in A, Ae	
Prismen (W)		185 (20 mm)	XIII 365		wl. in sd. W ll. in A, Ae	
Prismen (A + Ae)		298-299	IX 116		unl. in W 8,8 A 21° ll. in Ae	
Nadeln (A)			VII 644		ll. in A, Ae, Chlf.	
weiße Krist.				schwacher Geruch nach Allyldisulfid		wss. Lsg + $Fe(NO_3)_3$ → langsam gelb und orange; beim Erhitzen Joddämpfe; wss. Lsg. + 2n-Lauge + Nitroprussidnatrium → intensiv violettrot
Blättchen		330 198-200 (10 mm)	XIII 144		swl. in k. W ll. in A, Ae, Chlf., Eg. ll. in verd. Säuren u. Alkali	
Nadeln (Ligroin)		186-188	XXIII 39	reagiert neutral	ll. in W, A, Ae, Bzl.	Pikrat *Fp* 159-160°
Blättchen (W)			XIV 29		wl in W l. in A, Ae	Oxim *Fp* 124°
Prismen	$1{,}427^{19°}$	230-231	XII 607		l. in A, Ae	Acetylderivat *Fp* 174°
gelbe Nadeln (W)			VI 239	riecht nach Safran; mit Dampf flüchtig	wl. in W ll. in Chlf.	

Lfd. Nr.	*Fp*	Name	Summenformel	Strukturformel	Mol.-Gewicht
1	2	3	4	5	6
1103	70—71	2,4-Dinitrotoluol	$C_7H_6O_4N_2$	$(O_2N)_2C_6H_3 \cdot CH_3$	182,13
1104	70—72	Thionaphthen-2,3-dicarbonsäuredichlorid	$C_{10}H_4O_2Cl_2S$	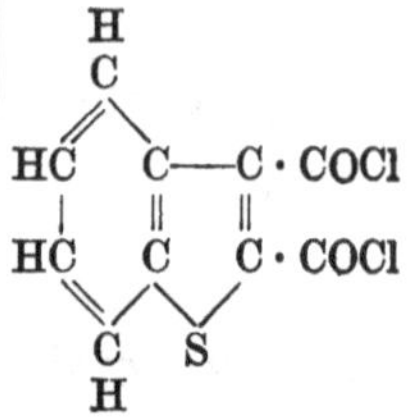	259,11
1105	70—73	Thionaphthen-2,3-dicarbonsäuredimethylester	$C_{12}H_{10}O_4S$	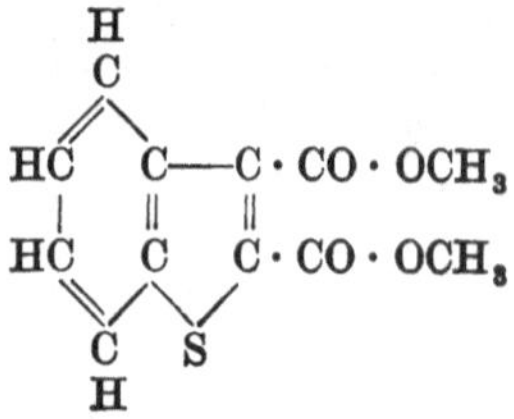	250,56
1106	70—80	2,4-Diaminophenol	$C_6H_8ON_2$	$(H_2N)_2C_6H_3 \cdot OH$	124,14
1107	70,5	Diphenyl	$C_{12}H_{10}$	$C_6H_5 \cdot C_6H_5$	154,20
1108	71	5-Äthyl-2-thiophensäure	$C_7H_8O_2S$	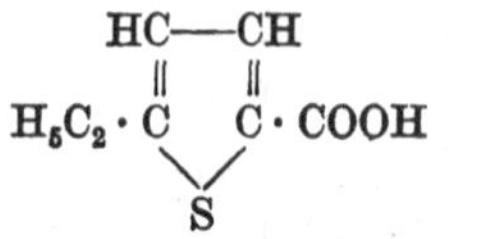	156,19
1109	71	Cumarin	$C_9H_6O_2$	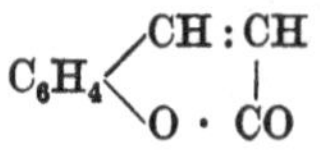	146,14
1110	71	2,4-Dimethoxybenzaldehyd	$C_9H_{10}O_3$	$(CH_3O)_2C_6H_3 \cdot CHO$	166,17
1111	71	β-Eläostearinsäure	$C_{18}H_{30}O_2$	$CH : CH \cdot CH : CH \cdot (CH_2)_3 \cdot CH_3$ | $CH : CH \cdot (CH_2)_7 \cdot COOH$	278,43
1112	71	p-Nitrobenzylchlorid	$C_7H_6O_2NCl$	$O_2N \cdot C_6H_4 \cdot CH_2Cl$	171,58

Aggregat-zustand Farbe	Spez. Gewicht	Siede-punkt °C	Beilstein-Zitat	Physikalische Konstanten und Eigenschaften	Löslichkeit	Reaktionen
7	8	9	10	11	12	13
Nadeln (CS_2)	1,3208$^{71°}$		V 339		0,027 W 22° 3,04 A 15° 9,42 Ae 22° 76,8 Pyridin 15°	
Blättchen			XIII 549		l. in A wl. in Ae l. in Säuren, Alkali	
Blättchen (A)	0,9919$^{73°}$	254,9	V 576	Oberflächenspannung 129,2° 28,64 dyn/cm; ebullioskop. Konst. 7,06; kryoskop. Konst. 8,0; mit Dampf flüchtig	unl. in W l. in Ae 9,98 A 20° l. in Chlf., Bzl.	bildet kein Pikrat + $SbCl_5$ in CCl_4 → gelbrot → gelber Nd. 4,4'-Dibromdiphenyl *Fp* 164°, monoklin-prismatische Krist.
etwas durchscheinende Nadeln (A)		291	XVII 328	mit Dampf flüchtig; gewürzhaften Geruch; schmeckt bitter	unl. in k. W l. in h. W, A, Ae l. in h. Lauge → schwach gelb	Erhitzen gesättigter wss. Lsg. mit KJ + J → blauschwarze Krist., *Fp* 92–93° einige Körnchen Subst. mit PCl_5 überschichtet u. erwärmt → orangegelbe Schmelze
Nadeln (verd. A)		165 (10 mm)	VIII 242	riecht heliotropartig; mit Dampf flüchtig	unl. in W ll. in A, Ae	
Blättchen			II 497			
Blättchen oder Nadeln (A)	1,34		V 324	brennt auf der Haut	unl. in W 7,10 A 25° 23,1 Ae 25°	

Lfd. Nr.	*Fp*	Name	Summenformel	Strukturformel	Mol.-Gewicht
1	2	3	4	5	6
1113	71	3-Oxythionaphthen (Thioindoxyl)	C_8H_6OS	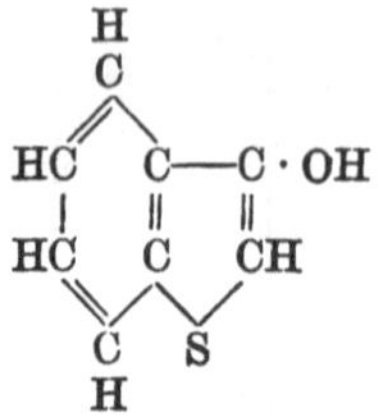	150,19
1114	71—72	Dibenzylanilin	$C_{20}H_{19}N$	$(C_6H_5 \cdot CH_2)_2N \cdot C_6H_5$	273,36
1115	71—72	Dibenzyldisulfid	$C_{14}H_{14}S_2$	$C_6H_5 \cdot CH_2 \cdot S \cdot S \cdot CH_2 \cdot C_6H_5$	246,37
1116	71—72	Ricinstearolsäuredijodid (Dijodyl)	$C_{18}H_{32}O_3J_2$	$CH_3(CH_2)_5 \cdot CH(OH) \cdot CH_2 \cdot CJ$ ‖ $HOOC \cdot (CH_2)_7 \cdot CJ$	550,28
1117	71—72	Pseudocumenol	$C_9H_{12}O$	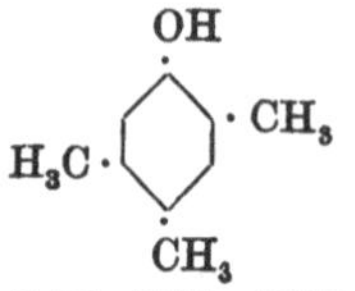	136,18
1118	71,5	2-Nitroanilin	$C_6H_6O_2N_2$	$O_2N \cdot C_6H_4 \cdot NH_2$	138,12
1119	71,6	Tristearin	$C_{57}H_{110}O_6$	$C_3H_5(O \cdot CO \cdot [CH_2]_{16} \cdot CH_3)_3$	891,43
1120	72	5-Aminothionaphthen	C_8H_7NS	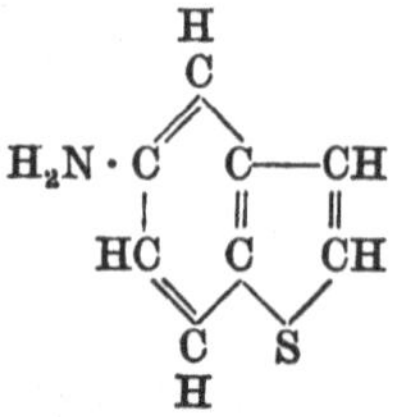	135,20
1121	72	α-Crotonsäure	$C_4H_6O_2$	$CH_3 \cdot CH : CH \cdot COOH$	86,09
1122	72	2,4-Dichlor-3,5-dibromthiophen	$C_4Cl_2Br_2S$	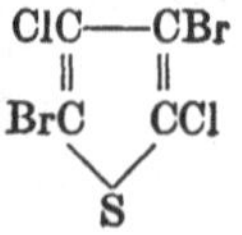	310,84
1123	72	2,3-Dichlor-4,5-dijodthiophen	$C_4Cl_2J_2S$	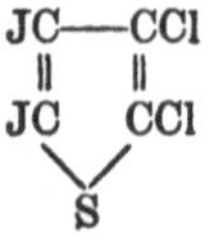	404,85

Aggregat-zustand Farbe	Spez. Gewicht	Siede-punkt °C	Beilstein-Zitat	Physikalische Konstanten und Eigenschaften	Löslichkeit	Reaktionen
7	8	9	10	11	12	13
Nadeln (W)		Z.	XVII 119	riecht nach α-Naphthol; färbt sich an der Luft, schneller durch Alkali rot; mit Dampf flüchtig; bildet ein Sulfon; substituiert Br an 2. Stelle	wl. in k. W ll. in A, Ae	Oxydation → Thioindigo
Prismen (A)	$1,0444^{80^0}$	>300 (Z.)	XII 1037		unl. in W wl. in k. A ll. in Ae	
Blättchen (A)		>270 (Z.)	VI 465		swl. in W wl. in k. A ll. in sd. A, Ae, Bzl.	
weißes kristallines Pulver					unl. in W l. in Laugen und NH_3	Lsg. in 1 Tropfen 2n-Ammoniak + $AgNO_3$Lsg. → gallertartige Fällung, die beim Erhitzen intensiv gelb wird
Nadeln		234-235	VI 509	$n_D^{15,3}$ 1,50672; $R_D^{15,3}$ 40,62 cm; $n_F^{15,3}$ 158,2; mit Dampf flüchtig	unl. in k. W ll. in A, Ae	
gelbe Nadeln oder Blättchen (W)	$1,442^{15^0}$		XII 687	mit Dampf flüchtig	0,126 W 25° 15,85 A 15° sll. in Ae ll. in Chlf.	Acetylderivat *Fp* 93°
Säulen (Ae)	$0,8621^{80^0}$		II 383		unl. in W swl. in k. A, Ae l. in Bzl., Chlf.	
			XVIII 586			
Nadeln (W)	$0,973^{72^0}$	189	II 408	kryoskop. Konst. 6,5; riecht schwach buttersäureähnlich	8,28 W 15° swl. in k. Laugen	Amid *Fp* 159,5—160°, dünne Nadeln Hydrazidchlorhydrat *Fp* 173°, Nadeln + Nitrit → 1-Nitroso-5-methylpyrazolidon *Fp* 131°, Blättchen

Lfd. Nr.	*Fp*	Name	Summenformel	Strukturformel	Mol.-Gewicht
1	2	3	4	5	6
1124	**72**	2,4-Dinitrobenzaldehyd	$C_7H_4O_5N_2$	$(O_2N)_2C_6H_3 \cdot CHO$	196,12
1125	**72**	5-Nitrochinolin	$C_9H_6O_2N_2$	$C_9H_6N \cdot NO_2$	174,15
1126	**72—73**	5-Methyl-3-phenyl-thiophen	$C_{11}H_{10}S$	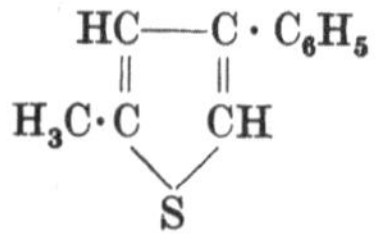	174,25
1127	**72—73**	Thionaphthen-2-carbonsäuremethylester	$C_{10}H_8O_2S$	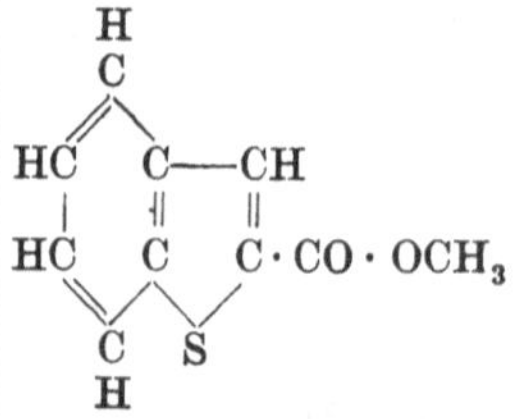	192,22
1128	**72—74**	Anisalaceton	$C_{11}H_{12}O_2$	$CH_3 \cdot O \cdot C_6H_4 \cdot CH:CH \cdot CO \cdot CH_3$	176,20
1129	**72,5**	2,6-Dichlor-1-nitrobenzol	$C_6H_3O_2NCl_2$	$Cl_2C_6H_3 \cdot NO_2$	192,01
1130	**73**	Diäthylallylacetamid (Novonal)	$C_9H_{17}ON$	$CH_2:CH \cdot CH_2 \cdot C(C_2H_5)_2 \cdot CONH_2$	155,31
1131	**73**	trans-α,β-Dijodäthylen	$C_2H_2J_2$	$CHJ:CHJ$	279,88
1132	**73**	4-Chlorbenzylalkohol	C_7H_7OCl	$Cl \cdot C_6H_4 \cdot CH_2 \cdot OH$	142,62
1133	**73—74**	p-Aminobenzoesäure-n-propylester (Propäsin)	$C_{10}H_{13}O_2N$	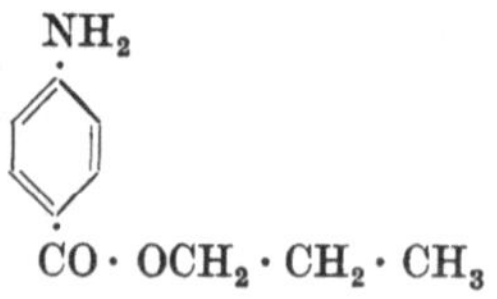	179,21
1134	**73—74**	Coniferylalkohol	$C_{10}H_{12}O_3$	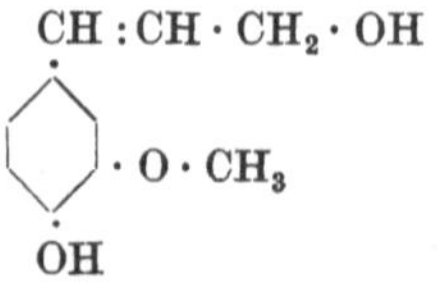	180,19
1135	**73—74**	Diäthylsulfon	$C_4H_{10}O_2S$	$(C_2H_5)_2SO_2$	122,18

Aggregat-zustand Farbe	Spez. Gewicht	Siede-punkt °C	Beilstein-Zitat	Physikalische Konstanten und Eigenschaften	Löslichkeit	Reaktionen
7	8	9	10	11	12	13
hellgelbe Tafeln (Bzl. + Ligroin)		190-210 (10 bis 20 mm)	VII 264		wl. in W sll. in A, Ae, Bzl.	
Nadeln (W od. A)		subl.	XX 371		wl. in sd. W l. in h. A	
			XVII 67			
Blättchen (Ae)			VIII 131		ll. in A, Ae, Bzl. l. in HCl und H_2SO_4 gelb	
Nadeln (A)	$1{,}4094^{80°}$	130 (8 mm)	V 246		unl. in W wl. in k. A	
weiße Krist.				Geschmack pfefferminzartig		Farblose Lsg. in Paraform-H_2SO_4, beim Erwärmen orange mit grüner Fluoreszenz alkalische HgJ_2-Lsg. → weißer Nd., in Hitze gelblich
Prismen (A)		190,5 (Z.)	I 194	sublimiert; mit Dampf flüchtig; riecht intensiv		
Spieße (W)		235	VI 444		sl. in h. W ll. in A, Ae	
Nadeln			XIV 423		wl. in W ll. in A, Bzl.	
Prismen			VI 1131		unl. in k. W wl. in h. W l. in A ll. in Ae	
Tafeln	$1{,}057^{100°}$	248	I 346		15,6 W 16° l. in A, Ae sll. in Bzl.	

Lfd. Nr.	Fp	Name	Summenformel	Strukturformel	Mol.-Gewicht
1	2	3	4	5	6
1136	73—74	3-Oxythionaphthen-2-carbonsäureäthylester	$C_{11}H_{10}O_3S$	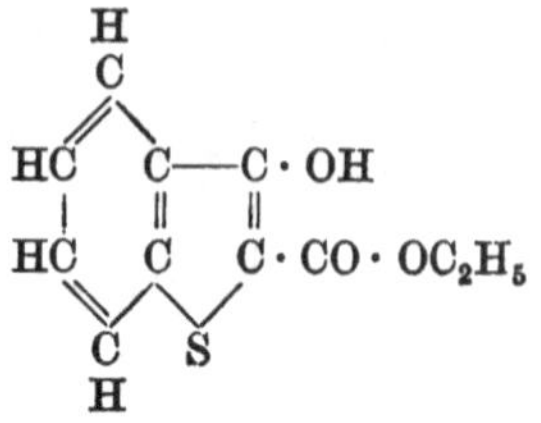	222,25
1137	73—76	3,4,5-Trichlor-2-nitrothiophen	$C_4O_2NCl_3S$	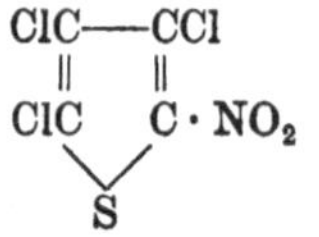	232,48
1138	73,5	3-Oxythionaphthenglukosid (Thioindikan)	$C_{14}H_{16}O_6S$	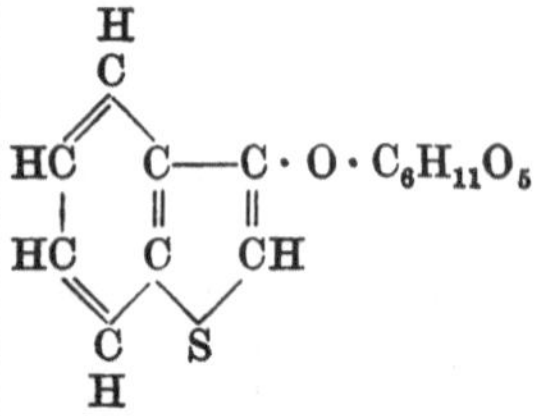	312,33
1139	74	Carnaubasäure	$C_{24}H_{48}O_2$	$C_{23}H_{47} \cdot COOH$	368,62
1140	74	3,5-Dimethylthiophen-2,4-disulfonsäurechlorid	$C_6H_6O_4Cl_2S_3$	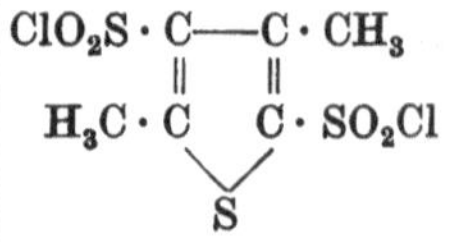	309,02
1141	74	α-Methyl-trans-zimtsäure	$C_{10}H_{10}O_2$	$C_6H_5 \cdot CH$ ‖ $CH_3 \cdot C \cdot COOH$	162,18
1142	74	2-Nitrobenzylalkohol	$C_7H_7O_3N$	$O_2N \cdot C_6H_4 \cdot CH_2OH$	153,13
1143	74	5-Nitro-m-xylol	$C_8H_9O_2N$	$O_2N \cdot C_6H_3(CH_3)_2$	151,16
1144	74	Styroldibromid	$C_8H_8Br_2$	$C_6H_5 \cdot CHBr \cdot CH_2Br$	263,97
1145	74—75	Dibenzothiophen-3-carbonsäuremethylester	$C_{14}H_{10}O_2S$	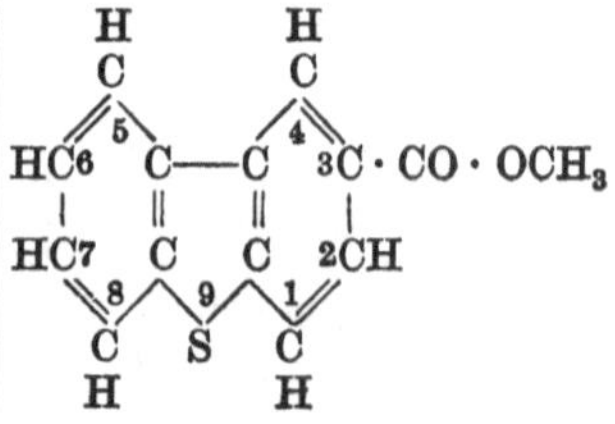	242,28
1146	74—75	4-Dimethylaminobenzaldehyd	$C_9H_{11}ON$	$(CH_3)_2N \cdot C_6H_4 \cdot CHO$	149,18

Aggregat-zustand Farbe	Spez. Gewicht	Siede-punkt °C	Beilstein-Zitat	Physikalische Konstanten und Eigenschaften	Löslichkeit	Reaktionen
7	8	9	10	11	12	13
				schwach rechts drehend		
silber-glänzende Blättchen (Eg.)			II 393			Li-Salz *Fp* 215—216°, Krist.-Pulver Pb-Salz *Fp* 109—110° Methylester *Fp* 54—55° Äthylester *Fp* 49—50°
Nadeln (A oder W)		288	IX 615	vgl. Nr. 1249		
Nadeln (W)		270 (Z.)	VI 447		swl. in W ll. in A, Ae	
Nadeln (A)		273 (739mm)	V 378		unl. in W l. in A ll. in Ae	
Blättchen oder Nadeln (A)		140 (15mm)	V 356		unl. in W l. in A ll. in Ae	
Blättchen (W)		176-177 (17mm)	XIV 31		l. in W, A, Ae	Phenylhydrazon *Fp* 148°

Lfd. Nr.	*Fp*	Name	Summenformel	Strukturformel	Mol.-Gewicht
1	2	3	4	5	6
1147	74—76	Diacetylaminoazotoluol (Pellidol)	$C_{18}H_{19}O_2N_3$	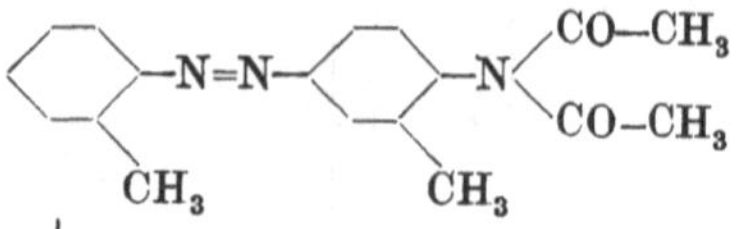	295,45
1148	75	Blei(II)-acetat	$C_4H_6O_4Pb$	$(CH_3COO)_2Pb + 3H_2O$	325,25
1149	75	trans-β-Dekalol	$C_{10}H_{18}O$	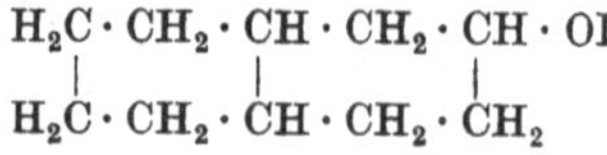	154,24
1150	75	3,4-Dibrom-5-methylbenzothienon	$C_{12}H_8OBr_2S$	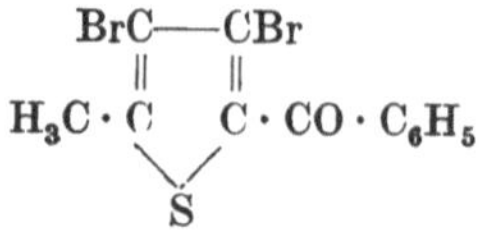	348,07
1151	75	Dibromzimtsäurebornylester (Adamon)	$C_{19}H_{24}O_2Br_2$	$C_6H_5 \cdot CHBr \cdot CHBr \cdot CO \cdot O \cdot C_{10}H_{17}$	434,13
1152	75	3,4-Dichlor-2,5-dibromthiophen	$C_4Cl_2Br_2S$	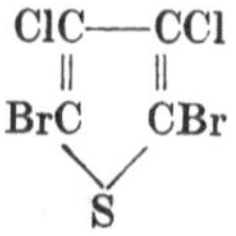	310,85
1153	75	2,3-Dimethylphenol	$C_8H_{10}O$	$(CH_3)_2C_6H_3 \cdot OH$	122,16
1154	75	2,5-Dimethylphenol (p-Xylenol)	$C_8H_{10}O$	$(CH_3)_2C_6H_3 \cdot OH$	122,16
1155	75	3,5-Dinitro-o-xylol	$C_8H_8O_4N_2$	$(O_2N)_2C_6H_2(CH_3)_2$	196,16
1156	75	Guajacolglycerinäther (Guajamar)	$C_{10}H_{14}O_4$	$(HOCH_2)_2CH \cdot O \cdot C_6H_4 \cdot O \cdot CH_3$	1 98,21
1157	75	Isobehensäure	$C_{22}H_{44}O_2$	$C_{21}H_{43} \cdot COOH$	340,57
1158	75	β-Naphtholmethyläther	$C_{11}H_{10}O$	$C_{10}H_7 \cdot O \cdot CH_3$	158,19
1159	75	Phthalid	$C_8H_6O_2$	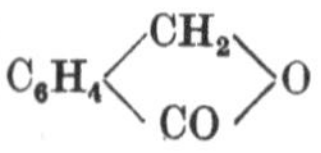	134,13

Aggregat-zustand Farbe	Spez. Gewicht	Siede-punkt °C	Beilstein-Zitat	Physikalische Konstanten und Eigenschaften	Löslichkeit	Reaktionen
7	8	9	10	11	12	13
gelbrotes Pulver			E_1 XVI 322		swl. in W ll. in A, Ae l. in Säuren rot	+ konz. HNO_3 → rot → Erwärmen → bräunlichgelb alkohol. Lsg. + α-Naphthol + NH_3 → intensiv grün — dichroitisch rotbraun mit Zn u. HCl entfärbte Lsg. + Chlorwasser → intensiv violettrot; bei anschließender Indophenolreaktion mit viel NH_3 → langsam grün
Krist.	2,54		II 115	schmeckt metallisch; giftig	56 W 25°	
Prismen (PAe)		230 (746mm)	VI 67			Phenylurethan *Fp* 165°
weißes Krist.-Pulver				geschmacklos	unl. in W ll. in h. A, Ae, Chlf.	
Nadeln (W)		218	VI 480		wl. in W l. in A	
Krist. (A + Ae)	$1{,}169^{15°}$	211,5	VI 494	mit Dampf flüchtig; sublimierbar	wl. in W l. in A, Ae	Pikrat *Fp* 81—82°, orange Krist. p-Diphenylylurethan *Fp* 162° 3,5-Dinitrobenzoat *Fp* 137,2°, Nadeln
Nadeln (A)			V 369		unl. in W wl. in A ll. in Chlf., Bzl.	
weiße Krist.				bitterer Geschmack; geruchlos	l. in W	+ Fe-H_2SO_4 → olivgrün → stahlblau, beim Erwärmen Lsg. reinblau → grün
perlmutterglänzende Blättchen (Eg oder PAe)			E_1 II 180			Li-Salz *Fp* 210° (Z.) Methylester *Fp* 54°, schimmernde Blättchen
Blättchen (Ae)		271	VI 640	mit Dampf flüchtig; riecht nach Orangenblüten	unl. in W wl. in A ll. in Ae	
Nadeln od. Tafeln (W)		290	XVII 310		l. in sd. W ll. in A, Ae	

Lfd. Nr.	*Fp*	Name	Summenformel	Strukturformel	Mol.-Gewicht
1	2	3	4	5	6
1160	75	d-Sorbit (wasserhaltig) (Compral; Sionon)	$C_6H_{14}O_6$	$HOCH_2 \cdot (CHOH)_4 \cdot CH_2OH + \frac{1}{2}H_2O$	190,68
1161	75—76	2-Äthyl-3-mercapto-thiophen	$C_6H_8S_2$	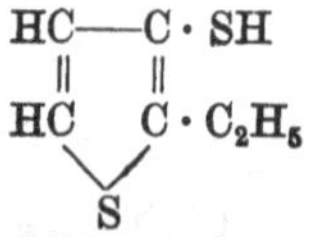	144,24
1162	75—76	8-Oxychinolin (Oxin)	C_9H_7ON	$C_9H_6N \cdot OH$	145,15
1163	75—76	Thienyl-2-p-tolylketon	$C_{12}H_{10}OS$	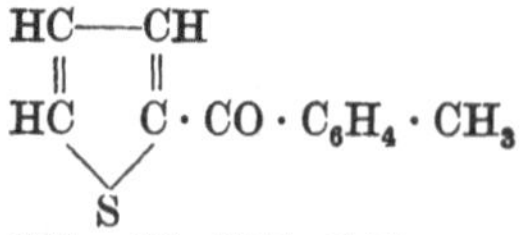	202,26
1164	75—76	Thioacetanilid	C_8H_9NS	$CH_3 \cdot CS \cdot NH \cdot C_6H_5$	151,22
1165	75—76	Trichloräthylurethan + Trichlorisopropyl-alkohol (Voluntal + Isopral)		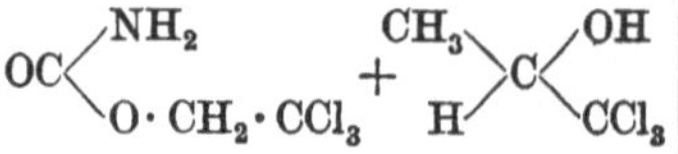	345,88
1166	75—76	2,4,5-Trijod-3-thiotolen	$C_5H_3J_3S$	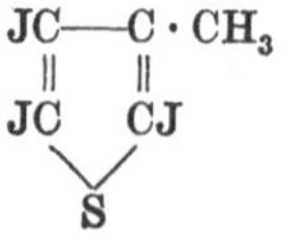	475,89
1167	75,5 bis 76	5-Brom-2-nitrothiophen	$C_4H_2O_2NBrS$	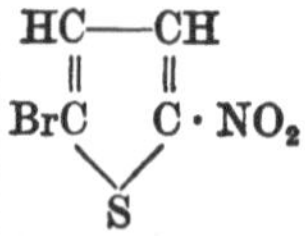	208,04
1168	76	Benzylquecksilberbenzoat	$C_{14}H_{12}O_2Hg$	$C_6H_5 \cdot COO \cdot Hg \cdot CH_2 \cdot C_6H_5$	412,85
1169	76	Diacetylmonoxim	$C_4H_7O_2N$	$CH_3 \cdot CO \cdot C(:N \cdot OH) \cdot CH_3$	101,10
1170	76	2,3′-Dithionaphthenyl	$C_{16}H_{10}S_2$	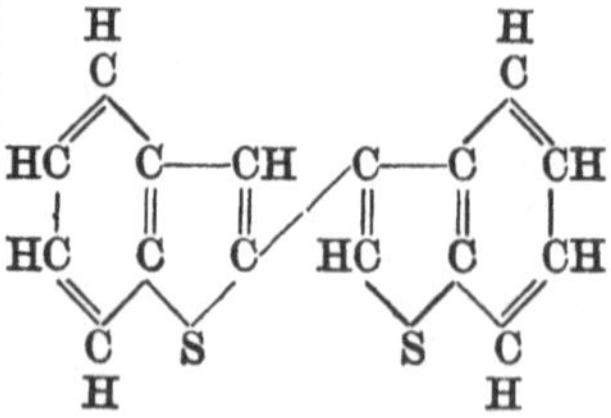	266,30
1171	76	Di-[2-thienyl]-trichlor-äthan	$C_{10}H_7Cl_3S_2$	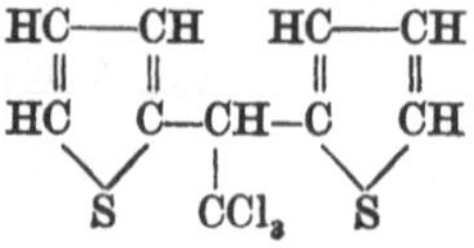	237,65

Aggregat-zustand Farbe	Spez. Gewicht	Siede-punkt °C	Beilstein-Zitat	Physikalische Konstanten und Eigenschaften	Löslichkeit	Reaktionen
7	8	9	10	11	12	13
weiße Krist.			I 533	süßer Geschmack	l. in W	wss. Lsg. + wenig $CuSO_4$-Lsg. + 2n-Lauge → blau, + einige Tropfen n/10 $KMnO_4$-Lsg. → tiefgrün → braun; bei gelindem Erhitzen → rotes Kupferoxydul
Prismen (verd. A)		266,6 188-195 (18 mm)	XXI 91	riecht phenolartig; wirkt antiseptisch	swl. in k. W ll. in A wl. in Ae ll. in verd. Alkali	
Nadeln (W)		Z.	XII 245		l. in NaOH	
weiße Krist.				bitterer Geschmack		heiß bereitete, abgekühlte wss. Lsg. + alkoholische HgJ_2-Lsg. → weiße Flocken bei Erhitzen → Hg-Abscheidung
Blättchen Blättchen (W)		185-186	I 772		l. in W ll. in A, Ae l. in Alkali gelb	

Lfd. Nr.	*Fp*	Name	Summenformel	Strukturformel	Mol.-Gewicht
1	2	3	4	5	6
1172	**76**	Methylpropylcarbinol-carbaminsäureester (Hedonal)	$C_6H_{13}O_2N$	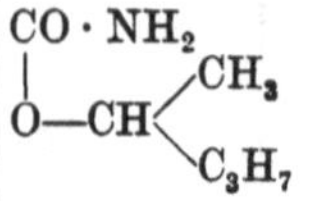	131,24
1173	**76**	Pentabromaceton	C_3HOBr_5	$CBr_3 \cdot CO \cdot CHBr_2$	452,62
1174	**76**	Phenylessigsäure (α-Toluylsäure)	$C_8H_8O_2$	$C_6H_5 \cdot CH_2 \cdot COOH$	136,14
1175	**76**	Trional (Methylsulfonal)	$C_8H_{18}O_4S_2$	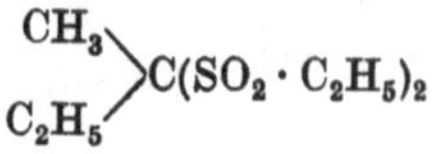	242,34
1176	**76—77**	d-3(α)-Bromcampher	$C_{10}H_{15}OBr$	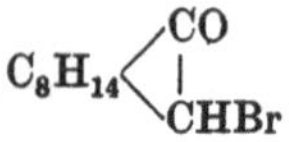	231,13
1177	**76 bis 77,5**	3-Nitrothiophen	$C_4H_3O_2NS$	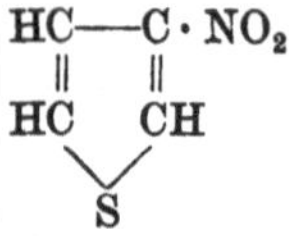	129,13
1178	**76,5**	Tribenzoin	$C_{24}H_{20}O_6$	$(C_6H_5 \cdot COO \cdot CH_2)_2CH \cdot O \cdot CO \cdot C_6H_5$	404,40
1179	**77**	Arachinsäure	$C_{20}H_{40}O_2$	$CH_3 \cdot (CH_2)_{18} \cdot COOH$	312,51
1180	**77**	3-Chlor-1,2-dinitrobenzol	$C_6H_3O_4N_2Cl$	$Cl \cdot C_6H_3(NO_2)_2$	202,56
1181	**77**	N,N'-Diäthylthioharnstoff	$C_5H_{12}N_2S$	$C_2H_5 \cdot NH \cdot CS \cdot NH \cdot C_2H_5$	132,22
1182	**77**	Tetrolsäure	$C_4H_4O_2$	$CH_3 \cdot C \vdots C \cdot COOH$	84,07
1183	**77**	m-Xylylenbromid	$C_8H_8Br_2$	$C_6H_4(CH_2Br)_2$	263,97
1184	**77—78**	3-Nitroselenophen	$C_4H_3O_2NSe$	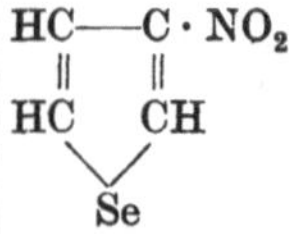	176,03
1185	**77—78**	4-Phenylpyridin	$C_{11}H_9N$	$C_5H_4N \cdot C_6H_5$	155,19
1186	**77—79**	4,5-Dibrom-3-methyl-benzothienon	$C_{12}H_8OBr_2S$	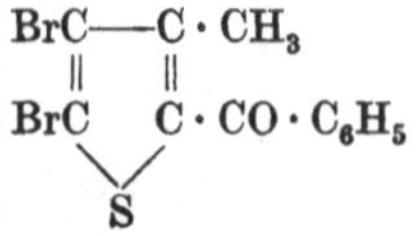	348,07

Aggregatzustand Farbe	Spez. Gewicht	Siedepunkt °C	Beilstein-Zitat	Physikalische Konstanten und Eigenschaften	Löslichkeit	Reaktionen
7	8	9	10	11	12	13
weiße Krist.				Geschmack campherartig, fast geruchlos; beim Kochen mit 2n-HCl → campherartiger Geruch	wl. in W l. in A, Ae	+ konz. H_2SO_4 löst sich ohne Gasentwicklung (Unterschied vom Aponal); nach Zusatz von Paraform erwärmt → Lsg. orange bis braunrot und grüne Fluoreszenz
Nadeln (A)		subl.	I 659	mit Dampf flüchtig; riecht durchdringend	unl. in W ll. in A, Ae	
weiße Schuppen	$1{,}0809^{80°}$	144 (12 mm)	IX 431	kryoskop. Konst. 9,0; eigenartiger, schwacher Geruch	1,80 W 25° ll. in A, Ae	+ Paraform-Schwefelsäure löst orangegelb; Lsg. wird rasch braunrot und zeigt intensive rotbraune Fluoreszenz
Tafeln (A)			I 671		0,32 in k. W 5,7 A 15° 6,4 Ae	im Glührohr mit Holzkohle geglüht → Merkaptangeruch
weiße Prismen (A)	1,452	274 (Z.)	VII 120	$[\alpha]_D^{10}$ +139° (A); kryosk. Konst. 11,87; mit Dampf flüchtig	schwerl. in W, Lauge und Säure 12 A 15° 130 A 50° ll. in Ae sll. in Chlf.	+ Paraform-Schwefelsäure beim Erhitzen braunrot, fluoresziert grün Lsg. in Eisen-Schwefelsäure beim Erhitzen → grüngelb → bräunlichviolett → violett
			XVII 35			
Nadeln (Methanol)	$1{,}228^{12°}$	Z.	IX 140		sll. in sd. A, Ae, Bzl.	
Blättchen		328 (Z.)	II 389		unl. in W wl. in A ll. in Ae	Äthylester *Fp* 50° Amid *Fp* 108° Phenacylester *Fp* 85—86°, Pulver
Krist. (Ae)			E_1 V 137		ll. in A, Ae	
Krist.			IV 118		l. in W, A	
Tafeln (Ae)		203	II 479		ll. in W, A, Ae	zers. bei 211°
Nadeln (Chlf.)	$1{,}959^{0°}$	137 (20 mm)	V 374		unl. in W l. in A ll. in Ae	
Blättchen (W)		274-275	XX 424		l. in h. W ll. in A, Ae	

Lfd. Nr.	*Fp*	Name	Summenformel	Strukturformel	Mol.-Gewicht
1	2	3	4	5	6
1187	77,5	3-Nitro-p-toluidin ($NH_2 = 1$)	$C_7H_8O_2N_2$	$CH_3 \cdot C_6H_3(NO_2) \cdot NH_2$	152,15
1188	78	3-Chloracetanilid	C_8H_8ONCl	$CH_3 \cdot CO \cdot NH \cdot C_6H_4 \cdot Cl$	169,61
1189	78	3-Diäthylaminophenol	$C_{10}H_{15}ON$	$(C_2H_5)_2N \cdot C_6H_4 \cdot OH$	165,23
1190	78	Dibenzoylmethan	$C_{15}H_{12}O_2$	$C_6H_5 \cdot CO \cdot CH_2 \cdot CO \cdot C_6H_5$	224,24
1191	78	Kohlensäurediphenylester	$C_{13}H_{10}O_3$	$O : C(\cdot O \cdot C_6H_5)_2$	214,21
1192	78	Tetrahydro-p-chinon	$C_6H_8O_2$	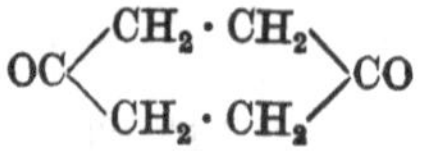	112,12
1193	78	2,4,6-Trichloranilin	$C_6H_4NCl_3$	$Cl_3C_6H_2 \cdot NH_2$	196,47
1194	78	Wismuttriphenyl	$C_{18}H_{15}Bi$	$(C_6H_5)_3Bi$	440,30
1195	78 bis 78,5	Cerotinsäure	$C_{26}H_{52}O_2$	$C_{25}H_{51} \cdot COOH$	397,67
1196	78—79	Glykolsäure	$C_2H_4O_3$	$HO \cdot CH_2 \cdot COOH$	76,05
1197	78—80	5-Methylthiophen-2-sulfonsäureamid	$C_5H_7O_2NS_2$	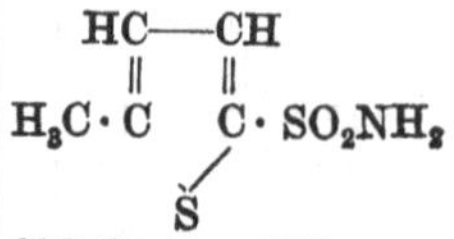	177,23
1198	78—80	Thiophen-2,4-disulfonsäurechlorid	$C_4H_2O_4Cl_2S_3$	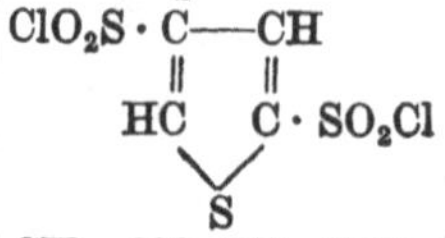	281,15
1199	78,4	Allylthioharnstoff (Thiosinamin)	$C_4H_8N_2S$	$CH_2 : CH \cdot CH_2 \cdot NH \cdot CS \cdot NH_2$	116,18

Aggregatzustand Farbe	Spez. Gewicht	Siedepunkt °C	Beilstein-Zitat	Physikalische Konstanten und Eigenschaften	Löslichkeit	Reaktionen
7	8	9	10	11	12	13
gelbe Nadeln (W)			XII 996		wl. in k. W ll. in h. A, Ae	Acetylderivat *Fp* 148,5°
Nadeln			XII 604		ll. in A, Bzl., CS_2	
Krist. (CS_2 + Ligroin)		276-280				
Tafeln A + Ae)		220 (18 mm)	VII 769		unl. in W 4,43 A 20° ll. in Ae, NaOH	+ $Fe(NO_3)_3$ in A → rotviolett Cu-Salz *Fp* 325°, grüne Nadeln Semicarbazon *Fp* 205°, Täfelchen
Nadeln (A)	$1,272^{14°}$	301-302	VI 158		unl. in W ll. in h. A, Ae, Eisessig	
Tafeln (W)		subl. 100	VII 556		ll. in W, A, Ae	
Nadeln (Ligroin)		262	XII 627		ll. in A, Ae, CS_2	Acetylderivat *Fp* 204°
Säulen (A)	$1,585^{20°}$	242 (14 mm)	XVI 898		wl. in k. A l. in Ae ll. in Chlf.	
Krist.-Nadeln (Ae)	$0,836^{79°}$		II 394		ll. in sd. A ~ 20 sd. Ae	Pb-Salz *Fp* 112,5—113,5°, Nadeln Mg-Salz *Fp* 174—176°, Pulver Methylester *Fp* 60°, perlmutterglänz. Blättchen
Nadeln (W) Blättchen (A)			III 228		l. in W, A, Ae	wss. Lsg + $Fe(NO_3)_3$-Lsg. → zitronengelb 1 mg Subst. in Lsg. von 5 mg β-Naphthol in 1 ml H_2SO_4 beim Erhitzen in sd. W-Bad → rote, intensiv grün fluoreszierende Lsg.; mit α-Naphthol → braunorange Lsg., gelbgrün fluoreszierend
Krist.	$1,110^{78°}$		IV 211	bitterer Geschmack	3 W 0° ll. in h. W l. in A wl. in Ae	verd. Jodlsg. wird entfärbt; starke Jodlsg. fällt Perjodid + Paraform-H_2SO_4 beim Erwärmen → orange bis braun mit grüner Fluoreszenz + Nitroprussidnatrium in alkal. Lsg. → gelb

Lfd. Nr.	*Fp*	Name	Summenformel	Strukturformel	Mol.-Gewicht
1	2	3	4	5	6
1200	**79**	Diacetamid	$C_4H_7O_2N$	$(CH_3 \cdot CO)_2NH$	101,10
1201	**79**	Di-p-tolylamin	$C_{14}H_{15}N$	$(CH_3 \cdot C_6H_4)_2NH$	197,27
1202	**79**	Hexachlordimethylcarbonat (Triphosgen)	$C_3O_3Cl_6$	$O : C(\cdot O \cdot CCl_3)_2$	296,76
1203	**79**	β-Naphthalinsulfochlorid	$C_{10}H_7O_2ClS$	$C_{10}H_7 \cdot SO_2Cl$	226,67
1204	**79**	3-Nitro-p-kresol (OH = 1)	$C_7H_7O_3N$	$CH_3 \cdot C_6H_3(NO_2) \cdot OH$	153,13
1205	**79**	2-Nitronaphthalin	$C_{10}H_7O_2N$	$C_{10}H_7 \cdot NO_2$	173,16
1206	**79**	α-Oxyisobuttersäure	$C_4H_8O_3$	$(CH_3)_2C(OH) \cdot COOH$	104,10
1207	**79**	Propionamid	C_3H_7ON	$C_2H_5 \cdot CO \cdot NH_2$	73,09
1208	**79**	Triphenylphosphin	$C_{18}H_{15}P$	$(C_6H_5)_3P$	262,32
1209	**79—80**	2-Aminodiphenylamin	$C_{12}H_{12}N_2$	$H_2N \cdot C_6H_4 \cdot NH \cdot C_6H_5$	184,23
1210	**79—80**	4,5-Dibrom-2-nitrothiophen	$C_4HO_2NBr_2S$	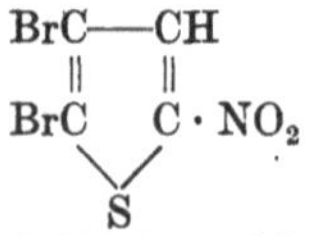	286,95
1211	**79—80**	Nitroacetaldoxim	$C_2H_4O_3N_2$	$O_2N \cdot CH_2 \cdot CH : N \cdot OH$	104,07
1212	**80**	Ammoniumcyanat	CH_4ON_2	NH_4CNO	60,06
1213	**80**	Benzamidin	$C_7H_8N_2$	$C_6H_5 \cdot C(:NH) \cdot NH_2$	120,15
1214	**80**	Benzamidoxim	$C_7H_8ON_2$	$C_6H_5 \cdot C(:NOH) \cdot NH_2$	136,15
1215	**80**	Cephaelin	$C_{28}H_{38}O_4N_2$	$C_{25}H_{28}N_2(OCH_3)_3(OH)$	439,38
1216	**80**	2,4-Dibromanilin	$C_6H_5NBr_2$	$Br_2C_6H_3 \cdot NH_2$	250,94
1217	**80**	4,4′-Diaminodiphenyldisulfid	$C_{12}H_{12}N_2S_2$	$H_2N \cdot C_6H_4 \cdot S \cdot S \cdot C_6H_4 \cdot NH_2$	248,35
1218	**80**	4,5-Dibrom-2-benzothienon	$C_{11}H_6OBr_2S$	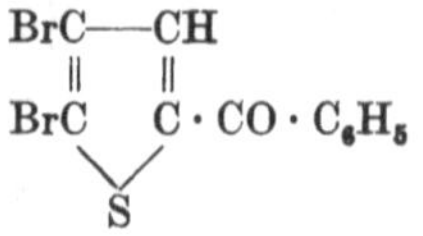	346,05

Aggregat-zustand Farbe	Spez. Gewicht	Siede-punkt °C	Beilstein-Zitat	Physikalische Konstanten und Eigenschaften	Löslichkeit	Reaktionen
7	8	9	10	11	12	13
Nadeln (Ae)		216-218	II 181		ll. in W l. in A, Ae	
Nadeln		330,5	XII 907			
weiße Krist.-Masse	1,6°	205 124 (50mm)	III 17	leicht flüchtig; Phosgengeruch	ll. in A, Ae unl. in W	
Blättchen (Bzl. + PAe)		201 (13mm)	XI 173		unl. in W l. in Bzl., Chlf.	
gelbe Prismen (Ae)			VI 411		wl. in k. W ll. A, Ae l. in Bzl.	
Tafeln oder Nadeln (A)		182 (14mm)	V 555	riecht zimtartig; flüchtig mit Dampf	unl. in W ll. in A, Ae	
hygroskop. Prismen		212	III 313	mit Dampf flüchtig	ll. in W, A, Ae	
Tafeln (Bzl.)	1,042°	213	II 243		ll. in W, A, Ae, Chlf.	
Tafeln oder Prismen (Ae)	1,194°	>360	XVI 759		unl. in W l. in A ll. in Ae l. in H_2SO_4	
Nadeln (W)			XIII 16		wl. in k. W ll. in Bzl., Chlf.	
Tafeln (Chlf. od. Ae)			I 627	wss. Lsg. reagiert stark sauer; zersetzt sich allmählich; explodiert bei 110°	ll. in W, A, Ae	
Nadeln			III 34		sll. in W	über 80° → Harnstoff
Krist.		Z.	IX 280		zll. in W ll. in A wl. in Ae	beim Aufbewahren → Benzamid + NH_3
Prismen (W)		Z. 170	IX 304		wl. in k. W ll. in A, Ae, Bzl.	
weiße Nadeln				$[\alpha]_D^{15}$ —21,2°; bitterer Geschmack, reagiert stark basisch	swl. in W l. in Essigsäure, verd. HCl, verd. H_2SO_4 ll. in A, Chlf., Aceton wl. in Ae	+ $FeCl_3$ in alkohol. Lsg. → braun → blaugrün
Nadeln od. Blättchen (A)	2,260^20°	156 (24mm)	XII 655		l. in A, Laugen	Acetylderivat *Fp* 146°
Nadeln (verd. A)			XIII 536	Lsgg. sind gelb	wl. in W ll. in A, Ae	

Lfd. Nr.	*Fp*	Name	Summenformel	Strukturformel	Mol.-Gewicht
1	2	3	4	5	6
1219	80	4,5-Dibromthiophen-2-sulfonsäurechlorid	$C_4HO_2ClBr_2S_2$	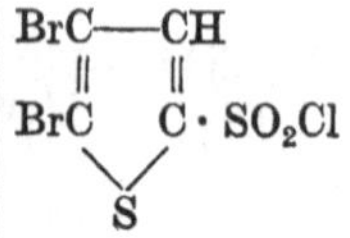	340,46
1220	80	3,4-Dichlor-2,5-di-[dichlormethyl]-thiophen	$C_6H_2Cl_6S$	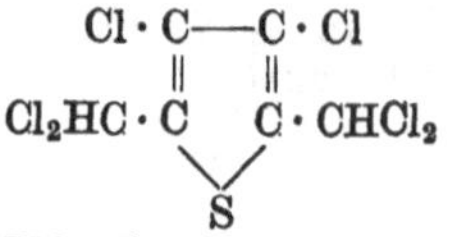	318,88
1221	80	Dioxyaceton (*α,γ*-Dioxy-*β*-oxopropan)	$C_3H_6O_3$	$HO \cdot CH_2 \cdot CO \cdot CH_2 \cdot OH$	90,08
1222	80	r-Cocain	$C_{17}H_{21}O_4N$	vgl. Nr. 1430	303,35
1223	80	1,2,4,5-Tetramethylbenzol (Durol)	$C_{10}H_{14}$	$C_6H_2(CH_3)_4$	134,21
1224	80	2,4,5-Trichlor-3-acetothienon	$C_6H_3OCl_3S$	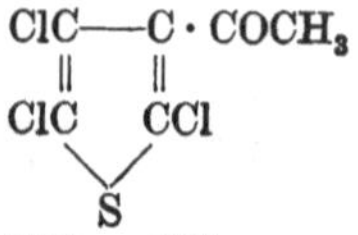	229,52
1225	80	3,4,5-Trichlor-2-acetothienon	$C_6H_3OCl_3S$	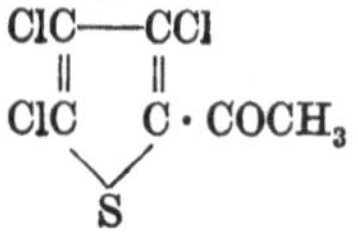	229,52
1226	80	*α*-Truxillin	$C_{38}H_{46}O_8N_2$	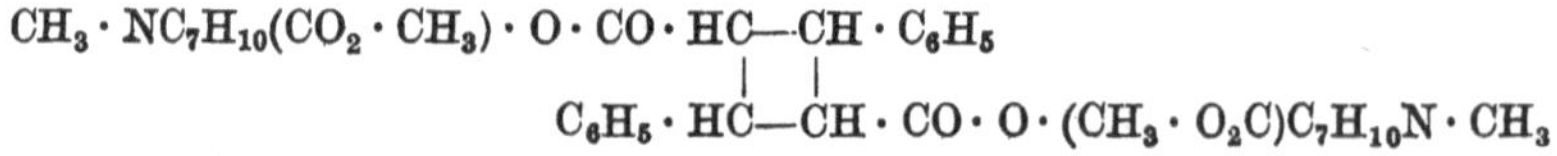	658,76
1227	80 bis 80,5	Lignocerinsäure	$C_{24}H_{48}O_2$	$C_{23}H_{47} \cdot COOH$	368,62
1228	80—81	4-Oxythionaphthen	C_8H_6OS	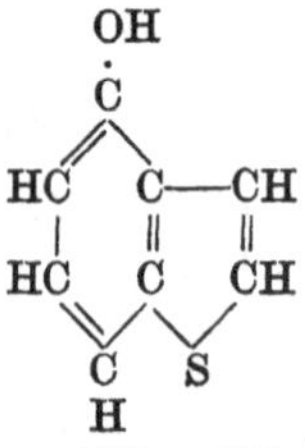	150,19
1229	80—82	2,5-Dinitrothiophen	$C_4H_2O_4N_2S$	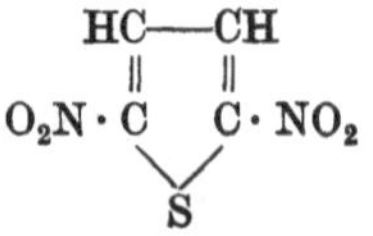	174,13
1230	80—90	4,5-Dijod-2-benzothienon	$C_{11}H_6OJ_2S$	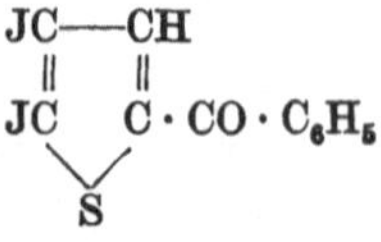	440,07

Aggregat-zustand Farbe	Spez. Gewicht	Siede-punkt °C	Beilstein-Zitat	Physikalische Konstanten und Eigenschaften	Löslichkeit	Reaktionen
7	8	9	10	11	12	13
Krist. (Aceton)				schmeckt süß; kühlend	ll. in W wl. in k. A k. Ae	Methylphenylosazon *Fp* 145°, gelbliche Nadeln 2,4-Dinitrophenylhydrazon *Fp* 163—164, gelbe Nadeln Chlorhydrat *Fp* 205° Aurochlorat *Fp* 165°
monokline Blättchen						
Blättchen	$0{,}833^{81^\circ}$	192	V 431	mit Dampf flüchtig; riecht campherartig schwach bläulichweiße Lumineszenz	unl. in W ll. in A, Ae	
				leuchtend gelbe Lumineszenz		
			XXII 202	linksdrehend; bitterer Geschmack	swl. in W Ligroin ll. in A, Ae	
Nadeln (A oder Eg.)			II 393			Li-Salz *Fp* 189—194° Pb-Salz *Fp* 117° Methylester *Fp* 57—57,5° Aethylester *Fp* 56° Phenacylester *Fp* 87 bis 88°, Pulver
				riecht phenolartig		
			XVII 35			

Lfd. Nr.	*Fp*	Name	Summenformel	Strukturformel	Mol.-Gewicht
1	2	3	4	5	6
1231	80—90	Ipecamin	$C_{28}H_{36}O_4N_2$		464,58
1232	80,4	Naphthalin	$C_{10}H_8$		128,16
1233	80,8	2,4,6-Trinitrotoluol	$C_7H_5O_6N_3$	$(O_2N)_3C_6H_2 \cdot CH_3$	227,13
1234	81	Benzoylacetonitril	C_9H_7ON	$C_6H_5 \cdot CO \cdot CH_2 \cdot CN$	145,15
1235	81	4,5-Diphenylthienyl-(2)-acetylchlorid	$C_{18}H_{13}OClS$	$H_5C_6 \cdot C$——CH ‖ ‖ $H_5C_6 \cdot C$ $C \cdot CH_2 \cdot COCl$ \ / S	312,80
1236	81	3-Oxymethylen-d-campher	$C_{11}H_{16}O_2$	C_8H_{14}<CO | $C : CH \cdot OH$	180,23
1237	81	10-Oxystearinsäure	$C_{18}H_{36}O_3$	$CH_3 \cdot (CH_2)_7 \cdot CH \cdot (CH_2)_8 \cdot COOH$ OH	300,46
1238	81	Thio-β-naphthol	$C_{10}H_8S$	$C_{10}H_7 \cdot SH$	160,22
1239	81—82	Äthylenjodid	$C_2H_4J_2$	$CH_2J \cdot CH_2J$	281,89
1240	82	Palmiton	$C_{31}H_{62}O$	$C_{15}H_{31} \cdot CO \cdot C_{15}H_{31}$	450,81
1241	82	Acetamid	C_2H_5ON	$CH_3 \cdot CO \cdot NH_2$	59,07
1242	82	5,6-Benzochinaldin	$C_{14}H_{11}N$	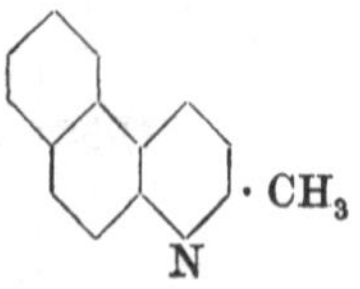	193,23
1243	82	Benzylquecksilbersalicylat	$C_{14}H_{12}O_3Hg$	$C_6H_5 \cdot CH_2 \cdot Hg \cdot O \cdot OC \cdot C_6H_4 \cdot OH$	428,85
1244	82	Carbaminsäure-β,β′-dichlorisopropylester (Aleudrin)	$C_4H_7O_2NCl_2$	CO—NH_2 | /CH_2Cl O—CH \\CH_2Cl	172,02

Aggregat-zustand Farbe	Spez. Gewicht	Siede-punkt °C	Beilstein-Zitat	Physikalische Konstanten und Eigenschaften	Löslichkeit	Reaktionen
7	8	9	10	11	12	13
weißes Krist.-Pulver				$[\alpha]_D^{15}$ —22,5°; intensiv bitterer Geschmack	unl. in W ll. in A, Ae, Bzl., Chlf.	+ H_2SO_4 → gelblich
Tafeln (A)	1,168$^{22°}$	217,96	V 531	$n_D^{96,6}$ 1,58269; $n_R^{96,6}$ 44,37 cm; $n_F^{96,6}$ 286,9; Oberflächenspannung 80° 32,36 dyn/cm; ebullioskop. Konst. 5,80; kryosk. Konst. 6,9; mit Dampf flüchtig; subl. bei 80°	0,003 W 25° 9,5 A 19,5° 80 A 60° 500 A 70° ll. in Ae 59,25 Bzl. 21° 750 Bzl. 70°	beim Erwärmen mit frisch sublimiertem $AlCl_3$ → grünblau bis violett Pikrat *Fp* 151,5°, monoklin-prismatische gelbe Prismen α-Nitronaphthalin *Fp* 61°, gelbe Nadeln; + H_2SO_4 → dunkelrot
Krist. (A)	1,654		V 347		1,64 W 22° 10 A 88° ll. in Ae	
Blättchen (W)			X 680		wl. in k. W ll. in A, Ae sll. in Chlf. l. in Laugen	
farblos						benzolische Lsg. + Metall → tiefrot
Prismen (PAe)		251	VII 591	mit Dampf flüchtig	wl. in W ll. in A, Ae l. in Alkali	+ $Fe(NO_3)_3$ → rotviolette Färbung
Tafeln (A)			III 365		unl. in W 9,63 A 20° 2,35 Ae 20°	
Schuppen (A)		286 (Z.)	VI 657		wl. in W ll. in A, Ae	
Tafeln (Ae)	2,132$^{10°}$		I 99	zersetzt sich spontan	wl. in W l. in A	
Blättchen (A)			I 719			Oxim *Fp* 59°
Krist.	1,159	221	II 175	kryoskop.Konst. 5,65	220 W 20° 850 W 60° 65 A 20° 370 A 60°	
Nadeln (verd. A)		>300	XX 471		wl. in W ll. in A, Ae	
Tafeln (Ae)						
Nadeln (Methyl-Alkohol)						
weiße Krist.			III 29	bitterer Geschmack, geruchlos	swl. in W ll. in A, Ae, Aceton	

Lfd. Nr.	*Fp*	Name	Summenformel	Strukturformel	Mol.-Gewicht
1	2	3	4	5	6
1245	82	2,6-Dinitro-p-kresol (OH = 1)	$C_7H_6O_5N_2$	$CH_3 \cdot C_6H_2(NO_2)_2 \cdot OH$	198,13
1246	82	3,4-Dinitro-o-xylol	$C_8H_8O_4N_2$	$(O_2N)_2C_6H_2(CH_3)_2$	196,16
1247	82	ω,ω-Diphenylfulven	$C_{18}H_{14}$	CH : CH / CH : CH > C : C < C_6H_5 / C_6H_5	230,29
1248	82	β-Jodpropionsäure	$C_3H_5O_2J$	$CH_2J \cdot CH_2 \cdot COOH$	199,99
1249	82	α-Methyl-trans-zimtsäure	$C_{10}H_{10}O_2$	$C_6H_5 \cdot C \cdot H$ ‖ $H_3C \cdot C \cdot COOH$	162,18
1250	82	3-Oxydiphenylamin	$C_{12}H_{11}ON$	$C_6H_5 \cdot NH \cdot C_6H_4 \cdot OH$	185,21
1251	82	2-Oxynaphthaldehyd-(1)	$C_{11}H_8O_2$	$HO \cdot C_{10}H_6 \cdot CHO$	172,17
1252	82 (Z.)	β-Phenylhydroxylamin	C_6H_7ON	$C_6H_5 \cdot NH \cdot OH$	109,12
1253	82	Vanillin	$C_8H_8O_3$	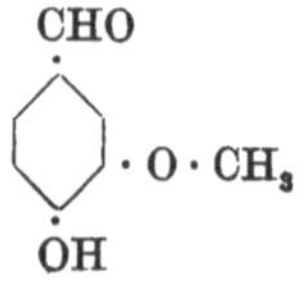	152,14
1254	82—83	4-Amino-1,2,4-triazol	$C_2H_4N_4$	HC——N · NH_2 / ‖ | / N·N:CH	84,08
1255	82—83	Benzal-2-acetothienon	$C_{13}H_{10}OS$	HC—CH / ‖ ‖ / HC C · CO · CH : CH · C_6H_5 / S	215,28
1256	82—83	2-Oxyhydrozimtsäure (Hydro-o-cumarsäure)	$C_9H_{10}O_3$	$HO \cdot C_6H_4 \cdot CH_2 \cdot CH_2 \cdot COOH$	166,17
1257	82—84	α,α,β-Trichlorbutyraldehyd + Pyramidon (Trigemin)		$C_4H_5OCl_3 + C_{13}H_{17}ON_3$	422,74
1258	82—84	Vitamin D_3	$C_{27}H_{44}O$	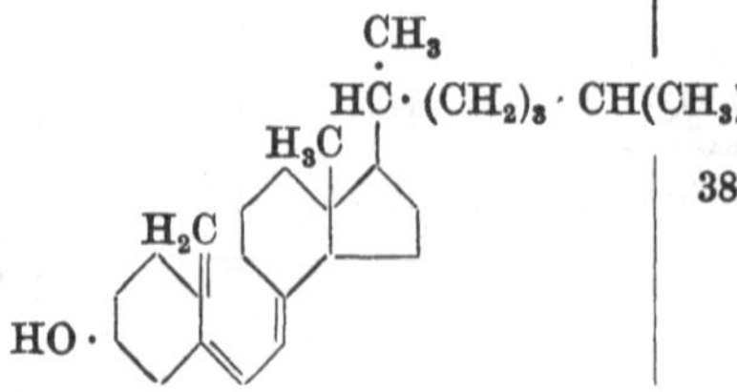	384,62

Aggregatzustand Farbe	Spez. Gewicht	Siedepunkt °C	Beilstein-Zitat	Physikalische Konstanten und Eigenschaften	Löslichkeit	Reaktionen
7	8	9	10	11	12	13
gelbe Nadeln (verd. A)			VI 414		wl. in W l. in A ll. in Ae, Bzl.	
Nadeln (A)			V 369		unl. in W wl. in A ll. in Ae	
rote Tafeln oder Prismen (PAe)			V 696		unl. in W l. in Eg.	
Blättchen (W)			II 261		8,0 W 25° ll. in A, Ae	
Tafeln (W, Ae)		288	IX 615	vgl. Nr. 1141	0,12 sd. W ll. in A, Ae, Bzl.	
Blättchen (W)		340	XIII 410		wl. in W ll. in A, Ae	
Prismen (A)		192 (27 mm)	VIII 143		unl. in W l. in A, Ae	
Nadeln (W)			XV 2		2 k. W 10 h. W ll. in A, Ae, Chlf. l. in H_2SO_4 gelb oder blau	Erhitzen → Azoxybenzol, Anilin, W
weiße Nadeln (W)		285 (in CO_2) 170 (15 mm)	VIII 247	eigenartiger Geruch und Geschmack; sublimierbar ab 115°	1 W 14° 5 W 80° ll. in A, Ae, Lauge	Acetat *Fp* 78° Semicarbazon *Fp* 232° + $Fe(NO_3)_3$ → violettstichig blau Lsg. von 1 mg β-Naphthol und 1 mg Vanillin in 1 ml konz. H_2SO_4 + ½ Menge Wasser im zerstreuten Tageslicht undurchsichtig grün, im Auflicht blauviolette Lsg.
Nadeln (A)			XXVI 16	hygroskopisch	l. in W, A wl. in Chlf.	Chlorhydrat *Fp* 153°, Blättchen (A)
Krist. (W)			X 241		5 W 18° 109 W 40° ll. in A, Ae	Erhitzen → Lacton
weiße Krist. (W)			XXV 453	Geruch schwach chlorartig; unangenehm bitter	65 W 2 A 10 Ae	+ α-Naphthol + konz. H_2SO_4, erwärmen → gelb, grün fluoreszierend + Guajakolcarbonat + H_2SO_4 → graublau + $SbCl_3$ in Chlf. → blau
farblose Nadeln				$[\alpha]_D^{20}$ +83,3 (Aceton); Absorptionsminimum 265 mμ		

Lfd. Nr.	*Fp*	Name	Summenformel	Strukturformel	Mol.-Gewicht
1	2	3	4	5	6
1259	82—85	4-Nitro-o-kresol (OH = 1)	$C_7H_7O_3N$	$CH_3 \cdot C_6H_3(NO_2) \cdot OH$	153,13
1260	82,5 bis 83	2-Oxyazobenzol	$C_{12}H_{10}ON_2$	$C_6H_5 \cdot N:N \cdot C_6H_4 \cdot OH$	198,21
1261	83	3-Aminotriphenylmethan	$C_{19}H_{17}N$	$H_2N \cdot C_6H_4 \cdot CH(C_6H_5)_2$	259,33
1262	83	2,5-Dichlor-3,4-dijod-thiophen	$C_4Cl_2J_2S$	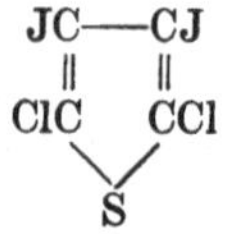	404,85
1263	83	3,4-Dijod-2,5-dimethyl-thiophen	$C_6H_6J_2S$	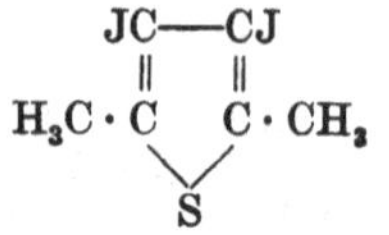	364,01
1264	83	Jodessigsäure	$C_2H_3O_2J$	$CH_2J \cdot COOH$	185,96
1265	83	Pikrylchlorid	$C_6H_2O_6N_3Cl$	$Cl \cdot C_6H_2(NO_2)_3$	247,56
1266	83—84	Benzolsulfinsäure	$C_6H_6O_2S$	$C_6H_5 \cdot SO_2H$	142,17
1267	83—84	Diosphenol (Buccocampher)	$C_{10}H_{16}O_2$	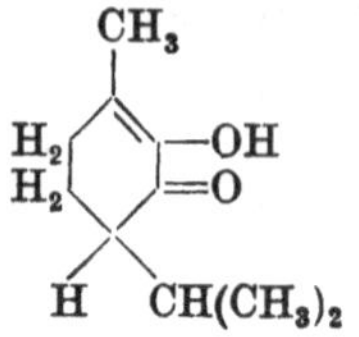	168,23
1268	83—86	Aponal (Carbaminsäure-ester des tertiären Amylenhydrats)	$C_6H_{13}O_2N$	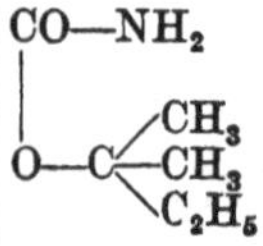	131,17
1269	83,5	2-[3'-Amino-2',3'-dihydro-thionaphthenyl-(2')]-thionaphthen	$C_{16}H_{13}NS_2$	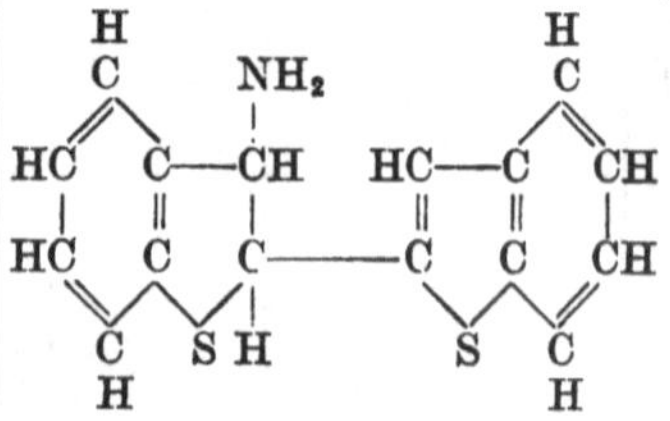	283,39
1270	83,5	4-Chlor-1-nitrobenzol	$C_6H_4O_2NCl$	$Cl \cdot C_6H_4 \cdot NO_2$	157,56

Aggregatzustand Farbe	Spez. Gewicht	Siedepunkt °C	Beilstein-Zitat	Physikalische Konstanten und Eigenschaften	Löslichkeit	Reaktionen
7	8	9	10	11	12	13
Nadeln (W)			VI 366		swl. in W ll. in A, Ae	
orangerote blauschimmernde Nadeln (A)			XVI 90	mit Dampf flüchtig	wl. in W ll. in A, Ae l. in Alkali	
Prismen (Ae)		248 (12 mm)	XII 1342			Acetylderivat *Fp* 168°
Tafeln (W)			II 222			
Nadeln (A, Ae, Ligroin)	$1{,}797^{20°}$		V 273		swl. in W ll. in sd. A wl. in Ae	
Prismen (W)		>100 (Z.)	XI 2		wl. in k. W ll. in h. W, A, Ae	>100° → Benzolsulfonsäure und Diphenyldisulfoxyd
monokline Nadeln oder Prismen (A + Ae)			VII 566	sublimierbar; riecht in der Wärme stechend u. mentholartig	l. in A, Ae	reduziert Fehlingsche Lsg. mit $FeCl_3$ → dunkelgrün Phenylurethan *Fp* 113° bei zweistündigem Erhitzen mit HCl (konz.) auf 150—180° → fast quantitativ Thymol
weiße Krist.				Geschmack schwach campherartig	unl. in W l. in A, Ae	+ H_2SO_4 → CO_2-Bildung + Paraform → langsame Gelbfärbung; gelinde erwärmen → orange-braunrot, grüne Fluoreszenz + alkohol. HgJ_2-Lsg. → gallertartige Flocken (langsam), schäumt beim Schütteln, beim Absitzen weiße feinpulvrige Trübg.
Krist.	$1{,}520^{18°}$	242	V 243	kryoskop. Konst. 10,9	unl. in W wl. in k. A ll. in sd. A, Ae, CS_2	

Lfd. Nr.	*Fp*	Name	Summenformel	Strukturformel	Mol.-Gewicht
1	2	3	4	5	6
1271	**83,5**	2,4-Dinitro-m-xylol	$C_8H_8O_4N_2$	$(O_2N)_2C_6H_2(CH_3)_2$	196,16
1272	**83,5**	Histamin [4(5)-Aminoäthyl-imidazol; β-Imidazolyl-äthylamin]	$C_5H_9N_3$	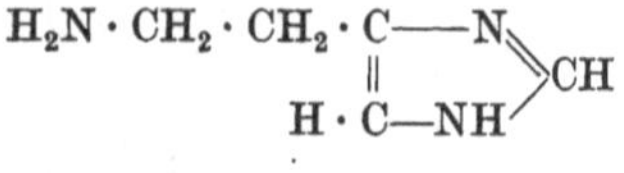	111,14
1273	**83,5**	β-Phenylglycidsäure	$C_9H_8O_3$	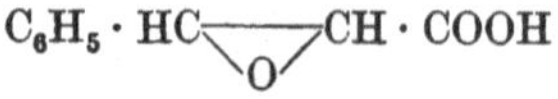	164,15
1274	**83,5**	Terephthalylchlorid	$C_8H_4O_2Cl_2$	$C_6H_4(COCl)_2$	203,03
1275	84	2-Aminobenzylalkohol	C_7H_9ON	$H_2N \cdot C_6H_4 \cdot CH_2OH$	123,15
1276	84	Behensäure	$C_{22}H_{44}O_2$	$CH_3 \cdot (CH_2)_{20} \cdot COOH$	340,56
1277	84	4-Bromdibenzothiophen	$C_{12}H_7BrS$	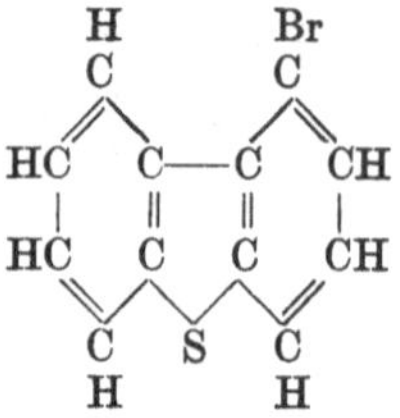	264,16
1278	84	Fluorenon	$C_{13}H_8O$	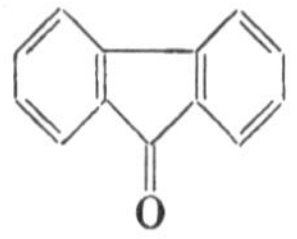	180,19
1279	84	p-Nitrosodiäthylanilin	$C_{10}H_{14}ON_2$	$ON \cdot C_6H_4 \cdot N(C_2H_5)_2$	178,23
1280	84	4-Oxydiphenylmethan	$C_{13}H_{12}O$	$C_6H_5 \cdot CH_2 \cdot C_6H_4 \cdot OH$	184,22
1281	84—85	β-Chloracrylsäure	$C_3H_3O_2Cl$	$CHCl : CH \cdot COOH$	106,51
1282	84—86	Sulfoessigsäure	$C_2H_4O_5S$	$HO_3S \cdot CH_2 \cdot COOH$	140,11
1283	85	Acetessigsäureanilid	$C_{10}H_{11}O_2N$	$CH_3 \cdot CO \cdot CH_2 \cdot CO \cdot NH \cdot C_6H_5$	177,19
1284	85	2-Aminophenanthren	$C_{14}H_{11}N$	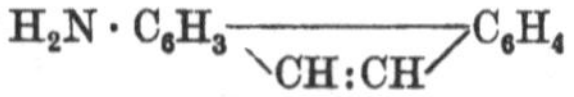	193,23
1285	85	4-Brom-2,5-dimethyl-3-benzothienon	$C_{13}H_{11}OBrS$	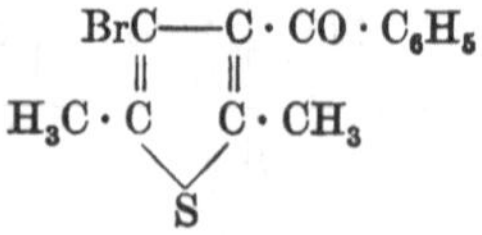	271,17

Aggregatzustand Farbe	Spez. Gewicht	Siedepunkt °C	Beilstein-Zitat	Physikalische Konstanten und Eigenschaften	Löslichkeit	Reaktionen
7	8	9	10	11	12	13
Krist. (A)			V 379		unl. in W ll. in A, Ae	
Tafeln (Chlf.)		209 (18mm)	XXV 315	giftig; sehr zerfließlich	ll. in W, A unl. in Ae wl. in k. Chlf.	Chlorhydrat *Fp* 240°, feinfaserige Krist.
Prismen			XVIII 302		wl. in W	beim Erhitzen → Phenylacetaldehyd
Nadeln (Ligroin)		259	IX 844		l. in Ae, Bzl.	durch W und A zers.
Nadeln (Bzl.)		275	XIII 615		l. in W ll. in A l. in Ae	Pikrat *Fp* 110°
Nadeln		306 (60mm)	II 391		swl. in W 0,10 A 17° 1,92 Ae 16°	Äthylester *Fp* 48—49° Amid *Fp* 111° Li-Salz *Fp* 192—196°
gelbe Krist.-Nadeln (A)		341,5	VII 465	langsam flüchtig mit Dampf	unl. in W ll. in A, Ae	Oxim *Fp* 194°, hellgelbe Nadeln Lösung in H_2SO_4 → hellviolett Phenylhydrazon *Fp* 151 bis 153°, gelbe, gestreifte Prismen
grüne Prismen (Ae) Blättchen (Aceton)	1,24		XII 684		wl. in W ll. in A, Ae	
Nadeln oder Blättchen (A)		320-322	VI 675		wl. in h. W l. in A, Ae, Chlf., Alkali, Eg.	
Blättchen			II 400			
Krist.		245 (Z.)	IV 21		l. in W ll. in A unl. in Ae	
Blättchen			XII 518		wl. in W l. in A, Ae, Chlf.	Dest. → N,N'-Diphenylharnstoff Oxim *Fp* 125° + $Fe(NO_3)_3$ → violett
Krist. (Ligroin)			XII 1336		wl. in W l. in A	

Lfd. Nr.	*Fp*	Name	Summenformel	Strukturformel	Mol.-Gewicht
1	2	3	4	5	6
1286	85	3,4-Dibrom-2-aceto-thienon	$C_6H_4OBr_2S$	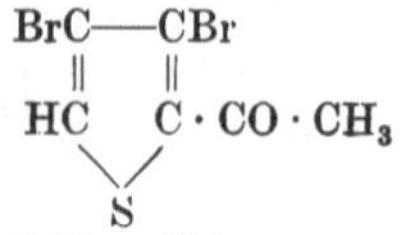	283,98
1287	85	4,5-Dibrom-2-aceto-thienon	$C_6H_4OBr_2S$	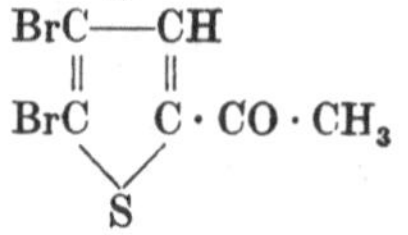	283,98
1288	85	Bis-[4-äthyl-5-methyl-thienyl-(2)]-queck-silber	$C_{14}H_{18}S_2Hg$	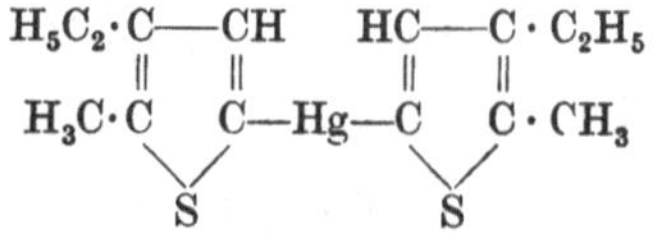	450,95
1289	85	Diphenylenoxyd	$C_{12}H_8O$		168,18
1290	85	Indoxyl	C_8H_7ON	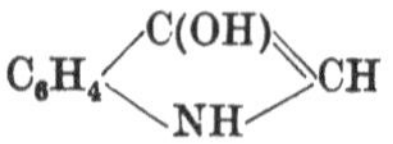	133,14
1291	85	p-Nitrosodimethylanilin	$C_8H_{10}ON_2$	$ON \cdot C_6H_4 \cdot N(CH_3)_2$	150,17
1292	85	p-Toluolsulfinsäure	$C_7H_8O_2S$	$CH_3 \cdot C_6H_4 \cdot SO_2H$	156,19
1292a	85	4,4′,4″-Trianilino-triphenylcarbinol	$C_{37}H_{31}ON_3$	$(C_6H_5 \cdot NH \cdot C_6H_4)_3C \cdot OH$	533,64
1293	85—86	p-Diallyloxyäthenyl-diphenylamidin	$C_{20}H_{22}O_2N_2$	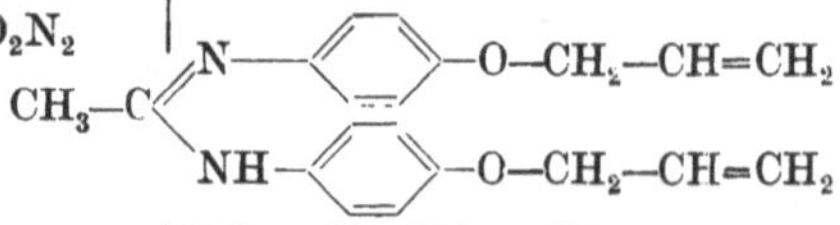	246,30
1294	85—86	5-Jod-5′-methyl-2,2′-dithienyl	$C_9H_7JS_2$	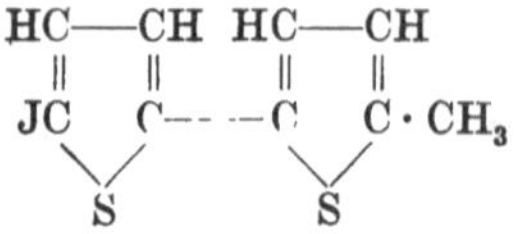	306,19
1295	85—86	Pentachlorbenzol	C_6HCl_5	C_6HCl_5	250,35
1296	85,8	4,6-Dinitro-o-kresol (OH = 1)	$C_7H_6O_5N_2$	$CH_3 \cdot C_6H_2(NO_2)_2 \cdot OH$	198,13
1297	86	Benzoylcarbinol (ω-Oxyacetophenon)	$C_8H_8O_2$	$C_6H_5 \cdot CO \cdot CH_2OH$	136,14
1298	86	*p*-Chinonchlorimid	C_6H_4ONCl	$O{:}C_6H_4{:}N \cdot Cl$	141,56
1299	86	1-Methylanthracen	$C_{15}H_{12}$	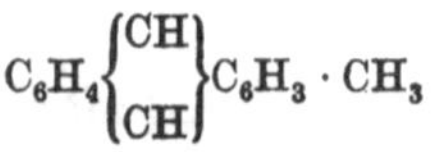	192,24
1300	86	Montansäure	$C_{28}H_{56}O_2$	$C_{27}H_{55} \cdot COOH$	424,33

Aggregatzustand Farbe	Spez. Gewicht	Siedepunkt °C	Beilstein-Zitat	Physikalische Konstanten und Eigenschaften	Löslichkeit	Reaktionen
7	8	9	10	11	12	13
Blättchen (A)		187	XVII 70	mit Dampf flüchtig	unl. in W l. in A ll. in Ae	
hellgelbe Prismen			XXI 69	riecht fäkalartig	l. in W, A, Ae ll. in Aceton	Oxydation in alkohol. Lsg. → Indigo
grüne Blättchen (A)			XII 677		unl. in W l. in A, Ae	
Tafeln oder Nadeln(W)			XI 9		wl. in k. W ll. in A, Ae	an der Luft → p-Toluolsulfonsäure
farblose Nadeln (Bzl.)			XIII 760		ll. in A, Ae	
farblose Krist.					swl. in W sll. in A, Ae	Hydrochlorid (Diocain) *Fp* 152—153°
Nadeln (A)	$1{,}8342^{16°}$	275-277	V 205		unl. in W swl. in k. A l. in sd. A ll. in Ae, Bzl, CS_2	
gelbe Prismen (A)			VI 368		wl. in W 12,2 A 15° ll. in Ae, Aceton	
Tafeln (A oder Ae)		219 (11 m/m	VIII 90		l. in W sll. in A, Ae, Chlf.	
Gelbe Krist. (Ligroin)		Z.	VII 619	mit Dampf flüchtig	wl. in k. W ll. in h. W, A, Ae l. in H_2SO_4	
Nadeln (Methanol)	$1{,}047^{99°}$		E_1 V 331		unl. in W wl. in A, Ae l. in Bzl.	Pikrat *Fp* 113—115°
Seidenglänzende Schuppen (Eg)			II 395			Chlorid *Fp* 67,5—68,5° Blättchen Amid *Fp* 112° kristall. Plv. Methylester *Fp* 68,5°, Schuppen Äthylester *Fp* 67°, Nadeln

Lfd. Nr.	*Fp*	Name	Summenformel	Strukturformel	Mol.-Gewicht
1	2	3	4	5	6
1301	86	2-Oxybenzylalkohol (Saligenin)	$C_7H_8O_2$	$HO \cdot C_6H_4 \cdot CH_2 \cdot OH$	124,13
1302	86	2-Phenylchinolin	$C_{15}H_{11}N$	$C_9H_6N \cdot C_6H_5$	205,24
1303	86	3,4,5-Tribrom-2-thenylbromid	$C_5H_2Br_4S$	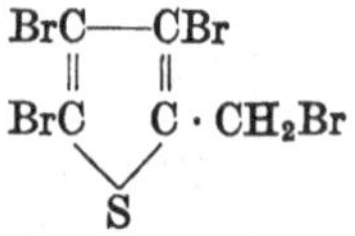	413,79
1304	86	*p*-Xylolsulfonsäure-(2)	$C_8H_{10}O_3S$	$(CH_3)_2C_6H_3 \cdot SO_3H$	186,22
1305	86—87	Glykolid	$C_4H_4O_4$	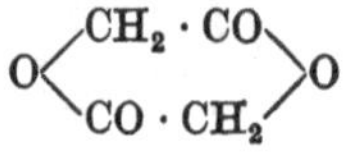	116,07
1306	86—87	2-Methylaminophenol	C_7H_9ON	$CH_3 \cdot NH \cdot C_6H_4 \cdot OH$	123,15
1307	86—88	Guajacolcarbonat (Duotal)	$C_{15}H_{14}O_5$	$(CH_3 \cdot O \cdot C_6H_4 \cdot O)_2CO$	302,27
1308	86,9	*p*-Dibrombenzol	$C_6H_4Br_2$	$C_6H_4Br_2$	235,92
1309	87 (Z)	Äthylnitrolsäure	$C_2H_4O_3N_2$	$CH_3 \cdot C(:N \cdot OH) \cdot NO_2$	104,07
1310	87	3-Aminobenzophenon	$C_{13}H_{11}ON$	$C_6H_5 \cdot CO \cdot C_6H_4 \cdot NH_2$	197,22
1311	87	4-Chlor-2-nitrophenol	$C_6H_4O_3NCl$	$O_2N \cdot C_6H_3(Cl) \cdot OH$	173,56
1312	87	3-Dimethylaminophenol	$C_8H_{11}ON$	$(CH_3)_2N \cdot C_6H_4 \cdot OH$	137,17
1313	87	4-Methylaminophenol	C_7H_9ON	$CH_3 \cdot NH \cdot C_6H_4 \cdot OH$	123,15
1314	87	Penicillsäure	$C_8H_{10}O_4$	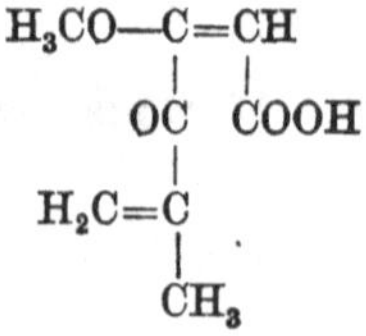	169,15
1315	87	akt. Ribose	$C_5H_{10}O_5$	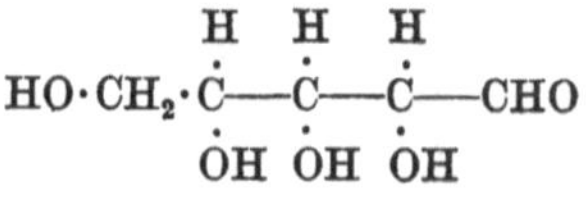	150,13

Aggregat-zustand Farbe	Spez. Gewicht	Siede-punkt °C	Beilstein-Zitat	Physikalische Konstanten und Eigenschaften	Löslichkeit	Reaktionen
7	8	9	10	11	12	13
Tafeln und Nadeln (W)	$1{,}161^{25°}$	subl.	VI 891	sublimiert leicht in Blättchen; verharzt über 100°	6,7 W 22° sll. in sd. W, A, Ae 1,9 Bzl. 18°	+ $FeCl_3$ → blau + H_2SO_4 → rot + 4 Tropfen 10%iges Nitrit + 4—5 Tr. 50%ige Essigsäure + 1 Tr. 1%ige $CuSO_4$-Lsg. auf dem W.-Bad → bis 1:10000 rot, bis 1:100000 gelb
Nadeln (verd. A)		363	XX 481		wl. in W swl. in k. A ll. in h. A, Ae	
Blättchen (W)		149 (Vak.)	XI 127			Amid *Fp* 147—148°
Blättchen (A)			XIX 153		ll. in A wl. in Ae	+ sd. W → Glykolsäure
Blättchen (Bzl. + PAe)			XIII 362			
weiße Krist.			VI 776	geruchlos, geschmacklos	unl. in W, Säuren, Laugen wl. in org. Lsgm.	Fe-H_2SO_4, löst farblos beim Erwärmen wird Lsg. schwach violettrot
Tafeln (A. oder Ligroin)	$2{,}261^{17°}$	219	V 211		13,3 A 30° 61,3 Ae 20°	
Krist. (W. u. Ae.)			II 189	rote explosible Salze	ll. in W, A, Ae	
gelbe Nadeln (W.)			XIV 81		wl. in W l. in A, Ae	Hydrochlorid *Fp* 187°
gelbe Krist.			VI 238	mit Dampf flüchtig	unl. in W l. in A ll. in Ae	
Nadeln (Ligroin)		265-268	XIII 405		wl in h. W ll. in A, Ae l. in verd. Säuren u. Alkali	
Nadeln (Bzl.)			XIII 441		l. in A, Ae	
					ll. in W	
Platten (A)			I 859		l. in W ll. in A	p-Bromphenylhydrazon *Fp* 164° Ribosamin $C_5H_{11}O_4N$ durch Auflösen in methylalkohol. NH_3 *Fp* 137—138° (Z.)

Lfd. Nr.	*Fp*	Name	Summenformel	Strukturformel	Mol.-Gewicht
1	2	3	4	5	6
1316	87	2,3,5-Trijodthiophen	C_4HJ_3S	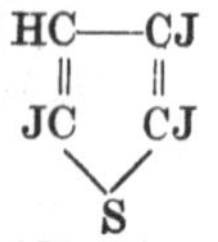	461,87
1317	87—88	Acet-o-anisidid	$C_9H_{11}O_2N$	$CH_3 \cdot CO \cdot NH \cdot C_6H_4 \cdot O \cdot CH_3$	165,18
1318	87—88	*α*-Cocain	$C_{17}H_{21}O_4N$	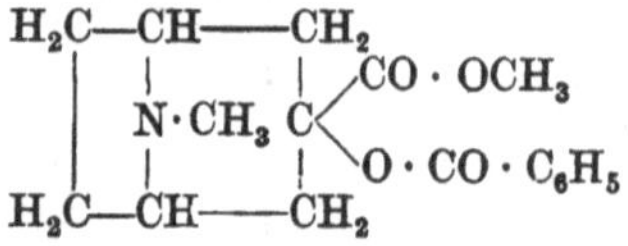	303,35
1319	87—88	5-Jodthiophen-2,4-di-sulfonsäurechlorid	$C_4HO_4Cl_2JS_3$	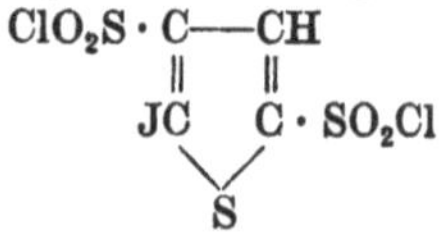	407,06
1320	87—88	*l*-Talit	$C_6H_{14}O_6$	$HOCH_2 \cdot (CHOH)_4 \cdot CH_2OH$	182,17
1321	87,5	3-Aminophenanthren	$C_{14}H_{11}N$	$H_2N \cdot C_6H_3\langle CH:CH \rangle C_6H_4$	193,23
1322	87,7	1,2,3-Tribrombenzol	$C_6H_3Br_3$	$C_6H_3Br_3$	314,83
1323	88	*β*-Benzalpropionsäure	$C_{10}H_{10}O_2$	$C_6H_5 \cdot CH:CH \cdot CH_2 \cdot COOH$	162,18
1324	88	Campheroxalsäure	$C_{12}H_{16}O_4$	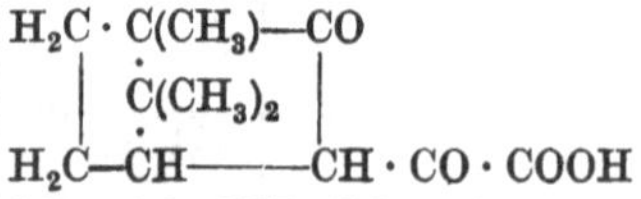	224,24
1325	88	2-Chloracetanilid	C_8H_8ONCl	$CH_3 \cdot CO \cdot NH \cdot C_6H_4 \cdot Cl$	169,61
1326	88	2-Chlor-1,3-dinitrobenzol	$C_6H_3O_4N_2Cl$	$Cl \cdot C_6H_3(NO_2)_2$	202,56
1327	88	1,8-Dichlornaphthalin	$C_{10}H_6Cl_2$	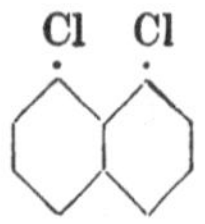	197,06
1328	88	Stearon	$C_{35}H_{70}O$	$(CH_3 \cdot [CH_2]_{16})_2CO$	506,90
1329	88—91	2,5-Dijod-3-nitrothiophen	$C_4HO_2NJ_2S$	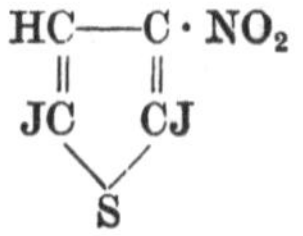	380,96
1330	88,5	3,4-Diaminotoluol (asymm.-o-Toluylen-diamin)	$C_7H_{10}N_2$	$CH_3 \cdot C_6H_3(NH_2)_2$	122,16
1331	89	4-Brom-2-nitrophenol	$C_6H_4O_3NBr$	$O_2N \cdot C_6H_3(Br) \cdot OH$	218,02

Aggregat-zustand Farbe	Spez. Gewicht	Siede-punkt °C	Beilstein-Zitat	Physikalische Konstanten und Eigenschaften	Löslichkeit	Reaktionen
7	8	9	10	11	12	13
Krist. (W)		305	XIII 371		sll. in h. W. 55 A 21° l. in Ae	
Prismen			XXII 198		wl. in W l. in A, Ae	Chlorhydrat *Fp* 180° (Z.) Pikrat *Fp* 195°
Nadeln (A)			I 533	$[\alpha]_D^{20}$ —2,9 (W); süßer Geschmack		
Krist. (Ligroin)			XII 1337	fluoresziert violett	wl. in W ll. in A	
Tafeln (A)	2,658		V 213		ll. in h. A	
Nadeln (W)		302	IX 612		unl. in k. W ll. in A, Ae wl. in CS_2	Amid *Fp* 130°
Prismen (Ae)			X 796		unl. in k. W wl. in h. W, A ll. in Ae, Bzl.	Äthylester *Fp* 40,5°
Nadeln (Essigsäure)			XII 599		l. in A	
gelbe Nadeln (A)			V 263	reizt Epidermis und Nasenschleimhaut	unl. in W l. in A, Ae	
Krist. (A)			V 544		unl. in W l. in A, Ae	
Blättchen (Ligroin)	$0,7979^{89°}$		I 720		unl. in W wl. in sd. A, sd. Ae	
Blättchen (Ligroin)		265	XIII 148	oxydiert in wss. Lsg. an der Luft	l. in W	
gelbe Nadeln oder Blättchen (Ligroin)		subl.	VI 243	mit Dampf flüchtig	swl. in k. W l. in A ll. in Ae	

Lfd. Nr.	*Fp*	Name	Summenformel	Strukturformel	Mol.-Gewicht
1	2	3	4	5	6
1332	**89**	2,4-Dinitroanisol	$C_7H_6O_5N_2$	$(O_2N)_2C_6H_3 \cdot O \cdot CH_3$	197,13
1333	**89**	Naphthol-(2)-sulfonsäure-(7)	$C_{10}H_8O_4S$	$HO \cdot C_{10}H_6 \cdot SO_3H$	224,22
1334	**89**	asymm.-Phthalylchlorid	$C_8H_4O_2Cl_2$	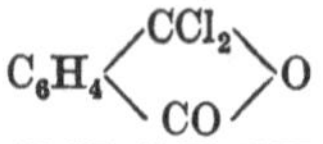	203,03
1335	**89—90**	3,6-Dinitro-o-xylol	$C_8H_8O_4N_2$	$(O_2N)_2C_6H_2(CH_3)_2$	196,16
1336	**89,5**	Isophthalaldehyd	$C_8H_6O_2$	$C_6H_4(CHO)_2$(1,3)	134,13
1337	**89,8**	m-Dinitrobenzol	$C_6H_4O_4N_2$	$C_6H_4(NO_2)_2$	168,11
1338	**90**	2-Aminothiazol	$C_3H_4N_2S$	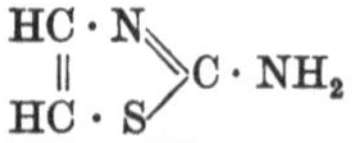	100,14
1339	**90**	Imidazol (Glyoxalin)	$C_3H_4N_2$	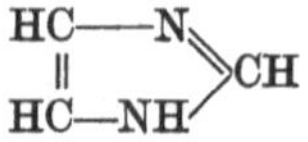	68,08
1340	**90**	α-Naphthalinsulfonsäure	$C_{10}H_8O_3S$	$C_{10}H_7 \cdot SO_3H$	208,22
1341	**90**	Terpenylsäure	$C_8H_{12}O_4$	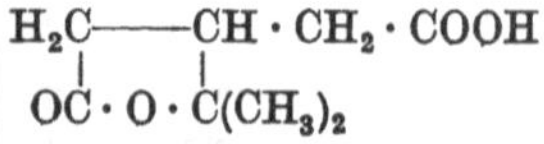	172,7
1342	**90**	d-Weinsäuremonoäthylester	$C_6H_{10}O_6$	$HOOC \cdot [CH(OH)]_2 \cdot CO \cdot OC_2H_5$	178,14
1343	**90—91**	4-Aminobenzoesäureäthylester (Anästhesin)	$C_9H_{11}O_2N$	$H_2N \cdot C_6H_4 \cdot CO \cdot OC_2H_5$	165,18
1344	**90—91**	4-Methyldiazoaminobenzol	$C_{13}H_{13}N_3$	$CH_3 \cdot C_6H_4 \cdot N:N \cdot NH \cdot C_6H_5$	211,26
1345	**90—91**	1-Methyl-α,α-trithienyl	$C_{13}H_{10}S_3$	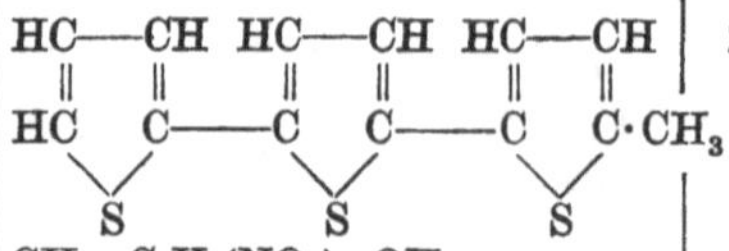	262,39
1346	**90—91**	5-Nitro-m-kresol (OH = 1)	$C_7H_7O_3N$	$CH_3 \cdot C_6H_3(NO_2) \cdot OH$	153,13
1347	**90—91**	Phthalazin	$C_8H_6N_2$	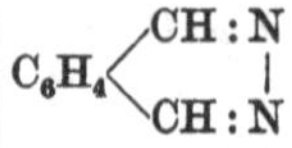	130,14
1348	**91**	4,4'-Bis-[dimethylamino]-diphenylmethan	$C_{17}H_{22}N_2$	$[(CH_3)_2N \cdot C_6H_4]_2CH_2$	254,36

Aggregatzustand Farbe	Spez. Gewicht	Siedepunkt °C	Beilstein-Zitat	Physikalische Konstanten und Eigenschaften	Löslichkeit	Reaktionen
7	8	9	10	11	12	13
Nadeln (A)	$1{,}341^{20°}$	subl.	VI 254		0,016 W 15° 2,7 A 25° l. in Ae	
Nadeln (konz. HCl)		Z. 150	XI 285	Lsgg. der Salze fluoreszieren blau	ll. in W, A unl. in Ae, Bzl.	+ $FeCl_3$ → dunkelblau + Nitroso-β-naphthol-7-sulfonsäure — Natriumsalz goldgelbe Nadeln
Prismen (Bzl.)	$1{,}4668^{20°}$		XVII 162		l. in Ae	dest. → Phthalylchlorid
Krist. (A)			V 369		unl. in W l. in A ll. in Ae	
Nadeln			VII 675	mit Dampf flüchtig	wl. in W, Ae l. in A	
Tafeln	$1{,}575^{18°}$	297	V 258	mit Dampf flüchtig	0,065 W 30° 0,32 sd. W 3,5 A 20° 32,4 Chlf. 18° 39,4 Bzl. 18°	
gelbe Krist. (A)		Z.	XXVII 155		ll. in h. W wl. in A, Ae	
Prismen (Bzl.)		256	XXIII 45	schwache Base	ll. in W, A wl. in Ae l. in Chlf.	
Säulen			XI 155		ll. in W, A wl. in Ae	Chlorid *Fp* 68°, Blättchen Methylester *Fp* 78°, Tafeln Phenylester *Fp* 75° Anilid *Fp* 112°, Nadeln
Blättchen oder Prismen (W)		subl. 130-140	XVIII 384		zll. in k. W sll. in h. W	
Prismen (zerfließl.)			III 512	durch sd. W zersetzt	ll. in W, A unl. in Ae	
weiße Krist. (A oder Ae)		~310	XIV 422	Geschmack schwach bitter; geruchlos; langsam anästhesierend	wl. in W ll. in A, Ae, Säuren	Pikrat *Fp* 129—130° + HCl-haltiges W + einige Tropfen $NaNO_2$-Lsg. + etwas alkalkalische β-Naphthol-Lsg. → kirschrot mit Stich ins Blaue, nach Ansäuern mit HCl → orange
gelbe Blättchen			XVI 705		unl. in W l. in Bzl.	
gelbe Krist.			VI 385		wl. in W sll. in A, Ae l. in Bzl.	
hellgelbe Nadeln (Ae)		316 (Z.)	XXIII 174		ll. in W l. in A wl. in Ae	Pikrat *Fp* 208—210°
Blättchen oder Tafeln (A od. Ligroin)		390	XIII 239		wl. in k. W ll. in Ae, Bzl., CS_2	+ Ozon in A → violette Farbe

Lfd. Nr.	*Fp*	Name	Summenformel	Strukturformel	Mol.-Gewicht
1	2	3	4	5	6
1349	91	3-Chlor-2,4,5-tribrom-thiophen	C_4ClBr_3S	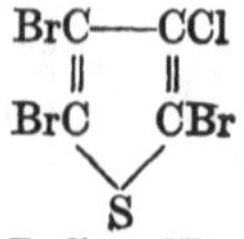	355,31
1350	91	2-Chlor-3,4,5-tribrom-thiophen	C_4ClBr_3S	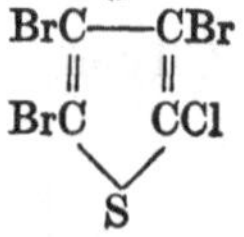	355,31
1351	91 Z.	Citraconsäure	$C_5H_6O_4$	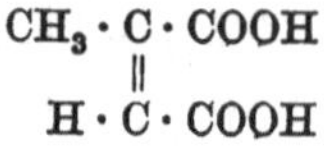	130,10
1352	91	2,5-Diphenylfuran	$C_{16}H_{12}O$	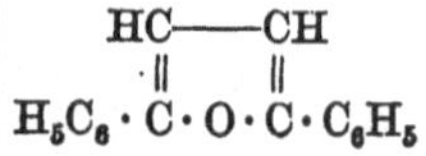	220,25
1353	91	β-Naphthalinsulfonsäure	$C_{10}H_8O_3S$	$C_{10}H_7 \cdot SO_3H$	208,22
1354	91	Phenylglyoxal	$C_8H_6O_2$	$C_6H_5 \cdot CO \cdot CHO$	134,13
1355	91	α-Stilbazol	$C_{13}H_{11}N$	$C_5H_4N \cdot CH:CH \cdot C_6H_5$	181,22
1356	91	3,4,5-Tribrom-2-thiotolen	$C_5H_3Br_3S$	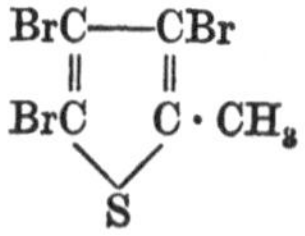	334,88
1357	91—92	Antipyrinsalicylat (Salipyrin)	$C_{18}H_{18}O_4N_2$	$C_{11}H_{12}ON_2 \cdot C_7H_6O_3$	342,34
1358	91—92	α-Methyl-cis-zimtsäure	$C_{10}H_{10}O_2$	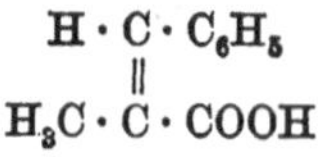	162,18
1359	91—92	8-Nitrochinolin	$C_9H_6O_2N_2$	$C_9H_6N \cdot NO_2$	174,15
1360	91—93	4-Methylthienyl-2-phenyl-keton	$C_{12}H_{10}OS$	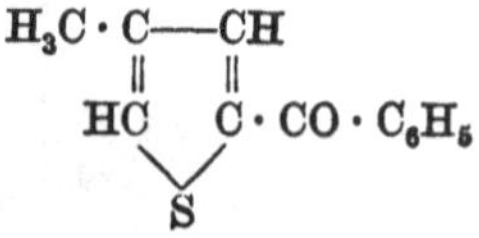	202,26
1361	91,4 bis 92	3-Phenylthiophen	$C_{10}H_8S$	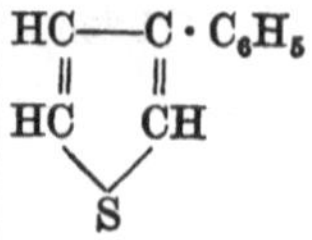	160,22

Aggregatzustand Farbe	Spez. Gewicht	Siedepunkt °C	Beilstein-Zitat	Physikalische Konstanten und Eigenschaften	Löslichkeit	Reaktionen
7	8	9	10	11	12	13
Nadeln (Ae + Ligroin)	1.617		II 768	hygroskopisch; mit Dampf flüchtig	360 W 25° wl. in Chlf. swl. in CS_2	Erhitzen → Citraconsäureanhydrid + H_2O; bei 120° → Itaconsäure Phenacylester *Fp* 108,5° bei 180° → Mesaconsäure Diamid *Fp* 185—187°
Blättchen oder Nadeln (verd. A)		343-345	XVII 81		unl. in W ll. in A, Ae l. in H_2SO_4 grün	
Krist.			XI 171		sll. in A, Ae	Chlorid *Fp* 79°, Blättchen Methylester *Fp* 56°, Tafeln Phenylester *Fp* 98—99°
Krist. + 1 H_2O (W)		142 (125mm)	VII 670	Dämpfe reizen zum Niesen	2,8 W 20° ll. in A, Ae	+ NaOH → Mandelsäure
Krist. (A)		325	XX 441		unl. in W l. in A ll. in Ae	
weiße Krist. sechseckige Tafeln			XXIV 33	schmeckt süßlich	wl. in k. W l. in sd. W l. in A wl. in Ae	3 mg in 1 ml W warm gelöst u. abgekühlt + wenig $Fe(NO_3)_3$-Lsg. → violett + mehr $Fe(NO_3)_3$ → rot wssg. Lsg. + Gerbsäure-Lsg. + einige Tropfen rauch. HNO_3 → grün
Krist. (PAe)			E_1 IX 255		0,76 PAe 18° l. in H_2SO_4 dunkelviolett	
Prismen (A)			XX 373		wl. in k. W l. in A, Ae ll. in Bzl., verd. Säure	
			XVII 66			

Lfd. Nr.	*Fp*	Name	Summenformel	Strukturformel	Mol.-Gewicht
1	2	3	4	5	6
1362	**91,5**	3-Nitro-o-toluidin (NH_2 = 1)	$C_7H_8O_2N_2$	$CH_3 \cdot C_6H_3(NO_2) \cdot NH_2$	152,15
1363	**91,5**	1,2,4-Trijodbenzol	$C_6H_3J_3$	$C_6H_3J_3$	455,84
1364	**92**	Äthylharnstoff	$C_3H_8ON_2$	$C_2H_5 \cdot NH \cdot CO \cdot NH_2$	88,11
1365	**92**	Isobrenzschleimsäure	$C_5H_4O_3$	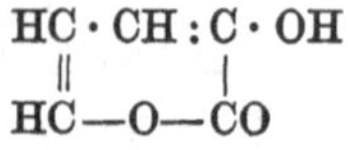	112,08
1366	**92**	4-Jodphenol	C_6H_5OJ	$J \cdot C_6H_4 \cdot OH$	220,02
1367	**92**	Tribenzylamin	$C_{21}H_{21}N$	$(C_6H_5 \cdot CH_2)_3N$	287,39
1368	**92,5**	Tetrabromkohlenstoff	CBr_4	CBr_4	331,67
1369	**92,6**	3,5-Dinitrotoluol	$C_7H_6O_4N_2$	$(O_2N)_2C_6H_3 \cdot CH_3$	182,13
1370	**93**	Benzalazin	$C_{14}H_{12}N_2$	$C_6H_5 \cdot CH : N \cdot N : CH \cdot C_6H_5$	208,25
1371	**93**	cis-α-Dekalol	$C_{10}H_{18}O$	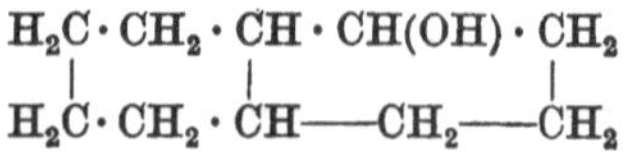	154,24
1372	**93**	2,2′-Diaminodiphenyl-disulfid	$C_{12}H_{12}N_2S_2$	$H_2N \cdot C_6H_4 \cdot S \cdot S \cdot C_6H_4 \cdot NH_2$	248,35
1373	**93**	4,4′-Diaminodiphenyl-methan	$C_{13}H_{14}N_2$	$CH_2(C_6H_4 \cdot NH_2)_2$	198,26
1374	**93**	Di-β-naphthylmethan	$C_{21}H_{16}$	$(C_{10}H_7)_2CH_2$	268,33
1375	**93**	2,3-Dinitro-p-xylol	$C_8H_8O_4N_2$	$(O_2N)_2C_6H_2(CH_3)_2$	196,16
1376	**93**	2-Nitroacetanilid	$C_8H_8O_3N_2$	$CH_3 \cdot CO \cdot NH \cdot C_6H_4 \cdot NO_2$	180,16
1377	**93**	4-Nitrobenzylalkohol	$C_7H_7O_3N$	$O_2N \cdot C_6H_4 \cdot CH_2OH$	153,13
1378	**93**	4-Propenylphenol	$C_9H_{10}O$	$CH_3 \cdot CH : CH \cdot C_6H_4 \cdot OH$	134,17
1379	**93**	Bis-[3,4-diäthylthienyl-(2)]-quecksilber	$C_{16}H_{22}S_2Hg$	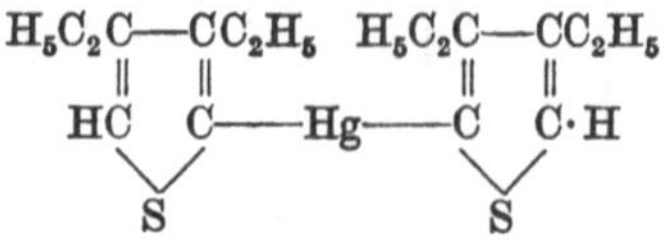	479,07

Aggregatzustand Farbe	Spez. Gewicht	Siedepunkt °C	Beilstein-Zitat	Physikalische Konstanten und Eigenschaften	Löslichkeit	Reaktionen
7	8	9	10	11	12	13
gelbe Nadeln (W)	$1{,}378^{15°}$	305 (Z.)	XII 848		1,3 sd. W ll. in A, Ae	Acetylderivat *Fp* 158°
Nadeln (A)		subl.	V 228		unl. in W l. in A, Chlf.	
Nadeln (A + Ae)	$1{,}213^{18°}$	Z.	IV 115		sll. in W, A unl. in Ae	
Blättchen (Chlf. od. Bzl.)		140 (65 mm)	XVII 438		4,5 W 0° sll. in h. W, A	
Nadeln (W)	$1{,}1857^{112°}$	Z.	VI 208		wl. in W ll. in A, Ae	
Blättchen (Ae)	$0{,}991^{95°}$	380-390	XII 1038		swl. in W wl. in k. A ll. in h. A, Ae	Pikrat *Fp* 190°
Krist.	$2{,}9609^{100°}$	189,5	I 68		0,024 W 30° l. in A, Ae, Chlf.	
Nadeln (Eisessig)	$1{,}277^{111°}$	subl.	V 341	mit Dampf flüchtig	wl. in W l. in A ll. in Ae	
hellgelbe Prismen		Z.	VII 225		unl. in k. W zll. in h. A, Ae, Bzl., Chlf.	
Nadeln (PAe)			VI 67			Phenylurethan *Fp* 118°
gelbe Tafeln oder Nadeln (verd. A)			XIII 400		unl. in W ll. in sd. A	
Blättchen od. Nadeln (W)		257 (18 mm)	XIII 238		wl. in k. W ll. in A, Ae, Bzl.	Hydrochlorid *Fp* 288°
Nadeln (A)			V 729		unl. in W l. in A, Ae	
Krist. (A)			V 387		unl. in W ll. in A	
Blättchen (verd. A)	$1{,}419^{15°}$		XII 691		0,22 k. W ll. in sd. W, KOH	
Nadeln (W)		185 (12 mm)	VI 450		ll. in h. W wl. in k. W ll. in Ae	
Blättchen (W)		250 (Z.)	VI 566	schmeckt süß und brennend	wl. in sd. W ll. in A, Ae l. in KOH	

Lfd. Nr.	*Fp*	Name	Summenformel	Strukturformel	Mol.-Gewicht
1	2	3	4	5	6
1380	**93**	Triphenylmethan (Tritan)	$C_{19}H_{16}$	$(C_6H_5)_3CH$	244,31
1381	**93—94**	3(*α*)-Chlor-d-campher	$C_{10}H_{15}OCl$	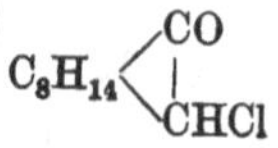	186,67
1382	**93—96**	N-Methyl-5-isopropyl-5-*β*-bromallyl-barbitursäure (Eunarcon)	$C_{11}H_{15}O_3N_2Br$	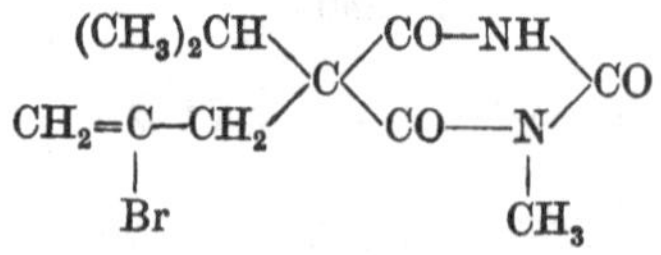	224,25
1383	**93,5**	5,6-Benzochinolin	$C_{13}H_9N$	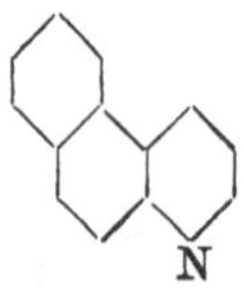	179,21
1384	**94**	p-Acetaminophenolallyläther (Allylphenacetin)	$C_{11}H_{13}O_2N$	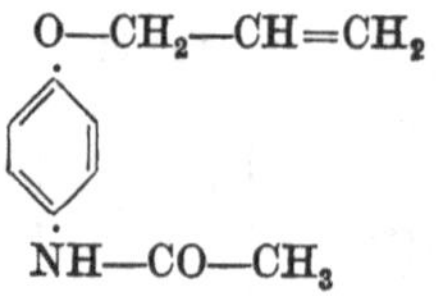	181,22
1385	**94**	5-Brom-2-acetothienon	C_6H_5OBrS	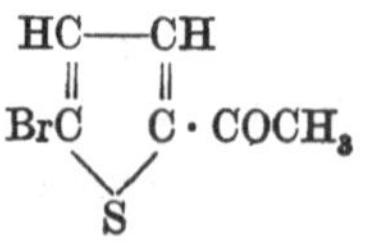	205,08
1386	**94**	*β*-Chlorcrotonsäure	$C_4H_5O_2Cl$	$CH_3 \cdot CCl:CH \cdot COOH$	120,54
1387	**94**	2,4′-Dinitrodiphenyl	$C_{12}H_8O_4N_2$	$O_2N \cdot C_6H_4 \cdot C_6H_4 \cdot NO_2$	244,20

Aggregat-zustand Farbe	Spez. Gewicht	Siede-punkt °C	Beilstein-Zitat	Physikalische Konstanten und Eigenschaften	Löslichkeit	Reaktionen
7	8	9	10	11	12	13
rhomb. Krist. (A)	$1{,}014^{99°}$	359	V 698	kryoskop.Konst. 12,45	unl. in W wl. in k. A ll. in h. A, Ae, Chlf.	mit $SbCl_3$ in CCl_4 → grün Trinitrophenylcarbinol *Fp* 172°; mit sauren Red.-mitteln fuchsinrot
Tafeln (A + Ae)		244-247 (Z.)	VII 117	$[\alpha]^{20}$ +96,2° (A); mit Dampf flüchtig	wl. in h. W 1,6 A 20° ll. in h. A, Ae	
weiße Krist.				bitterer Geschmack	swl. in W l. in Lauge	1. 1 mg Subst. + 10 mg α-Naphthol in 1 ml H_2SO_4 in sd. W-Bad → hellbraun; bei vorsichtiger Erhitzung über freier Flamme tiefbraun → intensiv olivgrün u. gleiche Fluoreszenz 2. 2 mg Subst. in 1 ml W + 2—3 Tropfen 2n-Lauge + 2—3 Tropfen n/10 $KMnO_4$ → blau u. grün 3. 2—3 mg Subst. in 1 ml methylalkoh. $Co(NO_3)_2$-Lsg. + 20 mg Piperazin → rotviolett 4. 2 mg Subst. in 1 ml 1—2%iger Pyridinlsg. in Hitze gelöst. Zur wss. Lsg. tropfenweise 0,4%ige $CuSO_4$-Lsg. → blaßviolette Krist. 5. + 10—20 mg Paraform + 1 ml H_2SO_4 + Fe-H_3PO_4 warm → intensiv orangegrün fluoreszierend
Blättchen (W)		350 (721mm)	XX 464		swl. in W ll. in A, Ae	Pikrat *Fp* 251—252°
glänzende Blättchen			E_1 XIII 161		l. in W ll. in A, Ae, Aceton	
Krist. (CS_2)		206-211	II 415		2,25 W 13° ll. in A, Ae	
Spieße	1,474		V 584		unl. in W ll. in h. A	

Lfd. Nr.	*Fp*	Name	Summenformel	Strukturformel	Mol.-Gewicht
1	2	3	4	5	6
1388	**94**	4,6-Dinitro-m-xylol	$C_8H_8O_4N_2$	$(O_2N)_2C_6H_2(CH_3)_2$	196,16
1389	**94**	β-Phenylhydracrylsäure	$C_9H_{10}O_3$	$C_6H_5 \cdot CH(OH) \cdot CH_2 \cdot COOH$	166,17
1390	**94—95**	dl-Atrolactinsäure	$C_9H_{10}O_3$	$C_6H_5 \cdot C(CH_3)(OH) \cdot COOH$	166,17
1391	**94,9**	o-Xylylenbromid	$C_8H_8Br_2$	$C_6H_4(CH_2Br)_2$	263,97
1392	**95**	Acenaphthen	$C_{12}H_{10}$	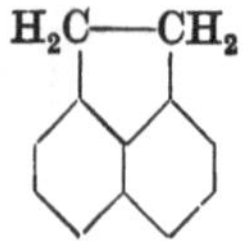	154,20
1393	**95**	Benzil	$C_{14}H_{10}O_2$	$C_6H_5 \cdot CO \cdot CO \cdot C_6H_5$	210,22
1394	**95**	Chinin-O-carbonsäure-äthylester (Euchinin)	$C_{23}H_{28}O_4N_2$	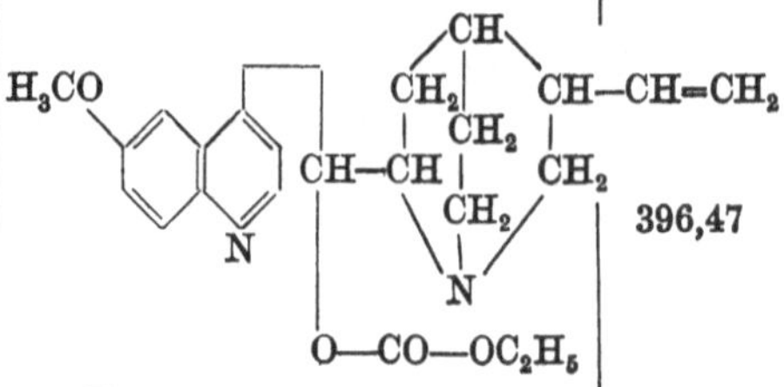	396,47
1395	**95**	1-Dibenzothiophencarbonsäuremethylester	$C_{14}H_{10}O_2S$	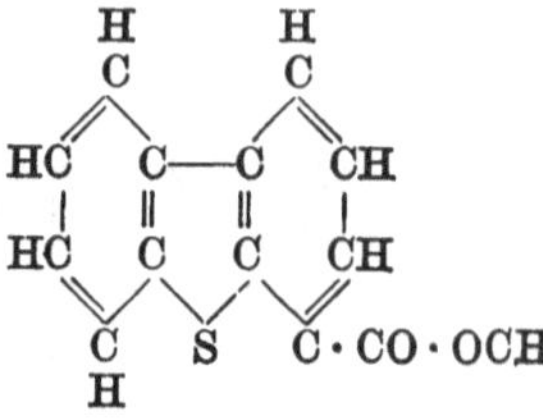	242,28
1396	**95**	4,4′-Dimethylbenzophenon	$C_{14}H_{10}O_2S$	$(CH_3 \cdot C_6H_4)_2CO$	216,26
1397	**95**	Glycin-p-phenetidid (Aminophenacetin, Phenokoll)	$C_{10}H_{14}O_2N_2$	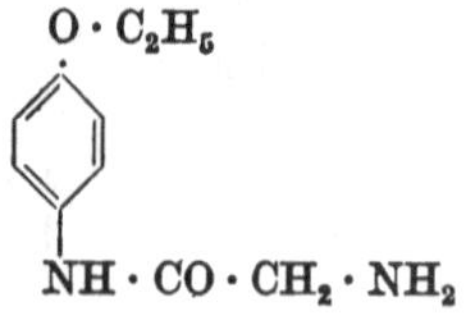	224,69
1398	**95**	Methylarsenmonoxyd	CH_3OAs	$CH_3 \cdot As : O$	105,94
1399	**95**	3-Methylindol (Skatol)	C_9H_9N	$C_6H_4<^{C(CH_3)}_{NH}>CH$	131,17

Aggregat-zustand Farbe	Spez. Gewicht	Siede-punkt °C	Beilstein-Zitat	Physikalische Konstanten und Eigenschaften	Löslichkeit	Reaktionen
7	8	9	10	11	12	13
Prismen (A)			V 380		unl. in W wl. in k. A l. in Ae	
Prismen (W)		180 (Z.)	X 249		3,7 W 20° ll. in h. W swl. in Bzl.	Erhitzen über 180° → Zimtsäure
Nadeln und Tafeln + ½H_2O (W)			X 259		2,2 W 25°	
Krist. (Chlf.)	$1{,}988^{0°}$	(Z.)	V 366		unl. in W ll. in A 20 Ae	
Nadeln (A)	$1{,}024^{99°}$	277,9	V 586		4 A 20° 40,5 A 70° 33 Chlf. 20°	Mit Tetranitromethan → blutrot Pikrat *Fp* 162°, orange-rote Prismen
Prismen (Ae)	$1{,}084^{102°}$	346-348 (geringe Z.)	VII 747	ebullioskop. Konst. 10,5	unl. in W ll. in A, Ae	kochen mit C_2H_5ONa → purpurrot → Entfärbg. 2,4-Dinitrophenylhydra-zon *Fp* 185°, orange Krist. Disemicarbazon *Fp* 243 bis 244°, Blättchen syn. Dioxim *Fp* 237°, rhomb. Blättchen
weiße Krist.-Nadeln			XXIII 531		wl. in W ll. in A, Ae, Chlf.	
Krist. (A)		333 (725mm)	VII 451		unl. in W ll. in A, Ae, CS_2	
Krist. + 1 H_2O			XIII 506			
Würfel (CS_2)		Z.	IV 610			
Blättchen (W oder Lauge)		266	XX 315	riecht fäkal-artig; mit Dampf flüch-tig	0,05 W 16° l. in A	+ h. H_2SO_4 rosa Färbung Fichtenspanreaktion → kirschrot → violett Pikrat *Fp* 172—174°, dunkelrote Nadeln

Lfd. Nr.	*Fp*	Name	Summenformel	Strukturformel	Mol.-Gewicht
1	2	3	4	5	6
1400	**95**	4-Nitrobenzolsulfonsäure	$C_6H_5O_5NS$	$O_2N \cdot C_6H_4 \cdot SO_3H$	203,17
1401	**95**	Salicylsäure-β-naphthylester (Betol)	$C_{17}H_{12}O_3$	$HO \cdot C_6H_4 \cdot COO \cdot C_{10}H_7$	264,26
1402	**95**	α,α-Trithienyl	$C_{12}H_8S_3$	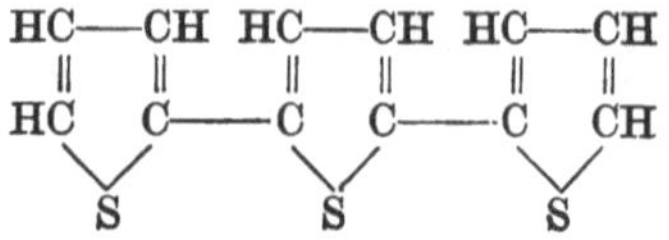	248,42
1403	**95—96**	p-Oxybenzoesäurepropylester (Nipasol)	$C_{10}H_{12}O_3$	$HO \cdot C_6H_4 \cdot COO \cdot CH_2 \cdot CH_2 \cdot CH_3$	180,20
1404	**95—96**	dl-Talit	$C_6H_{14}O_6$	$C_6H_{14}O_6$	182,17
1405	**95—96**	2,4,6-Tribromphenol	$C_6H_3OBr_3$	$C_6H_2Br_3 \cdot OH$	330,83
1406	**95—96** (Z.)	8-Aminonaphthol-(1)	$C_{10}H_9ON$	$H_2N \cdot C_{10}H_6 \cdot OH$	159,18
1407	**96**	3-Aminoacetophenon	C_8H_9ON	$H_2N \cdot C_6H_4 \cdot CO \cdot CH_3$	135,16
1408	**96**	4,4'-Bisdimethylaminobenzhydrol	$C_{17}H_{22}ON_2$	$[(CH_3)_2N \cdot C_6H_4]_2CH \cdot OH$	270,36
1409	**96**	Önanthsäureamid	$C_7H_{15}ON$	$CH_3 \cdot (CH_2)_5 \cdot CO \cdot NH_2$	129,20
1410	**96**	Phenylquecksilberbenzoat	$C_{13}H_{10}O_2Hg$	$C_6H_5 \cdot Hg \cdot O \cdot CO \cdot C_6H_5$	398,82
1411	**96**	Semicarbazid	CH_5ON_3	$H_2N \cdot NH \cdot CO \cdot NH_2$	75,07
1412	**96—97**	5-Äthyl-2-jodmercurithiophen	C_6H_7JSHg	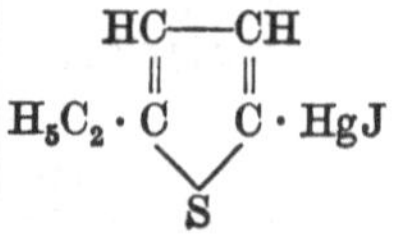	438,71
1413	**96—97**	β-Benzoylacrylsäure	$C_{10}H_8O_3$	$C_6H_5 \cdot CO \cdot CH : CH \cdot COOH$	176,16
1414	**96—97**	3,3'-Dibrom-2,2'-dithienyl	$C_8H_4Br_2S_2$	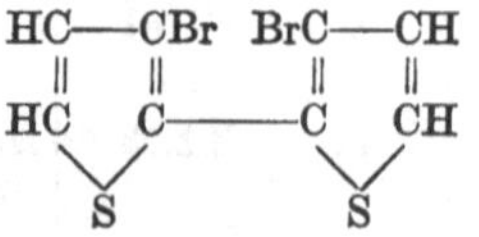	324,06
1415	**96—97**	2,7-Dimethylnaphthalin	$C_{12}H_{12}$	$C_{10}H_6(CH_3)_2$	156,21

Aggregat-zustand Farbe	Spez. Gewicht	Siede-punkt °C	Beilstein-Zitat	Physikalische Konstanten und Eigenschaften	Löslichkeit	Reaktionen
7	8	9	10	11	12	13
Krist.			XI 71	hygroskopisch		Chlorid *Fp* 60° Amid *Fp* 179—180°
Krist. (A)			X 80		unl. in W. l. in A	
			XIX 396			
weiße Krist.					unl. in k. W l. in h. W ll. in A	Ls. + $Fe(NO_3)_3$ → Violettfärbung + Paraform-H_2SO_4 erwärmt → rotbraun + 2 Tropfen Eisen-H_3PO_4 → braun + 1 ml H_2SO_4 → grün + Paraform → violettrot + H_2O_2 → grün
Prismen			I 533			
gelbliche bis rötliche Nadeln	$2{,}50^{50°}_{50°}$	subl.	VI 203	phenolartiger Geruch; wirkt antiseptisch	(0,007 W 15°) unl. in W l. in Lauge ll. in A, Ae	3 mg in A + 1 Tropfen 2n NH_3 + $AgNO_3$ → tieforange gefärbte Gallerte
Nadeln (Bzl.)			XIII 671		ll. in h. W, HCl, Alkali	Lsgg. in A und Eg. sind blau
Blättchen (verd. A)		289-290	XIV 45			
Prismen (Bzl.)			XIII 698		unl. in W ll. in h. A, Ae, Bzl., h. Eg.	
Blättchen (W)	$0{,}8499^{112°}$	250-258	II 340			
Nadeln (A)						
Blättchen (Propyl-A)					ll. in Ae, Bzl., Dioxan, Aceton	
Prismen (A)			III 98	durch Feuchtigkeit zersetzt	ll. in W, A unl. in Ae	Chlorhydrat *Fp* 175°, Prismen Sulfat *Fp* 145°, Prismen Pikrat *Fp* 166°, gelbe Nadeln
Blättchen (W)			X 726		wl. in k. W ll. in A, Ae	Oxim *Fp* 168° (Z.)
Blättchen (A)		262	E_1 V 268		unl. in W wl. in k. A ll. in Bzl.	

Lfd. Nr.	*Fp*	Name	Summenformel	Strukturformel	Mol.-Gewicht
1	2	3	4	5	6
1416	**96—97**	Glykolaldehyd	$C_2H_4O_2$	$HO \cdot CH_2 \cdot CHO$	60,05
1417	**96—98**	2,5-Dibrom-3-nitro-thiophen	$C_4HO_2NBr_2S$	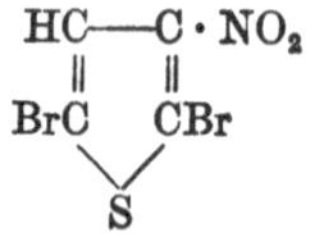	286,95
1418	**96—98**	Tropinmandelsäureester (Homatropin)	$C_{16}H_{21}O_3N$	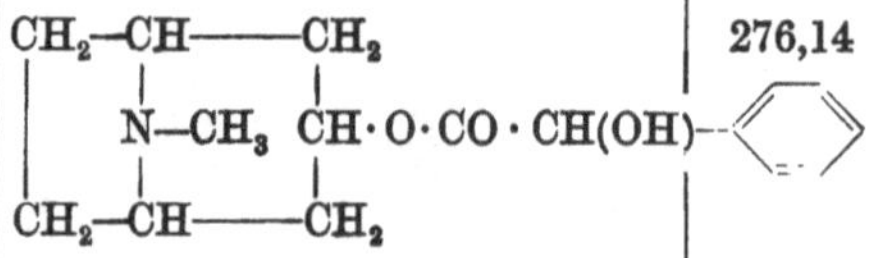	276,14
1419	**96,1**	α-Naphthol	$C_{10}H_8O$	$C_{10}H_7 \cdot OH$	**144,16**
1420	**96,5** bis **97,5**	5,5′-Ditolyl-2,2′-dithienyl	$C_{22}H_{18}S_2$	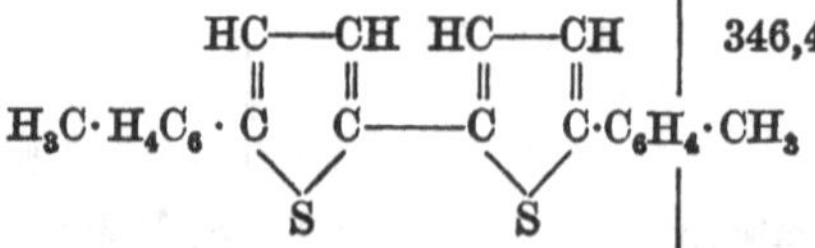	346,48
1421	**97**	Aldehydammoniak	$C_6H_{21}O_3N_3$	$[C_2H_7ON]_3$	183,25

Aggregatzustand Farbe	Spez. Gewicht	Siedepunkt °C	Beilstein-Zitat	Physikalische Konstanten und Eigenschaften	Löslichkeit	Reaktionen
7	8	9	10	11	12	13
Platten	$1{,}366^{100°}$		I 817	schmeckt süß	ll. in W, h. A wl. in Ae	Phenylhydrazon *Fp* 162°, Schuppen p-Nitrophenylhydrazon *Fp* 177°, braunrote Nadeln
weiße Krist.			XXI 23	bitterer Geschmack	l. in A, Ae, Chlf.	erhitzen mit 1 Tropfen Fe-H_2SO_4 → Honiggeruch → Benzaldehydgeruch 1. Subst. + 1 Tropfen $HNO_3 \cdot H_2SO_4$ vorsichtig im W-Bad erhitzt → blau bis blaugrün 2. Subst. + H_2SO_4 in sd. W-Bad → schwach gelb + α-Naphthol → violettrot 3. Subst. + Paraform-H_2SO_4 gelinde erwärmt → grünstichig gelb, fluoresziert rötlich 4. Subst. + alkal. HgJ_2-Lsg. bei Zimmertemperatur klar — bei Kochen eigelbe Färbung Bromhydrat *Fp* 214—215°
weißrosa Krist.	$1{,}0954^{99°}$ $1{,}224^{20°}$	278-280	VI 596	$n_D^{98,7}$ 1,62064; $R_D^{98,7}$ 46 25cm; $n_F^{98,7}$ 323,9; mit Dampf flüchtig; schmeckt brennend; Staub reizt zum Niesen; giftig; rauchartiger Geruch; sublimiert in Nadeln	unl. in W wl. in h. W ll. in A, Ae l. in Lauge l. in CCl_4 (Trennung von β-Naphthol)	1. Subst. + $Fe(NO_3)_3$ → weiß, langsam violetroter Nd. 2. Subst. + Fe-H_2SO_4 → intensiv grün 3. Lsg. in Lauge + $CHCl_3$ — erwärmen grün + HCHO → grün → blau 4. 2 mg Subst. + 1 ml W + 2 Tropfen Formollsg. + 2—3 Tropfen 2n-HCl — alkalisch machen mit Lauge → intensiv stahlblaue Lsg. beim Schütteln (Gegensatz zu β-Naphthol)
Krist.			XXVI 7		∞ in W l. in A wl. in Ae	

Lfd. Nr.	*Fp*	Name	Summenformel	Strukturformel	Mol.-Gewicht
1	2	3	4	5	6
1422	97	Dibenzothiophen	$C_{12}H_8S$	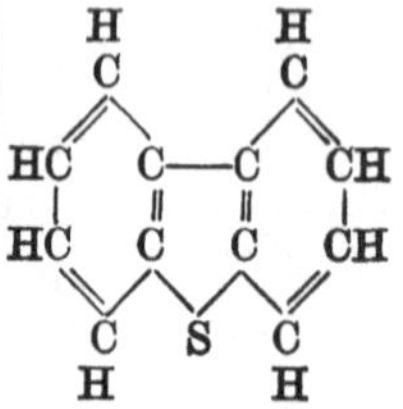	184,24
1423	97	3-Nitrophenol	$C_6H_5O_3N$	$O_2N \cdot C_6H_4 \cdot OH$	139,11
1424	97	6-Nitro-o-toluidin ($NH_2 = 1$)	$C_7H_8O_2N_2$	$CH_3 \cdot C_6H_3(NO_2) \cdot NH_2$	152,15
1425	97	Percain (Nupercain, *α*-Butoxycinchonin-säurediäthylamino-äthylamidhydrochlorid)	$C_{20}H_{30}O_2N_3Cl$	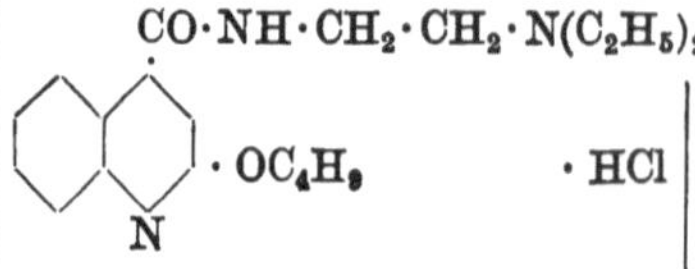	396,93
1426	97	Phthalaldehydsäure	$C_8H_6O_3$	$OHC \cdot C_6H_4 \cdot COOH$	150,13
1427	97	*β*,*β*,*β*-Trichlor-tert.-butyl-alkohol	$C_4H_7OCl_3$	$(CH_3)_2C(OH) \cdot CCl_3$	177,47
1428	97—98	Furfurolphenylhydrazon	$C_{11}H_{10}ON_2$	$C_4H_3O \cdot CH : N \cdot NH \cdot C_6H_5$	186,20
1429	97—98	Glutarsäure	$C_5H_8O_4$	$CH_2(CH_2 \cdot COOH)_2$	132,11
1430	98	*l*-Cocain	$C_{17}H_{21}O_4N$	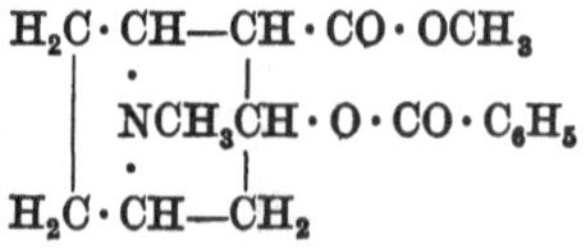	303,34
1431	98	Diazoaminobenzol	$C_{12}H_{11}N_3$	$C_6H_5 \cdot N : N \cdot NH \cdot C_6H_5$	197,23
1432	98	Dichloracetamid	$C_2H_3ONCl_2$	$Cl_2CH \cdot CO \cdot NH_2$	127,97

Aggregat-zustand Farbe	Spez. Gewicht	Siede-punkt °C	Beilstein-Zitat	Physikalische Konstanten und Eigenschaften	Löslichkeit	Reaktionen
7	8	9	10	11	12	13
		332-333	XVII 72		sll. in Ae, Bzl., h. A	CrO_3 oxydiert zum Sulfon *Fp* 230°
Krist. (Ae)	$1{,}485^{20°}$	194 (70 mm)	VI 222		1,35 W 25° 13,3 W 90° 221 A 17° 143,7 Ae 16°	
orange Prismen (verd. A)	1,190		XII 843		wl. in W ll. in A, Ae	Acetylderivat *Fp* 158°
weiße Blättchen				sehr stark anästhesierend		5 mg Subst. in 1 ml W + 1 Tropfen $Fe(NO_3)_3$-Lsg. und einige Kriställchen Ferroammonsulfat sowie 5—6 Tropfen 0,06%ige H_2O_2-Lsg. → langsam olivgrün
Blättchen (W)	1,404		X 666		ll. in W, A, Ae	Äthylester *Fp* 64°, Nadeln Benzoylhydrazon *Fp* 189°, Prismen Semicarbazon *Fp* 202°, Nadeln
Krist.		166,4	I 382	mit Dampf flüchtig; riecht campherartig; wirkt antiseptisch und anästhesierend	unl. in k. W l. in h. W ll. in A, Ae	
Blättchen			XVII 282		unl. in W ll. in A, Ae	
Prismen (W oder Bzl.)	1,429	302-304	II 631		83,3 W 14° ll. in A, Ae	Diamid *Fp* 176°, Blättchen Imid *Fp* 151—152°, Schuppen p-Phenylphenacylester *Fp* 152°
Prismen (A)			XXII 198	$[\alpha]_D^{20}$ —16,3° (Chlf.); wirkt anästhesierend; schmeckt schwach bitter; verursacht taubes Gefühl auf der Zunge	0,18 W 20° 20 A 25° 12 Ae 20° 31,9 CCl_4 20°	Verreibt man mit Glasstab auf einem Uhrglas 3 mg Subst. mit 1 Teil 5%iger K_2CrO_4-Lsg., so entstehen Kristalle; + 1 Tropfen konz. HCl verwandelt sie in ein orange gefärbtes Harz. Beim Verreiben mit 1 Tropfen n/10-$KMnO_4$-Lsg. entstehen gut ausgebildete Kristalle des Cocainpermanganat Pikrat *Fp* 165—166°
gelbe Blättchen (A)		Z.	XVI 687		swl. in W l. in h. A ll. in Ae	
Krist.		233 (745 mm)	II 205		swl. in h. W, A, Ae	

Lfd. Nr.	*Fp*	Name	Summenformel	Strukturformel	Mol.-Gewicht
1	2	3	4	5	6
1433	**98**	Guajacolphosphat (Phosphorsäure-triguajacolester)	$C_{21}H_{21}O_7P$	$(CH_3 \cdot O \cdot C_6H_4 \cdot O)_3PO$	416,36
1434	**98**	Nicotinsäuremethylester-chlormethylat (Pyridin-3-carbonsäure-methylesterchlormethylat, Cesol)	$C_8H_{10}O_2NCl$	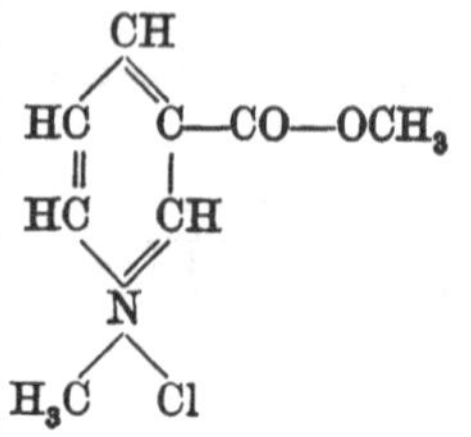	187,63
1435	**98**	5-Nitro-m-toluidin	$C_7H_8O_2N_2$	$CH_3 \cdot C_6H_3(NO_2) \cdot NH_2$	152,15
1436	**98**	2-Oxy-4,6-dimethoxy-benzophenon	$C_{15}H_{14}O_4$	$C_6H_5 \cdot CO \cdot C_6H_2(O \cdot CH_3)_2 \cdot OH$	258,26
1437	**98**	Phenylquecksilbermethyl-salicylat	$C_{14}H_{12}O_3Hg$	$C_{14}H_{12}O_3Hg$	428,85
1438	**98—99**	3-Benzalphthalid	$C_{15}H_{10}O_2$	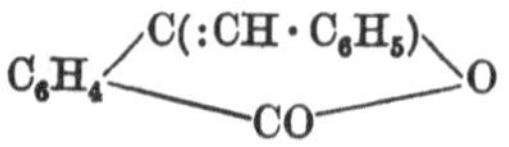	222,23
1439	**98—99**	3-Jod-2-nitrothiophen	$C_4H_2O_2NJS$	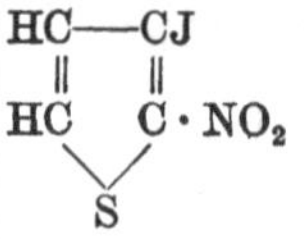	255,04
1440	**98—99**	Phenoxyessigsäure	$C_8H_8O_3$	$C_6H_5 \cdot O \cdot CH_2 \cdot COOH$	152,14
1441	**98-101**	Acetaldehydphenylhydrazon	$C_8H_{10}N_2$	$CH_3 \cdot CH : N \cdot NH \cdot C_6H_5$	134,17
1442	**98 bis 101**	5-Bromthiophen-2,4-disulfonsäurechlorid	$C_4HO_4Cl_2BrS_3$	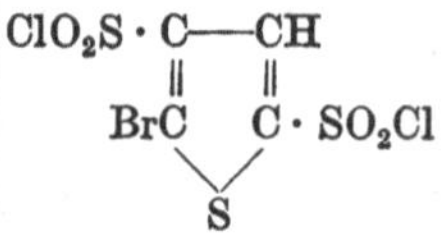	360,06
1443	**98,5**	Benztriazol	$C_6H_5N_3$	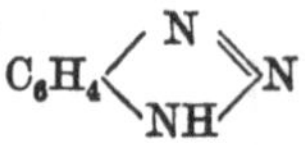	119,12
1444	**98,5**	β-Methyl-trans-zimtsäure	$C_{10}H_{10}O_2$	$C_6H_5 \cdot C(CH_3) : CH \cdot COOH$	162,18
1445	**98,5**	Naphthylendiamin-(1,2)	$C_{10}H_{10}N_2$	$H_2N \cdot C_{10}H_6 \cdot NH_2$	158,19
1446	**99**	2,4-Diaminotoluol (asymm.-m-Toluylen-diamin)	$C_7H_{10}N_2$	$CH_3 \cdot C_6H_3(NH_2)_2$	122,16
1447	**99**	2,5-Dioxybenzaldehyd	$C_7H_6O_3$	$(HO)_2C_6H_3 \cdot CHO$	138,12
1448	**99**	Flavon	$C_{15}H_{10}O_2$	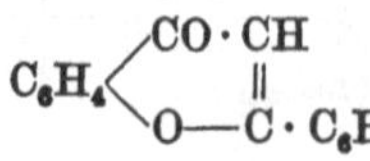	222,23

Aggregat-zustand Farbe	Spez. Gewicht	Siede-punkt °C	Beilstein-Zitat	Physikalische Konstanten und Eigenschaften	Löslichkeit	Reaktionen
7	8	9	10	11	12	13
			VI 782		l. in A, Chlf., Aceton	
weiße hygro-skop. Krist.			XXII 39		ll. in W	
gelbrote Nadeln			XII 419		swl. in k. W l. in A ll. in Ae	
hellgelbe Nadeln (verd. A)			VIII 877		wl. in sd. W l. in A ll. in Ae sll. in Chlf. l. in Alkali gelb	
Blättchen (Methyl-alkohol)					ll. in A, Bzl. swl. in Ae	
Prismen (A)			XVII 376		url. in W wl. in k. A ll. in h. A	
			XVII 35			
Nadeln (W)		285 (Z.)	VI 161	wirkt antisep-tisch	1,24 W 10° ll. in A, Ae	
	1,18	236 (20mm)	XV 127		l. in A	
Nadeln (Chlf.)			XXVI 38		unl. in W l. in A, Bzl.	
Nadeln (CS_2)		171-174 (15mm)	IX 614		unl. in W ll. in A, Ae 19,2 Bzl. 21° 2,08 PAe 21°	Amid *Fp* 119°
Blättchen (W)		150 (0,5mm)	XIII 196		wl. in W ll. in A, Ae	
Nadeln (W)		280	XIII 124		ll. in sd. W, A, Ae	
gelbe Nadeln (Bzl.)			VIII 244		ll. in W, A, Ae	
Nadeln (Lg.)			XVII 373		unl. in W ll. in A, Ae	Lsgg. in H_2SO_4 fluoreszie-ren violettblau

Lfd. Nr.	*Fp*	Name	Summenformel	Strukturformel	Mol.-Gewicht
1	2	3	4	5	6
1449	**99**	Reten	$C_{18}H_{18}$	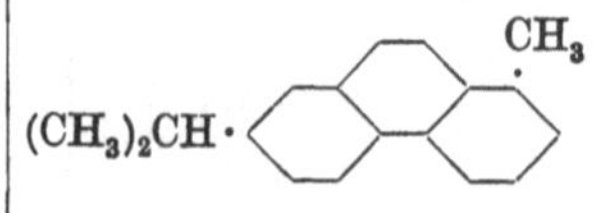	234,32
1450	**99**	symm.-Tetrazin	$C_2H_2N_4$	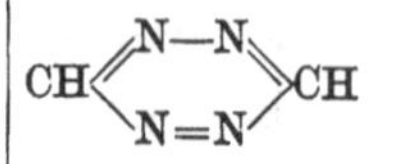	82,07
1451	**99** bis **100**	Bis-[4-methyl-5-äthyl-thienyl-(2)]-queck-silber	$C_{14}H_{18}S_2Hg$	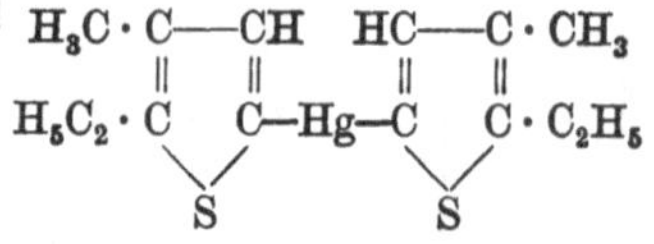	250,40
1452	**99,5**	α-Chlorcrotonsäure	$C_4H_5O_2Cl$	$CH_3 \cdot CH:CCl \cdot COOH$	120,54
1453	**100**	*l*-Äpfelsäure	$C_4H_6O_5$	$HOOC \cdot CH_2 \cdot CH(OH) \cdot COOH$	134,09
1454	**100**	2,2′-Arsenothiophen	$C_8H_6S_2As_2$	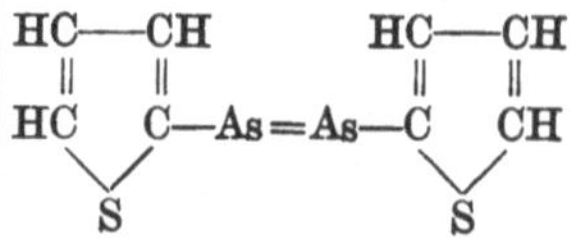	316,07
1455	**100** (Z.)	Benzoltrisulfonsäure-(1,3,5)	$C_6H_6O_9S_3$	$C_6H_3(SO_3H)_3$	318,29
1456	**100**	Phenanthren	$C_{14}H_{10}$	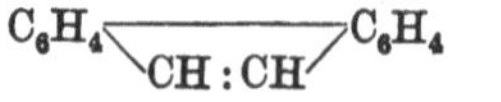	178,22
1457	**100** (Z.)	Phenol-2,4-disulfonsäure	$C_6H_6O_7S_2$	$HO \cdot C_6H_3(SO_3H)_2$	254,23
1458	**100**	Phloroglucincarbonsäure	$C_7H_6O_5$	$(HO)_3C_6H_2 \cdot COOH$	170,12
1459	**100**	1,2,4-Triaminobenzol	$C_6H_9N_3$	$C_6H_3(NH_2)_3$	123,15
1460	**100**	p-Xylylenchlorid	$C_8H_8Cl_2$	$C_6H_4(CH_2Cl)_2$	175,06

Aggregatzustand Farbe	Spez. Gewicht	Siedepunkt °C	Beilstein-Zitat	Physikalische Konstanten und Eigenschaften	Löslichkeit	Reaktionen
7	8	9	10	11	12	13
Blättchen (A)	1,13	390	V 683	kryoskop.Konst. 12,16; sublimiert unter Siedepunkt; etwas mit Wasserdampf flüchtig	unl. in W 3 k. A 69 sd. A ll. in h. Ae, Bzl. sll. ib sd. Eg.	Schmelzen mit Mellitsäureanhydrid → karminrot Pikrat *Fp* 123—124°, orangegelbe Nadeln mit 1,3,5-Trinitrobenzol *Fp* 139—140°, gelbe Nadeln
rote Säulen		subl.	XXVI 353		l. in W, A, Ae	
Nadeln (W)		212	II 414		2,01 W 13° ll. in A, Ae	
zerfließliche Nadeln	$1{,}595^{20°}$	Z.	III 419		sll. in W, A 8,4 Ae 15°	wss. Lsg. + $Fe(NO_3)_3$-Lsg. zitronengelb 1 mg Subst. in eine Lsg. von 5 mg β-Naphthol in 1 ml konz. H_2SO_4 eingetragen beim Erhitzen im sd. W-Bad → gelb mit intensiv grüner Fluoreszens Phenacylester *Fp* 106° Bisphenylhydrazid *Fp* 220 bis 223°
Nadeln			XI 227		l. in W	Trichlorid *Fp* 184°
Tafeln (A)	$1{,}063^{101°}$	340	V 667	kryoskop.Konst. 12,0; subl. in Blättchen; zeigt auch in Lsg. blaue Fluoreszenz	unl. in W 2,62 A 16° 10,08 sd. A 8,93 Ae 15,5° 16,72 Bzl. 15,5° 33 Toluol 16°	Mit Mellitsäureanhydrid → rote Schmelze mit 0,5%iger Ammoniummolybdat-Lsg. in H_2SO_4 gibt 1 Tropfen alkohol. Phenanthren-Lsg. → intensiv Blaufärbung, beim Erwärmen braunrot + NaOH orangerot Pikrat *Fp* 145°, goldgelbe Nadeln
zerfließliche Nadeln			XI 250		ll. in W, A unl. in Ae	
Krist. + $1 H_2O$			X 468		wl in k. W l. in A ll. in Ae unl. in Bzl.	+ sd. W → Phloroglucin
Blättchen (Chlf.)		~340	XIII 294		ll. in w. A swl. in Ae	
Blättchen (A)	$1{,}417^{0°}$	240-245 (Z.)	V 384		unl. in W l. in A	

Lfd. Nr.	*Fp*	Name	Summenformel	Strukturformel	Mol.-Gewicht
1	2	3	4	5	6
1461	100	d-Zuckersäure	$C_6H_{10}O_8$	$HOOC \cdot [CH(OH)]_4 \cdot COOH$	210,14
1461a	100 bis 101	2,5-Bis-[5′-methylthienyl-(2′)]-thiophen	$C_{14}H_{12}S_3$	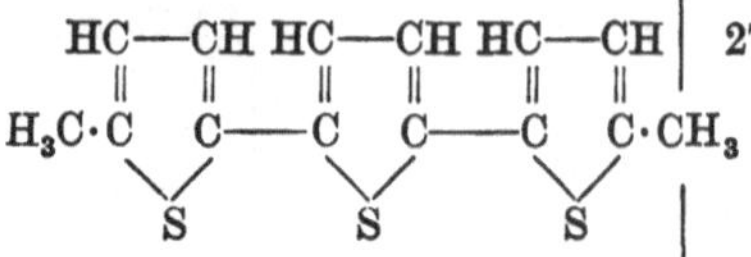	276,42
1461b	100 bis 101	2-Methoxybenzoesäure	$C_8H_8O_3$	$CH_3 \cdot O \cdot C_6H_4 \cdot COOH$	152,14
1461c	100 bis 120	Hämatoxylin	$C_{16}H_{14}O_6$	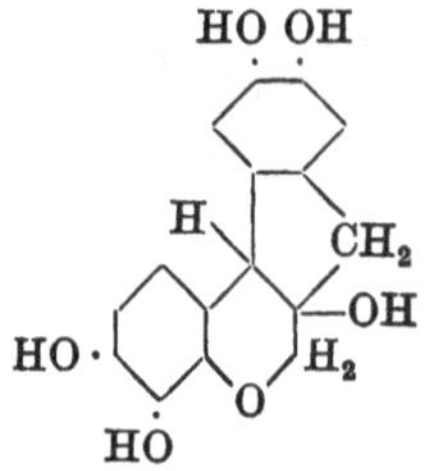	302,27
1461d	100,5	Xanthen	$C_{13}H_{10}O$	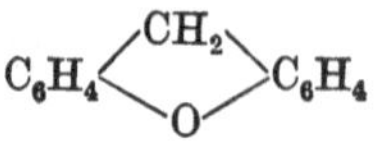	182,21
1461e	101	Capronamid	$C_6H_{13}ON$	$CH_3 \cdot (CH_2)_4 \cdot CO \cdot NH_2$	115,17
1461f	101	2,5-Dinitro-m-xylol	$C_8H_8O_4N_2$	$(O_2N)_2C_6H_2(CH_3)_2$	196,16
1461g	101	Novocainnitrat (p-Aminobenzoesäure-ester des Diäthyl-äthanolaminnitrats)	$C_{13}H_{21}O_5N_3$	$C_6H_4<^{NH_2}_{CO_2 \cdot C_2H_4 \cdot N(C_2H_5)_2}$; HNO_3	275,30
1462	101 bis 102	Acetyldiphenylamin	$C_{14}H_{13}ON$	$CH_3 \cdot CO \cdot N(C_6H_5)_2$	211,25
1463	101 bis 102	Di-[2-thienyl]-tribrom-äthan	$C_{10}H_7Br_3S_2$	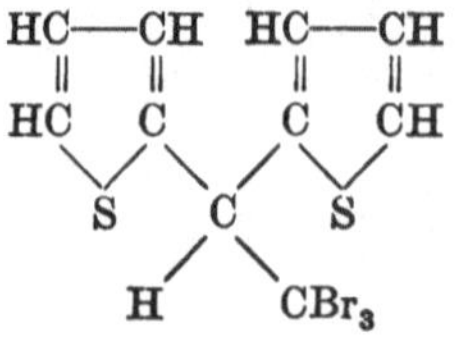	431,02
1464	101 bis 102	Thiobenzanilid	$C_{13}H_{11}NS$	$C_6H_5 \cdot CS \cdot NH \cdot C_6H_5$	213,28
1465	102	o-Aminoazotoluol (o-Toluol-azo-o-toluidin)	$C_{14}H_{15}N_3$	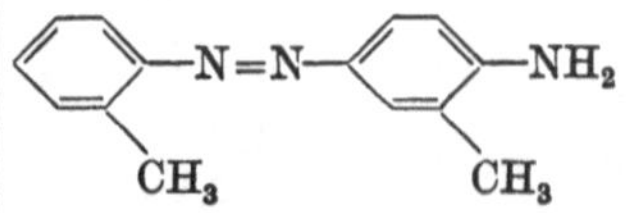	225,29
1466	102	*l*-Arabit	$C_5H_{12}O_5$	$HO \cdot CH_2 \cdot [CH(OH)]_3 \cdot CH_2 \cdot OH$	152,14

Aggregatzustand Farbe	Spez. Gewicht	Siedepunkt °C	Beilstein-Zitat	Physikalische Konstanten und Eigenschaften	Löslichkeit	Reaktionen
7	8	9	10	11	12	13
Sirup			III 577		l. in W, A wl. in Ae	Ag-Salz, lichtempfindliche Nadeln Chininsalz *Fp* 174°, langgestreckte Nadeln Benzolverbindung *Fp* 215°, sehr schwer löslich
Tafeln (W)		200 (Z.)	X 64		0,5 W 30° ll. in A, Ae	
weiße, meist gelbe oder rosa Krist. + $3H_2O$ (verd. H_2SO_3)		Z.	XVII 219		wl. in k. W l. in A, Ae l. in NH_4OH und Na_2CO_3-Lsg. violettrot in Lauge violettblau	1 mg Subst. in 5 ml A 1. + 2 ml W + Barytwasser → blauer Nd. 2. + Mg-Salz + NH_3 → weiße, rasch violettstichig blau werdende Trübung
Blättchen (A)		315	XVII 73		swl. in W wl. in k. A l. in A, Bzl., Chlf. l. in H_2SO_4 gelb	
Tafeln (A)	0,999		II 324		l. in h. W, A, Ae	
Krist. (A)			V 380		unl. in W ll. in A, Ae	
weiße Krist.			E_1 XIV 568	Geschmack bitter; anästhesierend; geruchlos	l. in W, A	0,1 g Subst. in 1 ml konz. H_2SO_4 überschichten mit $FeSO_4$-Lsg., an Berührungsfläche → brauner Ring
Blättchen (W)		subl.	XII 247		wl. in W, Ae	
gelbe Tafeln (A)			XII 269		swl. in sd. W ll. in A, NaOH sll. in Ae	Dest. → 2-Phenylbenzthiazol
rötlichbraunes Plv.					unl. in W ll. in A, Ae	Chlorhydrat orangegelbe Tafeln Diacetylverbindung (Pellidol) *Fp* 75°, blaßrotgelbes Plv.
Krist.			I 531	in W inaktiv in Boraxlsg. linksdrehend	sll. in W 2,18 90% A 12°	

Lfd. Nr.	*Fp*	Name	Summenformel	Strukturformel	Mol.-Gewicht
1	2	3	4	5	6
1467	102	4,4'-Bis-dimethylamino-triphenylmethan (Leukomalachitgrün)	$C_{23}H_{26}N_2$	$C_6H_5 \cdot CH[C_6H_4 \cdot N(CH_3)_2]_2$	330,45
1468	102	cis-Chinit	$C_6H_{12}O_2$	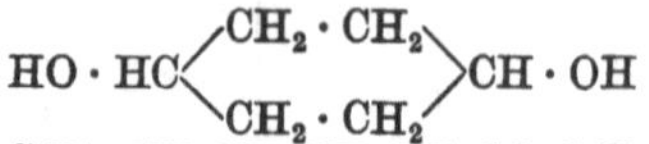	116,15
1469	102	Cinnamalacetophenon	$C_{17}H_{14}O$	$C_6H_5 \cdot CH:CH \cdot CH:CH \cdot CO \cdot C_6H_5$	234,28
1470	102	Cumaranon	$C_8H_6O_2$	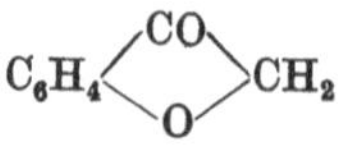	134,13
1471	102	2,4-Dibrom-3,5-dinitro-thiophen	$C_4O_4N_2Br_2S$	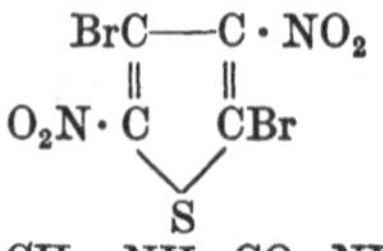	331,95
1472	102	Methylharnstoff	$C_2H_6ON_2$	$CH_3 \cdot NH \cdot CO \cdot NH_2$	74,08
1473	102	3-Nitro-d-campher	$C_{10}H_{15}O_3N$	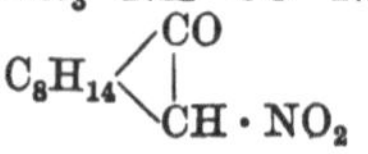	197,23
1474	102	2-Phenylnaphthalin	$C_{16}H_{12}$	$C_{10}H_7 \cdot C_6H_5$	204,25
1475	102 bis 103	p-Brombenzolsulfonsäure	$C_6H_5O_3BrS$	$Br \cdot C_6H_4 \cdot SO_3H$	237,08
1476	102 bis 103	5,5'-Dimethyl-3-oxy-2,3'-dithienyl-4,4'-dicarbonsäurediäthylester	$C_{16}H_{18}O_5S_2$	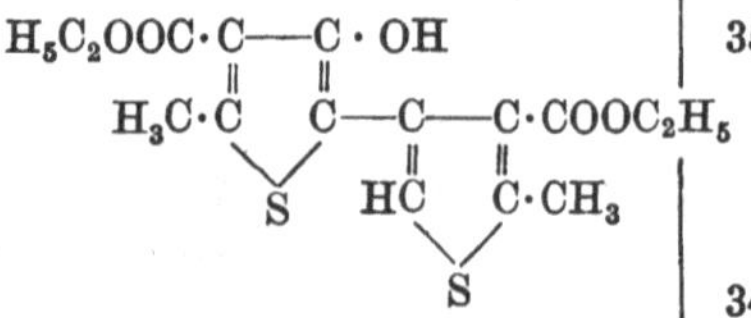	354,42
1477	102 bis 103	Maltose	$C_{12}H_{22}O_{11}$	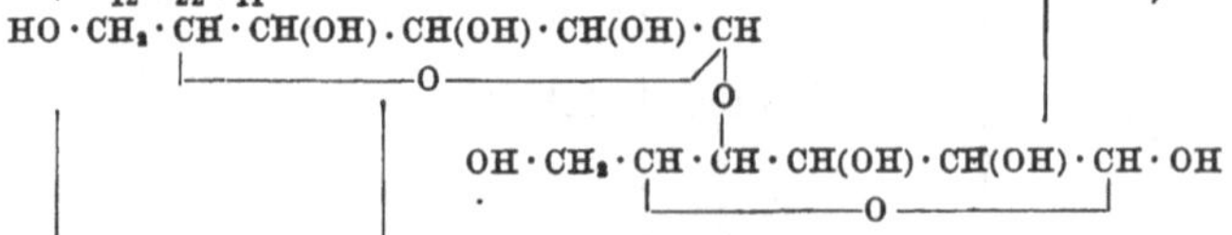	342,29
1478	102 bis 104	Fructose (Lävulose)	$C_6H_{12}O_6$	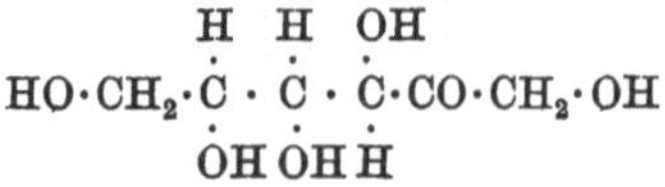	180,15
1479	102 bis 104	N-Methylacetanilid	$C_9H_{11}ON$	$C_6H_5 \cdot N(CH_3) \cdot CO \cdot CH_3$	149,18
1480	102,5	N,N'-Dimethylharnstoff	$C_3H_8ON_2$	$CH_3 \cdot NH \cdot CO \cdot NH \cdot CH_3$	88,11
1481	102,5	Mekonin	$C_{10}H_{10}O_4$	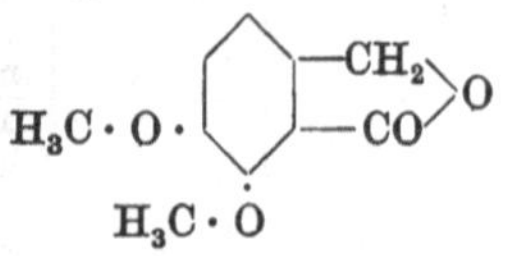	194,18

Aggregatzustand Farbe	Spez. Gewicht	Siedepunkt °C	Beilstein-Zitat	Physikalische Konstanten und Eigenschaften	Löslichkeit	Reaktionen
7	8	9	10	11	12	13
Nadeln (Bzl.)			XIII 275		unl. in W l. in A ll. in Ae, Bzl. wl. in Lauge	
Prismen (Aceton)		subl.	VI 741		ll. in W, A swl. in Ae, Chlf.	
gelbe Nadeln (A)			VII 499		unl. in W l. in A, Ae + H_2SO_4 → rot	
Nadeln (A)		152-154 (16mm)	XVII 118	riecht nach Hyazinthen	wl. in W ll. in A, Ae l. in NaOH	
Prismen (W od. A)	1,204	Z.	IV 64		ll. in W, A unl. in Ae	
Prismen (Bzl.)			VII 128		unl. in W l. in A, Ae ll. in Bzl., Chlf.	
Blättchen (A)		345-346	V 687	mit Dampf flüchtig	unl. in W l. in A, Ae ll. in Bzl.	
Nadeln		155 (Vak.)	XI 57			
						Chlorid *Fp* 75—76° Amid *Fp* 165°
Nadeln (W)	1,540			Spaltung → Glukose; süßer Geschmack	79 W 21° 140 W 50° 569 W 96° wl. in A, Ae	reduziert Fehlingsche Lsg. Phenylosazon *Fp* 208°, hellgelbe Nadeln
weiße Nadeln + ½H_2O (W)	$1{,}669^{18°}$		I 918	$[\alpha]_D^{20}$ —133,5; süßer Geschmack	355 W 20° 8,3 A 18° l. in Ae	wss. Lsg. + Lauge beim Erhitzen → gelb ammoniakal. Silbernitratlsg. wird reduziert 50 mg Subst. in 1 ml W. + 0,5 ml. 20%ige HCl 5 Min. in W-Bad erhitzen → stark blau
Blättchen (Lg.)	$0{,}977^{120°}$	245	XII 245		wl. in W l. in A	
Prismen (Chlf.+Ae)	1,142	268-270	IV 65		ll. in W, A swl. in Ae	
Nadeln (W)		subl.	XVIII 89		0,14 W 15° 4,5 sd. W l. in A, Ae H_2SO_4 rot	

Lfd. Nr.	*Fp*	Name	Summenformel	Strukturformel	Mol.-Gewicht
1	2	3	4	5	6
1482	103	Chloralurethan	$C_5H_8O_3NCl_3$	$CCl_3 \cdot CH \cdot NH \cdot CO_2 \cdot C_2H_5$ OH	236,52
1483	103	3,4-Dibrom-2,5-di-[dichlormethyl]-thiophen	$C_6H_2Cl_4Br_2S$	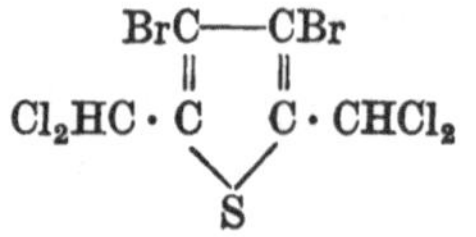	407,80
1484	103	1-Nitronaphthol-(2)	$C_{10}H_7O_3N$	$O_2N \cdot C_{10}H_6 \cdot OH$	189,16
1485	103	5-Oxythionaphthen	C_8H_6OS	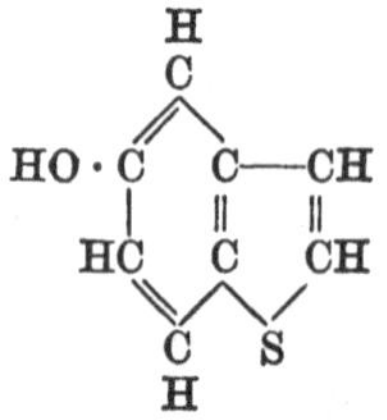	150,19
1486	103	2-Phenylbenzoxazol	$C_{13}H_9ON$	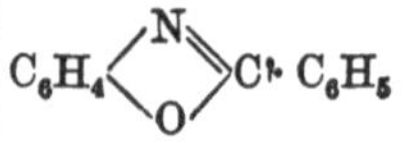	195,21
1487	103	1,2,3-Triaminobenzol	$C_6H_9N_3$	$C_6H_3(NH_2)_3$	123,15
1488	103	3,5,5'-Trichlor-2,2'-dithienyl	$C_8H_3Cl_3S_2$	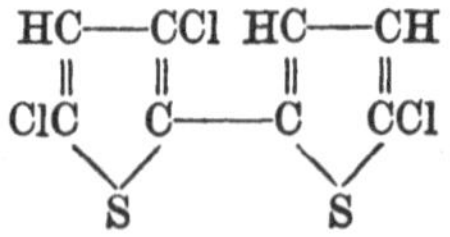	269,60
1489	103 bis 104	Benzoylessigsäure	$C_9H_8O_3$	$C_6H_5 \cdot CO \cdot CH_2 \cdot COOH$	164,15
1490	103 bis 104	1,2-Dioxynaphthalin	$C_{10}H_8O_2$	$C_{10}H_6(OH)_2$	160,16
1491	103,8	o-Phenylendiamin	$C_6H_8N_2$	$H_2N \cdot C_6H_4 \cdot NH_2$	108,14
1492	104	Äthandisulfonsäure-(1,2)	$C_2H_6O_6S_2$	$HO_3S \cdot CH_2 \cdot CH_2 \cdot SO_3H$	190,19
1493	104	Atophanguajacolester (Guphen)	$C_{23}H_{17}O_3N$	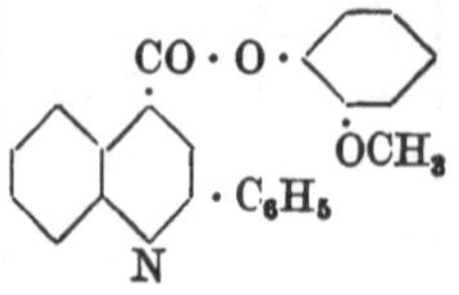	355,36

Aggregatzustand Farbe	Spez. Gewicht	Siedepunkt °C	Beilstein-Zitat	Physikalische Konstanten und Eigenschaften	Löslichkeit	Reaktionen
7	8	9	10	11	12	13
weiße Krist.			III 24	geruch- und geschmacklos	wl. in W	+ starke Säure — erhitzen → Geruch nach Chloralhydrat + $AgNO_3$ — erhitzen + 1 Tropfen 2n-NH_3 → scheidet Ag ab alkohol. HgJ_2-Lsg. beim Erhitzen → rotbraunen Nd.
gelbe Nadeln od. Blättchen (A)			VI 653 XVII 119		l. in A	
Nadeln (verd. A)			XXVII 72	mit Dampf flüchtig	unl. in k. W l. in A, Ae	
Krist.		336	XIII 294		sll. in W, A, Ae	
Nadeln (Bzl. + PAe)			X 672		l. in h. W ll. in A, Ae	Erhitzen über *Fp* 104° → CO_2 + Acetophenon + $Fe(NO_3)_3$ → violett
Nadeln (CS_2)			VI 975		wl. in W l. in A, Ae l. in Alkalien gelb, an der Luft grün	Diacetat *Fp* 104—106°
Blättchen (Chlf.)		256-258	XIII 6	sublimierbar	4,22 W 35° ll. in A, Ae, Chlf.	+ $FeCl_3$ + HCl → rote Nadeln (Hydrochlorid des 2,3-Diaminophenazins) Diacetylderivat *Fp* 185 bis 186°, Nadeln
Nadeln (Eg.)			IV 11		ll. in A	
weiße Krist.				geruch- und geschmacklos	unl. in W, Säure, Laugen l. in A	in wenig A unter Erwärmen gelöst + verd. HCl bleibt Lsg. klar + 1n-Jodlsg. → braunes amorphes Perjodid

Lfd. Nr.	*Fp*	Name	Summenformel	Strukturformel	Mol.-Gewicht
1	2	3	4	5	6
1494	104	2,3-Dimethylnaphthalin (Guajen)	$C_{12}H_{12}$	$C_{10}H_6(CH_3)_2$	156,21
1495	104	Phenanthridin	$C_{13}H_9N$	$C_6H_4\langle^{\overline{\quad\quad}}_{CH:N}\rangle C_6H_4$	179,21
1496	104	Piperazin	$C_4H_{10}N_2$	$NH\langle^{CH_2\cdot CH_2}_{CH_2\cdot CH_2}\rangle NH$	83,13
1497	104	2,4,5-Trinitrotoluol	$C_7H_5O_6N_3$	$(O_2N)_3C_6H_2\cdot CH_3$	227,13
1498	104 bis 105	Benzoylperoxyd	$C_{14}H_{10}O_4$	$C_6H_5\cdot CO\cdot O\cdot O\cdot CO\cdot C_6H_5$	242,22
1499	104 bis 105	4-Methylresorcin	$C_7H_8O_2$	$CH_3\cdot C_6H_3(OH)_2$	124,13
1500	105	Acetophenonphenyl-hydrazon	$C_{14}H_{14}N_2$	$CH_3\cdot C(:N\cdot NH\cdot C_6H_5)\cdot C_6H_5$	210,27
1501	105	4-Aminophenanthren	$C_{14}H_{11}N$	$H_2N\cdot C_6H_3\langle^{\overline{\quad\quad}}_{CH:CH}\rangle C_6H_4$	193,23
1502	105	Brenzcatechin	$C_6H_6O_2$	 · OH · OH	110,11
1503	105	cis-β-Dekalol	$C_{10}H_{18}O$	$H_2C\cdot CH_2\cdot CH\cdot CH_2\cdot CH\cdot OH$ / $H_2C\cdot CH_2\cdot CH\cdot CH_2\cdot CH_2$	154,24
1504	105	2,6-Diaminotoluol (vic.-m-Toluylendiamin)	$C_7H_{10}N_2$	$CH_3\cdot C_6H_3(NH_2)_2$	122,16
1505	105	Dicyandiamidin	$C_2H_6ON_4$	$H_2N\cdot C(:NH)\cdot NH\cdot CO\cdot NH_2$	102,10
1506	105	Dihydroresorcin	$C_6H_8O_2$	$H_2C\cdot CH_2\cdot CO$ / $H_2C\cdot CO\cdot CH_2$ oder $H_2C\cdot CH_2\cdot C\cdot OH$ / $H_2C\cdot CO\cdot CH$	112,12
1507	105	β-Methylglucosid	$C_7H_{14}O_6$	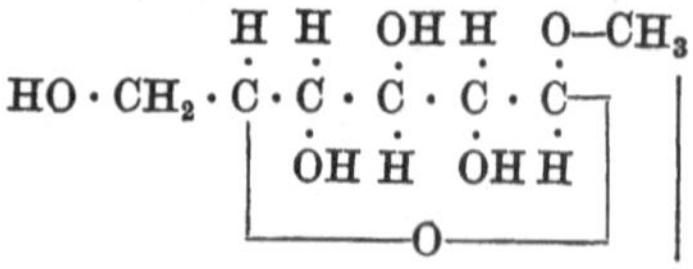	194,18

Aggregat-zustand Farbe	Spez. Gewicht	Siede-punkt °C	Beilstein-Zitat	Physikalische Konstanten und Eigenschaften	Löslichkeit	Reaktionen
7	8	9	10	11	12	13
Blättchen (A)			V 571	mit Dampf flüchtig	unl. in W wl. in A l. in Ae	Pikrat *Fp* 123°
Nadeln (verd. A)		> 360	XX 466	schmeckt pfefferartig; Dampf reizt zum Niesen	0,03 k. W ll. in A, Ae	
Blättchen (A)		145-146	XXIII 4	hygroskopisch; stark alkalisch	ll. in W, A unl. in Ae	Jodlsg. fällt gelbes Perjodid, das sich in einigen Tropfen 2n-Säure löst
gelbe Tafeln (Aceton)		290 (Z.)	V 347		wl. in k. A ll. in Ae	
Krist.			IX 179	verpufft beim Erhitzen	swl. in W wl. in k. A l. in Ae 2,53 CS_2 15°	
Krist. (Bzl. + PAe)		267-270	VI 872		ll. in W, A, Ae wl. in Bzl.	
Nadeln (A)			XV 139		wl. in W, k. A ll. in Ae	
graue Krist. (Lg.)			E_1 XII 555		unl. in W ll. in A, Ae	
weiße bis blaßblauviolette Nadeln (W), Blättchen (Bzl.)	1,344	240	VI 759	kryoskop.Konst. 7,13; mit Dampf flüchtig; giftig; bitterer Geschmack, geruchlos; sublimierbar	45,14 W 20° l. in A, Ae	wss. Lsg. + Lauge (durchschütteln) → grün, bei Ruhe → braun, wieder schütteln → grün mit Na_2CO_3 geschüttelte Lsg. → grün + sehr verd. $Fe(NO_3)_3$-Lsg. → intensiv grün + Hexamethylentetramin → blauviolett Phenylurethan *Fp* 165°, Nadeln
Nadeln (PAe)		243 (746mm)	VI 67			Phenylurethan *Fp* 134° Benzoat *Fp* 57—58°
Prismen (W)			XIII 148		ll. in h. W, A	
Prismen (A)		160 Z.	III 89		ll. in W wl. in k. A unl. in Ae	Cu-Salz + $2H_2O$ → rosenrote Nädelchen Ni-Salz + $2H_2O$ → gelber kristalliner Nd. Pikrat *Fp* 265°
Prismen (Bzl.)			VII 554		ll. in W, A swl. in Ae, CS_2	+ $Fe(NO_3)_3$ → violettrot
Tafeln (A)			I 899	$[\alpha]_D$ —32° (W)	58 W 17° 1,5 A 4,2 90% A 17° unl. in Ae	

Lfd. Nr.	*Fp*	Name	Summenformel	Strukturformel	Mol.-Gewicht
1	2	3	4	5	6
1508	**105**	Physostigmin (Eserin)	$C_{15}H_{21}O_2N_3$	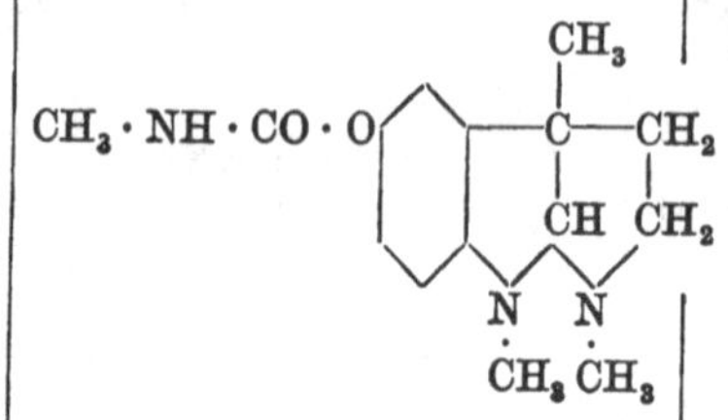	275,37
1509	**105**	Pimelinsäure	$C_7H_{12}O_4$	$HOOC \cdot (CH_2)_5 \cdot COOH$	**160,16**
1510	**105**	Propionanilid	$C_9H_{11}ON$	$C_2H_5 \cdot CO \cdot NH \cdot C_6H_5$	**149,18**
1511	**105**	cis-Terpin	$C_{10}H_{20}O_2$	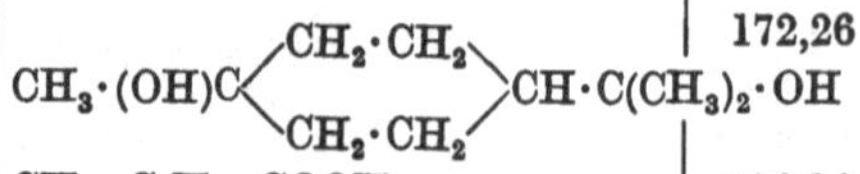	**172,26**
1512	**105**	o-Toluylsäure	$C_8H_8O_2$	$CH_3 \cdot C_6H_4 \cdot COOH$	**136,14**
1513	**105 bis 106**	2-Aminobenzophenon	$C_{13}H_{11}ON$	$C_6H_5 \cdot CO \cdot C_6H_4 \cdot NH_2$	**197,22**
1514	**105 bis 106**	Dichlordiphenyltrichloräthan (DDT, Gesarol, Gesapon, Neocid, Duolit)	$C_{14}H_9Cl_5$	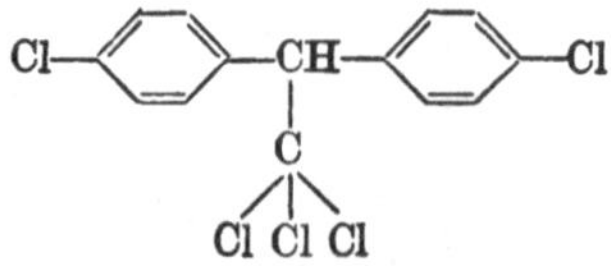	**389,94**
1514a	**106**	4-Aminoacetophenon	C_8H_9ON	$H_2N \cdot C_6H_4 \cdot CO \cdot CH_3$	**135,16**
1515	**106**	d-Campholsäure	$C_{10}H_{18}O_2$	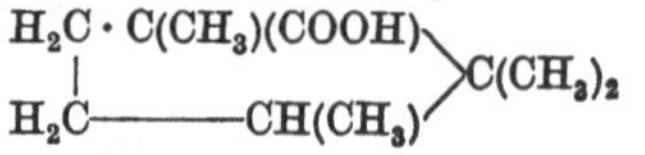	**170,24**
1516	**106**	3,4-Dichlor-2,5-dijodthiophen	$C_4Cl_2J_2S$		**404,85**
1517	**106**	4-Nitrobenzaldehyd	$C_7H_5O_3N$	$O_2N \cdot C_6H_4 \cdot CHO$	**151,12**

Aggregat-zustand Farbe	Spez.-Gewicht	Siede-punkt °C	Beilstein-Zitat	Physikalische Konstanten und Eigenschaften	Löslichkeit	Reaktionen
7	8	9	10	11	12	13
Krist. (Bzl.)				hygroskopisch	wl. in W ll. in A, Ae, Chlf. l. in H_2SO_4 gelb	+ selenige Säure + H_2SO_4 (0,5:100) in der Kälte bräunlichgelb, in der Hitze braunrot + Dimethylaminobenzaldehyd + H_2SO_4 (2:6) bei stärkerem Erhitzen → laubgrün + Ferrichlorid + Ferricyankalium wird reduziert → Berliner Blau + Titansäure-H_2SO_4 erwärmen gelbbraun → stärkere Erhitzung rotbraun; bei Erkalten farblos, neue Erwärmung → obige Farbänderung
monokline Tafeln (W)	$1{,}329^{15°}$	272 (100mm)	II 670		2,5 W 13° 4,2 W 20° ll. in A, Ae	Dihydrazid *Fp* 182° Dipikrat *Fp* 166° Phenacylester *Fp* 72,4° p-Phenylphenacylester *Fp* 145—148°
Blättchen (verd. A)	1,175		XII 250		0,42 W 24° ll. in A, Ae	
Krist.		258	VI 745	an der Luft → Terpinhydrat		
Spieße (W)	$1{,}062^{115°}$	259	IX 462	mit Dampf leicht flüchtig	0,12 W 25° ll. in A	4-Nitrobenzylester *Fp* 90,7° Amid *Fp* 147°, Blättchen p-Phenylphenacylester *Fp* 94,5°
hellgelbe Blättchen (A)			XIV 76		l. in A	Hydrochlorid *Fp* 179 bis 180° (Z.) Benzoylderivat *Fp* 80,5°
weiße verfilzte Krist. Nadeln				geruchlos	unl. in W ll. in CCl_4 40,9 Ae 21° 77,0 Bzl. 21° 54,0 Chlf. 21° 89,9 Toluol 21° 64,2 Aceton 21° 1,8 A (94%) 21° 2,6 Methanol 21° l. in CS_2 wl. in Eg.	
Krist. (verd. A)		293-295	XIV 46	mit Dampf nicht flüchtig	ll. in sd. W, A, Ae	
Prismen (A)		253-255	IX 34	$[\alpha]_D^{15}$ +49,8 (A)	0,02 W 19° 64,5 80%igen A 15°	
Prismen (W)		subl.	VII 256		wl. in k. W ll. in A zwl. in Ae	Phenylhydrazon *Fp* 159°

Lfd. Nr.	*Fp*	Name	Summenformel	Strukturformel	Mol.-Gewicht
1	2	3	4	5	6
1518	**106**	3-Oxybenzaldehyd (m-Oxybenzaldehyd)	$C_7H_6O_2$	$HO \cdot C_6H_4 \cdot CHO$	122,12
1519	**106**	3,4,5-Tribrom-2-nitro-thiophen	$C_4O_2NBr_3S$	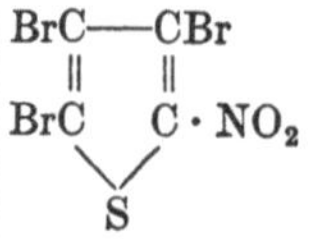	365,86
1520	**106**	Valeriansäureamid	$C_5H_{11}ON$	$CH_3 \cdot (CH_2)_3 \cdot CO \cdot NH_2$	101,14
1521	**106** bis **107**	Atropasäure	$C_9H_8O_2$	$C_6H_5 \cdot C(:CH_2) \cdot COOH$	148,15
1522	**106** bis **107**	d-Lyxose	$C_5H_{10}O_5$	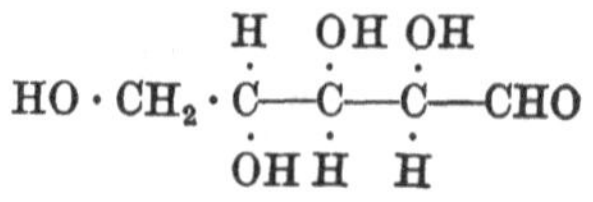	150,13
1523	**106** bis **107**	1-Naphthol-8-sulfonsäure	$C_{10}H_8O_4S$	$HO \cdot C_{10}H_6 \cdot SO_3H$	224,22
1524	**106,5**	Azelainsäure	$C_9H_{16}O_4$	$HOOC \cdot (CH_2)_7 \cdot COOH$	188,21
1525	**107**	4,4'-Bis-dimethylamino-triphenylcarbinol	$C_{23}H_{26}ON_2$	$C_6H_5 \cdot C(OH)[C_6H_4 \cdot N(CH_3)_2]_2$	346,45
1526	**107**	4-Bromphenylhydrazin	$C_6H_7N_2Br$	$Br \cdot C_6H_4 \cdot NH \cdot NH_2$	187,05
1527	**107**	1,5-Dichlornaphthalin	$C_{10}H_6Cl_2$	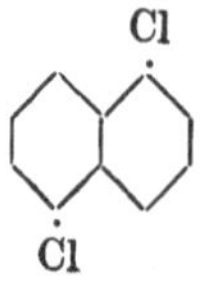	197,06
1528	**107**	5-Nitro-o-toluidin ($NH_2 = 1$)	$C_7H_8O_2N_2$	$CH_3 \cdot C_6H_3(NO_2) \cdot NH_2$	152,15
1529	**107**	2-Oxypyridin (α-Pyridon)	C_5H_5ON	$C_5H_4N \cdot OH$	95,10
1530	**107** bis **108**	3,4-Dibrom-2-benzo-thienon	$C_{11}H_6OBr_2S$	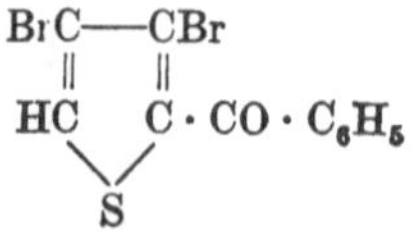	346,05
1531	**107** bis **108**	2,4-Dichlornaphthol	$C_{10}H_6OCl_2$	$Cl_2C_{10}H_5 \cdot OH$	213,06

Aggregat-zustand Farbe	Spez. Gewicht	Siede-punkt °C	Beilstein-Zitat	Physikalische Konstanten und Eigenschaften	Löslichkeit	Reaktionen
7	8	9	10	11	12	13
Nadeln (W)		240	VIII 58	mit Dampf nicht flüchtig	2,8 W 43° ll. in A, Ae 67 Bzl. 61°	Phenylurethan *Fp* 158 bis 160°, Nadeln Phenylhydrazon *Fp* 147°, farblose Krist. + $FeCl_3$ → schwach violett
Tafeln (A)	1,023		II 301		ll. in W, A, Ae	
Nadeln (W)		267 (Z.)	IX 610	mit Dampf flüchtig	0,13 k. W l. in A	
monokline Krist.			I 868	sehr hygroskopisch; sehr süßer Geschmack		p-Bromphenylhydrazon, *Fp* 161,5° p-Nitrophenylhydrazon, *Fp* 172°, gelbe Krist. Phenylbenzylhydrazon *Fp* 116°, Nadeln
Krist.			XI 275	bei 180° wasserfrei	sll. in W	+ $FeCl_3$ → dunkelgrün → gelb → rot Ammoniumsalz Blättchen
Blättchen oder Nadeln	$1{,}029^{111°}$	286,5 (100mm)	II 707		0,21 W 22° 1,65 W 55° ∞ sd. W ll. in A 2,68 Ae 15°	Diamid *Fp* 175—176°, Prismen Phenacylester *Fp* 69,7° p-Phenylphenacylester *Fp* 141° p-Bromphenacylester *Fp* 130,6°
farblose Krist. (Ae oder Bzl.)		200 (Z.)	XIII 743		l. in A, Ae	
Nadeln (W oder A)			XV 434		l. in A, Ae	
Blättchen (A)		subl.	V 543		unl. in W l. in A, Ae	
gelbe Prismen (A)	$1{,}365^{15°}$		XII 844		wl. in W l. in A, Ae	Acetylderivat *Fp* 150°
Nadeln (Bzl.)		280-281	XXI 43		ll. in W, A l. in Ae, Bzl.	+ $Fe(NO_3)_3$ → rot
			VI 872			
Nadeln (verd. A)		180 (Z.)	VI 612	mit Dampf flüchtig	unl. in W ll. in A, Ae	

Lfd. Nr.	*Fp*	Name	Summenformel	Strukturformel	Mol.-Gewicht
1	2	3	4	5	6
1532	107 bis 108	5-Methylresorcin (Orcin)	$C_7H_8O_2$	$CH_3 \cdot C_6H_3(OH)_2$	124,13
1533	107,5 bis 108,5	Thioacetamid	C_2H_5NS	$CH_3 \cdot CS \cdot NH_2$	75,13
1534	108	Acetbromamid	C_2H_4ONBr	$CH_3 \cdot CO \cdot NHBr$	93,52
1535	108	Benzoesäure-β-naphthylester	$C_{17}H_{12}O_2$	$C_{10}H_7 \cdot O \cdot CO \cdot C_6H_5$	248,27
1536	108	4,4′-Diaminodiphenylsulfid	$C_{12}H_{12}N_2S$	$(H_2N \cdot C_6H_4)_2S$	216,29
1537	108	9,10-Dihydroanthracen	$C_{14}H_{12}$	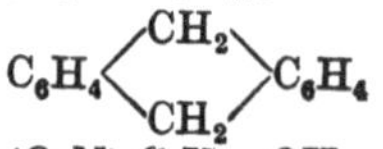	180,23
1538	108	2,5-Dinitrophenol	$C_6H_4O_5N_2$	$(O_2N)_2C_6H_3 \cdot OH$	184,11
1539	108	2,3-Dioxybenzaldehyd	$C_7H_6O_3$	$(HO)_2C_6H_3 \cdot CHO$	138,12
1540	108	4-Oxyacetophenon	$C_8H_8O_2$	$HO \cdot C_6H_4 \cdot CO \cdot CH_3$	136,14
1541	108	Phenyl-β-naphthylamin	$C_{16}H_{13}N$	$C_{10}H_7 \cdot NH \cdot C_6H_5$	219,27
1542	108	Pyramidon (1-Phenyl-2,3-dimethyl-4-dimethylamino-pyrazolon-5)	$C_{13}H_{17}ON_3$	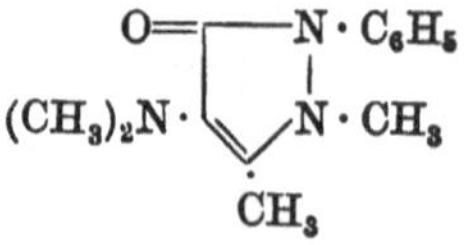	231,29
1543	108	Thiocarbamidsäure-S-äthylester (Thiourethan)	C_3H_7ONS	$H_2N \cdot CO \cdot S \cdot C_2H_5$	105,15
1544	108	3,4,5-Tribrom-2-äthylthiophen	$C_6H_5Br_3S$	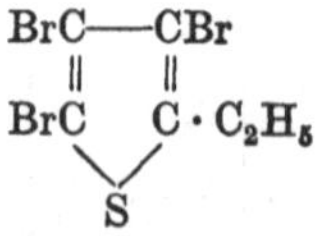	348,91
1545	108 bis 109	2,2′-Dimethylbenzidin (m-Tolidin)	$C_{14}H_{16}N_2$	$H_2N \cdot C_6H_3(CH_3) \cdot C_6H_3(CH_3) \cdot NH_2$	212,28
1546	108 bis 109	5-Methylbrenzschleimsäure	$C_6H_6O_3$	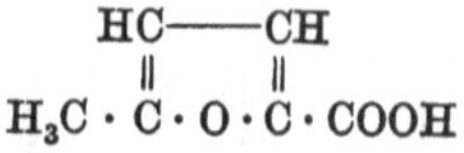	126,11
1547	108,5 bis 109	1,8-Dibromnaphthalin	$C_{10}H_6Br_2$	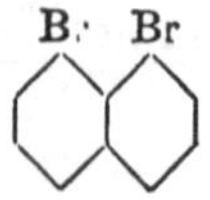	285,97

Aggregatzustand Farbe	Spez. Gewicht	Siedepunkt °C	Beilstein-Zitat	Physikalische Konstanten und Eigenschaften	Löslichkeit	Reaktionen
7	8	9	10	11	12	13
Blättchen (Chlf.)	(Hydrat) 1,289	287-290	VI 882	schmeckt süß	ll. in W, A, Ae	1 mg Subst. + 1 Tropfen $Fe(NO_3)_3$-Lsg. blaßblauviolett + 3 Tropfen 2n HCl entfärbt + 1 Tropfen Nitritlsg. blaßgrün oder gelb + NH_4OH tiefgrün
Krist.			II 232		sll. in W ll. in A l. in Ae	
Blättchen (Bzl.)			II 181		sll. in W, Ae	
sehr leichtes weißes Pulver			VIII 207		unl. in W l. in A	1 g Subst. mit 2 g CaO erhitzen, Dämpfe in W leiten, Geruch nach Bzl. + verd. $FeCl_3$ → schwach grün + NH_3 → bläuliche Fluoreszenz
Nadeln (W)		Z.	XIII 535		wl. in h. W ll. in A, Ae	>108° → Anilin + H_2S
Tafeln (A)		305	V 641	mit Dampf flüchtig	unl. in W ll. in A, Ae, Bzl	
gelbliche Nadeln (W)			VI 256	mit Dampf flüchtig	wl. in W, k. A ll. in h. A, Ae	
gelbe Nadeln		235 (Z.)	VIII 240	reizt die Schleimhäute	wl. in W ll. in A l. in Alkali rot	
Nadeln (Ae od. A)	$1{,}109^{109°}$	147-148 (3 mm)	VIII 87		1 W 22° ll. in A, Ae	
Nadeln (Methanol)		395	XII 1275		wl. in k. A, Ae	Lsgg. fluoreszieren blau
Blättchen (Lg.)			XXV 452	wirkt antipyretisch und schmerzstillend; bitter	5 W 15° ll. in A, Bzl. wl. in Ae	+ $Fe(NO_3)_3$ → blau → blauviolett; bei Erwärmen blumiger Geruch
Tafeln		subl.	III 138		unl. in k. W l. in h. W ll. im A, Ae	
Prismen (W)			XIII 255		l. in h. W ll. in A, Ae	N,N'-Diacetylderivat *Fp* 281°
Tafeln oder Nadeln (W)		subl.	XVIII 294		1,89 W 20° ll. in W, A, Ae	
Schuppen (Eg.)			V 549			

Lfd. Nr.	Fp	Name	Summenformel	Strukturformel	Mol.-Gewicht
1	2	3	4	5	6
1548	**108,5**	Hyoscyamin	$C_{17}H_{23}O_3N$	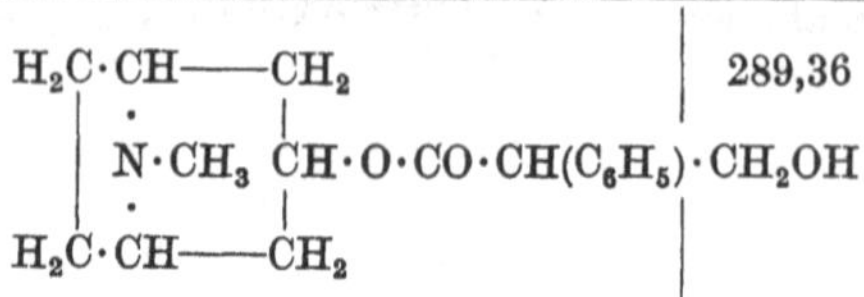	289,36
1549	**108,5** bis **110**	3,4-Dijod-2-nitrothiophen	$C_4HO_2NJ_2S$	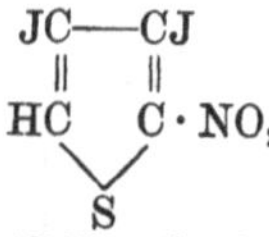	380,96
1550	**109**	Acetylbromdiäthylacetylharnstoff (Abasin)	$C_9H_{15}O_3N_2Br$	$(C_2H_5)_2C(Br)\cdot CO\cdot NH\cdot CO\cdot NH\cdot CO\cdot CH_3$	279,14
1551	**109**	Äthylaminhydrochlorid	C_2H_8NCl	$C_2H_5\cdot NH_2 + HCl$	81,55
1552	**109**	Dehydracetsäure	$C_8H_8O_4$	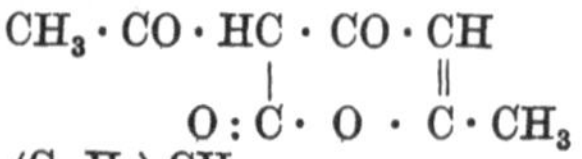	168,14
1553	**109**	Di-α-naphthylmethan	$C_{21}H_{16}$	$(C_{10}H_7)_2CH_2$	268,33
1554	**109**	o,o'-Diphenol	$C_{12}H_{10}O_2$	$HO\cdot C_6H_4\cdot C_6H_4\cdot OH$	186,20
1555	**109**	5-Nitro-2,2'-dithienyl	$C_8H_5O_2NS_2$	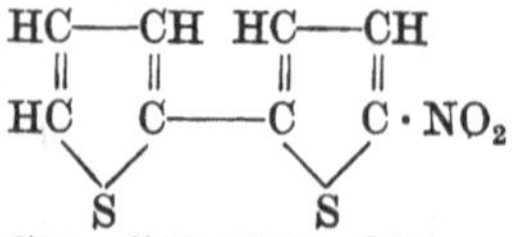	211,25
1556	**109**	6-Nitro-m-toluidin ($NH_2 = 1$)	$C_7H_8O_2N_2$	$CH_3\cdot C_6H_3(NO_2)\cdot NH_2$	152,15
1557	**109**	Thionaphthen-3-essigsäure	$C_{10}H_8O_2S$	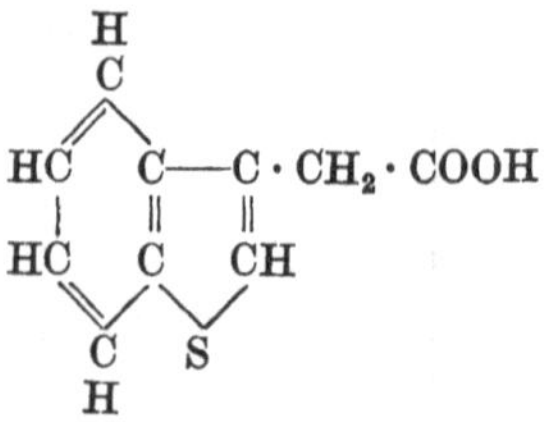	192,22
1558	**109** bis **110**	o-Phenylen-2,3-thienylenketon	$C_{11}H_6OS$	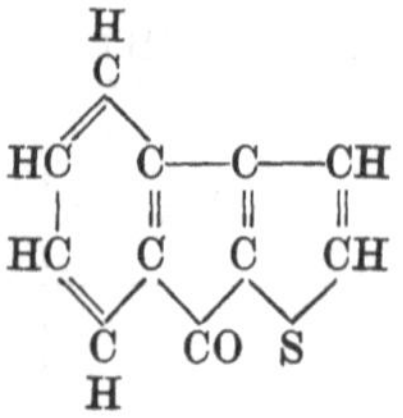	186,22

Aggregat-zustand Farbe	Spez.-Gewicht	Siede-punkt °C	Beilstein-Zitat	Physikalische Konstanten und Eigenschaften	Löslichkeit	Reaktionen
7	8	9	10	11	12	13
Nadeln (verd. A)			XXI 24	$[\alpha]_D^{15} = -20{,}3^0$ (abs. A); $-22{,}0^0$ (50%iger A)	1,89 W 20⁰ ll. in h. W A, Chlf. wl. in Ae, Bzl.	wenige mg Subst. in Porzellanschale mit HNO_3 (rauch.) auf W-Bad eindampfen + wenig alkohol. KOH → rotviolett Chloraurat *Fp* 160—162⁰
weißes Krist.-Pulver					swl. in W ll. in A, Ae, Chlf., Aceton, Essigester	1. + alkalische HgJ_2-Lsg. → gelb → langsam orange 2. 10 mg Subst. in 1 ml 50%iger H_2SO_4 erhitzen Fettsäuregeruch + 1 Tropfen A nochmals erhitzt Geruch nach Essigsäureäthylester
zerfließliche Krist. (A + Ae)		270 (Z.)	IV 91		279,9 W 25⁰ ll. in A unl. in Ae 0,17 Chlf. 25⁰	
Nadeln od. Tafeln (W)		270	XVII 559		l. W 60⁰ ll. in h. W, Ae wl. in k. A	
Prismen (A)		270 (14 mm)	V 728		unl. in W 0,83 k. A 6,67 sd. A ll. in Ae	
Blättchen (W)	1,342	326	VI 989		wl. in W ll. in A, Ae l. in Soda-Lsg.	+ $FeCl_3$ → rotviolett Diacetat *Fp* 95⁰
gelbe Blättchen (A)			XII 876		wl. in W ll. in A, Ae	Acetylderivat *Fp* 86—87⁰
tieforange-gelb						

Lfd. Nr.	*Fp*	Name	Summenformel	Strukturformel	Mol.-Gewicht
1	2	3	4	5	6
1559	**109** bis **111**	5,5'-Dimethyl-3,3'-di-aceto-2,2'-dithienyl	$C_{14}H_{14}O_2S_2$	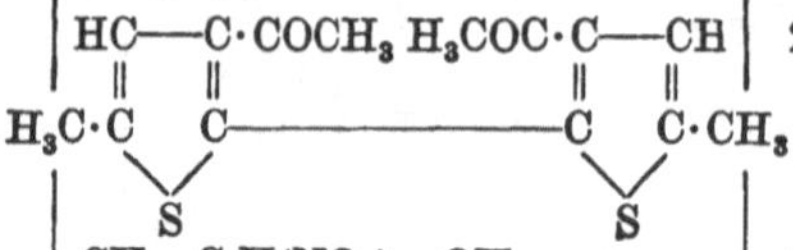	278,37
1560	**109,5**	2,4,6-Trinitro-m-kresol	$C_7H_5O_7N_3$	$CH_3 \cdot C_6H(NO_2)_3 \cdot OH$	243,13
1561	**110**	Acetchloramid	C_2H_4ONCl	$CH_3 \cdot CO \cdot NHCl$	93,52
1562	**110**	Acet-o-toluidid	$C_9H_{11}ON$	$CH_3 \cdot CO \cdot NH \cdot C_6H_4 \cdot CH_3$	149,18
1563	**110**	Acridin	$C_{13}H_9N$	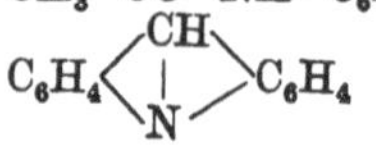	179,21
1564	**110**	3-Aminocampher	$C_{10}H_{17}ON$	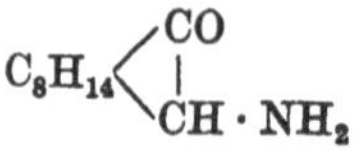	167,24
1565	**110**	1-Aminodibenzothiophen	$C_{12}H_9NS$	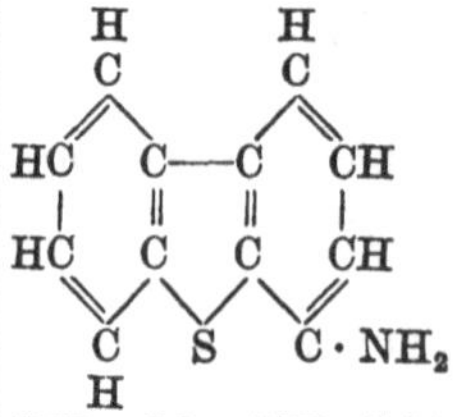	199,26
1566	**110**	Benzolsulfanilid	$C_{12}H_{11}O_2NS$	$C_6H_5 \cdot SO_2 \cdot NH \cdot C_6H_5$	233,27
1567	**110**	Caprylsäureamid	$C_8H_{17}ON$	$CH_3 \cdot (CH_2)_6 \cdot CO \cdot NH_2$	143,22
1568	**110**	Dibenzhydryläther (Benzhydroläther)	$C_{26}H_{22}O$	$[(C_6H_5)_2CH]_2O$	350,43
1569	**110**	Fluoranthen (Idryl)	$C_{16}H_{10}$		202,24
1570	**110** (Z.)	d-Glucosamin	$C_6H_{13}O_5N$	$HO \cdot CH_2 \cdot [CH(OH)]_3 \cdot CH \cdot NH_2$ $\vert$ CHO	179,17
1571	**110**	Hydrobenzamid	$C_{21}H_{18}N_2$	$C_6H_5 \cdot CH(N:CH \cdot C_6H_5)_2$	298,37
1572	**110**	3-Methoxybenzoesäure	$C_8H_8O_3$	$CH_3 \cdot O \cdot C_6H_4 \cdot COOH$	152,14
1573	**110**	2-Nitrobenzonitril	$C_7H_4O_2N_2$	$O_2N \cdot C_6H_4 \cdot CN$	148,12
1574	**~110**	d-Sorbit (Sionon)	$C_6H_{14}O_6$	$HO \cdot CH_2 \cdot [CH(OH)]_4 \cdot CH_2 \cdot OH$	182,17

Aggregat-zustand Farbe	Spez. Gewicht	Siede-punkt °C	Beilstein-Zitat	Physikalische Konstanten und Eigenschaften	Löslichkeit	Reaktionen
7	8	9	10	11	12	13
gelbe Nadeln (A + W)		explodiert 150°	VI 387		0,22 W 20° 0,81 sd. W ll. in A, Ae, Bzl.	
Blättchen (Bzl.)			II 181		sll. in W, A	
Nadeln	$1,168^{15°}$	296	XII 792		0,86 W 19° l. in A, Eg.	
Säulen (verd. A)		345-346	XX 459	subl. bei 100°; reizt Schleimhäute u. Epidermis; mit Dampfflüchtig	wl. in sd. W ll. in A, Ae, CS_2	Pikrat *Fp* 208°, gelbe Nadeln Quecksilbersalz *Fp* 325°, Nadeln
Wachs		243-245	XIV 10	mit Dampf flüchtig; riecht fischartig	unl. in W l. in A, Ae	Hydrochlorid *Fp* 226 bis 228° (Z.) Phenylhydrazon *Fp* 107°
Prismen (A)			XII 565		wl. in W ll. in A, Ae	
Blättchen		>200 (Z.)	II 349		0,45 sd. W ll. in A, Ae	
Krist. (Bzl.)		267 (15 mm)	VI 679		wl. in sd. W ll. in Bzl.	Zers. bei 300°
Nadeln (A)		217 (30 mm) 250-251 (60 mm)	V 685	subl. in flachen Nadeln	unl. in W wl. in k. A ll. in Ae, Bzl., Eg. l. in h. H_2SO_4 blau	mit Mellitsäureanhydrid braunrote Schmelze Pikrat *Fp* 183°, rötlich-gelbe Nadeln Chinon *Fp* 188°, rote Nadeln
Nadeln (Methanol)			IV 328		ll. in W wl. in A unl. in Ae	Oxalat *Fp* 153° (Z.), Nadeln Oxim *Fp* 127°, prismatische Kristalle Semicarbazon *Fp* 165°, Nadeln
Krist (A oder Ae)			VII 215		unl. in W ll. in A, Ae	bei 120° → Amarin *Fp* 133°
Nadeln (W)		170-172 (10 mm)	X 137		wl. in k. W ll. in h. W, A, Ae	
Nadeln (W)			IX 374		ll. in sd. W, A, Eg.	
Nadeln			I 533	$[\alpha]_D$ −1,7° (W), +1,4° (Boraxlösung); süßer Geschmack	sll. in W swl. in k. A ll. in h. A	mit wenig $CuSO_4$-Lsg. versetzte wss. Lsg. + 2n-Lauge → blau; + einige Tropfen n/10-$KMnO_4$-Lsg. → tiefgrün → Braunfärbung; bei gelindem Erwärmen → rotes Kupferoxydul

Lfd. Nr.	*Fp*	Name	Summenformel	Strukturformel	Mol.-Gewicht
1	2	3	4	5	6
1575	~110	5-Sulfosalicylsäure (p-Phenolsulfon-o-carbonsäure)	$C_7H_6O_6S$	$HO \cdot C_6H_3(COOH) \cdot SO_3H$	218,18
1576	110	3,3′,4,4′-Tetrabrom-2,2′-dithienyl	$C_8H_2Br_4S_2$	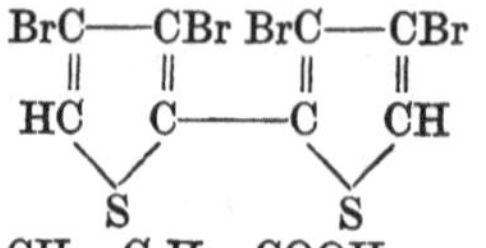	481,88
1577	110	m-Toluylsäure	$C_8H_8O_2$	$CH_3 \cdot C_6H_4 \cdot COOH$	136,14
1578	110 bis 110,5	2-Propiothienon	C_7H_8OS	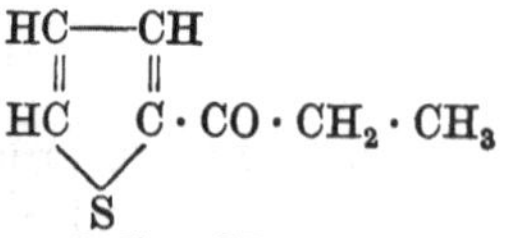	140,19
1579	110 bis 111	3-Brom-2,5-dinitro-thiophen	$C_4HO_4N_2BrS$	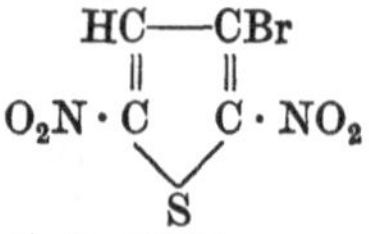	253,04
1580	110 bis 111	2,6-Dimethylnaphthalin	$C_{12}H_{12}$	$C_{10}H_6(CH_3)_2$	156,21
1581	110 bis 111	6-Phenylchinolin	$C_{15}H_{11}N$	$C_9H_6N \cdot C_6H_5$	205,24
1582	110 bis 112	1-Phenyl-2,3-dimethyl-pyrazolon-(5) (Antipyrin)	$C_{11}H_{12}ON_2$	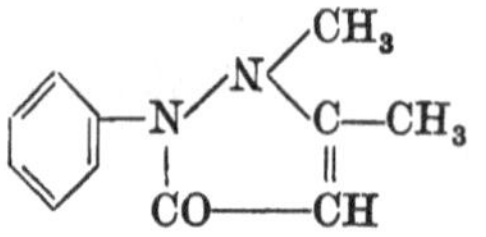	188,22
1583	110 bis 120	α-Naphthol-5-sulfonsäure (L-Säure)	$C_{10}H_8O_4S$	$HO \cdot C_{10}H_6 \cdot SO_3H$	224,22
1584	110,7	Resorcin (1,3-Dioxy-benzol)	$C_6H_6O_2$		110,11

Aggregat-zustand Farbe	Spez. Gewicht	Siede-punkt °C	Beilstein-Zitat	Physikalische Konstanten und Eigenschaften	Löslichkeit	Reaktionen
7	8	9	10	11	12	13
Nadeln $+ 2H_2O$ (W)			XI 411	saurer Geschmack	∞ in W A, Ae	$+ Fe(NO_3)_3$-Lsg. → violettrot
Prismen (W)	$1{,}054^{112°}$	263	IX 475	sublimierbar; mit Dampf leicht flüchtig	0,085 W 15° 1,7 W 100° ll. in A, Ae	4-Nitrobenzylester *Fp* 86,6° Amid *Fp* 97°, Nadeln p-Phenylphenacylester *Fp* 136,5°
Blättchen (A)		261-262	V 570	mit Dampf flüchtig	unl. in W wl. in A	Pikrat *Fp* 142°
Tafeln (A)	$1{,}195^{20°}$	260 (77 mm)	XX 483		swl. in W ll. in A wl. in Ae	
weiße tafelförmige Krist.		211-212 (10 mm) 319 (174 mm)	XXIV 27	schwach bitter; kühlend; wirkt antipyretisch	34 W 20° 74 A 20° 2 Ae 20° l. in Chlf.	wss. Lsg. + 1 Tropfen $Fe(NO_3)_3$-Lsg. → orange + 4—5 Tropfen $Fe(NO_3)_3$-Lsg. → intensiv orange Subst. + 2 Tropfen konz. HNO_3 → farblos; 5 bis 10 Sek. Erhitzen im W-Bad → rot + H_2O → violettrot
zerfließliche Krist.			XI 273		l. in W	Zinksalz lanzettförmige Nadeln 2-Nitroso-α-naphthol-5-sulfonsäure gelbe Nadeln
weiße Tafeln oder Säulen (W, A, Ae)	$1{,}2717^{15°}$	280,8	VI 796	kryoskop.Konst. 6,5; schmeckt sehr süß; fast geruchlos	147 W 12° 229 W 30° 144 A 9° ll. in Ae wl. in Chlf.	Lsg. + Lauge → farblos; erhitzen → grün, + Chlf. u. erhitzen → violettrot 1 mg Subst. + 1 Tropfen Eisennitratlsg. → blaßblauviolett + 3 Tropfen 2n HCl → entfärbt + 1 Tropfen Nitritlösung langsam blaßgrün oder gelb, + NH_3 nach 1 Min. → tiefgrün + Formaldehyd (3 Tropfen in 3 ml HCl) amorpher Nd., erwärmen → rot (1 : 100000) Phenylurethan *Fp* 164°, Tafeln

Lfd. Nr.	*Fp*	Name	Summenformel	Strukturformel	Mol.-Gewicht
1	2	3	4	5	6
1585	111	2-Chlor-4-nitrophenol	$C_6H_4O_3NCl$	$O_2N \cdot C_6H_3Cl \cdot OH$	173,56
1586	111	Hexahydrosalicylsäure	$C_7H_{12}O_3$	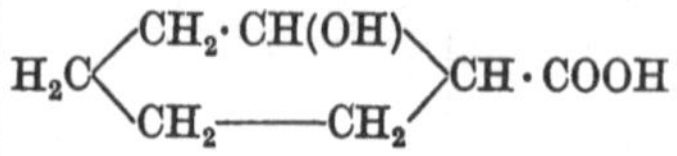	144,16
1587	111	Patulin (Anhydro-3-oxy-methylen-tetrahydro-γ-pyron-2-carbon-säure)	$C_7H_6O_4$	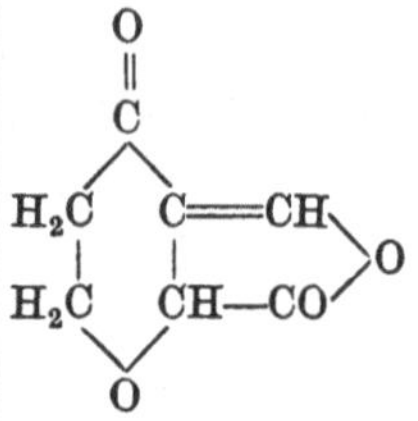	154,12
1588	111 bis 112	3-Acetodibenzothiophen	$C_{14}H_{10}OS$	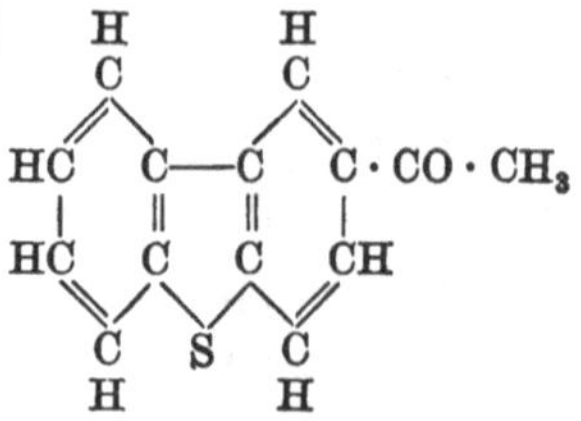	226,28
1589	111 bis 112	1,4-Diäthylendisulfid (Dithian)	$C_4H_8S_2$	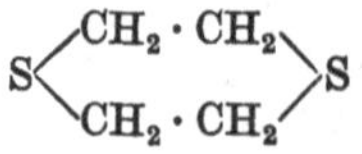	120,22
1590	111 bis 112	2,5-Dimethylthenoyl-3-β-propionsäure	$C_{10}H_{12}O_3S$	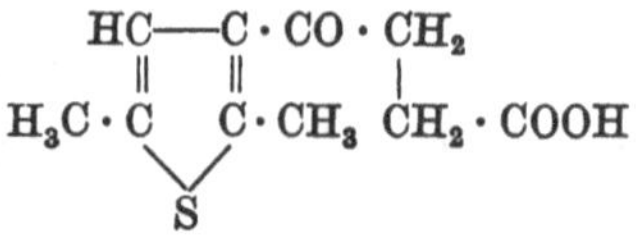	212,26
1591	111 bis 112	Dipyridyl-(4,4′)	$C_{10}H_8N_2$		156,18
1592	111 bis 112	5-Methyl-2-jodmercuri-thiophen	C_5H_5JSHg	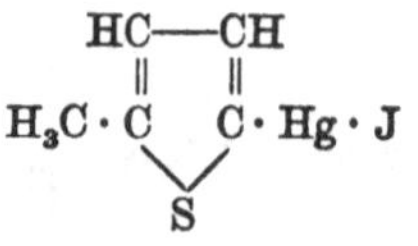	424,68
1593	111 bis 112	3,3′,4,4′,5-Pentachlor-5′-methyl-2,2′-dithienyl	$C_9H_3Cl_5S_2$	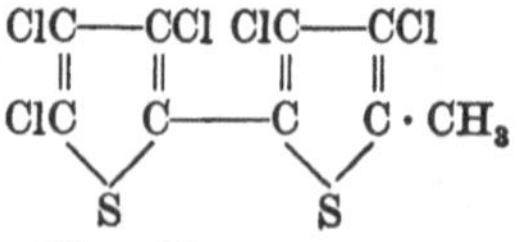	352,52
1594	111 bis 112	2,3,5-Tribrom-4-jod-thiophen	C_4Br_3JS	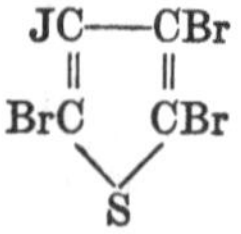	446,77
1595	111,1 bis 111,2	3-p-Tolylthiophen	$C_{11}H_{10}S$	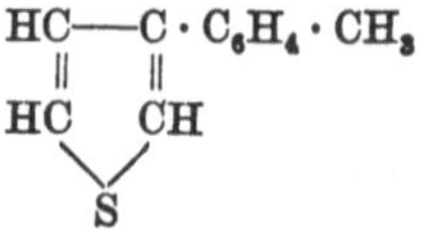	174,25

Aggregat-zustand Farbe	Spez. Gewicht	Siede-punkt °C	Beilstein-Zitat	Physikalische Konstanten und Eigenschaften	Löslichkeit	Reaktionen
7	8	9	10	11	12	13
Nadeln (W)			VI 240		wl. in W ll. in A, Ae	
Prismen (Ae)			X 5		ll. in W, A, Ae wl. in Bzl.	
farblos				optisch inaktiv	ll. in W	
Prismen (CS_2)		200	XIX 3	mit Dampf flüchtig bei 200° W-Abspaltung	wl. in W l in A, Ae, CS_2	
Nadeln (W)		304,8	XXIII 200	schmeckt bitter	wl. in W sll. in A ll. in Ae, Bzl., Chlf.	

Lfd. Nr.	*Fp*	Name	Summenformel	Strukturformel	Mol.-Gewicht
1	2	3	4	5	6
1596	111,5	Äthylmalonsäure	$C_5H_8O_4$	$C_2H_5 \cdot CH(COOH)_2$	132,11
1597	112	dl-Brenzweinsäure	$C_5H_8O_4$	$HOOC \cdot CH(CH_3) \cdot CH_2 \cdot COOH$	132,11
1598	112	N,N'-Diäthylharnstoff	$C_5H_{12}ON_2$	$C_2H_5 \cdot NH \cdot CO \cdot NH \cdot C_2H_5$	86,13
1599	112	Dibenzalaceton	$C_{17}H_{14}O$	$(C_6H_5 \cdot CH : CH)_2CO$	234,38
1600	112	3,4-Dichlor-2,5-di-[dibrommethyl]-thiophen	$C_6H_2Cl_2Br_4S$	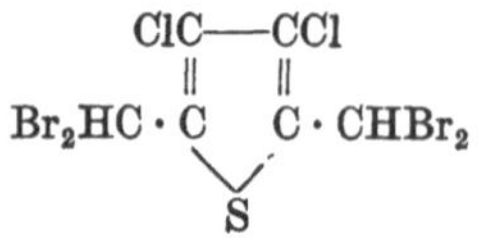	496,11
1601	112	1-Methylnaphthol-(2)	$C_{11}H_{10}O$	$CH_3 \cdot C_{10}H_6 \cdot OH$	158,19
1602	112	*β*-Naphthylamin	$C_{10}H_9N$	$C_{10}H_7 \cdot NH_2$	143,18
1603	112	1-Nitrosonaphthol-(2)	$C_{10}H_7O_2N$	$HO \cdot C_{10}H_6 \cdot NO$	173,16
1604	112	N-Phenylbenzamidin	$C_{13}H_{12}N_2$	$C_6H_5 \cdot NH \cdot C(:NH) \cdot C_6H_5$ oder $C_6H_5 \cdot N : C(NH_2) \cdot C_6H_5$	196,24
1605	112	Sulfanilid	$C_{12}H_{12}O_2N_2S$	$(C_6H_5 \cdot NH)_2SO_2$	248,29
1606	112	2,3,4-Trinitrotoluol	$C_7H_5O_6N_3$	$(O_2N)_3C_6H_2 \cdot CH_3$	227,13
1607	112	Triphenylchlormethan	$C_{19}H_{15}Cl$	$(C_6H_5)_3C \cdot Cl$	278,76
1608	112 bis 113	*γ*-Benzolhexachlorid (*γ*-Hexachlorcyclohexan, Hexanchloran, Gammexan, 666-Wirkstoff)	$C_6H_6Cl_6$	$C_6H_6Cl_6$	290,85
1609	112 bis 113	Mannithexanitrat	$C_6H_8O_{18}N_6$	$O_2N \cdot O \cdot CH_2 \cdot [CH(O \cdot NO_2)]_4 \cdot CH_2 \cdot O \cdot NO_2$	452,17
1610	112 bis 113	1,2,5-Trinitronaphthalin	$C_{10}H_5O_6N_3$	$C_{10}H_5(NO_2)_3$	263,16

Aggregat-zustand Farbe	Spez. Gewicht	Siede-punkt °C	Beilstein-Zitat	Physikalische Konstanten und Eigenschaften	Löslichkeit	Reaktionen
7	8	9	10	11	12	13
Prismen (W)		160 Z.	II 643		ll. in W, A Ae	bei 160° → Buttersäure Diamid *Fp* 216° Dipikrat *Fp* 187° Dihydrazid *Fp* 168°
Krist.	1,411°	200 (Z.)	II 637	bei 200° W-Abspaltung	66,7 W 20° ll. in A, Ae 0,35 Chlf. 18°	Diamid *Fp* 225° Phenacylester *Fp* 101,5°
Nadeln (A)	1,042°	263	I 679		ll. in W, A, Ae	
gelbe Blättchen (A)		Z.	VII 500	Lsgg. fluoreszieren blaugrün	unl. in W swl. in k. A wl. in Ae	Lsg. in konz. H_2SO_4 → rot Oxim *Fp* 142—144°, Nadeln Phenylhydrazon *Fp* 146,5° bis 147,5°, orangegelbe Nadeln p-Nitrophenylhydrazon *Fp* 173°, gelbrote Blättchen
Nadeln (W)		subl.	VI 664		wl. in W ll. in A, Ae l. in H_2SO_4 rotgelb	
Blättchen (W)	$1{,}061^{98°}$	306,1	XII 1265	geruchlos; mit Dampf flüchtig; Lsg. fluoresziert stark blau; sublimierbar	ll. in h. W, A, Ae	Acetylderivat *Fp* 134 bis 136°, Blättchen Benzoylderivat *Fp* 162 bis 163°, Nadeln Pikrat *Fp* 195°, gelbe Nadeln
orange Blättchen oder Prismen (A, Ae oder Bzl.)			VII 712	mit Dampf flüchtig	0,02 W 20° 2,4 A 13° ll. in h. A, Ae	
Nadeln (A)		Z.	XII 264		wl. in W sll. in A, Ae	Erhitzen → Anilin + Benzonitril
Nadeln (W)		Z. ~ 170	XII 579	schmeckt unangenehm beißend	0,7 sd. W ll. in A, Ae	
Prismen (A)		290 Z.	V 349		wl. in k. A ll. in Ae	
Krist. (Bzl.)		230-235 (20mm)	V 700		ll. in Ae, Bzl., Chlf. l. in fl. SO_2 gelb	+ W → HCl + Triphenylcarbinol
breite Nadeln (Ae)			E_1 V 8	mit Dampf flüchtig	unl. in W l. in Ae, Aceton, A, Chlf., Dioxan, Eg.	+ alkohol. KOH → 1,2,4-Trichlorbenzol, 1,3,5-Trichlorbenzol, wenig 1,2,3-Trichlorbenzol und HCl
Nadeln	$1{,}604^{0°}$		I 543	verpufft bei starkem Erhitzen	unl. in W l. in h. A, Ae	
Nadeln (A)			V 563		l. in A	

Lfd. Nr.	*Fp*	Name	Summenformel	Strukturformel	Mol.-Gewicht
1	2	3	4	5	6
1611	112 bis 113	p-Xylylenglykol	$C_8H_{10}O_2$	$C_6H_4(CH_2 \cdot OH)_2$	138,16
1612	112 bis 114	Trasentin (Chlorhydrat d. Diphenylessigsäureesters d. Diäthylamino-äthanols)	$C_{20}H_{26}O_2NCl$	$(C_6H_5)_2CH \cdot CO \cdot OCH_2CH_2N(C_2H_5)_2 \cdot HCl$	347,87
1613	112,5	Benzhydrazid (Benzoyl-hydrazin)	$C_7H_8ON_2$	$C_6H_5 \cdot CO \cdot NH \cdot NH_2$	136,15
1614	113	Ammoniumacetat	$C_2H_7O_2N$	$CH_3 \cdot COO \cdot NH_4$	77,08
1615	113	Syringaaldehyd	$C_9H_{10}O_4$	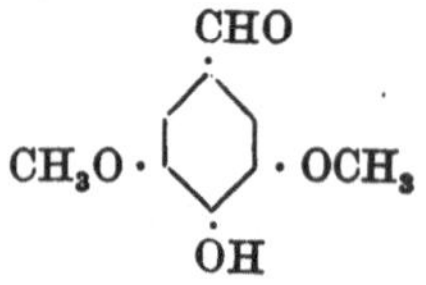	182,09
1616	113	*l*-Bornylen	$C_{10}H_{16}$	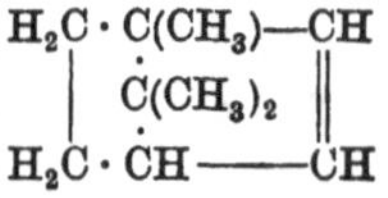	136,22
1617	113	4-Nitrodiphenyl	$C_{12}H_9O_2N$	$C_6H_5 \cdot C_6H_4 \cdot NO_2$	199,20
1618	113	Pentaacetyl-α-d-glucose	$C_{16}H_{22}O_{11}$	$C_6H_7O(O \cdot CO \cdot CH_3)_5$	390,33
1619	113	2-Phenoxybenzoesäure	$C_{13}H_{10}O_3$	$C_6H_5 \cdot O \cdot C_6H_4 \cdot COOH$	214,21
1620	113 bis 114	β-Benzilmonoxim	$C_{14}H_{11}O_2N$	$C_6H_5 \cdot CO \cdot C(:N \cdot OH) \cdot C_6H_5$	225,23
1621	113 bis 114	2-Brom-4-nitrophenol	$C_6H_4O_3NBr$	$O_2N \cdot C_6H_3Br \cdot OH$	218,02
1622	113 bis 116	Bikhaconitin	$C_{36}H_{51}O_{11}N$	$C_{36}H_{51}O_{11}N \cdot H_2O$	673,58
1623	113,6	4-Nitrophenol	$C_6H_5O_3N$	$O_2N \cdot C_6H_4 \cdot OH$	139,11
1624	114	Acetanilid (Antifebrin)	C_8H_9ON	$CH_3 \cdot CO \cdot NH \cdot C_6H_5$	135,16

Aggregatzustand Farbe	Spez. Gewicht	Siedepunkt °C	Beilstein-Zitat	Physikalische Konstanten und Eigenschaften	Löslichkeit	Reaktionen
7	8	9	10	11	12	13
Nadeln			VI 919		ll. in W, A, Ae	Diacetat *Fp* 47°
weiße Krist.				Geschmack bitter; anästhesierend, geruchlos		1 mg + 10—20 mg Paraform + 1 ml konz. H_2SO_4 → gelb → violettrot + Fe-Phosphorsäure → braun-violettrot + Salpeter-Schwefelsäure → olivstichig-hellbraun
Tafeln (W)			IX 319		zll. in W, A wl. in Ae	
hygroskop. Nadeln	$1{,}771^{25°}$		II 107		ll. in W l. in A	
bräunliche Krist.			VIII 391	riecht nach Vanille	sl. in W ll. in A	Erhitzen mit Acetanhydrid u. Na-Acetat → Sinapinsäure, *Fp* 192°, u. Acetylsinapinsäure, *Fp* 181°
Krist. (Methanol)		146 (750mm)	V 155	$[\alpha]_D^{20}$ —22,3 (Chlf.); sehr flüchtig	l. in A, Bzl.	
Nadeln (A)	1,328	340	V 583		unl. in W wl. in k. A ll. in Ae, Chlf.	
Nadeln (A)		subl.	II 159		0,15 W 18,5° ~1,3 A 19° 2,7 Ae 15°	
Blättchen (verd. A)		355 (Z.)	X 65		unl. in k. W wl. in sd. W ll. in A, Ae	
Nadeln (Bzl.)		Z.	VII 758		swl. in W ll. in A, Ae wl. in Lauge	über *Fp* 113—114° → Benzoesäure + Benzonitril
Nadeln (verd. A)			VI 244		2,2 sd. W ll. in A, Ae	
Krist. (A)					unl. in W, PAe ll. in A, Ae, Chlf.	
gelbliche Prismen	$1{,}2809^{114°}$		VI 226		1,52 W 25° 29,1 W 90° 150,9 A 14° 130,4 Ae 14°	
Blättchen (W)	$1{,}211^{4°}$	305	XII 237	Kryoskop.Konst. 6,93; geruchlos; schwach brennender Geschmack	0,54 W 25° 3,5 W 80° 21,3 A 20°	0,2 g Subst. + 25 bis 30 Tropfen HCl 2 Min. kochen, + 1 Tropfen fl. Phenol + 1—2 ml Chlorkalklsg. → schmutziggrauviolett + NH_3 → indigoblau

Nr. Nr.	*Fp*	Name	Summenformel	Strukturformel	Mol.-Gewicht
1	2	3	4	5	6
1625	**114**	2-Benzylbenzoesäure	$C_{14}H_{12}O_2$	$C_6H_5 \cdot CH_2 \cdot C_6H_4 \cdot COOH$	212,23
1626	**114**	Biliverdinsäure	$C_8H_9O_4N$	$HOOC \cdot CH_2 \cdot CH_2 \cdot C{=}C \cdot CH_3$ (C—C verbunden über $OC \cdot NH \cdot CO$)	183,16
1627	**114**	2,7-Dichlornaphthalin	$C_{10}H_6Cl_2$	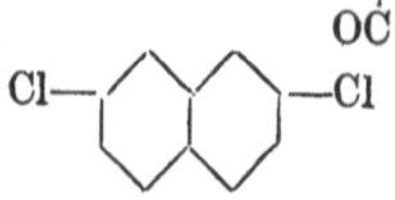	197,06
1628	**114**	2,4-Dinitrophenol	$C_6H_4O_5N_2$	$(O_2N)_2C_6H_3 \cdot OH$	184,11
1629	**114**	Diphenyl-2-carbonsäure	$C_{13}H_{10}O_2$	$C_6H_5 \cdot C_6H_4 \cdot COOH$	198,21
1630	**114**	3-Nitroanilin	$C_6H_6O_2N_2$	$O_2N \cdot C_6H_4 \cdot NH_2$	138,12
1631	**114**	2-Phenylbenzothiazol	$C_{13}H_9NS$	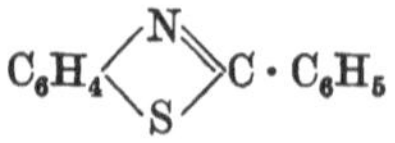	211,27
1632	**114**	2,3,4,5-Tetramethylpyrrol	$C_8H_{13}N$	$H_3C \cdot C$——$C \cdot CH_3$ / ‖ ‖ / $H_3C \cdot C \cdot NH \cdot C \cdot CH_3$	123,19
1633	**114** bis **115**	Acetophenon-2-carbonsäure	$C_9H_8O_3$	$CH_3 \cdot CO \cdot C_6H_4 \cdot COOH$	164,15
1634	**114** bis **115**	Chloralformamid	$C_3H_4O_2NCl_3$	$Cl_3C \cdot CH(OH) \cdot NH \cdot CHO$	192,44
1635	**114** bis **115**	3,4-Dibrom-5-methyl-2-acetothienon	$C_7H_6OBr_2S$	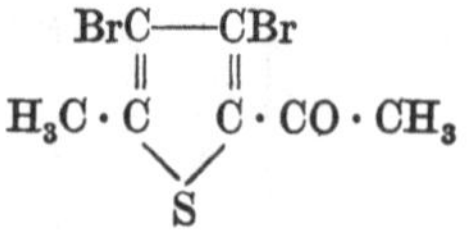	298,01
1636	**114** bis **115**	cis-2,5-Dimethylpiperazin	$C_6H_{14}N_2$	$HN \langle {CH_2 \cdot CH(CH_3) \atop CH(CH_3) \cdot CH_2} \rangle NH$	114,19
1637	**114** bis **115**	Dioxyweinsäure	$C_4H_6O_8$	$HOOC \cdot C(OH)_2 \cdot C(OH)_2 \cdot COOH$	182,09

Aggregatzustand Farbe	Spez. Gewicht	Siedepunkt °C	Beilstein-Zitat	Physikalische Konstanten und Eigenschaften	Löslichkeit	Reaktionen
7	8	9	10	11	12	13
Nadeln (verd. A)		subl.	IX 676		wl. in k. W l. in A, Ae, Chlf.	
Nadeln (W)		Z.	XXII 333	bei Zers. → CO_2-Abspaltung	4 k. W ll. in h. W, h. A 6 Ae	
Tafeln			V 544		unl. in W ll. in sd. A	
Tafeln oder Nadeln (W. A, Ae)	$1{,}683^{20°}$		VI 251	mit Dampf flüchtig; giftig; Dampf greift Schleimhäute an	0,50 W 18° 4,76 sd. W 3,95 A 20° 3,07 Ae 15°	
Krist. (W)	1,458	343-344	IX 669		unl. k. W wl. in h. W ll. in A, Bzl., Eg.	
gelbe Nadeln (W)	$1{,}398^{18°}$	>285	XII 698	mit Dampf flüchtig	0,114 W 20° 7,5 A 20° 7,89 Ae 20° 2,45 Bzl. 20°	Acetylderivat → *Fp* 154 bis 156°
Nadeln (A)		>360	XXVII 74	riecht beim Erwärmen nach Teerosen und Geranien	unl. in W l. in A, Ae	
Krist.			E_1 XX 49	mit Dampf flüchtig; riecht fäkalartig; zersetzt sich an d. Luft und im Licht	ll. in A, Ae, Bzl.	
Krist. (W)			X 690	schmeckt süß	l. in h. W	
weiße glänzende Krist.			II 27	Geschmack schwach bitter	l. in W	1. beim Erwärmen mit Lauge und Orcin bzw. Resorcin → schwach gelbe, grün fluoreszierende oder violettrote Lösung 2. mit α-Naphthol + konz. H_2SO_4 → beim Erwärmen eine grüne bis blaue Lösung 3. beim Erwärmen mit Na_2S-Lsg. → gelbe bis braune Lsg.
Tafeln oder Prismen (Chlf.)		162	XXIII 21		ll. in W, A swl. in Ae	
Krist.			III 830		ll. in W	+ h. W → Tartronsäure + CO_2 Osazon → orangegelbes Pulver *Fp* >200°

Lfd. Nr.	*Fp*	Name	Summenformel	Strukturformel	Mol.-Gewicht
1	2	3	4	5	6
1638	114 bis 115	Linolsäuretetrabromid	$C_{18}H_{32}O_2Br_4$	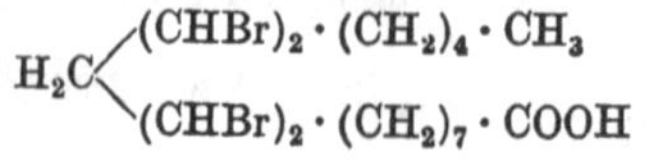	600,09
1639	114 bis 117	3-Oxyazobenzol	$C_{12}H_{10}ON_2$	$C_6H_5 \cdot N:N \cdot C_6H_4 \cdot OH$	198,21
1640	114,5 bis 115,5	5-Aceto-2,2′-dithienyl	$C_{10}H_8OS_2$	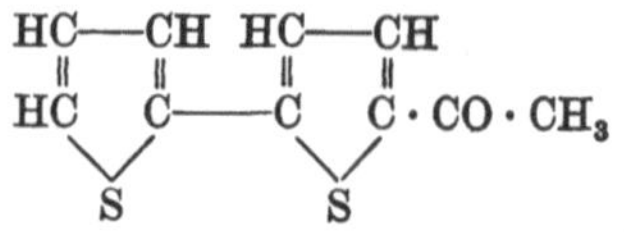	296,30
1641	115	Atropin	$C_{17}H_{23}O_3N$	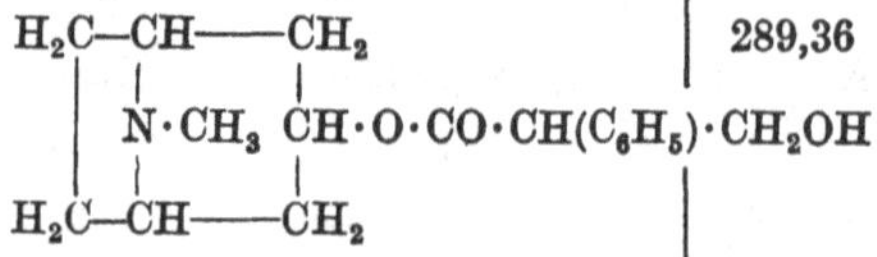	289,36
1642	115	Di-*α*-naphthylamin	$C_{20}H_{15}N$	$(C_{10}H_7)_2NH$	269,33
1643	115	3,3-Diphenylphthalid	$C_{20}H_{14}O_2$	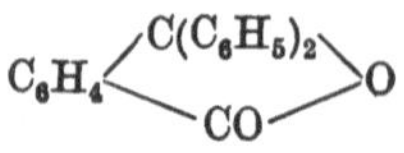	286,31
1644	115	Fluoren	$C_{13}H_{10}$	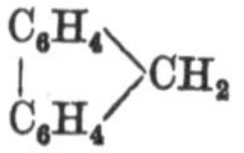	166,21
1645	115	Oxamidsäureäthylester	$C_4H_7O_3N$	$H_2N \cdot CO \cdot COO \cdot C_2H_5$	117,10
1646	115 bis 116	3,5-Dibrom-2-nitro-thiophen	$C_4HO_2NBr_2S$	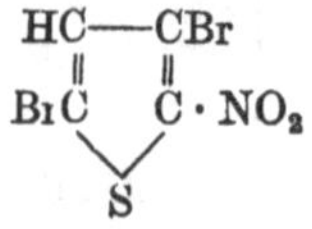	286,95
1647	115 bis 116	*α*-Bromdiäthylacetylharnstoff (Adalin)	$C_7H_{13}O_2N_2Br$	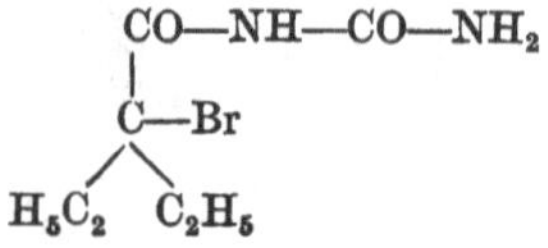	237,10

Aggregatzustand Farbe	Spez. Gewicht	Siedepunkt °C	Beilstein-Zitat	Physikalische Konstanten und Eigenschaften	Löslichkeit	Reaktionen
7	8	9	10	11	12	13
Blättchen (Eg.)			II 386		unl. in W ll. in A, Ae, Chlf.	
gelbe Stäbchen (Bzl.)			XVI 94		0,002 W 25° l. in A, Ae	
Nadeln (verd. A)		subl.	XX 27	starkes Gift; wirkt mydriatisch	0,16 W 18° ll. in A 2,2 Ae 20° 68 Chlf. 20°	Chloroaurat *Fp* 138° Pikrat *Fp* 176° 1. + Vanadinschwefelsäure löst rot → hellrot 2. + p-Dimethylaminobenzaldehyd in H_2SO_4 bei schwachem Erwärmen → rot → kirschrot → violettrot 3. + etwas rauchende HNO_3, auf W-Bad eintrocknen lassen + 1 Tropfen alkohol KOH → violettrot → rot
Blättchen (A)		312 (15 mm)	XII 1226		unl. in W l. in A ll. in Ae	
Blättchen (A)		419-428 Z.	XVII 391		unl. in W l. in A l. in H_2SO_4 grüngelb	
Blättchen (A)		293-295	V 625	leicht sublimierbar	unl. in W wl. in k. A ll. in Ae l. in H_2SO_4 blau	löst sich in H_2SO_4 beim Erwärmen → blau Pikrat *Fp* 84°, rote bis braunrote Prismen 2,7-Dinitrofluoren *Fp* 199 bis 201°, Nadeln Fluorennatrium (mit Natriumamid oder Na u. NH_3) → braungelbe kristalline Masse (Unterschied von Phenanthrenchinon u. Anthrachinon)
Blättchen (A)			II 544		l. in W, A, Ae swl. in Bzl.	
weiße Krist. (verd. A)			E_1 III 29	geruchlos; geschmacklos	swl. in W ll. in A, Aceton, Lauge wl. in PAe, k. Lg.	1. + alkal. HgJ_2-Lsg. → gelben, langsam orange werdenden Nd. 2. 10 mg Subst. in 1 ml 50%iger H_2SO_4 beim Schütteln Fettsäuregeruch

Lfd. Nr.	*Fp*	Name	Summenformel	Strukturformel	Mol.-Gewicht
1	2	3	4	5	6
1648	**115 bis 116**	Buttersäureamid	C_4H_9ON	$C_2H_5 \cdot CH_2 \cdot CO \cdot NH_2$	87,12
1649	**115 bis 116**	4,5-Dinitro-o-xylol	$C_8H_8O_4N_2$	$(O_2N)_2C_6H_2(CH_3)_2$	196,16
1650	**115 bis 116**	2-Thienylarsinoxyd	C_4H_3OSAs	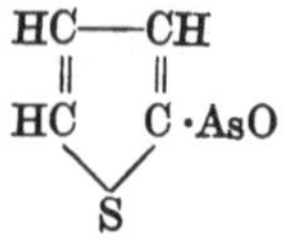	174,03
1651	**115 bis 116**	Thiobenzamid	C_7H_7NS	$C_6H_5 \cdot CS \cdot NH_2$	137,20
1652	**115 bis 117**	2-Methyl-3-thiophensäure	$C_6H_6O_2S$	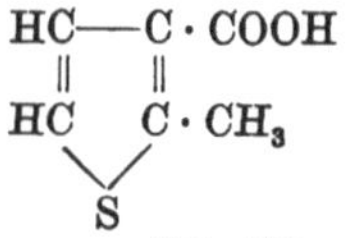	142,17
1653	**115 bis 120(Z)**	1,2-Naphthochinon	$C_{10}H_6O_2$	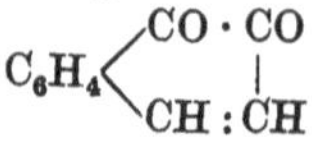	158,15
1654	**115,7**	p-Chinon (Benzochinon-1,4)	$C_6H_4O_2$	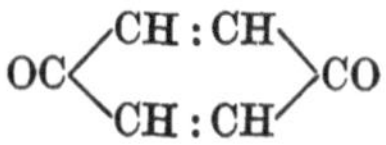	108,09
1655	**116**	4-Aminotriphenylcarbinol	$C_{19}H_{17}ON$	$H_2N \cdot C_6H_4 \cdot C(C_6H_5)_2 \cdot OH$	275,33
1656	**116**	β-Benzoylpropionsäure	$C_{10}H_{10}O_3$	$C_6H_5 \cdot CO \cdot CH_2 \cdot CH_2 \cdot COOH$	178,18
1657	**116**	2,6-Dimethylbenzoesäure	$C_9H_{10}O_2$	$(CH_3)_2C_6H_3 \cdot COOH$	150,17
1658	**116**	Fumigatin (3-Oxy-4-methoxy-2,5-toluchinon)	$C_8H_8O_4$	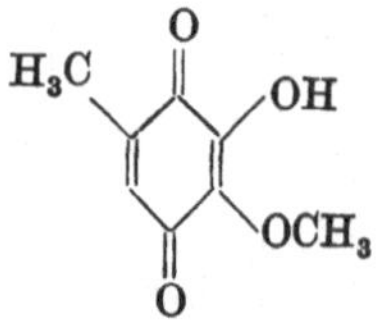	168,14
1659	**116**	2-Nitro-p-toluidin ($NH_2 = 1$)	$C_7H_8O_2N_2$	$CH_3 \cdot C_6H_3(NO_2) \cdot NH_2$	152,15
1660	**116**	4-Oxybenzaldehyd (p-Oxybenzaldehyd)	$C_7H_6O_2$	$HO \cdot C_6H_4 \cdot CHO$	122,12
1661	**116**	Terephthalaldehyd	$C_8H_6O_2$		134,13

Aggregat-zustand Farbe	Spez. Gewicht	Siede-punkt °C	Beilstein-Zitat	Physikalische Konstanten und Eigenschaften	Löslichkeit	Reaktionen
7	8	9	10	11	12	13
Blättchen (Bzl.)	1,032	216	II 275		ll. in W l. in A	
Nadeln (A)			V 369		wl. in h. W., k. A ll. in Ae	
			XVIII603			
Nadeln (W)			IX 424		l. in A	
rote Nadeln (Ae)			VII 709	mit Dampf nicht flüchtig	wl. in Ae, Bzl. l. in H_2SO_4 grün	Lsg in H_2SO_4 → grün Semicarbazon *Fp* 184°, goldgelbe Blättchen
gelbe Prismen (W)	1,318	subl.	VII 609	mit Dampf flüchtig; riecht chlorähnlich; Dämpfe reizen Schleimhaut; färbt die Haut braun	wl. in k. W ll. in A, Ae	+ Jodjodkalium u. wenig Lauge → kirschrot + schwefelsaure $FeSO_4$- u. NH_4CNS-Lsg. → intensiv rot Monoxim *Fp* 144°, Nadeln Monosemicarbazon *Fp* 165 bis 166°, gelbe Nadeln
Krist. (Ae + Lg.)			XIII 740		l. in A, Ae	
Nadeln oder Blättchen (W)			X 696		wl. in k. W ll. in h. W, A, Ae, Bzl., Chlf.	
Nadeln (Lg.)			IX 531		l. in A, Ae	
					l. in W, Chlf.	
rote Blättchen (verd. A)	$1,312^{17°}$		XII 1000	mit Dampf flüchtig	swl. in h. W ll. in A, Ae	Acetylderivat *Fp* 93°
Nadeln (W)	$1,129^{130°}$	subl.	VIII 64	subl. unzersetzt; mit Dampf nicht flüchtig	wl. in k. W 1,3 W 30° ll. in A, Ae 3,8 Bzl. 65°	Phenylurethan *Fp* 136°, Nadeln Phenylhydrazon *Fp* 177 bis 178°, Nadeln Oxim *Fp* 72°
Nadeln (W)		245	VII 675	riecht nach Flieder	1,7 sd. W l. in Alkali ll. in A, Ae	

Lfd. Nr.	*Fp*	Name	Summenformel	Strukturformel	Mol.-Gewicht
1	2	3	4	5	6
1662	116	1,2,3-Trijodbenzol	$C_6H_3J_3$	$C_6H_3J_3$	455,84
1663	116	2,3,4-Trijodthiophen	C_4HJ_3S	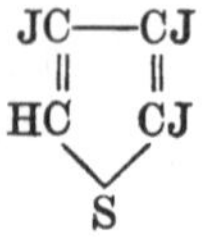	461,87
1664	116 bis 117	Cuminsäure	$C_{10}H_{12}O_2$	$(CH_3)_2CH \cdot C_6H_4 \cdot COOH$	164,19
1665	116 bis 117	Hydrastinin	$C_{11}H_{13}O_3N$	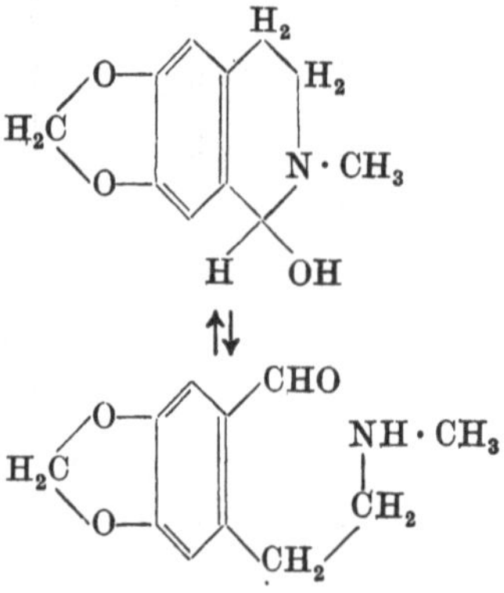	207,22
1666	116 bis 117	Isovanillin	$C_8H_8O_3$	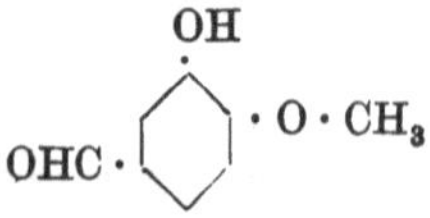	152,14
1667	116 bis 117	α-Naphthylhydrazin	$C_{10}H_{10}N_2$	$C_{10}H_7 \cdot NH \cdot NH_2$	158,19
1668	116 bis 117	Vitamin D$_2$ (Calciferol)	$C_{28}H_{44}O$	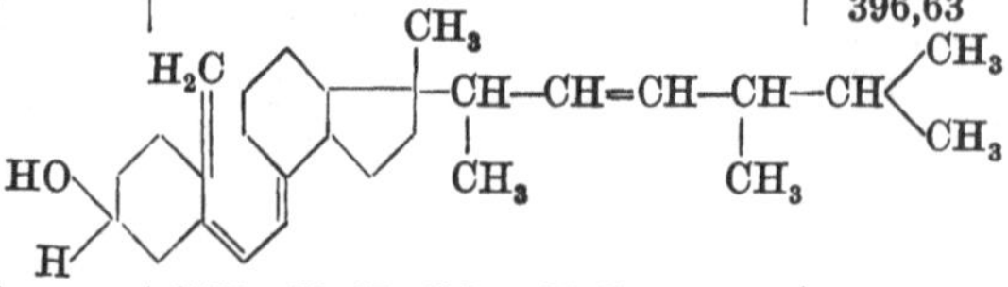	396,63
1669	117	4-Dimethylaminoazobenzol	$C_{14}H_{15}N_3$	$C_6H_5 \cdot N:N \cdot C_6H_4 \cdot N(CH_3)_2$	225,28
1670	117	2-Jodmercurithiophen	C_4H_3JSHg	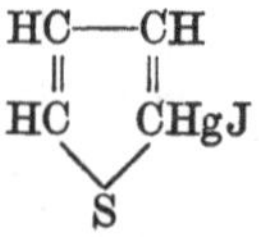	410,65
1671	117	Pyromekonsäure	$C_5H_4O_3$	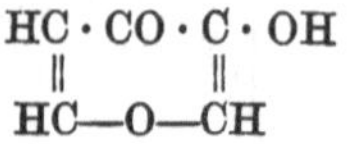	112,08
1671a	117 bis 118	2,5-Dimethyl-3-thiophensäure	$C_7H_8O_2S$	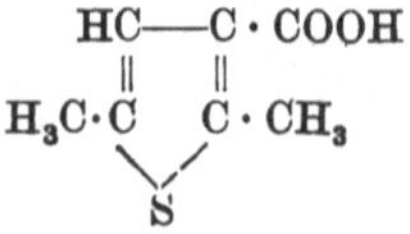	156,19

Aggregat-zustand Farbe	Spez. Gewicht	Siede-punkt °C	Beilstein-Zitat	Physikalische Konstanten und Eigenschaften	Löslichkeit	Reaktionen
7	8	9	10	11	12	13
Nadeln (A)		subl.	V 228		unl. in W ll. in A, Ae	
Tafeln (A)	1,162		IX 546		swl. in k. W ll. in A, Ae	
Nadeln (Lg.)			XXVII 465	wirkt blut- drucksteigernd; schmeckt sehr bitter	wl. in W ll. in A, Ae	Oxim *Fp* 145—150° Chlorhydrat *Fp* 210° (Z.) Pikrat *Fp* 170—172° 1. H_2SO_4-Lsg. fluoresziert blaugrün 2. + HCl + Neßlers Reagenz sofort schwarzer Nd. 3. Subst. mit $K_3[Fe(CN)_6]$ verreiben + etwas Wasser → rotgrüne Fällung 4. Subst. mit $K_4[Fe(CN)_6]$ verreiben + etwas Wasser → permutterartige Kristallfärbung 5. Lsg. in H_2SO_4 + 1 Tropfen $HNO_3 \cdot H_2SO_4$ → violettrot → leuchtend orange
Säulen oder Tafeln (W)						
Blättchen (W)		203 (20mm)	XV 561		swl. in k. W wl. in Ae ll. in h. A	
farblose Nadeln oder Prismen				$[\alpha]_D^{21}$ +103° C (0,33% in A); Absorptions- maximum 260—265 mμ		+ $SbCl_3$ in Chlf. → blau
gelbe Blättchen (A)			XVI 312		l. in A	
Prismen (W od. A)		227-228	XVII 435		ll. in W, A wl. in Ae	+ $Fe(NO_3)_3$ → rot

Lfd. Nr.	*Fp*	Name	Summenformel	Strukturformel	Mol.-Gewicht
1	2	3	4	5	6
1672	117 bis 118	p-Lactylphenetidin (Lactophenin)	$C_{11}H_{15}O_3N$	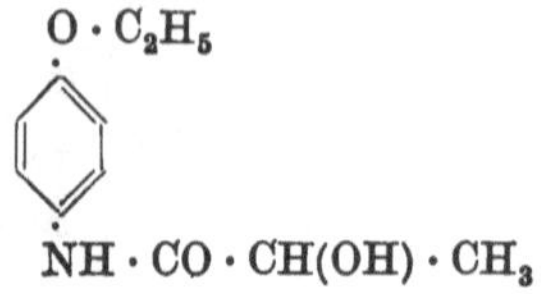	209,24
1673	117 bis 118	3-Nitrobenzonitril	$C_7H_4O_2N_2$	$O_2N \cdot C_6H_4 \cdot CN$	148,12
1674	117 bis 118	Tetrabromthiophen	C_4Br_4S	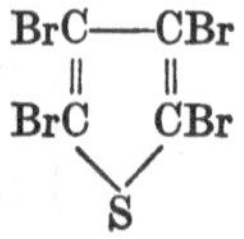	399,76
1675	117 bis 118	dl-Tropasäure	$C_9H_{10}O_3$	$HO \cdot CH_2 \cdot CH(C_6H_5) \cdot COOH$	166,17
1676	117,5	Chrysoidin	$C_{12}H_{12}N_4$	$C_6H_5 \cdot N : N \cdot C_6H_3(NH_2)_2{}^{(2,4)}$	212,25
1677	117,5	4,6-Dibrom-2-nitrophenol	$C_6H_3O_3NBr_2$	$O_2N \cdot C_6H_2Br_2 \cdot OH$	296,92
1678	118	3,4-Diäthyl-2-chlor-mercurithiophen	$C_8H_{11}ClSHg$	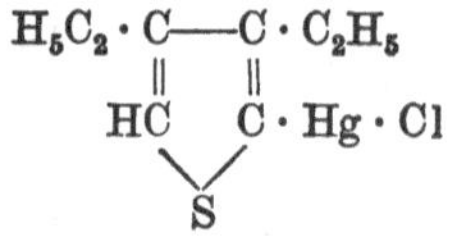	375,30
1679	118	3,4-Dibrom-2-thiophen-säure	$C_5H_2O_2Br_2S$	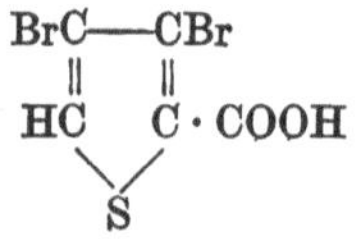	285,96
1680	118	3,4-Dibromthiophen-2-sulfonsäurechlorid	$C_4HO_2ClBr_2S_2$	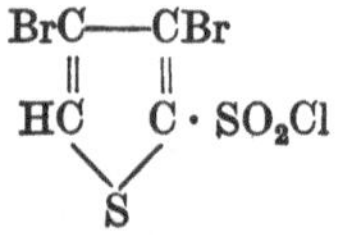	340,46
1681	118	o-Dinitrobenzol	$C_6H_4O_4N_2$	$C_6H_4(NO_2)_2$	168,11
1681a	118	Hordenin (β-[p-Oxyphenyl]-α-dimethylaminoäthan)	$C_{10}H_{15}ON$	$HO \cdot C_6H_4 \cdot CH_2 \cdot CH_2 \cdot N(CH_3)_2$	165,23
1682	118	5-Nitro-o-kresol (OH = 1)	$C_7H_7O_3N$	$CH_3 \cdot C_6H_3(NO_2) \cdot OH$	153,13
1683	118 bis 119	trans-2,5-Dimethyl-piperazin	$C_6H_{14}N_2$	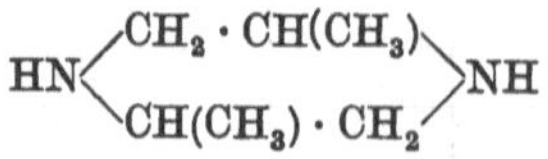	114,19

Aggregatzustand Farbe	Spez. Gewicht	Siedepunkt °C	Beilstein-Zitat	Physikalische Konstanten und Eigenschaften	Löslichkeit	Reaktionen
7	8	9	10	11	12	13
farblose Nadeln			XIII 491	geruchlos; schwach bitter	l. in k. W 1:330 l. in h. W 1:55 l. in A 1:8,5	0,1 g Subst. mit 1—2 ml konz. HCl kochen + 10 ml W, filtrieren; zu Filtrat 3 Tropfen Chromsäurelsg. (3:100) → rubinrot
Nadeln (W)		subl.	IX 385		l. in h. W, A ll. in Ae	
Nadeln (A)		326 170-173 (13 mm)	XVII 34		unl. in W	
Tafeln (W)		160 (Z.)	X 261		1,98 W 20° ll. in h. W l. in A, Ae wl. in k. Bzl.	
gelbe Nadeln (W)			XVI 383	Salze rot	wl. in sd. W ll. in A, Ae, Bzl., Chlf.	
gelbe Prismen (A, Ae)	2,433	subl.	VI 346	mit Dampf flüchtig	swl. in W wl. in A, Ae	
Nadeln (W) Tafeln (A)	$1{,}565^{17°}$	319 (773 mm)	V 257	mit Dampf flüchtig	0,01 k. W 0,38 sd. W 3,8 A 25° 33 sd. A 27,1 Chlf. 18° 5,66 Bzl. 18°	
Prismen (A)		173 (11 mm)	XIII 626		l. in W ll. in A, Ae	
gelbe Nadeln (Lg.)			VI 365		wl. in k. W ll. in A, Ae, Bzl.	
Tafeln (Bzl.) Prismen (Chlf.)		162	XXIII 19		ll. in W, A wl. in Ae	

Lfd. Nr.	*Fp*	Name	Summenformel	Strukturformel	Mol.-Gewicht
1	2	3	4	5	6
1684	118 bis 119	4-Methyl-2-thiophensäure	$C_6H_6O_2S$	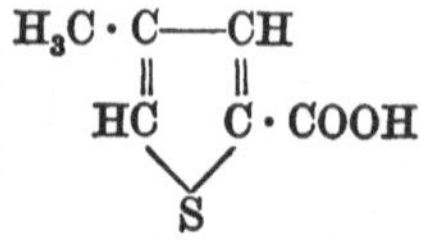	142,17
1685	118,5	Cyanacetamid	$C_3H_4ON_2$	$NC \cdot CH_2 \cdot CO \cdot NH_2$	84,08
1686	118,5	Phenothiophen	$C_{10}H_6S_2$	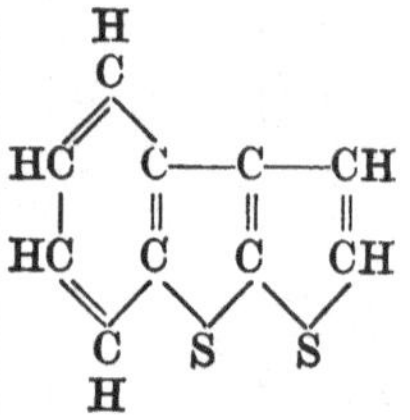 oder 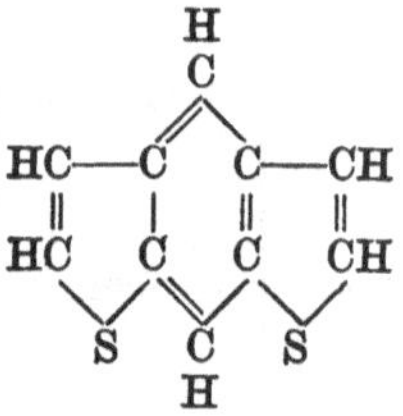	190,27
1686a	119	5-Brom-2-jodmercuri-thiophen	$C_4H_2BrJSHg$	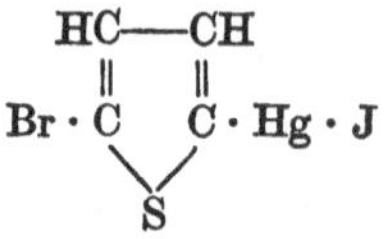	489,56
1687	119	d-Campheroxim	$C_{10}H_{17}ON$	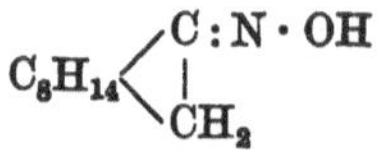	167,24
1688	119	dl-Citramalsäure	$C_5H_8O_5$	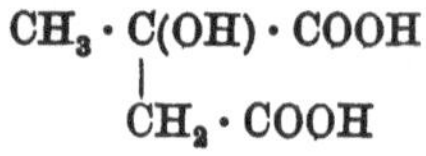	148,11
1689	119	Jodoform	CHJ_3	CHJ_3	393,78
1690	119	Methylthioharnstoff	$C_2H_6N_2S$	$CH_3 \cdot NH \cdot CS \cdot NH_2$	90,14
1691	119	Phenanthrol-(3)	$C_{14}H_{10}O$	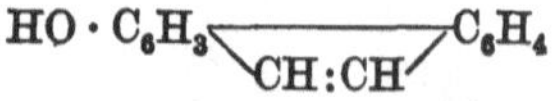	194,22
1692	119	5-Phenyl-2,2'-dithienyl	$C_{14}H_{10}S_2$	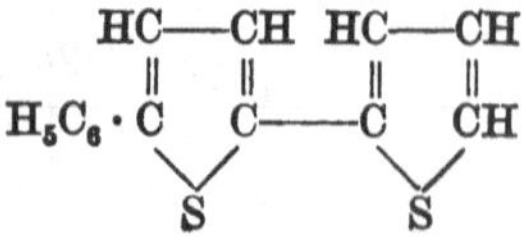	242,25

Aggregatzustand Farbe	Spez. Gewicht	Siedepunkt °C	Beilstein-Zitat	Physikalische Konstanten und Eigenschaften	Löslichkeit	Reaktionen
7	8	9	10	11	12	13
Nadeln (A)		Z.	II 589		15,4 k. W 1,8 k. A	
rubinfarbene Krist.		345				Tetrabromidverbindung — orangerot Tetranitroverbindung — gelborange
Nadeln (verd. A)	$1{,}011^{116°}$	249—254 (geringe Z.)	VII 112	$[\alpha]_D^{20}$ —42,4 (A)	unl. in W ll. in A, Ae	
zerfließliche Krist. (Essigester)		Z.	III 444		ll. in A, Aceton unl. in Bzl.	erhitzen → Citraconsäureanhydrid
gelbe Tafeln (Aceton)	$4{,}008^{17°}$		I 73	mit Dampf flüchtig; durch Licht zersetzt; Geruch durchdringend, safranartig süßlich	unl. in W 1,5 90%iger A 18° 11 sd. A 18,5 Ae l. in Eg.	Subst. (1—3 Tropfen alkohol. Lsg.) mit geringer Menge Phenol und NaOH vorsichtig über kleiner Flamme erwärmen. Nach Vertreiben des A bildet sich roter Beschlag, der in wenig verd. A karminrot löslich ist
Prismen			IV 70		ll. in W, A wl. in Ae	
Nadeln (verd. A)			VI 705		wl. in W ll. in A, Ae	Pikrat *Fp* 159°
grünlichgelbe Krist.						

Lfd. Nr.	*Fp*	Name	Summenformel	Strukturformel	Mol.-Gewicht
1	2	3	4	5	6
1693	**119**	α-Septithienyl	$C_{28}H_{16}S_7$	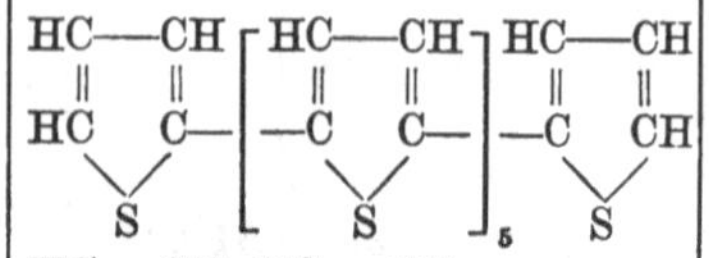	576,83
1694	**119** bis **120**	5,5'-Dichlor-2,2'-dithienyl	$C_8H_4Cl_2S_2$	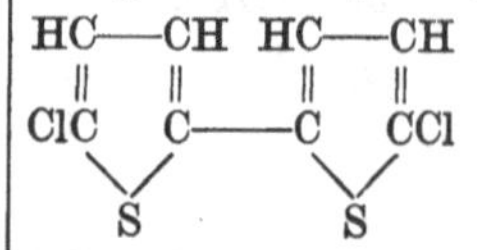	235,15
1695	**119** bis **120**	Di-[2-thienyl]-aceton	$C_{11}H_{10}OS_2$	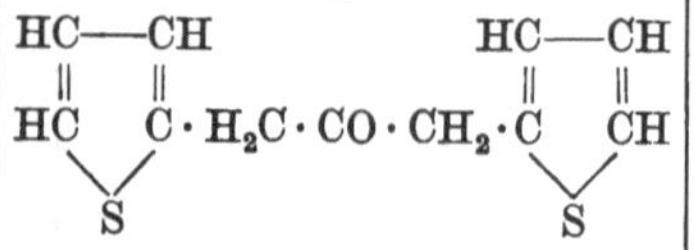	222,31
1696	**119** bis **120**	3-Jod-2,4-dinitrothiophen	$C_4HO_4N_2JS$	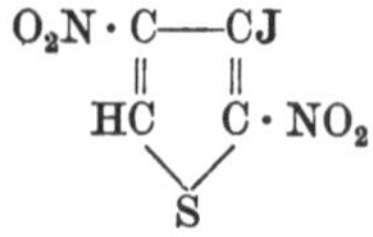	300,04
1697	**119** bis **120**	3,3',4,4'-Tetrachlor-5,5'-di-[dichlormethyl]-2,2'-dithienyl	$C_{10}H_2Cl_8S_2$	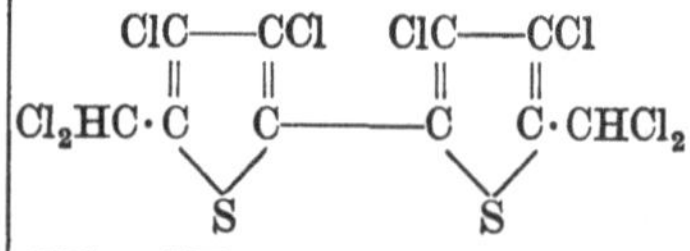	469,89
1698	**119** bis **120**	β-[2-Thenoyl]-propionsäure	$C_8H_8O_3S$	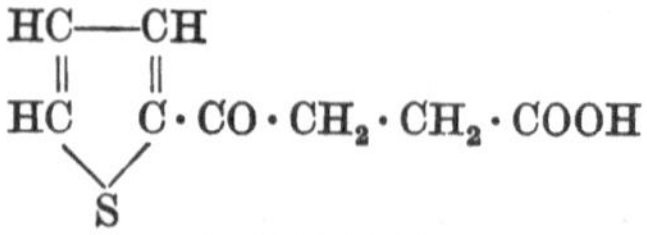	172,19
1699	**119** bis **120**	Triphenylstibinsulfid (Sulfoform)	$C_{18}H_{15}SSb$	$(C_6H_5)_3SbS$	385,12
1700	**119** bis **124**	2,4-Diphenylthiophen	$C_{16}H_{12}S$	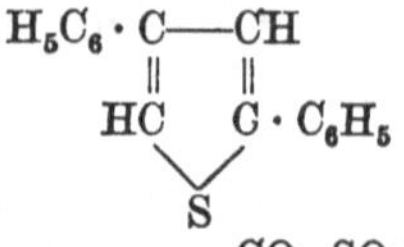	236,32
1701	**120**	1,7-Anthrachinondisulfonsäure	$C_{14}H_8O_8S_2$	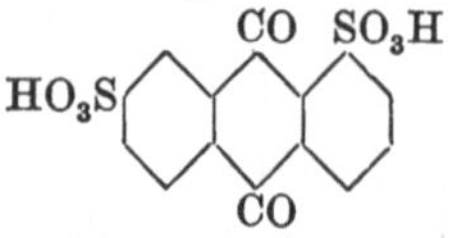	368,90
1702	**120**	Bernsteinsäureanhydrid	$C_4H_4O_3$	H_2C—CH_2 | | $OC \cdot O \cdot CO$	100,07
1703	**120**	Conhydrin	$C_8H_{17}ON$	$H_2C \cdot CH_2 \cdot CH_2$ | | $H_2C \cdot NH \cdot CH \cdot CH(OH) \cdot C_2H_5$	143,22
1704	**120**	Cyclohexen-(1)-dicarbonsäure-(1,2)	$C_8H_{10}O_4$	$H_2C \cdot CH_2 \cdot C \cdot COOH$ | ‖ $H_2C \cdot CH_2 \cdot C \cdot COOH$	170,16
1705	**120**	2,3-Dichlornaphthalin	$C_{10}H_6Cl_2$	$C_{10}H_6Cl_2$	197,06

Aggregat-zustand Farbe	Spez. Gewicht	Siede-punkt °C	Beilstein-Zitat	Physikalische Konstanten und Eigenschaften	Löslichkeit	Reaktionen
7	8	9	10	11	12	13
weinrote Krist.						
weiße Krist.			XVI 894	färbt die Flamme fahlblau	unl. in W, Lauge,. Säure	+ Paraform-H_2SO_4 + Fe-H_3PO_4 beim Erwärmen langsam rötlichbraun mit brauner Fluoreszenz
gelbes Krist.-Plv. (Eg.)			XI 340	hygroskopisch ohne zu zerfließen	ll. in W, A, Eg.	Dichlorid *Fp* 231—232°, Tafeln Dianilid *Fp* 237—238°, Prismen Natriumsalz, gelbe Nadeln
Nadeln (A)	1,503	261	XVII 407	kryoskop. Konst. 6,3	wl. in A swl. in Ae l. in Chlf.	
Blättchen (Ae)		226	XXI 5	$[\alpha]_D$ +10,0 (A)	l. in W ll. in A, Ae	Chloroaurat *Fp* 133—134°
Blättchen (W)			IX 770		ll. in W	>120° → Anhydrid *Fp* 74°
Blättchen			V 544		unl. in W wl. in A ll. in Ae	

Lfd. Nr.	*Fp*	Name	Summenformel	Strukturformel	Mol.-Gewicht
1	2	3	4	5	6
1706	**120**	Erythrit	$C_4H_{10}O_4$	$HO \cdot CH_2 \cdot (CHOH)_2 \cdot CH_2 \cdot OH$	122,12
1707	**120**	3-Methyl-1-phenyl-4,5 : 2′,3′-thionaphthenopyrazol	$C_{16}H_{12}N_2S$	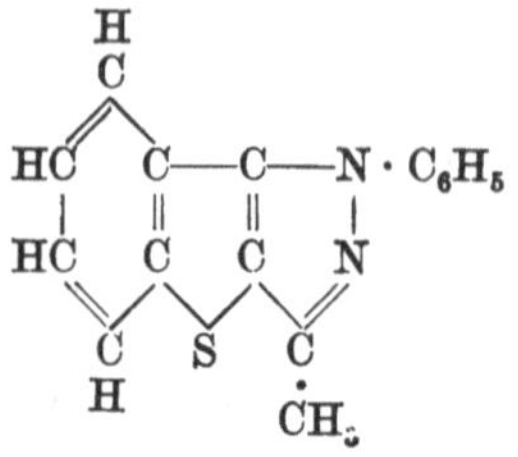	264,33
1708	**120**	Naphthylendiamin-(1,4)	$C_{10}H_{10}N_2$	$H_2N \cdot C_{10}H_6 \cdot NH_2$	158,19
1709	**120**	cis-Terpinhydrat	$C_{10}H_{20}O_2 + H_2O$	vgl. Nr. 1511	190,28
1710	**120**	2,4,6-Tribromanilin	$C_6H_4NBr_3$	$Br_3C_6H_2 \cdot NH_2$	329,85
1711	**120**	1,3,5-Tribrombenzol	$C_6H_3Br_3$	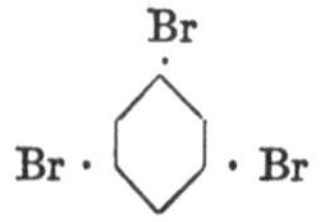	314,83
1712	**120 bis 121**	cis-α-Bromzimtsäure	$C_9H_7O_2Br$	$C_6H_5 \cdot CH : CBr \cdot COOH$	227,06
1713	**120 bis 121**	Thiophen-2,4-dicarbonsäuredimethylester	$C_8H_8O_4S$	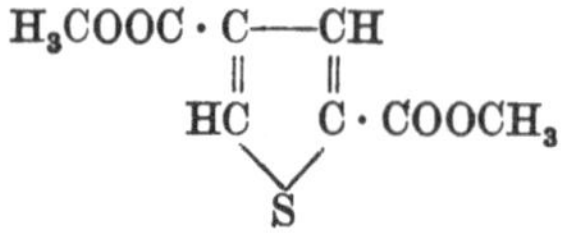	200,20
1714	**120 bis 122**	p-Amino-m-oxybenzoesäuremethylester	$C_8H_9O_3N$	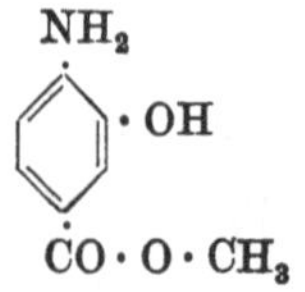	167,16
1715	**120,5**	dl-Mandelsäure	$C_8H_8O_3$	$C_6H_5 \cdot CH(OH) \cdot COOH$	152,14

Aggregatzustand Farbe	Spez. Gewicht	Siedepunkt °C	Beilstein-Zitat	Physikalische Konstanten und Eigenschaften	Löslichkeit	Reaktionen
7	8	9	10	11	12	13
Prismen	1,451	329-331	I 525	schmeckt süß	61 W 20° wl. in A unl. in Ae	Diformalerythrit *Fp* 97 bis 98°, Nadeln Tetranitrat *Fp* 61°, große Blätter
Nadeln (W)			XIII 201		wl. in W ll. in A, Ae	
weiße Krist.		258	VI 745	Geschmack würzig; etwas bitter; subl. in feinen Nadeln	0,4 W 15° 3,1 sd. W 10 A 20° 50 sd. A wl. in Ae	beim Erhitzen mit verd. Säuren → angenehm fliederartiger Geruch Subst. + konz. H_2SO_4 → gelb + W → Fliedergeruch
Nadeln (Bzl.)	$2{,}35^{20°}_{20°}$	300	XII 663		unl. in W wl. in k. A ll. in h. A, Ae	Acetylderivat *Fp* 232°
Nadeln (A)		271	V 213		unl. in W wl. in sd. A	
Blättchen (W)			IX 600		ll. in sd. W, A 6,9 Bzl. 19°	Amid *Fp* 129°
Nadeln			XIV 577		wl. in W ll. in A, Ae	
Tafeln (W)	1,361	Z.	X 197	Geruch nach bitteren Mandeln	15,97 W 20° 20,85 W 24° ll. in A, Ae	1. + H_2SO_4 → violett 2. + $Fe(NO_3)_3$-Lsg. → zitronengelb + einige Krist. Ferroammonsulfat u. einige Tropfen 0,06%iger H_2O_2-Lsg. → olivgrün 3. + Paraform-H_2SO_4 → gelb → braun 4. 1 mg Subst. + Lsg. von 5 mg β-Naphthol in 1 ml konz. H_2SO_4 beim Erhitzen in sd. W-Bad → violette Lsg. mit α-Naphthol → orangerot

Lfd. Nr.	*Fp*	Name	Summenformel	Strukturformel	Mol.-Gewicht
1	2	3	4	5	6
1716	120,5 bis 123	3-Brom-2-chlormercuri-thiophen	$C_4H_2ClBrSHg$	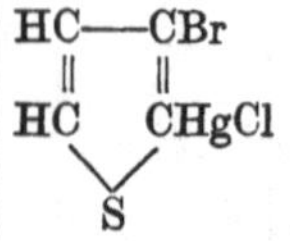	318,18
1717	121	Chloracetamid	C_2H_4ONCl	$CH_2Cl \cdot CO \cdot NH_2$	93,52
1718	121	3-Chlor-2,4,5-trijod-thiophen	C_4ClJ_3S	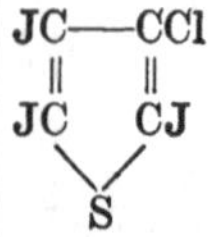	496,22
1719	121	Cinnamylcocain	$C_{19}H_{23}O_4N$	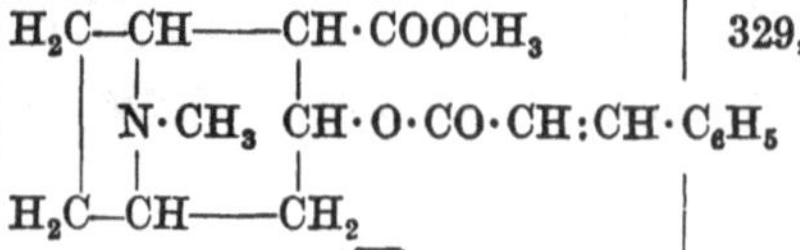	329,37
1720	121	N,N'-Di-[p-äthoxy-phenyl]-acetamidin (Holocain)	$C_{18}H_{22}O_2N_2$	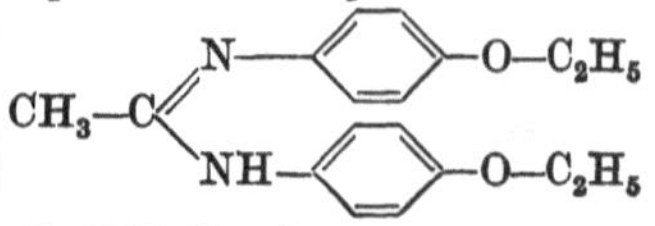	222,28
1721	121	2,6-Dichlorchinon	$C_6H_2O_2Cl_2$	$O:C_6H_2Cl_2:O$	176,99
1722	121	2,4-Dinitroacetanilid	$C_8H_7O_5N_3$	$CH_3 \cdot CO \cdot NH \cdot C_6H_3(NO_2)_2$	225,16
1723	121	Isohydrobenzoin	$C_{14}H_{14}O_2$	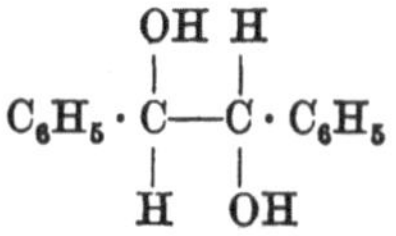	214,25
1724	121	Mesoxalsäure	$C_3H_2O_5$	$HOOC \cdot CO \cdot COOH$	118,05
1725	121	β-Progesteron	$C_{21}H_{30}O_2$	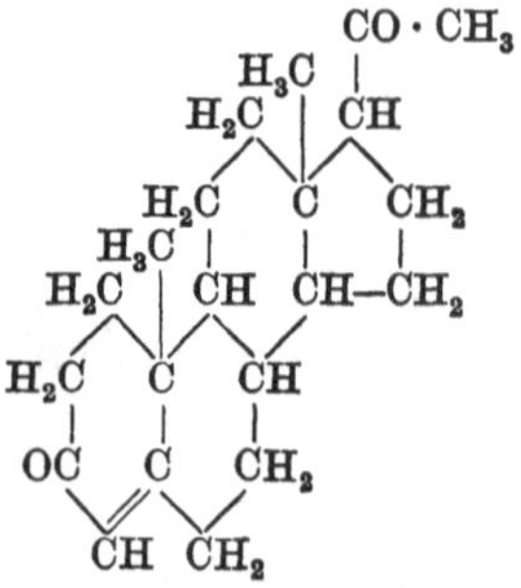	314,44
1726	121	Rhamnit	$C_6H_{14}O_5$	$CH_3 \cdot [CH(OH)]_4 \cdot CH_2OH$	166,17
1727	121	Thionaphthenchinon	$C_8H_4O_2S$	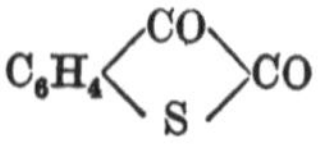	164,17

Aggregatzustand Farbe	Spez. Gewicht	Siedepunkt °C	Beilstein-Zitat	Physikalische Konstanten und Eigenschaften	Löslichkeit	Reaktionen
7	8	9	10	11	12	13
Krist.		224 (743mm)	II 199		10 W 24° 9,5 A 24° swl. in Ae	
Nadeln (Bzl.-Lg.)				$[\alpha]_D^{15}$ −4,7 (Chlf.)	wl. in W ll. in A, Ae, Bzl.	
weiße Nadeln			XIII 468		unl. in W ll. in A, Ae, Bzl. wl. in Ligroin	
gelbe Prismen (A)		subl. <120°	VII 633	mit Dampf flüchtig	wl. in sd. W, k. A ll. in h. W l. in Chlf.	
Nadeln (A)			XII 754		unl. in k. W sll. in sd. A	
Krist. (W)		133 (0,02 mm)	VI 1004		0,19 W 15° 1,25 sd. W ll. in A, Ae	
zerfließliche Krist.			III 766		ll. in W l. in A, Ae	+ KOH bei 150° → Oxalsäure, Ameisensäure Phenylhydrazon *Fp* 164° (Z.), hellgelbe Nadeln Ag-Salz, gelbliche Nadeln
Krist.					l. in A, Ae	Dioxim *Fp* 243°
Prismen (Aceton)			I 532	$[\alpha]_D^{20}$ +10,7° (W); schmeckt süß	ll. in W, A unl. in Ae	
gelbe Nadeln (W)		~247	XVII 467		wl. in W ll. in A, Eg. l. in verd. NaOH orangegelb	

Lfd. Nr.	*Fp*	Name	Summenformel	Strukturformel	Mol.-Gewicht
1	2	3	4	5	6
1728	**121**	1,2,4-Triazol	$C_2H_3N_3$	HC═N, HN·N:CH bzw. HC—NH, N·N:CH	69,07
1729	**121** bis **122**	Magnesiumpalmitat	$C_{32}H_{62}O_4Mg$	$(CH_3 \cdot [CH_2]_{14} \cdot COO)_2Mg$	535,11
1730	**121,5**	2-Aminotriphenylcarbinol	$C_{19}H_{17}ON$	$H_2N \cdot C_6H_4 \cdot C(C_6H_5)_2OH$	275,33
1731	**121,7**	Benzoesäure	$C_7H_6O_2$	$C_6H_5 \cdot COOH$	122,12
1732	**121,8**	Quecksilberdiphenyl	$C_{12}H_{10}Hg$	$(C_6H_5)_2Hg$	354,81
1733	**122**	4,6-Dichlor-2-nitrophenol	$C_6H_3O_3NCl_2$	$O_2N \cdot C_6H_2Cl_2 \cdot OH$	208,01
1734	**122**	2,4-Dimethylfurancarbonsäure-(3)	$C_7H_8O_3$	$CH_3 \cdot C$—$C \cdot COOH$, ‖ ‖, $HC \cdot O \cdot C \cdot CH_3$	140,13
1735	**122**	3,5-Dinitrophenol	$C_6H_4O_5N_2$	$(O_2N)_2C_6H_3 \cdot OH$	184,11
1736	**122**	p,p′-Ditolyl	$C_{14}H_{14}$	$CH_3 \cdot C_6H_4 \cdot C_6H_4 \cdot CH_3$	182,25
1737	**122**	Nicotinsäureamid (Niacinamid, *β*-Pyridincarbonsäureamid)	$C_6H_6ON_2$	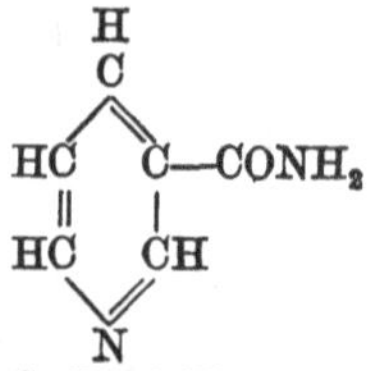	122,12
1738	**122**	Psychotrin	$C_{28}H_{36}O_4N_2$	$C_{28}H_{36}O_4N_2$	464,58
1739	**122**	1,3,5-Trinitronaphthalin	$C_{10}H_5O_6N_3$	$C_{10}H_5(NO_2)_3$	263,16
1740	**122** bis **123**	3-Aminophenol	C_6H_7ON	$H_2N \cdot C_6H_4 \cdot OH$	109,12
1741	**122** bis **123**	Furancarbonsäure-(3)	$C_5H_4O_3$	HC—$C \cdot COOH$, ‖ ‖, $HC \cdot O \cdot CH$	112,08
1742	**122** bis **123**	Indoxylsäure	$C_9H_7O_3N$	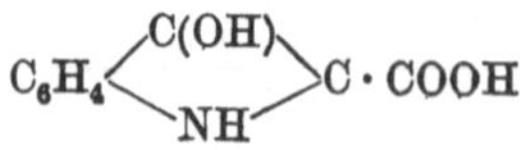	177,15

Aggregat-zustand Farbe	Spez. Gewicht	Siede-punkt °C	Beilstein-Zitat	Physikalische Konstanten und Eigenschaften	Löslichkeit	Reaktionen
7	8	9	10	11	12	13
Krist. (W oder A)		260	XXVI 13		l. in W, A wl. in Ae	
Krist.			II 372		unl. in W 0,487 A 20°	
Tafeln (Ae)			XIII 738		ll. in A l. in Ae	erhitzen → 9-Phenyl-acridin
Nadeln oder Blätter	$1{,}2659^{15°}$	249	IX 92	kryoskop.Konst. 8,79; Geschmack schwachsauer; subl. bei 100°; geruchlos	0,16 W 0° 0,27 W 17° 2,19 W 75° 46,71 A 15° 31,34 Ae 15°	3—5 mg in 0,5 ml. W + 1 Tropfen $Fe(NO_3)_3$ → weiße → blaßrötliche Trübung; + 1 ml H_2O, erhitzen auf 30—40° + 1—2 Tropfen 0,06%ige H_2O_2-Lsg. → schwach violett (Salicylsäure) → braun Äthylester *Fp* 211,3-211,5° Phenacylester *Fp* 119°
Nadeln (Bzl.)	2,318	>300 (Z.)	XIV 946		unl. in W wl. in k. A l. in Ae ll. in Bzl., Chlf.	
gelbe Blättchen (A)	$1{,}822^{19°}$	subl. <100	VI 241		wl. in W ll. in A, Ae	
Nadeln (W)		subl.	XVIII 296		ll. in h. W, A, Ae	
Blättchen	1,702		VI 258		ll. in A, Ae	
Krist. (Ae)	1,102	295	V 610		unl. in W l. in A, Ae	
farblose Nadeln			XXII 40		l. in W	
gelbe Krist. (h. A)				$[\alpha]_D^{15}$ +69,3°; schmeckt stark bitter	ll. in Chlf.-A, Aceton unl. in Ae l. in H_2SO_4 (farblos)	alkohol. Lsg. + wenig $FeCl_3$ → braunrot → blauschwarze Fällung Chlorkalk-Lsg. → gelb
Krist. (Chlf.)			V 563		unl. in W ll. in A, Eg.	
Prismen (Toluol)			XIII 401		ll. in h. W, A, Ae	
Blättchen (W)		80 (0,3 mm)	E_1 XVIII 439	mit Dampf flüchtig	wl. in k. W ll. in h. W, A	
Krist.			XXII 226		wl. in W	Oxydation → Isatin oder Indigo

Lfd. Nr.	*Fp*	Name	Summenformel	Strukturformel	Mol.-Gewicht
1	2	3	4	5	6
1743	122 bis 126	*l*-Rhamnose	$C_6H_{12}O_5$	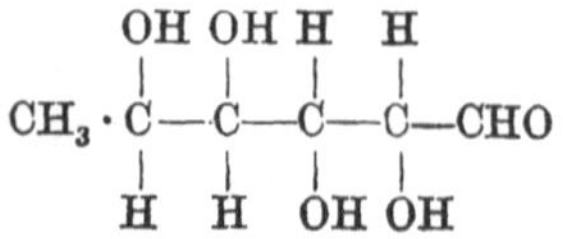	164,15
1744	122,5	Pikrinsäure (2,4,6-Trinitrophenol)	$C_6H_3O_7N_3$	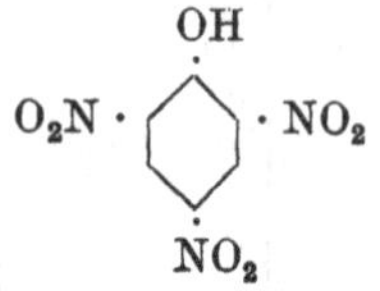	229,11
1745	123	2,2′-Diaminostilben	$C_{14}H_{14}N_2$	$H_2N \cdot C_6H_4 \cdot CH = CH \cdot C_6H_4 \cdot NH_2$	210,27
1746	123	*β*-Naphthol	$C_{10}H_8O$	$C_{10}H_7 \cdot OH$	144,16
1747	123	1,3,5-Trinitrobenzol	$C_6H_3O_6N_3$	$C_6H_3(NO_2)_3$	213,11
1748	123 (Z.)	Xanthydrol	$C_{13}H_{10}O_2$	$C_6H_4\langle{}^{CH(OH)}_{O}\rangle C_6H_4$	198,21
1749	123 bis 124	m,m′-Diphenol	$C_{12}H_{10}O_2$	$HO \cdot C_6H_4 \cdot C_6H_4 \cdot OH$	186,20
1750	124	4-Aminobenzophenon	$C_{13}H_{11}ON$	$C_6H_5 \cdot CO \cdot C_6H_4 \cdot NH_2$	197,22
1751	124	2,6-Dinitro-p-xylol	$C_8H_8O_4N_2$	$(O_2N)_2C_6H_2(CH_3)_2$	196,16
1752	124	1,3-Dioxynaphthalin	$C_{10}H_8O_2$	$C_{10}H_6(OH)_2$	160,16
1753	124	3-Fluorbenzoesäure	$C_7H_5O_2F$	$F \cdot C_6H_4 \cdot COOH$	140,11
1754	124 (Z.)	4-Nitrosophenol	$C_6H_5O_2N$	$ON \cdot C_6H_4 \cdot OH$	123,11
1755	124	Pikrolonsäure	$C_{10}H_8O_5N_4$	$O_2N \cdot HC$ —— $C \cdot CH_3$ $OC \cdot N(C_6H_4 \cdot NO_2) \cdot N$	264,19
1756	124	Stilben (*α*,*β*-Diphenyläthylen)	$C_{14}H_{12}$	$H \cdot C \cdot C_6H_5$ ‖ $C_6H_5 \cdot C \cdot H$	180,23
1757	124	*β*,*β*,*β*-Trichlormilchsäure	$C_3H_3O_3Cl_3$	$CCl_3 \cdot CH(OH) \cdot COOH$	193,42

Aggregatzustand Farbe	Spez. Gewicht	Siedepunkt °C	Beilstein-Zitat	Physikalische Konstanten und Eigenschaften	Löslichkeit	Reaktionen
7	8	9	10	11	12	13
Säulen $+ 1 H_2O$ (W od. A)	$1{,}471^{20^\circ}$	subl.	I 870	$[\alpha]_D^{20}$ —7,7° bis +8,9°; schmeckt anfangs sehr süß, dann bitter	57 W 19° 109 W 40° l. in A wl. in Ae	β-Naphthylhydrazon *Fp* 192—193°, Täfelchen p-Nitrophenylhydrazon *Fp* 190—191°, orangegelbe Krist. Phenylhydrazon *Fp* 160°, Blättchen
gelbe Blättchen (W)	$1{,}767^{19^\circ}$	subl.	VI 265	explodiert bei raschem Erhitzen; schmeckt bitter	1,2 W 20° 7,2 sd. W 6,23 A 20° 66,2 sd. A 2,1 Ae 20°	+ KCN + NaOH → rot Nitronpikrat zitronengelbe Nadeln (E 1:250000)
rote Nadeln (W)			XIII 267	vgl. Nr. 2413		
Tafeln	1,217	285-286	VI 627	kryoskop. Konst 11,25; schmeckt brennend; Staub reizt zum Niesen; subl. in Blättchen; alkalische Lsg. fluoresziert violett	0,075 W 25° ll. in A, Ae l. in Lauge swl. in CCl_4	Acetat *Fp* 70° + $Fe(NO_3)_3$ → Grünfärbung → weiße Flocken; Lsg. in Lauge wird beim Kochen mit Chlf. → grün bis blau Phenylurethan *Fp* 155°, Blätter 3,5-Dinitrobenzoat *Fp* 210°, Nadeln
Blättchen (W)	$1{,}4775^{1520^\circ}$	subl.	V 271		0,04 k. W 1,9 A 16° 1,5 Ae 17° 6,2 Bzl. 16°	
Nadeln (verd. A)			XVII 129		l. in H_2SO_4 gelb	Oxydation → Xanthon
Nadeln (W)		247 (18 mm)	VI 991		unl. in k. W l. in h. W, Alkali ll. in A, Ae	Diacetat *Fp* 82,5° + $FeCl_3$ → blaue Färbung
Blättchen (verd. A)			XIV 81		wl. in k. W ll. in h. W sll. in A, Ae, Eg.	Benzoylderivat *Fp* 152°
Nadeln (A)			V 388		unl. in W wl. in k. A	
Blättchen			VI 978		ll. in W, A, Ae	Diacetat *Fp* 56°
Blättchen (W)	$1{,}474^{25^\circ}$		IX 333		0,15 W 25°	
Nadeln (W)			VII 622		l. in W ll. in A, Ae l. in Alkali, rotbraun	
gelbe Nadeln (A)			XXIV 51		0,9 W 17° 4,8 A 17° 0,5 Ae 17°	
Blättchen (A)	$0{,}954^{125^\circ}$	306-307	V 630	kryoskop. Konst. 8,38; mit Dampf flüchtig; sublimierbar	unl. in W 0,88 A 17° 7,88 Ae 14° ll. in Bzl.	Dibromid *Fp* 237°, Nadeln Nitrosit *Fp* 195—197°, Kristallmehl Pikrat *Fp* 94—95°, braungelbe Nadeln
Prismen		160 (45 mm)	III 286		ll. in W, A, Ae	

Lfd. Nr.	*Fp*	Name	Summenformel	Strukturformel	Mol.-Gewicht
1	2	3	4	5	6
1758	124 bis 125	2-Methylhydrochinon	$C_7H_8O_2$	$CH_3 \cdot C_6H_3(OH)_2$	124,13
1759	124 bis 125	β-Naphthylhydrazin	$C_{10}H_{10}N_2$	$C_{10}H_7 \cdot NH \cdot NH_2$	158,19
1760	125	Diäthylmalonsäure	$C_7H_{12}O_4$	$HOOC \cdot C(C_2H_5)_2 \cdot COOH$	160,17
1761	125	N-Dibrompropyl-C,C-diäthylbarbitursäure (Diogenal)	$C_{11}H_{16}O_3N_2Br_2$	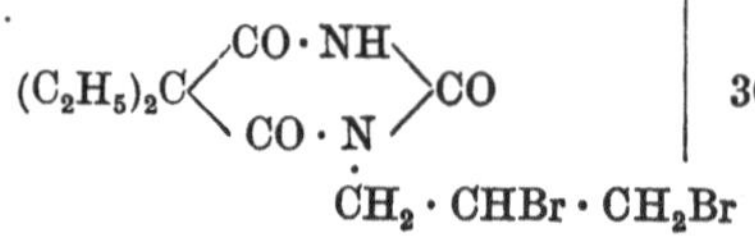	367,05
1762	125	2,6-Dichlor-4-nitrophenol	$C_6H_3O_3NCl_2$	$O_2N \cdot C_6H_2Cl_2 \cdot OH$	208,01
1763	125	4,6-Dimethylresorcin	$C_8H_{10}O_2$	$(CH_3)_2C_6H_2(OH)_2$	138,16
1764	125	2,2'-Dinitrodiphenyl	$C_{12}H_8O_4N_2$	$O_2N \cdot C_6H_4 \cdot C_6H_4 \cdot NO_2$	244,20
1765	125	2,5-Dioxybenzophenon	$C_{13}H_{10}O_3$	$C_6H_5 \cdot CO \cdot C_6H_3(OH)_2$	214,21
1766	125	Diphenyl-[2-thienyl]-carbinol	$C_{17}H_{14}OS$	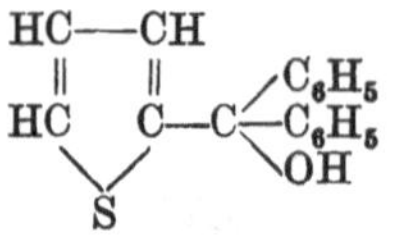	266,34
1767	125	Lactid	$C_6H_8O_4$	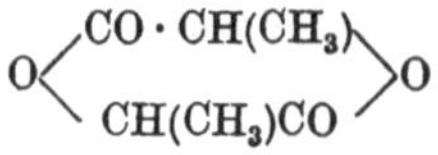	144,12
1768	125	Naphthol-(2)-sulfonsäure-(6)	$C_{10}H_8O_4S$	$HO \cdot C_{10}H_6 \cdot SO_3H$	224,22
1769	125	4-Oxybenzylalkohol	$C_7H_8O_2$	$HO \cdot C_6H_4 \cdot CH_2 \cdot OH$	124,13
1770	125	p-Xylochinon	$C_8H_8O_2$	$O : C_6H_2(CH_3)_2 : O$	136,14
1771	126	4-Aminoazobenzol	$C_{12}H_{11}N_3$	$C_6H_5 \cdot N : N \cdot C_6H_4 \cdot NH_2$	197,23
1772	126	Benzhydroxamsäure	$C_7H_7O_2N$	$C_6H_5 \cdot CO \cdot NH \cdot OH$ bzw. $C_6H_5 \cdot C(:N \cdot OH) \cdot OH$	137,13
1773	126	p-Chinon-bis-chlorimid	$C_6H_4N_2Cl_2$	$Cl \cdot N : C_6H_4 : N \cdot Cl$	175,02
1774	126	2-Chlor-3,4,5-trijodthiophen	C_4ClJ_3S	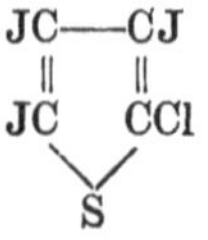	496,32

Aggregat-zustand Farbe	Spez. Gewicht	Siede-punkt °C	Beilstein-Zitat	Physikalische Konstanten und Eigenschaften	Löslichkeit	Reaktionen
7	8	9	10	11	12	13
Blättchen (Bzl.)		163	VI 875		ll. in W, A, Ae	
Blättchen (W)		Z.	XV 568		wl. in h. W ll. in h. A wl. in Ae	
Prismen (W)			II 686			Diamid *Fp* 224°, lange Nadeln p-Nitrobenzylester *Fp* 91,2°
weiße Krist.					unl. in W l. in Lauge	$AgNO_3$-Lsg. fällt beim Erwärmen AgBr + 1 Tropfen 2n NH_3 → Gallerte
Nadeln (W)			VI 241		swl. in W wl. in k. A ll. in Ae, Chlf.	
Platten (W)		276-279	VI 912		ll. in W, A, Ae	
gelbe Nadeln (A)	1,45		V 583		unl. in W l. in k. A, Ae ll. in sd. A	
gelbe Nadeln (verd. A)			VIII 312		unl. in k. W ll. in A, Ae, Bzl.	
Krist. (A)		255	XIX 154		swl. in A wl. in Ae	+ W → Milchsäure
Blättchen			XI 282	wss. Lsg. der Salze fluoresziert schwach blau	ll. in W, A	+ $FeCl_3$ → schwach grüne Färbung Ammoniumsalz, lange Prismen
Nadeln (W)			VI 897		ll. in W, A, Ae wl. in Bzl.	
gelbe Nadeln (A)		subl.	VII 658		wl. in h. W, k. A ll. in h. A, Ae, Bzl.	
gelbe Nadeln (A)		>360	XVI 307		swl. in h. W l. in h. A, Ae	
Blättchen		Z.	IX 301		2,25 W 6° ll. in h. W sll. in A wl. in Ae	+ $FeCl_3$ → roter Niederschlag
Nadeln (W)			VII 621		wl. in k. W ll. in h. A, Ae l. in H_2SO_4	

Lfd. Nr.	*Fp*	Name	Summenformel	Strukturformel	Mol.-Gewicht
1	2	3	4	5	6
1775	126	2,4-Dimethylbenzoesäure	$C_9H_{10}O_2$	$(CH_3)_2C_6H_3 \cdot COOH$	150,17
1776	126	2,3'-Dioxybenzophenon	$C_{13}H_{10}O_3$	$HO \cdot C_6H_4 \cdot CO \cdot C_6H_4 \cdot OH$	214,21
1777	126	2-Fluorbenzoesäure	$C_7H_5O_2F$	$F \cdot C_6H_4 \cdot COOH$	140,11
1778	126	Isatin-α-anil	$C_{14}H_{10}ON_2$	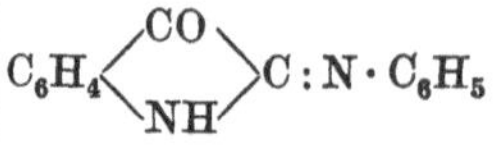	222,23
1779	126	ω-Isonitrosoacetophenon	$C_8H_7O_2N$	$C_6H_5 \cdot CO \cdot CH:N \cdot OH$	149,14
1780	126	1,4-Naphthochinon (α-Napthochinon)	$C_{10}H_6O_2$	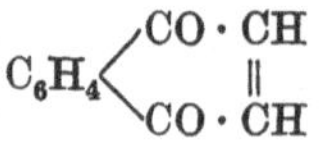	158,15
1781	126	Oxindol	C_8H_7ON	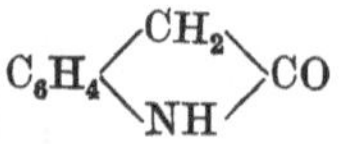	133,14
1782	126	3-Oxypyridin	C_5H_5ON	$C_5H_4N \cdot OH$	95,10
1783	126	4-Phenyl-2,6-di-[2'-thienyl]-pyridin	$C_{19}H_{13}NS_2$	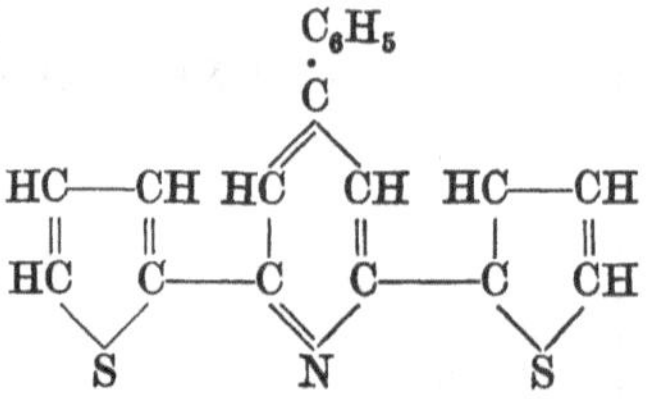	319,42
1784	126	Succinimid	$C_4H_5O_2N$	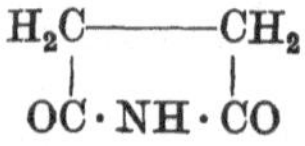	99,09
1785	126	2,3,4-Tribrom-5-jod-thiophen	C_4Br_3JS	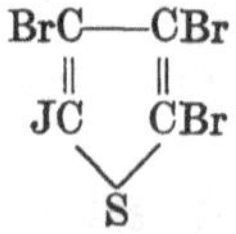	446,77
1786	126	2,4,5-Tribromthiophen-3-sulfonsäurechlorid	$C_4O_2ClBr_3S_2$	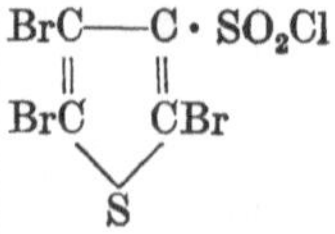	419,37
1787	126 bis 127	4-Brom-1-nitrobenzol	$C_6H_4O_2NBr$	$Br \cdot C_6H_4 \cdot NO_2$	202,02
1788	126 bis 127	N,N'-Diphenylhydrazin (Hydrazobenzol)	$C_{12}H_{12}N_2$	$C_6H_5 \cdot NH \cdot NH \cdot C_6H_5$	184,23

Aggregatzustand Farbe	Spez. Gewicht	Siedepunkt °C	Beilstein-Zitat	Physikalische Konstanten und Eigenschaften	Löslichkeit	Reaktionen
7	8	9	10	11	12	13
Nadeln (W)		267 (727mm)	IX 531		swl. in k. W wl. in h. W l. in Bzl., Chlf. ll. in h. A	
gelbliche Krist. (Ae + Bzl.)			VIII 315			
Krist. (W)	$1,460^{25^0}$		IX 333		0,72 W 25° ll. in A, Ae	
violette Nadeln (Bzl.) orangerote Blättchen (A)			XXI 439		unl. in W ll. in A gelbbraun- Bzl.; CS_2 rot	
Prismen (verd. A)		Z.	VII 671		wl. in k. W l. in A, Ae, Alkali gelb	
gelbe Nadeln (A)		subl.	VII 724	mit Dampf flüchtig; subl. unter 100°	swl. in k. W l. in A ll. in Ae	Semicarbazon *Fp* 247°, grüngelbe Krist. Guanylhydrazon *Fp* 233° (Nitrat), gelbe Nadeln
Nadeln (W)		227 (73mm)	XXI 282		ll. in h. W l. in A, Ae, H_2SO_4 ll. in Alkali	
Nadeln (Bzl.)		subl.	XXI 46		ll. in W, A wl. in Ae, Bzl.	+ $FeCl_3$ → rote Färbung
Tafeln (A)		287 (Z.)	XXI 369		24,3 W 21° 5,4 A 24°	
Prismen	$1,563^{132^0}$	255-256	V 248	kryoskop. Konst. 11,53	1,75 k. A	
Tafeln (A + Ae)	$1,158^{16^0}$		XV 123		swl. in W 5,3 A 16°	

Lfd. Nr.	*Fp*	Name	Summenformel	Strukturformel	Mol.-Gewicht
1	2	3	4	5	6
1789	126 bis 127	Guajacolcamphorat (Guacamphol)	$C_{24}H_{28}O_6$	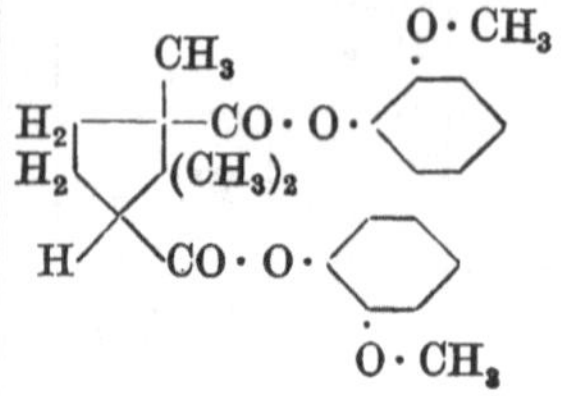	412,46
1790	126 bis 127	1-Nitronaphthylamin-(2)	$C_{10}H_8O_2N_2$	$O_2N \cdot C_{10}H_6 \cdot NH_2$	188,18
1791	126 bis 127	p-Oxybenzoesäuremethylester (Nipagin)	$C_8H_8O_3$	$HO \cdot C_6H_4 \cdot CO \cdot O \cdot CH_3$	152,14
1792	127	1-Aminoanthracen	$C_{14}H_{11}N$	$C_6H_4\left\{\begin{matrix} CH \\ CH \end{matrix}\right\}C_6H_3 \cdot NH_2$	193,23
1793	127	Benzidin	$C_{12}H_{12}N_2$	$NH_2 \cdot C_6H_4 \cdot C_6H_4 \cdot NH_2$	184,23
1794	127	2-Benzoylbenzoesäure	$C_{14}H_{10}O_3$	$C_6H_5 \cdot CO \cdot C_6H_4 \cdot COOH$	226,22
1795	127	3-Bromdibenzothiophen	$C_{12}H_7BrS$	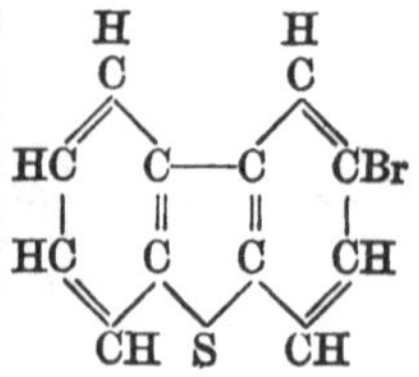	263,15
1796	127	N-Phenylglycin	$C_8H_9O_2N$	$C_6H_5 \cdot NH \cdot CH_2 \cdot COOH$	156,16

Aggregatzustand Farbe	Spez. Gewicht	Siedepunkt °C	Beilstein-Zitat	Physikalische Konstanten und Eigenschaften	Löslichkeit	Reaktionen
7	8	9	10	11	12	13
weiße Krist.			IX 753	riecht schwach nach Campher; Geschmack bitter; mit Wasserdampf nicht flüchtig	unl. in W l. in H_2SO_4 grün	Lsg. in H_2SO_4 + 1 Tropfen Eisen-Phosphorsäure → grüne Fluoreszenz Subst. + 1 Tropfen Fe-H_3PO_4 → grauviolett → olivgrün → stahlblau; vorsichtig erwärmen → graugrün, intensiv grüne Fluoreszenz
orange Nadeln (A)			XII 1313		l. in sd. W ll. in A	
weiße Krist.			E_1 X 73	ohne Geruch; kratzender Geschmack	swl. in W l. in Lauge ll. in A	+ $Fe(NO_3)_3$ → Violettfärbung Lsg. + Paraform-H_2SO_4 erwärmt → intensiv rotbraun Lsg. + Eisen-Phosphorsäure + 1 ml H_2SO_4 → schwach grün + Paraform + H_2O_2 → Grünfärbung (Brenzcatechinderivat)
gelbe Nadeln (A)			XII 1335		l. in A gelbbraun grün fluoreszierend l. in Ae	Acetylderivat *Fp* 212° Chromat tiefblaue Nadeln Pikrat *Fp* 190°
perlmutterglänzende Blättchen	1,251	400-401 (740mm)	XIII 214		wl. in k. W ~ 1 in sd. W l. in A 2,2 Ae	+ Bromwasser und CS_2 in wss. Schicht → blau, dann dunkelgrün → farblos; CS_2-Schicht → dunkelrot Subst. + konz. HNO_3 → gelb Subst. + $Fe(NO_3)_3$ → gelbgrün → braungrün → hellblau Acetatderiv. + $AgNO_3$ weiße Blättchen, Lsg. langsam grün alkohol. Lsg. + 10 mg α-Naphthol 1. + konz. NH_3 → violett → 2. + KOH → orange → lachsrot
Prismen (W)			X 747		l. in h. W, A, Bzl.	erhitzen → Anthrachinon Methylester *Fp* 52°, Tafeln Amid *Fp* 165°, Nadeln
Krist.		Z.	XII 468		l. in A, Ae swl. in Bzl.	Kalischmelze → Indigo

Lfd. Nr.	*Fp*	Name	Summenformel	Strukturformel	Mol.-Gewicht
1	2	3	4	5	6
1797	**127**	1-Phenyl-3-methyl-pyrazolon-(5)	$C_{10}H_{10}ON_2$	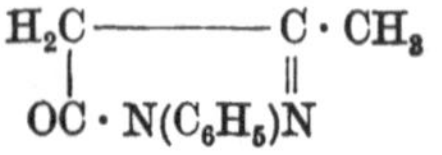	174,15
1798	**127**	γ-Stilbazol	$C_{13}H_{11}N$	$C_5H_4N \cdot CH:CH \cdot C_6H_5$	181,22
1799	**127**	o-Thymotinsäure	$C_{11}H_{14}O_3$	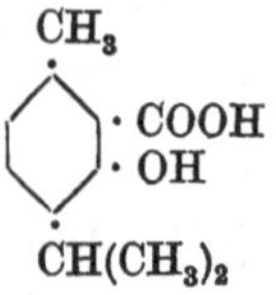	194,22
1800	**127**	Triphenylamin	$C_{18}H_{15}N$	$(C_6H_5)_3N$	245,31
1801	**127**	2,3,5-Triphenylthiophen	$C_{22}H_{16}S$	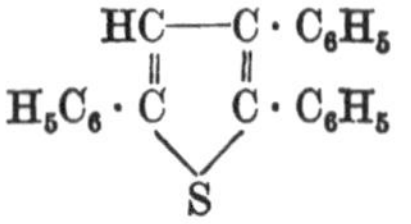	313,42
1802	**127 bis 128**	d-Camphocarbonsäure	$C_{11}H_{16}O_3$	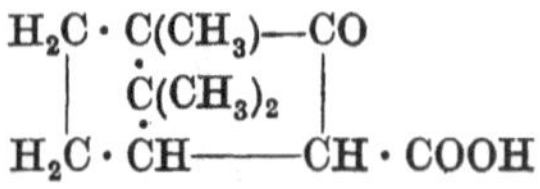	196,23
1803	**127 bis 128**	Diäthylsulfondimethyl-methan (Sulfonal)	$C_7H_{16}O_4S_2$	$(CH_3)_2C(SO_2 \cdot C_2H_5)_2$	228,31
1804	**127 bis 129**	sek.-Butyl-β-bromallyl-barbitursäure (Pernocton)	$C_{11}H_{15}O_3N_2Br$	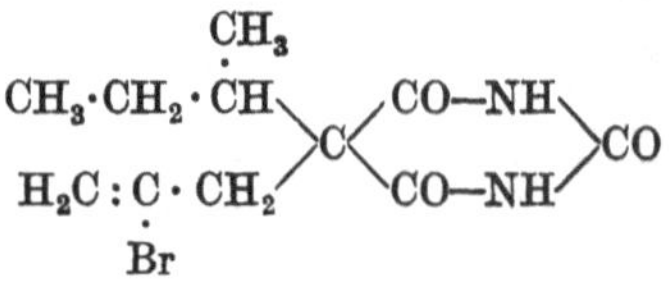	303,17
1805	**127,5**	1,2,3-Trinitrobenzol	$C_6H_3O_6N_3$	$C_6H_3(NO_2)_3$	213,11
1806	**128**	Benzamid	C_7H_7ON	$C_6H_5 \cdot CO \cdot NH_2$	121,13

Aggregat-zustand Farbe	Spez. Gewicht	Siede-punkt °C	Beilstein-Zitat	Physikalische Konstanten und Eigenschaften	Löslichkeit	Reaktionen
7	8	9	10	11	12	13
Prismen (W)		287 (265mm)	XXIV 20		swl. in k. W l. in h. W, Säuren u. Alkali ll. in A swl. in Ae	
Blättchen (A)			XX 442		unl. inW l. in A, Ae	
Nadeln (W)			X 280	mit Dampf flüchtig	0,01 k. W l. in A, Ae, Bzl.	
Krist. (Ae)		347-348	XII 181 XVII 91		wl. in k. A ll. in Ae, Bzl.	
Prismen (W oder Ae oder verd. A)			X 642		wl. in k. W ll. in A, Ae, Chlf. wl. in k. Bzl.	beim Schmelzpunkt CO_2-Abspaltung
Prismen (A), farnblätterartige Krist.		300	I 662	geruch- und geschmacklos	0,2 W 15° 6,7 sd. W 1,54 A 15° 50 sd. A 0,75 Ae 15°	kochen mit alkal. HgJ_2-Lsg → gelbstichiger Nd. im trockenen Probierrohr mit Holzkohle geglüht → Mercaptangeruch
weiße Krist.				bitterer Geschmack	swl. in W l. in Lauge	2 mg Subst. in 1 ml W und 2—3 Tropfen 2n-Lauge + 2—3 Tropfen n/10-$KMnO_4$ → langsam blau und grün 2—3 mg Subst. in 1 ml methylalkohol. $Co(NO_3)_2$-Lsg. + 20 mg Piperazin rotviolett 2 mg Subst. in 1 ml 1- bis 2%iger Pyridinlsg. in Hitze gelöst, tropfenweise 0,4%ige $CuSO_4$-Lsg. → blaßviolette Krist. (siedende Lsg.) 1 mg Subst. + 10 mg α-Naphthol in 1 ml H_2SO_4 in sd. W-Bad → schwach violettrot Subst. + 10—20 mg Paraform + 1 ml H_2SO_4 + F-eH_3PO_4 warm → intensiv orange, grüne Fluoreszenz
grünliche Prismen(A)			E_1 V 140		wl. in sd. A	
Tafeln und Nadeln (W)	1,341		IX 195		1,35 W 25° 17,04 A 25° wl. in Ae ll. in sd. Bzl.	

Lfd. Nr.	*Fp*	Name	Summenformel	Strukturformel	Mol.-Gewicht
1	2	3	4	5	6
1807	128	3,4-Dibrom-2,5-dinitrothiophen	$C_4O_4N_2Br_2S$	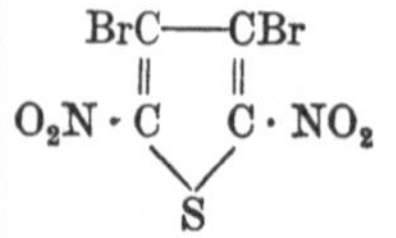	331,95
1808	128	2-Nitronaphthol-(1)	$C_{10}H_7O_3N$	$O_2N \cdot C_{10}H_6 \cdot OH$	189,16
1809	128	4-Phenylsemicarbazid	$C_7H_9ON_3$	$C_6H_5 \cdot NH \cdot CO \cdot NH \cdot NH_2$	151,16
1810	128	Succinylobernsteinsäurediäthylester	$C_{12}H_{16}O_6$	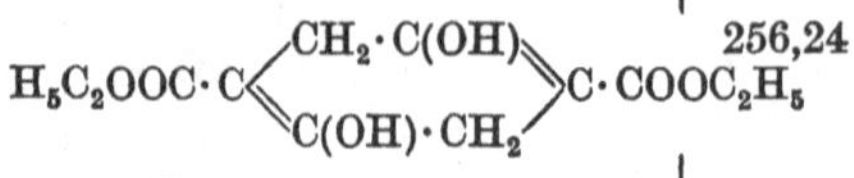	256,24
1811	128	Thioxanthen	$C_{13}H_{10}S$	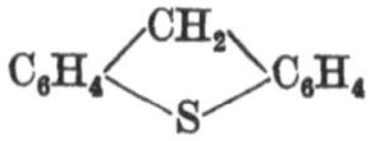	198,27
1812	128 bis 129	Diphenylsulfon	$C_{12}H_{10}O_2S$	$(C_6H_5)_2SO_2$	218,26
1813	128 bis 129	3-Methyl-2-chlormercurithiophen	C_5H_5ClSHg	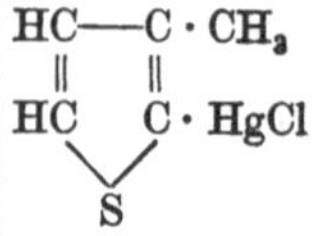	333,22
1814	128 bis 130	β-Benzaldoxim	C_7H_7ON	$C_6H_5 \cdot CH:N \cdot OH$	121,13
1815	129	β-Acetylphenylhydrazin	$C_8H_{10}ON_2$	$C_6H_5 \cdot NH \cdot NH \cdot CO \cdot CH_3$	150,17
1816	129	2-Aminochinolin	$C_9H_8N_2$	$C_9H_6N \cdot NH_2$	144,17
1817	129	3-Amino-o-kresol (OH = 1)	C_7H_9ON	$CH_3 \cdot C_6H_3(OH) \cdot NH_2$	123,15
1818	129	p-Dijodbenzol	$C_6H_4J_2$	$C_6H_4J_2$	329,93
1819	129	3,3′-Dimethylbenzidin (o-Tolidin)	$C_{14}H_{16}N_2$	$H_2N \cdot C_6H_3(CH_3) \cdot C_6H_3(CH_3) \cdot NH_2$	212,28
1820	129	dl-α,α′-Dimethylbernsteinsäure	$C_6H_{10}O_4$	$HOOC \cdot CH(CH_3) \cdot (CH_3)CH \cdot COOH$	146,14
1821	129	Hexaäthylbenzol	$C_{18}H_{30}$	$C_6(C_2H_5)_6$	246,37
1822	129	4-Nitro-m-kresol (OH = 1)	$C_7H_7O_3N$	$CH_3 \cdot C_6H_3(NO_2) \cdot OH$	153,13
1823	129	4-Oxyhydrozimtsäure	$C_9H_{10}O_3$	$HO \cdot C_6H_4 \cdot CH_2 \cdot CH_2 \cdot COOH$	166,17

Aggregat-zustand Farbe	Spez. Gewicht	Siede-punkt °C	Beilstein-Zitat	Physikalische Konstanten und Eigenschaften	Löslichkeit	Reaktionen
7	8	9	10	11	12	13
gelbe Blätter (A)			VI 615	mit Dampf flüchtig	swl. in W wl. in A	Acetat *Fp* 118°
Blättchen (W)		140 Z.	XII 378		wl. in h. W ll. in A unl. in Ae	
Nadeln (Ae)	1,4		X 894		unl. in k. W swl. in h. W ll. in h. A 1,7 Ae 20°	
Nadeln oder Säulen (A + Chlf.)		340 (730mm)	XVII 74		unl. in W wl. in k. A l. in Ae sll. in Chlf. l. in H_2SO_4 gelb	
Blättchen (A) Nadeln (W)		379	VI 300		unl. in k. W wl. in sd. W, k. A ll. in h. A	
Tafeln oder Nadeln (Ae)	$1{,}114^{128°}$		VII 221		wl. in k. W, k. Bzl.	
Prismen			XV 241		wl. in k. W ll. in h. W, A wl. in Ae	
Blättchen (W)		subl.	XXII 443		ll. in h. W, A, Ae, Chlf. wl. in Laugen	
Nadeln			XIII 579		wl. in k. W, Ae	
Blättchen (A)		subl. 285	V 227		ll. in A, Ae	
Blättchen			XIII 256		wl. in W ll. in A, Ae	Monoacetylderivat *Fp* 103° N,N'-Diacetylderivat *Fp* 306° Diformylderivat *Fp* 254°
Prismen (W)	1,349	Z.	II 667	bei Zers. H_2O-Abspaltung	3 W 14° ll. in A, Ae	
Prismen (A)	$0{,}8305^{180°}$	298	V 471		unl. in W wl. in k. A l. in sd. A ll. in Ae, Bzl.	
Nadeln (W)			VI 386		swl. in k. W ll. in A, Ae, Chlf.	
Säulen (Ae)			X 244		wl. in k. W ll. in h. W, A, Ae unl. in CS_2	

Lfd. Nr.	*Fp*	Name	Summenformel	Strukturformel	Mol.-Gewicht
1	2	3	4	5	6
1824	**129**	2-Thiophensäure	$C_5H_4O_2S$	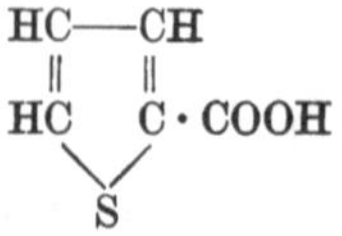	128,14
1825	**129** bis **130**	1-Acetodibenzothiophen	$C_{14}H_{10}OS$	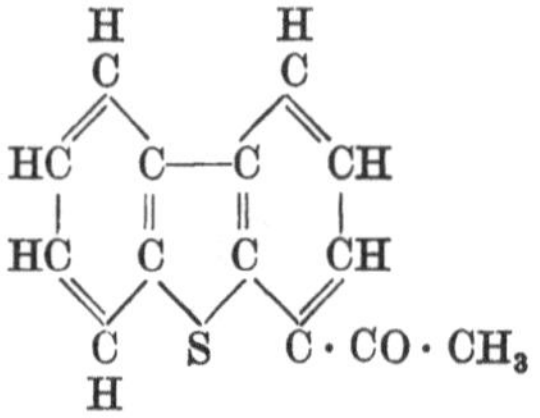	226,28
1826	**129** bis **130**	5-Jod-2-acetothienon	C_6H_5OJS	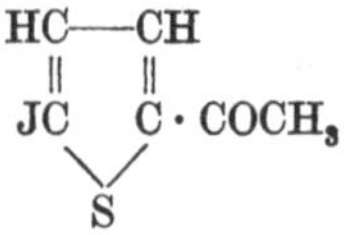	252,08
1827	**129** bis **130**	5-Jod-2-benzothienon	$C_{11}H_7OJS$	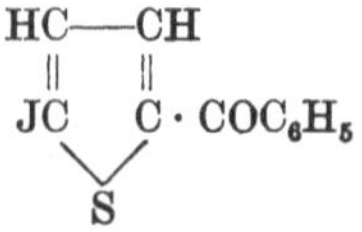	314,13
1828	**129** bis **132**	δ-Benzolhexachlorid	$C_6H_6Cl_6$	$C_6H_6Cl_6$	290,85
1829	**129,5**	2-Butyrothienon	$C_8H_{10}OS$	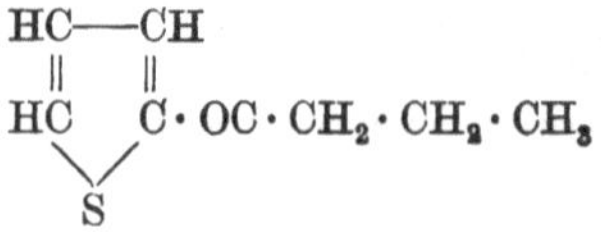	154,22
1830	**129,5**	Piperin	$C_{17}H_{19}O_3N$	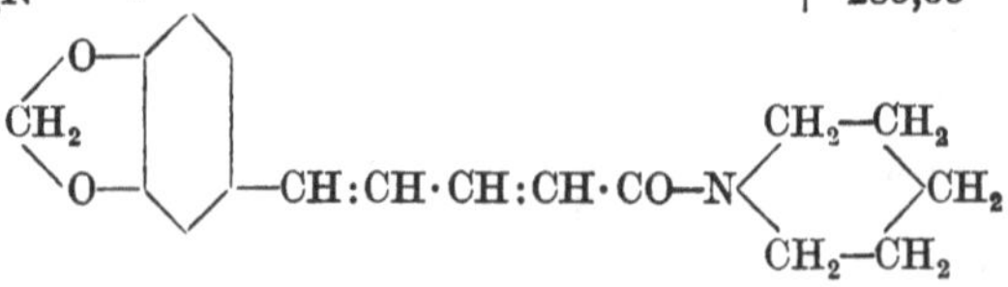	285,33
1831	**130**	Biguanid	$C_2H_7N_5$	$[H_2N \cdot C(:NH)]_2 \cdot NH$	101,11
1832	**>130**	Brasilin	$C_{16}H_{14}O_5$	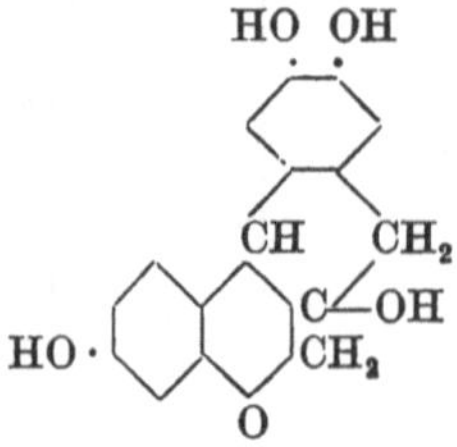	286,27

Aggregat-zustand Farbe	Spez. Gewicht	Siede-punkt °C	Beilstein-Zitat	Physikalische Konstanten und Eigenschaften	Löslichkeit	Reaktionen
7	8	9	10	11	12	13
Nadeln (W)		260	XVIII 289		0,75 W 25° ll. in h. W, A, Ae	
Krist. (A)			E_1 V 8		unl. in W l. in A ll. in Ae	
Säulen (A) (A) oder Prismen (A)			XX 79	geschmacklos; alkohol. Lsg. schmeckt brennend, pfefferartig	unl. in k. W ll. in A wl. in Ae	+ H_2SO_4 → rotbraun →braunschwarz→grünl. + HNO_3 konz. → harzartig + KOH → blutrot + Furfurol-H_2SO_4 → hellgrün→meergrün→blaugrün → indigoblau + $HgCl_2$ in wss. Lsg. gelbe Krist. $(C_{17}H_{19}O_3NHCl)_2 \cdot HgCl_2$ Chloroplatinat $(C_{17}H_{19}O_3N \cdot HCl)_2PtCl_4$ rote rhombische Krist.
Prismen (A)			III 93		sll. in W ll. in A, Ae	
gelbe Krist. (W)			XVII 194		l. in W, A, Ae	

Lfd. Nr.	*Fp*	Name	Summenformel	Strukturformel	Mol.-Gewicht
1	2	3	4	5	6
1833	130	2,6-Dioxy-4-methoxy-benzophenon	$C_{14}H_{12}O_4$	$C_6H_5 \cdot CO \cdot C_6H_2(OH)_2 \cdot O \cdot CH_3$	244,23
1834	130	2-Oxyphenoxyessigsäure (Guajacetinsäure)	$C_8H_8O_4$	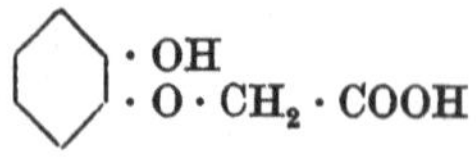	168,14
1835	130	Maleinsäure	$C_4H_4O_4$	$H \cdot C \cdot COOH$ ‖ $H \cdot C \cdot COOH$	116,07
1836	130	4 Nitro-o-toluidin ($NH_2 = 1$)	$C_7H_8O_2N_2$	$CH_3 \cdot C_6H_3(NO_2) \cdot NH_2$	152,15
1837	130	Tetryl	$C_7H_5O_8N_5$	$^{2,4,6}(O_2N)_3C_6H_2 \cdot N(NO_2) \cdot CH_3$	287,15
1838	130 bis 131	dl-Äpfelsäure	$C_4H_6O_5$	$HOOC \cdot CH_2 \cdot CH(OH) \cdot COOH$	134,09
1839	130 bis 132	2-Isovalerothienon	$C_9H_{12}OS$	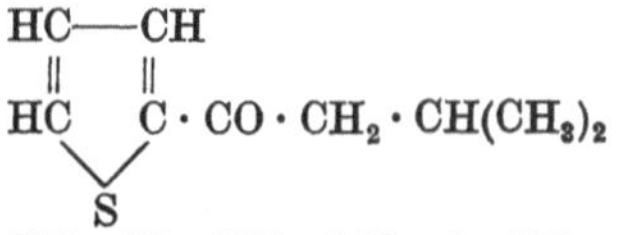	169,25
1840	130 bis 132	Acet-p-anisidid	$C_9H_{11}O_2N$	$CH_3 \cdot CO \cdot NH \cdot C_6H_4 \cdot O \cdot CH_3$	165,18
1841	131	1,2-Dioxyanthracen	$C_{14}H_{10}O_2$	$C_6H_4\{CH, CH\}C_6H_2(OH)_2$	210,22
1842	131	Hämopyrrolcarbonsäure	$C_9H_{13}O_2N$	$HOOC \cdot CH_2 \cdot CH_2 \cdot C = C \cdot CH_3$ / $HC \cdot NH \cdot C \cdot CH_3$	167,20
1843	131	2-Nitro-4-aminophenol	$C_6H_6O_3N_2$	$H_2N \cdot C_6H_3(NO_2) \cdot OH$	154,12
1844	131	Pinolhydrat	$C_{10}H_{18}O_2$	$CH_3 \cdot C \lt (CH(OH)—CH_2, CH—CH_2) \gt CH \cdot C(CH_3)_2 \cdot OH$	170,24
1845	131	2,4,5-Tribrom-3-methoxy-thiophen	$C_5H_3OBr_3S$	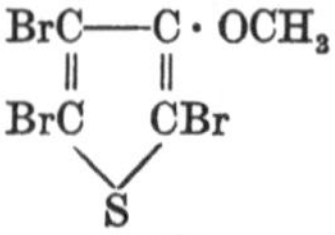	334,88
1846	131	3,4,5-Tribrom-2-aceto-thienon	$C_6H_3OBr_3S$	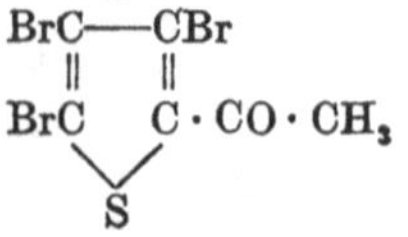	334,88

Aggregat-zustand Farbe	Spez. Gewicht	Siede-punkt °C	Beilstein-Zitat	Physikalische Konstanten und Eigenschaften	Löslichkeit	Reaktionen
7	8	9	10	11	12	13
hellgelbe Nadeln oder Blätter(W)			VIII 419 VI 778		wl. in k W ll. in A, Ae, h. Bzl. l. in Alkali	
weiße Krist.				säuerlicher Geschmack; geruchlos		wss. Lsg. + 2n-Lauge beim Durchschütteln schwach violettrot wss. Lsg. + $Fe(NO_3)_3$-Lsg. → tiefblau, anschließend erhitzt → braun u. trüb + Fe-H_2SO_4 kalt grauviolett, heiß braun
Prismen (W oder A)	1,590	160 (Z.)	II 748		78,8 W 25° 392,6 W 97,5° 69,9 95%ig. A 30° 8,2 Ae 25°	bei Belichten oder >135° → Fumarsäure *Fp* 286–287°; bei 160° H_2O-Abspaltung Phenacylester *Fp* 128-129° p-Nitrobenzylester *Fp* 89,3° p-Phenylphenacylester *Fp* 168°
helle Krist. (W od. A)	$1{,}366^{15°}$		XII 846		swl. in h. W ll. in A	Acetylderivat *Fp* 196-197°
gelbe Krist. (A)	$1{,}57^{19°}$	186 (Z.)	XII 770		0,007 W 15° 0,162 W 97° wl. in k. A l. in Bzl.	
rhomb. Krist.	$1{,}601^{20°}$	Z.	III 435		144,8 W 26° 411,5 W 79°	
Tafeln (W)			XIII 461		0,19 W 15° 12,7 A 21°	
grüngelbe Blätter			VI 1032		unl. in W l. in A, Ae l. in NaOH rot	Diacetat *Fp* 145°
Nadeln (W)		223 (20 mm)	E_1 XXII 499		l. in W, Ae ll. in A	
rote Tafeln od. Nadeln (W od. A)			XIII 520			
Tafeln oder Nadeln	1,131	270-271	VI 752		3,3 W 15° ll. in A, Ae	
						schwach violettrosa Lumineszenz
						leuchtend gelbe Lumineszenz

Lfd. Nr.	*Fp*	Name	Summenformel	Strukturformel	Mol.-Gewicht
1	2	3	4	5	6
1847	**131**	N,N,N'-Triphenyl-guanidin	$C_{19}H_{17}N_3$	$(C_6H_5)_2N\cdot C(:NH)\cdot NH\cdot C_6H_5$ oder $(C_6H_5)_2N\cdot C(:N\cdot C_6H_5)\cdot NH_2$	287,35
1848	**131** bis **132**	trans-α-Bromzimtsäure	$C_9H_7O_2Br$	$C_6H_5\cdot CH:CBr\cdot COOH$	227,06
1849	**131** bis **132**	5-Methyl-3-thiophensäure	$C_6H_6O_2S$	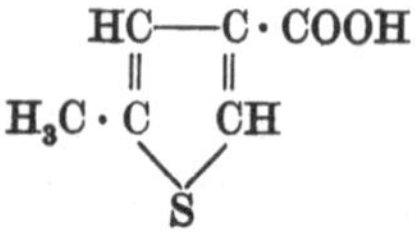	142,17
1850	**131** bis **133**	Benzylmorphin (Base von Peronin)	$C_{24}H_{25}O_3N$	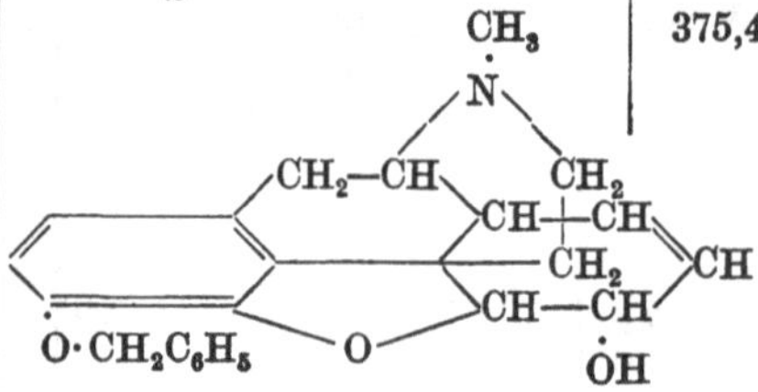	375,45
1851	**131** bis **134**	2,4,5-Tribrom-3-nitro-thiophen	$C_4O_2NBr_3S$	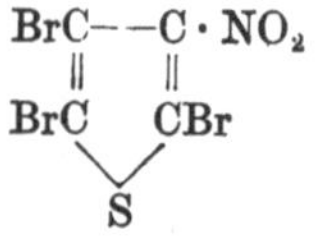	365,86
1852	**131,5**	β-Methyl-cis-zimtsäure	$C_{10}H_{10}O_2$	$C_6H_5\cdot C(CH_3):CH\cdot COOH$	162,18
1853	**131,6**	Phthalsäureanhydrid	$C_8H_4O_3$	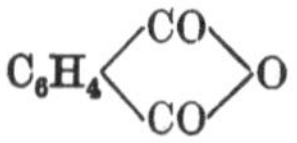	148,11
1854	**132**	Benzoyldisulfid	$C_{14}H_{10}O_2S_2$	$C_6H_5\cdot CO\cdot S—S\cdot OC\cdot C_6H_5$	274,36
1855	**132**	Bornylchlorid	$C_{10}H_{17}Cl$	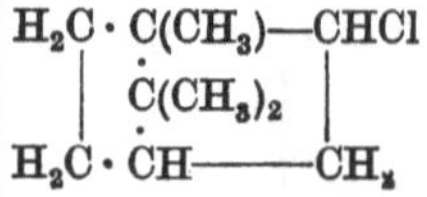	172,69
1856	**132**	2,5-Dimethylbenzoesäure	$C_9H_{10}O_2$	$(CH_3)_2C_6H_3\cdot COOH$	150,17
1857	**132**	4,5-Dinitro-m-xylol	$C_8H_8O_4N_2$	$(O_2N)_2C_6H_2(CH_3)_2$	196,16
1858	**132**	N,N'-Diphenylacetamidin	$C_{14}H_{14}N_2$	$CH_3\cdot C(:N\cdot C_6H_5)\cdot NH\cdot C_6H_5$	210,27

Aggregatzustand Farbe	Spez. Gewicht	Siedepunkt °C	Beilstein-Zitat	Physikalische Konstanten und Eigenschaften	Löslichkeit	Reaktionen
7	8	9	10	11	12	13
Tafeln			XII 430		ll. in A, Ae wl. in Bzl.	
Nadeln (W)			IX 594		swl. in W ∞ in A l. in Ae 5,2 Bzl. 20°	+ Alkali → HBr-Abspaltung Amid *Fp* 119°
weiße Nadeln (W)				bitterer Geschmack	wl. in W, A, Chlf. l. in Methanol	1. Subst. + 1 ml H_2SO_4 + Fe-H_2SO_4 → hellbraun + Paraform → intensiv braun → violettrot + HNO_3-H_2SO_4 → intensiv violettrot → braunoliv 2. Subst. + 10—20 mg Paraform + 1 ml H_2SO_4 → intensiv violettrot + Fe-H_3PO_4 → intensiv blauviolett + HNO_3-H_2SO_4 → grau → violettrot → langsam intensiv braun
Platten (CS_2)		170-172 (14 mm)	IX 614		7,85 Bzl. 21° 0,89 PAe 20°	Amid *Fp* 94—95°
Nadeln (A)	1,527	285,1	XVII 469		l. in W, A	
Tafeln (A)		Z.	IX 424		unl. in W wl. in sd. A, sd. Ae ll. in sd. CS_2	
Blättchen		207-208	V 94	$[\alpha]_D$ ±34° (Aceton); sehr flüchtig; riecht wie Campher; schmeckt gewürzhaft	unl. in W ll. in A l. in Ae	
Nadeln (A)		268	IX 534		swl. in h. W sll. in A	
Krist. (A)			V 380		unl. in W l. in A, Ae	
Nadeln (A)			XII 248		wl. in k. A ll. in h. A l. in Ae	

Lfd. Nr.	*Fp*	Name	Summenformel	Strukturformel	Mol.-Gewicht
1	2	3	4	5	6
1859	132	3,3'-Dithienyl	$C_8H_6S_2$	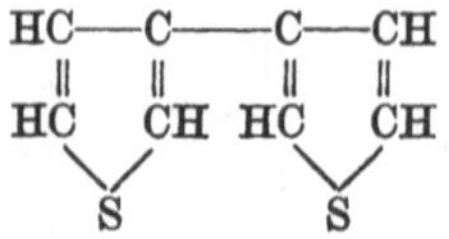	166,25
1860	132	Hydrastin	$C_{21}H_{21}O_6N$	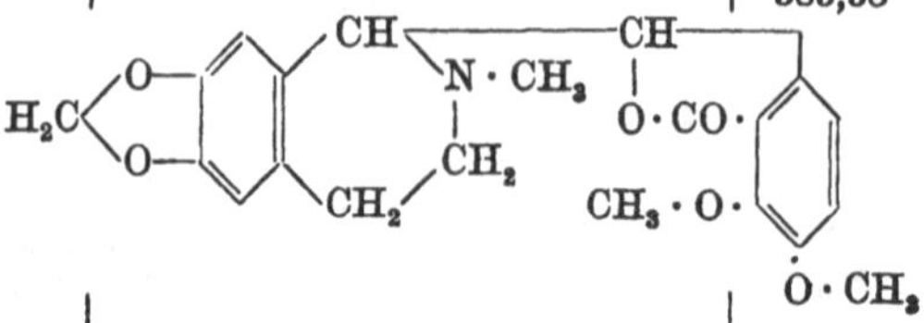	383,38
1861	132	Kaliumstearat	$C_{18}H_{35}O_2K$	$CH_3 \cdot (CH_2)_{16} \cdot COOK$	322,55
1862	132	d-Mannose	$C_6H_{12}O_6$	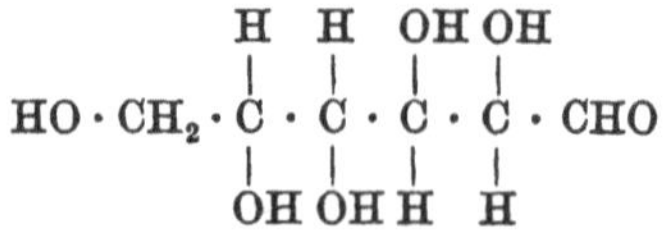	180,15
1863	132	5-Methyl-2-thienylarsinsäure	$C_5H_7O_3SAs$	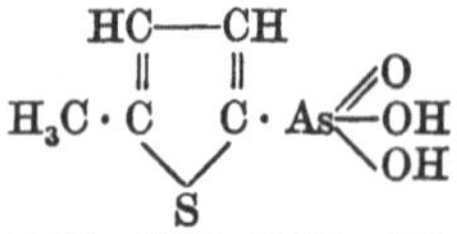	222,07
1864	132 bis 133	4-Butylaminobenzoesäure-β-dimethylaminoäthylesternitrat (Pantocainnitrat)	$C_{13}H_{25}O_5N_3$	$C_4H_9 \cdot NH \cdot C_6H_4 \cdot CO \cdot O$ / $(CH_3)_2N \cdot CH_2 \cdot CH_2$ $\cdot HNO_3$	327,37
1865	132 bis 133	7-Nitrochinolin	$C_9H_6O_2N_2$	$C_9H_6N \cdot NO_2$	174,15
1866	132 bis 134	Triacetylgallussäureäthylester (Etelen)	$C_{15}H_{16}O_8$	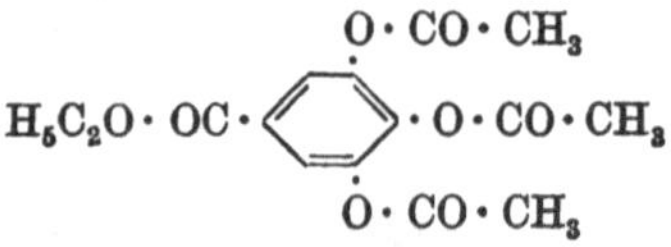	324,28
1867	132,1	2,6-Dimethylpyron-(4)	$C_7H_8O_2$	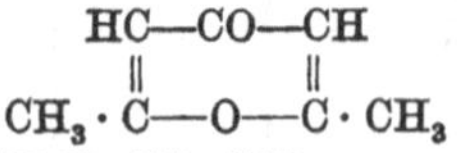	124,13
1868	132,7	Harnstoff (Carbamid)	CH_4ON_2	$H_2N \cdot CO \cdot NH_2$	60,06

Aggregatzustand Farbe	Spez. Gewicht	Siedepunkt °C	Beilstein-Zitat	Physikalische Konstanten und Eigenschaften	Löslichkeit	Reaktionen
7	8	9	10	11	12	13
Blättchen (Ligroin)			XIX 33	mit Dampf flüchtig	wl. in k. A ll. in Ae	
Prismen			XXVII 544	$[\alpha]_D$ —67,8° (Chlf.)	swl. in W 0,8 A 15° 0,8 Ae 18° l. in Chlf.	Subst. + Vanadin-H_2SO_4 → orangerot Subst. + Molybdän-H_2SO_4 → grün → allmählich braun + HNO_3 → orangegelb Subst. in verd. H_2SO_4 + einige Tropfen $KMnO_4$ → violette Farbe wird sofort zerstört, Flüssigkeit nimmt intensiv blaue Fluoreszenz an
Blättchen			II 379	fühlt sich fettig an	∞10 W 100° 0,43 k. A 10 93%iger A 66°	
Prismen	$1,539^{20°}$		I 905	$[\alpha]_D^{20}$ —16,5° (+14,5°W) $[\alpha]_D^{30}$ +14,7° (+48,1°W)	248 W 17° wl in A unl. in Ae	alkalische HgJ_2-Lsg. oder ammoniakalische $AgNO_3$-Lsg. werden reduziert wss. Lsg. gibt mit basischem Bleiacetat allmählich eine weiße Trübung Phenylhydrazon *Fp* 199°, Prismen
weiße Krist.				bitterer Geschmack; geruchlos; anästhesierend	l. in W	
Tafeln oder Nadeln (W od. A)			XX 372		swl. in k. W, k. A ll. in Ae, Chlf.	
weiße Krist.				geruchlos, geschmacklos	unl. in W wl. in k. A, Toluol ll. in h. A	
Nadeln	$0,995^{137°}$	248-250	XVII 201		ll. in W, A l. in Ae	
Prismen (W od. A)	1,33		III 42	kryoskop. Konst. 5,14; Geschmack kühlend, salpeterähnlich	77,9 W 5° 109,4 W 21° 5,32 A 20° 7,24 A 40° swl. in Ae	5 mg Subst. im Rohr erhitzen → NH_3-Geruch, Rückstand + 2 ml W 1. + $AgNO_3$ → weißer flockiger Nd. 2. + 1 Tropfen $CuSO_4$-Lsg. + Lauge → violette Färbung — Biuret-Rk.

Lfd. Nr.	*Fp*	Name	Summenformel	Strukturformel	Mol.-Gewicht
1	2	3	4	5	6
1869	**133**	Amarin	$C_{21}H_{18}N_2$	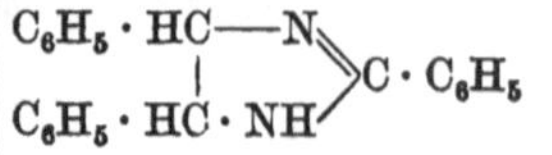	298,37
1870	**133**	3-Aminodibenzothiophen	$C_{12}H_9NS$	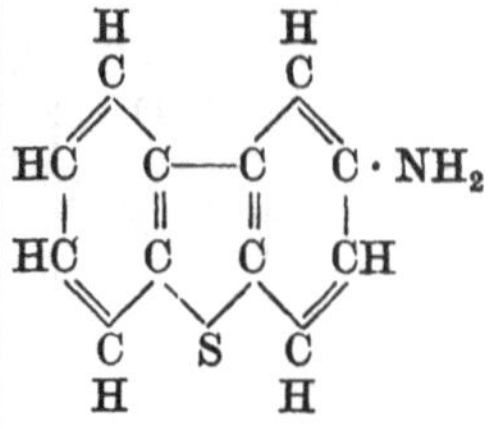	199,26
1871	**133**	Benzoin	$C_{14}H_{12}O_2$	$C_6H_5 \cdot CH(OH) \cdot CO \cdot C_6H_5$	212,23
1872	**133** (Z.)	Cotarnin	$C_{12}H_{15}O_4N$	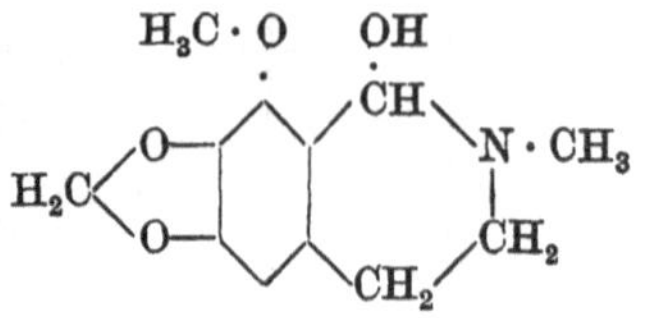	237,25
1873	**133**	hochschm. ϑ,ι-Dioxystearinsäure	$C_{18}H_{36}O_4$	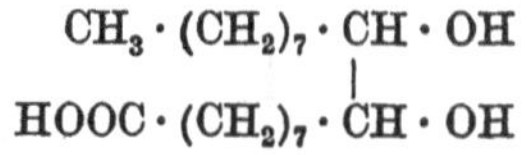	316,46
1874	**133**	o-Cumaraldehyd	$C_9H_8O_2$	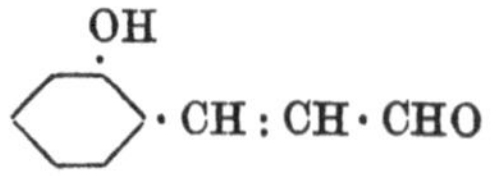	148,15
1875	**133**	5-Methyl-2-acetoxymercurithiophen	$C_7H_8O_2SHg$	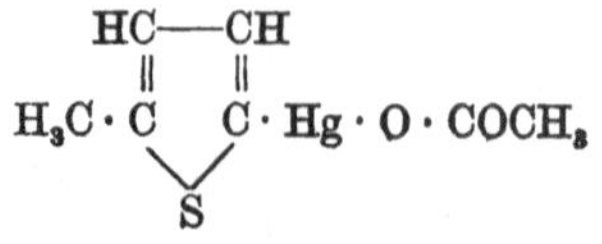	356,80
1876	**133**	4-Nitrodiphenylamin	$C_{12}H_{10}O_2N_2$	$C_6H_5 \cdot NH \cdot C_6H_4 \cdot NO_2$	214,21
1877	**133**	Pyocyanin	$C_{26}H_{20}O_2N_4$		420,45
1878	**133** bis **134**	Brenzschleimsäure	$C_5H_4O_3$	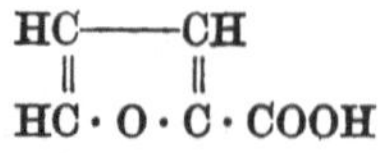	112,08

Aggregatzustand Farbe	Spez. Gewicht	Siedepunkt °C	Beilstein-Zitat	Physikalische Konstanten und Eigenschaften	Löslichkeit	Reaktionen
7	8	9	10	11	12	13
Prismen			XXIII 304		swl. in W ll. in A, Ae	
Säulen (A)	$1{,}079^{134°}$	343 (768mm)	VIII 167		0,03 W 25° l. in sd. A wl. in Ae	alkohol. Lsg. + wss. KOH → violett, beim Kochen tief purpur Methyläther *Fp* 49—50°, Nadeln Acetat *Fp* 83°, Prismen Phenylurethan *Fp* 163°, Blättchen
Nadeln (Bzl.)			XXVII 475	wirkt blutstillend	wl. in W ll. in A, Ae	
Blättchen (A)			III 406		0,59 A 19° 0,19 Ae 18°	
Nadeln			VIII 129		ll. in A, Ae wl. in k. W	wss. Lsg. + $FeCl_3$ → schmutzig roter Nd.
gelbe Nadeln			XII 715		unl. in W ll. in A, Eg. l. in H_2SO_4 violett	
Blättchen (W)		230-232	XVIII 272	sublimierbar in Nadeln	2,7 W 0° 8,85 W 15° 25 sd. W l. in A ll. in Ae	+ $FeCl_3$ → rotgelber Nd. Amid 142—143°, Krist.-Warzen Anilid *Fp* 123,5°, Blätter oder Nadeln Chlorhydrat *Fp* 178°, Tafeln Acetylderivat *Fp* 153,5°, Blättchen

Lfd. Nr.	*Fp*	Name	Summenformel	Strukturformel	Mol.-Gewicht
1	2	3	4	5	6
1879	**133** bis **134**	5-Jod-2-thiophensäure	$C_5H_3O_2JS$	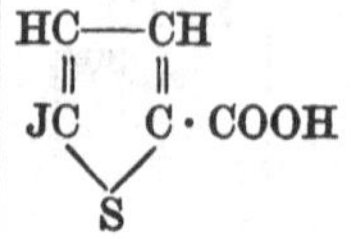	254,05
1880	**133** bis **134**	Pyrogallol	$C_6H_6O_3$	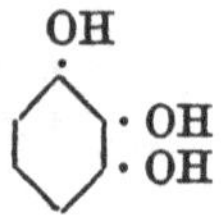	126,11
1881	**134**	Acetyl-β-naphthylamin	$C_{12}H_{11}ON$	$C_{10}H_7 \cdot NH \cdot CO \cdot CH_3$	185,21
1882	**134**	Aluminiumäthylat	$C_6H_{15}O_3Al$	$(C_2H_5O)_3Al$	162,15
1883	**134**	5-Amino-2-thienylarsinsäure	$C_4H_6O_3NSAs$	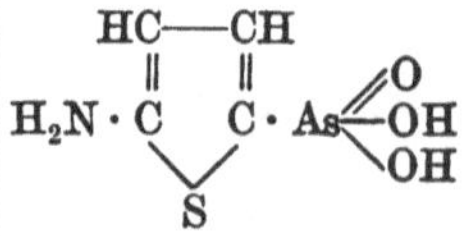	221,06
1884	**134**	p,p'-Azoxyanisol	$C_{14}H_{14}O_3N_2$	$ON_2(C_6H_4 \cdot O \cdot CH_3)_2$	258,27
1885	**134**	2,2'-Diaminoazobenzol	$C_{12}H_{12}N_4$	$H_2N \cdot C_6H_4 \cdot N:N \cdot C_6H_4 \cdot NH_2$	212,25
1886	**134**	Dibenzylsulfoxyd	$C_{14}H_{14}OS$	$(C_6H_5 \cdot CH_2)_2SO$	230,31
1887	**134**	3,4-Dinitrophenol	$C_6H_4O_5N_2$	$(O_2N)_2C_6H_3 \cdot OH$	184,11
1888	**134**	2,4-Dioxybenzophenon-2'-carbonsäureäthylester (Resaldol)	$C_{16}H_{14}O_5$	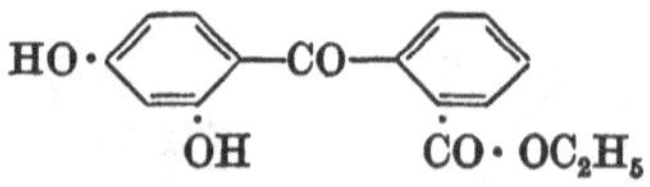	286,27
1889	**134**	Pentaacetyl-β-d-glucose	$C_{16}H_{22}O_{11}$	$C_6H_7O(O \cdot CO \cdot CH_3)_5$	390,33
1890	**134**	Sebacinsäure	$C_{10}H_{18}O_4$	$HOOC \cdot (CH_2)_8 \cdot COOH$	202,24
1891	**134** bis **135**	Acetyl-*l*-äpfelsäure	$C_6H_8O_6$	$CH_3 \cdot CO \cdot O \cdot CH \cdot COOH$ $CH_2 \cdot COOH$	176,12

Aggregatzustand Farbe	Spez. Gewicht	Siedepunkt °C	Beilstein-Zitat	Physikalische Konstanten und Eigenschaften	Löslichkeit	Reaktionen
7	8	9	10	11	12	13
weiße Blättchen und Nadeln	1,453	309	VI 1071	schmeckt bitter, geruchlos; Blutgift; unzersetzt sublimierbar	44 W 13° ll. in A, Ae wl. in Chlf., Bzl., CS_2	wss. Lsg. + Lauge an Luft → orangebraun; + $FeCl_3$ → blau → grünbraun + $(CH_2)_6N_4$ → intensiv blauviolett + Formaldehyd und HCl schwach erwärmen → rubinrot Phenylurethan *Fp* 173°, Nadeln Diphenylurethan *Fp* 211,5 bis 212,5°
Blättchen (W od. A)			XII 1284		wl. in k. W, k. A	
	$1{,}1423^{20°}_{0°}$	320	I 313		swl. in A wl. in Ae l. in Bzl.	+ H_2O zers.
gelbe Säulen (A)	$1{,}17^{115°}$		XVI 637			
rote Blättchen (A) oder Bzl.)			XVI 303		swl. in W l. in A ll. in Ae, Aceton	
Blättchen (W od. A)		210 (Z.)	VI 456		unl. in k. W l. in h. W wl in k. A, k. Ae	
Nadeln (W)	1,672		VI 257	mit Dampf nicht flüchtig	ll. in A, Ae	
leicht gelbliche Krist.				geruchlos, geschmacklos	swl. in W l. in h. W (1:480)	
Nadeln (A)		subl.	II 160		0,09 W 18,5° 0.82 A 19° 2,1 Ae 15° ∞ in Chlf.	
Blättchen		295 (100mm)	II 718	sublimierbar	0,1 W 17° 2 W 100° ll. in A, Ae	Dimethylester *Fp* 38°, Nadeln oder Tafeln Diamid *Fp* 210°, Prismen oder Blättchen Dihydrazid *Fp* 184—185°, Blätter Phenacylester *Fp* 80,4°
Krist.			III 429			+ H_2O → zers.

Lfd. Nr.	*Fp*	Name	Summenformel	Strukturformel	Mol.-Gewicht
1	2	3	4	5	6
1892	**134 bis 135**	5-Brom-2-acetoxymercuri-thiophen	$C_6H_5O_2BrSHg$	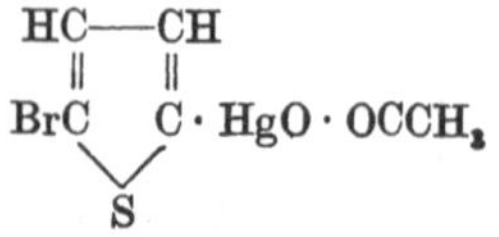	421,64
1893	**134 bis 135**	2,2′-Diaminobenzophenon	$C_{13}H_{12}ON_2$	$CO(C_6H_4 \cdot NH_2)_2$	212,24
1894	**134,5**	Sorbinsäure	$C_6H_8O_2$	$CH_3 \cdot CH:CH \cdot CH:CH \cdot COOH$	112,12
1895	**135** (Z.)	Acetondicarbonsäure	$C_5H_6O_5$	$CO(CH_2 \cdot COOH)_2$	146,10
1896	**135**	2-Amino-p-kresol (OH = 1)	C_7H_9ON	$CH_3 \cdot C_6H_3(OH) \cdot NH_2$	123,15
1897	**135**	4,4′-Bisdimethylamino-benzhydrylamin	$C_{17}H_{23}N_3$	$[(CH_3)_2N \cdot C_6H_4]_2 \cdot CH \cdot NH_2$	296,37
1898	**135**	trans-β-Bromzimtsäure	$C_9H_7O_2Br$	$C_6H_5 \cdot CBr:CH \cdot COOH$	227,06
1899	**135**	d-Corydalin	$C_{22}H_{27}O_4N$	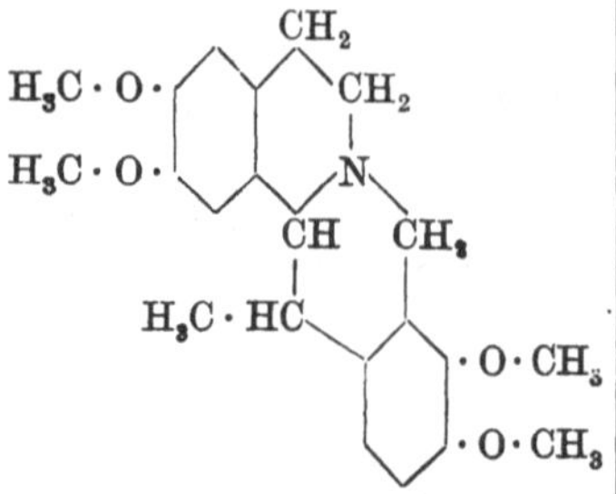	369,44
1900	**135**	Cyanursäuretrimethyl-ester	$C_6H_9O_3N_3$	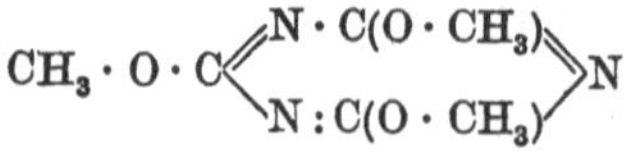	171,15
1901	**135**	2,5-Dimethylfurancarbon-säure-(3)	$C_7H_8O_3$	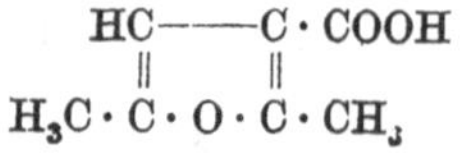	140,13
1902	**135**	2,4-Dioxybenzaldehyd	$C_7H_6O_3$	$(HO)_2C_6H_3 \cdot CHO$	138,12
1903	**135**	Furoin	$C_{10}H_8O_4$	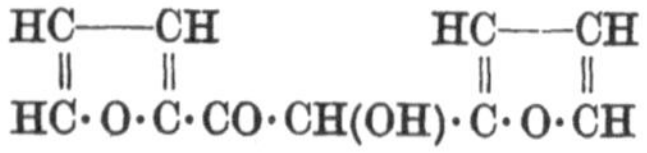	192,16
1904	**135**	Isovaleriansäureamid	$C_5H_{11}ON$	$(CH_3)_2CH \cdot CH_2 \cdot CO \cdot NH_2$	101,14
1905	**135** (Z.)	Methylmalonsäure (Isobernsteinsäure)	$C_4H_6O_4$	$CH_3 \cdot CH(COOH)_2$	118,09
1906	**135**	4-Nitro-m-toluidin (NH_2 = 1)	$C_7H_8O_2N_2$	$CH_3 \cdot C_6H_3(NO_2) \cdot NH_2$	152,15

Aggregat-zustand Farbe	Spez. Gewicht	Siede-punkt °C	Beilstein-Zitat	Physikalische Konstanten und Eigenschaften	Löslichkeit	Reaktionen
7	8	9	10	11	12	13
hellgelbe Blättchen (verd. A)			XIV 87		unl. in W l. in A	
Nadeln (verd. A)		228 (Z)	II 483		swl. in k. W l. in h. W ll. in A, Ae	
Nadeln (Essig-ester)			III 789	beim Schmelzen zersetzt es sich in CO_2 und Aceton	ll. in W, A wl. in Ae	
Blättchen (Bzl. od. Ae)		subl.	XIII 601		swl. in k. W ll. in A, Ae, Chlf.	N-Acetylderivat *Fp* 159 bis 160° Benzoylderivat *Fp* 191° HCl-Lsg + $FeCl_3$ → rot
Krist. (A)			XIII 307		swl. in W wl. in A	
Nadeln oder Blättchen (W)			IX 597		wl. in h. W ll. in A 1,6 Bzl. 14°	
Prismen (A)			XXI 217	$[\alpha]_D^{20}$ +311° (A)	unl. in k. W swl. in sd. W l. in A ll. in Ae	Chloroplatinat *Fp* 227°
Prismen (Ae)		265	XXVI 126		l. in W, A	durch Kochen bildet sich Isocyanursäuretrimethylester
Nadeln (W)		subl.	XVIII 297	mit Dampf flüchtig	unl. in k. W 0,25 sd. W l. in A ll. in Ae l. in H_2SO_4	
Nadeln (Ae + Lg.)			VIII 241		ll. in W, A, Ae	
Prismen (Toluol + A)			XIX 204		wl. in h. W l. in h. A wl. in Ae	Oxydation → Furil *Fp* 165°
Blättchen (A)	0,965		II 315			
Nadeln (Essig-ester)	1,455		II 627		66,7 W 15° ll. in A, Ae swl. in sd. Bzl.	Diamid *Fp* 216—217° Dihydrazid *Fp* 172—173°, Nadeln
gelbe Nadeln (W)			XII 877		wl. in k. W ll. in A, Ae	Acetylderivat *Fp* 103°

Lfd. Nr.	*Fp*	Name	Summenformel	Strukturformel	Mol.-Gewicht
1	2	3	4	5	6
1907	**135**	4-Oxybenzophenon	$C_{13}H_{10}O_2$	$C_6H_5 \cdot CO \cdot C_6H_4 \cdot OH$	198,21
1908	**135**	Phenacetin	$C_{10}H_{13}O_2N$	$CH_3 \cdot CO \cdot NH \cdot C_6H_4 \cdot O \cdot C_2H_5$	179,21
1909	**135**	2-Piperonylchinolin-4-carbonsäuremethylester (Synthalin)	$C_{18}H_{13}O_4N$	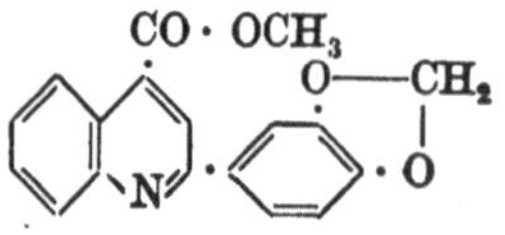	307,29
1910	**135**	Tribromessigsäure	$C_2HO_2Br_3$	$CBr_3 \cdot COOH$	296,78
1911	**135** bis **136**	(trans-)Zimtsäure	$C_9H_8O_2$	$C_6H_5 \cdot C \cdot H$ ‖ $H \cdot C \cdot COOH$	148,15
1912	**135,5**	Tetra-[2-thienyl]-silicium	$C_{16}H_{12}S_4Si$	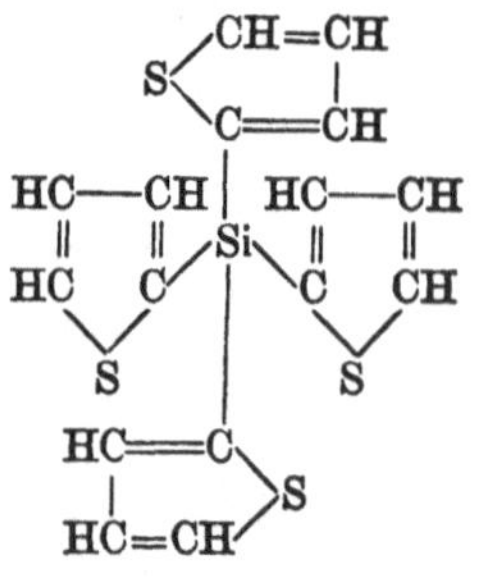	360,56
1913	**135,5**	2-Thienylarsinsäure	$C_4H_5O_3SAs$	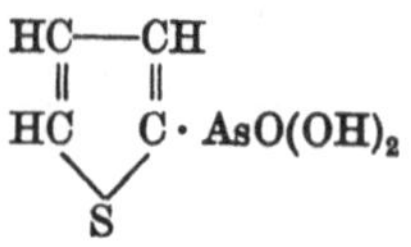	208,01

Aggregatzustand Farbe	Spez. Gewicht	Siedepunkt °C	Beilstein-Zitat	Physikalische Konstanten und Eigenschaften	Löslichkeit	Reaktionen
7	8	9	10	11	12	13
Blättchen (verd. A)			VIII 158		wl. in k. W ll. in A, Ae	Kalischmelze → Bzl. und 4-Oxybenzoesäure Oxime *Fp* 81° bzw. 152°
Tafeln (verd. A)			XIII 461		0,05 W 14° 0 11 W 25° 6,64 A 25° 1,57 Ae 25°	Subst. mit 2 ml konz. HCl kochen + 20 ml W + einige Tropfen Chromsäure-Lsg. → rubinrot Subst. kochen mit verd. HNO_3 → gelb bis orangerot, nach Erkalten → Nitrophenacetin *Fp* 103°, gelbe Nadeln
grünlich-gelbes Krist.-Plv.					unl. in W l. in Ae, Bzl. ll. in Methanol unl. in Alkali swl. in Ae	
		245 (Z.)	II 220		ll. in W, A, Ae wl. in k. Ligroin	
Blättchen (stabil) Nadeln (metastabil) (A)	1,2475	300	IX 573	geruchlos, geschmacklos; mit Dampf flüchtig; Dämpfe riechen zimtartig	0,04 W 18° 23,8 A 20° sll. in Ae 5,9 Chlf. 17°	1. + $AgNO_3$ + 1 Tropfen 2n-NH_3 → weiße Flocken, lösl. in H_2SO_4; erhitzen mit 2—3 Tropfen n/10-$KMnO_4$-Lsg. → Benzaldehydgeruch 2. neutralisierte wss. Lsg. + $Fe(NO_3)_3$-Lsg. → eigelber Nd. 3. mit α-Naphthol u. konz. H_2SO_4 erhitzte Subst. → gelbe, grün fluoreszierende Lsg.
			XVIII 603			

Lfd. Nr.	*Fp*	Name	Summenformel	Strukturformel	Mol.-Gewicht
1	2	3	4	5	6
1914	**135,6**	Malonsäure (Methandicarbonsäure)	$C_3H_4O_4$	$HOOC \cdot CH_2 \cdot COOH$	104,06
1915	**136**	Auramin	$C_{17}H_{21}N_3$	$[(CH_3)_2N \cdot C_6H_4]_2C : NH$	267,36
1916	**136**	Bortriphenyl	$C_{18}H_{15}B$	$(C_6H_5)_3B$	242,12
1917	**136** (Z.)	Carminsäure	$C_{22}H_{20}O_{13}$	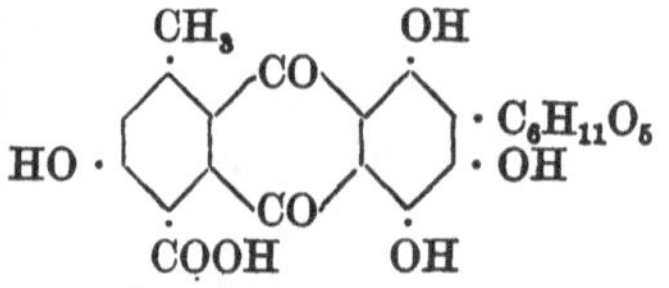	492,38
1918	**136**	2,6-Dichlornaphthalin	$C_{10}H_6Cl_2$		197,06
1919	**136**	Zimtsäureanhydrid	$C_{18}H_{14}O_3$	$(C_6H_5 \cdot CH : CH \cdot CO)_2O$	278,29
1920	**136** bis **137**	Acetylsalicylsäure (Aspirin)	$C_9H_8O_4$	$CH_3CO \cdot O \cdot C_6H_4 \cdot COOH$	180,15
1921	**136** bis **137**	4,4′,4″-Tris-[diäthylamino]-triphenylcarbinol	$C_{31}H_{43}ON_3$	$[(C_2H_5)_2N \cdot C_6H_4]_3C \cdot OH$	473,67
1922	**136,5** bis **138,5**	4-Methyl-3-thiophensäure	$C_6H_6O_2S$	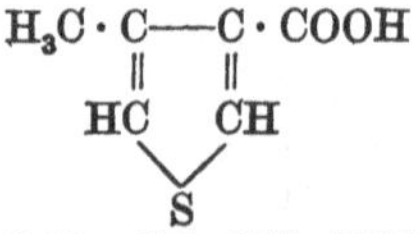	142,26
1923	**137**	Benzalmilchsäure	$C_{10}H_{10}O_3$	$C_6H_5 \cdot CH : CH \cdot CH(OH) \cdot COOH$	178,19
1924	**137**	Benzophenonphenylhydrazon	$C_{19}H_{16}N_2$	$(C_6H_5)_2C : N \cdot NH \cdot C_6H_5$	272,33
1925	**137**	o-Dianisidin	$C_{14}H_{16}O_2N_2$	$[^{(3)}CH_3 \cdot O \cdot C_6H_3(NH_2)^{(4)}—]_2$	244,28
1926	**137**	Phenylpropiolsäure	$C_9H_6O_2$	$C_6H_5 \cdot C \vdots C \cdot COOH$	146,14

Aggregatzustand Farbe	Spez. Gewicht	Siedepunkt °C	Beilstein-Zitat	Physikalische Konstanten und Eigenschaften	Löslichkeit	Reaktionen
7	8	9	10	11	12	13
Nadeln (weiß)	1,631[15°]	subl. im Vakuum (8 bis 10 mm)	II 566	bei 140—150° CO_2-Abspaltung; Geschmack sauer; geruchlos	139,4 W 15° l. in A 8,7 Ae 15°	mit $Fe(NO_3)_3$ nicht verändert wss. Lsg. mit $AgNO_3$-Lsg. → klar + 1 Tropfen 2n-NH_3 → pulvriger Nd. → feine Nadeln hochverdünnte J_2-Lsg. wird entfärbt + KJ wird Jod wieder abgeschieden kochen mit Essigsäureanhydrid → gelbe, intensiv grün fluoreszierende Lsg. Bis-[β-phenylhydrazid] *Fp* 187° p-Phenylphenacylester *Fp* 175°
Blättchen (A)			XIV 91		7,2 in 96%ig. A 20° 3,2 in Ae 20°	Chlorhydrat *Fp* 267°, Blättchen
Säulen (Ae)		203 (75 mm)		raucht an der Luft; leicht oxydierbar	l. in Ae ll. in Bzl.	
rote Prismen			V 689		ll. in W l. in A swl. in Ae l. in H_2SO_4, Alkali	
Nadeln (A) Tafeln (Ae)		285	V 544		unl. in W wl. in A ll. in Ae, Bzl.	
Nadeln (Bzl. oder A)			IX 586		unl. in W swl. in k. A ll. in h. Bzl.	
weiße Nadeln (W)			X 67	geruchlos, säuerlicher Geschmack	0,25 W 15° 5 Ae 18° swl. in Bzl.	neutralisierte Lsg. + $Fe(NO_3)_3$-Lsg. → gelblicher fleischfarbener Nd., lösl. in 2n-HNO_3, erhitzen violett
Krist. (Ligroin)			XIII 759			
Nadeln			XV 134		wl. in k. W, Ae unl. in Bzl.	
Nadeln (A)			XV 148		swl. in k. A ll. in Ae, Bzl.	
Blättchen			XIII 807		ll. in A, Ae, Bzl. l. in Eg.	N,N'-Diacetylderiv. *Fp* 242—243° N,N'-Dibenzoylderiv. *Fp* 236°
Nadeln (W)		subl.	IX 633		wl. in W ll. in A, Ae	

Lfd. Nr.	*Fp*	Name	Summenformel	Strukturformel	Mol.-Gewicht
1	2	3	4	5	6
1927	137	Pyridincarbonsäure-(2) (Picolinsäure)	$C_6H_5O_2N$	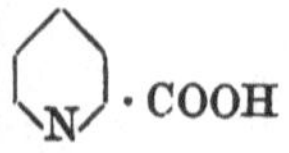	123,11
1928	137 bis 138	3-Chlor-2-chlormercuri-thiophen	$C_4H_2Cl_2SHg$	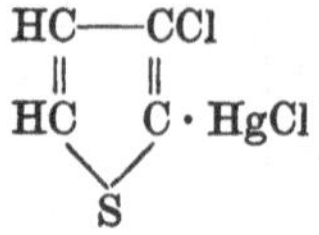	353,64
1929	137 bis 138	Benzfuroin	$C_{12}H_{10}O_3$	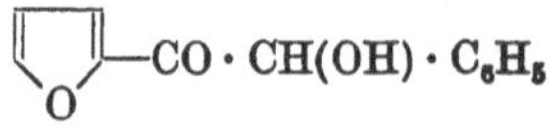	202,20
1930	137 bis 138	2,2′,5,5′-Tetrabrom-3,3′-dithienyl	$C_8H_2Br_4S_2$	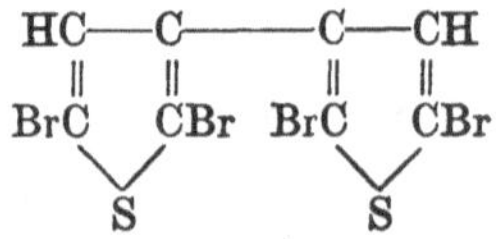	482,88
1931	137 bis 138	3,4-Dimethyl-2-chlor-mercurithiophen	C_6H_7ClSHg	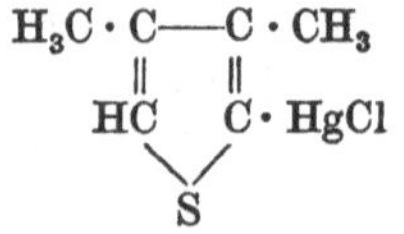	347,24
1932	137 bis 138	9-Aminophenanthren	$C_{14}H_{11}N$	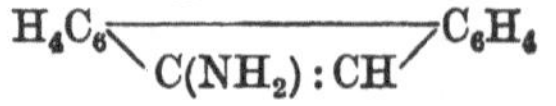	193,23
1933	137 bis 138	α-Benzilmonoxim	$C_{14}H_{11}O_2N$	$C_6H_5 \cdot CO \cdot C(:N \cdot OH) \cdot C_6H_5$	225,23
1934	137 bis 138	1,6-Dioxynaphthalin	$C_{10}H_8O_2$	$C_{10}H_6(OH)_2$	160,16
1935	137 bis 138	α-Phenyl-cis-zimtsäure	$C_{15}H_{12}O_2$	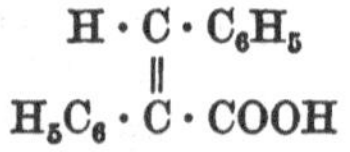	224,24
1936	137 bis 139	4,5-Dimethylthiophen-2-sulfonsäureamid	$C_6H_9O_2NS_2$	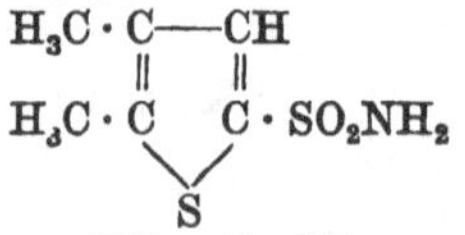	159,20
1937	137 bis 139	3,5-Dimethyl-2-jod-mercurithiophen	C_6H_7JSHg	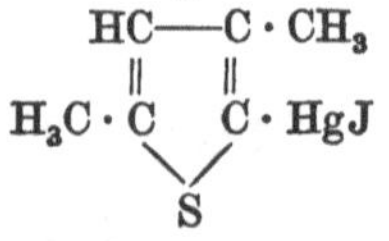	438,71
1938	137,5	p-Toluolsulfamid	$C_7H_9O_2NS$	$CH_3 \cdot C_6H_4 \cdot SO_2 \cdot NH_2$	171,21
1939	137,5	Tri-[2-thienyl]-wismut	$C_{12}H_9S_3Bi$	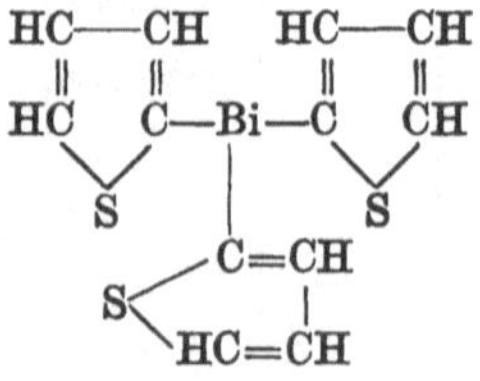	458,37

Aggregat-zustand Farbe	Spez. Gewicht	Siede-punkt °C	Beilstein-Zitat	Physikalische Konstanten und Eigenschaften	Löslichkeit	Reaktionen
7	8	9	10	11	12	13
Nadeln (W od. A)		subl.	XXII 33	subl. in glänzenden Nadeln; geruchlos; fader saurer Geschmack	ll. in W 9,5 A 20° swl. in Ae	Amid *Fp* 107°, Säulen oder Täfelchen + $FeCl_3$ → rotgelb Chlorhydrat *Fp* 214 bis 216°, rhomb. Krist.
Prismen (A)			XVIII 43		ll. in h. A, Chlf. u. Bzl. wl. in W u. Ligroin	
gelbe Prismen (Ae)		subl.	XII 1338		wl. in W ll. in Ae	
Blättchen (verd. A)		Z. >200	VII 757		ll. in A, Ae, Chlf. swl. in Ligroin	erhitzen über 200° → Benzoesäure und Benzonitril bildet mit Metallen Komplexsalze
Prismen (Bzl.)		subl.	VI 981		wl. in W, k. A ll. in Ae	Diacetat *Fp* 73°
Blättchen (Eg.)			IX 693		l. in W 0,05 PAe 15°	Amid *Fp* 167—168°
Blättchen (W od. A)			XI 104		0,32 W 25° 7,4 A 5°	

Lfd. Nr.	*Fp*	Name	Summenformel	Strukturformel	Mol.-Gewicht
1	2	3	4	5	6
1940	**138**	2,6-Dinitroanilin	$C_6H_5O_4N_3$	$(O_2N)_2C_6H_3 \cdot NH_2$	183,12
1941	**138**	2,4-Dinitronaphthol-(1)	$C_{10}H_6O_5N_2$	$(O_2N)_2C_{10}H_5 \cdot OH$	234,16
1942	**138**	N,N'-Diphenylformamidin	$C_{13}H_{12}N_2$	$C_6H_5 \cdot N:CH \cdot NH \cdot C_6H_5$	196,24
1943	**138**	Glutaconsäure	$C_5H_6O_4$	$HOOC \cdot CH_2 \cdot CH:CH \cdot COOH$	130,10
1944	**138**	Glycerinaldehyd (α,β-Dioxypropionaldehyd)	$C_3H_6O_3$	$HO \cdot CH_2 \cdot CH(OH) \cdot CHO$	90,08
1945	**138**	Hydrobenzoin	$C_{14}H_{14}O_2$	$C_6H_5 \cdot CH(OH) \cdot CH(OH) \cdot C_6H_5$	214,25
1946	**138** bis **139**	3,5-Dimethyl-2-chlormercurithiophen	C_6H_7ClSHg	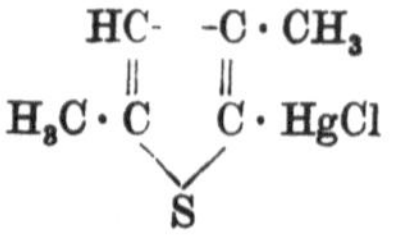	347,24
1947	**138** bis **139**	3-Jod-2-chlormercurithiophen	$C_4H_2ClJSHg$	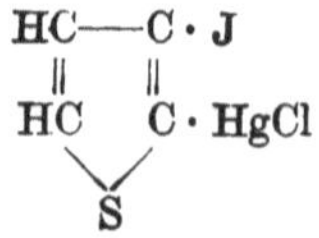	244,49
1948	**138** bis **139**	2-Methylthiophen-3,4-disulfonsäurechlorid	$C_5H_4O_4Cl_2S_3$	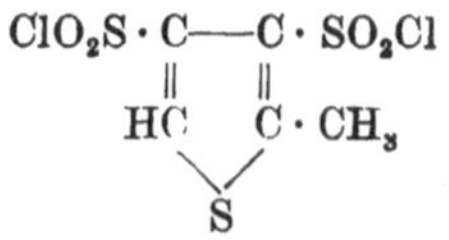	221,06
1949	**138,4**	3-Thiophensäure	$C_5H_4O_2S$	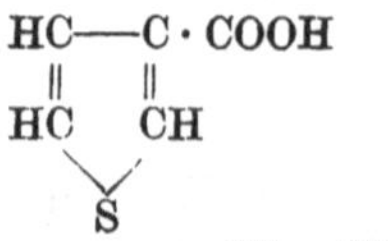	128,14
1950	**139**	trans-Chinit	$C_6H_{12}O_2$	$HO \cdot CH<(CH_2 \cdot CH_2)(CH_2 \cdot CH_2)>CH \cdot OH$	116,15
1951	**139**	4,4'-Diaminotriphenylmethan	$C_{19}H_{18}N_2$	$C_6H_5 \cdot CH(C_6H_4 \cdot NH_2)_2$	274,35
1952	**139** (Z.)	Mesoxalsäureoxim	$C_3H_3O_5N$	$(HOOC)_2C{=}N \cdot OH$	133
1953	**139**	1,2,4,5-Tetrachlorbenzol	$C_6H_2Cl_4$	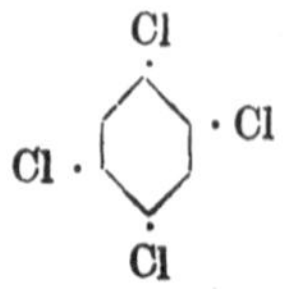	215,90

Aggregat-zustand Farbe	Spez. Gewicht	Siede-punkt °C	Beilstein-Zitat	Physikalische Konstanten und Eigenschaften	Löslichkeit	Reaktionen
7	8	9	10	11	12	13
gelbe Nadeln (A)			XII 758		unl. in W 0,52 A 21^0 l. in h. Bzl.	
gelbe Nadeln (A)			VI 617		unl. in W wl. in A, Ae	
Nadeln (Bzl.)		~250	XII 236		wl. in k. A ll. in Ae sll. in Chlf.	
Nadeln (Ae)			II 758		ll. in W, A, Ae	Ag-Salz Krist. Zn-Salz in heißem W schwerer löslich als im kalten
Nadeln (verd. A)			I 845	geschmacklos	l. in W wl. in A, Ae	Methylphenylhydrazon *Fp* 120°, Nadeln Diphenylhydrazon *Fp* 133°, prismatische Nadeln p-Nitrophenylosazon *Fp* 311°, Nadeln
Blättchen (W)	$0{,}927^{134°}$	>300	VI 1003		0,25 W 15° 1,25 sd. W ll. in h. A	
Nadeln (W)		subl.	XVIII 292	mit Dampf flüchtig	0,43 W 25°	
Tafeln (Aceton)			VI 741		ll. in W, A swl. in Ae, Chlf.	
Krist. (Ae)			XIII 274		swl. in W ll. in A, Ae	
Nadeln			III 767		ll. in W	
Nadeln (Ae, Bzl.)	$1{,}734^{10°}$	243-246	V 205		unl. in k. A wl. in sd. A l. in Ae, CS_2, Bzl.	

Lfd. Nr.	*Fp*	Name	Summenformel	Strukturformel	Mol.-Gewicht
1	2	3	4	5	6
1954	**139** bis **140**	Allylisobutylbarbitursäure (Sandoptal)	$C_{11}H_{16}O_3N_2$	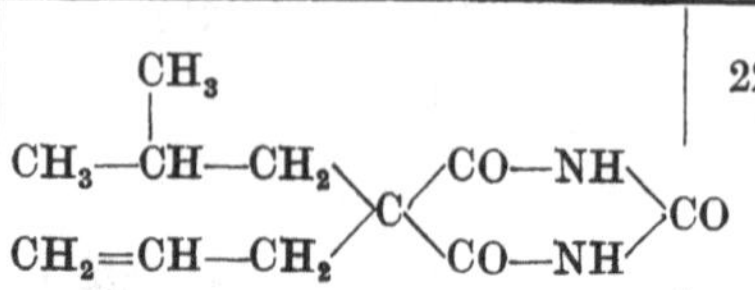	224,25
1955	**139** bis **140**	2,5-Dibrom-3,4-dinitro-thiophen	$C_4O_4N_2Br_2S$	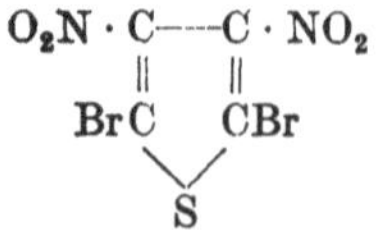	331,95
1956	**139** bis **140**	Milchsäurephenylurethan	$C_{10}H_{11}O_4N$	$HOOC \cdot CH(CH_3) \cdot O \cdot CO \cdot NH \cdot C_6H_5$	209,18
1957	**139** bis **140**	3,3′,5,5′-Tetrabrom-2,2′-dithienyl	$C_8H_2Br_4S_2$	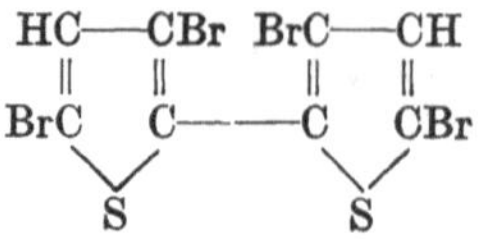	481,88
1958	**139** bis **140**	2,3,5-Trinitro-p-xylol	$C_8H_7O_6N_3$	$(O_2N)_3C_6H(CH_3)_2$	241,16
1959	**139** bis **141**	Allylisopropylbarbitursäure (Numal)	$C_{10}H_{14}O_3N_2$	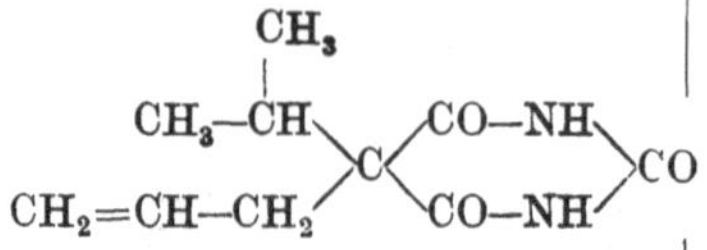	210,23
1960	**139** bis **141**	Colchicein	$C_{21}H_{23}O_6N$	$C_{16}H_{11}O_2N(CO \cdot CH_3)(OCH_3)_3 + \frac{1}{2}H_2O$	394,41

Aggregatzustand Farbe	Spez. Gewicht	Siedepunkt °C	Beilstein-Zitat	Physikalische Konstanten und Eigenschaften	Löslichkeit	Reaktionen
7	8	9	10	11	12	13
weiße Krist.				bitterer Geschmack	swl. in W ll. in Lauge	Lsg. in Paraform-H_2SO_4 beim Erwärmen → orange mit grüner Fluoreszenz Lsg. in verd. NaOH + 2 bis 3 Tropfen n/10-$KMnO_4$ → sofort intensiv grün 2—3 mg Substanz in 1 ml methylalkoholischer $Co(NO_3)_2$-Lsg. + 20 mg Piperazin → rotviolett 2 mg Subst. in 1 ml 1 bis 2%iger Pyridin-Lsg. in Hitze gelöst. Zur sd. Lsg. tropfenweise 0,4%ige $CuSO_4$-Lsg. → blaßviolettrote Krist.
Nadeln (Chlf.)			XII 340		sll. in A, Ae swl. in k. W, Chlf.	
Nadeln (A)	$1{,}59^{19°}$		V 389			
weiße Krist.				bitterer Geschmack	swl. in W ll. in A, Lauge sll. in Ae	Lsg. in Paraform-H_2SO_4 beim Erwärmen → orange mit grüner Fluoreszenz Lsg. in verd. NaOH + 2 bis 3 Tropfen n/10-$KMnO_4$ → sofort intensiv grün 2—3 mg Subst. in 1 ml methylalkoholischer $Co(NO_3)_2$-Lsg. + 20 mg Piperazin → rotviolett 2 mg Subst. in 1 ml 1 bis 2%iger Pyridin-Lsg. in Hitze gelöst. Zur sd. Lsg. tropfenweise 0,4%ige $CuSO_4$-Lsg. → blaßviolette Krist.
glänzende Nadeln			E_1 XIV 519		wl. in k. W l. in h. W sll. in A, Chlf. unl. in Ae, Bzl. l. in Alkalien, NH_3 u. Alkalikarbonaten u. Säuren gelb	+ rauch. HNO_3 und $FeCl_3$ → schmutzig schwarzgrüne Färbung wss. Lsg. + Bleiacetat und Kupferacetat → weißer → gelbgrüner Nd.

Lfd. Nr.	*Fp*	Name	Summenformel	Strukturformel	Mol.-Gewicht
1	2	3	4	5	6
1961	**139,7**	p-Phenylendiamin	$C_6H_8N_2$	$H_2N \cdot C_6H_4 \cdot NH_2$	108,14
1962	**140**	Brommaleinsäure	$C_4H_3O_4Br$	$HOOC \cdot CH : CBr \cdot COOH$	194,98
1963	**140**	2-Chlorbenzoesäure	$C_7H_5O_2Cl$	$Cl \cdot C_6H_4 \cdot COOH$	156,57
1964	**140**	cis-Cyclopentandicarbonsäure-(1,2)	$C_7H_{10}O_4$	$H_2C\langle{}^{CH_2 \cdot CH \cdot COOH}_{CH_2 \cdot CH \cdot COOH}$	158,15
1965	**140**	Cyclopropandicarbonsäure-(1,1)	$C_5H_6O_4$	$\begin{matrix} H_2C \\ \mid \\ H_2C \end{matrix} \rangle C(COOH)_2$	130,10
1966	**140**	2,4-Diaminobenzoesäure	$C_7H_8O_2N_2$	$(H_2N)_2C_6H_3 \cdot COOH$	152,15
1967	**140**	1,8-Dioxynaphthalin	$C_{10}H_8O_2$	$C_{10}H_6(OH)_2$	160,16
1968	**140**	Korksäure	$C_8H_{14}O_4$	$HOOC \cdot (CH_2)_6 \cdot COOH$	174,19
1969	**140**	Lapachol	$C_{15}H_{14}O_3$	$C_6H_4\langle{}^{CO \cdot C \cdot CH_2 \cdot CH : C(CH_3)_2}_{CO \cdot C \cdot OH}$	242,26
1970	**140**	Mesoweinsäure	$C_4H_6O_6$	$HOOC \cdot CH(OH) \cdot CH(OH) \cdot COOH$	150,09
1971	**140**	Ornithin	$C_5H_{12}O_2N_2$	$H_2N \cdot (CH_2)_3 \cdot CH(NH_2) \cdot COOH$	132,16
1972	**140**	Salicylamid	$C_7H_7O_2N$	$HO \cdot C_6H_4 \cdot CO \cdot NH_2$	137,13
1973	**140**	Sparteinsulfat	$C_{15}H_{28}O_4N_2S$	$C_{15}H_{26}N_2 \cdot H_2SO_4$	306,25
1974	**140**	1-[3',4'-Dioxyphenyl]-2-methylaminoäthan-1-olhydrochlorid (Suprareninchlorhydrat)	$C_9H_{14}O_3NCl$	$(HO)_2 \cdot C_6H_3 \cdot CH(OH) \cdot CH_2 \cdot NH \cdot CH_3; HCl$	219,67

Aggregat-zustand Farbe	Spez. Gewicht	Siede-punkt °C	Beilstein-Zitat	Physikalische Konstanten und Eigenschaften	Löslichkeit	Reaktionen
7	8	9	10	11	12	13
Tafeln (Ae)		267	XIII 61	giftig; sublimierbar	3,85 W 24° ll. in A, Ae	auf Holz → rote Färbung + Spur Anilinchlorhydrat + $FeCl_3$ → intensiv blaugrün Diacetylderivat *Fp* 302°, Oktaeder
Nadeln oder Prismen		Z.	II 754		ll. in W, A, Ae	über 140° Z., H_2O-Abspaltung
Prismen (W)	$1{,}544^{20°}$	subl.	IX 334		0,21 W 25° ll. in h. W, A, Ae	
Nadeln (W)			IX 728		ll. in W	bei 150° → Anhydrid
Nadeln (Chlf.) Prismen (Ae)		Z.	IX 721		ll. in W, Ae l. in Chlf.	über 140° → Cyclopropancarbonsäure und Butyrolacton
Krist.			XIV 448		ll. in h. W sll. in A	
Nadeln od. Blätter (W)			VI 981		wl. in W ll. in Ae	Diacetat *Fp* 147—148°
Nadeln (W)		279 (100mm)	II 691		0,14 W 15° 0,81 Ae 15°	Silbersalz, pulveriger Nd. Diamid *Fp* 216—217° Phenacylester *Fp* 102,4°
gelbe Prismen (Ae)			VIII 326		unl. in W ll. in sd. A l. in Ae l. in Alkali → rot	
Tafeln + ½ H_2O (W)	$1{,}666^{20°}$		III 528		l. in A	bei 250° → teilweise d,l-Weinsäure fällt Gips-Lsg. nicht (Unterschied von Traubensäure und dl-Weinsäure) Dimethylester *Fp* 114°
Krist.-Plv.			IV 419	spermaähnlicher Geruch		Monopikrat *Fp* 208°, orangegelbe Nadeln Dipikrat *Fp* 208°, gelbe, rhombische Prismen Monosulfat *Fp* 234° (Z.) Acetat *Fp* 161—162°
Blättchen (W)		270 (Z.)	X 87		wl. in k. W l. in A, Ae	
weiße Krist.				geruchlos; Geschmack bitter, brennend	l. in W	wss. Lsg. + Lauge → ölige Base, schwacher eigentümlicher Geruch; wasserdampfflüchtig Subst. + alkalische HgJ_2-Lsg. → gelber Nd., der beim Erhitzen orange wird
			XIII 830		ll. in W	

Lfd. Nr.	*Fp*	Name	Summenformel	Strukturformel	Mol.-Gewicht
1	2	3	4	5	6
1975	140 (Z.)	Tetrajodkohlenstoff	CJ_4	CJ_4	519,69
1976	140	Thymohydrochinon	$C_{10}H_{14}O_2$	$(CH_3)_2CH \cdot C_6H_2(OH)_2 \cdot CH_3$	166,21
1977	140 bis 141	d-Galaktonsäure	$C_6H_{12}O_7$	$HO \cdot CH_2 \cdot [CH(OH)]_4 \cdot COOH$	196,15
1978	140 bis 141	d-Glucosephenylhydrazon (*β*-Form)	$C_{12}H_{18}O_5N_2$	$C_6H_{12}O_5 : N \cdot NH \cdot C_6H_5$	270,28
1979	140 bis 141	3-Nitrobenzoesäure (m-Nitrobenzoesäure)	$C_7H_5O_4N$	$O_2N \cdot C_6H_4 \cdot COOH$	167,12
1980	140 bis 141	2,3,4-Trioxybenzophenon	$C_{13}H_{10}O_4$	$C_6H_5 \cdot CO \cdot C_6H_2(OH)_3$	230,21
1981	140 bis 142	Agaricinsäure (Cetylcitronensäure)	$C_{22}H_{40}O_7$	$C_{16}H_{33} \cdot CH \cdot COOH$ | /OH C | \COOH CH_2COOH	432,54
1982	140 bis 150	2,4-Dinitronaphthol-(1)-sulfonsäure-(7)	$C_{10}H_6O_8N_2S$	$HO \cdot C_{10}H_4(NO_2)_2 \cdot SO_3H$	314,22
1983	140 bis 150 (Z.)	2,3,4,5-Tetrajodpyrrol	C_4HNJ_4	JC—CJ ‖ ‖ JC CJ \ / NH	570,74
1984	140,8	Terephthalsäuredimethylester	$C_{10}H_{10}O_4$	$C_6H_4(CO \cdot O \cdot CH_3)_2$	194,18
1985	141	3,4-Dioxyphenyläthanolaminchlorhydrat (Arterenolchlorhydrat)	$C_8H_{12}O_3NCl$	$(OH)_2C_6H_3 \cdot CHOH \cdot CH_2 \cdot NH_2$; HCl	202,63
1986	141	*β*-[Furyl-(2)]-acrylsäure	$C_7H_6O_3$	HC——CH ‖ ‖ $HC \cdot O \cdot C \cdot CH : CH \cdot COOH$	138,12
1987	141	Oxyhydrochinon	$C_6H_6O_3$	$C_6H_3(OH)_3$(1, 2, 4)	126,11

Aggregat-zustand Farbe	Spez. Gewicht	Siede-punkt °C	Beilstein-Zitat	Physikalische Konstanten und Eigenschaften	Löslichkeit	Reaktionen
7	8	9	10	11	12	13
dunkelrote Krist.	$4{,}32^{20°}$	subl. 96-100 Vak.	I 74		unl. in W	erhitzen → CHJ_3, HJ, H_2
Prismen		290	VI 945		swl. in k. W ll. in A, Ae	
Nadeln			III 549		l. in W	in h. wss. Lsg. → d-Galaktonsäure-γ-lacton
Nadeln			XV 222		wl. in k. W, k. A swl. in Ae	
Blättchen (W)	1,494		IX 376		0,31 W 20° 3,14 A 12° 2,52 Ae 10° 0,57 Chlf. 10° swl. in Bzl.	
gelbe Nadeln (W)			VIII 417		wl. in k. W ll. in A, Ae wl. in Bzl. l. in H_2SO_4 und Alkali gelb	
weißes lockeres Pulver oder perlmutterartige Blättchen					swl. in k. W l. in Lauge (schäumend)	quillt beim Erhitzen mit Wasser gallertartig erwärmen mit konz. H_2SO_4 → Gasentwicklung + Paraform → Lösung orange mit grüner Fluoreszenz
hellgelbe Nadeln + $3 H_2O$ (W)			IX 275		ll. in W, A	
gelbe Nadeln od. Blätter (A)			XX 168		0,02 W 5,8 90%igen A 15° 50 Ae ll. in Eg., Chlf.	
Tafeln oder Prismen (A)		subl.	IX 843	mit Dampf flüchtig	0,33 h. W wl. in k. A l. in Ae	
weißes feinkörniges Kristallmehl				schwach anästhesierender Geschmack	ll. in W	0,05 g Subst. in 2 ml W + $FeCl_3$ → smaragdgrün + etwas NH_4OH → karminrot
Nadeln (W)		255-265	XVIII 300	mit Dampf flüchtig	0,2 k. W l. in A ll. in Ae l. in konz. HCl → grün	
Blättchen (Ae)			VI 1087	sublimierbar	ll. in W, A, Ae swl. in Bzl., Chlf.	+ konz. H_2SO_4 → grün → violett + sehr verd. $FeCl_3$ → bräunlich + Na_2CO_3 → blau → rot Triacetat *Fp* 96,5—97°, Nadeln

Lfd. Nr.	*Fp*	Name	Summenformel	Strukturformel	Mol.-Gewicht
1	2	3	4	5	6
1988	**141**	Salicylsäurechininester (Salochin, Salochinin)	$C_{27}H_{28}O_4N_2$	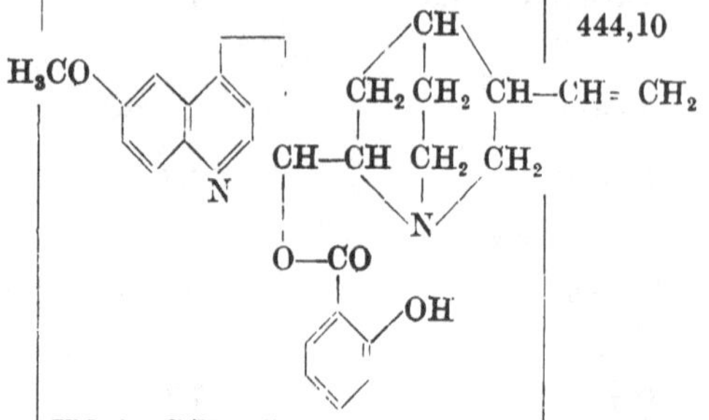	444,10
1989	**141**	o-Sulfobenzoesäure	$C_7H_6O_5S$	$HO_3S \cdot C_6H_4 \cdot COOH$	202,18
1990	**141**	m-Sulfobenzoesäure	$C_7H_6O_5S$	$HO_3S \cdot C_6H_4 \cdot COOH$	202,18
1991	**141**	Tetronsäure	$C_4H_4O_3$	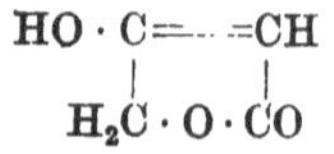	100,07
1992	**141**	Thiophen-2-sulfonsäure-amid	$C_4H_5O_2NS_2$	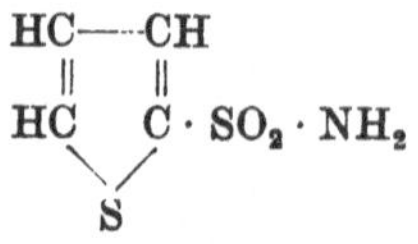	163,20
1993	**141**	Trichloracetamid	$C_2H_2ONCl_3$	$CCl_3 \cdot CO \cdot NH_2$	162,42
1994	**141** bis **142**	5-Brom-2-thiophensäure	$C_5H_3O_2BrS$	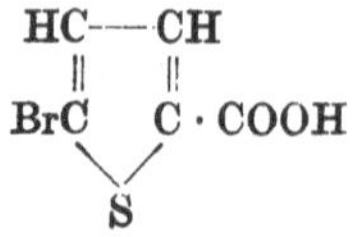	207,05
1995	**141** bis **142**	2,5-Dibrom-3,4-dijod-thiophen	$C_4Br_2J_2S$	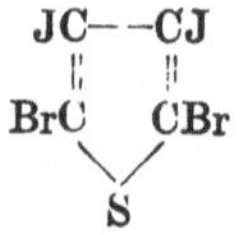	493,77
1996	**141** bis **142**	2-Nitrophenolsulfon-säure-(4)	$C_6H_5O_6NS$	$HO \cdot C_6H_3(NO_2) \cdot SO_3H$	219,17
1997	**141** bis **143**	m-Amino-p-oxybenzoe-säuremethylester (Orthoform Neu)	$C_8H_9O_3N$	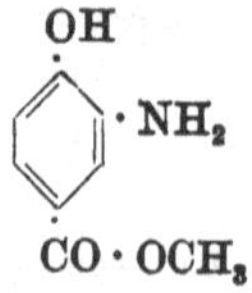	167,16

Aggregatzustand Farbe	Spez. Gewicht	Siedepunkt °C	Beilstein-Zitat	Physikalische Konstanten und Eigenschaften	Löslichkeit	Reaktionen
7	8	9	10	11	12	13
farblose Krist.			XXIII 533		unl. in W, Benzin ll. in A, Ae, Bzl., Chlf.	salicylsaures Salochin = Rheumatin *Fp* 183 bis 184°
Nadeln (W)			XI 369		sll. in W, A unl. in Ae	Anhydrid *Fp* 128°, Nadeln und Rhomben o-Sulfbenzamid *Fp* 193 bis 194°, Prismen
Krist. (W)			XI 384		ll. in W, A (wasserfrei ll. in Ae) unl. in Bzl.	
Tafeln (A + Ligroin)			XVII 403	starke einbasische Säure	ll. in W, h. A wl. in Ae	+ $FeCl_3$ → rot
Tafeln (W)		239	II 211	würziger Geruch	swl. in W ll. in A, Ae	
Nadeln + $3H_2O$ (W)			XI 245		ll. in W sll. in A	
weiße Krist.			XIV 594	anästhesierend; geruchlos	wl. in W, A, Ae ll. in Laugen und Säuren	+ $Fe(NO_3)_3$ → violettrot → grün und trübe + H_2SO_4 keine Farbrk. + konz. HNO_3 → tiefblau → rot + Alkohol + α-Naphthol + NH_3 → intensiv violettrot + Eisen-Phosphorsäure → sofort tief grün + alkalische HgJ_2-Lsg. in der Wärme → schokoladenbrauner Nd.

Lfd. Nr.	*Fp*	Name	Summenformel	Strukturformel	Mol.-Gewicht
1	2	3	4	5	6
1998	**142**	5-Brom-4-methylthiophen-2-sulfonsäureamid	$C_5H_6O_2NBrS_2$	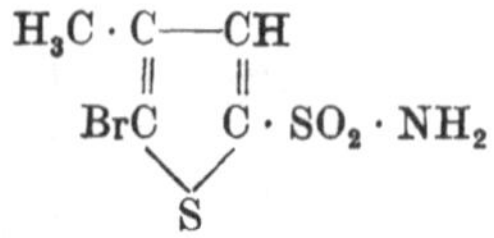	256,14
1999	**142** bis **143,5**	7-Dehydrocholesterin (Provitamin D_3)	$C_{27}H_{44}O$	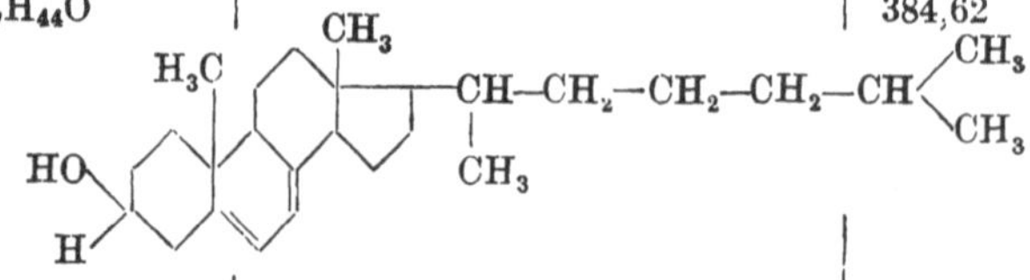	384,62
2000	**142**	2,3-Dibrom-4,5-dijod-thiophen	$C_4Br_2J_2S$	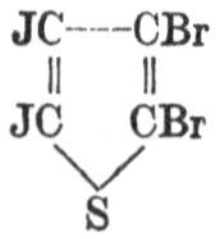	493,77
2000a	**142**	5-Methyl-2-thiophensäure	$C_6H_6O_2S$	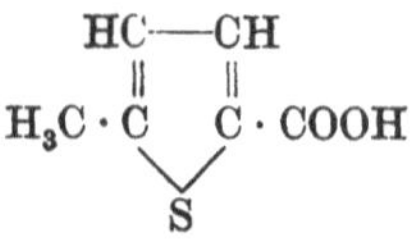	142,17
2001	**142**	3,4-Dibrom-2-methyl-5-brommethylthiophen	$C_6H_5Br_3S$	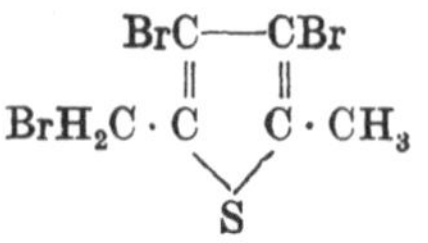	348,91
2002	**142**	α,α-Dimethylbernsteinsäure	$C_6H_{10}O_4$	$HOOC \cdot C(CH_3)_2 \cdot CH_2 \cdot COOH$	146,14
2003	**142**	3,4-Dimethyl-2-jod-mercurithiophen	C_6H_7JSHg	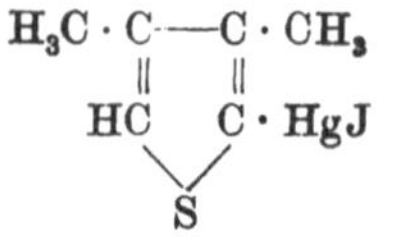	441,67
2004	**142**	Guajacolcinnamat (Styracol)	$C_{16}H_{14}O_3$	$CH_3O \cdot C_6H_4 \cdot OCO \cdot CH{=}CH \cdot C_6H_5$	254,27
2005	**142**	Hexanitroäthan	$C_2O_{12}N_6$	$(NO_2)_3C \cdot C(NO_2)_3$	300,07
2006	**142** bis **143**	4-Nitro-2-aminophenol	$C_6H_6O_3N_2$	$H_2N \cdot C_6H_3(NO_2) \cdot OH$	154,12
2007	**142** bis **144**	Disulfanilmethylamid (Neouliron, Diseptal B)	$C_{13}H_{15}O_4N_3S_2$		341,39

Aggregat-zustand Farbe	Spez. Gewicht	Siede-punkt °C	Beilstein-Zitat	Physikalische Konstanten und Eigenschaften	Löslichkeit	Reaktionen
7	8	9	10	11	12	13
Täfelchen				$[\alpha]_D^{19}$ —113,6° (2,5% in Chlf.)		
Krist.	1,323		II 661		7,52 W 14° ll. in h. W, A swl. in Ae	
weiße Krist.			IX 585	geruchlos; geschmacklos	unl. in W, Lauge und Säuren	+ Fe-H_2SO_4 → sofort gelb→graugrün→grauviolett → Erwärmen: braun→Abkühlen: grün Subst. + 1 Tropfen Eisen-Phosphorsäure + 1 ml konz. H_2SO_4 → Lsg. intensivgrün→Erwärmen: graugrün-braun; Abkühlen: grün
Krist. (Ae)			E_1 I 33		unl. in W wl. in k. A ll. in Ae	
orange Prismen $+1H_2O$			XIII 388		wl. in k. W ll. in A, Ae	
weiße Krist.				geruchlos, bitterer Geschmack	swl. in k. W l. in Lauge, Säuren	Perjodid in saurer Lsg. (Unterschied von Prontalbin) Indophend-Rk. in 50%igem A.

Lfd. Nr.	*Fp*	Name	Summenformel	Strukturformel	Mol.-Gewicht
1	2	3	4	5	6
2008	142 bis 144	p-Oxydiphenylmethan-carbaminsäureester (Butolan)	$C_{14}H_{13}O_2N$		227,25
2009	143	Acetondiessigsäure	$C_7H_{10}O_5$	$CO(CH_2 \cdot CH_2 \cdot COOH)_2$	174,15
2010	143	Anhydroformaldehydanilin	$C_{21}H_{21}N_3$	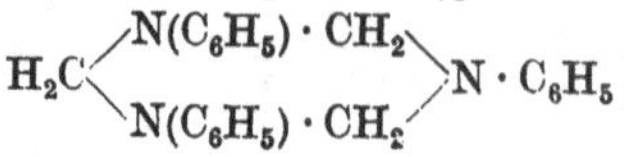	315,40
2011	143	5,5′-Dibrom-2,2′-dithienyl	$C_8H_4Br_2S_2$	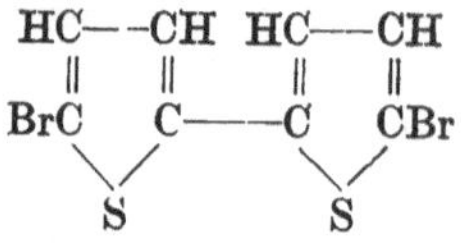	324,06
2012	143	3,4-Dioxyphenanthren	$C_{14}H_{10}O_2$	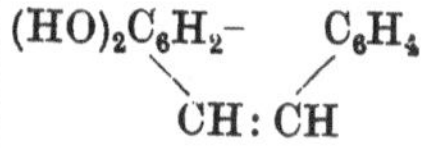	210,22
2013	143	4-Nitrosodiphenylamin	$C_{12}H_{10}ON_2$	$C_6H_5 \cdot NH \cdot C_6H_4 \cdot NO$	198,21
2014	143,5	p-Xylylenbromid	$C_8H_8Br_2$	$C_6H_4(CH_2Br)_2$	263,97
2015	143,5 bis 144,5	Benzophenonoxim	$C_{13}H_{11}ON$	$(C_6H_5)_2C : N \cdot OH$	197,22
2016	143,7	2,6-Dichlorbenzoesäure	$C_7H_4O_2Cl_2$	$Cl_2C_6H_3 \cdot COOH$	191,02
2017	144	5-Bromthiophen-2-sulfonsäureamid	$C_4H_4O_2NBrS_2$	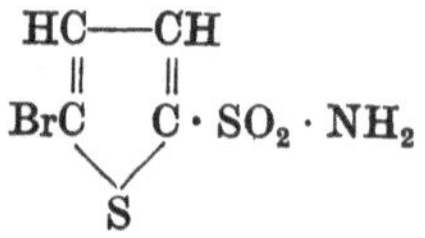	242,12
2018	144	2,6-Dibrom-4-nitrophenol	$C_6H_3O_3NBr_2$	$O_2N \cdot C_6H_2Br_2 \cdot OH$	296,92
2019	144	2,3-Dimethylbenzoesäure	$C_9H_{10}O_2$	$(CH_3)_2C_6H_3 \cdot COOH$	150,17
2020	144	1,3-Dinitronaphthalin	$C_{10}H_6O_4N_2$	$C_{10}H_6(NO_2)_2$	218,16
2021	144	2,3-Dinitrophenol	$C_6H_4O_5N_2$	$(O_2N)_2C_6H_3 \cdot OH$	184,11
2022	144	2,4-Dioxybenzophenon	$C_{13}H_{10}O_3$	$C_6H_5 \cdot CO \cdot C_6H_3(OH)_2$	214,21
2023	144	3,4-Diphenylthiophen	$C_{16}H_{12}S$	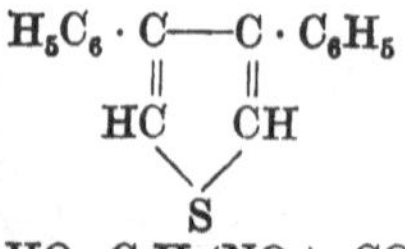	234,30
2024	144	3-Nitrosalicylsäure	$C_7H_5O_5N$	$HO \cdot C_6H_3(NO_2) \cdot COOH$	183,12

Aggregat-zustand Farbe	Spez. Gewicht	Siede-punkt °C	Beilstein-Zitat	Physikalische Konstanten und Eigenschaften	Löslichkeit	Reaktionen
7	8	9	10	11	12	13
weiße Krist.				geruchlos, geschmacklos	wl. in k. W Lauge u. Säure l. in h. Lauge ll. in h. A, Bzl., Essigester	Lsg. + h. Lauge + alkalische HgJ_2-Lsg. → gelbe, allmählich orange Trübung
Tafeln			III 804		l. in h. W, A wl. in Ae	Anhydrid *Fp* 69°
Prismen (Ae)			XXVI 3		swl. in W, A wl. in Ae ll. in Chlf.	
Nadeln		subl.	VI 1034	leicht oxydabel	l. in A, Ae	
grüne Tafeln (Bzl.) blaue Prismen (Ae + W)			XII 207		unl. in W l. in A, Ae, Bzl., Chlf. l. in H_2SO_4 → rot in k. H_2SO_4 → violett l. in NaOH	
Krist. (Bzl.)	2,012	245	V 385		unl. in W l. in A 2,65 Ae 20°	
Krist. (Ligroin)			VII 416	zersetzt sich beim Aufbewahren	swl. in k. W l. in A, Alkali ll. in Ae	
Nadeln (A)		subl.	IX 343	mit Dampf flüchtig	ll. in sd. W	
Blättchen (A)		>144 Z.	VI 247	mit Dampf flüchtig	swl. in W ll. in h. A, Ae	
Prismen (A)			IX 531	mit Dampf flüchtig	swl. in h. W l. in A, Ae	
gelbe Nadeln(A,		subl.	V 557		unl. in W l. in A	
gelbe Nadeln (W)	$1{,}681^{20^\circ}$		VI 251		wl. in k. W ll. in h. A, Ae	
Nadeln (W)			VIII 312		unl. in k. W ll. in A, Ae wl. in k. Bzl.	
			XVII 81			
Nadeln (W)			X 114		0,13 W 16° ll. in A, Ae, Bzl., Chlf.	

Lfd. Nr.	*Fp*	Name	Summenformel	Strukturformel	Mol.-Gewicht
1	2	3	4	5	6
2025	144	Rhodeose	$C_6H_{12}O_5$	$CH_3 \cdot [CH(OH)]_4 \cdot CHO$	164,16
2026	144	α,α,α,β-Tetraphenyläthan	$C_{26}H_{22}$	$(C_6H_5)_3C \cdot CH_2 \cdot C_6H_5$	334,43
2027	144	2,4,5-Trimethoxybenzoesäure (Asaronsäure)	$C_{10}H_{12}O_5$	$(CH_3 \cdot O)_3C_6H_2 \cdot COOH$	212,19
2028	144	N,N',N''-Triphenylguanidin	$C_{19}H_{17}N_3$	$C_6H_5 \cdot N : C(NH \cdot C_6H_5)_2$	287,35
2029	144 bis 145	2-Aminobenzoesäure (Anthranilsäure)	$C_7H_7O_2N$	$^{(2)}H_2N \cdot C_6H_4 \cdot COOH$	137,13
2030	145	3-Acetothienon	C_6H_6OS	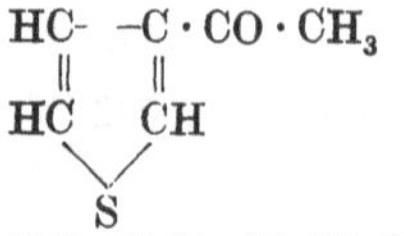	126,16
2031	145	p,p'-Azotoluol	$C_{14}H_{14}N_2$	$CH_3 \cdot C_6H_4 \cdot N : N \cdot C_6H_4 \cdot CH_3$	210,27
2032	145	Berberin	$C_{20}H_{19}O_5N$	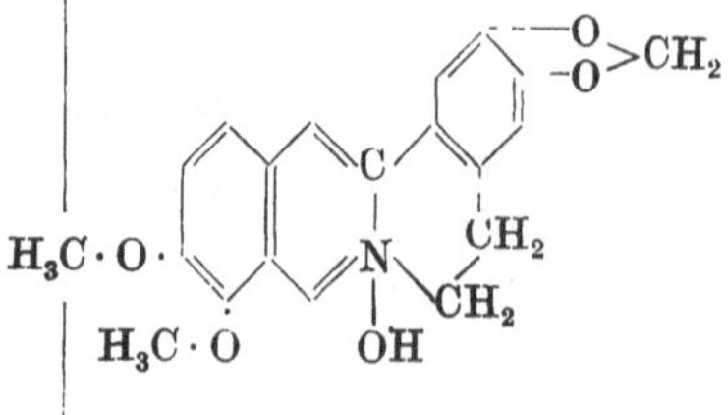	353,36

Aggregat-zustand Farbe	Spez. Gewicht	Siede-punkt °C	Beilstein-Zitat	Physikalische Konstanten und Eigenschaften	Löslichkeit	Reaktionen
7	8	9	10	11	12	13
Nadeln			I 875	süßer Geschmack		p-Bromphenylhydrazon *Fp* 144° Acetylphenylhydrazon *Fp* 193° Diphenylhydrazon *Fp* 198°, Nadeln Oxim *Fp* 188—189°
Krist. (Ae + PAe)		277 (21 mm)	V 740		unl. in W wl. in A, Ae	
Nadeln (A)		~300	X 468		wl. in k. W l. in h. W, A, Bzl., Lauge	
Prismen (A)	$1{,}163^{15°}$	Z.	XII 451		swl. in sd. W 6,23 A 25°	
weiße Blättchen (A)	1,412	subl.	XIV 310	geruchlos, saurer Geschmack; wss. Lsg. fluoresziert schwach blau	0,35 W 14° 10,7 A (90%) 9,6° 16 Ae 7°	Chlorhydrat *Fp* 191° Sulfat *Fp* 188° N-Acetylderivat *Fp* 185° Benzoylderivat *Fp* 177° Anilid *Fp* 126° + $Fe(NO_3)_3$ → violettrot → braun; beim Erwärmen entstehen dunkle Flocken in schmutzig violetter Lsg. + konz. HNO_3 → gelb → grün → warm: rot + α-Naphthol und NH_3 → intensiv orangerot violettrot
orangegelbe Nadeln (Ligroin)			XVI 66		unl. in W ll. in h. A, Ae	
gelbe Nadeln (Ae) trikline Tafeln (Chlf.)			XXVII 496	optisch inaktiv; Geschmack stark bitter; zersetzt sich >150°	wl. in W swl. in Ae wl. in Chlf. 4,5 W 21° ll. in h. W, h. A	+ konz. H_2SO_4 → olivgrün → gelb konz. HNO_3 → rotbraun fl. H_3PO_4 → intensiv braun + Paraform → intensiv olivgrün + $HNO_3 \cdot H_2SO_4$ → braun → intensiv rot → rosa Erdmanns Reagens → olivgrün → gelbbraun rauchende HCl + H_2O_2 → violettrot m-Dinitrobenzoesäure → Nadeln (E 1:1000) $KMnO_4$ → dunkelviolette Nadeln (1:1000) Pikrinsäure → hellgelber Nd. Phosphorwolframsäure → gelber Nd. Goldchlorid → orangeroter Nd.

Lfd. Nr.	*Fp*	Name	Summenformel	Strukturformel	Mol.-Gewicht
1	2	3	4	5	6
2033	**145**	3,4-Dibrom-2,5-dijod-thiophen	$C_4Br_2J_2S$	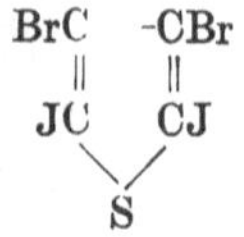	493,77
2034	**145**	5-Methylhydantoin (Lactylharnstoff)	$C_4H_6O_2N_2$	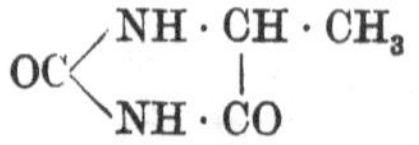	114,08
2035	**145**	Dimethylparabansäure	$C_5H_6O_3N_2$	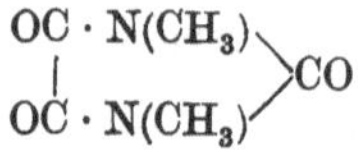	142,11
2036	**145**	3,4-Dioxybenzophenon	$C_{13}H_{10}O_3$	$C_6H_5 \cdot CO \cdot C_6H_3(OH)_2$	214,21
2037	**145**	5,5-Dipropylbarbitursäure (Proponal)	$C_{10}H_{16}O_3N_2$	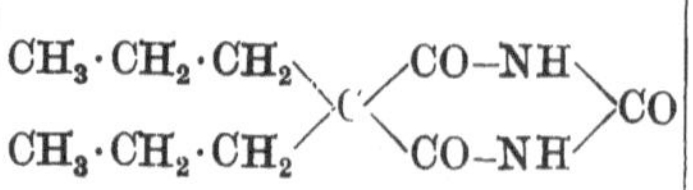	212,24
2038	**145**	2,4-Di-[p-tolyl]-thiophen	$C_{18}H_{16}S$	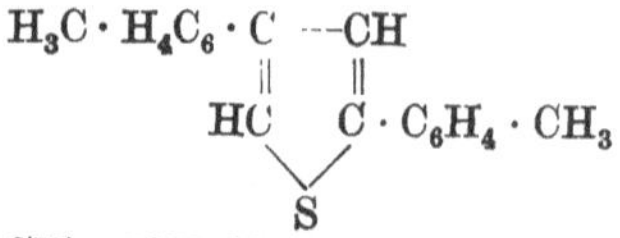	264,37
2039	**145**	Fucose	$C_6H_{12}O_5$	$CH_3 \cdot [CH(OH)]_4 \cdot CHO$	164,16
2040	**145** (Z.)	Fulminursäure	$C_3H_3O_3N_3$	$NC \cdot CH(NO_2) \cdot CO \cdot NH_2$	129,08
2041	**145**	N-Methyl-C-cyclohexenyl-methylbarbitursäure (Evipan)	$C_{12}H_{16}O_3N_2$	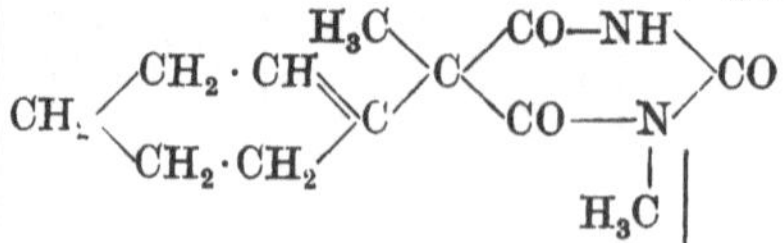	236,26

Aggregatzustand Farbe	Spez. Gewicht	Siedepunkt °C	Beilstein-Zitat	Physikalische Konstanten und Eigenschaften	Löslichkeit	Reaktionen
7	8	9	10	11	12	13
Prismen (mit 1 H_2O) oder Nadeln (W)			XXIV 279		ll. in Aceton, A, W wl. in Ae	
Blättchen (W)		~275 bis 277	XXIV 453		wl. in k. W sll. in h. W l. in A, Ae	
Prismen (W)			VIII 315		swl. in k.W ll. in A	+ $FeCl_3$ in A → grün
weiße Krist. (W)			XXIV 492	bitterer Geschmack; geruchlos	0,06 W 20° 0,7 sd. W. ll. in A, Ae, Chlf. l. in Alkali	1. 2—3 mg Subst. in 1 ml methylalkohol. $Co(NO_3)_2$-Lsg. + 20 mg Piperazin → rotviolett 2. 2 mg Subst. in 1 ml 1—2%iger Pyridin-Lsg. in Hitze gelöst. Zur sd.-heißen Lsg. tropfenweise 0,4%ige $CuSO_4$-Lsg → blaßviolette Krist.
Nadeln (abs. A)			I 875			p-Nitrophenylhydrazon *Fp* 211°, braungelbe Tafeln Phenylosazon *Fp* 177,5°, bräunliche Krist. p-Bromphenylosazon *Fp* 204°, gelbe Krist. Diphenylhydrazon *Fp* 198°, Nädelchen Oxim *Fp* 188—189°
Prismen (A)			II 598		ll. in W, A swl. in Ae unl. in Bzl.	
weiße Nadeln				bitterer Geschmack	swl. in W. ll. in Laugen l. in Säuren	+ H_2SO_4 → farblos; erhitzen in sd. W-Bad → orange + α-Naphthol + konz. H_2SO_4 → intensiv rot mit grüner Fluoreszenz 2—3 mg Subst. in 1 ml methylalkohol. $Co(NO_3)_2$-Lsg. + 20 mg Piperazin → rotviolett + H_2SO_4 + 10—20 mg Paraform + Fe-H_3PO_4 (warm) → intensiv orange mit grüner Fluoreszenz

Lfd. Nr.	*Fp*	Name	Summenformel	Strukturformel	Mol.-Gewicht
1	2	3	4	5	6
2042	**145**	3-Nitro-o-kresol (OH = 1)	$C_7H_7O_3N$	$CH_3 \cdot C_6H_3(NO_2) \cdot OH$	153,13
2043	**145**	Phthalonsäure	$C_9H_6O_5$	$HOOC \cdot C_6H_4 \cdot CO \cdot COOH$	194,14
2044	**145**	d-Xylose	$C_5H_{10}O_5$	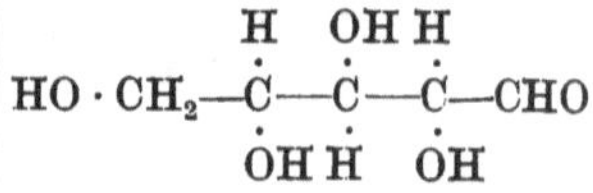	150,13
2045	**145 bis 146**	3-Oxy-o-toluylsäure	$C_8H_8O_3$	$HO \cdot C_6H_3(CH_3) \cdot COOH$	152,14
2046	**145 bis 147**	Triphenylmethyl	$C_{19}H_{15}$	$(C_6H_5)_3C—$	243,31
2047	**145 bis 150**	9-Aminoanthracen	$C_{14}H_{11}N$	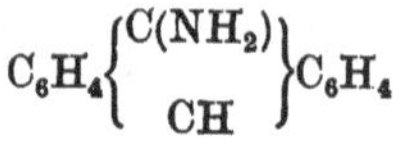	193,23
2048	**146**	Cyanurchlorid	$C_3N_3Cl_3$	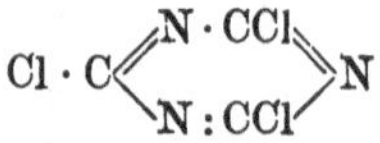	184,43
2049	**146**	2,5-Dimethylthiophen-3,4-disulfonsäurechlorid	$C_6H_6O_4Cl_2S_3$	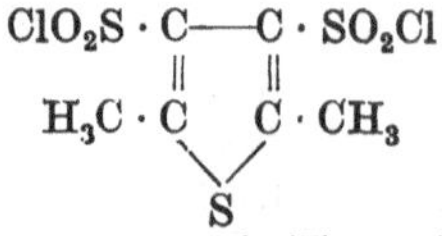	308,20
2050	**146**	d-Glucose (Dextrose, Traubenzucker)	$C_6H_{12}O_6$	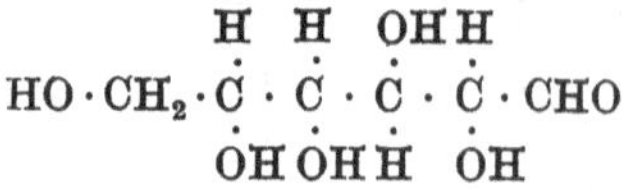	180,15
2051	**146**	9-Nitroanthracen	$C_{14}H_9O_2N$	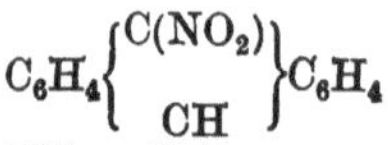	223,22
2052	**146 bis 147**	5-Chlor-2-thiophensäure	$C_5H_3O_2ClS$	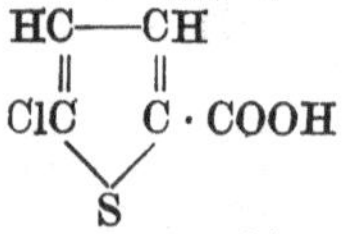	162,59
2053	**146 bis 147**	Thiophen-2,5-dicarbonsäuredimethylester	$C_8H_8O_4S$	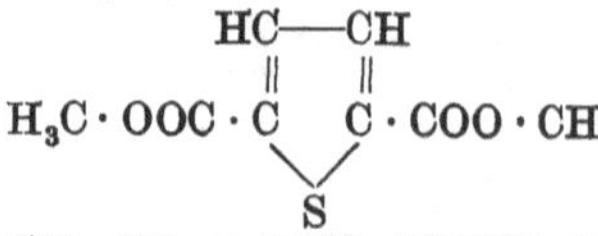	200,20
2054	**146 bis 148**	Acetylcholinchlorid	$C_7H_{16}O_2NCl$	$CH_3 \cdot CO \cdot O \cdot C_2H_4 \cdot N(CH_3)_3Cl$	181,66
2055	**146 bis 148**	1-Jod-α,α-trithienyl	$C_{12}H_7JS_3$	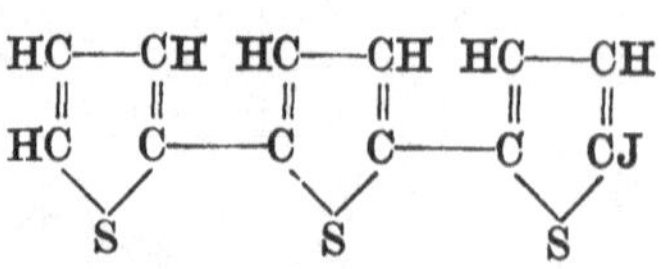	372,26

Aggregat-zustand Farbe	Spez.-Gewicht	Siede-punkt °C	Beilstein-Zitat	Physikalische Konstanten und Eigenschaften	Löslichkeit	Reaktionen
7	8	9	10	11	12	13
Nadeln (W) Prismen (Bzl. + A)			VI 366 X 856	schmeckt sehr süß	swl. in k. W ll. in A, Ae 115 W 15° ll. in A, Ae, Bzl. wl. in Chlf.	
Nadeln	1,525		I 865	$[\alpha]_D^{20}$ +92° 19° C; sehr süßer Geschmack	117 W 20°	m-Nitrophenylhydrazon *Fp* 163°, gelbe Nädelchen Phenylosazon *Fp* 163°, zitronengelbe Nädelchen
Krist. (W)			X 214		l. in W ll. in A, Ae	Äthylester *Fp* 69°
farblose Krist.		Z.	V 715		swl. in A ll. in Chlf., CS_2	
gelbe Blättchen (verd. A)			VII 474		ll. in A, Ae, Bzl.	
Krist. (Ae)	1,32	190	XXVI 3[illegible]		l. in A, Ae	+ W → Cyanursäure
monokline Tafeln (W)	$1,544^{25}$	>200 (Z.)	I 879	$[\alpha]_D$ +52,5° (W); Geschmack süß	54,32 W 0,5° 120,5 W 30° 243,8 W 50° l. in A unl. in Ae	wss. Lsg. mit Lauge erwärmt → gelb alkalische HgJ_2-Lsg. oder ammoniakalische $AgNO_3$-Lsg. werden reduziert Phenylosazon *Fp* 210°, lichtgelbe Nadeln p-Nitrophenylhydrazon *Fp* 190°, orangegelbe Krist.
gelbe Nadeln (A)		>300	V 666		wl. in A sll. in Bzl., CS_2	
weiße Krist.			E_1 IV 728	hygroskopisch		Erhitzen mit Lauge → Trimethylamin

Lfd. Nr.	*Fp*	Name	Summenformel	Strukturformel	Mol.-Gewicht
1	2	3	4	5	6
2056	**146,5**	Jodcyan	CNJ	J · C ⋮ N	152,94
2057	**146,5** bis **147**	2,5-Dibromthiophen-3-sulfonsäureamid	$C_4H_3O_2NBr_2S_2$	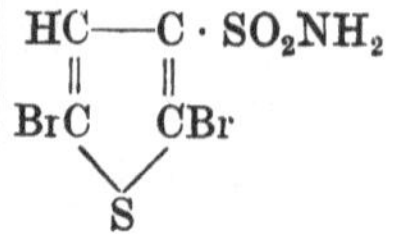	321,02
2058	**147**	Benzylharnstoff	$C_8H_{10}ON_2$	$C_6H_5 \cdot CH_2 \cdot NH \cdot CO \cdot NH_2$	150,17
2059	**147**	2,4-Dioxyacetophenon	$C_8H_8O_3$	$(HO)_2C_6H_3 \cdot CO \cdot CH_3$	152,14
2060	**147**	N,N′-Diphenylguanidin	$C_{13}H_{13}N_3$	$HN : C(NH \cdot C_6H_5)_2$ oder $C_6H_5 \cdot N : C(NH_2) \cdot NH \cdot C_6H_5$	211,26
2061	**147**	2-Oxyphenylessigsäure	$C_8H_8O_3$	$HO \cdot C_6H_4 \cdot CH_2 \cdot COOH$	152,14
2062	**147**	Papaverin	$C_{20}H_{21}O_4N$	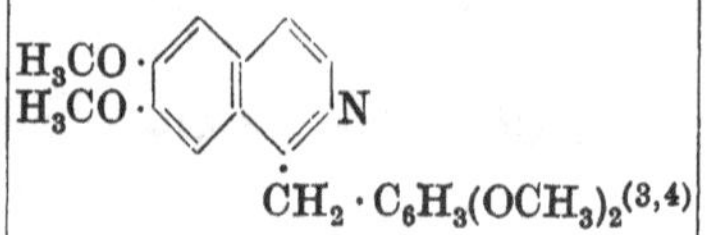	339,37
2063	**147**	Phenylharnstoff	$C_7H_8ON_2$	$C_6H_5 \cdot NH \cdot CO \cdot NH_2$	136,15
2064	**147**	Salicylosalicylsäure (Diplosal)	$C_{14}H_{10}O_5$	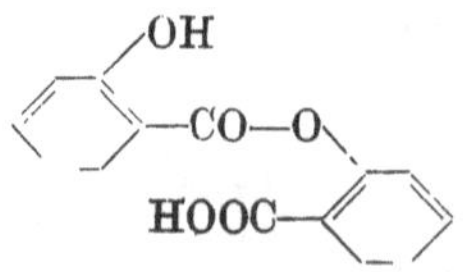	258,22
2065	**147** bis **148**	2,4-Dinitroresorcin	$C_6H_4O_6N_2$	$(O_2N)_2C_6H_2(OH)_2$	200,11
2066	**147** bis **148**	2,5-Dinitro-p-xylol	$C_8H_8O_4N_2$	$(O_2N)_2C_6H_2(CH_3)_2$	196,16

Aggregatzustand Farbe	Spez. Gewicht	Siedepunkt °C	Beilstein-Zitat	Physikalische Konstanten und Eigenschaften	Löslichkeit	Reaktionen
7	8	9	10	11	12	13
weiße Prismen oder Tafeln (Ae)		subl.	III 41	Dampfdichte 5,3; riecht stechend; sehr giftig; *Fp* im geschlossenen Rohr	wl. in k. W ll. in h. W, A, Ae	+ HJ → HCN + J_2
Nadeln (A)		200 (Z.)	XII 1050		1,7 W 45° 0,05 Ae 22° 0,05 Bzl. 44°	
Blättchen oder Nadeln	$1{,}180^{114°}$	Z.	VIII 266		wl. in W	+ $FeCl_3$ → rote Färbung
Nadeln (A)		170 (Z)	XII 369		wl. in k. W 9,1 90%igen A 21° wl. in Ae	
Nadeln (Ae oder Chlf.)		240-243	X 187		l. in W ll. in Ae wl. in Chlf.	erhitzen → Lacton
Prismen (A + Ae)	1,33		XXI 220	optisch inaktiv	swl. in sd. W 1,16 A 15° 0,39 Ae 10° ll. in Bzl., h. A, Chlf.	Hydrochlorid *Fp* 210-211° + konz. HNO_3 → dunkelrot + Vanadin-H_2SO_4 → blaugrün → blau Erdmanns Reagens → grünblau → dunkelrot + Paraform-H_2SO_4 → weinrot → gelb → schmutzig braunrot → tieforange + H_2O_2 + H_2SO_4 → orangerot → purpurrot + Jodjodkalium aus salzsaurer Lsg. → Perjodid-Nd. $C_{20}H_{21}O_4N \cdot HJ \cdot J_2$ charakteristische Krist., purpurrot
Tafeln (A) Nadeln od. Blätter (W)	1,302	160 (Z.)	XII 346		wl. in k. W, Ae l. in sd. W ll. in A	
weiße Nadeln			X 84	geruchlos; schwach bitter	unl. in W l. in Laugen ll. in A, Ae	heiß bereitete Lsg. + $Fe(NO_3)_3$ → schwach violett
gelbe Blättchen		subl.	VI 827		wl. in W l. in A, Ae	
gelbe Nadeln (A)			V 388		unl. in W wl. in k. A, k. Ae	

Lfd. Nr.	*Fp*	Name	Summenformel	Strukturformel	Mol.-Gewicht
1	2	3	4	5	6
2067	147 bis 148	9,10-Dioxyphenanthren	$C_{14}H_{10}O_2$	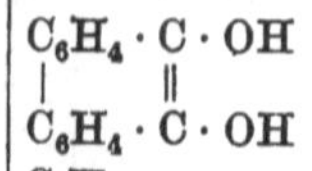	210,22
2068	147 bis 148	9-Phenylfluoren	$C_{19}H_{14}$	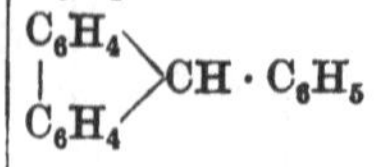	242,30
2069	147 bis 149	α-Bromisovalerianyl-harnstoff (Bromural)	$C_6H_{11}O_2N_2Br$	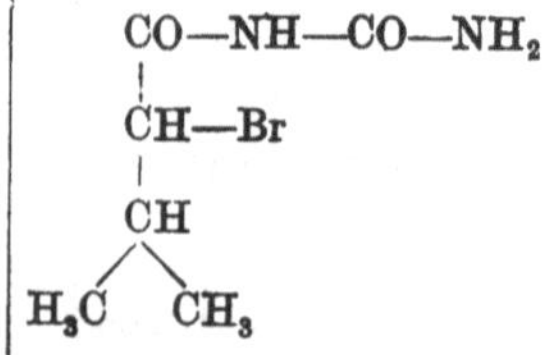	223,08
2070	147,5	4-Nitroanilin	$C_6H_6O_2N_2$	$O_2N \cdot C_6H_4 \cdot NH_2$	138,12
2071	148	trans-Cyclohexandicarbon-säure-(1,3)	$C_8H_{12}O_4$	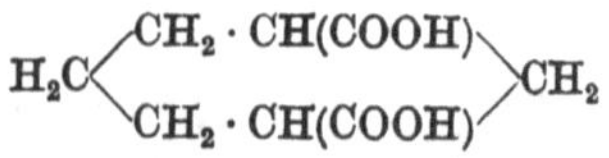	172,17
2072	148	Dibenzamid	$C_{14}H_{11}O_2N$	$(C_6H_5 \cdot CO)_2NH$	225,23
2073	148	2,5-Dioxyphenylessigsäure (Homogentisinsäure)	$C_8H_8O_4$	$(HO)_2C_6H_3 \cdot CH_2 \cdot COOH$	168,14
2074	148	Diphenylessigsäure	$C_{14}H_{12}O_2$	$(C_6H_5)_2CH \cdot COOH$	212,23
2075	148	Indazol	$C_7H_6N_2$	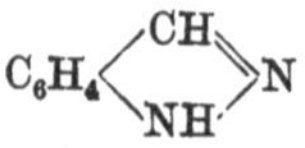	118,13
2076	148	2-Jod-3,5-dinitrothiophen	$C_4HO_4N_2JS$	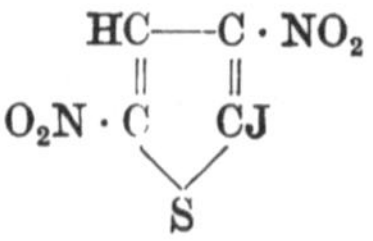	300,04
2077	148	3-Methyl-2-thiophensäure	$C_6H_6O_2S$	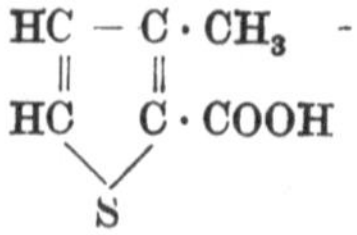	142,17
2078	148	2-Nitrobenzoesäure (o-Nitrobenzoesäure)	$C_7H_5O_4N$	$O_2N \cdot C_6H_4 \cdot COOH$	167,12
2079	148	4-Oxyphenylessigsäure	$C_8H_8O_3$	$HO \cdot C_6H_4 \cdot CH_2 \cdot COOH$	152,14

Aggregat-zustand Farbe	Spez. Gewicht	Siede-punkt °C	Beilstein-Zitat	Physikalische Konstanten und Eigenschaften	Löslichkeit	Reaktionen
7	8	9	10	11	12	13
Nadeln			VI 1035		l. in h. W ll. in A, Ae	
Nadeln (A)			V 720		unl. in W wl. in k. A, Ae	
weiße Nadeln (Toluol)		subl.	III 63	bitterer Geschmack	swl. in k. W ll. in Lauge ll. in h. W, A, Ae	+ alkohol. HgJ_2-Lsg. bei Zimmertempatur klar, bei Erwärmen braunorange Nd. 2 mg Subst. + 3 Tropfen konz. H_2SO_4 bis zur schwachen Verfärbung + 0,5 ml W baldrianähnlicher Geruch, + 1 Tropfen Alkohol erhitzt → Geruch apfelartig
gelbe Nadeln (W)	1,424		XII 711	mit Dampf nicht flüchtig	0,077 W 20° 2,2 W 100° 5,84 A 20° 6,10 Ae 20° 1,98 Bzl. 20°	Acetylderivat *Fp* 214°
Nadeln (W)			IX 733		ll. in h. W	
Krist. (Bzl. oder Chlf.)		Z.	IX 213		0,12 W 15° wl. in sd. W ll. in A, Ae	>148° → Benzonitril und Benzoesäure
Prismen (W) Blättchen (A+Chlf.)			X 407		ll. in W, A, Ae unl. in Bzl., Chlf.	
Nadeln (W) Blättchen (A)			IX 673		ll. in h. W, A, Ae	
Nadeln (W)		270 (473mm)	XXIII 12[illegible]	mit Dampf flüchtig	wl. in k. W ll. in h. W, A, Ae	
gelblich-weiße Nadeln (W)	1,575		IX 370	schmeckt sehr süß	0,65 W 20° 2,82 A 11° 2,16 Ae 11° 0,05 Chlf. 11° swl. in Bzl.	
Nadeln (W)		subl.	X 190		l. in W ll. in h. W, A, Ac	

Lfd. Nr.	*Fp*	Name	Summenformel	Strukturformel	Mol.-Gewicht
1	2	3	4	5	6
2080	**148**	Thionaphthen-2,3-dicarbonsäuredinitril	$C_{10}H_4N_2S$	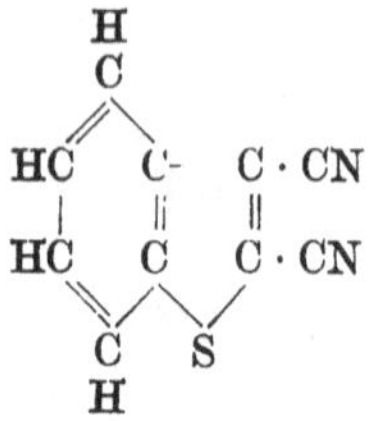	184,21
2081	**148** bis **149**	3-Acetaminophenol	$C_8H_9O_2N$	$CH_3 \cdot CO \cdot NH \cdot C_6H_4 \cdot OH$	151,16
2082	**148** bis **149**	2-Nitrothiophen-3,4-disulfonsäurechlorid	$C_4HO_6NCl_2S_3$	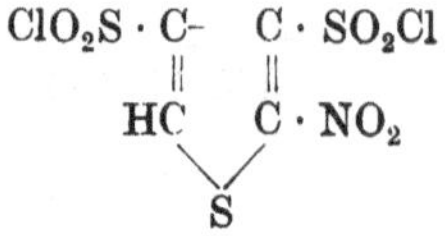	325,15
2083	**148** bis **149**	Zimtsäureamid	C_9H_9ON	$C_6H_5 \cdot CH:CH \cdot CO \cdot NH_2$	147,17
2084	**148** bis **151**	3,4-Dijod-2,5-dinitrothiophen	$C_4O_4N_2J_2S$	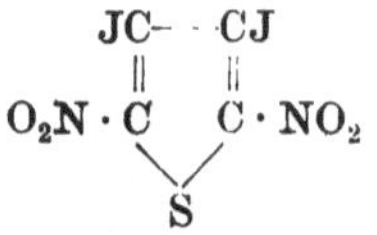	425,96
2085	**148** bis **167**	2,6-Dioxybenzoesäure (γ-Resorcylsäure)	$C_7H_6O_4$	$(HO)_2C_6H_3 \cdot COOH$	154,12
2086	**148,5**	4-Oxypyridin (γ-Pyridon)	C_5H_5ON	$C_5H_4N \cdot OH$	95,10
2087	**148,5**	Phthalamidsäure	$C_8H_7O_3N$	$HOOC \cdot C_6H_4 \cdot CO \cdot NH_2$	165,14
2088	**149**	Cholesterin	$C_{27}H_{46}O$	H_3C $CH(CH_3) \cdot [CH_2]_3 \cdot CH(CH_3)_2$ 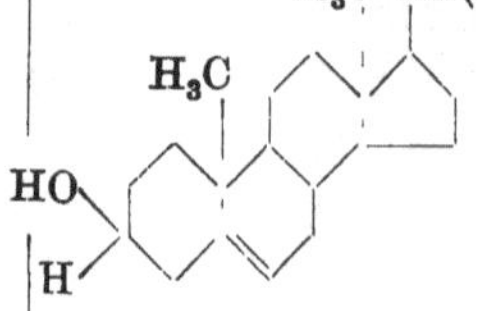	386,63
2089	**149**	4-Nitrobenzonitril	$C_7H_4O_2N_2$	$O_2N \cdot C_6H_4 \cdot CN$	148,12
2090	**149** bis **150**	2,3-Dibrombenzoesäure	$C_7H_4O_2Br_2$	$Br_2C_6H_3 \cdot COOH$	279,93
2091	**149** bis **150**	Pantocainchlorhydrat	$C_{15}H_{25}O_2N_2Cl$	vgl. Nr. 1864	300,82
2092	**149** bis **150**	Pyren	$C_{16}H_{10}$	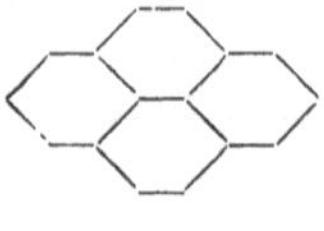	202,24

Aggregatzustand Farbe	Spez. Gewicht	Siedepunkt °C	Beilstein-Zitat	Physikalische Konstanten und Eigenschaften	Löslichkeit	Reaktionen
7	8	9	10	11	12	13
Nadeln (W)			XIII 415		ll. in W, A wl. in Ae	
Nadeln (Bzl.)			IX 587		swl. in k. W wl. in sd. W ll. in A, Ae	
Nadeln (W)			X 388		ll. in h. W, A, Ae	beim Erhitzen → Resorcin + CO_2
Nadeln (A) Tafeln (W)		>350 (Z.)	XXI 48		~100 W 15° ll. in A unl. in Ae, Bzl.	+ $FeCl_3$ → gelb
Prismen			IX 809		l. in k. W wl. in Ae unl. in Laugen	+ sd. W → phthalsaures Ammonium bei 155° → Phthalimid
Spieße (verd. A) Blättchen	$1{,}067^{20°}$	360 (Z.)		geruchlos; geschmacklos	0,26 W 20° 1,08 A 17° 11 sd. A 18 Ae	Acetat *Fp* 114° + konz. H_2SO_4 → rot Spuren Subst. lösen in 1 ml Essigsäureanhydrid + tropfenweise mit konz. H_2SO_4 → violett → blau → grün
gelbe Blättchen (A)		subl.	IX 397	mit Dampf flüchtig	wl. in W, k. A ll. in h. A, Eg.	
Nadeln (W)			IX 357		wl. in h. W swl. in Lauge	
weiße Krist.				schmeckt schwach bitter; geruchlos; anästhesierend	l. in W	
hellgelbe Tafeln		>360	V 693	Lösungen fluoreszieren blau	unl. in W 1,37 A 16° 3,08 sd. A ll. in Ae 16,54 Toluol 18°	mit Tetranitromethan dunkelviolettrote Blättchen: Pikrat *Fp* 222°, lange rote Nadeln

Lfd. Nr.	*Fp*	Name	Summenformel	Strukturformel	Mol.-Gewicht
1	2	3	4	5	6
2093	**149,5**	Oxanilsäure	$C_8H_7O_3N$	$HOOC \cdot CO \cdot NH \cdot C_6H_5$	165,14
2094	**150**	Benzilsäure	$C_{14}H_{12}O_3$	$(C_6H_5)_2C(OH) \cdot COOH$	228,23
2095	**150**	Benzolsulfamid	$C_6H_7O_2NS$	$C_6H_5 \cdot SO_2 \cdot NH_2$	157,18
2096	**150**	2-Brombenzoesäure	$C_7H_5O_2Br$	$Br \cdot C_6H_4 \cdot COOH$	201,03
2097	**150**	4-Chlorphthalsäure	$C_8H_5O_4Cl$	$Cl \cdot C_6H_3(COOH)_2$	200,58
2098	**150**	Opiansäure	$C_{10}H_{10}O_5$	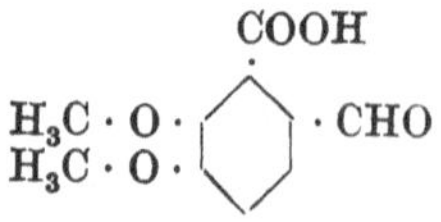	210,18
2099	**150**	Phthalimidin	C_8H_7ON	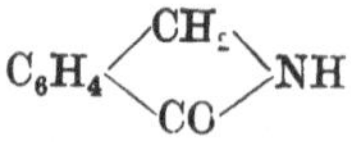	133,14
2100	**150**	2,4,5-Trimethylbenzoesäure	$C_{10}H_{12}O_2$	$(CH_3)_3C_6H_2 \cdot COOH$	164,19
2101	**150 bis 151**	4-Äthyl-5-methyl-2-chlormercurithiophen	C_7H_9ClSHg	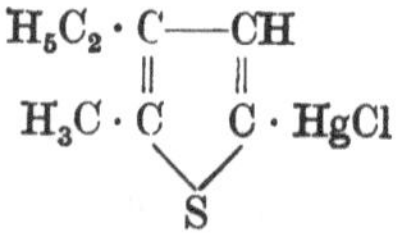	361,27
2102	**150 bis 151**	4-Brom-5-methylthiophen-2-sulfonsäureamid	$C_5H_6O_2NBrS_2$	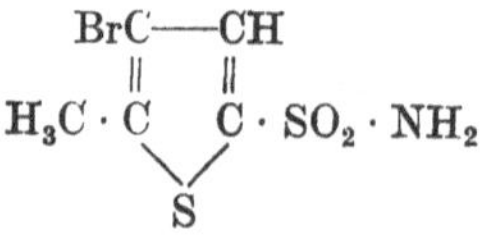	243,13
2103	**150 bis 151**	2,4'-Dioxybenzophenon	$C_{13}H_{10}O_3$	$HO \cdot C_6H_4 \cdot CO \cdot C_6H_4 \cdot OH$	214,21
2104	**150 bis 151**	Mekonsäure (β-Oxypyron-α,α'-dicarbonsäure)	$C_7H_4O_7$	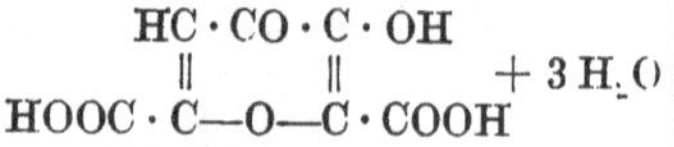	200,10
2105	**150 bis 151**	„Novaspirin" (Methylencitrylsalicylsäure, Anhydromethylencitronensäuredisalicylester)	$C_{21}H_{16}O_{11}$	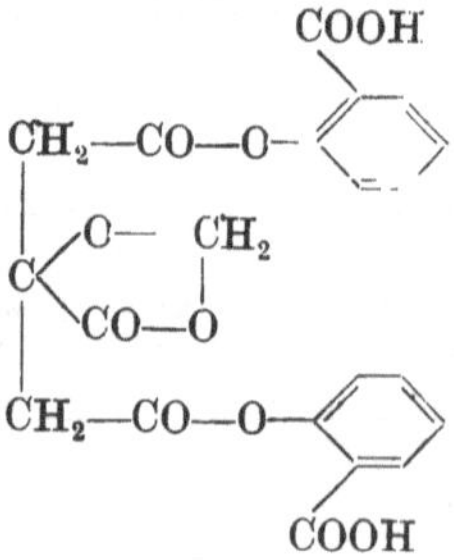	444,34

Aggregatzustand Farbe	Spez. Gewicht	Siedepunkt °C	Beilstein-Zitat	Physikalische Konstanten und Eigenschaften	Löslichkeit	Reaktionen
7	8	9	10	11	12	13
Nadeln (W)			XII 281		l. in h. W ll. in A, Ae	
Nadeln (W)		180 (Z.)	X 342.	schmeckt bitter	wl. in k. W ll. in h. W, A, Ae l. in H_2SO_4 rot	+ H_2SO_4 → rot
Nadeln (W) Blättchen (A)			XVI 39		0,43 W 16° ll. in h. A, Ae	
Nadeln (W)	$1{,}929^{20°}$	subl.	IX 347		wl. in k. W l. in h. W ll. in A, Ae, Chlf.	
Nadeln (A)			IX 816		l. in W, A	
Nadeln (W)		160 (Z.)	X 990	Geschmack schwachsauer, zusammenziehend, geruchlos	0,25 k. W 1,7 h. W l. in A, Ae	Methylester *Fp* 82—84°, Nadeln Benzoylhydrazon *Fp* 227°, Krist. Semicarbazon *Fp* 187° Phenacylester *Fp* 112°
Nadeln (W)		336	XXI 285		l. in W ll. in A, Ae, Chlf.	
Nadeln (Bzl.)			IX 554		swl. in sd. W ll. in A, Ae	
hellgelbe Blättchen (W)			VIII 315		wl. in h. W ll. in h. A, Ae, Bzl. l. in Alkali	Kalischmelze → Phenol + Oxybenzoesäure
weiße Krist.			XVIII 503	geruchlos, saurer Geschmack		wss. Lsg. + $Fe(NO_3)_3$-Lsg. → violettrot wss. Lsg. + einige Tropfen 2n-Lauge → gelb
weißes geruchloses Plv.					unl. in W ll. in A, Aceton, Essigester wl. in Ae, Bzl., Chlf.	

Lfd. Nr.	*Fp*	Name	Summenformel	Strukturformel	Mol.-Gewicht
1	2	3	4	5	6
2106	**150** bis **151**	4,5,7-Triacetoxythio-naphthen	$C_{14}H_{12}O_6S$	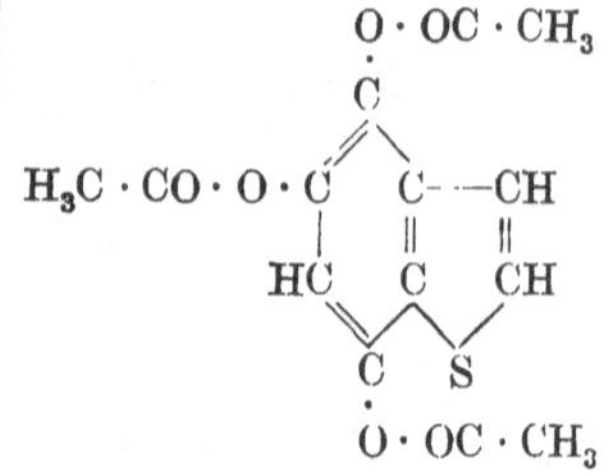	296,29
2107	**150** bis **152**	4-Brom-3-thiophensäure	$C_5H_3O_2BrS$	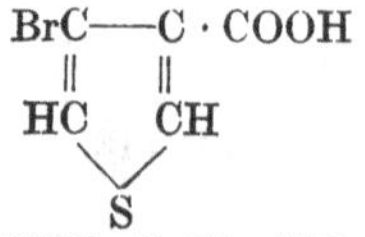	207,05
2108	**150** bis **152**	1-Nitrosonaphthyl-amin-(2)	$C_{10}H_8ON_2$	$H_2N \cdot C_{10}H_6 \cdot NO$	172,18
2109	**150** bis **153**	1-Oxyanthracen	$C_{14}H_{10}O$	$C_6H_4\left\{\begin{matrix}CH\\CH\end{matrix}\right\}C_6H_3 \cdot OH$	194,22
2110	**150** bis **155**	Benzophenondicarbon-säure-(2,2′)	$C_{15}H_{10}O_5$	$CO(C_6H_4 \cdot COOH)_2$	270,23
2111	**150,5**	2,6-Dibrombenzoesäure	$C_7H_4O_2Br_2$	$Br_2C_6H_3 \cdot COOH$	279,93
2112	**151**	Adipinsäure	$C_6H_{10}O_4$	$HOOC \cdot (CH_2)_4 \cdot COOH$	146,14
2113	**151**	Dibenzylsulfon	$C_{14}H_{14}O_2S$	$(C_6H_5 \cdot CH_2)_2SO_2$	246,31
2114	**151**	Hydroxylaminchlorhydrat	H_4ONCl	$NH_2OH \cdot HCl$	69,50
2115	**151**	6-Oxy-m-toluylsäure	$C_8H_8O_3$	$HO \cdot C_6H_3(CH_3) \cdot COOH$	152,14
2116	**152**	Anthranol	$C_{14}H_{10}O$	$C_6H_4\left\{\begin{matrix}C(OH)\\CH\end{matrix}\right\}C_6H_4$	194,22
2117	**152**	Carbohydrazid	CH_6ON_4	$H_2N \cdot NH \cdot CO \cdot NH \cdot NH_2$	90,09
2118	**152**	4-Oxyazobenzol	$C_{12}H_{10}ON_2$	$C_6H_5 \cdot N:N \cdot C_6H_4 \cdot OH$	198,21
2119	**152**	2,4,6-Trimethylbenzoe-säure	$C_{10}H_{12}O_2$	$(CH_3)_3C_6H_2 \cdot COOH$	164,19
2120	**152**	Triphenylbrommethan	$C_{19}H_{15}Br$	$(C_6H_5)_3C \cdot Br$	323,22
2121	**152** bis **153**	N,N′-Di-[p-allyloxy-phenyl]-acetamidin-chlorhydrat (Diocain)	$C_{20}H_{23}O_2N_2Cl$	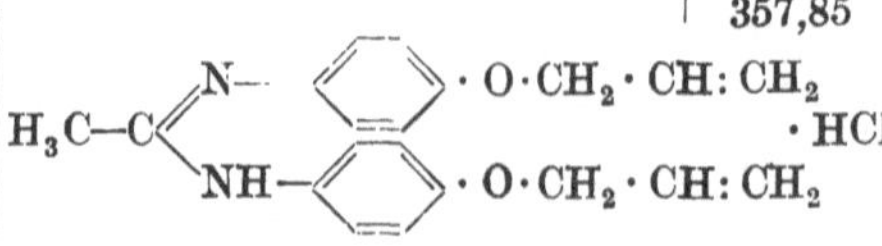	357,85

Aggregatzustand Farbe	Spez. Gewicht	Siedepunkt °C	Beilstein-Zitat	Physikalische Konstanten und Eigenschaften	Löslichkeit	Reaktionen
7	8	9	10	11	12	13
grüne Nadeln (Bzl.)			VII 717		wl. in h. W ll. in A l. in Ae l. in Alkali rot	
braune Nadeln od. Blättchen (A)			VI 702		unl. in W sll. in A, Ae l. in H_2SO_4	
Krist.			X 881		wl. in k. W l. in A, Ae	
Nadeln (W)		209-210 (16mm)	IX 358	mit Dampf flüchtig	l. in h. W ll. in A, Ae, Chlf.	
Blättchen (Essigester)		265 (100mm)	II 649		1,44 W 15° ll. in A 0,63 Ae 19°	Ag-Salz, Blättchen Diamid *Fp* 220°, Krist.-Pulver Phenylester *Fp* 87,6°
Nadeln (A + Bzl.)		290 (Z.)	VI 456		unl. in W wl. in A l. in Eg.	
durchsichtge Krist.				wssg. Lsg. reagiert sauer		+ $CuSO_4$ und Lauge → gelbes CuOH
Nadeln (W)			X 227	mit Dampf flüchtig	wl. in k. W. ll. in A, Ae	+ $FeCl_3$ → blau Äthylester Kp. 251°
gelbrote Blättchen (verd. A)			E_1 VII 256	geht beim Aufbewahren in Anthron über *Fp* 154—155°	ll. in A, Ae mit blauer Fluoreszenz l. in Alkali	Lsg. in wenig rauch. HNO_3 beim Verdünnen → orange Nd. alkohol. Lsg. + Lauge → prachtvoll violett
Nadeln (verd. A.)			III 121		unl. in Bzl., Ae, Chlf.	
orange Prismen (A)		220-230 (20mm)	XVI 96		0,002 W 25° l. in A, Ae	
Krist.			IX 553		ll. in A, Ae, Chlf.	
hellgelbe Krist.(CS_2)		230 (15mm)	V 704		l. in flüss. SO_2 gelb	+ sd. W. → Triphenylcarbinol + HBr
Krist.					swl. in W ll. in A unl. in Ae	

Lfd. Nr.	*Fp*	Name	Summenformel	Strukturformel	Mol.-Gewicht
1	2	3	4	5	6
2122	**152 bis 153**	Dihydroergosterin (Provitamin D_4)	$C_{28}H_{46}O$	$C_{28}H_{46}O$	398,47
2123	**152 bis 153**	Phenanthrol-(9)	$C_{14}H_{10}O$	$H_4C_6\langle C(OH):CH \rangle C_6H_4$	194,22
2124	**152 bis 153**	9-Phenylanthracen	$C_{20}H_{14}$	$C_6H_4\left\{\begin{matrix}C(C_6H_5)\\CH\end{matrix}\right\}C_6H_4$	254,31
2125	**153**	Acet-p-toluidid	$C_9H_{11}ON$	$CH_3 \cdot CO \cdot NH \cdot C_6H_4 \cdot CH_3$	149,18
2126	**153**	Citronensäure	$C_6H_8O_7$	$HO \cdot C(CH_2 \cdot COOH)_2 \cdot COOH$	192,12
2127	**153**	2,5-Dibrombenzoesäure	$C_7H_4O_2Br_2$	$Br_2C_6H_3 \cdot COOH$	279,93
2128	**153**	2,5-Diphenylthiophen	$C_{16}H_{12}S$	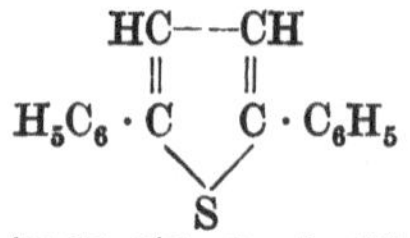	236,32
2129	**153** (Z.)	Thiuramdisulfid	$C_2H_4N_2S_4$	$H_2N \cdot CS \cdot S—S \cdot SC \cdot NH_2$	184,31
2130	**153 bis 154**	3,4-Dioxybenzaldehyd (Protocatechualdehyd)	$C_7H_6O_3$	$(HO)_2C_6H_3 \cdot CHO$	138,12
2131	**153 bis 154**	6-Nitrochinolin	$C_9H_6O_2N_2$	$C_9H_6N \cdot NO_2$	174,15
2132	**153 bis 155**	3-Benzylthiophen	$C_{11}H_{10}S$	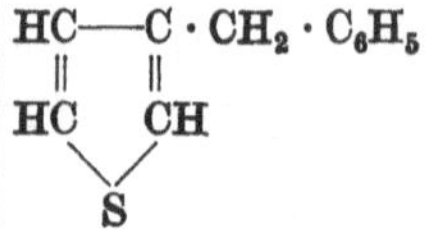	174,25

Aggregat-zustand Farbe	Spez. Gewicht	Siede-punkt °C	Beilstein-Zitat	Physikalische Konstanten und Eigenschaften	Löslichkeit	Reaktionen
7	8	9	10	11	12	13
Nadeln				$[\alpha]_D^{18}$ —109° (1,5% in Chlf.)		
Nadeln (Bzl.)			VI 706		unl. in W ll. in A, Ae l. in Alkali grün l. in H_2SO_4 orangerot	Pikrat *Fp* 185° Acetat *Fp* 77°
Blättchen (A)		417	V 725		ll. in h. A, h. Ae, h. Bzl.	
Krist. (A)	1,212$^{15°}$	306	XII 920		0,12 W 25° 11 sd. W 10,2 A 25° l. in Ae, Eg.	
rhomb. Krist. + 1 H_2O (W)	1,542		III 556	wirkt bakterizid	73,3 W 20° 75,91 A 15° 2,26 Ae 15°	+ $Fe(NO_3)_3$ → zitronengelb erhitzen mit Essigsäureanhydrid → violettrot 3 mg Subst. + 2 Tropfen konz. H_2SO_4 20 Sek. in sd. W-Bad, abkühlen + 1 ml W + 2 ml NH_3 + 1 Krist. Nitroprussidnatrium — durchschütteln → violett → intensiv blau → grün und graublau Phenacylester *Fp* 104—105°
Nadeln (A oder W)			IX 358 XVII 81	mit Dampf flüchtig	wl. in k. W ll. in A, Ae	
Blättchen (Aceton + Chlf.)			III 219		unl. in W l. in sd. A (Z.) unl. in Ae	
Krist. (W)		Z.	VIII 246		5 k. W 33 sd. W 126 sd. A ll. in Ae	+ $FeCl_3$ → grün + Na_2CO_3 → violett → rot 5 ml einer 5%igen Lsg. + 2 ml 2%ig. Isopropylalkohol + 10 ml konz. H_2SO_4 → grün, + Wasser → blau an Stelle Isopropylalkohol — Aceton → rot; verd. purpur → grün Oxim *Fp* 157°, gelbl. Nadeln Phenylhydrazon *Fp* 175 bis 176°, Nadeln
Nadeln (W od. A)			XX 372		wl. in k. W, Ae ll. in h. W, A ll. in Bzl.	

Lfd. Nr.	*Fp*	Name	Summenformel	Strukturformel	Mol.-Gewicht
1	2	3	4	5	6
2133	154	4-Aminochinolin	$C_9H_8N_2$	$C_9H_6N \cdot NH_2$	144,17
2134	154 (Z.)	N-Benzylphthalaminsäure (Akineton)	$C_{15}H_{13}O_3N$	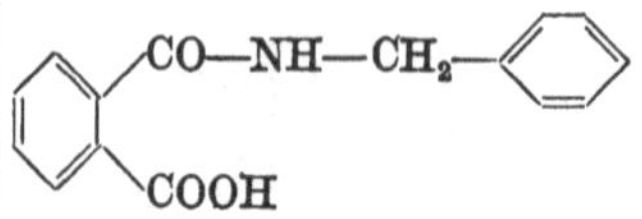	255,28
2135	154	Bis-[3-brom-2-thienyl]-quecksilber	$C_8H_4Br_2S_2Hg$	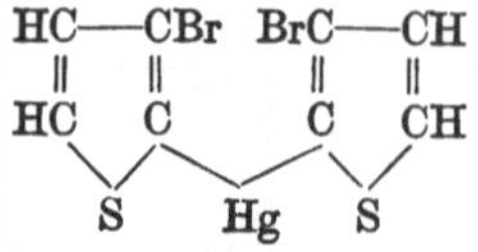	524,07
2136	154	3-Nitro-4-aminophenol	$C_6H_6O_3N_2$	$H_2N \cdot C_6H_3(NO_2) \cdot OH$	154,12
2137	154	5-Oxynaphthochinon-(1,4) (Juglon)	$C_{10}H_6O_3$	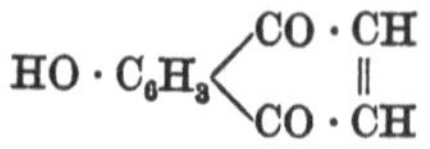	174,15
2138	154	Phenylthioharnstoff	$C_7H_8N_2S$	$C_6H_5 \cdot NH \cdot CS \cdot NH_2$	152,21
2139	154	1,4,5-Trinitronaphthalin	$C_{10}H_5O_6N_3$	$C_{10}H_5(NO_2)_3$	263,16
2140	154 bis 155	Anthron	$C_{14}H_{10}O$	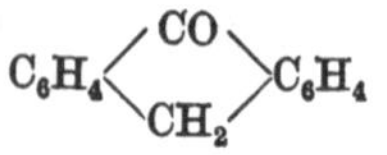	194,22
2141	154 bis 155	N,N'-Diphenylthioharnstoff	$C_{13}H_{12}N_2S$	$C_6H_5 \cdot NH \cdot CS \cdot NH \cdot C_6H_5$	228,30
2142	154 bis 155	Gallussäureäthylester	$C_9H_{10}O_5$	$(HO)_3C_6H_2 \cdot CO \cdot OC_2H_5$	198,17
2143	154 bis 155	Indolothiotolen	$C_{11}H_9NS$	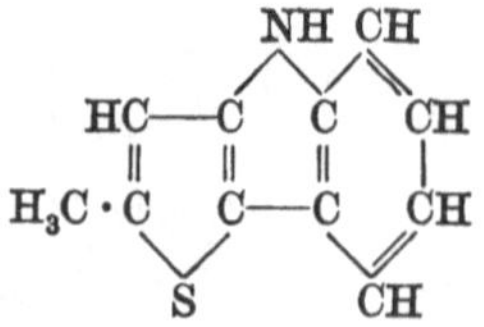	187,25
2144	154 bis 155	Phenylbrenztraubensäure	$C_9H_8O_3$	$C_6H_5 \cdot CH_2 \cdot CO \cdot COOH$	164,15
2145	154 bis 156	3-Nitroacetanilid	$C_8H_8O_3N_2$	$CH_3 \cdot CO \cdot NH \cdot C_6H_4 \cdot NO_2$	180,16

Aggregat-zustand Farbe	Spez. Gewicht	Siede-punkt °C	Beilstein-Zitat	Physikalische Konstanten und Eigenschaften	Löslichkeit	Reaktionen
7	8	9	10	11	12	13
Nadeln + 1 H_2O (W od. A) Nadeln (30%ig.A)			XXII 444		l. in W ll. in A, Ae, Chlf. swl. in Laugen	
rote, grün-schimmernde Prismen (Ae)			XIII 521		l. in W, A orange l. in Ae l. in Alkali violett	
gelbrote Nadeln (Chlf.)		Z.	VIII 308		unl. in W wl. in k. A, Ae ll. in h. Eg.	
Nadeln (W) Prismen (A)	1,33	Z.	XII 388		0,26 W 18° 5,93 sd. W 3,6 A 25° l. in Alkali	
Krist. (Chlf.)			V 563		unl. in W 0,11 90%ig. A 18° 0,38 Ae 18° 1 Bzl. 18°	
Nadeln (Bzl. + Benzin)			VII 473		l. in A, Bzl. unl. in Alkali	geht beim Schmelzen und in sd. NaOH in Anthranol über, *Fp* 152° Lsg. in rauch. HNO_3 bei Verd. → oranger Nd. + A + Lauge → violett
Blättchen (A)	1,321	Z.	XII 394	schmeckt bitter	swl. in W ll. in A, Ae l. in Alkali, CS_2	Erhitzen Z. → N, N', N''-Triphenylguanidin
Prismen + 2½ H_2O (W)		subl.	X 484		wl. in k. W ll. in h. W, A, Ae wl. in sd. Chlf.	
Blättchen (Chlf.)			X 682		wl. in sd. W ll. in A, Ae, h. Bzl., h. Chlf.	Erhitzen $>$ 155° → CO_2-Abspaltung
Blättchen (A)			XII 703		l. in Chlf. unl. in KOH	

Lfd. Nr.	*Fp*	Name	Summenformel	Strukturformel	Mol.-Gewicht
1	2	3	4	5	6
2146	**154,5**	Cytisin	$C_{11}H_{14}ON_2$	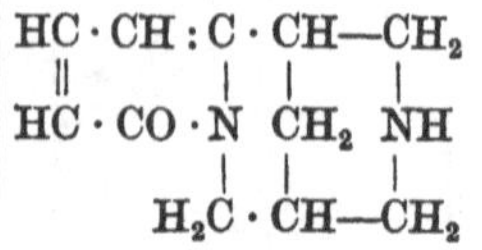	**190,24**
2147	**154,5**	2,5-Dichlorbenzoesäure	$C_7H_4O_2Cl_2$	$Cl_2C_6H_3 \cdot COOH$	**191,02**
2148	**155**	Benzalphenylhydrazin	$C_{13}H_{12}N_2$	$C_6H_5 \cdot CH:N \cdot NH \cdot C_6H_5$	**196,24**
2149	**155**	3-Brombenzoesäure	$C_7H_5O_2Br$	$Br \cdot C_6H_4 \cdot COOH$	**201,03**
2150	**155**	Codein	$C_{18}H_{21}O_3N$	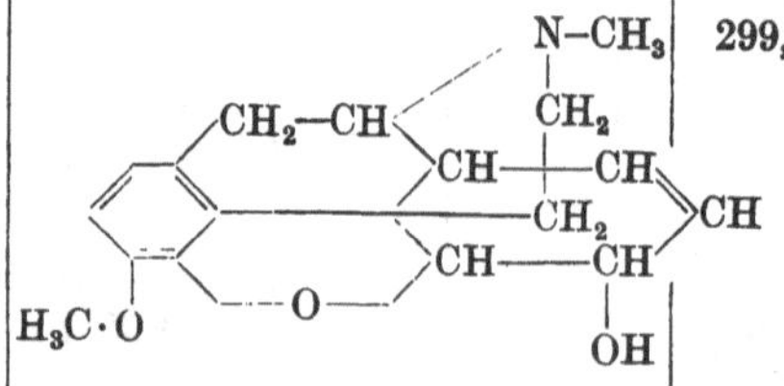	**299,35**
2151	**155**	Colchicin	$C_{22}H_{25}O_6N$		**399,42**
2152	**155**	Bis-[5-chlor-2-thienyl]-quecksilber	$C_8H_4Cl_2S_2Hg$	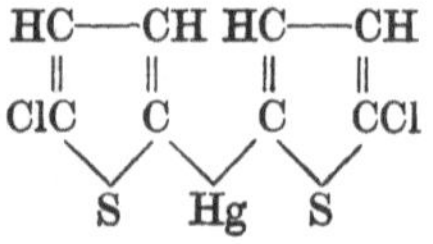	**435,76**
2153	**155**	Testosteron	$C_{19}H_{28}O_2$		**288,41**
2154	**155**	5-Propyl-2-chlormercurithiophen	C_7H_9ClSHg	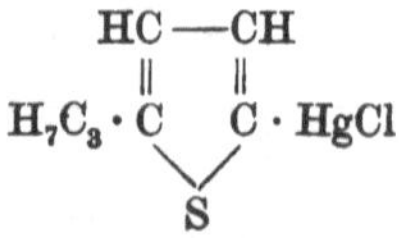	**360,27**

Aggregatzustand Farbe	Spez.-Gewicht	Siedepunkt °C	Beilstein-Zitat	Physikalische Konstanten und Eigenschaften	Löslichkeit	Reaktionen
7	8	9	10	11	12	13
Krist. (A)		218 (2 mm)	XXIV 134	$[\alpha]_D^{17°}$ —119,57° (1,99%ige Lsg.) sehr giftig	78,1 W 16° 30,1 A 8° 47,7 Chlf. 15° ll. in Bzl.	+ $FeCl_3$ → rot + konz. HNO_3 → rotgelb + Kaliumwismutjodid → braunroter Nd.
Nadeln (W)		301	IX 342		0,084 W 11°	
Nadeln			XV 134		ll. in h. A wl. in Ae ll. in Bzl.	über 200° Z.
Nadeln	$1,845^{20°}$	>280	IX 344		wl. in W l. in A, Ae	
weiße Krist. + 1 H_2O	$1,315^{14°}$		XXVII 131	$[\alpha]_D$ —137,75° (A); geruchlos; schmeckt bitter	0,84 W 20° 1,7 W 80° 63,7 92%ig. A 25° 8 Ae 25° 1,328 CCl_4	1. + Fe-H_2SO_4 beim Erwärmen → blau + Paraform → graublau → graugrün + HNO_3-H_2SO_4 → violettrot → orangerot 2. + 10—20 mg Paraform + 1 ml H_2SO_4 → orange → violettrot → intensiv blauviolett + Fe-H_3PO_4 → intensiv blau + HNO_3-H_2SO_4 → intensiv grün → langsam gelbgrün und hellbraun 3. konz. HNO_3 → braunrot 4. $FeCl_3$ + H_2SO_4 → blau → tiefrot bei Zusatz von 1 Tropfen HNO_3 wenn erkaltet 5. Benzaldehyd-H_2SO_4 → gelb bis blutrot 6. p-Dimethylaminobenzaldehyd-H_2SO_4 → hellrot
Nadeln (Essigester)			E_1 XIV 520	Geruch schwach aromatisch; Geschmack sehr bitter	ll. in W, A sll. in Ae l. in H_2SO_4 → rot	konz. H_2SO_4 + Spur HNO_3 → gelbgrün → grün → blaugrün → b au → violett → weinrot → gelb + konz. HNO_3 → violett
Krystalldrusen (verd. A)				[α] + 109° (A)	l. in A, Ae unl. in W	Propionat *Fp* 123°

Lfd. Nr.	*Fp*	Name	Summenformel	Strukturformel	Mol.-Gewicht
1	2	3	4	5	6
2155	**155 bis 156**	1,8-Dibrom-α,α-trithienyl	$C_{12}H_6Br_2S_3$	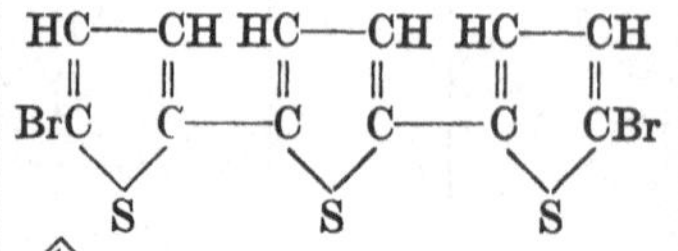	388,12
2156	**155 bis 156**	Salicylsäure	$C_7H_6O_3$	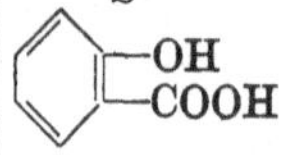	138,12
2157	**155 bis 156**	Thiophen-3-sulfonsäure-amid	$C_4H_5O_2NS_2$	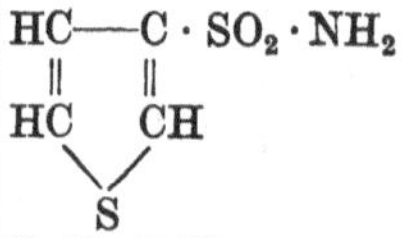	163,21
2158	**155 bis 157**	Ergocristin	$C_{35}H_{39}O_5N_5$	$C_{35}H_{39}O_5N_5$	609,70
2159	**156**	p-Aminobenzoyldiäthyl-aminoäthanolchlor-hydrat (Novocain)	$C_{13}H_{21}O_2N_2Cl$	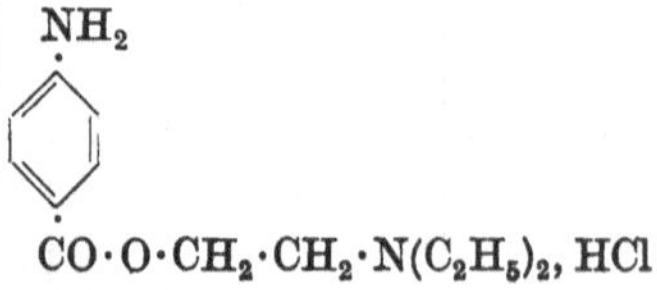	272,77
2161	**156**	3,3′-Diaminoazobenzol	$C_{12}H_{12}N_4$	$H_2N \cdot C_6H_4 \cdot N:N \cdot C_6H_4 \cdot NH_2$	212,25
2162	**156**	Fluorenol	$C_{13}H_{10}O$	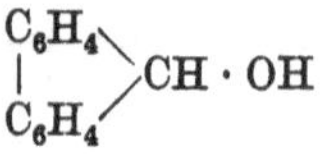	182,21
2163	**156**	Phenazon	$C_{12}H_8N_2$	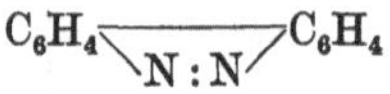	180,60
2164	**156**	Phenoxazin	$C_{12}H_9ON$	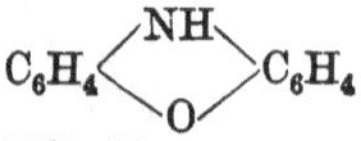	183,20
2165	**156**	Tetrazol	CH_2N_4	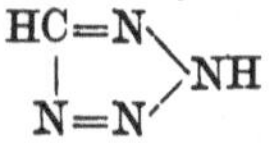	70,06
2166	**156**	o-Toluolsulfamid	$C_7H_9O_2NS$	$CH_3 \cdot C_6H_4 \cdot SO_2 \cdot NH_2$	171,21
2167	**156**	Triphenylphosphinoxyd	$C_{18}H_{15}OP$	$(C_6H_5)_3P:O$	278,32
2168	**156 bis 157**	3-Brom-2,4,5-trijod-thiophen	C_4BrJ_3S	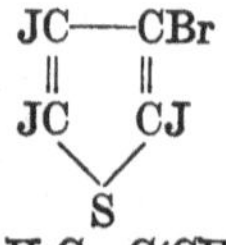	540,78
2169	**156 bis 157**	Camphan	$C_{10}H_{18}$	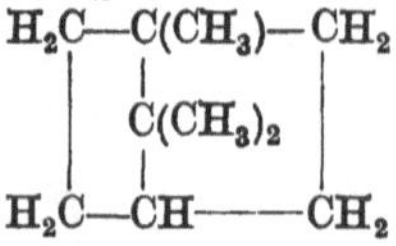	138,24

Aggregat-zustand Farbe	Spez. Gewicht	Siede-punkt °C	Beilstein-Zitat	Physikalische Konstanten und Eigenschaften	Löslichkeit	Reaktionen
7	8	9	10	11	12	13
weiße Nadeln (W)	1,443	75(Vak.) subl.	X 43	Geschmack süßlich-sauer und kratzend; geruchlos; subl. unterhalb des *Fp*; mit Dampf flüchtig	0,18 W 20° 1,32 W 70° 49,6 A 15° 50,5 Ae 15° ll. in Chlf.	bei 200° Z. + $FeCl_3$ → violettblau + Paraform-H_2SO_4 in der Wärme → violett Phenacylester *Fp* 110° p-Nitrobenzylester *Fp* 96,3° + Millons Reagens wird beim Erwärmen rot
				$[\alpha]_D^{20}$ —183°	unl. in W, PAe l. in A, Ae	
Nadeln (A)			XIV 424	Geschmack schwach bitter; geruchlos; anästhesierend	1 W 12,5 A swl. in Ae	wss. Lsg. + Pikrinsäure → gelber Nd. 0,1 g Subst. in 5 ml W + 2 Tropfen verd. HCl + 2 Tropfen $NaNO_2$-Lsg. in alkal. β-Naphthol-Lsg. → scharlachroter Nd.
orangerote Krist. (verd. A)			XVI 305		wl in W l. in A, Bzl.	
Nadeln (W)			VI 691		wl. in W l. in A, Ae ll. in Bzl.	an der Luft → Fluorenon Acetat *Fp* 75°
grüngelbe Nadeln (verd. A)		>360	XXIII 222		swl. in. W ll. in A, Ae, Chlf.	Pikrat *Fp* 194°
Blättchen (Bzl.)		subl.	XXVII 62		ll. in A, Ae	N-Acetylderivat *Fp* 142°
Blättchen (A)		subl.	XXVI 346		ll. in W, A wl. in Ae	
Prismen (A)			XI 86		0,16 W 25° 3,6 A 5°	Oxydation in neutraler Lsg. → Saccharin
Prismen + 1 H_2O (Bzl. + PAe)	1,212[22°]	>360	XVI 783		wl. in h. W ll. in A wl. in Ae	
Tafeln (A)		~160°	V 93	kryoskop. Konst. 29,5; mit Dampf flüchtig; subl.	unl. in W l. in A ll. in Ae	

Lfd. Nr.	*Fp*	Name	Summenformel	Strukturformel	Mol.-Gewicht
1	2	3	4	5	6
2170	156 bis 157	2,5-Dimethyl-3-chlor-mercurithiophen	C_6H_7ClSHg	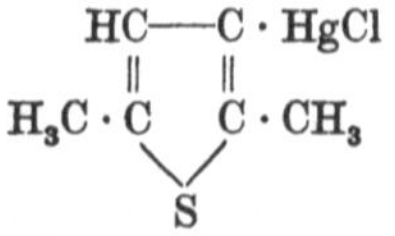	347,24
2171	156 bis 157	4-Methyl-5-äthyl-2-jod-mercurithiophen	C_7H_9JSHg	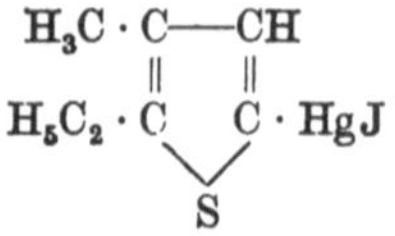	452,73
2172	156 bis 157 (Z.)	2-Oxynaphthoesäure-(1)	$C_{11}H_8O_3$	$HO \cdot C_{10}H_6 \cdot COOH$	188,17
2173	156,5 bis 158	4-Jod-3-methylthiophen-2,5-dicarbonsäure	$C_7H_5O_4JS$	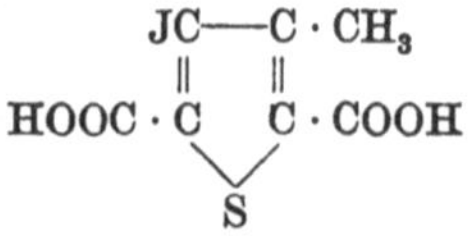	312,09
2174	157	3-Amino-p-kresol (OH = 1)	C_7H_9ON	$CH_3 \cdot C_6H_3(OH) \cdot NH_2$	123,15
2175	157 (Z.)	δ-Aminovaleriansäure	$C_5H_{11}O_2N$	$H_2N \cdot (CH_2)_4 \cdot COOH$	117,14
2176	157	α-Benzolhexachlorid	$C_6H_6Cl_6$	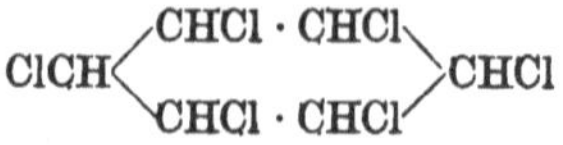	290,85
2177	157	Chinolincarbonsäure-(2) (Chinaldinsäure)	$C_{10}H_7O_2N$	$C_9H_6N \cdot COOH$	173,16
2178	157	3,5-Dibromthiophen-2,4-disulfonsäurechlorid	$C_4O_4Cl_2Br_2S_3$	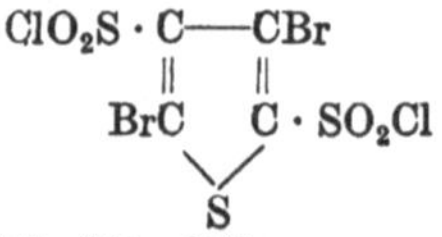	438,97
2179	157	Kaliumformiat	CHO_2K	$H \cdot CO \cdot OK$	84,11
2180	157 (Z.)	4-Nitrophenylhydrazin	$C_6H_7O_2N_3$	$O_2N \cdot C_6H_4 \cdot NH \cdot NH_2$	153,14
2181	157 (Z.)	2-Nitrophenylpropiolsäure	$C_9H_5O_4N$	$O_2N \cdot C_6H_4 \cdot C{:}C \cdot COOH$	191,14
2182	157	Succinamidsäure	$C_4H_7O_3N$	$HOOC \cdot CH_2 \cdot CH_2 \cdot CO \cdot NH_2$	117,10
2183	157 bis 158	4-Benzylbenzoesäure	$C_{14}H_{12}O_2$	$C_6H_5 \cdot CH_2 \cdot C_6H_4 \cdot COOH$	212,23

Aggregat-zustand Farbe	Spez. Gewicht	Siede-punkt °C	Beilstein-Zitat	Physikalische Konstanten und Eigenschaften	Löslichkeit	Reaktionen
7	8	9	10	11	12	13
Nadeln (verd. A)			X 328		swl. in W ll. in A, Ae, Bzl., Chlf.	beim Erhitzen → β-Naphthol + CO_2 Methylester *Fp* 80°; Subst. in alkohol. Lsg. + $FeCl_3$ → dunkelblau Methoxynaphthoesäure *Fp* 176°, Prismen
Krist. (W od. Ae)		subl.	XIII 598		wl. in k. W	
Blättchen			IV 418		∞ in W swl. in A unl. in Ae	erhitzen Z. → Piperidon-(2) + H_2O
Krist.	$1{,}87^{20°}$	218 (348mm)	V 23		unl. in W l. in A, Ae 4,38 Chlf. 15° 6,5 Bzl. 18°	+ alkohol. KOH → 1,2,4-Trichlorbenzol, etwas 1,2,3- und 1,3,5-Trichlorbenzol und KCl
Nadeln + $2H_2O$ (W)		Z.	XXII 71		wl. in k. W ll. in h. W, h. Bzl.	Amid *Fp* 133°, silberglänzende Nadeln + $FeSO_4$ → rotgelb Methylester *Fp* 78°, Nädelchen
Säulen	1,908		II 14		331 W 18° 657 W 90° l. in A unl. in Ae	
orangerote Blättchen od. Nadeln (A)			XV 468		l. in h. W ll. in h. A, Ae	
Nadeln oder Blättchen (W)			IX 636		l. in k. W ll. in h. W swl. in Chlf.	durch H_2O Zers.
Tafeln und Nadeln (W)		200 (Z.)	II 613		l. in W swl. in A unl. in Bzl.	erhitzen H_2O-Abspaltung
Nadeln (W)		subl.	IX 677		wl. in k. W l. in A, Ae, Chlf.	

Lfd. Nr.	*Fp*	Name	Summenformel	Strukturformel	Mol.-Gewicht
1	2	3	4	5	6
2184	**157 bis 159**	6-Amino-m-kresol (OH = 1)	C_7H_9ON	$CH_3 \cdot C_6H_3(OH) \cdot NH_2$	123,15
2185	**157,5 bis 158**	4-Äthyl-5-methyl-2-jod-mercurithiophen	C_7H_9JSHg	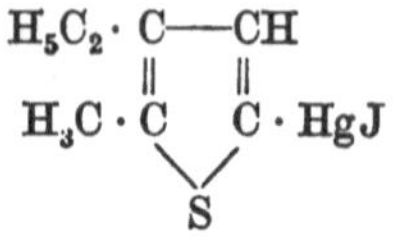	452,73
2186	**158**	4-Aminopyridin	$C_5H_6N_2$	$C_5H_4N \cdot NH_2$	94,11
2187	**158**	*l*-Camphoronsäure	$C_9H_{14}O_6$	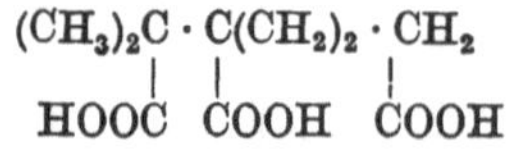	218,20
2188	**158**	Chinuclidin	$C_7H_{13}N$	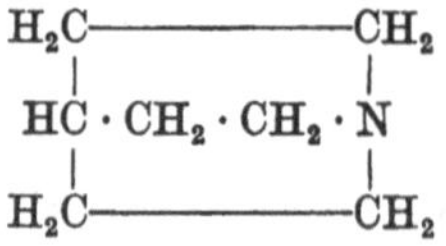	111,18
2189	**158**	3-Chlorbenzoesäure	$C_7H_5O_2Cl$	$Cl \cdot C_6H_4 \cdot COOH$	156,57
2190	**158**	4,4′-Diaminodiphenylamin	$C_{12}H_{13}N_3$	$H_2N \cdot C_6H_4 \cdot NH \cdot C_6H_4 \cdot NH_2$	199,25
2191	**158**	4,4′-Dioxydiphenylmethan	$C_{13}H_{12}O_2$	$CH_2(C_6H_4OH)_2$	200,22
2192	**158**	1-[3′,4′-Methylendioxy-benzyl]-3-methyl-6,7-methylendioxyiso-chinolinchlorhydrat (Eupaverinchlorhydrat)	$C_{19}H_{16}O_4NCl$	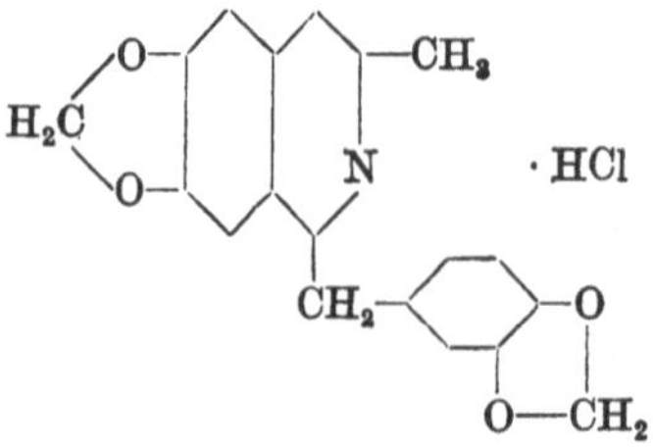	357,66
2193	**158**	2,4,6-Trijodphenol	$C_6H_3OJ_3$	$J_3C_6H_2 \cdot OH$	471,84
2194	**158 bis 159**	2-Aminozimtsäure	$C_9H_9O_2N$	$H_2N \cdot C_6H_4 \cdot CH:CH \cdot COOH$	163,17
2195	**158 bis 160**	Chininhydrochlorid	$C_{20}H_{25}O_2N_2Cl + 2H_2O$	vgl. Nr. 2398	396,90
2196	**158,6** (Z.)	Nitroharnstoff	$CH_3O_3N_3$	$O_2N \cdot NH \cdot CO \cdot NH_2$	105,06

Aggregat-zustand Farbe	Spez. Gewicht	Siede-punkt °C	Beilstein-Zitat	Physikalische Konstanten und Eigenschaften	Löslichkeit	Reaktionen
7	8	9	10	11	12	13
Nadeln (Bzl.)			XIII 590		wl. in W ll. in A, Ae	
Nadeln (Bzl.)			XXII 433		ll. in W, A wl. in Ae	
Nadeln (W)		195-210 (13 mm)	II 837	$[\alpha]_D^{19}$ —26,9° W	12,5 W 16° 75,8 A 16° 7,4 Ae 16° wl. in Chlf. unl. in Bzl.	
Krist.			XX 144		ll. in W, A, Ae	Pikrat *Fp* 275—276°
Prismen	1,496$^{25°}$		IX 337	mit Dampf flüchtig	0,04 W 0° ll. in h. W, A, Ae	
Blätter (W)		Z.	XIII 110		swl. in W	
Blättchen oder Nadeln			VI 995		l. in A ll. in Ae	
weiße filzige Nadeln				geschmacklos	wl. in W	1. + 1 ml konz. H_2SO_4 → grauviolett → grünblau → langsam zart grün + Fe-H_3PO_4 → intensiv grün → langsam intensiv blau + Paraform → graugrün oder graublau + HNO_3-H_2SO_4 → braun → violettrot 2. + 10—20 mg Paraform + 1 ml. H_2SO_4 → intensiv blauviolett + Fe-H_3PO_4 → langsam intensiv blau + HNO_3-H_2SO_4 → graublau → grauviolett → langsam braun
Nadeln (verd. A)		Z.	VI 211	riecht unangenehm; anhaftend	unl. in W 2 in 95%ig. A l. in Ae	
gelbe Nadeln			XIV 517		wl. in k. W l. in h. W; A, Ae	Äthylester *Fp* 77—78°
Nadeln			XXIII 521	$[\alpha]_D^{15}$ —142,7° (W)	2,5 W 10° 0,1 Ae ll. in Chlf.	
Krist. (Ae u. Bzl.)			III 125		wl. in k. W ll. in A, Ae	

Lfd. Nr.	*Fp*	Name	Summenformel	Strukturformel	Mol.-Gewicht
1	2	3	4	5	6
2197	**159**	Acetyl-α-naphthylamin	$C_{12}H_{11}ON$	$C_{10}H_7 \cdot NH \cdot CO \cdot CH_3$	**185,21**
2198	**159**	*l*-Arabinose	$C_5H_{10}O_5$	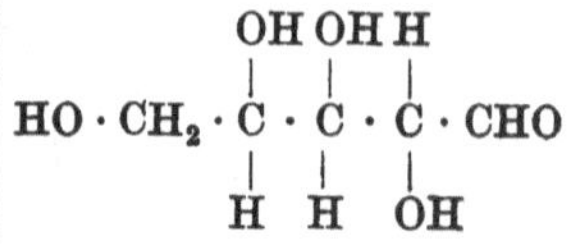	**150,13**
2199	**159**	2,4-Dinitrodiphenylamin	$C_{12}H_9O_4N_3$	$C_6H_5 \cdot NH \cdot C_6H_3(NO_2)_2$	**259,21**
2200	**159**	d-Galakturonsäure	$C_6H_{10}O_7$	$OHC \cdot [CH(OH)]_4 \cdot COOH$	**194,14**
2201	**159**	Maltol	$C_6H_6O_3$	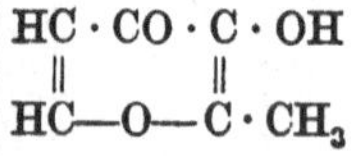	**126,11**
2202	**159**	3-Oxydibenzothiophen	$C_{12}H_8OS$	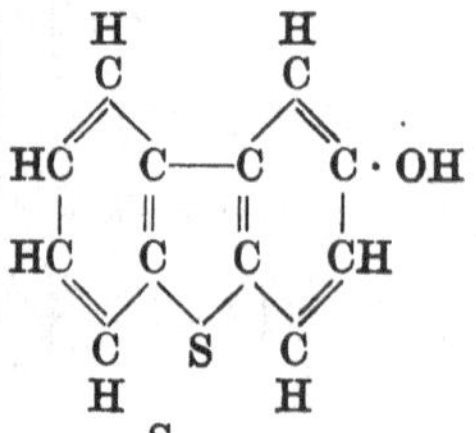	**200,24**
2203	**159**	Thianthren	$C_{12}H_8S_2$	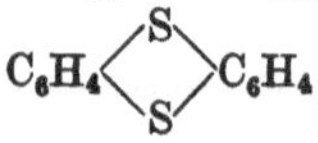	**216,30**
2204	**159 bis 160**	cis-β-Bromzimtsäure	$C_9H_7O_2Br$	$C_6H_5 \cdot CBr : CH \cdot COOH$	**227,06**
2205	**159 bis 160**	Pentabrombenzol	C_6HBr_5	C_6HBr_5	**472,65**
2206	**159 bis 161**	5-Amino-o-kresol (OH = 1)	C_7H_9ON	$CH_3 \cdot C_6H_3(OH) \cdot NH_2$	**123,15**
2207	**159 bis 161**	*l*-Sorbose	$C_6H_{12}O_6$	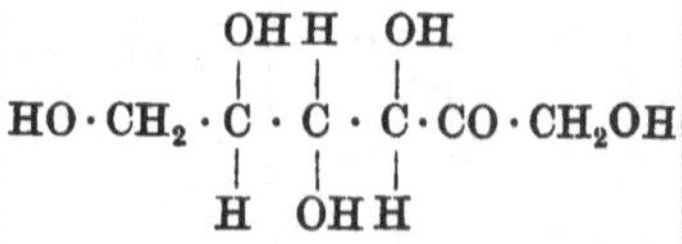	**180,15**
2208	**159,5**	Äthylaminhydrobromid	C_2H_8NBr	$C_2H_5 \cdot NH_2 + HBr$	**126,01**
2209	**160**	Antipyrinkakodylat	$C_{13}H_{19}O_3N_2As$	$C_{11}H_{12}ON_2 \cdot C_2H_7O_2As$	**323,19**

Aggregat-zustand Farbe	Spez. Gewicht	Siede-punkt °C	Beilstein-Zitat	Physikalische Konstanten und Eigenschaften	Löslichkeit	Reaktionen
7	8	9	10	11	12	13
Krist. (A)			XII 1230		l. in h. W 4,02 A 25° wl. in Ae	
Nadeln	1,60		I 860	$[\alpha]_D$ +191 bis 105,5° (W)	59,4 W 10° 0,42 in 90%ig. A 9° unl. in Ae	p-Bromphenylhydrazon *Fp* 162°, Nädelchen Diphenylhydrazon *Fp* 204—205°, Nädelchen o-Nitrophenylhydrazon *Fp* 183°, orangerote Nadeln Phenylhydrazon *Fp* 152 bis 153°, Nädelchen
gelbrote Nadeln(A)			XII 751		wl. in A 4 Aceton 22°	
Nadeln			E_1 III 306	$[\alpha]_D$ +53,4°		
Krist. (Chlf.)			XVII 444		ll. in h. W l. in A wl. in Ae l. in NaOH	+ $FeCl_3$ → rotviolett
Prismen oder Tafeln (A)	$1{,}706^{18°}$	353 (Z.)	XIX 45		unl. in W wl. in k. A ll. in Ae, Chlf., Bzl. l. in H_2SO_4 → violett	
Tafeln (A)			IX 598		wl. in h. W, k. A 0,86 Bzl. 14°	
Nadeln (A, Eg.)			V 215		unl. in W wl. in A, Ae l. in Chlf., Bzl.	
Blättchen od. Nadeln (W)		subl.	XIII 574		wl. in k. W l. in h. W ll. in A, Ae	
rhomb. Krist.	$1{,}612^{17°}$		I 927	$[\alpha]_D^{18}$ —43° (W); süßer Geschmack wie Rohrzucker	83 W 17° swl. in A unl. in Ae	erwärmen mit 10%igem Diphenylamin → blau Phenylosazon *Fp* 164°
Krist.			IV 91		ll. in W, A 0,11 Chlf. 14°	
weiße Krist.-Pulver				schwach bitter; widerlicher Geruch; Flammenfärbung: fahlblau		

Lfd. Nr.	*Fp*	Name	Summenformel	Strukturformel	Mol.-Gewicht
1	2	3	4	5	6
2210	**160**	p,p'-Azophenetol	$C_{16}H_{18}O_2N_2$	$N \cdot C_6H_4 \cdot O \cdot C_2H_5$ ‖ $N \cdot C_6H_4 \cdot O \cdot C_2H_5$	270,32
2211	**160**	2-Bromacetothienon	C_6H_5OBrS	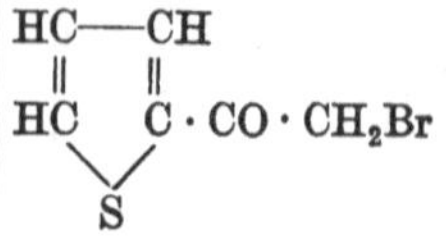	205,08
2212	**160**	d-Glucosephenylhydrazon (α-Form)	$C_{12}H_{18}O_5N_2$	$C_6H_{12}O_5 : N \cdot NH \cdot C_6H_5$	270,28
2213	**160**	[6,7-Dioxycumarin]-[β-d-glucopyranosid]-(6) (Aesculin, Polychrom, Aesculinsäure)	$C_{15}H_{16}O_9$ + $1\frac{1}{2}H_2O$	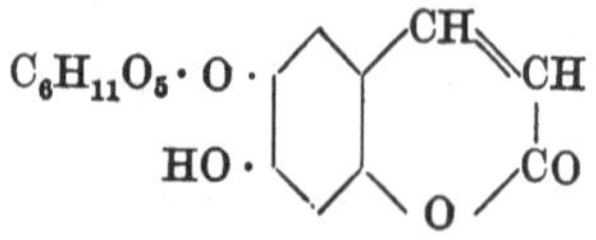	340,28
2214	**160**	Jodantipyrin (Jodopyrin)	$C_{11}H_{11}ON_2J$	$JC\text{=====}C \cdot CH_3$ $OC \cdot N(C_6H_5)N \cdot CH_3$	314,13
2215	**160**	Phenylarsonsäure	$C_6H_7O_3As$	$C_6H_5 \cdot AsO(OH)_2$	202,02
2216	**160** (Z.)	Tannin (Gallusgerbsäure)			
2217	**160**	Äthylallylbarbitursäure (Dormin)	$C_9H_{12}O_3N_2$	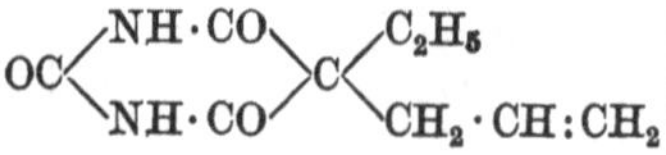	196,09
2218	**160** bis **161**	dl-Brombernsteinsäure	$C_4H_5O_4Br$	$HOOC \cdot CH_2 \cdot CHBr \cdot COOH$	197,00
2219	**160** bis **161**	2,3-Dioxynaphthalin	$C_{10}H_8O_2$	$C_{10}H_6(OH)_2$	160,16
2220	**160** bis **161**	Methanarsonsäure (Methylarsinsäure)	CH_5O_3As	$CH_3 \cdot As \cdot O(OH)_2$	139,96

Aggregat-zustand Farbe	Spez. Gewicht	Siede-punkt °C	Beilstein-Zitat	Physikalische Konstanten und Eigenschaften	Löslichkeit	Reaktionen
7	8	9	10	11	12	13
gelbe Blättchen, rote Krist.			XVI 112		l. in h. A ll. in Ae	
Blättchen			XV 221		ll. in W swl. in A, Ae	
weiße bis schwach hellgelbe Krist.			XXXI 246	geruchlos, schwach bitter	wl. in k. W, k. A ll. in h. W, h. A	wss. Lsg. fluoresziert blau; Lauge verstärkt Fluoreszenz → leicht gelbfarbig + $Fe(NO_3)_3$ → schwach blaugrün Lsg. in konz. H_2SO_4 → schwach blau fluoreszierend + α-Naphthol gelinde erwärmen → intensiv violettrot
weiße Krist.			XXIV 34		swl. in W	+ $2nH_2SO_4$ + Zinkstaub beim Kochen → Joddämpfe Filtrat + $AgNO_3$ → gelbes AgJ, die darüberstehende Flüssigkeit + 1 Tropfen Nitrit-Lsg. → grün
Säulen (W)	1,76		XVI 868		3,25 W 28° 24 W 84° 15,5 in 95%ig. A 26° 55,4 in 95%ig. A 68°	Erhitzen → Anhydrid
gelbliche Krist.				geruchlos; Geschmack herb zusammenziehend	ll. in W wl. in A unl. in Ae	wss. Lsg. + Lauge + Luftzutritt → kirschrot, dann braunrot Lsg. mit Na_2CO_3 und Luft geschüttelt → grünstichig gelb dann braun + $FeCl_3$ → blauschwarz + H_2SO_4 → gelbbrauner Nd.
Krist.	2,073		II 621			
Blättchen (W)			VI 982		wl. in W ll. in A, Ae	
Tafeln (A)			IV 613	starke Säure	ll in W l. in A	

Lfd. Nr.	*Fp*	Name	Summenformel	Strukturformel	Mol.-Gewicht
1	2	3	4	5	6
2221	**160** bis **161**	Naphthylendiamin-(2,7)	$C_{10}H_{10}N_2$	$H_2N \cdot C_{10}H_6 \cdot NH_2$	158,19
2222	**160** bis **161**	Teraconsäure	$C_7H_{10}O_4$	$(CH_3)_2C : C(COOH) \cdot CH_2 \cdot COOH$	158,19
2223	**160,5**	6-Acetoxyveratrumsäure	$C_{11}H_{12}O_6$	$(CH_3O)_2C_6H_2(O \cdot COCH_3) \cdot COOH$	240,21
2224	**160,5**	Dinaphthyl-(1,1′)	$C_{20}H_{14}$	$C_{10}H_7 \cdot C_{10}H_7$	254,31
2225	**160,5** bis **161**	N-Benzoylguanidin	$C_8H_9ON_3$	$H_2N \cdot C(=NH) \cdot NH \cdot CO \cdot C_6H_5$	163,15
2226	**161**	Benzanilid	$C_{13}H_{11}ON$	$C_6H_5 \cdot CO \cdot NH \cdot C_6H_5$	197,22
2227	**161**	trans-Cyclopentan-dicarbonsäure-(1,2)	$C_7H_{10}O_4$	$H_2C<\begin{matrix}CH_2 \cdot CH \cdot COOH\\ \vert \\ CH_2 \cdot CH \cdot COOH\end{matrix}$	158,15
2228	**161**	Dibenzhydroxamsäure	$C_{14}H_{11}O_3N$	$C_6H_5 \cdot CO \cdot NH \cdot O \cdot CO \cdot C_6H_5$	241,24
2229	**161**	α-Naphthoesäure	$C_{11}H_8O_2$	$C_{10}H_7 \cdot COOH$	172,17
2230	**161** (Z.)	3-Oxyphthalsäure	$C_8H_6O_5$	$HO \cdot C_6H_3(COOH)_2$	182,13
2231	**161**	Tyramin	$C_8H_{11}ON$	$(^4)HO \cdot C_6H_4 \cdot CH_2 \cdot CH_2 \cdot NH_2$	137,17
2232	**161** bis **162**	cis-Cyclohexandicarbon-säure-(1,4)	$C_8H_{12}O_4$	$HOOC \cdot HC<\begin{matrix}CH_2 \cdot CH_2\\ CH_2 \cdot CH_2\end{matrix}>CH \cdot COOH$	172,17
2233	**161** bis **162**	Diphenylcarbonsäure-(3)	$C_{13}H_{10}O_2$	$C_6H_5 \cdot C_6H_4 \cdot COOH$	198,21
2234	**161** bis **162**	Itaconsäure	$C_5H_6O_4$	$CH_2 : C(COOH) \cdot CH_2 \cdot COOH$	130,10
2235	**161,6**	Chinasäure	$C_7H_{12}O_6$	$\begin{matrix}HO \cdot HC — CH_2 — C(OH) \cdot COOH\\ \vert \qquad\qquad\quad \vert \\ HO \cdot HC \cdot CH(OH) \cdot CH_2\end{matrix}$	192,16
2236	**162**	4-Aminoacetanilid	$C_8H_{10}ON_2$	$H_2N \cdot C_6H_4 \cdot NH \cdot CO \cdot CH_3$	150,17

Aggregat-zustand Farbe	Spez. Gewicht	Siede-punkt °C	Beilstein-Zitat	Physikalische Konstanten und Eigenschaften	Löslichkeit	Reaktionen
7	8	9	10	11	12	13
Blättchen (W)			XIII 208			
Krist. Ae		Z.	II 786		l. in W, Ae ll. in h. A wl. in Bzl.	
Krist. (Aceton + Bzl.)						
Blättchen (A)		>360 (244° bei 12 mm)	V 725		unl. in W wl. in k. A l. in h. A ll. in Ae	
Krist. (A)			E_1 IX 106			Hydrochlorid *Fp* 207°, Nadeln
Blättchen (A)	1,321	118 (10 mm)	XII 262	kryoskop. Konst. 9,65	unl. in W 4 A 30°	
Krist. (W)			IX 728		l. in W ll. in A wl. in Ae	
Nadeln		Z.	IX 303		swl. in W wl. in k. A swl. in Ae	
Nadeln (verd. A)			IX 647		swl. in k. W ll. in h. A	Amid *Fp* 205°, Nadeln oder Tafeln Hydrazid *Fp* 166°, Nadeln Hydroxamsäure *Fp* 186 bis 187°, Blätter
Nadeln (W)			X 498		ll. in W, A, Ae	erhitzen → Anhydrid
Blättchen oder Nadeln (Bzl.)		210 (55 mm)	XIII 625	riecht süßlich; schmeckt bitter	1,05 W 15° 10 sd. A	
Blättchen (W)			IX 733		sll. in h. W ll. in A, Ae, Chlf.	
Blättchen (A)			IX 671		wl. in W ll. in A, Ae, Bzl., Eg.	
rhombische Krist.	1,6	Z.	II 760		8,3 W 20° l. in A wl. in Ae	erhitzen → Citraconsäure-anhydrid Diamid *Fp* 192° Phenacylester *Fp* 79,5°
Prismen (W)	1,637	200 (Z.)	X 535	$[\alpha]_D$ —44° (W)	40 W 9° l. in Eg.	erhitzen → H_2O-Abspaltung + Fe-H_2SO_4 beim Erwärmen im sd. W-Bad → grün → blau
Nadeln (W)			XIII 94		6,95 W 57° ll. in A, Ae	

Lfd. Nr.	*Fp*	Name	Summenformel	Strukturformel	Mol.-Gewicht
1	2	3	4	5	6
2237	**162**	2-Benzhydrylbenzoesäure	$C_{20}H_{16}O_2$	$(C_6H_5)_2CH \cdot C_6H_4 \cdot COOH$	288,32
2238	**162**	3-Benzoylbenzoesäure	$C_{14}H_{10}O_3$	$C_6H_5 \cdot CO \cdot C_6H_4 \cdot COOH$	226,22
2239	**162**	1-Chloranthrachinon	$C_{14}H_7O_2Cl$	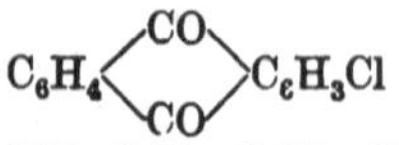	242,65
2240	**162**	o,p′-Diphenol	$C_{12}H_{10}O_2$	$HO \cdot C_6H_4 \cdot C_6H_4 \cdot OH$	186,20
2241	**162**	Isophthalonitril	$C_8H_4N_2$	$C_6H_4(CN)_2$	128,13
2242	**162**	2-Jodbenzoesäure	$C_7H_5O_2J$	$J \cdot C_6H_4 \cdot COOH$	248,03
2243	**162**	Phenolblau	$C_{14}H_{14}ON_2$	$(CH_3)_2N \cdot C_6H_4 \cdot N : C_6H_4 : O$	226,27
2244	**162**	Pyroxanthin [1,3-Difurfuryliden-cyclopentanon-(2)]	$C_{15}H_{12}O_3$	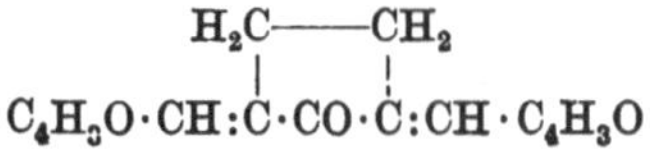	240,24
2245	**162**	2-[2′-Thienyl]-indol	$C_{12}H_9NS$	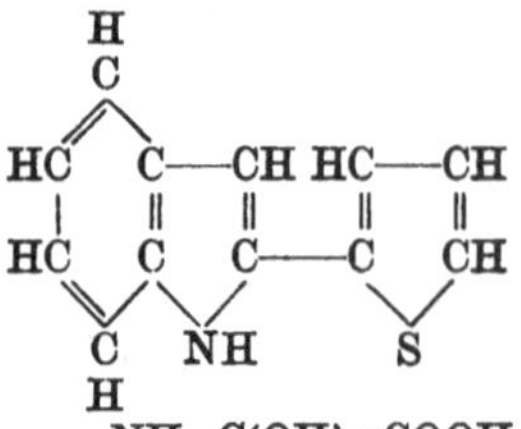	199,26
2246	**162 bis 163**	Alloxansäure	$C_4H_4O_5N_2$	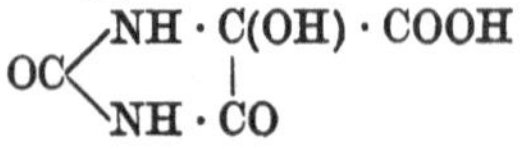	160,09
2247	**162 bis 163**	sek.-Amyl-β-bromallyl-barbitursäure (Rectidon)	$C_{12}H_{17}O_3N_2Br$	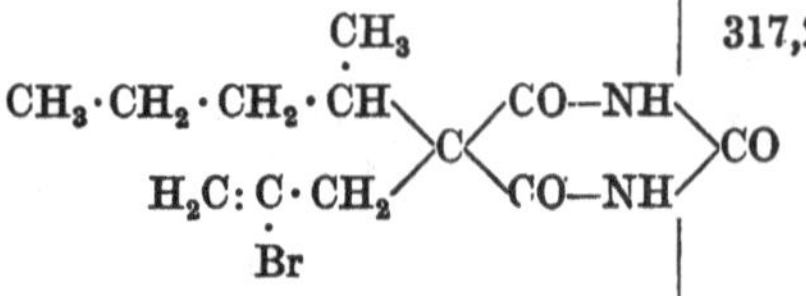	317,23
2248	**162 bis 163**	cis-Cyclohexan-1,3-dicarbonsäure	$C_8H_{12}O_4$	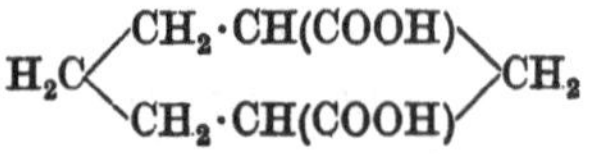	172,17
2249	**162 bis 163**	Ergometrin	$C_{19}H_{23}O_2N_3$	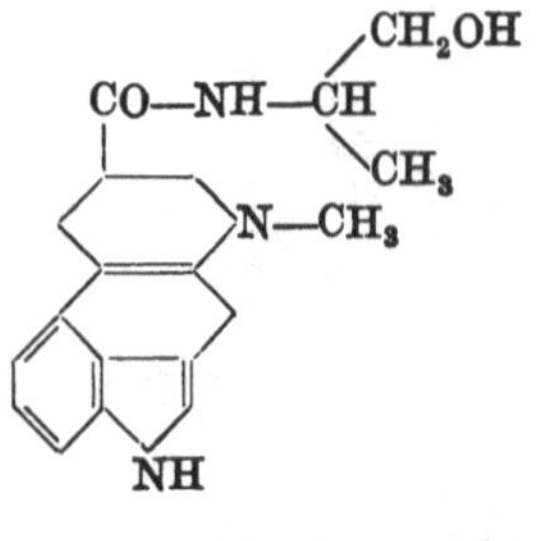	325,40

Aggregat-zustand Farbe	Spez. Gewicht	Siede-punkt °C	Beilstein-Zitat	Physikalische Konstanten und Eigenschaften	Löslichkeit	Reaktionen
7	8	9	10	11	12	13
Nadeln (A)		subl.	IX 714		unl. in W l. in A, Ae	
Nadeln (W) Blättchen (verd. A)		subl.	X 752		swl. in k. W ll. in A, Ae	Methylester *Fp* 62°
gelbe Nadeln(A)			VII 787		wl. in A ll. in Bzl., Eg.	
Nadeln		342	VI 990		wl. in sd. W ll. in A, Ae	Diacetat *Fp* 94°
Nadeln (Essigester + PAe)		subl.	IX 836		l. in W ll. in h. A, Ae, Chlf.	
Nadeln (W)	$2{,}249^{20°}$		IX 363		swl. in k. W ll. in A, Ae	
blaue Nadeln (A)			XIII 88		wl. in k. W, k. A	
gelbe Nadeln (A)			XIX 140		unl. in W swl. in k. A ll. in sd. A zwl. in Ae l. in H_2SO_4 blau, konz. HCl rot	
						alkohol. Lsg. färbt mit HCl befeuchteten Fichtenspan → blauviolett
Prismen (Ae)			III 772		ll. in W 20 A 0,4 sd. Ae	zers. durch sd. W
weiße Krist.				bitterer Geschmack	swl. in W l. in Lauge	1 mg Subst. + 10 mg α-Naphthol in 1 ml H_2SO_4 erwärmen in sd. W-Bad → braun; bei vorsichtigem Erhitzen auf freier Flamme → tiefbraun mit intensiv grüner Fluoreszenz, bei weiterem Erhitzen → olivgrün + 10 mg Paraform + 1 ml H_2SO_4 + $Fe \cdot H_3PO_4$ warm → intensiv orange, grün fluoreszierend
Nadeln			IX 732		ll. in h. W, A l. in Ae wl. in Ligroin	
				$[\alpha]_D^{20}$ —16° (Chlf.)	l. in W, A, Ae unl. in PAe	

Lfd. Nr.	*Fp*	Name	Summenformel	Strukturforme]	Mol.-Gewicht
1	2	3	4	5	6
2250	**162** bis **164**	2-Nitrosonaphthol-(1)	$C_{10}H_7O_2N$	$HO \cdot C_{10}H_6 \cdot NO$	173,16
2251	**162,5**	Triphenylcarbinol	$C_{19}H_{16}O$	$(C_6H_5)_3C \cdot OH$	260,31
2252	**163**	Acetaldehydsemicarbazon	$C_3H_7ON_3$	$CH_3 \cdot CH : N \cdot NH \cdot CO \cdot NH_2$	101,11
2253	**163**	d-Bornylamin	$C_{10}H_{19}N$	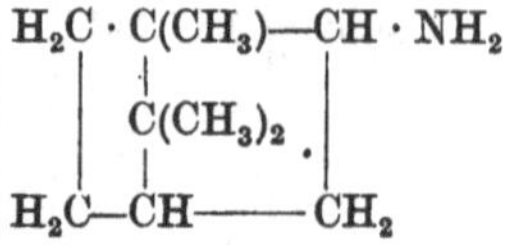	153,26
2254	**163**	2,4-Dimethylphloroglucin	$C_8H_{10}O_3$	$(CH_3)_2C_6H(OH)_3$	154,16
2255	**163**	2,5-Dimethylresorcin	$C_8H_{10}O_2$	$(CH_3)_2C_6H_2(OH)_2$	138,16
2256	**163**	Ergosterin (Provitamin D_2)	$C_{28}H_{44}O$	H_3C $CH(CH_3) \cdot CH:CH \cdot CH(CH_3) \cdot CH(CH_3)_2$ 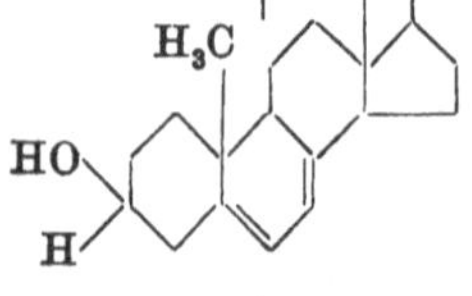	396,53
2257	**163**	Hydrocarbostyril	C_9H_9ON	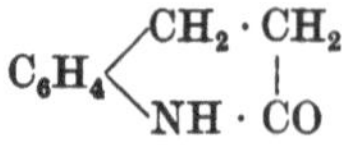	147,17
2258	**163**	Methylatropiniumnitrat (Eumydrin)	$C_{18}H_{26}O_6N_2$	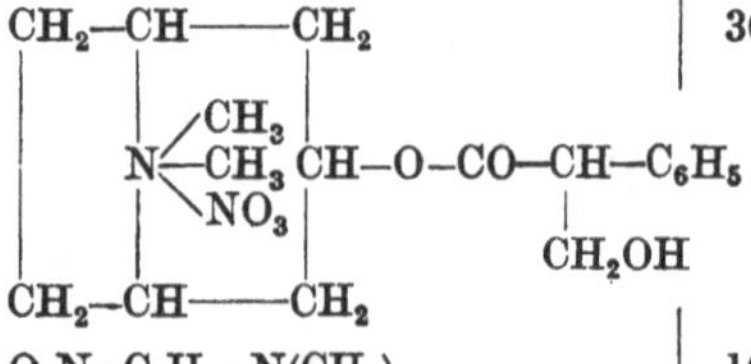	366,40
2259	**163**	4-Nitrodimethylanilin	$C_8H_{10}O_2N_2$	$O_2N \cdot C_6H_4 \cdot N(CH_3)_2$	166,17
2260	**163**	2,3,5-Trichlorbenzoesäure	$C_7H_3O_2Cl_3$	$Cl_3C_6H_2 \cdot COOH$	225,46
2261	**163**	2,4,5-Trichlorbenzoesäure	$C_7H_3O_2Cl_3$	$Cl_3C_6H_2 \cdot COOH$	225,46
2262	**163** bis **164**	Abietinsäure	$C_{20}H_{30}O_2$	$C_{19}H_{29}COCH$	302,43
2263	**163** bis **164**	3-Bromthiophen-2-sulfonsäureamid	$C_4H_4O_2NBrS_2$	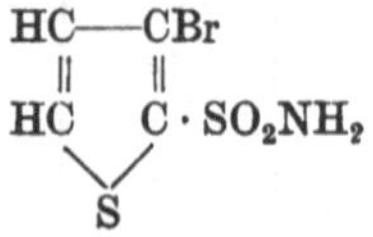	242,12

Aggregat-zustand Farbe	Spez. Gewicht	Siede-punkt °C	Beilstein-Zitat	Physikalische Konstanten und Eigenschaften	Löslichkeit	Reaktionen
7	8	9	10	11	12	13
gelbe Nadeln (W)			VII 715		swl. in k. W ll. in A, Ae l. in H_2SO_4 rot	
Tafeln (A)	1,188	380	VI 713		unl. in W ll. in A, Ae, Bzl. l. in H_2SO_4 gelb	
Nadeln (W od. A)			III 101		3 W 17°	
Krist.		subl.	XII 45	$[\alpha]_D$ +47,2 (A)	unl. in W ll. in A, Ae	
Prismen (Chlf.)			VI 1116		l. in W, A ll. in Ae	
Säulen (W)		277-280	VI 918		ll. in h. W, A, Ae	
Nadeln (Bzl.)						
Krist.-Nadeln				$[\alpha]^D_{20}$ —132° (1—2% in Chlf.)	unl. in W l. in A, Ae, Chlf.	Acetat *Fp* 181° Subst. in Chlf. gelöst + H_2SO_4 unterschichten Säureschicht tiefschmutzigrot, Chlf. farblos + $SbCl_3$ in Chlf. → rot Subst. in Chlf. (10 ml) + 5 ml. Olivenöl, + 1 ml Eg. + 2,5 ml 10%ige Bromlösung in Chlf. Nach Umschütteln → grün nach 10 Min. Empfindlichkeit 0,5—1 mg
Prismen (A oder Ae)			XXI 288		swl. in W, sd. NaOH ll. in A, Ae	
weiße Krist.				geruchlos; bitterer Geschmack	ll. in W, A swl. in Ae, Aceton, Chlf.	wss. Lsg. → öliges Perjodid alkohol. HgJ_2-Lsg. → gelblicher, käsiger Nd., bei Erhitzen gelöst, bei Erkalten → Nd.
gelbe Nadeln (A)			XII 714		unl. in W l. in h. A	
Nadeln (W)			IX 345		wl. in k. W ll. in A, Ae	
Nadeln (W)		subl.	IX 345		unl. in k. W ll. in A	
gelb, amorph					unl. in W ll. in A, Ae l. in Eg., Bzl.	

Lfd. Nr.	*Fp*	Name	Summenformel	Strukturformel	Mol.-Gewicht
1	2	3	4	5	6
2264	**163 bis 164**	5-Jod-2-nitrothiophen	$C_4H_2O_2NJS$	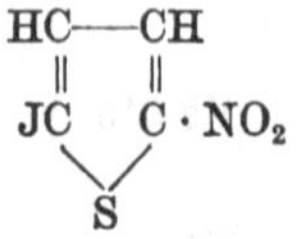	255,04
2265	**163 bis 164**	2-Oxy-m-toluylsäure	$C_8H_8O_3$	$HO \cdot C_6H_3(CH_3) \cdot COOH$	152,14
2266	**164**	Aconsäure	$C_5H_4O_4$	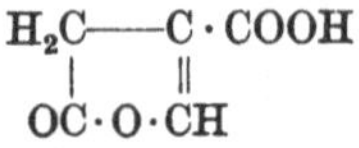	128,08
2267	**164**	2,4-Dichlorbenzoesäure	$C_7H_4O_2Cl_2$	$Cl_2C_6H_3 \cdot COOH$	191,02
2268	**164**	5,5′-Dijod-2,2′-dithienyl	$C_8H_4J_2S_2$	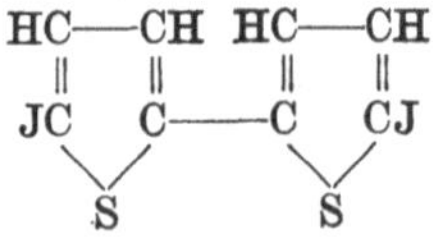	418,07
2269	**164**	4-Nitronaphthol-(1)	$C_{10}H_7O_3N$	$O_2N \cdot C_{10}H_6 \cdot OH$	189,16
2270	**164**	2,4,6-Trichlorbenzoesäure	$C_7H_3O_2Cl_3$	$Cl_3C_6H_2 \cdot COOH$	225,46
2271	**164 bis 165**	γ-Benzildioxim	$C_{14}H_{12}O_2N_2$	$C_6H_5 \cdot C(:N \cdot OH)-(HO \cdot N:)C \cdot C_6H_5$	240,25
2272	**164 bis 165**	Thiosalicylsäure	$C_7H_6O_2S$	$HS \cdot C_6H_4 \cdot COOH$	154,18
2273	**164 bis 165**	Rotenon	$C_{23}H_{22}O_6$	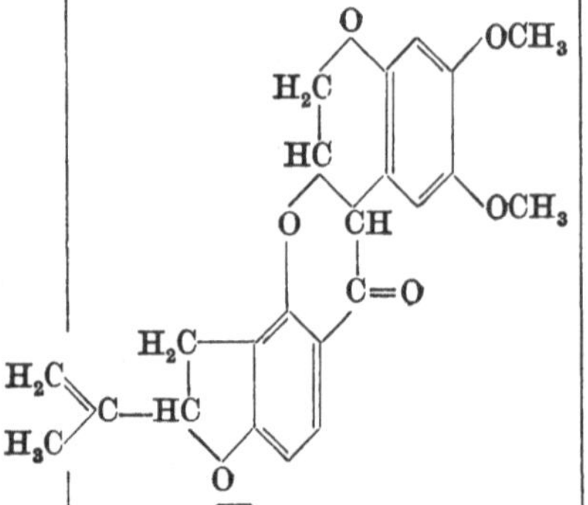	394,41
2274	**165**	p-Aminophenylsulfonamid (Protosil album, Sulfanilamid, Prontalbin, Diseptyl)	$C_6H_8O_2N_2S$	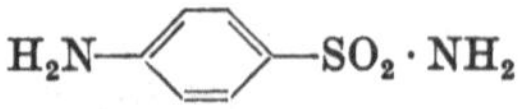	172,20
2275	**165**	Bis-[3-jod-2-thienyl]-quecksilber	$C_8H_4J_2S_2Hg$	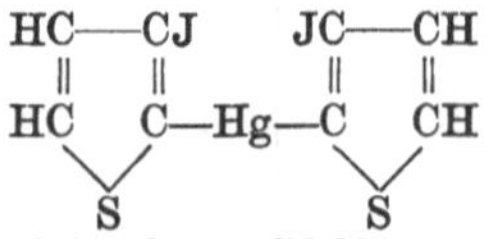	418,68
2276	**165**	3,4-Dinitrobenzoesäure	$C_7H_4O_6N_2$	$(O_2N)_2C_6H_3 \cdot COOH$	212,12
2277	**165**	N,N′-Di-o-tolylthioharnstoff	$C_{15}H_{16}N_2S$	$(CH_3 \cdot C_6H_4 \cdot NH)_2CS$	256,35

Aggregat-zustand Farbe	Spez. Gewicht	Siede-punkt °C	Beilstein-Zitat	Physikalische Konstanten und Eigenschaften	Löslichkeit	Reaktionen
7	8	9	10	11	12	13
Nadeln (W)			X 220		wl. in k. W ll. in A, Ae	Äthylester Kp. 242°
Blättchen (Ae)			XVIII 395		18 W 15° l. in A, Ae	
Nadeln (W oder Bzl.)		subl.	IX 342		ll. in sd. W, A, Ae	
Nadeln (W)			VI 615	mit Dampf nicht flüchtig	l. in sd. W ll. in A, Eg.	
Krist. (W)			IX 345		ll. in A, Ae, Chlf.	
Nadeln (A)			VII 763		unl. in W, Lg. sll. in A, Ae l. in konz. NaOH	bei $Fp \rightarrow \beta$-Dioxim
gelbe Nadeln oder Tafeln (A)		subl.	X 125	oxydiert an der Luft	wl. in h. W ll. in A, Eg.	
hellgelbes krist. Plv.					l. in A, Aceton	
weiße Krist.				geruchlos, geschmacklos	swl. in k. W l. in Lauge, Säure ll. in A	gibt Rkk. der Sulfanilsäure alkalische HgJ_2-Lsg. gibt blaßgelben, nach dem Erhitzen zitronengelben, flockigen Nd.
Nadeln	1,674	subl.	IX 413		0,67 W 25° ll. in A, Ae	
Nadeln (A)		216-218	XII 807	mit Dampf flüchtig	unl. in W ll. in h. A unl. in Ae	

Lfd. Nr.	*Fp*	Name	Summenformel	Strukturformel	Mol.-Gewicht
1	2	3	4	5	6
2278	**165**	Furil	$C_{10}H_6O_4$	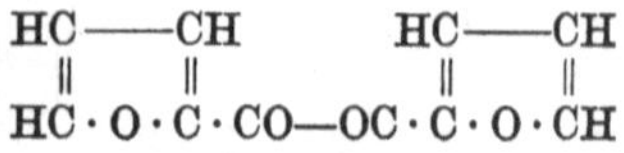	190,15
2279	**165**	d-Galaktose	$C_6H_{12}O_6$	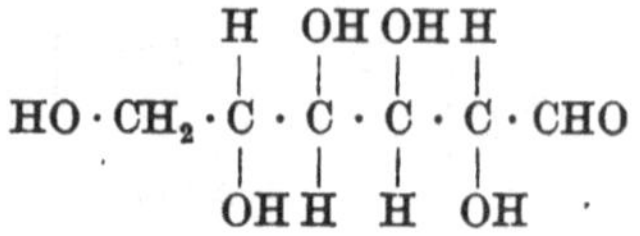	180,19
2280	**165**	5-Jod-2-jodmercuri-thiophen	$C_4H_2J_2SHg$	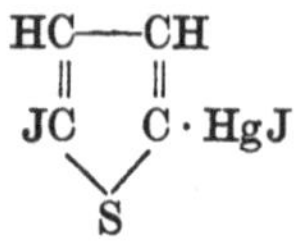	536,57
2281	**165**	4-Nitrophthalsäure	$C_8H_5O_6N$	$O_2N \cdot C_6H_3(COOH)_2$	211,13
2282	**165**	Pyrogalloltriacetat (Lenigallol)	$C_{12}H_{12}O_6$	$C_6H_3(O \cdot CO \cdot CH_3)_3$	251,21
2283	**165**	Pyrazolon	$C_3H_4ON_2$	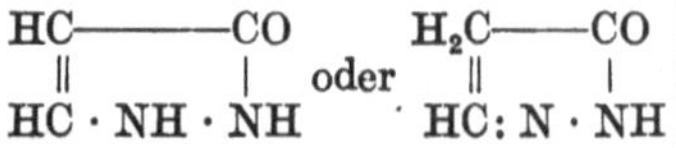	84,08
2284	**165**	N,N,N',N'-Tetraäthyl-rhodamin	$C_{28}H_{30}O_3N_2$	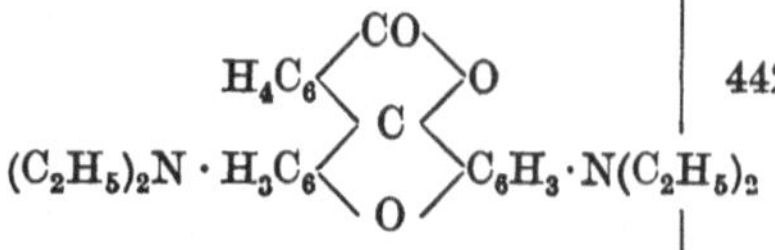	442,53
2285	**165**	1,2,3,5-Tetraoxybenzol	$C_6H_6O_4$	$C_6H_2(OH)_4$	142,11
2286	**165**	2,4,6-Trioxybenzophenon	$C_{13}H_{10}O_4$	$C_6H_5 \cdot CO \cdot C_6H_2(OH)_3$	230,21
2287	**165 bis 166**	3-Phenylazo-2-oxythio-naphthen	$C_{14}H_{10}ON_2S$	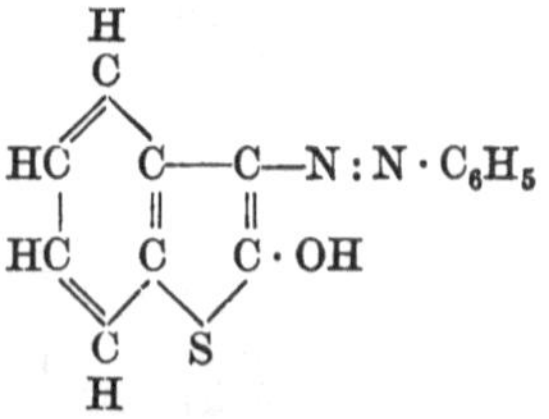	254,30
2288	**165 bis 166**	4-Brom-5-chlormercuri-2-thiotolen	$C_5H_4ClBrSHg$	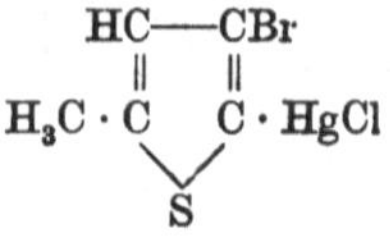	412,13

Aggregatzustand Farbe	Spez. Gewicht	Siedepunkt °C	Beilstein-Zitat	Physikalische Konstanten und Eigenschaften	Löslichkeit	Reaktionen
7	8	9	10	11	12	13
gelbe Nadeln			XIX 166		unl. in W wl. in k. A, Ae ll. in Chlf.	
Prismen $+ 1 H_2O$ (W) Tafeln (A)			I 909	$[\alpha]_D^{20}$ α-Form $+140 \rightarrow +80,5^0$ (W); süß schmeckend	10,3 W 0° 68 W 25°	wss. Lsg. + Lauge → gelb beim Erwärmen Oxim *Fp* 175—176° p-Tolylhydrazon *Fp* 168°, Stäbchen Phenylhydrazon *Fp* 158°, Nadeln m-Nitrophenylhydrazon *Fp* 181°, orangegelbe Tafeln
gelbliche Nadeln (Ae)			IX 828		ll. in W, A wl. in Ae unl. in Chlf., Bzl.	
weiße Krist.-Plv.			VI 1083	geruchlos, geschmacklos	unl. in W, Lauge, Säure l. in A, Ae	mit Lauge erhitzte Suspension rasch braun Lsg. in 1 ml A + 1 Tropfen Jodlösung + 5 Tropfen 2n-Lauge → leuchtend violettrot
Nadeln (W)		subl. (Z.)	XXIV 13		l. in W, A swl. in Ae	
grüne Blättchen $+ 4 H_2O$ (W) farblose Prismen (A)			XIX 344		l. in W, A rot, grün fluoreszierend l. in Ae	
Nadeln (W)			VI 1154		ll. in W, A unl. in Chlf., Bzl.	
gelbliche Nadeln $+ 1 H_2O$ (W)			E_1 VIII 701		0,3 W 22° 40 sd. W ll. in A, Ae l. in Alkali → rot	

Lfd. Nr.	*Fp*	Name	Summenformel	Strukturformel	Mol.-Gewicht
1	2	3	4	5	6
2289	**165 bis 167**	Benzoesäure-o-sulfamid	$C_7H_7O_4NS$	$H_2N \cdot SO_2 \cdot C_6H_4 \cdot COOH$	201,19
2290	**165,5 bis 166,5**	4-Äthyl-5-methyl-2-brom-mercurithiophen	C_7H_9BrSHg	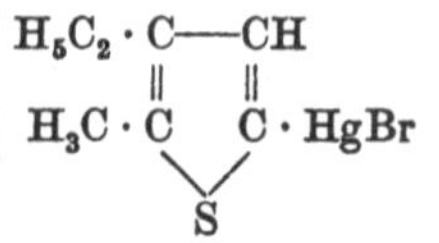	405,73
2291	**166**	Cinnamalessigsäure	$C_{11}H_{10}O_2$	$C_6H_5 \cdot CH:CH \cdot CH:CH \cdot COOH$	174,19
2292	**166**	2,3-Dichlorbenzoesäure	$C_7H_4O_2Cl_2$	$Cl_2C_6H_3 \cdot COOH$	191,02
2293	**166**	3,4-Dimethylbenzoesäure	$C_9H_{10}O_2$	$(CH_3)_2C_6H_3 \cdot COOH$	150,17
2294	**166**	3,5-Dimethylbenzoesäure	$C_9H_{10}O_2$	$(CH_3)_2C_6H_3 \cdot COOH$	150,17
2295	**166**	2,5-Di-[p-tolyl]-thiophen	$C_{18}H_{16}S$	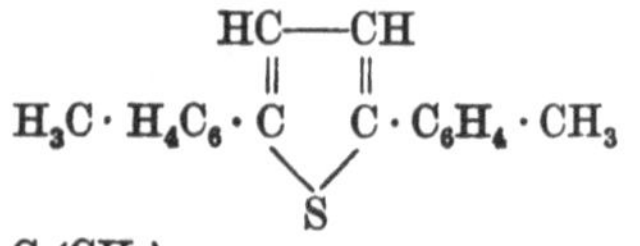	264,37
2296	**166**	Hexamethylbenzol	$C_{12}H_{18}$	$C_6(CH_3)_6$	162,26
2297	**166,0**	d-Mannit	$C_6H_{14}O_6$	$HO \cdot CH_2 \cdot [CH(OH)]_4 \cdot CH_2 \cdot OH$	182,17
2298	**166**	α-Methylglucosid	$C_7H_{14}O_6$	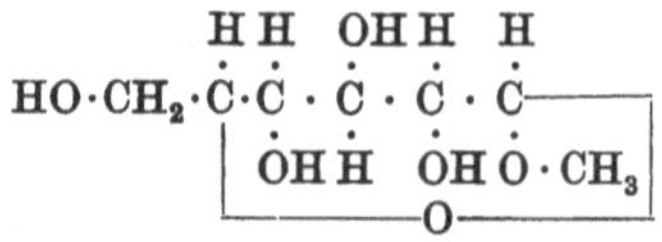	194,18
2299	**166**	Tricarballylsäure	$C_6H_8O_6$	$HOOC \cdot CH \cdot CH_2 \cdot COOH$ $\vert$ $CH_2 \cdot COOH$	176,12
2300	**166 bis 167**	dl-Dibrombernsteinsäure	$C_4H_4O_4Br_2$	$HOOC \cdot (CHBr)_2 \cdot COOH$	275,90
2301	**166 bis 167**	1,6-Dinitronaphthalin	$C_{10}H_6O_4N_2$	$C_{10}H_6(NO_2)_2$	218,16
2302	**167**	1-Oxydibenzothiophen	$C_{12}H_8OS$	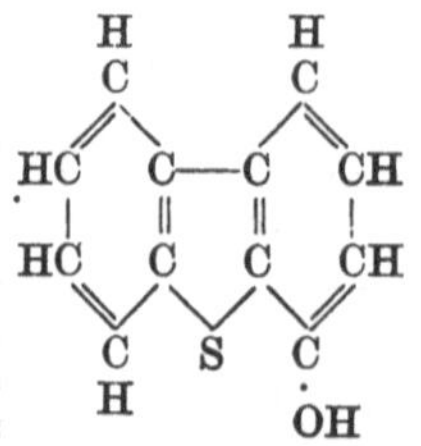	200,24

Aggregatzustand Farbe	Spez. Gewicht	Siedepunkt °C	Beilstein-Zitat	Physikalische Konstanten und Eigenschaften	Löslichkeit	Reaktionen
7	8	9	10	11	12	13
Tafeln (W) Nadeln (W)			XI 376		ll. in W, A, Ae	
Tafeln (A)		subl.	IX 638		ll. in A wl. in Ae	
Nadeln			IX 342			
Prismen (A)		subl.	IX 535		swl. in h. W ll. in A	
Nadeln (W)		subl.	IX 536	mit Dampf flüchtig	swl. in h. W ll. in A	
Tafeln (A)		265	V 450		unl. in W 0,2 A 0° ll. in Bzl.	
Nadeln	1,489	290 (3 mm)	I 534	$[\alpha]_D^{25}$ —0,49° (W); bei Gegenwart von Borax rechtsdrehend; süß schmeckend	15,6 W 18° 0,07 A 14° unl. in Ae	Hexaacetylmannit *Fp* 120° (W) Triformalmannit *Fp* 237°, Nadeln
Krist. (W)		200 (0,2mm)	I 898	$[\alpha]_D^{20}$ +158,9° (W)	63 W 17° 0,5 A 1,6 in 90%ig. A 17° unl. in Ae	
Prismen (W od. Ae)		subl.	II 895		40,52 W 14° l. in A 1 Ae 18°	Triamid *Fp* 205—207°, Prismen p-Chlorphenacylester *Fp* 125,6° p-Bromphenacylester *Fp* 186° Trihydrazid *Fp* 195–196°
Krist. (W)		180 (Z.)	II 625		ll. in W	durch sd. W Z. >189° Kp. → Bromfumarsäure + HBr
Krist. (Eg.)			V 559			

Lfd. Nr.	*Fp*	Name	Summenformel	Strukturformel	Mol.-Gewicht
1	2	3	4	5	6
2303	**167**	Phenylbernsteinsäure	$C_{10}H_{10}O_4$	$HOOC \cdot CH_2 \cdot CH(C_6H_5) \cdot COOH$	194,18
2304	**167** bis **168** (Z.)	3,4-Diaminophenol	$C_6H_8ON_2$	$(H_2N)_2C_6H_3 \cdot OH$	124,14
2305	**167** bis **168**	Septurit (Mol.-Verb. des Sulfanilsäureamids mit Hexamethylentetramin)	$C_{12}H_{20}O_2N_6S$	$C_6H_8O_2N_2S + (CH_2)_6N_4$	312,39
2306	**168**	1,2-Benzoanthrachinon	$C_{18}H_{10}O_2$	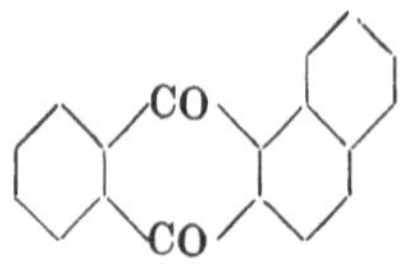	258,26
2307	**168**	Fuchson	$C_{18}H_{14}O$	$(C_6H_5)_2C\langle\begin{matrix}CH:CH\\CH:CH\end{matrix}\rangle CO$	258,30
2308	**168**	6-Oxy-o-toluylsäure	$C_8H_8O_3$	$HO \cdot C_6H_3(CH_3) \cdot COOH$	152,14
2309	**168** bis **169**	4-Acetaminophenol	$C_8H_9O_2N$	$CH_3 \cdot CO \cdot NH \cdot C_6H_4 \cdot OH$	151,16
2310	**168** bis **170**	Furfurylisopropyl-barbitursäure (Dormovit)	$C_{12}H_{14}O_4N_2$	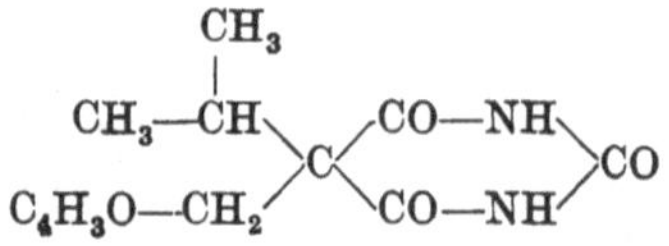	250,25

Aggregatzustand Farbe	Spez. Gewicht	Siedepunkt °C	Beilstein-Zitat	Physikalische Konstanten und Eigenschaften	Löslichkeit	Reaktionen
7	8	9	10	11	12	13
Nadeln (W)			IX 865		swl. in k. W l. in h. W ll. in A, Ae, Eg. unl. in Bzl.	
Krist.			XIII 564			
weiße Krist.				geruchlos; Geschmack schwach bitter	swl. in W l. in Lauge, Säure	gibt Rkk. der beiden Komponenten → helles Perjodid und pulv. Silbersalz in neutraler Lsg. — Hexamethylentetramin → fleckiges Silbersalz in Ggw. von NH_3 — Prontalbin + Fe-H_3PO_4 → intensiv violett und braun
gelbe Prismen		subl.	VII 826		unl. in W wl. in A, Ae ll. in Bzl., Chlf.	
orange, violett schimmernde Nadeln (Bzl.+Ae)			VII 520		unl. in W swl. in Ae ll. in Chlf., Eg.	
Nadeln (W)			X 217	mit Dampf flüchtig	0,14 W 25° ll. in h. W, A, Ae	
Krist. (W oder A)	$1{,}293^{21^\circ}$		XIII 460		swl. in k. W sll. in h. W, A	
weiße Krist.				bitterer Geschmack	swl. in W ll. in Lauge, A l. in Säure	+ H_2SO_4 → gelb, beim Erwärmen → orangerot bis braunrot + β-Naphthol + konz. H_2SO_4 gelinde erwärmt → rötlichgelb mit grüner Fluoreszenz, erhitzen → braun → intensiv violett + α-Naphthol → rot mit intensiv grüner Fluoreszenz 2—3 mg Substanz in 1 ml 1—2%iger Pyridinlsg. in Hitze gelöst. Zur sd. Lsg. tropfenweise 0,4%ige $CuSO_4$-Lsg. → blaßviolette Krist. + Paraform → intensiv orange, grün fluoresz. + HNO_3-H_2SO_4 → orange, grün fluoreszierend

Lfd. Nr.	*Fp*	Name	Summenformel	Strukturformel	Mol.-Gewicht
1	2	3	4	5	6
2311	**168 bis 171**	Chinasaures Piperazin (Sidonal)	$C_{11}H_{22}O_6N_2$	$C_7H_{12}O_6 \cdot C_4H_{10}N_2$	278,30
2312	**169**	9,10-Dihydroacridin	$C_{13}H_{11}N$	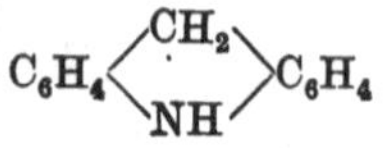	181,22
2313	**169**	4,6-Dinitro-2-aminophenol	$C_6H_5O_5N_3$	$H_2N \cdot C_6H_2(NO_2)_2 \cdot OH$	199,12
2314	**169**	Ferulasäure	$C_{10}H_{10}O_4$	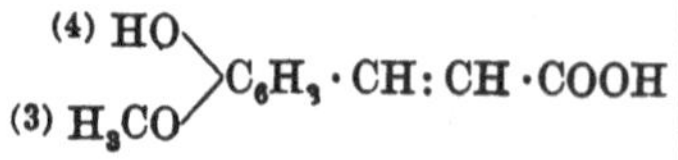	194,18
2315	**169**	8-Oxynaphthoesäure-(1)	$C_{11}H_8O_3$	$HO \cdot C_{10}H_6 \cdot COOH$	188,17
2316	**169**	Phenanthrol-(2)	$C_{14}H_{10}O$	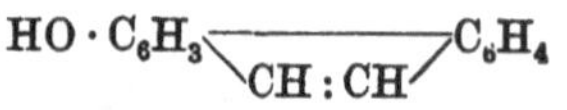	194,22
2317	**169**	Phthalanilsäure	$C_{14}H_{11}O_3N$	$HOOC \cdot C_6H_4 \cdot CO \cdot NH \cdot C_6H_5$	241,23
2318	**169**	Benzoesäure-[α,α-bis-(dimethylamino-methyl)-n-propyl]-esterchlorhydrat (Alypin)	$C_{16}H_{27}O_2N_2Cl$	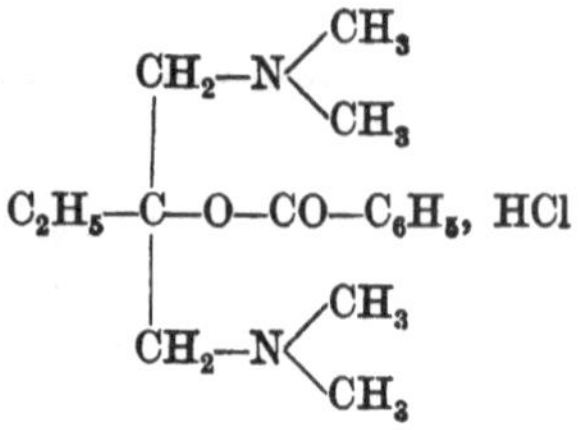	314,85
2319	**169 bis 170**	2-Brommercurithiophen	C_4H_3BrSHg	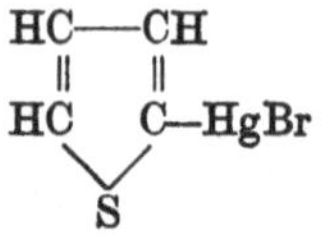	363,65
2320	**169 bis 170**	α,β-4,4'-Dinitrotetra-phenylthiophen	$C_{28}H_{18}O_4N_2S$	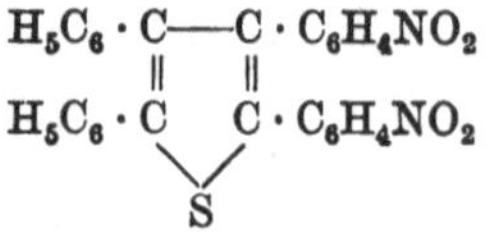	382,42
2321	**169 bis 170**	4-Jod-3-thiophensäure	$C_5H_3O_2JS$	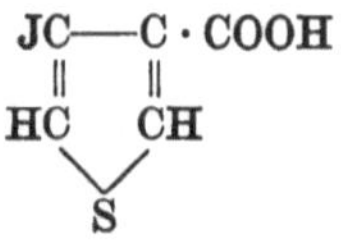	254,05
2322	**169 bis 170**	Trichlorchinon	$C_6HO_2Cl_3$	$O : C_6HCl_3 : O$	211,44

Aggregat-zustand Farbe	Spez.-Gewicht	Siede-punkt °C	Beilstein-Zitat	Physikalische Konstanten und Eigenschaften	Löslichkeit	Reaktionen
7	8	9	10	11	12	13
weiße Krist.				Geschmack salzig, geruchlos		wssg. Lsg. + $Fe(NO_3)_3$ → zitronengelb
Säulen (A)		subl.	XX 443		unl. in W ll. in h. A, Ae	
rote Nadeln (A)			XIII 394	giftig	0,14 W 22° l. in A wl. in Ae l. in Anilin	
Nadeln (W)			X 436		unl. in k. W l. in sd. W ll. in A, Alkali (gelb) l. in Ae, H_2SO_4 wl. in Bzl.	
Nadeln (Ae)			X 331		ll. in h. W, A, Ae	+ $FeCl_3$ → violetter Nd. Lacton *Fp* 108°, Nadeln Chlorlacton *Fp* 184—185°, gelbliche Nadeln
Blättchen (verd. A)			VI 704		wl. in W ll. in A, Ae	Pikrat *Fp* 156°
Prismen (A)			XII 311		wl. in h. W, k. A unl. in Ae	+ $FeCl_3$ → rotviolett
weiße Krist.			IX 175	bitterer Geschmack, geruchlos, anästhesierend		Nitrat *Fp* 159° 5 mg Subst. auf Uhrglas mit Glasstab mit 1 Tropfen n/10 $KMnO_4$-Lsg. → schimmernde Blättchen; nach einiger Zeit scheidet sich MnO_2 ab Pikrat *Fp* 195—197°
gelbe Blättchen (A)		subl.	VII 634		unl. in k. W ll. in h. A, Ae	

Lfd. Nr.	*Fp*	Name	Summenformel	Strukturformel	Mol.-Gewicht
1	2	3	4	5	6
2323	**169 bis 170**	3,4,5-Trimethoxybenzoesäure	$C_{10}H_{12}O_5$	$(CH_3 \cdot O)_3C_6H_2 \cdot COOH$	212,19
2324	**169,5**	Sarkosinhydrochlorid	$C_3H_8O_2NCl$	$CH_3 \cdot NH \cdot CH_2 \cdot COOH + HCl$	125,56
2325	**170**	Äthylmorphinchlorhydrat (Dionin)	$C_{19}H_{24}O_3NCl$	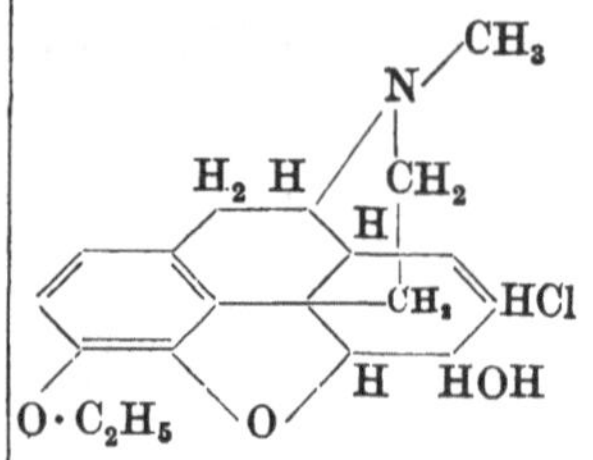	349,85
2326	**170** (Z.)	5-Aminonaphthol-(1)	$C_{10}H_9ON$	$H_2N \cdot C_{10}H_6 \cdot OH$	159,18
2327	**170**	2-Aminophenol	C_6H_7ON	$H_2N \cdot C_6H_4 \cdot OH$	109,12
2328	**170**	Benzanthron	$C_{17}H_{10}O$	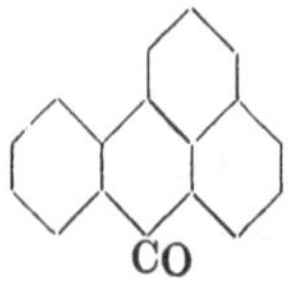	230,25
2329	**170** (Z.)	Benzidindicarbonsäure-(2,2′)	$C_{14}H_{12}O_4N_2$	$[H_2N \cdot C_6H_3(COOH)—]_2$	272,25
2330	**170** (Z.)	Benzidindisulfonsäure-(2,2′)	$C_{12}H_{12}O_6N_2S_2$	$[H_2N \cdot C_6H_3(SO_3H)—]_2$	344,35
2331	**170**	Benzimidazol	$C_7H_6N_2$	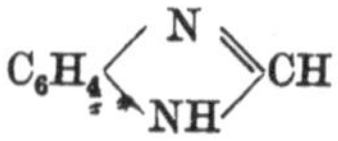	118,13
2332	**170**	2-Brom-3,4,5-trijodthiophen	C_4BrJ_3S	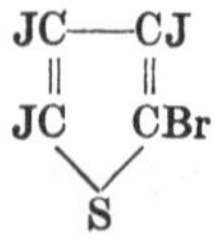	540,78
2333	**170**	Dioxindol	$C_8H_7O_2N$	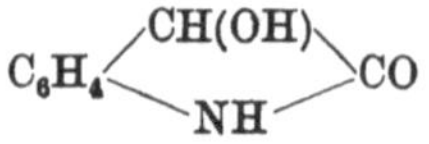	149,14
2334	**170**	3,3′-Dioxybenzophenon	$C_{13}H_{10}O_3$	$HO \cdot C_6H_4 \cdot CO \cdot C_6H_4 \cdot OH$	214,21
2335	**170**	Isocamphoronsäure	$C_9H_{14}O_6$	$(CH_3)_2 \cdot C(COOH) \cdot CH(CH_2 \cdot COOH)_2$	218,20

Aggregat-zustand Farbe	Spez. Gewicht	Siede-punkt °C	Beilstein-Zitat	Physikalische Konstanten und Eigenschaften	Löslichkeit	Reaktionen
7	8	9	10	11	12	13
Nadeln (W)		225-227 (10mm)	X 481		swl. in W ll. in A, Ae, Chlf.	
Nadeln (A)			IV 345		ll. in W wl. in A, Ae	
weiße Nadeln				bitterer Geschmack	l. in W, A unl. in Ae, Chlf.	1. + Fe-H_3PO_4 → blau + Paraform → graublau, graugrün + HNO_3-H_2SO_4 → violettrot, orangerot 2. +10—20 mg Paraform + 1 ml H_2SO_4 → orange → violettrot → intensiv blaurot + Fe-H_3PO_4 → blau → intensiv grün + HNO_3-H_2SO_4 → gelbgrau → hellbraun
Krist.			XIII 670			
Tafeln oder Nadeln		subl.	XIII 354		1,7 W 0° 4,4 A 0° ll. in Ae	
gelbe Nadeln (A)			VII 518		l. in H_2SO_4 orangerot, grün fluoreszierend	
Nadeln + $1\frac{1}{2}H_2O$ (W)			XIV 567		wl. in W, A swl. in Ae	
Prismen + $3H_2O$ (W)			XIV 794		0,08 W 25° swl. in A, Ae	
Krist. (A)		>360	XXIII 131		wl. in k. W sll. in A wl. in Ae	Kupferbenzimidazol → ziegelrot
Krist. (A)		195 (Z.)	XXI 578		2 W 25° 10 sd. A l. in Ae, konz. HCl	
Nadeln (W)			VIII 315		l. in W, A	
Prismen (W)			II 835		l. in W ll. in h. A, Ae	

Lfd. Nr.	*Fp*	Name	Summenformel	Strukturformel	Mol.-Gewicht
1	2	3	4	5	6
2336	170	Malonamid	$C_3H_6O_2N_2$	$CH_2(CO \cdot NH_2)_2$	102,09
2337	170 (Z.)	Naphthol-(1)-sulfon-säure-(4)	$C_{10}H_8O_4S$	$HO \cdot C_{10}H_6 \cdot SO_3H$	224,22
2338	170	Narcein (Trihydrat)	$C_{23}H_{27}O_8N$	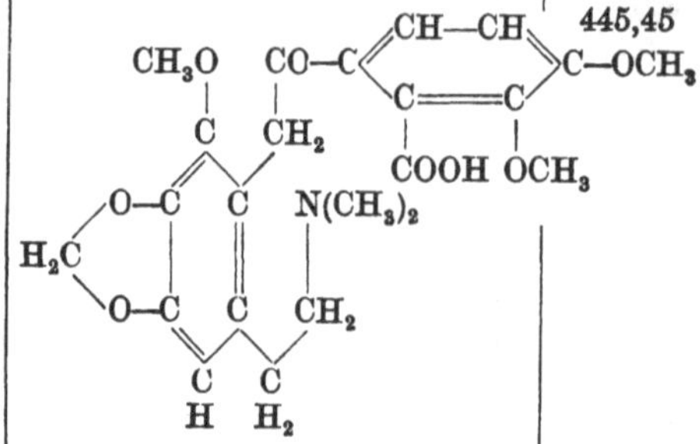	445,45
2339	170 (Z.)	Nitranilsäure	$C_6H_2O_8N_2$	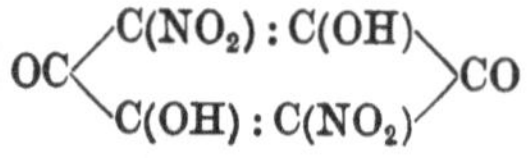	230,09
2340	170 (Z.)	Phloridzin	$C_{21}H_{24}O_{10}$	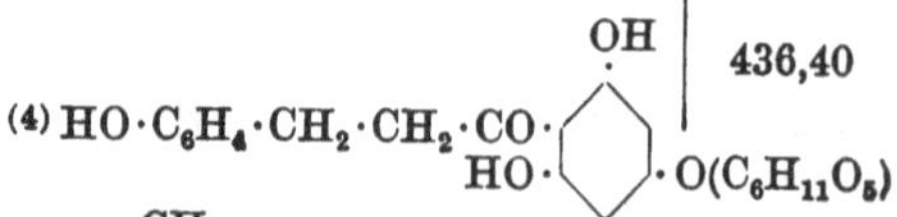	436,40
2341	170	Santonin	$C_{15}H_{18}O_3$	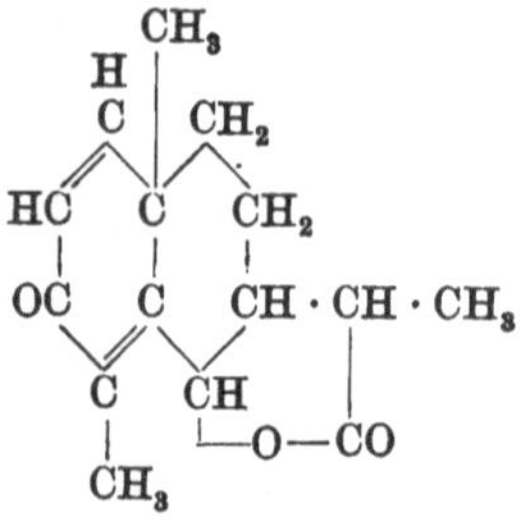	246,29
2342	170	k-Strophanthin	$C_{36}H_{54}O_{15}$		726,79
2343	170	d-Weinsäure	$C_4H_6O_6$	$HOOC \cdot CH(OH) \cdot CH(OH) \cdot COOH$	150,09
2344	170	*l*-Weinsäure	$C_4H_6O_6$	$HOOC \cdot CH(OH) \cdot CH(OH) \cdot COOH$	150,09

Aggregatzustand Farbe	Spez. Gewicht	Siedepunkt °C	Beilstein-Zitat	Physikalische Konstanten und Eigenschaften	Löslichkeit	Reaktionen
7	8	9	10	11	12	13
Prismen (W)			II 582		8,3 W 8° unl. in A, Ae	
Tafeln (W)			XI 271		ll. in W	
feine Nadeln oder Prismen (W + A)			XIX 370		0,08 W 13° wl. in A, Chlf. unl. in Ae, Bzl ll. in h. W, h. A 0,011 CCl_4	konz. H_2SO_4 → graubraun → blutrot + Chlorwasser, + NH_3 → tiefrot Ammoniumpersulfat + H_2SO_4 → violett $(CH_2)_6N_4 \cdot H_2SO_4$ → safrangelb Paraform-H_2SO_4 → gelb → rotbraun → orange
gelbe Tafeln			VIII 384		ll. in W, A unl. in Ae	
Nadeln					1,58 W 60° 4,58 W 100° 25 A swl. in Ae	
Krist. (W, A, Ae)	$1{,}187^{26°}$		XVII 499	Geschmack schwach bitter, geruchlos	0,02 W 17° 0,4 W 100° 1,6 A 24° 2,4 sd. Ae	Lsg. in 1 ml Fe-H_2SO_4 gibt bei vorsichtigem Überschichten mit H_2O oben violetten, unten grünen Ring, beim Durchschütteln rotviolett ein Plätzchen KOH oder NaOH mit A befeuchten, Kriställchen Subst. darauf setzen → roter Fleck
weiße Krist.				geruchlos, Geschmack sehr bitter	ll. in W, verd. A unl. in Ae, Chlf., Bzl	erhitzen mit α-Naphthol in konz. H_2SO_4 → violettrot, intensiv grün fluoreszierend
Säulen	$1{,}759^{18°}$	Z.	III 481	$[\alpha]_D^{20}$ +15° (Wp. = 20)	139,4 W 20° 343,4 W 100° 25,6 A 15° 0,39 Ae 15°	wss. Lsg. + $Fe(NO_3)_3$ → zitronengelb 1 mg Subst. in eine Lsg. von 5 mg β-Naphthol in 1 ml H_2SO_4 eingetragen, beim Erhitzen im sd. W-Bad grün, bei starker Beleuchtung blau fluoreszierende Fl.
monokline Säulen (W)	$1{,}759^{18°}$	Z.	III 520			+ $FeSO_4$ + H_2O_2 + Lauge → violett (Dioxymaleinsäure) Phenacylester *Fp* 130° p-Phenylphenacylester *Fp* 203—204°

Lfd. Nr.	*Fp*	Name	Summenformel	Strukturformel	Mol.-Gewicht
1	2	3	4	5	6
2345	170,3	Hydrochinon (1,4-Dioxybenzol)	$C_6H_6O_2$		110,11
2346	170,5	Arecolinbromhydrat	$C_8H_{14}O_2NBr$	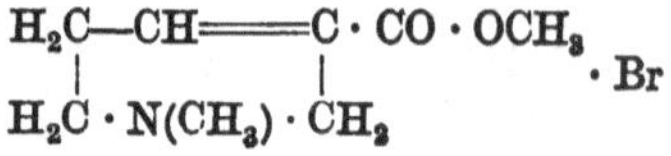	236,12
2347	170,5	5,5-Diallylbarbitursäure (Dial, Curral)	$C_{10}H_{12}O_3N_2$	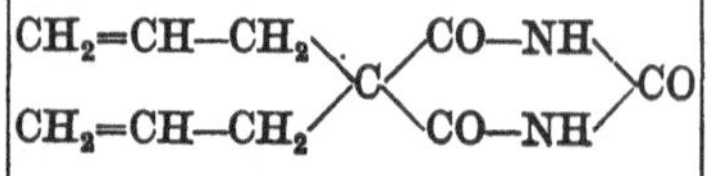	208,21

Aggregat-zustand Farbe	Spez. Gewicht	Siede-punkt °C	Beilstein-Zitat	Physikalische Konstanten und Eigenschaften	Löslichkeit	Reaktionen
7	8	9	10	11	12	13
weiße seidige Nadeln (W)	1,33	285 (730mm)	VI 836	geruchlos; schwach süßlicher Geschmack; sublimierbar (10°)	6,16 W 15° ll. in A, Ae 0,02 Bzl.	wss. Lsg. mit Luft und Lauge rasch rot u. braun $Fe(NO_3)_3$ → kurz hellgrün, Lsg. erwärmt chlorähnlicher Geruch von Chinon in Wärme 10 mg Subst. in 0,5 ml W abkühlen + 1 Tropfen $Fe(NO_3)_3$ → rötlichbraun → Abscheidung feiner dunkler Nadeln mit grünem Glanz (Chinhydron) Fe-H_2SO_4 löst intensiv gelb, beim Erwärmen orange mit violetter Fluoreszenz, stärker erhitzen gelb mit grüner Fluoreszenz Subst. + einige Tropfen konz. H_2SO_4 vorsichtig erhitzt, tiefgrüne Lsg. + W + Lauge → intensiv blauviolette Fluoreszenz Phenylurethan *Fp* 205 bis 207°, Prismen
weiße Krist.			XXII 15	Geschmack salzig bitter; geruchlos	wl. in W l. in A, Ae	wss. Lsg. + Lauge → klar; beim Erwärmen schwacher eigentümlicher Geruch. Nach dem Erkalten + einige Tropfen n/10-$KMnO_4$-Lsg. → reduziert zu grünem Manganat
weiße Krist. Blättchen (W)			E_1 XXIV 422	bitterer Geschmack	swl. in W (k.) l. in A, Ae ll. in Aceton, Essigester, Lauge, h. W wl. in Bzl.	1. erwärmen mit konz. H_2SO_4 → gelbstichig blauviol. fluoreszierend. + Paraform-H_2SO_4 beim Erwärmen im sd. W-Bad → orange, grün fluoreszierend 2. Lsg. in. verd. Lauge + 2—3 Tropfen n/10-$KMnO_4$-Lsg. intensiv grün 3. 2—3 mg Subst. in 1 ml methylalkohol. $Co(NO_3)_2$-Lsg. + 20 mg Piperazin → rotviolett 4. 2 mg Subst. in 1 ml 1—2%iger Pyridinlsg. in Hitze gelöst. Zur sd. Lsg. tropfenweise 0,4%ige $CuSO_4$-Lsg. → blaßviolette Krist. 5. + 10—20 mg Paraform + 1 ml H_2SO_4 + Fe-H_3PO_4 warm → intensiv orange, grün fluoreszierend

Lfd. Nr.	*Fp*	Name	Summenformel	Strukturformel	Mol.-Gewicht
1	2	3	4	5	6
2348	170,5	Di-β-naphthylamin	$C_{20}H_{15}N$	$(C_{10}H_7)_2NH$	296,33
2349	171	2-Benzyl-4,5-imidazolin-chlorhydrat (Priscol)	$C_{10}H_{13}N_2Cl$	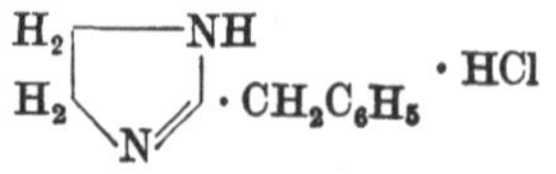	194,66
2350	171	Chinhydron	$C_{12}H_{10}O_4$	$C_6H_4O_2 \cdot C_6H_4(OH)_2$	218,20
2351	171	Dimethylaminhydro-chlorid	C_2H_8NCl	$(CH_3)_2NH + HCl$	81,55
2352	171	Phenazin	$C_{12}H_8N_2$	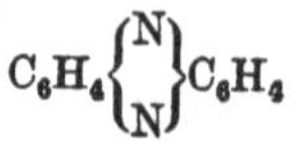	180,20
2353	171	Thionaphthen-2,3-dicar-bonsäureanhydrid	$C_{10}H_4O_3S$	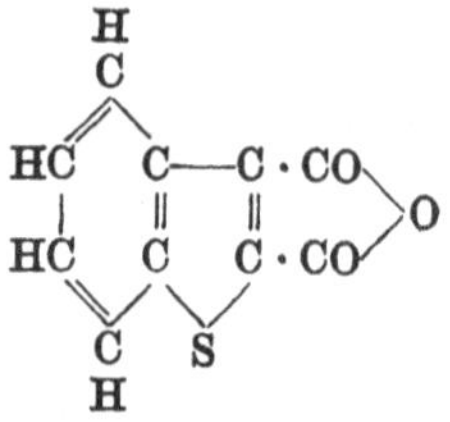	204,19
2354	171 bis 172	3,5-Dimethyl-2-thiophen-säure	$C_7H_8O_2S$	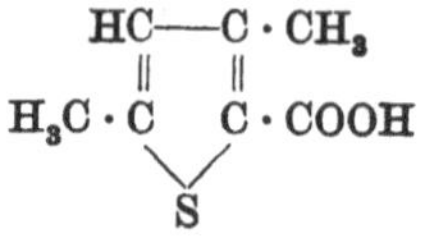	156,19
2355	171 bis 172	5-Nitro-2-thienylarsin-oxyd	$C_4H_2O_3NSAs$	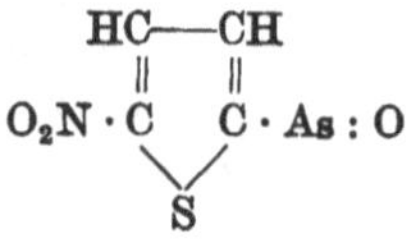	219,03
2356	171 bis 173	Hydantoinsäure	$C_3H_6O_3N_2$	$H_2N \cdot CO \cdot NH \cdot CH_2 \cdot COOH$	118,09
2357	171,5 bis 172	5-Isoamyl-2-chlormercuri-thiophen	$C_9H_{13}ClSHg$	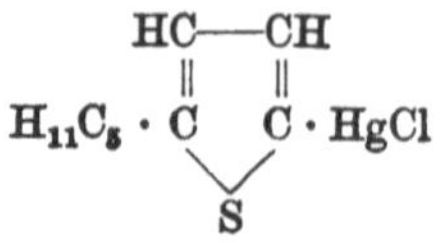	389,32

Aggregat-zustand Farbe	Spez. Gewicht	Siede-punkt °C	Beilstein-Zitat	Physikalische Konstanten und Eigenschaften	Löslichkeit	Reaktionen
7	8	9	10	11	12	13
Blättchen (Bzl.)		471	XII 1278		unl. in W wl. in h. A ll. in sd. Eg. 1,07 Bzl. 15°	Lsg. fluoresziert blau
weiße Krist.				geruchlos, bitterer Geschmack		Lsg. in Chlorwasser → langsam trübe, erwärmt man gelinde, setzt Phenol und NH_3 zu und erwärmt nochmals → grüne, bald stahlblaue Lsg.
rotbraune Nadeln	$1{,}401^{20°}$	subl.	VII 617		wl. in k. W ll. in h. W., A, Ae gelb l. in NH_4OH grün	
Nadeln und Tafeln (A)			IV 41		208 W ll. in A unl. in Ae 27 Chlf. 19°	
hellgelbe Nadeln (A)		>360	XXIII 223		swl. in W 2 k. A wl. in Ae, Bzl. l. in H_2SO_4 rot	Pikrat *Fp* 181°
Krist.			IV 359		3 W 20° 0,5 A 20° swl. in Ae	

Lfd. Nr.	*Fp*	Name	Summenformel	Strukturformel	Mol.-Gewicht
1	2	3	4	5	6
2358	172	Chinamin	$C_{19}H_{24}O_2N_2$		312,40
2359	172	5-Chlorsalicylsäure	$C_7H_5O_3Cl$	$HO \cdot C_6H_3Cl \cdot COOH$	172,59
2360	172	p-Dinitrobenzol	$C_6H_4O_4N_2$	$C_6H_4(NO_2)_2$	168,11
2361	172	1,8-Dinitronaphthalin	$C_{10}H_6O_4N_2$	$C_{10}H_6(NO_2)_2$	218,16
2362	172	Di-(2-thienyl)-arsinsäure	$C_8H_7O_2S_2As$	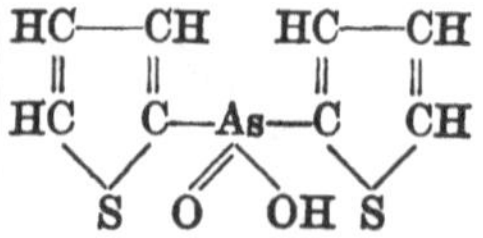	274,11
2363	172	Hydrochinin	$C_{20}H_{26}O_2N_2$	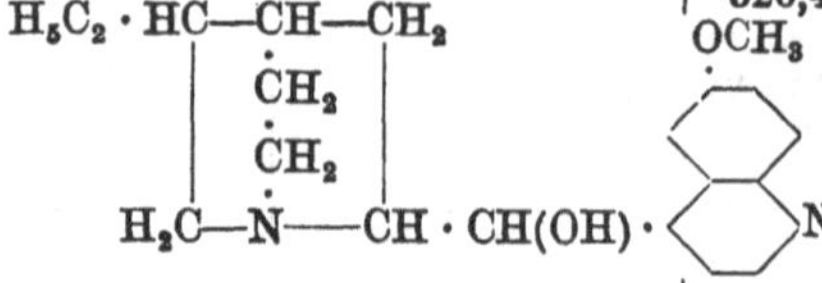	326,42
2364	172	Methergin	$C_{20}H_{25}O_2N_3$		339,42
2365	172	Paraform	$[CH_2O]_x$		
2366	172	1-Phenylsemicarbazid	$C_7H_9ON_3$	$C_6H_5 \cdot NH \cdot NH \cdot CO \cdot NH_2$	151,16
2367	172	α-Phenyl-trans-zimtsäure	$C_{15}H_{12}O_2$	$C_6H_5 \cdot C \cdot H$ ‖ $C_6H_5 \cdot C \cdot COOH$	224 24
2368	172	1,3,5-Triphenylbenzol	$C_{24}H_{18}$	$C_6H_3(C_6H_5)_3$	306,38
2369	172 bis 173	2-Benzylthiophen	$C_{11}H_{10}S$	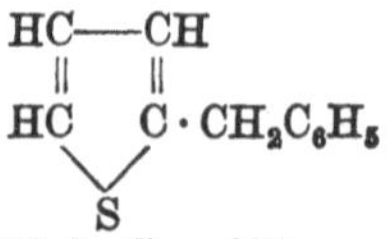	174,25
2370	172 bis 173	5-Jod-4-methyl-2-thiophensäure	$C_6H_5O_2JS$	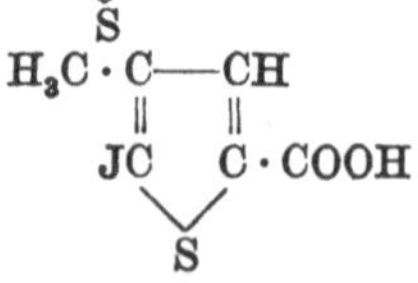	268,08
2371	172,5	Chinidin (Conchinin)	$C_{20}H_{24}O_2N_2$	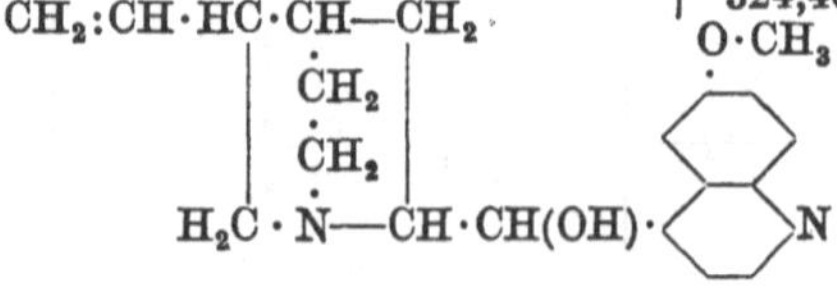	324,40

Aggregat-zustand Farbe	Spez. Gewicht	Siede-punkt °C	Beilstein-Zitat	Physikalische Konstanten und Eigenschaften	Löslichkeit	Reaktionen
7	8	9	10	11	12	13
lange Prismen (h. A)				$[\alpha]_D^{15}$ +93,4° (2%ige Chlf.-Lsg.)	wl. in W ll. in Ae	fluoresziert nicht in H_2SO_4-Lsg. $AuCl_3$ in salzsaurer Lsg. → purpurrot
Nadeln (W od. A)			X 102		0,09 W 20° 1,2 W 100° ll. in A, Ae, Chlf., Bzl.	
Nadeln (A)	1,625[18°]	299 (777mm)	V 261	sublimiert; mit Dampf flüchtig	0,08 W (k.) 0,18 sd. W 0,4 A 20° 1,82 Chlf. 18° 2,56 Bzl. 18°	
Tafeln (Chlf.)			V 559		unl. in W 0,189 80%ig. A 0,72 Bzl. 19°	
Nadeln (Ae)			XXIII 494		wl. in W ll. in A, Ae, Chlf.	fluoresziert in H_2SO_4-Lsg. blau Thalleiochin-Rk. positiv
				$[\alpha]_D^{20}$ —45° (A)	l. in W, A, Ae	
weißes Plv.			I 566	geschmacklos, nach Formaldehyd riechend	unl. in W l. in Lauge	
Blättchen (W)			XV 287		ll. in h. W; A wl. in Ae	
Nadelm (verd. A)		subl.	IX 691		wl. in k. W ll. in A, Ae 0,02 PAe 15°	Amid *Fp* 127°
Tafeln (A) Nadeln (Eg.)	1,205		V 737		l. in A, Ae ll. in Bzl.	
		257-262				
Blättchen + aq. (W) Krist. (Bzl.)			XXIII 506	$[\alpha]_D^{17}$ +275° (A + Chlf.)	0,02 W 20° 2,8 A 25° 0,78 Ae 20° ll. in Chlf.	fluoresziert in H_2SO_4 → blau Kalischmelze grasgrün H_2O_2 + $CuSO_4$ + H_2SO_4-Lsg. v. Subst. → intensiv himbeerrot → blauviolett → blau → grün (E 1:10000)

Lfd. Nr.	*Fp*	Name	Summenformel	Strukturformel	Mol.-Gewicht
1	2	3	4	5	6
2372	172,5	*l*-Isocamphersäure	$C_{10}H_{16}O_4$	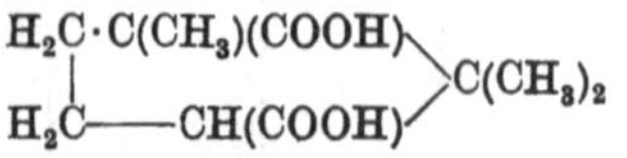	200,22
2373	173	$\Delta^{1,2}$-Cyclohexenyläthyl-barbitursäure (Phanodorm)	$C_{12}H_{16}O_3N_2$	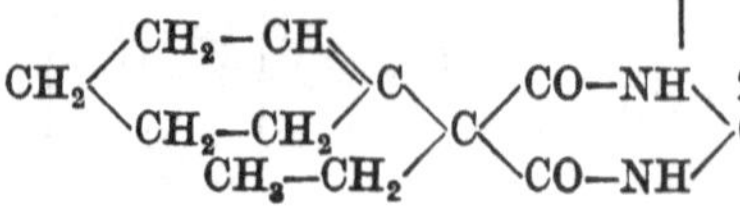	236,26
2374	173	2,4-Dibrombenzoesäure	$C_7H_4O_2Br_2$	$Br_2C_6H_3 \cdot COOH$	279,93
2375	173	3,5-Dinitrosalicylsäure	$C_7H_4O_7N_2$	$HO \cdot C_6H_2(NO_2)_2 \cdot COOH$	228,12
2375a	173	Heroin (Diacetylmorphin)	$C_{21}H_{23}O_5N$	vgl. Nr. 3084	369,40
2376	173	5-Jod-2-rhodanmercuri-thiophen	$C_5H_2NJS_2Hg$	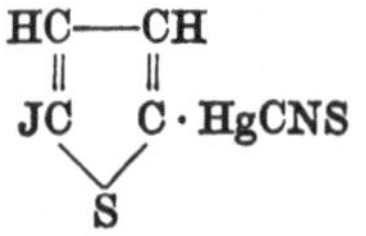	467,72
2377	173	4-Oxy-m-toluylsäure	$C_8H_8O_3$	$HO \cdot C_6H_3(CH_3) \cdot COOH$	152,14
2378	173	2,3,4-Trioxyacetophenon	$C_8H_8O_4$	$(HO)_3C_6H_2 \cdot CO \cdot CH_3$	168,14
2379	173 bis 174	4-Äthoxyphenylharnstoff (Dulcin)	$C_9H_{12}O_2N_2$	$H_2N \cdot CO \cdot NH \cdot C_6H_4 \cdot O \cdot C_2H_5$	180,20
2380	173 bis 174	4-Nitrosoanilin	$C_6H_6ON_2$	$ON \cdot C_6H_4 \cdot NH_2$	122,12

Aggregatzustand Farbe	Spez. Gewicht	Siedepunkt °C	Beilstein-Zitat	Physikalische Konstanten und Eigenschaften	Löslichkeit	Reaktionen
7	8	9	10	11	12	13
Krist. (verd. A)	1,243		IX 762		0,34 W 20° 47,5 A 20°	
weiße Blättchen (W)					swl. in W ll. in A, Ae, Lauge l. in Säure	1. + α-Naphthol + konz. H_2SO_4 → intensiv rot, grün fluoreszierend 2. 2 mg Subst. in 1 ml methylalkohol. $Co(NO_3)_2$-Lsg. + 20 mg Piperazin → rotviolett 3. + H_2SO_4 → rötlichgelb → orangegelb + Fe-H_3PO_4 → rötlich + Paraform → gelb mit grüner Fluoreszenz + HNO_3 + H_2SO_4 → orangegelb, grün fluoreszierend
Blättchen (W)		subl.	IX 358	mit Dampf flüchtig	wl. in h. W	
Tafeln, Nadeln (+ 1 H_2O) (W)			X 122		ll. in W, A, Ae	
weißes Krist.-Plv.; Prismen (Essigester)				geruchlos; bitterer Geschmack; alkal. Rk.	unl. in W ll. in verd. Säuren l. in A, Methanol ll. in Bzl., Chlf.	Jodjodkaliumlsg. ruft mit 0,000001 g Subst. Trübung hervor + HNO_3 → gelb, beim Erwärmen → rot + Bromalhydrat → hellgelbgrün → violett + Furfurol-H_2SO_4 → rot, beim Erwärmen violett Chlorhydrat *Fp* 230—231°
Nadeln (+½ H_2O) (W)			X 225		wl. in k. W ll. in h. W, A, Ae	Äthylester *Fp* 98—99°
Nadeln, Blättchen (W)			VIII 393		ll. in h. W, A	
Blättchen (verd. A)			XIII 480	schmeckt sehr süß	0,125 W 15° 2 sd. W 4 k. 90%ig. A l. in Ae	
blaue Nadeln (Bzl.)			VII 625		l. in W grün l. in A	

Lfd. Nr.	*Fp*	Name	Summenformel	Strukturformel	Mol.-Gewicht
1	2	3	4	5	6
2381	173 bis 174	5,5-Phenyläthylbarbitursäure (Luminal)	$C_{12}H_{12}O_3N_2$	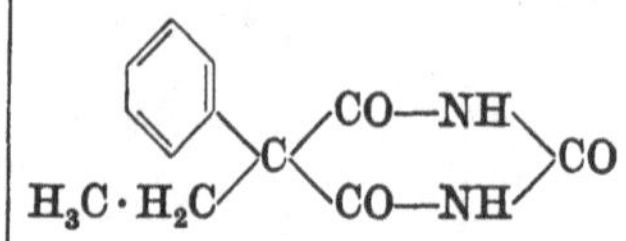	232,23
2382	173 bis 175	4,4'-Diaminotriphenylcarbinol	$C_{19}H_{18}ON_2$	$C_6H_5 \cdot C(OH)(C_6H_4 \cdot NH_2)_2$	290,35
2383	173 bis 175	3,5-Dimethyl-2-rhodanmercurithiophen	$C_7H_7NS_2Hg$	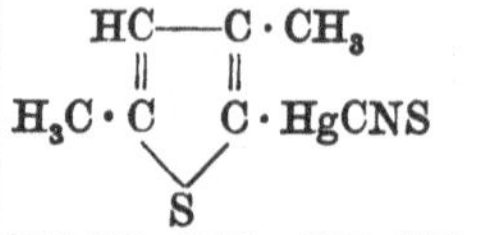	369,86
2384	173 bis 175	Zimtsäure-o-carbonsäure	$C_{10}H_8O_4$	$HOOC \cdot C_6H_4 \cdot CH:CH \cdot COOH$	192,16
2385	173,5	3-Aminobenzoesäure	$C_7H_7O_2N$	$H_2N \cdot C_6H_4 \cdot COOH$	137,13
2386	174	4,4'-Bis-dimethylaminobenzophenon	$C_{17}H_{20}ON_2$	$[(CH_3)_2N \cdot C_6H_4]_2CO$	268,34
2387	174	5-Brom-2-methylthiophen-3,4-disulfonsäurechlorid	$C_5H_3O_4Cl_2BrS_3$	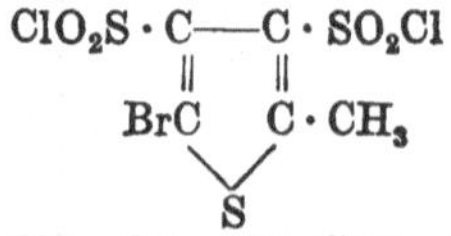	374,08
2388	174	4-Chloracetanilid	C_8H_8ONCl	$CH_3 \cdot CO \cdot NH \cdot C_6H_4 \cdot Cl$	169,61
2389	174	3,4-Dichlor-3,4-dimethyltetrahydrothiophen	$C_6H_{10}Cl_2S$	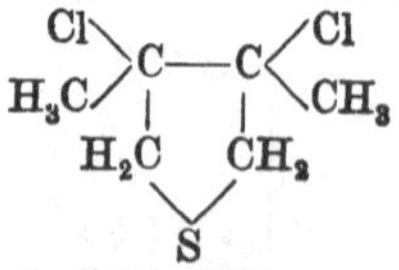	185,11
2390	174	4-Jod-1-nitrobenzol	$C_6H_4O_2NJ$	$J \cdot C_6H_4 \cdot NO_2$	249,02
2391	174	Xanthon	$C_{13}H_8O_2$	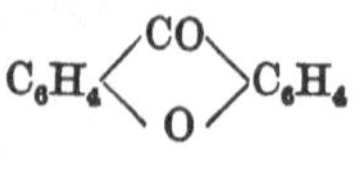	196,19
2392	174 bis 175	4-Amino-o-kresol (OH = 1)	C_7H_9ON	$CH_3 \cdot C_6H_3(OH) \cdot NH_2$	123,15

Aggregatzustand Farbe	Spez. Gewicht	Siedepunkt °C	Beilstein-Zitat	Physikalische Konstanten und Eigenschaften	Löslichkeit	Reaktionen
7	8	9	10	11	12	13
weiße Krist.-Blättchen			E_1 XXIV 423	bitterer Geschmack	swl. in k. W wl. in h. W; Ae ll. in A, Aceton, Essigester swl. in Bzl., Chlf. ll. in Lauge	1. 2—3 mg Subst. in 1 ml methylalkohol.$Co(NO_3)_2$-Lsg. + 20 mg Piperazin → rotviolett 2. 2 mg Subst. in 1 ml 1—2%iger Pyridinlsg. in Hitze gelöst. Zur sd. Lsg. tropfenweise 0,4%ige $CuSO_4$-Lsg. → blaßviolette Krist. 3. + 10—20 mg Paraform + 1 ml H_2SO_4 + Fe-H_3PO_4→intensiv violettrot, rote Fluoresz.
farblose Prismen (wss. Prydin) Tafeln (A + Aceton)			XIII 742		wl. in h. W, Ae l. in A	
Nadeln (Ae)			IX 898		swl. in W, Ae ll. in A unl. in Bzl.	Diamid *Fp* 200—201°
Nadeln (W)	1,511	subl.	XIV 383	wss. Lsg. färbt sich an der Luft bräunlich	0,59 W 15° 2,2 A 10° 1,8 Ae 7° unl. in Bzl.	Acetylderivat *Fp* 248° Anilid *Fp* 129° Sulfat *Fp* 225°
Blättchen (A)		>360 (Z.)	XIV 89		0,04 W 20° l. in A wl. in Ae ll. in h. Bzl.	
Nadeln (Essigsäure)	$1,385^{22°}$		XII 611		ll. in A, Ae, CS_2	
gelbe Nadeln	$1,809^{155°}$	subl. 289 (772mm)	V 253		unl. in W ll. in h. A sll. in Ae	
Nadeln (A)		350 (730mm)	XVII 354		wl. in h. W 0,7 k. A 8,5 sd. A wl. in Ae l. in H_2SO_4	Lsg. in H_2SO_4 gelb, hellblau fluoreszierend
Blätter (Bzl.)		subl.	XIII 576		wl. in W ll. in A, Ae wl. in Bzl.	

Lfd. Nr.	*Fp*	Name	Summenformel	Strukturformel	Mol.-Gewicht
1	2	3	4	5	6
2393	174 bis 175	d-Catechin	$C_{15}H_{14}O_6$	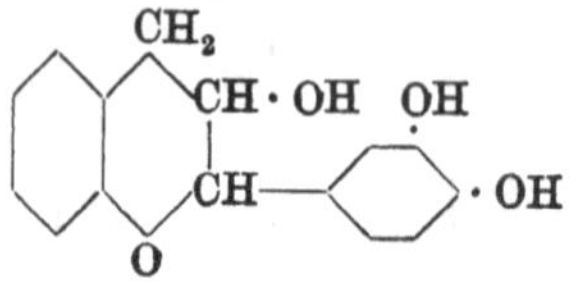	290,26
2394	174 bis 175	Bis-[3-chlorthienyl-(2)]-quecksilber	$C_8H_4Cl_2S_2Hg$	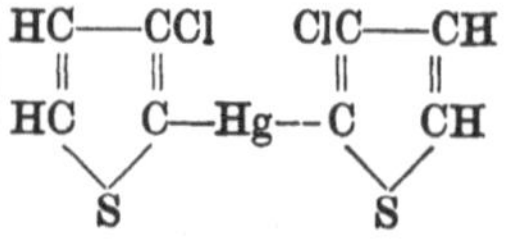	435,76
2395	174 bis 175	Thionaphthen-3-carbonsäure	$C_9H_6O_2S$	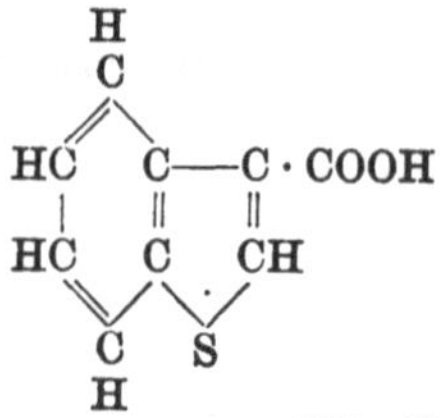	178,20
2396	175	p-Aminoephetonin (Ephetonal)	$C_{10}H_{16}ON_2$	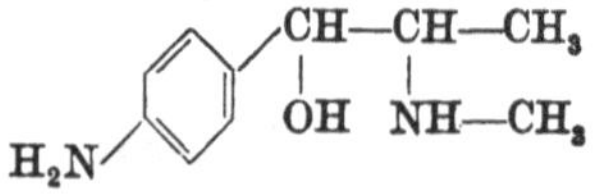	164,22
2397	175	Blei(IV)-acetat	$C_8H_{12}O_8Pb$	$(CH_3COO)_4Pb$	443,48
2398	175	Chinin	$C_{20}H_{24}O_2N_2$	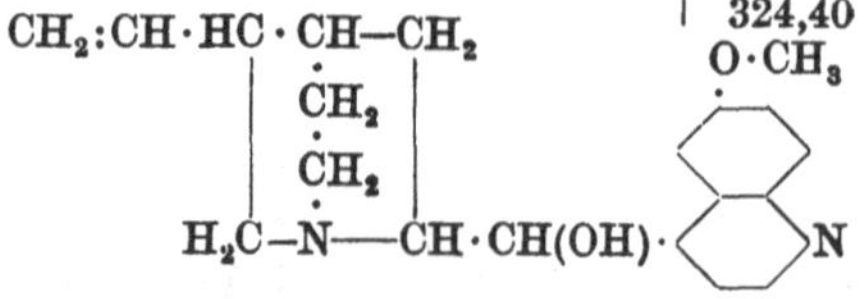	324,40

Aggregatzustand Farbe	Spez. Gewicht	Siedepunkt °C	Beilstein-Zitat	Physikalische Konstanten und Eigenschaften	Löslichkeit	Reaktionen
7	8	9	10	11	12	13
Nadeln (W)		>205 (Z.)	XVII 210	$[\alpha]_{578}$ +17,1° (50% Aceton); in 96%igem A inaktiv	wl. in k. W ll. in h. W, A wl. in Ae unl. in Bzl.	+ $FeCl_3$ → grün
weiße schwach rötlich-gelbe Krist.					l. in W	1. + konz. HNO_3 → violettrot 2. + Fe-H_3PO_4 → violettrot 3. + 1 Tropfen HNO_3-H_2SO_4 gelinde erwärmt → braunorange → grün + 1 ml konz. H_2SO_4 → gelb +Paraform → violettrot
Krist.	2,228[17°]		II 117		ll. in h. Eg., W, A	
Krist. (A) seidenglänzende Nadeln		subl.	XXIII 551	$[\alpha]_D^{17}$ —167° (A); schmeckt sehr bitter	0,05 W 15° 0,1 sd W 62 A 17° ~3 Ae 20° 21,7 sd. Bzl. ll. in Chlf., CS_2	in H_2SO_4-Lsg. blau fluoreszierend + Chromsäure 1:100 → gelben Nd. + Furfurol-H_2SO_4 → dunkelgrünbraun, beim Erwärmen → grün → braun Jod fällt braunrot wss. Lsg. von Chinin + Chlorwasser + NH_3 → smaragdgrüne Lsg. oder dunkelgrüner Nd. (Thalleiochin) zu 10 ml Chininlsg. von 0,05% setzt man 1 ml Bromwass., überschichtet vorsichtig mit NH_4OH, → an Berührungsstelle grüner Ring, darunter roter Ring, Lsg. bleibt gelb (E 1:20000) + Perhydrol-H_2SO_4 zu kleinsten Mengen Chinin → zitronen-kanariengelb

Lfd. Nr.	*Fp*	Name	Summenformel	Strukturformel	Mol.-Gewicht
1	2	3	4	5	6
2399	175	5-Chlor-7-jod-8-oxy-chinolin (Vioform)	C_9H_5ONClJ	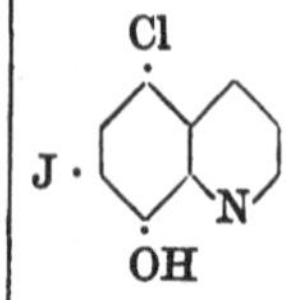	305,52
2400	175	Benzoyl-2-dimethylamino-methylbutanol-(2)-chlorhydrat (Stovain)	$C_{14}H_{22}O_2NCl$	$CH_2—N(CH_3)_2$ $C_2H_5—C—O—CO—C_6H_5$, HCl CH_3	271,78
2401	175	2,5-Dimethyl-3-jod-mercurithiophen	C_6H_7JSHg	$HC—C \cdot HgJ$ $H_3C \cdot C \quad C \cdot CH_3$ S	438,71
2402	175	4,5-Dioxyphthalsäure	$C_8H_6O_6$	$(HO)_2C_6H_2(COOH)_2$	198,13
2403	175	1,5-Diphenylcarbo-hydrazid	$C_{13}H_{14}ON_4$	$(C_6H_5 \cdot NH \cdot NH)_2CO$	242,27
2404	175	Naphthalindicarbon-säure-(1,2)	$C_{12}H_8O_4$	$C_{10}H_6(COOH)_2$	216,18
2405	175	Semicarbazidhydrochlorid	CH_6ON_3Cl	$H_2N \cdot NH \cdot CO \cdot NH_2 + HCl$	111,54
2406	175	Styphninsäure	$C_6H_3O_8N_3$	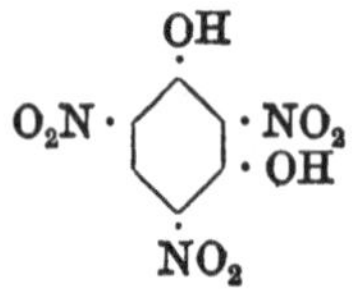	245,11
2407	175	Terebinsäure	$C_7H_{10}O_4$	$H_2C——CH \cdot COOH$ $OC—O—C(CH_3)_2$	158,15
2408	175	Tetraphenylfuran	$C_{28}H_{20}O$	$C_6H_5 \cdot C——C \cdot C_6H_5$ $C_6H_5 \cdot C \cdot O \cdot C \cdot C_6H_5$	372,44
2409	175	4,4′,4″-Tris-[dimethylamino]-triphenylmethan (Leukokristallviolett)	$C_{25}H_{31}N_3$	$[(CH_3)_2N \cdot C_6H_4]_3CH$	373,52
2410	175 bis 176	4-Aminozimtsäure	$C_9H_9O_2N$	$H_2N \cdot C_6H_4 \cdot CH:CH \cdot COOH$	163,17
2411	175 bis 176	3-Chlor-2-thiophensäure	$C_5H_3O_2ClS$	$HC—CCl$ $HC \quad C \cdot COOH$ S	162,59

Aggregatzustand Farbe	Spez. Gewicht	Siedepunkt °C	Beilstein-Zitat	Physikalische Konstanten und Eigenschaften	Löslichkeit	Reaktionen
7	8	9	10	11	12	13
graues Pulver				geschmacklos; geruchlos	unl. in W l. in Lauge gelb	+ 2n HNO_3 + Jodlösung kochen → Geruch nach Jod alkohol. Lsg. erwärmt + $Fe(NO_3)_3$ → intensiv grün alkohol. Lsg. + $AgNO_3$ → eigelber Nd. Lsg. in Lauge + NH_3 + $CuSO_4$-Lsg. → eigelber Nd.
sehr feine Nadeln oder glänzende Blättchen (abs. A)			E_1 IX 91		sll. in W ll. in Methanol swl. in k. Aceton	Pikrat *Fp* 115—116,5°
Prismen (W)			X 552		ll. in W, A wl. in Ae	
Krist. (A)			XV 292		wl. in h. W ll. in h. A, Eg. unl. in Ae	
Krist.			IX 917		l. in h. W ll. in A, Ae, Eg. wl. in Chlf.	Anhydrid *Fp* 168—169°, Nädelchen Diamid *Fp* 265°, Tafeln Dimethylester *Fp* 80°
Prismen (verd. A)			III 100		ll. in W unl. in A, Ae	
gelbe Krist. (verd. A)	1,829		VI 830	Salze verpuffen beim Erhitzen	0,64 W 14° 1,14 W 88° ll. in A, Ae	
Krist. (A)		Z.	XVIII 377		wl. in k. W ll. in h. A 1,7 Ae 10°	
Nadel, Blättchen (A)		220	XVII 99		unl. in W 0,59 sd. A 1,92 Ae 17°	
Blättchen (A)			XIII 325		unl. in k. W wl. in k. A ll. in Ae	
gelbe Nadeln			XIV 521	leicht zersetzlich	wl. in k. W ll. in h. W; A, Ae	Äthylester *Fp* 68—69°

Lfd. Nr.	*Fp*	Name	Summenformel	Strukturformel	Mol.-Gewicht
1	2	3	4	5	6
2412	175 bis 178	Diacetyl-1,2,7-trioxy-anthrachinon (Purgatin)	$C_{18}H_{12}O_7$	$(O:)_2C_{14}H_5(OH)(O \cdot CO \cdot CH_3)_2$	340,27
2413	176	2,2'-Diaminostilben (hochschm. Form)	$C_{14}H_{14}N_2$	$H_2N \cdot C_6H_4 \cdot CH:CH \cdot C_6H_4 \cdot NH_2$	210,27
2414	176	Dianisylmonophenetyl-guanidinchlorhydrat	$C_{23}H_{26}O_3N_3Cl$	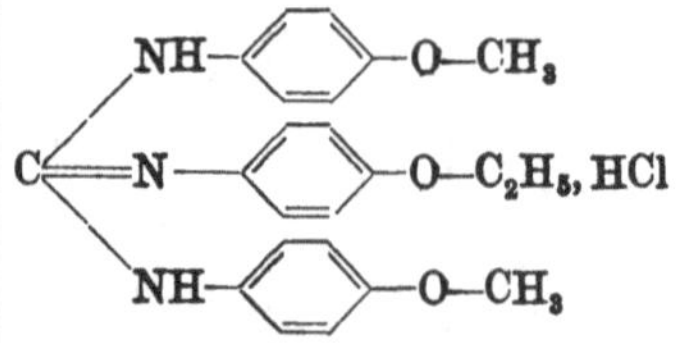	428,21
2415	176 (Z.)	Dilitursäure	$C_4H_3O_5N_3$	$O_2N \cdot HC\langle{}^{CO \cdot NH}_{CO \cdot NH}\rangle CO$	173,09
2416	176	2,4-Dinitroanilin	$C_6H_5O_4N_3$	$(O_2N)_2C_6H_3 \cdot NH_2$	183,12
2417	176	N,N'-Di-p-tolylthioharnstoff	$C_{15}H_{16}N_2S$	$(CH_3 \cdot C_6H_4 \cdot NH)_2CS$	256,35
2418	176	Isocyanursäuretrimethylester	$C_6H_9O_3N_3$	$CH_3 \cdot N\langle{}^{CO \cdot N(CH_3)}_{CO \cdot N(CH_3)}\rangle CO$	171,15
2419	176	N-Methylphenyläthyl-barbitursäure (Prominal)	$C_{13}H_{14}O_3N_2$	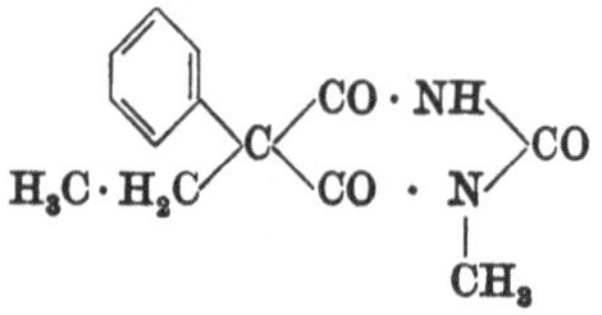	251,26
2420	176	Narcotin	$C_{22}H_{23}O_7N$	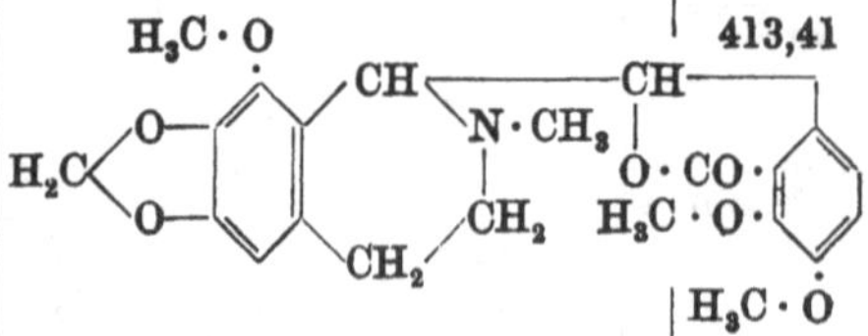	413,41

Aggregatzustand Farbe	Spez. Gewicht	Siedepunkt °C	Beilstein-Zitat	Physikalische Konstanten und Eigenschaften	Löslichkeit	Reaktionen
7	8	9	10	11	12	13
grüngelbe glänzende Schüppchen			VIII 517		wl. in A ll. in h. Eg.	
goldgelbe Prismen (A, Ae od. Bzl.)			XIII 267	vgl. Nr. 1745	l. in A, Ae	
farbl. Krist.					l. in W	
Prismen od. Blättchen $+ 3H_2O$ (W)			XXIV 474		0,09 W 26° ll. in h. W l. in A unl. in Ae	
gelbe Nadeln	$1{,}615^{14°}$		XII 747		unl. in k. W swl. in sd. W 0,76 A 21° wl. in h. HCl	Acetylderivat *Fp* 121°
Säulen			XII 948		unl. in W swl. in k. A	
Krist. (W oder A)		274	XXVI 249		unl. in k. W wl. in h. W l. in A	
weiße Krist.				bitterer Geschmack	swl. in W l. in A ll. in Lauge	1, 2—3 mg Subst. in 1 ml methylalkohol. $Co(NO_3)_2$-Lsg. + 20mg Piperazin → rotviolett 2. 2 mg. Subst. in 1 ml 1—2%iger Pyridinlsg. in Hitze gelöst. Zur sd. Lsg. tropfenweise 0,4%ige $CuSO_4$-Lsg. → blaßviolette Krist. 3. 1 ml H_2SO_4 + Paraform warm → blaßgelb → intensiv violettrot → rot + HNO_3-H_2SO_4 → orange
Nadeln (A)	1,374	(Z)	XXVII 547	$[\alpha]_D$ —200° (Chlf.)	swl. in W wl. in k. A ll. in sd. A 0,6 Ae 16° ll. in Chlf.	+ konz. H_2SO_4 → grünlichgelb → rotgelb → kirschrot + $(CH_2)_6N_4$ in H_2SO_4 (5%ig) → goldgelb + Formaldehyd-H_2SO_4 → blauviolett, → violett → sepia → gelb → blutrot + konz. HNO_3 → gelbgrün + Perhydrol-H_2SO_4 → orangerot → purpurrot → farblos

Lfd. Nr.	*Fp*	Name	Summenformel	Strukturformel	Mol.-Gewicht
1	2	3	4	5	6
2421	176 (Z.)	Orsellinsäure	$C_8H_8O_4$	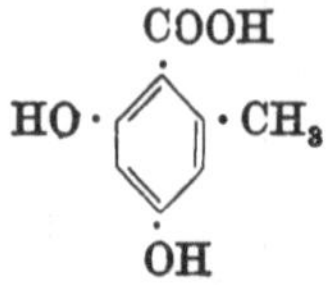	168,14
2422	176 bis 177	α-Campheramidsäure	$C_{10}H_{17}O_3N$	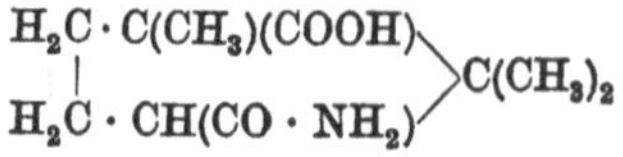	194,24
2423	176 bis 177	4-Dibenzothiophensäure	$C_{13}H_8O_2S$	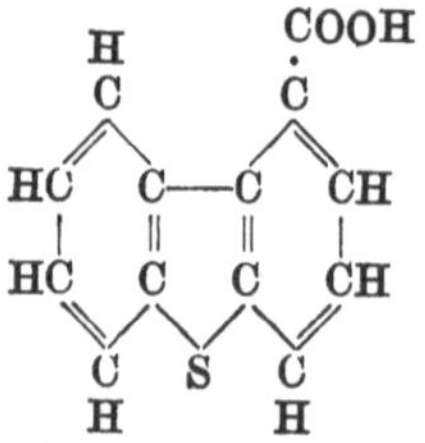	228,25
2424	176 bis 177	Dichinolyl-(2,3′)	$C_{18}H_{12}N_2$	$C_9H_6N \cdot C_9H_6N$	256,29
2425	176 bis 177	2,3,5-Trichlor-4-thiophensäure	$C_5HO_2Cl_3S$	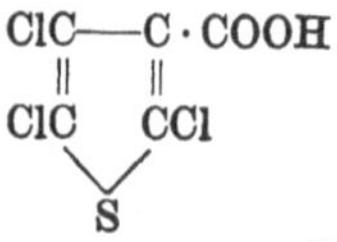	231,49
2426	176 bis 180	Succinylsalicylsäure (Diaspirin)	$C_{18}H_{14}O_8$	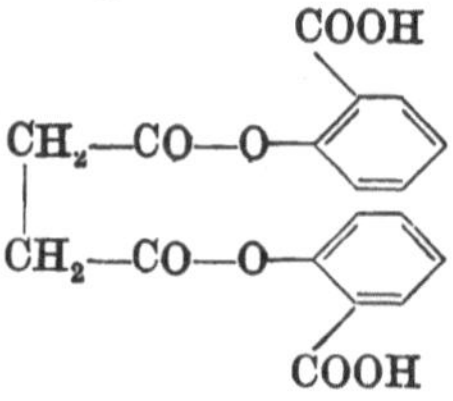	358,29
2427	177	9-Methyl-2,6,8-trichlorpurin	$C_6H_3N_4Cl_3$	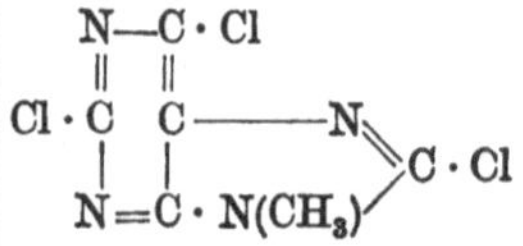	223,44
2428	177	2,5-Dinitrobenzoesäure	$C_7H_4O_6N_2$	$(O_2N)_2C_6H_3 \cdot COOH$	212,12
2429	177	2-Methylanthrachinon	$C_{15}H_{10}O_2$	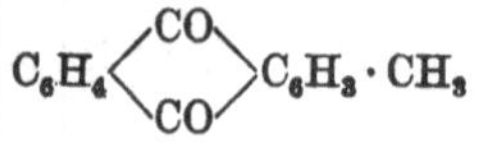	222,23
2430	177	2-Oxy-p-toluylsäure	$C_8H_8O_3$	$HO \cdot C_6H_3(CH_3) \cdot COOH$	152,14
2431	177	2-Thienyl-isoxazolcarbonsäure	$C_8H_5O_3NS$	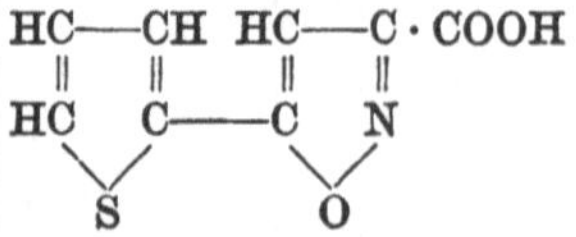	195,19
2432	177 bis 178	4-Oxy-o-toluylsäure	$C_8H_8O_3$	$HO \cdot C_6H_3(CH_3) \cdot COOH$	152,14

Aggregat-zustand Farbe	Spez.-Gewicht	Siede-punkt °C	Beilstein-Zitat	Physikalische Konstanten und Eigenschaften	Löslichkeit	Reaktionen
7	8	9	10	11	12	13
Nadeln $+ 1 H_2O$ (Essig-säure)			X 412		ll. in A 22,2 Ae 20°	
Blättchen (W)			IX 755	$[\alpha]_D$ +45° (A)	l. in W, A swl. in Ae	
Blättchen (A)		>400	XXIII 293		unl. in W ll. in h. A l. in Ae, Bzl., Chlf.	
weiße Nadeln				geruchlos, geschmacklos	swl. in W wl. in k. A, k. Essigester	
Krist. (A)		XXVI 357			sl. in Aceton u. h. W	
Krist. (W)			IX 412		wl. in k. W ll. in A, Ae	
Nadeln (A)			VII 809		wl. in A, Ae ll. in Bzl., Eg.	
Nadeln (W)		subl.	X 233		l. in W ll. in A, Ae	+ $FeCl_3$ → violett Äthylester Kp. 254°
Nadeln $+ \frac{1}{2}H_2O$ (W)			X 214		wl. in k. W ll. in A, Ae	Äthylester *Fp* 98°

Lfd. Nr.	*Fp*	Name	Summenformel	Strukturformel	Mol.-Gewicht
1	2	3	4	5	6
2433	177 bis 178	3,4,5-Trioxybenzophenon	$C_{13}H_{10}O_4$	$C_6H_5 \cdot CO \cdot C_6H_2(OH)_3$	230,21
2434	177,5	2,5-Dimethyl-3-rhodan-mercurithiophen	$C_7H_7NS_2Hg$	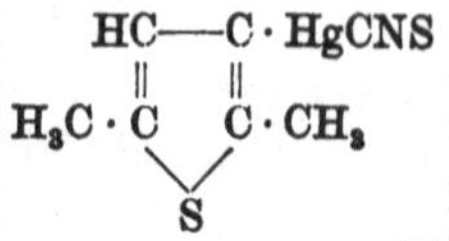	347,24
2435	178	Androsteron	$C_{19}H_{30}O_2$	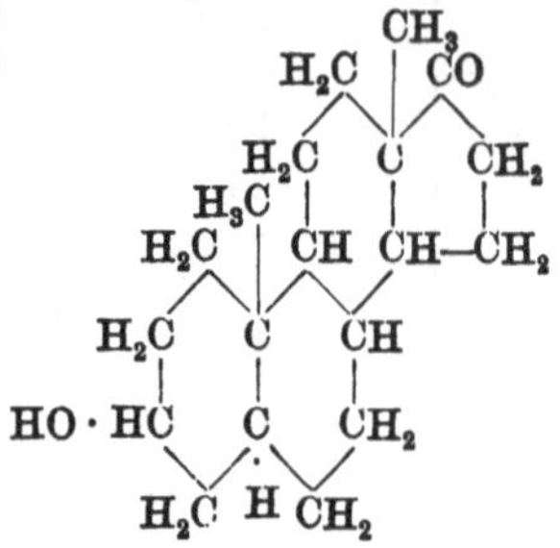	290,42
2436	178	Brucin	$C_{23}H_{26}O_4N_2$	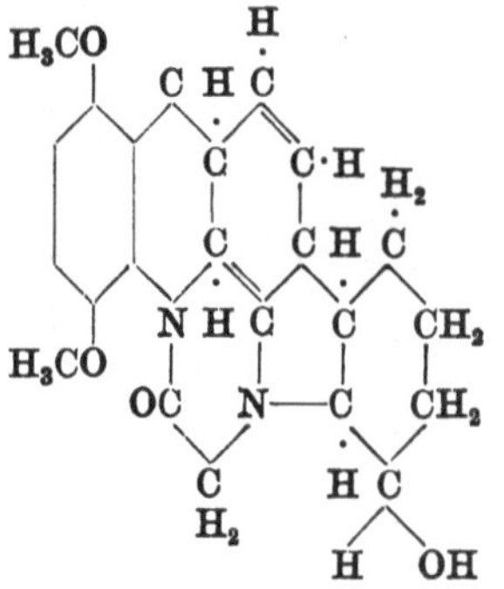	394,45
2437	178	γ-Carotin	$C_{40}H_{56}$ 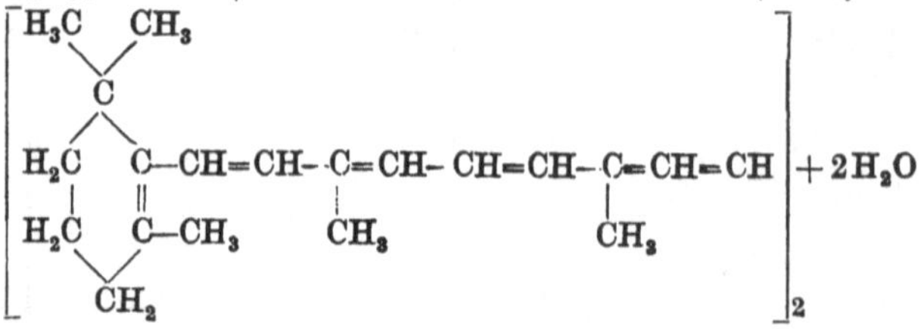		572,88
2438	178	1,7-Dioxynaphthalin	$C_{10}H_8O_2$	$C_{10}H_6(OH)_2$	160,16

Aggregat-zustand Farbe	Spez. Gewicht	Siede-punkt °C	Beilstein-Zitat	Physikalische Konstanten und Eigenschaften	Löslichkeit	Reaktionen
7	8	9	10	11	12	13
Blättchen + 1 H_2O (W)			VIII 422		wl. in k. W ll. in h. W; A, Ae	
Krist.				$[\alpha]_D$ +96°	l. in Chlf.	Oxim *Fp* 215°
weiße Prismen (A)				$[\alpha]_D$ —119 bis —127° (Chlf.); stark bitter; sehr giftig	0,1 W 20° 0,67 sd. W 82,4 A 25° 0,8 Ae 20° 13,1 Chlf. 25° l. in Säuren	+ verd. HNO_3 → blaßviolettrot, kurzes Erhitzen → orange → gelb 1. + 1 ml H_2SO_4 → rosa + Fe-H_3PO_4 → zart violettrot + HNO_3·H_2SO_4 → intensiv orange → sehr langsam gelb 2. + 10—20 mg Paraform + 1 ml H_2SO_4 → rosa + Fe-H_3PO_4 → zart violettrot + HNO_3·H_2SO_4 → intensiv orange → langsam heller + Bromwasser → violett + Bromw. → gelber Nd. + Jodjodkalium → Nd. E 1:50000 + $AuCl_3$ → Nd. 1 : 20000 Subst. in H_2SO_4-H_2O(1:9) + stark verd. $K_2Cr_2O_7$-Lsg. → himbeerrot → orangerot → braunrot (E 1:10000)
rote Blättchen				optisch inaktiv		+ $SbCl_3$ in Chlf. → blau
Nadeln (W)			VI 981		ll. in h. W, A, Ae	Diacetat *Fp* 108°

Lfd. Nr.	*Fp*	Name	Summenformel	Strukturformel	Mol.-Gewicht
1	2	3	4	5	6
2439	178	1-[3',4'-Dioxyphenyl]-2-aminopropanol-(1)-chlorhydrat (Corbasil)	$C_9H_{14}O_3NCl$	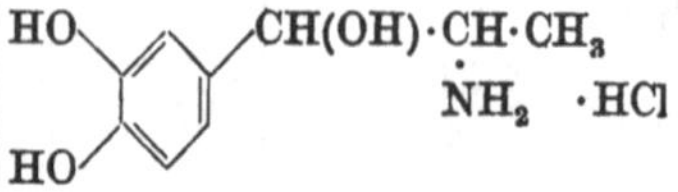	189,64
2440	178	3,4-Dioxythiophen-2,5-dicarbonsäuredimethylester	$C_8H_8O_6S$	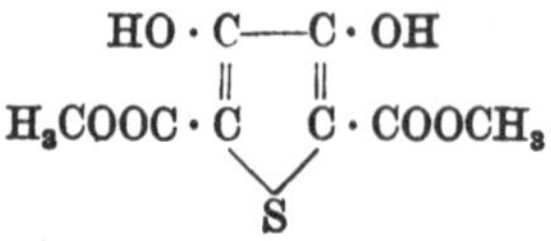	232,20
2441	178	Glyoxim	$C_2H_4O_2N_2$	HO · N : CH · CH : N · OH	88,07
2442	178	Inulin	$C_{12}H_{20}O_{10}$		324,28
2443	178	Isopropyl-β-bromallyl-barbitursäure (Noctal)	$C_{10}H_{13}O_3N_2Br$	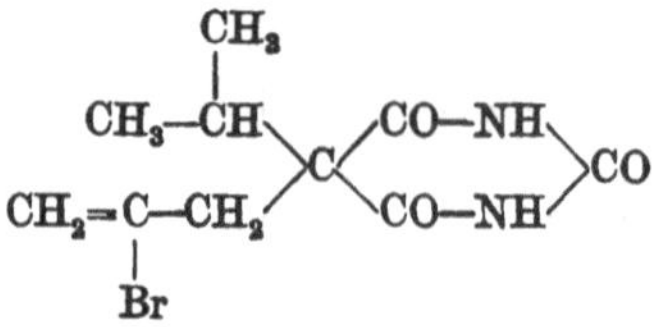	289,14
2444	178	Lobelinchlorhydrat	$C_{22}H_{28}O_2NCl$	$C_{22}H_{27}O_2N + HCl$	373,7

Aggregat-zustand Farbe	Spez. Gewicht	Siede-punkt °C	Beilstein-Zitat	Physikalische Konstanten und Eigenschaften	Löslichkeit	Reaktionen
7	8	9	10	11	12	13
weiße Krist.				geruchlos; bitterer Geschmack		wss. Lsg. beim Schütteln mit Lauge → rötlichgelb bis orange 1—2 mg Subst. in 1 ml W lösen + 0,5 ml verd. $Fe(NO_3)_3$-Lsg. → grün + Hexamethylentetramin → intensiv blauviolett
Tafeln (W)		subl.	I 761		ll. in h. W, A, Ae	
hygroskop. Krist. 1 H_2O	$1{,}35^{20°}$			$[\alpha]_D$ —40°	0,01 W 0° 0,02 A 16°	Hydrolyse → Fructose
weiße Krist.					swl. in W l. in Lauge	1. + 1 ml W + 2—3 Tropfen 2n-Lauge + 2 bis 3 Tropfen n/10-$KMnO_4$-Lsg. → blau bis grün + 2n HNO_3 → klar und farblos + $AgNO_3$ → AgBr 2. 1 mg Subst. + 10 mg α-Naphthol in 1 ml konz. H_2SO_4 im sd. W-Bad → schwach grün, bei Erhitzen über freier Flamme → intensiv grün 3. 2—3 mg Subst. in 1 ml methylalkoholischer $Co(NO_3)_2$-Lsg. + 20 mg Piperazin → rotviolett 4. 2 mg Subst. in 1 ml 1—2%iger Pyridinlsg. in Hitze gelöst. Zur sd. Lsg. tropfenweise 0,4%ige $CuSO_4$-Lsg. → blaßviolette Krist.
weißes Krist.-Plv.				$[\alpha]_D^{20}$ —42,51° (W); bitterer Geschmack	40 W 10 A ll. in Chlf.	beim Kochen der wss. Lsg. → Geruch nach Acetophenon 1. + 1 ml konz. H_2SO_4 + Fe-H_3PO_4 → rosa, warm violettrot + Paraform → violettrot und grau + HNO_3-H_2SO_4 → braun und violettrot, Fluoreszenz 2. 0,01 g Subst. in 1 ml H_2SO_4 lösen (HCl-Entwicklung) + 1 Tropfen Formaldehyd-H_2SO_4 → kirschrot

Lfd. Nr.	*Fp*	Name	Summenformel	Strukturformel	Mol.-Gewicht
1	2	3	4	5	6
2445	178 bis 179	4-Amino-m-kresol (OH = 1)	C_7H_9ON	$CH_3 \cdot C_6H_3(OH) \cdot NH_2$	123,15
2446	178 bis 179	3,4-Dimethyl-2-rhodan-mercurithiophen	$C_7H_7NS_2Hg$	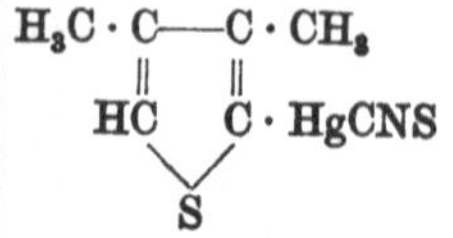	369,86
2447	178 bis 179,5	5-Jod-3-methyl-2-thiophensäure	$C_6H_5O_2JS$	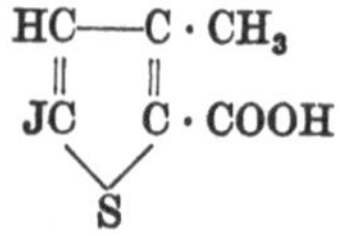	268,08
2448	178 bis 180	3,4-Dijod-2-chlormercuri-thiophen	C_4HClJ_2SHg	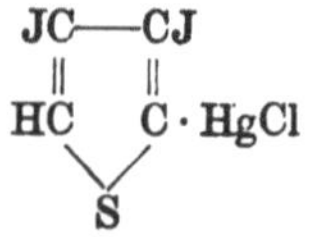	370,41
2449	178 bis 180	1,8-Dioxyanthranol (Cignolin)	$C_{14}H_{10}O_3$	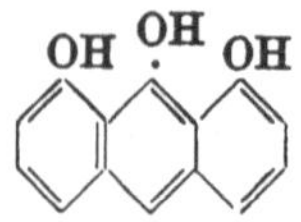	226,22
2450	178,5 bis 179	2,5-Dibrom-4-methyl-3-thiophensäure	$C_6H_4O_2Br_2S$	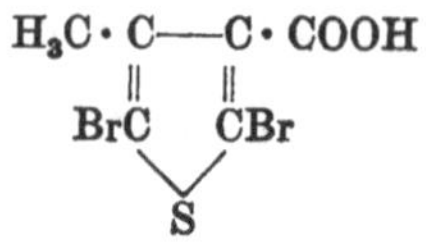	299,98
2451	178,5	d-Campher	$C_{10}H_{16}O$	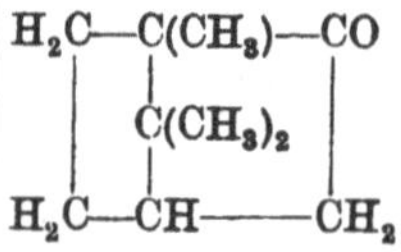	152,22
2452	179	1-Acetyl-5-äthyl-5-phenyl-hydantoin (Acetyl-nirvanol)	$C_{13}H_{14}O_2N_2$	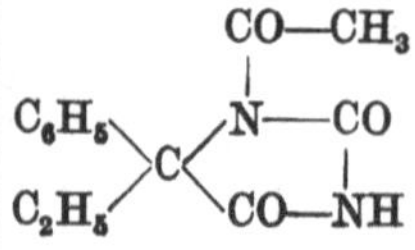	246,26
2453	179	Acetylendicarbonsäure	$C_4H_2O_4$	$HOOC \cdot C \vdots C \cdot COOH$	114,06
2454	179	N-Methylanthranilsäure	$C_8H_9O_2N$	$CH_3 \cdot NH \cdot C_6H_4 \cdot COOH$	151,16
2455	179	3,3',4,4'-Tetrachlor-2,2'-dithienyl-5,5'-dialdehyd	$C_{10}H_2O_2Cl_4S_2$	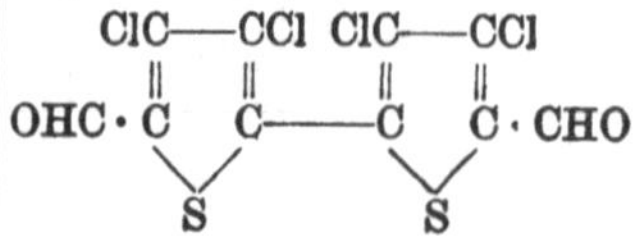	360,06

Aggregatzustand Farbe	Spez. Gewicht	Siedepunkt °C	Beilstein-Zitat	Physikalische Konstanten und Eigenschaften	Löslichkeit	Reaktionen
7	8	9	10	11	12	13
Warzen (Bzl.)			XIII 593			
			E_1 VIII 647			
Tafeln (A)	$1{,}000^{0°}$ $0{,}9999^{9°}$	subl 209,1	VII 101	$[\alpha]_D^{20}$ +44,3° (A); ebulliosk. Konst. 6,09; kryoskop. Konst. 40,0; riecht durchdringend; schmeckt scharf, etwas bitter, kühlend; mit Wasserdampf flüchtig	0,15 k. W 120 A 12° ll. in Ae, Bzl.	Lsg. in Paraform-H_2SO_4 beim Erwärmen → orangerot, intensivgrüne Fluoreszenz Oxim *Fp* 120°, Nadeln p-Bromphenylhydrazon *Fp* 104°, gelbe Blättchen Camphersemicarbazon *Fp* 247—248°, Nadeln Camphersäure *Fp* 187° (synthetische Säure *Fp* 203—205°)
farblose Krist.					l. in W ll. in A, Ae	
Krist. + H_2O (wss. Ae)			II 801		sll. in W, A, Ae	
Blättchen (A)			XIV 323		0,2 k. W 0,4 sd. W ll. in A, Ae	

Lfd. Nr.	*Fp*	Name	Summenformel	Strukturformel	Mol.-Gewicht
1	2	3	4	5	6
2456	179 bis 180	Thiophenanthron	$C_{15}H_8OS$	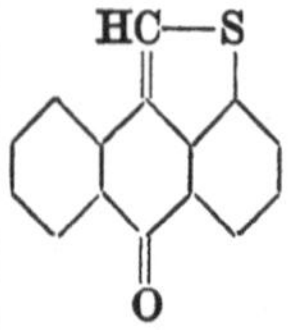	236,27
2457	179 bis 180	5-Methyl-2-brommercuri-thiophen	C_5H_5BrSHg	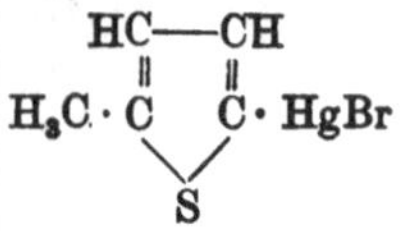	377,67
2458	179 bis 180	2-Rhodanmercurithiophen	$C_5H_3NS_2Hg$	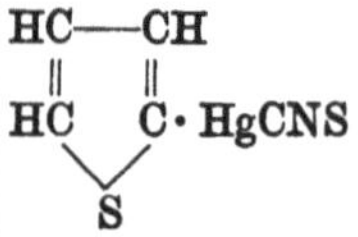	341,81
2459	179 bis 181	Marbadal (Badionalsaures Marfanil)	$C_{14}H_{19}O_4N_5S_3$	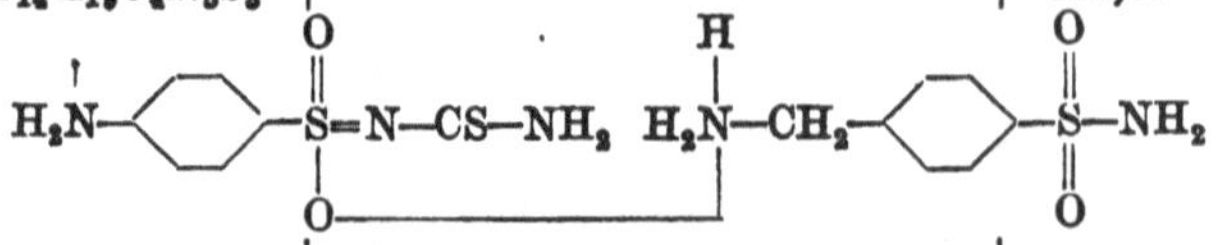	417,57
2460	180	Fluoran	$C_{20}H_{12}O_3$	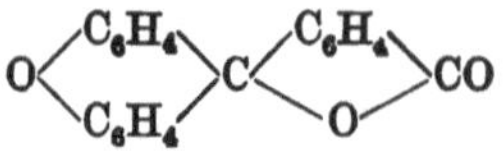	300,29
2461	180	Indican (Pflanzenindican)	$C_{14}H_{17}O_6N$	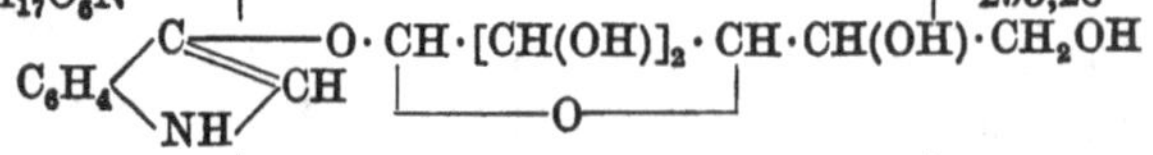	295,28
2462	180 (Z.)	α-Isatinchlorid	C_8H_4ONCl	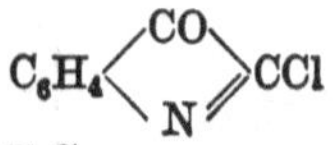	165,58
2463	180	α-Jodisovalerianylharnstoff (Jodival)	$C_6H_{11}O_2N_2J$	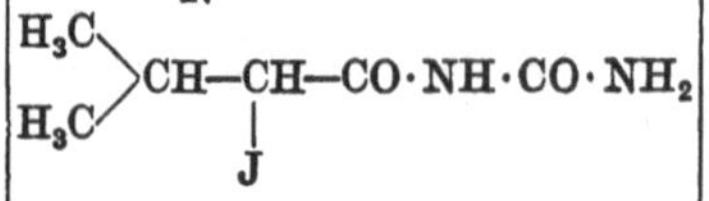	270,14

Aggregatzustand Farbe	Spez. Gewicht	Siedepunkt °C	Beilstein-Zitat	Physikalische Konstanten und Eigenschaften	Löslichkeit	Reaktionen
7	8	9	10	11	12	13
farblos					0,78 W ll. in verd. HCl l. in verd. NaOH, NH_3 wl. in A, Aceton unl. in Ae	+ Br-W → gelblichweiß.Nd. + p-Dimethylaminobenzaldehyd in verd. HCl → orange Subst. in alkoh. Lsg. + 1 Tropfen HCl auf Zeitungspapier → braunrot Subst. in alkoh. Lsg. + HNO_3 + $AgNO_3$ → weißer Nd. + NH_3 → schwarz + $FeCl_3$-Lsg. → schmutziggrünlichbrauner Nd. + Jodjodkalium → blaßgelb-gelbbrauner Nd. Subst. in NH_3 + ammoniakal. $AgNO_3$-Lsg. schwarzer Nd.
Nadeln + $2C_2H_5OH$ (A) braune Krist. + $3H_2O$			XIX 146		unl. in W l. in A l. in H_2SO_4, gelb ll. in W, A l. in Ae	
braune Nadeln			XXI 302		unl. in W ll. in A, Ae, Eg.	Lsgg. sind blau, Reduktion → Indigo
weiße Krist.				Geschmack schwach bitter	wl. in W ll. in Lauge	Lsg. in konz. H_2SO_4 farblos + tropfenweise $HNO_3 \cdot H_2SO_4$ → vorübergehend violettrot + 1 ml H_2SO_4 + $HNO_3 \cdot H_2SO_4$ → violettrot → braunorange → farblos + alkal. HgJ_2-Lsg. bei Zimmertemperatur klar, beim Erwärmen braunoranger Nd. →

Lfd. Nr.	*Fp*	Name	Summenformel	Strukturformel	Mol.-Gewicht
1	2	3	4	5	6
2464	180	N-Methyl-N'-acetyl-harnstoff	$C_4H_8O_2N_2$	$CH_3 \cdot NH \cdot CO \cdot NH \cdot CO \cdot CH_3$	116,12
2465	180	Homatropinmethylbromid (Novatropin)	$C_{17}H_{24}O_3NBr$	$C_{16}H_{21}O_3N \cdot CH_3Br$	370,29
2466	180	Benzyläther-3,3'-di-carbonsäure	$C_{16}H_{15}O_5$	$O(\cdot CH_2 \cdot C_6H_4 \cdot COOH)_2$	292,16
2467	180	Phenthiazin	$C_{12}H_9NS$		199,26
2468	180	p-Toluylsäure	$C_8H_8O_2$	$CH_3 \cdot C_6H_4 \cdot COOH$	136,14
2469	180	Thioharnstoff	CH_4N_2S	$H_2N \cdot CS \cdot NH_2$	76,12
2470	180 bis 181	Linolensäurehexabromid	$C_{18}H_{30}O_2Br_6$	$CH_2<$ $(CHBr)_2 \cdot CH_2 \cdot (CHBr)_2 \cdot C_2H_5$ / $(CHBr)_2 \cdot (CH_2)_7 \cdot COOH$	757,91
2471	180 bis 188	3,5-Dibrom-2-thiophen-säure	$C_5H_2O_2Br_2S$	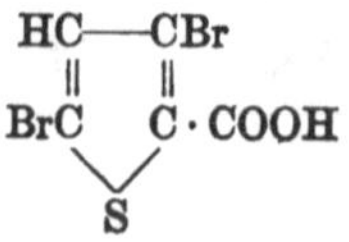	285,96

Aggregat-zustand Farbe	Spez. Gewicht	Siede-punkt °C	Beilstein-Zitat	Physikalische Konstanten und Eigenschaften	Löslichkeit	Reaktionen
7	8	9	10	11	12	13
Krist. (W)		Z.	IV 66		ll. in W l. in A wl. in Ae	
weiße Krist.				bitter		+ 1 Tropfen $HNO_3 \cdot H_2SO_4$ vorsichtig auf W-Bad erhitzt → blau → blaugrün + H_2SO_4 in W-Bad → schwach gelb + α-Naphthol → violettrot + Paraform-H_2SO_4 gelinde erwärmt → grünstichig gelb mit rötlicher Färbung + alkal. HgJ_2-Lsg. → gelblicher, käsiger Nd.
			X 232		sl. in Ae, Chlf., Bzl.	
gelbe Blättchen (A)		370	XXVII 63		swl. in W wl. in A, Ae l. in Bzl.	
Krist. (W)		274-275	IX 483	sublimierbar; mit Dampf flüchtig	0,04 W 25° ll. in A, Ae	Phenylester *Fp* 83°, Blättchen 4-Nitrobenzylester *Fp* 148,5° Amid *Fp* 165°, Nadeln oder Tafeln
Krist. (A)	1,405		VI 180		9 k. W swl. in k. A wl. in Ae	bei 160° → Ammoniumrhodanid wss. Lsg. + $AgNO_3$ → weiße Flocken, die sich braun verfärben + NH_3 → Ag_2S verd. Jodlösung wird entfärbt + alkalische HgJ_2-Lsg. gelben → orangen, beim Erwärmen schwarzen Nd. 1 Krist. Thioharnstoff in gelinde erwärmter Lsg. aus 1 ml H_2O, 2 Tropfen $K_3Fe(CN)_6$ + 2 Tropfen 2n-Essigsäure → rasch blau und trüb + Nitroprussidnatrium in alkalischer Lsg. → gelb
Nadeln (Bzl.)			II 387		swl. in A, Chlf., Eg.	

Lfd. Nr.	*Fp*	Name	Summenformel	Strukturformel	Mol.-Gewicht
1	2	3	4	5	6
2472	180 bis 190	4,5-Dimethoxyphthalsäure	$C_{10}H_{10}O_6$	$(CH_3O)_2C_6H_2(COOH)_2$	226,18
2473	180 bis 200	Azodicarbonamid	$C_2H_4O_2N_4$	$H_2N \cdot CO \cdot N:N \cdot CO \cdot NH_2$	116,08
2474	181	4-Oxymethylbenzoesäure	$C_8H_8O_3$		152,14
2475	181	2-Benzaminobenzoesäure	$C_{14}H_{11}O_3N$	$C_6H_5 \cdot CO \cdot NH \cdot C_6H_4 \cdot COOH$	241,23
2476	181	Dichinolyl-(6,6′)	$C_{18}H_{12}N_2$	$C_9H_6N \cdot C_9H_6N$	256,29
2477	181	Homophthalsäure	$C_9H_8O_4$	$HOOC \cdot C_6H_4 \cdot CH_2 \cdot COOH$	180,15
2478	181	4-Nitrophenylpropiolsäure	$C_9H_5O_4N$	$O_2N \cdot C_6H_4 \cdot C \vdots C \cdot COOH$	191,14
2479	181	4-Oxynaphthaldehyd	$C_{11}H_8O_2$	$HO \cdot C_{10}H_6 \cdot CHO$	172,17
2480	181	9-Phenylacridin	$C_{19}H_{13}N$	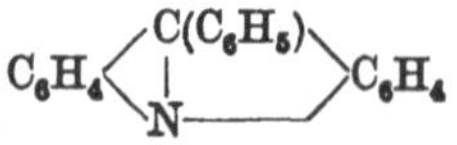	255,30
2481	181	4,4′, 5,5′-Tetrabrom-2,2′-dithienyl	$C_8H_2Br_4S_2$	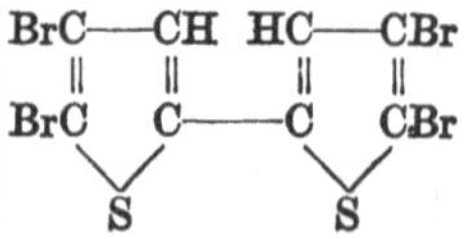	481,88
2482	181	Veratrumsäure	$C_9H_{10}O_4$		182,17
2483	181 bis 182,5	Androstan-3-on-17-trans-ol (Dihydrotestosteron)	$C_{19}H_{30}O_2$		290,43
2484	181 bis 183	2,5-Dijod-4-methyl-3-thiophensäure	$C_6H_4O_2J_2S$	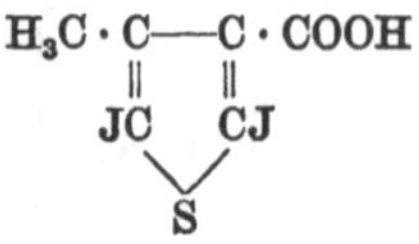	393,99
2485	181 bis 183	Thiosemicarbazid	CH_5N_3S	$H_2N \cdot NH \cdot CS \cdot NH_2$	91,13
2486	182	3-Aminozimtsäure	$C_9H_9O_2N$	$H_2N \cdot C_6H_4 \cdot CH:CH \cdot COOH$	163,17

Aggregatzustand Farbe	Spez. Gewicht	Siedepunkt °C	Beilstein-Zitat	Physikalische Konstanten und Eigenschaften	Löslichkeit	Reaktionen
7	8	9	10	11	12	13
Prismen + H_2O (W)			X 552		wl. in W	190° → Anhydrid *Fp* 175°
orange Krist.			III 123		swl. in h. W unl. in A	zersetzt sich beim Erhitzen in Cyanursäure und NH_3
Blättchen oder Nadeln					sll. in Ä., h. W	
Nadeln (A oder Bzl.)			XIV 340		unl. in W ll. in A, Ae	
Blättchen (A)			XXIII 295		unl. in W l. in A, Ae	
Nadeln (verd. A)					ll. in Bzl.	
Blättchen oder Prismen (W)			IX 857		l. in h. W ll. in A wl. in Ae unl. in Chlf., Bzl.	beim Erhitzen → Anhydrid
Nadeln (A oder Ae)			IX 637		wl. in W ll. in h. A; Ae wl in Chlf.	durch sd. W zers.
gelbe Nadeln (W)			VIII 146		unl. in k. W l. in A, Ae	
gelbe Prismen (A)		403-404	XX 514			
Krist. (W)		subl.	X 393		0,05 W 14° 0,6 sd. W ll. in A, Ae	
Nadeln (W)			III 195			Hydrochlorid *Fp* 186 bis 190°
gelbe Nadeln (W)			XIV 520		wl. in k. W ll. in A, Ae	Äthylester *Fp* 63—64°

Lfd. Nr.	*Fp*	Name	Summenformel	Strukturformel	Mol.-Gewicht
1	2	3	4	5	6
2487	182	β-Benzpinakolin (ω,ω,ω-Triphenyl-acetophenon)	$C_{26}H_{20}O$	$(C_6H_5)_3C \cdot CO \cdot C_6H_5$	348,42
2488	182	Cocainchlorhydrat	$C_{17}H_{22}O_4NCl$	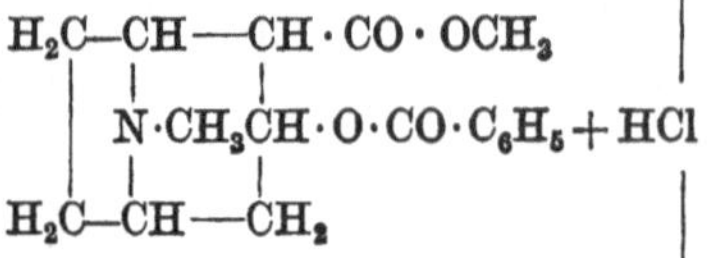	339,81
2489	182	2,5-Dibrom-4-jod-3-thiophensäure	$C_5HO_2Br_2JS$	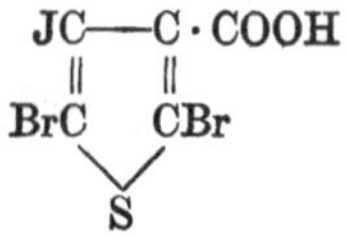	411,87
2490	182	N,N-Dimethylharnstoff	$C_3H_8ON_2$	$(CH_3)_2N \cdot CO \cdot NH_2$	88,11
2491	182	3,4-Diphenylthiophen-sulfon	$C_{16}H_{12}O_2S$	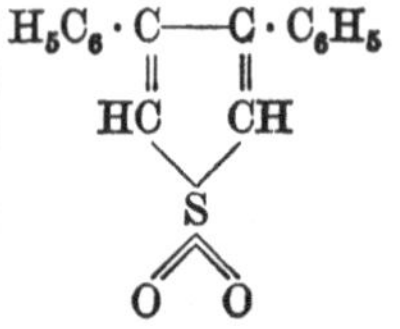	268,32
2492	182	2,4,6-Trinitro-m-xylol	$C_8H_7O_6N_3$	$(O_2N)_3C_6H(CH_3)_2$	241,16
2493	182 bis 183	2 Chlormercurithiophen	C_4H_3ClSHg	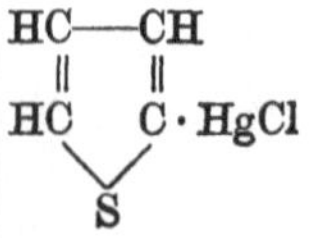	319,19
2494	182 bis 183	2,4-Dinitrobenzoesäure	$C_7H_4O_6N_2$	$(O_2N)_2C_6H_3 \cdot COOH$	212,12
2495	182 bis 183	4-Oxynaphthoesäure-(2)	$C_{11}H_8O_3$	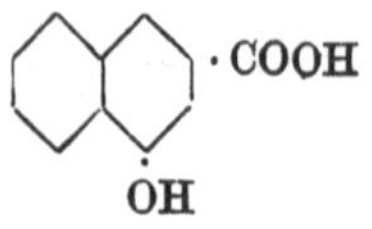	188,17

Aggregatzustand Farbe	Spez. Gewicht	Siedepunkt °C	Beilstein-Zitat	Physikalische Konstanten und Eigenschaften	Löslichkeit	Reaktionen
7	8	9	10	11	12	13
Nadeln (A)		Z.	VII 544		unl. in W wl. in k. A 1,2 sd. 95%ig. A l. in Ae ll. in Bzl., Chlf.	
weiße glänzende Blättchen (A)			XXII 200	$[\alpha]_D$ —71,9 (W); schwach bitter; anästhesierend	250 W 25° 38,4 A 25° unl. in Ae	+ 1 Tropfen Fe-H_3PO_4 erhitzt → Geruch von Benzoesäuremethylester 3 mg Substanz mit 1 Tropfen 5%iger $K_2Cr_2O_7$-Lsg. auf Uhrglas mit Glasstab verreiben → gelbe Krist., + 1 Tropfen konz. HCl → orange gefärbtes Harz, das hart wird oder in feinen Nadeln kristallisiert beim Verreiben mit 1 Tropfen n/10-$KMnO_4$-Lsg. → Krist. von Cocainpermanganat + Harnstoff + H_2SO_4 → beim Erwärmen blau + Jodlösung → brauner Nd.
Säulen (A)	1,255		IV 73		l. in W wl. in k. A swl. in Ae	
schwachgelbe Nadeln						
gelbe Blättchen (Bzl. + A)	$1{,}604^{19°}$		V 381		0,04 A 20°	
Nadeln oder Tafeln (W)	1,672	subl.	IX 411		1,85 W 25° l. in A 0,71 Bzl. 30°	
Büschel kleiner Nadeln (W)			X 328		l. in W, A	mit $FeCl_3$ gibt die wss. alkohol. Lsg. goldgelbe Trübung Acetylderivat *Fp* 167 bis 168°, Nadeln

Lfd. Nr.	*Fp*	Name	Summenformel	Strukturformel	Mol.-Gewicht
1	2	3	4	5	6
2496	**182,6**	4-Fluorbenzoesäure	$C_7H_5O_2F$	$F \cdot C_6H_4 \cdot COOH$	140,11
2497	**183**	Curcumin	$C_{21}H_{20}O_6$	$[(CH_3 \cdot O)^{(3)} \cdot (HO)^{(4)} \cdot C_6H_3 \cdot CH:CH \cdot CO]_2CH_2$	368,37
2498	**183**	Bis-[5-bromthienyl-(2)]-quecksilber	$C_8H_4Br_2S_2Hg$	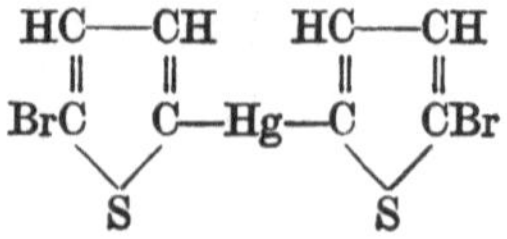	524,67
2499	**183**	Euphthalmin (Mandelsäureester des N,α,α′,α′-Tetramethyl-γ-oxyhexahydropyridin-chlorhydrats)	$C_{17}H_{26}O_3NCl$	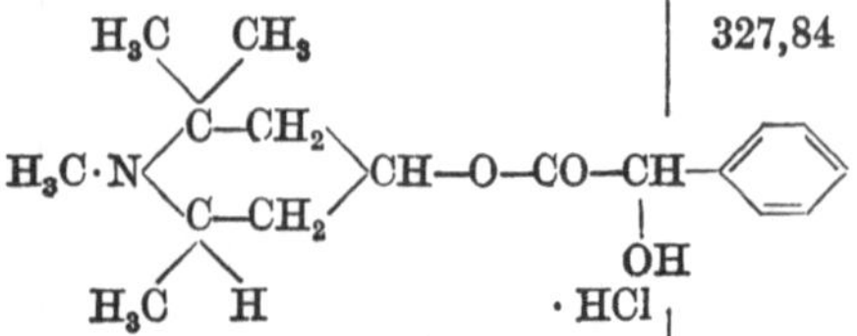	327,84
2500	**183**	2,4,4′,5,5′-Pentabrom-3,3′-dithienyl	$C_8HBr_5S_2$	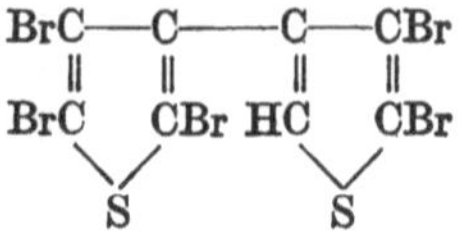	561,80
2501	**183**	Tetraphenylharnstoff	$C_{25}H_{20}ON_2$	$(C_6H_5)_2N \cdot CO \cdot N(C_6H_5)_2$	364,42
2502	**183 bis 184 (Z.)**	4-Oxynaphthoesäure-(1)	$C_{11}H_8O_3$	$HO \cdot C_{10}H_6 \cdot COOH$	188,17
2503	**183 bis 184**	5-Oxy-o-toluylsäure	$C_8H_8O_3$	$HO \cdot C_6H_3(CH_3) \cdot COOH$	152,14
2504	**183 bis 184**	2-o-Tolylthiophen	$C_{11}H_{10}S$	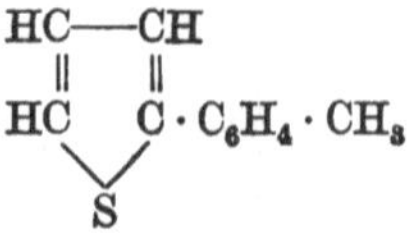	174,25
2505	**183 bis 185**	Thebainchlorhydrat	$C_{19}H_{22}O_3NCl$	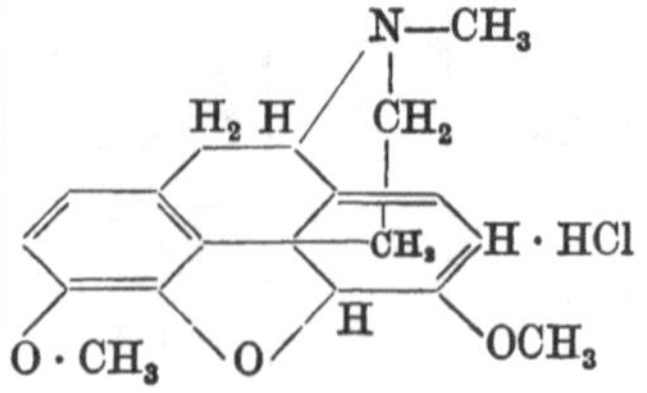	343,83

Aggregatzustand Farbe	Spez. Gewicht	Siedepunkt °C	Beilstein-Zitat	Physikalische Konstanten und Eigenschaften	Löslichkeit	Reaktionen
7	8	9	10	11	12	13
Prismen (W)	$1{,}479^{25^\circ}$		IX 333	mit Dampf flüchtig; schmeckt eigentümlich süß	0,12 W 25° l. in A, Ae	
rote Nadeln oder ziegelrote Prismen (Methylalkohol)			VIII 554	in Ae grüne Fluoreszenz	unl. in W wl. in A, Ae 0,05 Bzl. l. in Alkali rotbraun	
weiße Krist.				salzig-bitterer Geschmack	l. in A	+ alkal. HgJ_2-Lsg. → gelber Nd. kochen → orange bis braunorange Nd.
Krist.	1,222	subl.	XII 429		ll. in sd. A	
gelbe Nadeln (A + Ligroin)			E_1 X 144		ll. in A, Ae wl. in Chlf., Bzl.	+ sd.W→CO_2-Abspaltg. + $FeCl_3$ in wss. Lsg. schokoladenfarbenen Nd. Äthylester *Fp* 134°, farblose Krist.
Nadeln (W)		subl.	X 215	mit Dampf flüchtig	l. in W ll. in A, Ae	Äthylester *Fp* 67°
weiße Krist. + H_2O (Prismen)					wl. in W l. in A	+ konz. HCl → intensiv orange 1. + 1 ml konz. H_2SO_4 → intensiv orangerot + HNO_3-H_2SO_4 → intensiv orange 2. 10—20 mg Paraform + 1 ml H_2SO_4 → intensiv orangerot + HNO_3-H_2SO_4 → intensiv rotbraun → grün → oliv → braun

Lfd. Nr.	*Fp*	Name	Summenformel	Strukturformel	Mol.-Gewicht
1	2	3	4	5	6
2506	**183,5**	*β*-Carotin	$C_{40}H_{56} + 2H_2O$	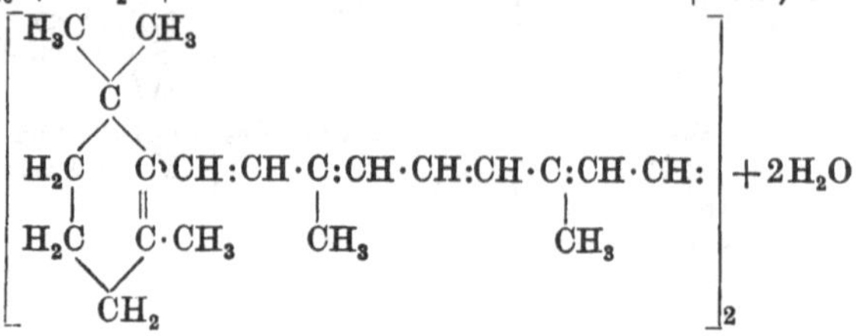	**572,88**
2507	**184**	4-Jodacetanilid	C_8H_8ONJ	$CH_3 \cdot CO \cdot NH \cdot C_6H_4 \cdot J$	**261 07**
2508	**184**	N-Phenylanthranilsäure	$C_{13}H_{11}O_2N$	$C_6H_5 \cdot NH \cdot C_6H_4 \cdot COOH$	**213,22**
2509	**184**	Tartronsäure	$C_3H_4O_5$	$HO \cdot CH(COOH)_2$	**120,06**
2510	**184**	Tetraphenylthiophen (Thionessal)	$C_{28}H_{20}S$	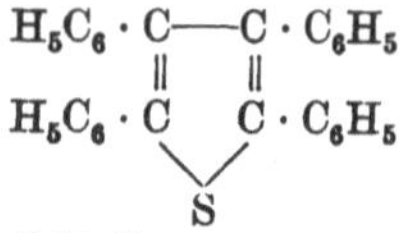	**388,50**
2511	**184**	1,3,5-Trijodbenzol	$C_6H_3J_3$	$C_6H_3J_3$	**455,84**
2512	**184**	2,4,6-Trimethylphloroglucin	$C_9H_{12}O_3$	$(CH_3)_3C_6(OH)_3$	**168,18**
2513	**184 bis 184,5**	4,5-Dimethyl-2-jodmercurithiophen	C_6H_7JSHg	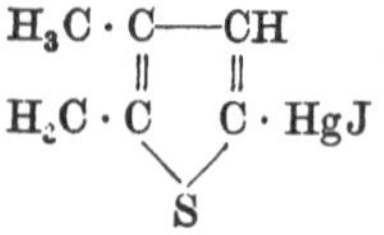	**438,71**
2514	**184 bis 185**	1,10-Dimethyl-*α,α,α*-quaterthienyl	$C_{18}H_{14}S_4$	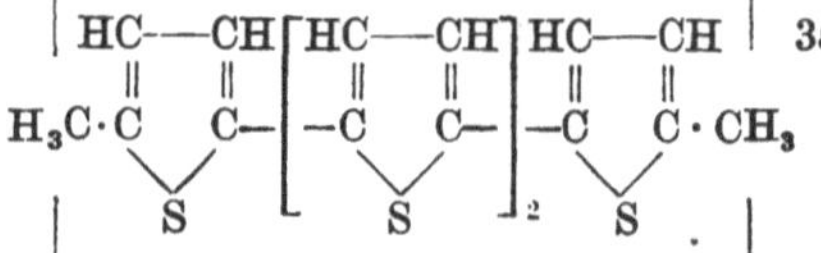	**358,53**
2515	**184 bis 185**	5-Phenyl-2-thiophensäure	$C_{11}H_8O_2S$	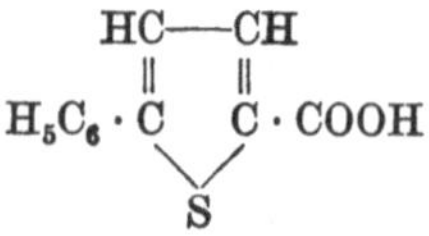	**204,23**
2516	**184 bis 186**	Biebricher Scharlach-R	$C_{24}H_{20}ON_4$	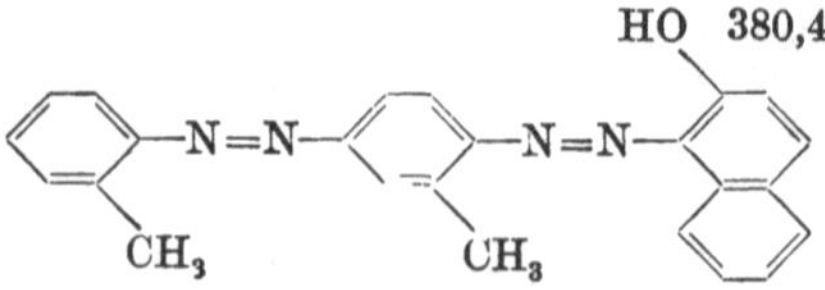	**380,43**
2517	**184 bis 186**	Ustin	$C_{19}H_{15}O_5Cl_3$		**429,68**

Aggregatzustand Farbe	Spez. Gewicht	Siedepunkt °C	Beilstein-Zitat	Physikalische Konstanten und Eigenschaften	Löslichkeit	Reaktionen
7	8	9	10	11	12	13
rote Tafeln				optisch inaktiv; Absorption in CS_2 bei 520, 484, 452 mμ		+ $SbCl_3$ in Chlf. → blau
Tafeln (W)	$1{,}989^{18°}$		XII 671		wl. in k. W 6,4 A 20,5°	
Nadeln (A)			XIV 327		swl. in k. W l. in h. A swl. in Ae	+ H_2SO_4 → Acridon
Prismen + ½ H_2O (W)		subl. 110	III 415		ll. in W, A wl. in Ae	
Nadeln (A)		~460	XVII 100		unl. in W swl. in A l. in Ae	+ H_2SO_4 → rot
Nadeln (Eisessig)		subl.	V 228		unl. in W wl. in k. A. Ae l. in sd. Eg.	
Nadeln (Eisessig)			VI 1125		ll. in sd. W; A swl. in Bzl.	
Vierseitige tiefrote Prismen mit intensiv grünem Metallglanz oder rotbraunes Plv.					unl. in W wl. in Bzl., A, Aceton ll. in Chlf.	
Krist. (Toluol)					l. in Ae, Eg., Toluol	Monomethylderivat *Fp* 174° Dimethylderivat *Fp* 147° Acetylderivat *Fp* 212°

Lfd. Nr.	*Fp*	Name	Summenformel	Strukturformel	Mol.-Gewicht
1	2	3	4	5	6
2518	181 bis 187	3,5-Dibrom-2-chlor-mercurithiophen	C_4HClBr_2SHg	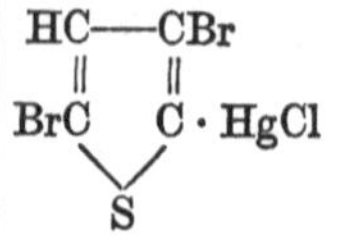	477,01
2519	184,2	4-Methoxybenzoesäure (Anissäure)	$C_8H_8O_3$	$^{(4)}CH_3 \cdot O \cdot C_6H_4 \cdot COOH$	152,14
2520	184,5	2-Nitroanthrachinon	$C_{14}H_7O_4N$	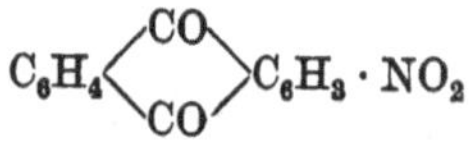	253,20
2521	185	2-Acetaminobenzoesäure	$C_9H_9O_3N$	$CH_3 \cdot CO \cdot NH \cdot C_6H_4 \cdot COOH$	179,17
2522	185	Bernsteinsäure	$C_4H_6O_4$	$HOOC \cdot CH_2 \cdot CH_2 \cdot COOH$	118,09
2523	185	d-Glutamin	$C_5H_{10}O_3N_2$	$H_2N \cdot CO \cdot (CH_2)_2 \cdot CH \cdot NH_2$ $COOH$	146,14
2524	185	Isozuckersäure	$C_6H_8O_7$	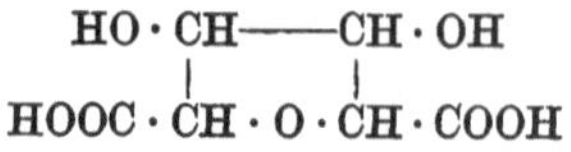	192,12
2526	185	β-Naphthoesäure	$C_{11}H_8O_2$	$C_{10}H_7 \cdot COOH$	172,17
2527	185	5-Octylthiophen-2,4-dicarbonsäure	$C_{14}H_{20}O_4S$	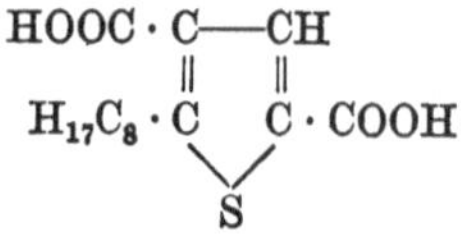	284,36
2528	185	Saccharose	$C_{12}H_{22}O_{11}$	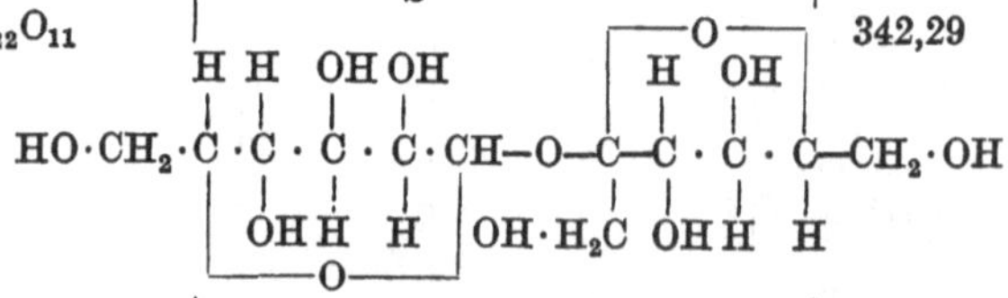	342,29
2529	185 bis 186	Bromfumarsäure	$C_4H_3O_4Br$	$HOOC \cdot CH : CBr \cdot COOH$	194,98
2530	185 bis 186	N,N'-Diacetyl-o-phenylen-diamin	$C_{10}H_{12}O_2N_2$	$C_6H_4(NH \cdot CO \cdot CH_3)_2$	192,21
2531	185 bis 186	2-Methoxyzimtsäure	$C_{10}H_{10}O_3$	$CH_3O \cdot C_6H_4 \cdot CH : CH \cdot COOH$	178,18

Aggregat-zustand Farbe	Spez. Gewicht	Siede-punkt °C	Beilstein-Zitat	Physikalische Konstanten und Eigenschaften	Löslichkeit	Reaktionen
7	8	9	10	11	12	13
Nadeln (W)	1,385	275-280	X 154	schwacher Geruch; geschmacklos	0,04 W 18° ll. in W 100° ll. in A, Ae, Lauge	erhitzen mit 2 Tropfen Fe-H_3PO_4 bis zur leichten Verfärbung tritt Geruch nach Anis auf. Die nach Erkalten mit Paraform und konz. H_2SO_4 aufgenommene Lsg. wird violettrot
gelbe Nadeln (A)			VII 792		unl. in W wl. in A, Ae	
Nadeln (Eisessig)			XIV 337		wl. in k. W ll. in h. W, A, Ae	
Prismen	$1,564^{15°}$	235	II 601	Geschmack sauer; geruchlos; subl. bei 120°	6,84 W 20° 60,37 W 75° 7,54 A 15° 0,35 Ae 15°	>235° Anhydridbildung wss. Lsg. + $Fe(NO_3)_3$-Lsg. → blaßrötlichgelb p-Phenylphenacylester *Fp* 208°
Nadeln (W)			IV 491		3,61 W 18° swl. in A unl. in Ae	
Rhomben			XVIII 364	$[\alpha]_D^{20}$ +46° (W)	ll. in W, A wl. in Ae	
Nadeln (Ligroin)		>300	IX 656		wl. in h. W ll. in A, Ae	
monokline Krist.	$1,5860^{30°}$			$[\alpha]_D^{20}$ +66,5°; süßer Geschmack	204 W 20° 487 W 100° 0,9 A unl. in Ae	Spaltung → Glucose + Fructose wss. Lsg. beim Erhitzen mit Lauge nicht gelb + konz. H_2SO_4 → langsam gelb Fehlingsche Lsg. wird nach Inversion reduziert
Blättchen (W)		Z.	II 745		l. in W, A	
Nadeln (W)		Z.	XIII 20		ll. in sd. W; A swl. in Ae	>186° → Zers. → 2-Methylbenzimidazol
Prismen (A)			X 289	polymerisiert beim Aufbewahren	l. in A	

Lfd Nr.	*Fp*	Name	Summenformel	Strukturformel	Mol.-Gewicht
1	2	3	4	5	6
2532	185 bis 186	7-Oxy-4-methylcumarin (β-Methylumbelliferon)	$C_{10}H_8O_3$	$OH \cdot C_6H_3\langle^{C(CH_3):CH}_{O\text{———}CO}$	176,16
2533	185 bis 186	Salvarsan	$C_{12}H_{14}O_2N_2Cl_2As_2$	$As \cdot C_6H_3(OH) \cdot NH_2$ ‖ $As \cdot C_6H_3(OH) \cdot NH_2$ $+ 2HCl$	338,98
2534	186	5-Aminonaphthol-(2)	$C_{10}H_9ON$	$H_2N \cdot C_{10}H_6 \cdot OH$	159,18
2535	186	4-Aminophenol	C_6H_7ON	$H_2N \cdot C_6H_4 \cdot OH$	109,12
2536	186	3-Chlorphthalsäure	$C_8H_5O_4Cl$	$Cl \cdot C_6H_3(COOH)_2$	200,58
2537	186	3-Nitrodibenzothiophen	$C_{12}H_7O_2NS$	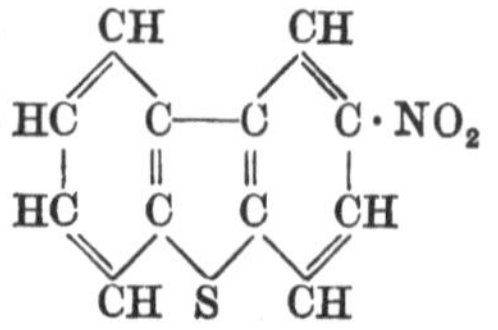	229,24
2538	186 (Z.)	4,4′,4″-Triamino-3-methyltriphenylcarbinol	$C_{20}H_{21}ON_3$	$(H_2N \cdot C_6H_4)_2C \cdot OH$ | $C_6H_3(CH_3)NH_2$	319,39
2539	186 bis 187	4-Aminobenzoesäure (Vitamin H′)	$C_7H_7O_2N$	$H_2N \cdot C_6H_4 \cdot COOH$	137,13
2540	186 bis 188	3,4-Dimethoxyphthalsäure (Hemipinsäure)	$C_{10}H_{10}O_6$	$(CH_3O)_2C_6H_2(COOH)_2$	226,18
2541	186 bis 188	3-Jod-5-methyl-2-thiophensäure	$C_6H_5O_2JS$	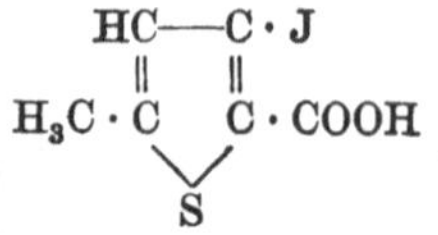	268,08
2542	186 bis 188	1-Oxynaphthoesäure-(2)	$C_{11}H_8O_3$	$HO \cdot C_{10}H_6 \cdot COOH$	188,17
2543	186,7	2,3,4-Trichlorbenzoesäure	$C_7H_3O_2Cl_3$	$Cl_3 \cdot C_6H_2 \cdot COOH$	225,46
2544	187	d-Camphersäure	$C_{10}H_{16}O_4$	$H_2C \cdot C(CH_3)(COOH)\rangle$ | H_2C———$CH(COOH)\rangle$ $C(CH_3)_2$	200,22

Aggregatzustand Farbe	Spez. Gewicht	Siedepunkt °C	Beilstein-Zitat	Physikalische Konstanten und Eigenschaften	Löslichkeit	Reaktionen
7	8	9	10	11	12	13
weiße Krist.			XVII 493	geruchlos; geschmacklos	swl. in W	+ Lauge → violettblaue Fluoreszenz, beim Kochen → rötlichgelb → + Chlf. nochmals erhitzt → violettrot
gelbe Krist.			E_1 XVI 507		ll. in W wl. in A swl. in Ae	
Nadeln (W)			XIII 682		ll. in A, Ae	
Blättchen		subl.	XIII 427		1,1 W 0° 4,5 A 0°	Chlorhydrat *Fp* 183° alkal. Lsg. an der Luft → violett + Chromsäure → p-Chinon
Nadeln (W)			IX 816		2,16 W 14° ll. in A, Ae	
farblose Nadeln oder Tafeln (W)			XIII 763		swl. in W wl. in A unl. in Ae	
Krist.			XIV 418		0,34 W 13° 11,3 A 10° 8,2 Ae 6° 0,06 Bzl. 11°	Acetylderivat *Fp* 250,5° Benzoylderivat *Fp* 278° + rauch. HNO_3 → Pikrinsäure *Fp* 122°
Krist. + H_2O (W)			X 543		wl. in k. W l. in A 0,69 Ae 0,05 Bzl.	→ 180° → Anhydrid *Fp* 189°
Nadeln (A od. Ae)			X 331		swl. in h. W ll. in A, Ae, Bzl.	+ $FeCl_3$ → grünlichblau Methylester *Fp* 78°, Tafeln Chlorid *Fp* 85—86°, gelbe Nadeln Amid *Fp* 202°, Nadeln
Nadeln			IX 345		wl. in k. W ll. in A, Ae	
Blättchen (W)	1,186		IX 745	$[\alpha]_D^{20}$ +47,7° (A)	0,62 W 12° 3,2 W 80° ll. in A, Ae l. in Aceton unl. in Chlf.	heiß bereitete, abgekühlte wss. Lsg. + $Fe(NO_3)_3$ langsam gelbliche Gallerte Lsg. in Paraform-H_2SO_4 bei gelindem Erwärmen → orange bis rot mit intensiver grüner Fluoreszenz Diamid *Fp* 192—193°, Prismen

Lfd. Nr.	*Fp*	Name	Summenformel	Strukturformel	Mol.-Gewicht
1	2	3	4	5	6
2545	187	α-Carotin	$C_{40}H_{56}$	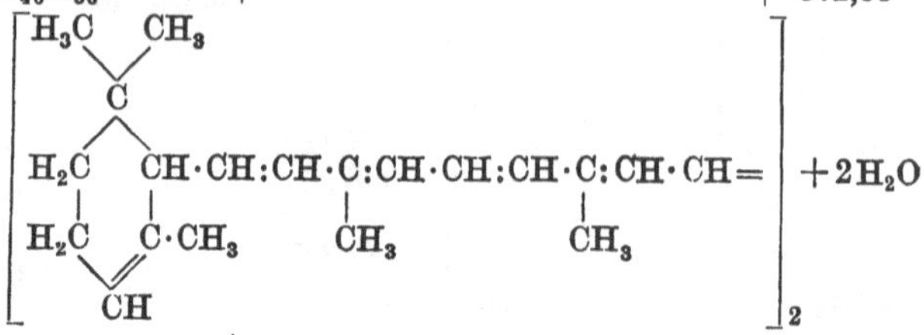	572,88
2546	187	Hexachloräthan	C_2Cl_6	$CCl_3 \cdot CCl_3$	236,76
2547	187	2-Phenylindol	$C_{14}H_{11}N$	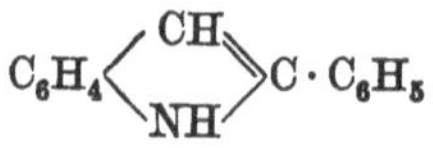	193,23
2548	187	Tetrajodäthylen	C_2J_4	$CJ_2 : CJ_2$	531,70
2549	187 (Z.)	Tetraphenyläthylenglykol (Benzpinakon)	$C_{26}H_{22}O_2$	$(C_6H_5)_2C(OH)$—$(OH)C \cdot (C_6H_5)_2$	366,43
2550	187 bis 188	5-Brom-2-rhodanmercuri-thiophen	$C_5H_2NBrS_2Hg$	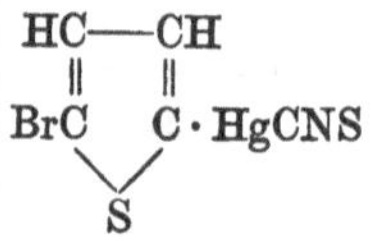	422,72
2551	187 bis 188	5-Chlor-2-rhodanmercuri-thiophen	$C_5H_2NClS_2Hg$	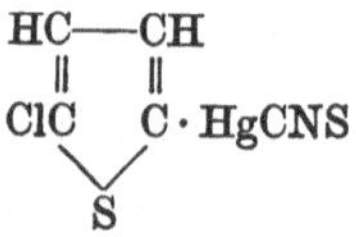	378,28
2552	187 bis 188	3-Jodbenzoesäure	$C_7H_5O_2J$	$J \cdot C_6H_4 \cdot COOH$	248,03
2553	187 bis 188	3-Jod-2,5-dinitrothiophen	$C_4HO_4N_2JS$	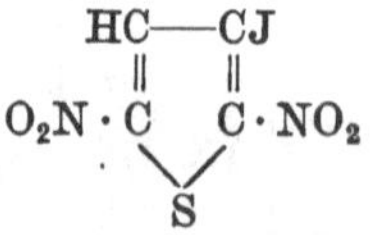	300,04
2554	187 bis 188	1-Methyl-4-phenylpiperidin-4-carbonsäureäthylester-chlorhydrat (Dolantin)	$C_{15}H_{22}O_2NCl$	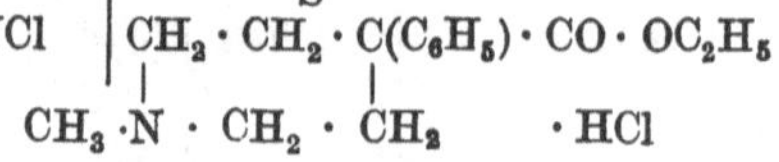	283,79
2556	187 bis 188	g-Strophanthin (Ouabain)	$C_{30}H_{46}O_{12} + 9H_2O$		760,50

Aggregatzustand Farbe	Spez. Gewicht	Siedepunkt °C	Beilstein-Zitat	Physikalische Konstanten und Eigenschaften	Löslichkeit	Reaktionen
7	8	9	10	11	12	13
rote Tafeln				$[\alpha]_D$ +380° (Bzl.); Absorption in CS_2 bei 511, 478, 446 mμ		+ $SbCl_3$ in Chlf. → blau
Tafeln (A + Ae)	2,091	185,5 (777mm)	I 87	*Fp* im geschlossenen Rohr; subl. Umwandlung: rhomb. $\xrightarrow{46°}$, triklin. $\xrightarrow{71°}$ regulär	unl. in W l. in A, Ae	
Blättchen (A oder Bzl.)		>360	XX 467		wl. in h. W 2,6 in 94%ig. A 14° ll. in Ae 2,1 Bzl. 14° l. in konz. Säuren	
gelbe Blättchen (Eg.)	$2{,}983^{20°}$	subl.	I 195		unl. in W wl. in k. A ll. in CS_2	
Prismen			VI 1058		2,5 sd. 95,5%ig. A ll. in Ae	
Krist. (Aceton)	$2{,}171^{20°}$	subl.	IX 365		wl. in W ll. in A	
weiße Krist.				geruchlos; Geschmack bitter; anästhesierend		
weiße Krist.				$[\alpha]_D^{20}$ –30° (W); geruchlos; sehr bitterer Geschmack	l. in k. W ll. in h. W wl. in Ae, Chlf.	erhitzen mit α-Naphthol in konz. H_2SO_4 → violettrote, intensiv grün fluoreszierende Lösung + 5 ml NaOH + 3 ml alkal. Kupfertartratlsg. → roter Nd.

Lfd. Nr.	*Fp*	Name	Summenformel	Strukturformel	Mol.-Gewicht
1	2	3	4	5	6
2557	187,5 bis 188,5	4-Brom-3-methyl-2-thiophensäure	$C_6H_5O_2BrS$	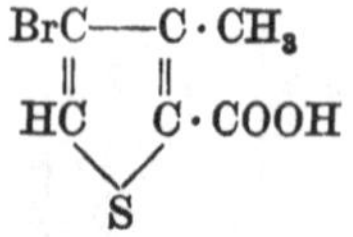	221,08
2558	187,8	Dinaphthyl-(2,2′)	$C_{20}H_{14}$	$C_{10}H_7 \cdot C_{10}H_7$	254,31
2559	188	1-Bromanthrachinon	$C_{14}H_7O_2Br$	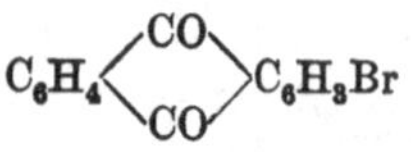	287,11
2560	188	3,5-Dichlorbenzoesäure	$C_7H_4O_2Cl_2$	$Cl_2 \cdot C_6H_3 \cdot COOH$	191,02
2561	188	d-Manno-α-heptit	$C_7H_{16}O_7$	$HO \cdot CH_2 \cdot [CH(OH)]_5 \cdot CH_2 \cdot OH$	212,19
2562	188	4-Methoxyzimtsäure	$C_{10}H_{10}O_3$	$CH_3O \cdot C_6H_4 \cdot CH : CH \cdot COOH$	178,18
2563	188	2,4,6-Trinitroanilin	$C_6H_4O_6N_4$	$(O_2N)_3C_6H_2 \cdot NH_2$	228,12
2564	188	6,7,3′,4′-Tetraäthoxy-1-benzylisochinolin-chlorhydrat (Perparin)	$C_{24}H_{30}O_4NCl$	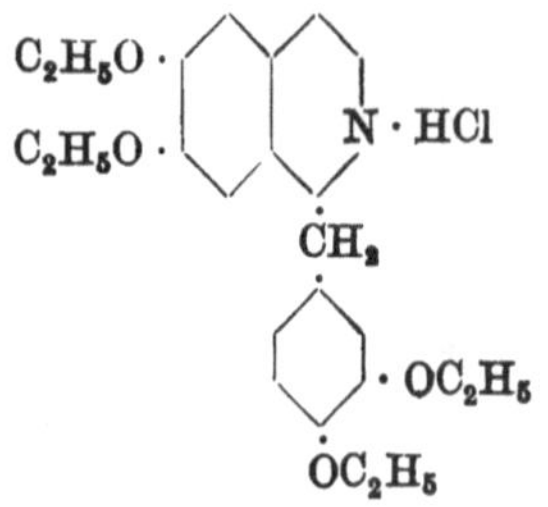	431,95
2565	188 bis 189	4-Brom-2,5-dimethyl-3-thiophensäure	$C_7H_7O_2BrS$	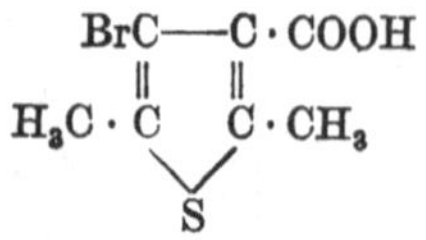	235,10
2566	188 bis 190	N-Methyl-β-[3,4-dioxy-phenyl]-äthylamin (Epinin)	$C_9H_{13}O_2N$	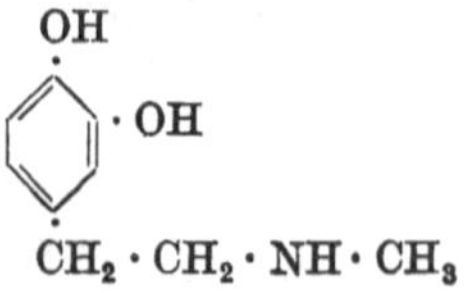	167,20

Aggregatzustand Farbe	Spez. Gewicht	Siedepunkt °C	Beilstein-Zitat	Physikalische Konstanten und Eigenschaften	Löslichkeit	Reaktionen
7	8	9	10	11	12	13
Tafeln		452 (753mm)	V 727		unl. in W wl. in k. A, Ae ll. in sd. Bzl.	
gelbe Nadeln (Bzl.)		subl.	VII 789			
Nadeln (A)		subl.	IX 344		swl. in k. W ll. in A	
Nadeln			I 548	$[\alpha]_D^{20}$ +4,5° (wss. Borax-Lsg.)	5,4 W 18° swl. in k. A	
Nadeln (A)			X 298		swl. in k. W l. in h. W, A, h. Eg.	
gelbe Tafeln (Eg.)	1,762$^{14°}$		XII 763		wl. in A, Ae ll. in Bzl.	
zitronengelbe Krist.				geruchlos, geschmacklos	wl. in W	Lsg. in Fe-H_2SO_4 → bei Zimmertemp. langsam blaßgrün oder blaßblau; beim Erwärmen im W-Bad rasch violettstichig grün 1. + 1 ml H_2SO_4 + Fe-H_3PO_4 → blaßgrün + Paraform → zart blau + HNO_3-H_2SO_4 → blauviolett → rotviolett → violettrot und braun 2. 10—20 mg Paraform + 1 ml H_2SO_4 → gelb → farblos → langsam violett + Fe-H_3PO_4 → langsam blau → graublau → graugrün + HNO_3-H_2SO_4 → blauviolett → violettrot und braun
farblose Krist.						

Lfd. Nr.	*Fp*	Name	Summenformel	Strukturformel	Mol.-Gewicht
1	2	3	4	5	6
2567	188 bis 190	N-Methyl-β-oxy-β-[p-oxyphenyl]-äthylamintartrat (Sympathol)	$C_{13}H_{19}O_8N$	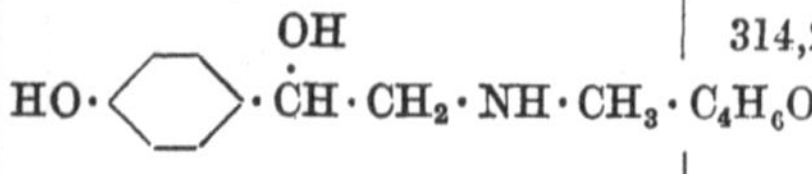	314,27
2568	188 bis 192	Ascorbinsäure (Vitamin C, Cebion, Redoxon)	$C_6H_8O_6$	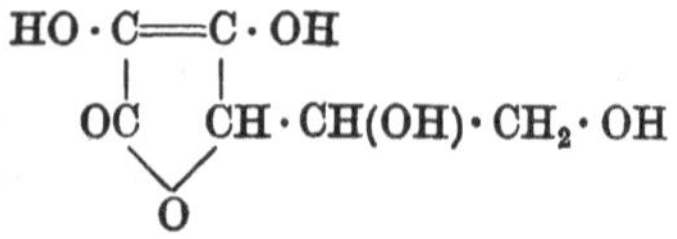	176,12
2569	188 bis 192	Narceinchlorhydrat	$C_{23}H_{28}O_8NCl$	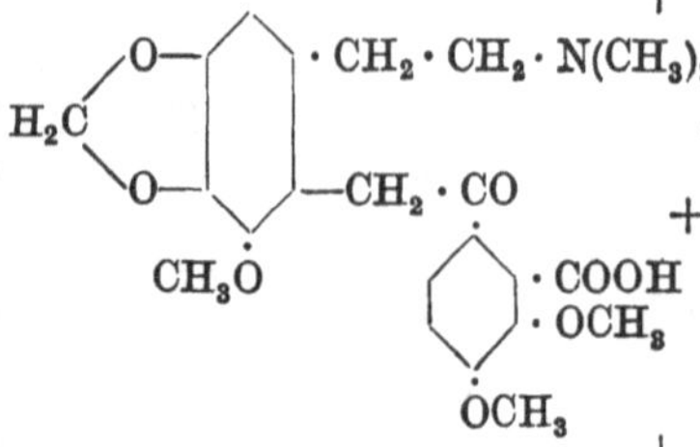 + HCl	471,92
2570	188,5	Dulcit	$C_6H_{14}O_6$	$HO \cdot CH_2 \cdot [CH(OH)]_4 \cdot CH_2 \cdot OH$	182,17
2571	189	p-Aminobenzolsulfonguanidin (Sulfaguanidin, Resulfon, Ruocid)	$C_7H_{10}O_2N_4S$	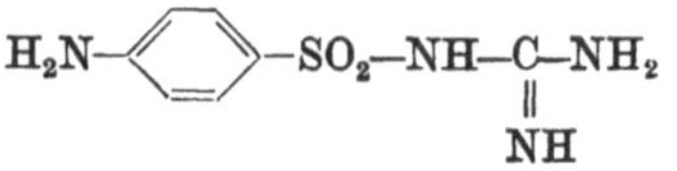	214,24
2572	189	Dichinincarbonat (Aristochin)	$C_{41}H_{46}O_5N_4$	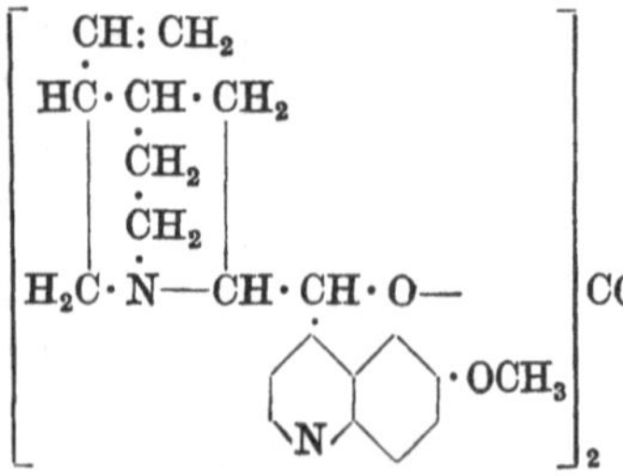	674,81

Aggregat-zustand Farbe	Spez. Gewicht	Siede-punkt °C	Beilstein-Zitat	Physikalische Konstanten und Eigenschaften	Löslichkeit	Reaktionen
7	8	9	10	11	12	13
weißes Krist.-Plv.				geruchlos; bitterer Geschmack	l. in W	+ Eisennitrat → zitronengelb, H_2O_2 oxydiert z. racem. Adrenalin 1 mg Subst. + 2 Tropfen Fe-H_3PO_4 bis zur Grünfärbung erhitzt und nach Erkalten 1 ml konz. H_2SO_4 zugesetzt → blaßgrüne Lsg, + Paraform erhitzt → intensiv grün
weiße Krist. (Plättchen) (Dioxan)				$[\alpha]_D^{20}$ +23° (W); saurer Geschmack; geruchlos	ll. in W, A unl. in PAe	wss. Lsg. red. Ferrisalzlsgg., verd. Jodlsg. wird entfärbt, die mit Lauge versetzte wss. Lösung beim Erwärmen violettrot eine mit Methylrot angefärbte wss. Lsg. beim Erhitzen fast farblos
weiße Krist. +5½H_2O (W)				bitterer Geschmack	unl. in W l. in Säuren und Laugen	1. + 1 ml H_2SO_4 → braunorange → orangegelb → grüngelb + Fe-H_3PO_4 → oliv → grüngelb + Paraform → intensiv orangerot → rosa + HNO_3-H_2SO_4 → intensiv braunorange → langsam orange 2. 10—20 mg Paraform + 1 ml H_2SO_4 → intensiv orange → rosa + HNO_3-H_2SO_4 → braun → rot
Prismen	1,466$^{15°}$	290 (3mm)	I 544	schmeckt schwach süß	3,2 W 15° 59 sd. W 0,073 A 15° unl. in Ae	Dibenzaldulcit *Fp* 215 bis 220°, Nadeln Diacetondulcit *Fp* 98° Hexaphenylurethan *Fp* 315°, unl. mikr. Nadeln
farblos bis schwach gelblich					wl. in A, h. W, Aceton unl. in Ae swl. in NaOH, NH_3 ll. in verd. HCl, HNO_3	salzsaure Lsg. + salzsaure Lsg. von Dimethylaminobenzaldehyd → orange Nd. erhitzen NH_3-Entwicklung, rotlila → dunkellila
weißes Krist.-Plv.			E_1·XXIII 171		unl. in W l. in A, Chlf. wl. in PAe, Ae	

Lfd. Nr.	*Fp*	Name	Summenformel	Strukturformel	Mol.-Gewicht
1	2	3	4	5	6
2573	**189** (Z.)	Nitron	$C_{20}H_{16}N_4$	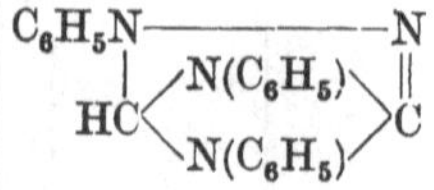	312,32
2574	**189** bis **191**	5-Tolyl-2-chlormercuri-thiophen	$C_{11}H_9ClSHg$	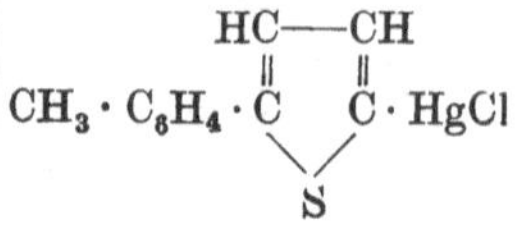	409,31
2575	**189,5**	Naphthylen-1,5-diamin	$C_{10}H_{10}N_2$	$H_2N \cdot C_{10}H_6 \cdot NH_2$	158,19
2576	**189,5**	Oxalsäure	$C_2H_2O_4$	HOOC · COOH	90,04
2577	**190**	1,1′-Azonaphthalin	$C_{20}H_{14}N_2$	$C_{10}H_7 \cdot N:N \cdot C_{10}H_7$	282,33
2578	**190**	1,2,3-Benzoltricarbonsäure (Hemimellitsäure)	$C_9H_6O_6$	$C_6H_3(COOH)_3$	210,14
2579	**190** (Z.)	Bleiformiat	$C_2H_2O_4Pb$	$(H \cdot CO \cdot O)_2Pb$	297,25
2580	**190**	3-Brom-2-thiophensäure	$C_5H_3O_2BrS$	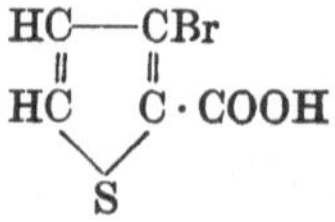	207,05
2581	**190** (Z.)	Dimethylmalonsäure	$C_5H_8O_4$	$(CH_3)_2C(COOH)_2$	132,14
2582	**190**	2,7-Dioxynaphthalin	$C_{10}H_8O_2$	$C_{10}H_6(OH)_2$	160,16

Aggregat-zustand Farbe	Spez. Gewicht	Siede-punkt °C	Beilstein-Zitat	Physikalische Konstanten und Eigenschaften	Löslichkeit	Reaktionen
7	8	9	10	11	12	13
gelbe Tafeln			XXVI 349		unl. in W wl. in k. A; Ae ll. in Chlf.	Pikrat *Fp* 259° Nitrat *Fp* > 260°, swl. in W HNO_3-Nachweis
Prismen (Ae)		subl.	XIII 203		swl. in k. W ll. in h. A; Ae	
monokline Krist. (W)	1,653[18°]	subl.	II 502		9,5 W 20° 120 W 90° 23,7 A 15° 23,6 Ae l. in starker Säure	wird in wss. Lsg. durch Luftsauerstoff oxydiert 5 ml mit etwas Resorcin erwärmen. Nach Lösen und Erkalten + 5 ml konz. H_2SO_4 unterschichten → blauer Ring Phenylhydrazinsalz *Fp* 184°, naphthalinähnliche Blätter Phenylphenacylester *Fp* 165,5° p-Nitrobenzylester *Fp* 204,5°
rote grünlich schimmernde Nadeln (Eg.)		subl.	XVI 78		wl. in A ll. in Bzl.	
Tafeln $+ 2 H_2O$ (W)			IX 976	Krist.-W. entweicht bei 100°	3,15 W 19° ll. in h. W l. in Ae	> *Fp* → Anhydrid *Fp* 196° Dimethylester *Fp* 148 bis 150°, Nadeln Trimethylester *Fp* 101 bis 102°, Nadeln Triäthylester *Fp* 39°
Säulen oder Nadeln	4,57		II 17		1,6 W 16° 18,2 sd. W unl. in A	
Prismen (Bzl. + PAe)		subl. 120	II 647		10 W 13° ~33 W 100° ll. in A, Ae wl. in Chlf.	beim Erhitzen → Isobuttersäure Diamid *Fp* 269° Dihydrazid *Fp* 208°, Prismen p-Nitrobenzylester *Fp* 83,6°
Nadeln (W)		subl. (Z.)	VI 985		l. in h. W ll. in A, Ae	Diacetat *Fp* 136°

Lfd. Nr.	*Fp*	Name	Summenformel	Strukturformel	Mol.-Gewicht
1	2	3	4	5	6
2583	190	Hippursäure (Benzoylglycin)	$C_9H_9O_3N$	$C_6H_5 \cdot CO \cdot NH \cdot CH_2 \cdot COOH$	179,17
2584	~190	d,l-Hyoscyaminsulfat (Atropinsulfat)	$C_{34}H_{48}O_{10}N_2S$	$\left[\begin{matrix} H_2C \cdot CH —— CH_2 \\ \mid \quad N \cdot CH_3 \quad CH \cdot O \cdot CO \cdot CH(C_6H_5) \cdot CH_2OH \\ H_2C \cdot CH —— CH_2 \end{matrix} \right]_2 \cdot H_2SO_4$	576,70
2585	190 (Z.)	5-Jod-2-brommercurithiophen	$C_4H_2BrJSHg$	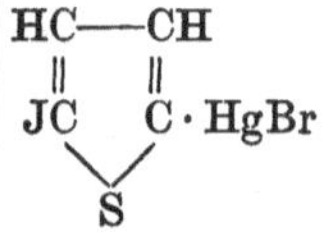	489,56
2586	190 (Z.)	2-Oxynaphthochinon-(1,4)	$C_{10}H_6O_3$	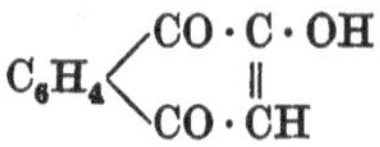	174,15
2587	~190 (Z.)	α-Oxy-β-[2-oxy-3-carboxybenzyl]-naphthalin (Epicarin)	$C_{18}H_{14}O_4$	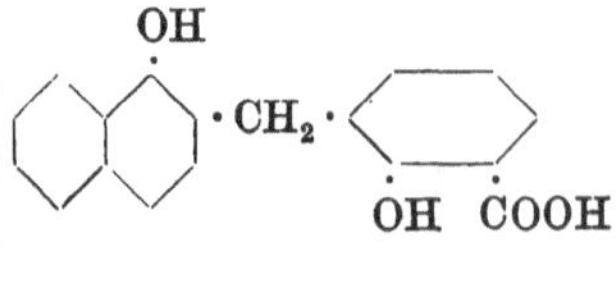	294,29
2588	190 bis 191	Acetonsemicarbacon	$C_4H_9ON_3$	$(CH_3)_2C : N \cdot NH \cdot CO \cdot NH_2$	115,13
2589	190 bis 191	Cotarninchlorid (Stypticin, Hydrochlorid des 6,7-Methylendioxy-8-methoxy-3,4-dihydro-isochinoliniummethylchlorids)	$C_{12}H_{15}O_3NCl_2$	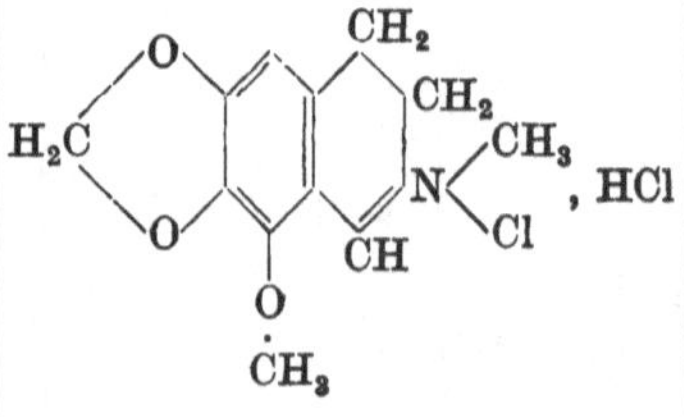	315,18

Aggregat-zustand Farbe	Spez. Gewicht	Siede-punkt °C	Beilstein-Zitat	Physikalische Konstanten und Eigenschaften	Löslichkeit	Reaktionen
7	8	9	10	11	12	13
Prismen (W oder A)	1,308		IX 225		0,39 W 20° ll. in h. W, h. A 0,35 Ae 18° swl in Bezl. unl. in CS_2	neutralisierte wss. Lsg. + $Fe(NO_3)_3$-Lsg. → schwach rötlichgelben Nd. + Paraform-H_2SO_4 beim Erhitzen → intensiv braun mit intensiv rotbrauner Fluoreszenz
weiße Nadeln + $2H_2O$			XXI 24	Geschmack bitter, kratzend		+ H_2SO_4 + Fe-H_3PO_4 + Paraform → erwärmt 50° → rötlichbraun → olivbraun und braune Fluoreszenz + 1 Tropfen HNO_3 + A + KOH → violettrot + 1 Tropfen Fe-H_3PO_4 → Jasmin-Honiggeruch + alkal. HgJ_2-Lsg. bei Zimmertemp. klar, beim Kochen → eigelber Nd. → langsam graues Hg
rote Krist. oder gelbe Nadeln (Eg)		subl.	VIII 300		swl. in k. W ll. in A, Ae starke Säuren	
sehr leichte schwach rötlich gefärbte filzige Krist.				geruchlos; geschmacklos	unl. in W l. in Lauge	wss. Suspension + $Fe(NO_3)_3$-Lsg. → merklich violett mit konz. H_2SO_4 gelinde erhitzt bis zur intensiven Braunfärbung → intensiv grüne Fluoreszenz Lsg. in Lauge + Jodlösung → gelbe amorphe Flocken
Nadeln (W oder Aceton)			III 101		l. in W wl. in A unl. in Ae	
gelbes lockeres Plv.			XXVII 476	schwach bitterer Geschmack	ll. in W, A	1. + 1 ml H_2SO_4 → blaßgrüngelb + Fe-H_3PO_4 → rötlichgelb + HNO_3-H_2SO_4 → orangerot → orange 2. 10—20 mg Paraform + 1 ml H_2SO_4 → rötlichgelb + HNO_3-H_2SO_4 → intensiv violettrot → intensiv orange Erhitzen im W-Bad → langsam karminrot

Lfd. Nr.	*Fp*	Name	Summenformel	Strukturformel	Mol.-Gewicht
1	2	3	4	5	6
2590	**190** bis **191** (korr.)	5,5-Diäthylbarbitursäure (Veronal)	$C_8H_{12}O_3N_2$	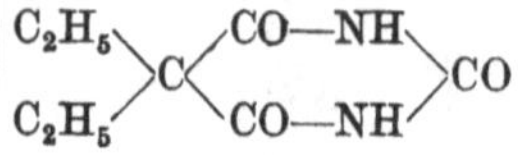	184,19
2591	**190** bis **191**	2,3-Diaminobenzoesäure	$C_7H_8O_2N_2$	$(H_2N)_2C_6H_3 \cdot COOH$	152,15
2592	**190** bis **191**	Pentachlorphenol	C_6HOCl_5	$C_6Cl_5 \cdot OH$	266,35
2593	**190** bis **195** (Z)	Pyridindicarbonsäure-(2,3) (Chinolinsäure)	$C_7H_5O_4N$	$C_5H_3N(COOH)_2$	167,12
2594	**190** bis **200**	Ergotoxin	$C_{35}H_{41}O_6N_5$ (?)		627,71
2595	**191**	p-Aminobenzoyl-N,N-diäthylleucinolchlorhydrat (Supracain)	$C_{17}H_{29}O_2N_2Cl$	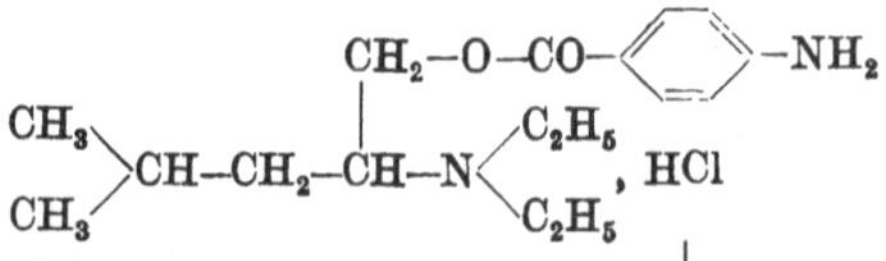	312,88
2596	**191**	5-Brom-2-thienylarsinoxyd	$C_4H_2OBrSAs$	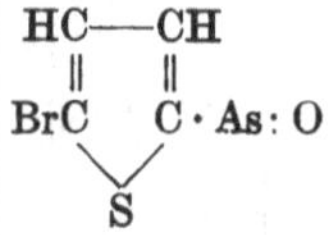	252,94
2597	**191**	5-Chlor-2-brommercurithiophen	$C_4H_2ClBrSHg$	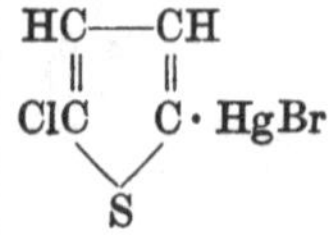	398,10
2598	**191**	Dehydrothiotoluidin	$C_{14}H_{12}N_2S$	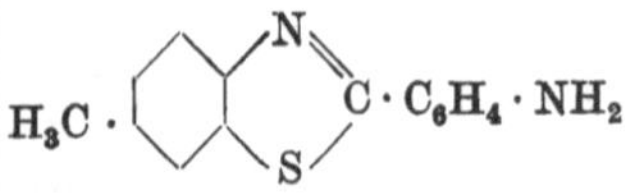	240,31
2599	**191**	3,4-Dibrom-2-chlormercurithiophen	C_4HClBr_2SHg	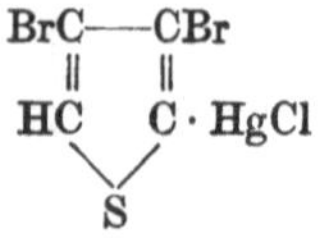	477,01

Aggregat-zustand Farbe	Spez. Gewicht	Siede-punkt °C	Beilstein-Zitat	Physikalische Konstanten und Eigenschaften	Löslichkeit	Reaktionen
7	8	9	10	11	12	13
spießige weiße Krist. (W)		subl. ohne Rückstand	XXIV 485	schwach bitterer Geschmack, geruchlos	wl, in W ll. in Ae, h. A, Aceton, Essigester, Lauge wl. in Chlf., Eg	1. 2—3 mg Subst. in 1 ml methylalkoholischer $Co(NO_3)_2$-Lsg. + 20 mg Piperazin → rotviolett (Blindprobe oder negativer Befund → blaugrüne Trübung) 2. 2 mg Subst. in 1 ml 1—2%iger Pyridinlsg. in Hitze gelöst. Zur sd.-heißen Lsg. tropfenweise verd. $CuSO_4$-Lsg. (0,4%ig) → blaßviolette Krist.
Nadeln		Z.	XIV 447			erhitzen → CO_2-Abspaltung
Krist. (Bzl.)	$1{,}978^{22°}$	310 (Z.)	VI 194		unl. in W ll. in A, Ae	
Prismen (W)			XXII 150		0,55 W 7° swl. in A 0,03 Ae	erhitzen → Pyridincarbonsäure-(3) Anhydrid *Fp* 134,5°, Prismen Dimethylester *Fp* 53 bis 54°, Blätter
Krist. (Bzl.)					swl. in W ll. in A wl. in Ae unl. in PAe l. in NaOH	
weiße Blättchen					ll. in W wl. in k. A unl. in Ae	
gelbe Krist.		431	XXVII 376		0,005 sd. W l. in A wl. in Ae	Lsgg. fluoreszieren blau

Lfd. Nr.	*Fp*	Name	Summenformel	Strukturformel	Mol.-Gewicht
1	2	3	4	5	6
2600	**191**	1,8-Dioxyanthrachinon (Isticin, Chrysazin)	$C_{14}H_8O_4$	$HO \cdot C_6H_3\langle{}^{CO}_{CO}\rangle C_6H_3 \cdot OH$	240,20
2601	**191**	Phthalsäure	$C_8H_6O_4$	$C_6H_4(COOH)_2$	166,13
2602	**191** bis **193**	2-Sulfanilamidopyridin (Sulfapyridin, Dagenan, Eubasin)	$C_{11}H_{11}O_2N_3S$	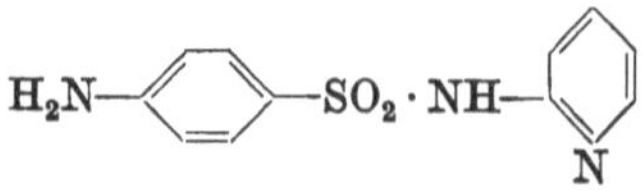	249,28
2603	**192**	Chlorfumarsäure	$C_4H_3O_4Cl$	$HOOC \cdot CH : CCl \cdot COOH$	150,52
2604	**192**	cis-Cyclohexandicarbonsäure-(1,2)	$C_8H_{12}O_4$	$H_2C \cdot CH_2 \cdot CH \cdot COOH$ | | $H_2C \cdot CH_2 \cdot CH \cdot COOH$	172,17
2605	**192**	1,4-Dioxynaphthalin	$C_{10}H_8O_2$	$C_{10}H_6(OH)_2$	160,16
2606	**192**	Äthylenjodhydrinallophansäureester (Aljodan)	$C_4H_7O_3N_2J$	$NH_2 \cdot CO \cdot NH \cdot COO \cdot CH_2 \cdot CH_2J$	258,12
2607	**192**	Muskeladenylsäure	$C_{10}H_{14}O_7N_5P$		347,23
2608	**192** bis **193**	Cumaroncarbonsäure-(2) (Cumarilsäure)	$C_9H_6O_3$	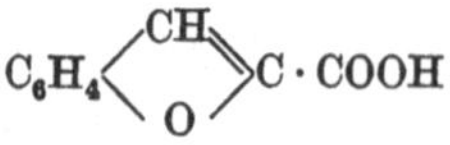	162,14
2609	**192** bis **195**	3-Jodsalicylsäure	$C_7H_5O_3J$		264,03
2610	**192,5** (Z)	Pyrrolcarbonsäure-(2)	$C_5H_5O_2N$	HC——CH | ‖ $HC \cdot NH \cdot C \cdot COOH$	111,10

Aggregatzustand Farbe	Spez. Gewicht	Siedepunkt °C	Beilstein-Zitat	Physikalische Konstanten und Eigenschaften	Löslichkeit	Reaktionen
7	8	9	10	11	12	13
gelbrote Nadeln od. gelbe Blättchen (A)			VIII 458	sublimierbar mit überhitztem Wasserdampf	wl. in A, Ae l. in H_2SO_4 rot l. in Alkali unl. in NH_4OH	Diacetat *Fp* 227—232°, gelbe Nadeln + H_2SO_4 → rotgelb + Borsäure → rot Dimethyläther *Fp* 219°, goldgelbe Blättchen Monobromessigester hellrote Krist.
Tafeln (W)	1,59		IX 791	*Fp* im geschlossenen Rohr	0,54 W 14° 18 W 99° 11,7 A 18° 0,68 Ae 15° unl. in Chlf.	erhitzen → Phthalsäureanhydrid Phenacylester *Fp* 154,4° p-Nitrobenzylester *Fp* 155,5°
weiße Krist.				geschmacklos; geruchlos	swl. in k. W. l. in Laugen, Säuren	Silbersalz flockig in wss. Lsg., + NH_3 tropfenweise bis nahezu gelöst in 10 Min. feine weiße Nädelchen 100 mg Subst. in 5 ml W + 1 ml. 0,5%ige Lösung von Na-β-naphthochinon-4-sulfonat → nach 5 Min. rot konz. HCl erhitzen → Pyridingeruch
Tafeln (Eg)		subl.	II 744		ll. in W, A, Ae	
Prismen (W) Tafeln (A)			IX 730		l. in W	$>$ 192° → Anhydrid
Krist. (Toluol)			VI 979		l. in sd. W ll. in A, Ae	Diacetat *Fp* 128—130°
nahezu weiße Blättchen				geruchlos; geschmacklos	unl. in W l. in Lauge	alkalische HgJ_2-Lsg. in der Wärme → orangebrauner Nd. + konz. H_2SO_4 → farblos, beim Erwärmen → violettrot + 1 ml. H_2SO_4 + Fe-H_3PO_4 (warm) → violettrot + HNO_3-H_2SO_4 → gelb → violettrot → braunorange → farblos
weißes Plv.				Geschmack säuerlich, adstringierend	wl. in W	wssg. Lsg. + Fe-H_3PO_4 + 10 mg Guajacolcarbonat (nach 3 Min.) → intensiv blau
Nadeln (W)		310-315	XVIII 307		l. in sd. W ll. in A wl. in Chlf.	Kalischmelze → Essigsäure + Salicylsäure Äthylester *Fp* 27°
grauweißes bis gelbliches Krist.-Plv.			X 112		unl. in W l. in A, Ae	
Blättchen (W)			XII 22		l. in W, A, Ae	erhitzen → CO_2-Abspaltung

Lfd. Nr.	*Fp*	Name	Summenformel	Strukturformel	Mol.-Gewicht
1	2	3	4	5	6
2611	**193**	Biuret	$C_2H_5O_2N_3$	$H_2N \cdot CO \cdot NH \cdot CO \cdot NH_2$	103,08
2612	**193**	1-Oxyanthrachinon	$C_{14}H_8O_3$	$C_6H_4{<}^{CO}_{CO}{>}C_6H_3 \cdot OH$	224,20
2613	**193**	6-Oxychinolin	C_9H_7ON	$C_9H_6N \cdot OH$	145,15
2614	**193**	3-Oxyzimtsäure	$C_9H_8O_3$	$HO \cdot C_6H_4 \cdot CH : CH \cdot COOH$	164,15
2615	**193**	Thebain	$C_{19}H_{21}O_3N$		311,37
2616	**193** bis **194**	Allophansäureäthylester	$C_4H_8O_3N_2$	$H_2N \cdot CO \cdot NH \cdot COO \cdot C_2H_5$	132,12
2617	**193** bis **194**	dl-β-Aminobuttersäure	$C_4H_9O_2N$	$CH_3 \cdot CH(NH_2) \cdot CH_2 \cdot COOH$	103,12
2618	**193** bis **194**	Dihydrocodeinon (Dicodid)	$C_{18}H_{21}O_3N$	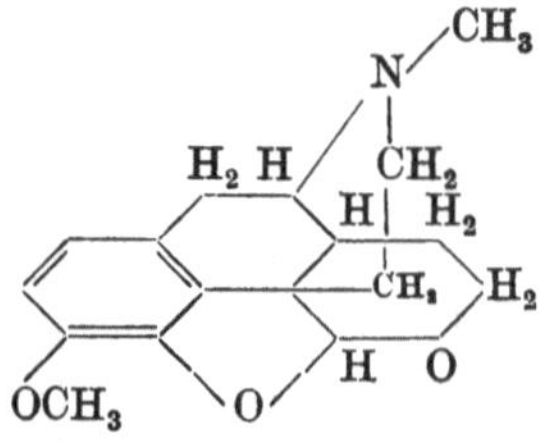	299,36
2619	**193** bis **196**	4-(4′-Aminobenzolsulfonamido)-benzolsulfonsäuredimethylamid (Disulfanildimethylamid, Uliron, Diseptal A)	$C_{14}H_{17}O_4N_3S_2$	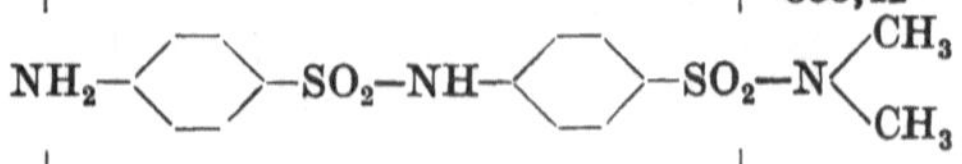	355,42

Aggregatzustand Farbe	Spez. Gewicht	Siedepunkt °C	Beilstein-Zitat	Physikalische Konstanten und Eigenschaften	Löslichkeit	Reaktionen
7	8	9	10	11	12	13
Nadeln + H_2O (W) Blättchen(A)			III 70		1,5 W 15° 45 sd. W	+ einige Tropfen $CuSO_4$ + überschüssige NaOH → zinnoberrot (Biuret-Rk.)
orangerote Krist.-Nadeln (A)		subl.	VIII 338	sublimierbar in Nadeln	swl. in W l. in A, Ae l. in h. NH_4OH	+ konz. H_2SO_4 → gelb + Borsäure → rot Methyläther *Fp* 169,5°, gelbe Krist. Acetat *Fp* 172°, gelbe Nadeln
Prismen (A, Ae)		>360	XXI 85		swl. in k. W wl. in A swl. in Ae ll. in Säuren, Laugen	+ $FeCl_3$ → gelb
Prismen (W)			X 294		wl. in k. W ll. in h. W, A, Ae, Bzl.	Methylester *Fp* 87—88°
silberglänzende Blättchen (A)				$[\alpha]_D^{15}$ —218,64° (A)	unl. in W ll. in Ae, A, Bzl., Chlf. unl. in Alkalien	+ konz. H_2SO_4 → blutrot → gelblich Formaldehyd-H_2SO_4 → kalt orangerot, bei 100° rotbraun konz. HNO_3 → gelb
Nadeln (W)		Z.	III 69		swl. in k. W 211 sd. W. 0,6 A 21° 0,1 Ae 20°	erhitzen → Cyanursäure + A
Krist.			IV 412		100 W wl. in A, Ae	
weiße Krist.				geruchlos; bitterer Geschmack		Chlorhydrat *Fp* 82° Bitartrat *Fp* 146—148° + Fe-H_2SO_4 in der Wärme unverändert (Unterschied von Codein u. Eukodal) 1. + H_2SO_4 + Fe-H_3PO_4 → violettblau + Paraform → graugrün bis graublau + HNO_3-H_2SO_4 → violett → olivgrün → hellbraun 2. 10—20 mg Paraform → gelb → langsam violett + Fe-H_3PO_4 → langsam blau bis graublau + HNO_3-H_2SO_4 → violett → olivgrün → hellbraun
weiße Krist.				bitterer Geschmack, geruchlos	swl. in k. W. l. in Säuren, Laugen	Perjodid in saurer Rk. (Unterschied von Prontalbin) Indophenol-Rk. in 50%ig. A 100 mg Subst. in 5 ml W + 1 ml 0,5%ige Lsg. von Na-β-naphthochinon-4-sulfonat → nach 5 Min. rot

Lfd. Nr.	*Fp*	Name	Summenformel	Strukturformel	Mol.-Gewicht
1	2	3	4	5	6
2620	**193,5**	Tetramethylbenzidin	$C_{16}H_{20}N_2$	$(CH_3)_2N \cdot C_6H_4 \cdot C_6H_4 \cdot N(CH_3)_2$	240,33
2621	**194**	Allylisopropylacetylharnstoff (Sedormid)	$C_9H_{16}O_2N_2$	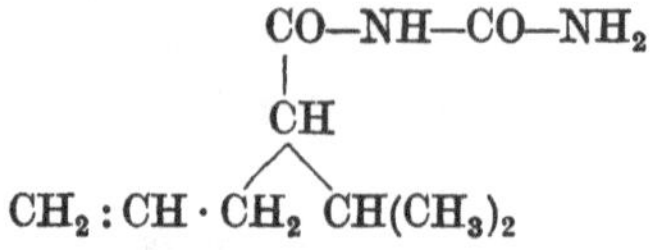	184,23
2622	**194**	Arbutin	$C_{12}H_{16}O_7$	$^{(4)}HO \cdot C_6H_4 \cdot O \cdot C_6H_{11}O_5^{(1)}$	272,24
2623	**194**	4-Benzoylbenzoesäure	$C_{14}H_{10}O_3$	$C_6H_5 \cdot CO \cdot C_6H_4 \cdot COOH$	226,22
2624	**194**	5-Nitro-2-thienylarsinsäure	$C_4H_4O_5NSAs$	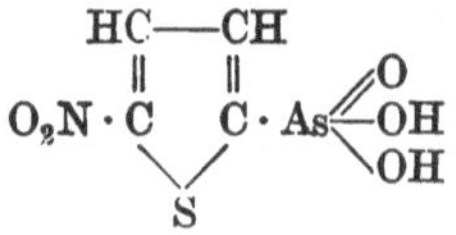	253,04
2625	**194**	2,4,5,6-Tetrabrom-m-kresol	$C_7H_4OBr_4$	$CH_3 \cdot C_6Br_4 \cdot OH$	423,77
2626	**194 bis 195**	Aconitsäure	$C_6H_6O_6$	$HOOC \cdot CH_2 \cdot C(COOH) : CH \cdot COOH$	174,11
2627	**194 bis 195**	N,N'-Di-[p-äthoxyphenyl]-acetamidinchlorhydrat (Holocainchlorhydrat)	$C_{18}H_{23}O_2N_2Cl$	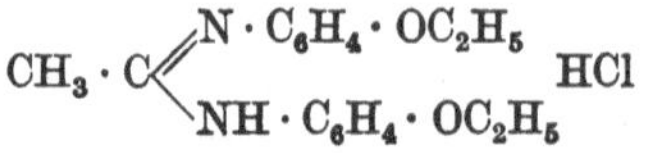	334,84
2628	**194 bis 195**	1,3,5,8-Tetranitronaphthalin	$C_{10}H_4O_8N_4$	$C_{10}H_4(NO_2)_4$	308,16
2629	**195**	Apomorphin	$C_{17}H_{17}O_2N$	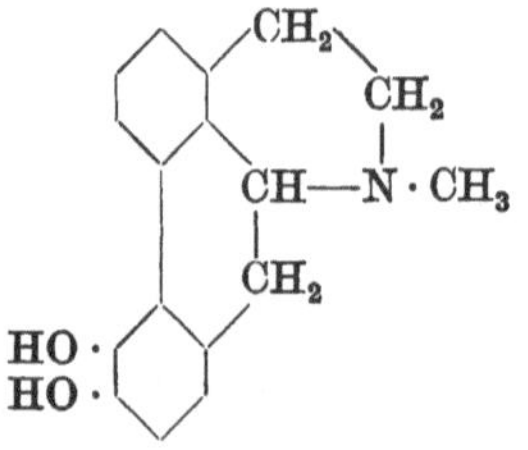	267,31

Aggregatzustand Farbe	Spez. Gewicht	Siedepunkt °C	Beilstein-Zitat	Physikalische Konstanten und Eigenschaften	Löslichkeit	Reaktionen
7	8	9	10	11	12	13
Krist. (A oder Lg.)		>360	XIII 221		swl. in W wl. in A sll. in Chlf. ll. in h. Bzl.	
weiße Krist.					swl. in W wl. in Lauge	Beim Erhitzen mit 50%iger H_2SO_4 schwach pfefferminzartiger, würz. Geruch erwärmen mit Lauge + alkal. HgJ_2-Lsg → weißer Nd.; bei längerem Erhitzen → graugrün
Nadeln					ll. in sd. W wl. in A unl. in Ae	
Blättchen (W) ·		subl.	X 753		swl. in k. W ll. in A, Ae wl. in Chlf., Bzl.	Methylester *Fp* 107°
Nadeln (Chlf.)			VI 383		unl. in W l. in A	
Blättchen (W)			II 849		33 W 15° 50 in 80%ig. A 12° wl. in Ae	zu Essigsäureanhydrid Spur Subst. → Rosafärbung, bei Erhitzen → tiefrot, fuchsinrot → blaugrün → braun Phenacylester *Fp* 90°
farblose Krist.					l. in W	wss. Lsg. + $AgNO_3$ → AgCl-Nd. wss. Lsg. + NH_3 → Holocain
hellgelbe Krist. (Aceton)			V 564		wl. in A, Chlf., Eg.	
Tafeln (A + PAe)			XXI 187	$[\alpha]_D$ —46,3 (A); färbt sich beim Liegen an der Luft grün; Lsgg. in Alkalien schwärzen sich an der Luft	wl. in W ll. in A wl. in Ae swl. in Ligroin l. in Alkalien	+ konz. HNO_3 → blutrot + KOH → bräunt rasch (noch wahrnehmbar bei 0,00015 g), Unterschied von Morphin + Furfurol-H_2SO_4 → erwärmen rot → grünlich Lsg. von 0,01 g Subst. in 1 ml W oder 1—2 ml 15- bis 20%iger NaOH + 4 Tropfen 0,3%ige $K_2Cr_2O_7$-Lsg. → trübe, graugrüne Mischung 1. mit Benzol geschüttelt → rotviolett 2. mit Amylalkohol geschüttelt → indigoblau zu einer neutralen wss. Lsg. vorsichtig Jodlösung zutropfen → smaragdgrüne Färbung, schüttelt mit Äther, ätherische Lsg. → rot; wss. Lsg. → grün

Lfd. Nr.	*Fp*	Name	Summenformel	Strukturformel	Mol.-Gewicht
1	2	3	4	5	6
2630	**195**	Acetylsalicyltheobromin (Theacylon)	$C_{16}H_{14}O_5N_4$	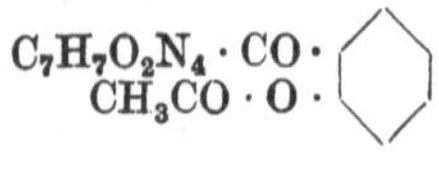	342,28
2631	**195**	Cholsäure	$C_{24}H_{40}O_5$	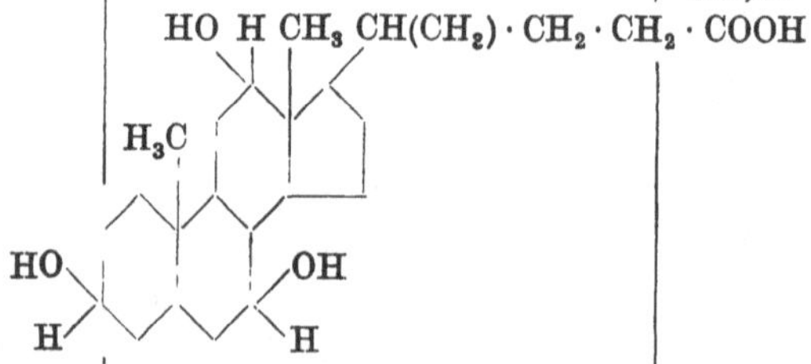	408,55
2632	**195** (Z.)	1,6-Dinitronaphthol-(2)	$C_{10}H_6O_5N_2$	$(O_2N)_2C_{10}H_5 \cdot OH$	234,16
2633	**195** (Z.)	3,4-Dioxyzimtsäure (Kaffeesäure)	$C_9H_8O_4$	$(HO)_2C_6H_3 \cdot CH : CH \cdot COOH$	180,15
2634	**195**	4-Nitronaphthylamin-(1)	$C_{10}H_8O_2N_2$	$O_2N \cdot C_{10}H_6 \cdot NH_2$	188,18
2635	**195**	Phenarsazinchlorid (10-Chlor-9,10-dihydrophenarsazin, Adamsit)	$C_{12}H_9NClAs$	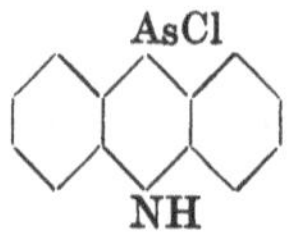	277,60
2636	**195** bis **196**	Benzalmalonsäure	$C_{10}H_8O_4$	$C_6H_5 \cdot CH : C(COOH)_2$	192,16
2637	**195** bis **196**	α-Brom-d-campher-π-sulfonsäure	$C_{10}H_{15}O_4BrS$	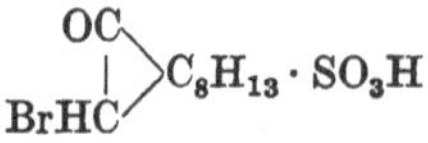	311,19
2638	**195** bis **197**	3,3′-Dibrom-5,5′-dibenzoyl-2,2′-dithienyl	$C_{22}H_{12}O_2Br_2S_2$	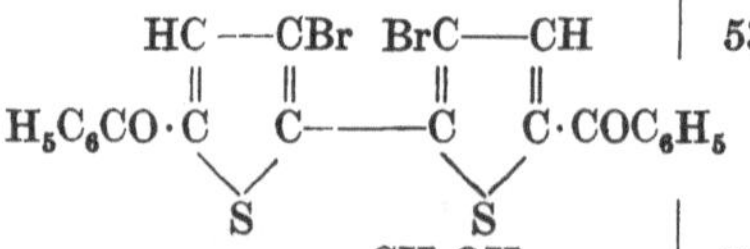	532,27
2639	**195** bis **197**	Ergometrinin	$C_{19}H_{23}O_2N_3$	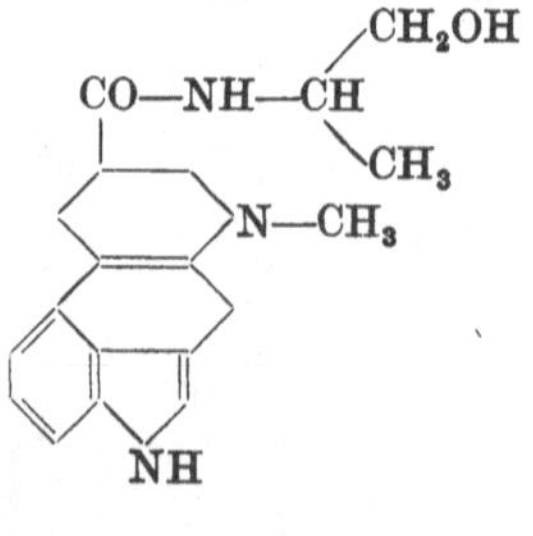	325,40

Aggregat-zustand Farbe	Spez. Gewicht	Siede-punkt °C	Beilstein-Zitat	Physikalische Konstanten und Eigenschaften	Löslichkeit	Reaktionen
7	8	9	10	11	12	13
weiße Krist.			E_1 XXVI 140			NaOH löst unter Verseifung → Theobrominnatrium, Natriumsalicylat und Natriumacetat + HNO_3 neutralisierte Lsg. + $Fe(NO_3)_3$-Lsg. → violett
Krist. + H_2O (W)				$[\alpha]_D^{20}$ +31 bis +33° (A 5%); Geschmack süßlich bitter, geruchlos	0,025 W 4,27 in 70%ig. A 1,4 Ae l. in Eg, Alkali	wss. Lsg + einige Tropfen 2n-Lauge + $Fe(NO_3)_3$-Lsg. → hellgelber, flockiger Nd. Subst. in 1 Tropfen 2n-NH_3-Lsg. gelöst + $AgNO_3$-Lsg. weißer gallertartiger Nd., der sich beim Erhitzen löst
gelbe Nadeln			VI 655		swl. in sd. W l. in A ll. in Ae	
gelbe Blätter (W)			X 436		wl. in k. W ll. in h. W wl. in Ae l. in Alkali gelb	+ $FeCl_3$ → grün
orange Nadeln (A)					wl. in W ll. in A	
gelbe Nadeln oder Plv.	1,648	408-410 (Z.)	E_1 XXVII 672	Dampfdruck 20,0° $2 \cdot 10^{-13}$ Flüchtigkeit 20° 0,000003 mg/m_3 Dampfdichte 9,6	unl. in W wl. in k. Bzl., Xylol, Toluol, CCl_4, Eg. ll. in h. Xylol, h. Toluol l. in konz. H_2SO_4 und Ameisensäure rotviolett	
Prismen (W)			IX 891		wl. in k. W ll. in h. W, A l. in Ae	
Pyramiden (W)			XI 319		sll. in W, A	
				$[\alpha]_D^{20}$ +41,4° (Chlf.)	l. in W, A, Ae	

Lfd. Nr.	*Fp*	Name	Summenformel	Strukturformel	Mol.-Gewicht
1	2	3	4	5	6
2640	**195 bis 200**	Bis-[3,5-dibromthienyl-(2)]-quecksilber	$C_8H_2Br_4S_2Hg$	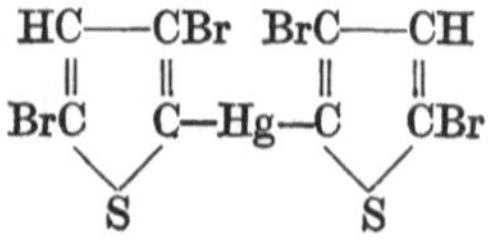	682,49
2641	**196**	Cinchoninsulfat	$C_{38}H_{46}O_6N_4S + 2H_2O$	$2C_{19}H_{22}ON_2 + H_2SO_4 + 2H_2O$ vgl. Nr. 3144	722,86
2642	**196**	4,5-Dioxy-2-methyl-anthrachinon (Chrysophansäure)	$C_{15}H_{10}O_4$	$HO \cdot C_6H_3\langle{}^{CO}_{CO}\rangle C_6H_2(CH_3)OH$	254,23
2643	**196 bis 197**	p-Aminobenzoesäureester des 2,2-Dimethyl-3-diäthylaminopropanol-chlorhydrats (Larocain)	$C_{16}H_{27}O_2N_2Cl$	$O \cdot CH_2 \cdot C(CH_3)_2 \cdot CH_2 \cdot N(C_2H_5)_2$ $CO \cdot C_6H_4 \cdot NH_2 \quad + HCl$	314,85
2644	**196 bis 197**	4,5-Dichlor-2-thiophen-säure	$C_5H_2O_2Cl_2S$	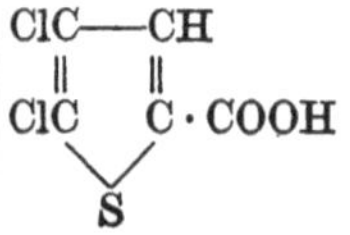	197,04
2645	**196 bis 200**	Aluminiumtriphenyl	$C_{18}H_{15}Al$	$(C_6H_5)_3Al$	258,27
2646	**197**	Guanidincarbonat	$C_3H_{12}O_3N_6$	$2CH_5N_3 + H_2CO_3$	180,17
2647	**197 bis 197,5**	Retenchinon	$C_{18}H_{16}O_2$	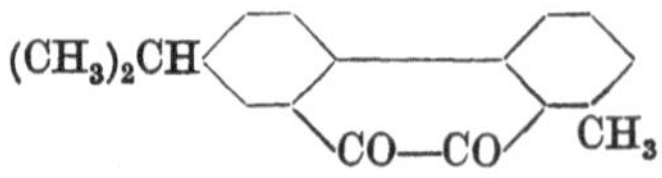	264,30
2648	**197 bis 198**	Aconitin	$C_{34}H_{47}O_{11}N$	$C_{20}H_{21}\begin{cases} N \cdot CH_3 \\ (OH)_3 \\ (OCH_3)_4 \\ O \cdot CO \cdot CH_3 \\ O \cdot CO \cdot C_6H_5 \end{cases}$	645,72

Aggregatzustand Farbe	Spez. Gewicht	Siedepunkt °C	Beilstein-Zitat	Physikalische Konstanten und Eigenschaften	Löslichkeit	Reaktionen
7	8	9	10	11	12	13
Prismen (W)			XXIII 429		1,35 W 20° 7,7 sd. W 17 in 80%ig. A 11° wl. in Ae	
gelbe Blätter (A)		subl.	VIII 470	subl. in Nadeln	swl. in k. W ll. in h. A wl. in Ae l. in H_2SO_4 → rot	+ Lauge → dunkelrot + H_2SO_4 → unzersetzlich tiefrot Dimethyläther *Fp* 191°, gelbe Krist. Diacetat *Fp* 208°, blaßgelbe Blättchen
weiße Krist.				bitterer Geschmack, geruchlos, anästhesierend	l. in W	amorphes Perjodid
Krist.			E_1 XVI 548	wenig beständig	l. in Bzl.	+ H_2O → Zers.
Säulen	1,24		III 86		ll. in W unl. in A	
orangefarbene Nadeln (A)				subl. zum Teil unzersetzt	l. in A	erwärmen mit A und KOH → bordeauxrote Färbung, die beim Schütteln mit Luft verschwindet und beim Erwärmen zurückkehrt Chinoxalin (mit o-Phenylendiamin) *Fp* 164°, weiße Nadeln Monoimid *Fp* 109—111°, goldgelbe Prismen Semicarbazon *Fp* 200°, gelbe Nadeln Oxim *Fp* 130—131°, goldgelbe Nadeln
rhombische Prismen oder Tafeln (A)				$[\alpha]_D^{23}$ +11° (3%ige alkoh. Lsg.)	unl. in W, CS_2, PAe swl. in abs. A, Bzl. ll. in Ae, Chlf. unl. in Ligroin	H_2SO_4 und HNO_3 färben nicht Furfurol-H_2SO_4 → braun Krist. $K_2Cr_2O_7$ + H_2SO_4 + Spuren Subst. → dunkelgrün + Ammoniumpersulfat → blau → blaugrün Phosphormolybdänsäure → Nd. + NH_3 → blau

Lfd. Nr.	*Fp*	Name	Summenformel	Strukturformel	Mol.-Gewicht
1	2	3	4	5	6
2649	**197 bis 198**	4-Brom-5-methyl-2-thiophensäure	$C_6H_5O_2BrS$	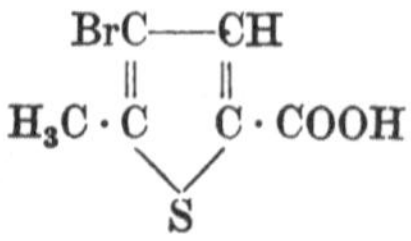	221,08
2650	**197 bis 198**	Bromochinal (Chinindibromsalicylat)	$C_{34}H_{32}O_8N_2Br_4$	$C_{20}H_{24}O_2N_2 \cdot 2\,C_6H_2Br_2(OH) \cdot COOH$	916,23
2651	**197 bis 201**	d-Mannosephenylhydrazon	$C_{12}H_{18}O_5N_2$	$C_6H_{12}O_5 : N \cdot NH \cdot C_6H_5$	270,28
2652	**198**	Cuprein	$C_{19}H_{22}O_2N_2$	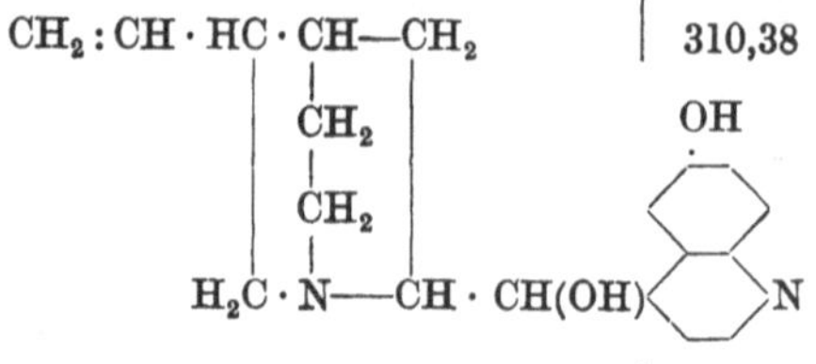	310,38
2653	**198** (Z.)	2,4-Dinitrophenylhydrazin	$C_6H_6O_4N_4$	$(O_2N)_2C_6H_3 \cdot NH \cdot NH_2$	198,14
2654	**198** (Z.)	4-Nitrosonaphthol-(1) (bzw. Naphthochinonoxim)	$C_{10}H_7O_2N$	$HO \cdot C_{10}H_6 \cdot NO$	173,16
2655	**198 bis 199**	1,8-Dijod-α,α-trithienyl	$C_{12}H_6J_2S_3$	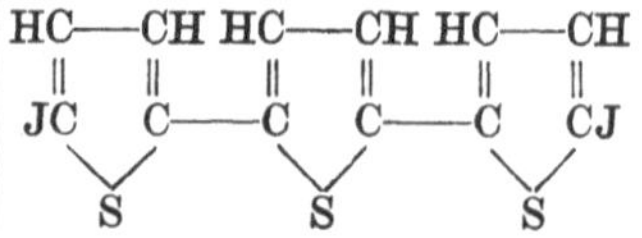	499,19
2656	**198 bis 199**	Quecksilberdithienyl	$C_8H_6S_2Hg$	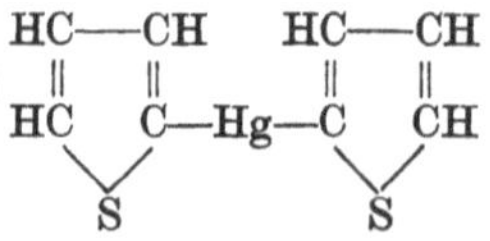	366,86
2657	**198 bis 199**	Rosindulin (Anhydrobase)	$C_{22}H_{15}N_3$	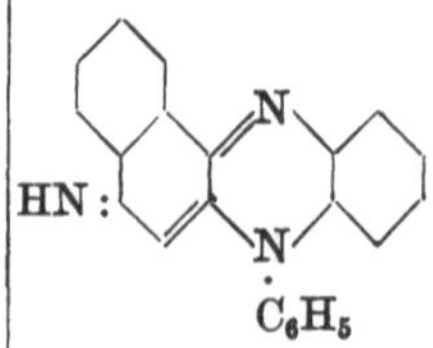	321,36
2658	**198 bis 199**	2,3,5,6-Tetrabrom-p-kresol	$C_7H_4OBr_4$	$CH_3 \cdot C_6Br_4 \cdot OH$	423,77
2659	**199**	Anilinhydrochlorid	C_6H_8NCl	$C_6H_7 \cdot NH_2 + HCl$	129,59

Aggregat-zustand Farbe	Spez. Gewicht	Siede-punkt °C	Beilstein-Zitat	Physikalische Konstanten und Eigenschaften	Löslichkeit	Reaktionen
7	8	9	10	11	12	13
gelbliche Krist.						
Nadeln (A)			XV 223		swl. in W swl. in A unl. in Ae	
Prismen $+ 2 H_2O$ (Ae)			XXIII 510	$[\alpha]_D^{17}$ —175,5° (A)	unl. in W l. in A wl. in Ae, Chlf.	
violettrote Krist. (A)			XV 489		unl. in W swl. in A unl. in Ae ll. in Anilin	
gelbe Nadeln (Bzl.)			VII 727		wl. in W ll. in A, Ae	
rotbraune Blättchen (Ae)			XXV 348		unl. in W ll. in A, Ae, Bzl. l. in H_2SO_4 → grün	
Nadeln (A)			VI 409		unl. in W l. in A ll. in Ae, Bzl.	
Nadeln	1,222	245	XII 116		107 W 25° ll. in A unl. in Ae	

Lfd. Nr.	*Fp*	Name	Summenformel	Strukturformel	Mol.-Gewicht
1	2	3	4	5	6
2660	**199**	d-Campherchinon	$C_{10}H_{14}O_2$	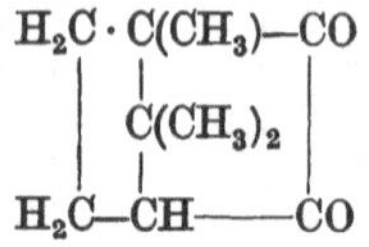	166,21
2661	**199**	3,4-Dioxybenzoesäure (Protocatechusäure)	$C_7H_6O_4$	$(HO)_2C_6H_3 \cdot COOH$	154,12
2662	**199**	4-Jod-2,5-dimethyl-3-thiophensäure	$C_7H_7O_2JS$	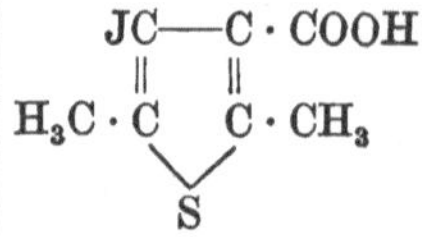	282,11
2663	**199**	Tetrajodthiophen	C_4J_4S	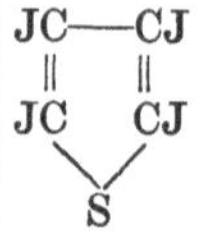	578,78
2664	**199 bis 200**	5-Isoamyl-2-rhodanmercurithiophen	$C_{10}H_{13}NS_2Hg$	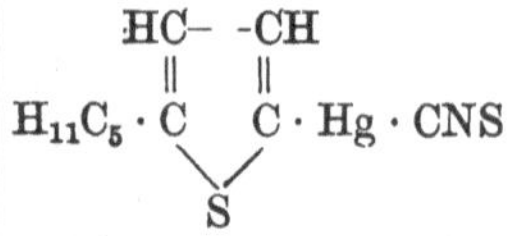	411,94
2665	**199 bis 200**	2-Oxychinolin (Carbostyril)	C_9H_7ON	$C_9H_6N \cdot OH$	145,15
2666	**199 bis 200**	5-Phenyl-5-äthylhydantoin (Nirvanol)	$C_{11}H_{12}O_2N_2$	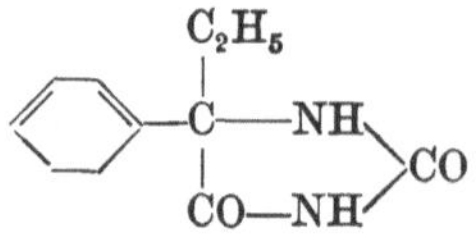	204,23
2667	**200**	Aconitinnitrat	$C_{34}H_{48}O_{14}N_2$	$C_{34}H_{47}O_{11}N \cdot HNO_3$	708,74
2668	**200** (Z.)	β-Alanin	$C_3H_7O_2N$	$H_2N \cdot CH_2 \cdot CH_2 \cdot COOH$	89,09
2669	**200** (Z.)	2,5-Diaminobenzoesäure	$C_7H_8O_2N_2$	$(H_2N)_2C_6H_3 \cdot COOH$	152,15
2670	**200** (Z.)	Aluminiumacetat	$C_6H_9O_6Al$	$(CH_3COO)_3Al$	204,10
2671	**200**	3,3′-Dinitrodiphenyl	$C_{12}H_8O_4N_2$	$O_2N \cdot C_6H_4 \cdot C_6H_4 \cdot NO_2$	244,20
2672	**200**	2,5-Dioxybenzoesäure (Gentisinsäure)	$C_7H_6O_4$	$(HO)_2C_6H_3 \cdot COOH$	154,12

Aggregat-zustand Farbe	Spez. Gewicht	Siede-punkt °C	Beilstein-Zitat	Physikalische Konstanten und Eigenschaften	Löslichkeit	Reaktionen
7	8	9	10	11	12	13
gelbe Nadeln (W oder verd. A)		subl.	VII 581	mit Dampf flüchtig	wl. in k. W ll. in A	
Nadeln $+ H_2O$ (W) Tafeln (A)	1,542	Z.	X 389	zerfällt bei höherer Temperatur; geruchlos; Geschmack säuerlich, zusammenziehend	1,85 W 14° 10 W 60° 27,8 W 80° ll. in A l. in Ae	erhitzen → Brenzcatechin $+ CO_2$ $+ FeCl_3$ → grün + sehr verd. NH_3 → blau → violett → rot Methylester *Fp* 134,5°, Nadeln Phenylester *Fp* 189° Chlorid *Fp* 70°, Kp. 275° Amid *Fp* 212°
Prismen (A)		subl.	XXI 77		swl. in W ll. in A, Ae	
weiße Krist.-Nädelchen (A)					swl. in W ll. in Alkalien, A l. in A	alkohol. Lsg. $+ Co(NO_3)_2$ und Piperazin → violettrot + 1%ige Pyridinlsg. + verd. $CuSO_4$-Lsg. → kein Cu-Salz $+ H_2SO_4$ + Paraform warm → braun → rosa $+ HNO_3$-H_2SO_4 → braun → orange
farblose Krist.				$[\alpha]_D^{20}$ —35,8° (2%ige wss. Lsg.)	l. in W, A	
Krist. (W)			IV 401		ll. in W swl. in A unl. in Ae	
Prismen (W)			XIV 448		swl. in sd. W, A, Ae	
amorph			II 114		ll. in W	
gelbe Nadeln (A)			V 584		unl. in W wl. in A ll. in Bzl.	
Nadeln oder Prismen (W)		Z.	X 384		l. in W ll. in A, Ae unl. in Bzl.	erhitzen → Hydrochinon $+ CO_2$

Lfd. Nr.	*Fp*	Name	Summenformel	Strukturformel	Mol.-Gewicht
1	2	3	4	5	6
2673	200	β-Disalicylid	$C_{14}H_8O_4$	$C_6H_4\left\langle\begin{matrix}O\cdot CO\\CO\cdot O\end{matrix}\right\rangle C_6H_4$	240,20
2674	200	Hexabromäthan	C_2Br_6	$CBr_3\cdot CBr_3$	503,52
2675	200 (Z.)	Hexaoxybenzol	$C_6H_6O_6$	$C_6(OH)_6$	174,11
2676	200	Kakodylsäure	$C_2H_7O_2As$	$(CH_3)_2AsO\cdot OH$	137,98
2677	200 (Z.)	Morphinhydrochlorid	$C_{17}H_{20}O_3NCl + H_2O$	vgl. Nr. 3084	339,81
2678	~200	2,4,6,3′,4′-Pentaoxybenzophenon (Maclurin)	$C_{13}H_{10}O_6$	$(HO)_2C_6H_3\cdot CO\cdot C_6H_2(OH)_3$	262,61
2679	200 (Z.)	1-Phenylthiosemicarbazid	$C_7H_9N_3S$	$C_6H_5\cdot NH\cdot NH\cdot CS\cdot NH_2$	167,22
2680	~200	Pilocarpinchlorhydrat .	$C_{11}H_{17}O_2N_2Cl$	$C_{11}H_{16}O_2N_2 + HCl$ vgl. Nr. 652	244,60
2681	>200 (Z.)	Strontiumoxalat	$C_2O_4Sr + H_2O$		193,67
2682	~200	Triacetyldiphenolisatin	$C_{26}H_{21}O_6N$		443,42
2682a	200 bis 201	3-Nitrozimtsäure	$C_9H_7O_4N$	$O_2N\cdot C_6H_4\cdot CH:CH\cdot COOH$	193,15
2683	200 bis 201	3-Oxybenzoesäure	$C_7H_6O_3$	$HO\cdot C_6H_4\cdot COOH$	138,12

Aggregat-zustand Farbe	Spez. Gewicht	Siede-punkt °C	Beilstein-Zitat	Physikalische Konstanten und Eigenschaften	Löslichkeit	Reaktionen
7	8	9	10	11	12	13
Nadeln (Methyl-alkohol)			XIX 171		unl. in W swl. in A 5,56 Chlf. 6°	erhitzen im Vakuum → α-Disalicylid
Prismen	3,823		I 96		unl. in W wl. in sd. A; Ae ll. in CS_2	
Nadeln (verd. HCl)			VI 1198	leicht oxydierbar	wl. in k. W, A, Ae, Bzl.	Hexaacetat *Fp* 203°
Säulen			IV 610		83 W 22° l. in A unl. in Ae	
Nadeln (W)				$[\alpha]_D$ —111° (W); geruchlos; bitterer Geschmack	4 W 2 A unl. in Ae	wss. Lsg + $Fe(NO_3)_3$-Lsg. → grünstichig-blau stark verdünnte Ferricyanidlsg. → blau + 10 mg Paraform + 1 ml. H_2SO_4 → intensiv rotviolett + Fe-H_3PO_4 → intensiv blau + HNO_3-H_2SO_4 → braun + violettrot → hellbraun + Furfurol-H_2SO_4 → rotbraun → erhitzen violettrot
gelbe Prismen + H_2O		>270 (Z.)	VIII 538		0,5 W 14° ll. in A, Ae	
Prismen (A)			XV 294		wl. in W ll. in A unl. in Ae	
durchscheinende Krist.			XXVII 633	Geschmack schwach bitter; hygroskopisch	ll. in W, A wl. in Ae, Chlf.	+ alkohol. HgJ_2-Lsg. → weißer Nd. wss. Lsg. + $K_2Cr_2O_7$ + H_2O_2 → blaues Chromperoxyd und einen durch Bzl. oder Chlf. ausschüttbaren blauen Farbstoff
Nadeln			II 515		0,0046 W 18° 0,0062 W 87°	
amorphes Pulver				geruchlos; geschmacklos	unl. in W l. in Säuren, Alkalien	1 mg Subst. + 1 Tropfen HNO_3-H_2SO_4 innerhalb 1 Minute → violettrot
Nadeln (A)			IX 605		1,0 A 25°	Äthylester *Fp* 78—79°
Nadeln (W) Tafeln (A)	1,473		X 134	sublimierbar; schmeckt süß	0,9 W 18° 10,99 W 78° l. in h. A; Ae 0,01 Bzl. 25°	Amid *Fp* 170,5°, Blättchen 3-Nitrobenzoyl-m-oxybenzoesäure *Fp* 241°, Nadeln p-Nitrobenzylester *Fp* 106,1° Methylester *Fp* 71,5°, Nadeln

Lfd. Nr.	*Fp*	Name	Summenformel	Strukturformel	Mol.-Gewicht
1	2	3	4	5	6
2684	**200 bis 202**	Bulbocapnin	$C_{19}H_{19}O_4N$		325,25
2685	**200 bis 202**	4,5-Dimethyl-2-rhodan-mercurithiophen	$C_7H_7NS_2Hg$	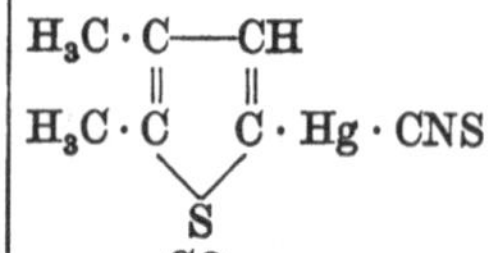	369,86
2686	**200 bis 202**	1,4-Dioxyanthrachinon (Chinizarin)	$C_{14}H_8O_4$	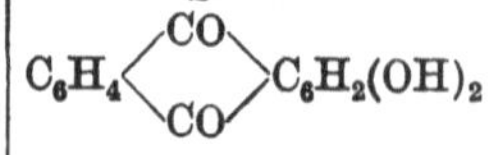	240,20
2687	**200 bis 202**	2,4,5-Trioxyacetophenon	$C_8H_8O_4$	$(HO)_3C_6H_2 \cdot CO \cdot CH_3$	168,14
2688	**200 bis 202**	2-Sulfanilamidothiazol (Sulfathiazol, Cibazol, Eleudron)	$C_9H_9O_2N_3S_2$	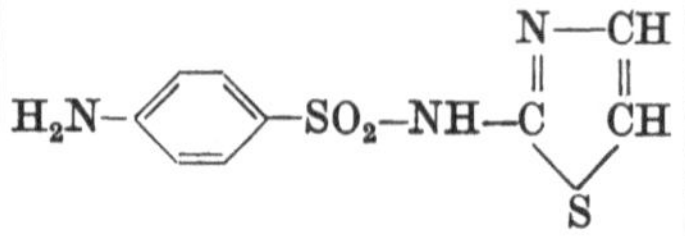	255,30
2689	**201**	7-Aminonaphthol-(2)	$C_{10}H_9ON$	$H_2N \cdot C_{10}H_6 \cdot OH$	159,18
2690	**201**	Camphansäure	$C_{10}H_{14}O_4$	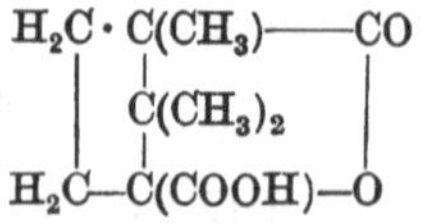	198,21
2691	**201**	4-Oxychinolin (Kynurin)	C_9H_7ON	$C_9H_6N \cdot OH$	145,15
2692	**201**	3,3',4,4'-Tetrachlor-5,5'-dimethyl-2,2'-dithienyl	$C_{10}H_6Cl_4S_2$	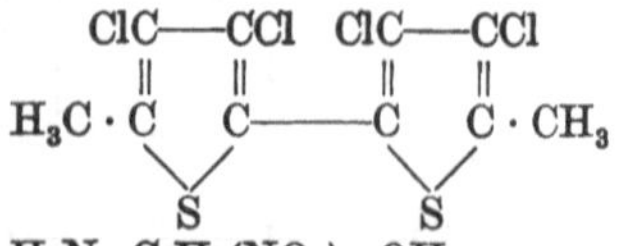	332,10
2693	**201 bis 202**	5-Nitro-2-aminophenol	$C_6H_6O_3N_2$	$H_2N \cdot C_6H_3(NO_2) \cdot OH$	154,12

Aggregatzustand Farbe	Spez. Gewicht	Siedepunkt °C	Beilstein-Zitat	Physikalische Konstanten und Eigenschaften	Löslichkeit	Reaktionen
7	8	9	10	11	12	13
weißes Pulver			XXVII 488	geruchlos; schwach bitterer Geschmack; anästhesierend	wl. in W	wss. Lsg. + $Fe(NO_3)_3$-Lsg. → schwach violettrot, heiß intensiv violettrot Lsg. in konz. H_2SO_4 → gelb beim Erwärmen → orange, graugrün und blaugrau nach Abkühlen + 1 Tropfen HNO_3-H_2SO_4 → intensiv violett Lsg. in konz. H_2SO_4 + 5 mg α-Naphthol gelinde erwärmt → violettrot — grüne Fluoreszenz (Oxymethylengruppe)
rote Nadeln (A)		subl. (Z.)	VIII 450	subl. in rubinroten Nadeln	l. in A, Ae, H_2SO_4, Alkali	Diacetat *Fp* 200° Dimethyläther *Fp* 143°, gelbe Nadeln Lsg. in H_2SO_4 → violett, grüngelbe Fluoreszenz Lsg. in Alkali → blauviolett
rote Nadeln (W)			E_1 VIII 686		l. in sd. W, A, Ae l. in NaOH	Lsg. in Alkalien → gelbgrün 100 mg Subst. in 5 ml W + 1 ml 0,5%ige Lsg. β-naphthochinon-4-sulfonsaures Natrium nach 5 Min. → purpurbraun
weiße Krist.				geruchlos; geschmacklos	swl. in k. W l. in Alkalien, Säuren	+ H_2SO_4 + HNO_3 → rot Lsg. mit einigen Tropfen 2n HCl in der Kälte + 1 Tropfen Nitritlsg. → gelb bis orange + einige Tropfen konz. NH_3 → intensiv gelb
Nadeln (A)			XIII 684		wl. in W ll. in A, Ae	
Nadeln + H_2O		Z.	XVIII 401		ll. in A, Ae	Äthylester *Fp* 63°; Kp. 195—196°
Nadeln + $3H_2O$ (W)			E_1 VIII 686		l. in sd. W, A, Ae l. in NaOH	Lsg. in NaOH → gelbgrün
braune Nadeln (W od. A)			XIII 390		l. in Eg.	

Lfd. Nr.	*Fp*	Name	Summenformel	Strukturformel	Mol.-Gewicht
1	2	3	4	5	6
2694	**201,5**	Ricinin	$C_8H_8O_2N_2$	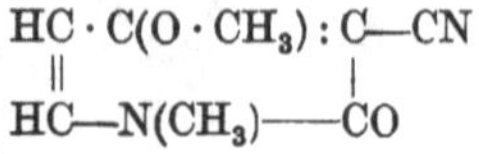	164,16
2695	**201,5** bis **203**	3-Jod-5-methyl-2-chlor-mercurithiophen	$C_5H_4ClJSHg$	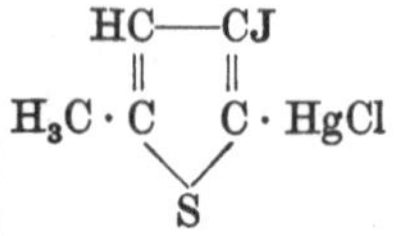	459,13
2696	**201,6**	Lactose	$C_{12}H_{22}O_{11}$	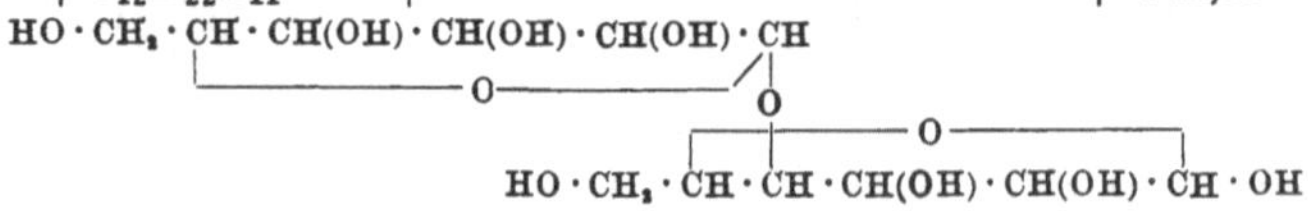	342,29
2697	**201,6**	Salicin	$C_{13}H_{18}O_7$	$C_6H_{11}O_5 \cdot O \cdot C_6H_4 \cdot CH_2OH$	285,27
2698	**202**	1,1'-Dinaphthylen-2,2'-sulfid	$C_{20}H_{12}S$	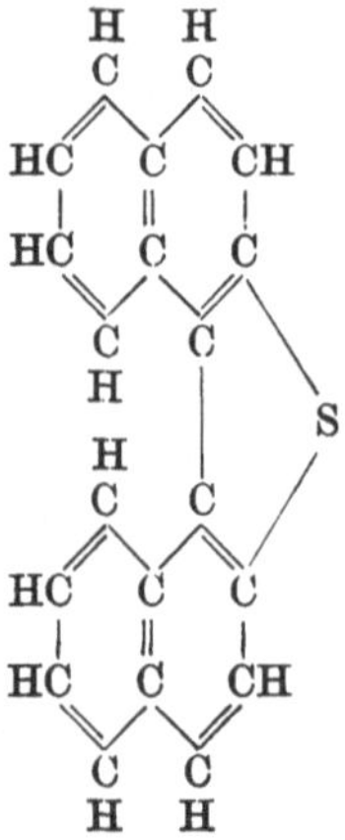	284,36
2699	**202**	2,6-Dinitrobenzoesäure	$C_7H_4O_6N_2$	$(O_2N)_2C_6H_3 \cdot COOH$	212,12
2700	**202**	2,5-Dioxyacetophenon	$C_8H_8O_3$	$(HO)_2C_6H_3 \cdot CO \cdot CH_3$	152,14
2701	**202** (Z.)	Di-[2-thienyl]-bleichlorid	$C_8H_6Cl_2S_2Pb$	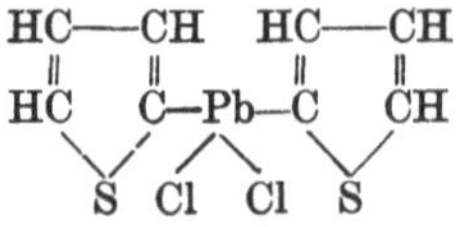	447,37
2702	**202**	Gallussäuremethylester	$C_8H_8O_5$	$(HO)_3C_6H_2 \cdot COO \cdot CH_3$	182,13
2703	**202**	Mesaconsäure	$C_5H_6O_4$	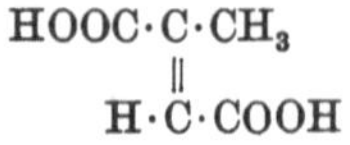	130,10

Aggregat-zustand Farbe	Spez.-Gewicht	Siede-punkt °C	Beilstein-Zitat	Physikalische Konstanten und Eigenschaften	Löslichkeit	Reaktionen
7	8	9	10	11	12	13
Blättchen oder Prismen (W od. A)		subl.	XXII 371		0,27 W 10° 0,16 A 10° ll. in h. Chlf. l. in h. NaOH	
Krist.	$1{,}525^{20°}$			kaum süß schmeckend	16,9 W 15° 24 h. W. 0,09 A 20° unl. in Ae	wss. Lsg. + Lauge erwärmt → gelb alkal. $HgCl_2$-Lsg, ammoniak. $AgNO_3$-Lsg. und alkal. Kupfertartratlsg. werden reduziert, dagegen nicht Kupferacetatlsg. (Barföd-Reagens)
weißes Krist.-Plv.				geruchlos, sehr bitterer Geschmack		1 mg Subst. + 5 mg α-Naphthol in 1 ml konz. H_2SO_4 → olivbraun beim Erhitzen → violettrot
Nadeln (W)		Z.	IX 412		ll. in sd. W	bei Erhitzung CO_2-Abspaltung
grüngelbe Krist. (W)		subl.	VIII 271		swl. in k. W ll. in A wl. in Ae	+ $FeCl_3$ → blau
Krist. (W od. Methylalkohol)			X 483		1,07 W 23° ll. in A	
Nadeln (A) Tafeln (Ae)	1,466	250 (Z.)	VII 38		2,7 W 18° 117,9 sd. W 30,6 90%iger A 17° 95,7 sd. 90%ig. A swl. in CS_2, Chlf.	bei 250° Z. → Citraconsäureanhydrid Diamid *Fp* 177—177,5°, Platten Dihydrazid *Fp* 217—218°, Stäbchen p-Nitrobenzylester *Fp* 184°, Stäbe und Platten

Lfd. Nr.	*Fp*	Name	Summenformel	Strukturformel	Mol.-Gewicht
1	2	3	4	5	6
2704	**202 bis 203**	Carbaminoylcholinchlorid (Doryl)	$C_6H_{15}O_2N_2Cl$	$H_2N \cdot CO \cdot OCH_2 \cdot CH_2 \cdot N(CH_3)_3Cl$	182,65
2705	**202 bis 203**	Cinchonidin	$C_{19}H_{22}ON_2$	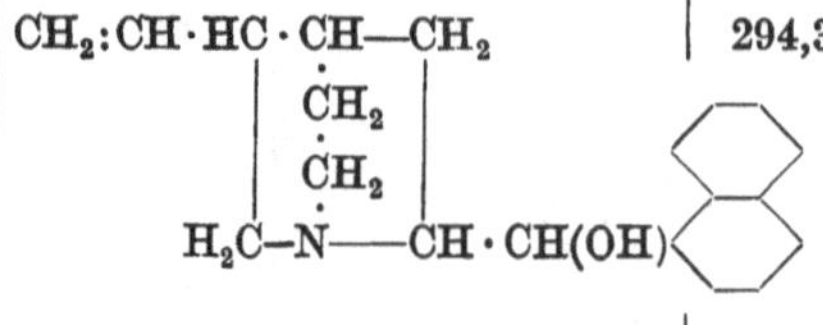	294,38
2706	**202 bis 204**	5-Methyl-2-rhodan-mercurithiophen	$C_6H_5NS_2Hg$	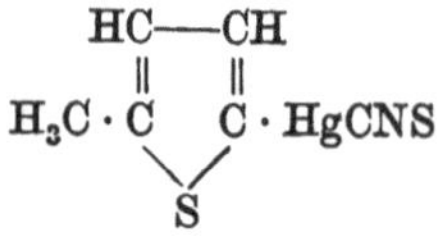	355,84
2707	**203**	2-Acetaminophenol	$C_8H_9O_2N$	$CH_3 \cdot CO \cdot NH \cdot C_6H_4 \cdot OH$	151,16
2708	**203** (Z.)	γ-Aminobuttersäure	$C_4H_9O_2N$	$H_2N \cdot CH_2 \cdot (CH_2)_2 \cdot COOH$	103,12
2709	**203**	Brommethylat des Methylhexahydro-nicotinsäuremethyl-esters (Neu-Cesol)	$C_9H_{18}O_2NBr$	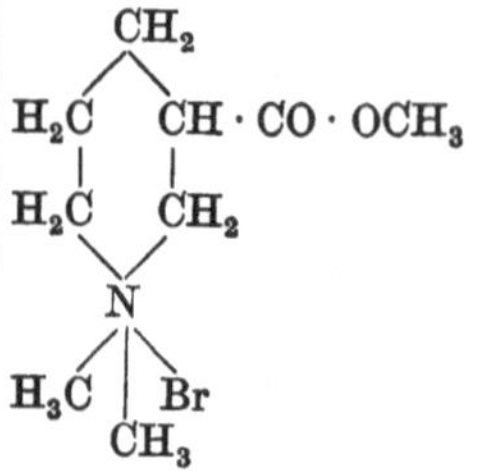	252,16
2710	**203**	1,3,6,8-Tetranitro-naphthalin	$C_{10}H_4O_8N_4$	$C_{10}H_4(NO_2)_4$	308,16
2711	**203**	3,4,5-Trichlorbenzoesäure	$C_7H_3O_2Cl_3$	$Cl_3C_6H_2 \cdot COOH$	225,46
2712	**203 bis 204**	4,5-Dijod-2-nitrothiophen	$C_4HO_2NJ_2S$	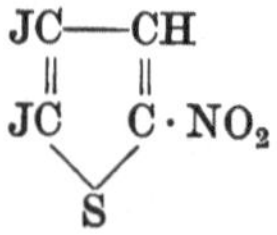	380,98
2713	**203 bis 204**	dl-Weinsäure	$C_4H_6O_6$	$HOOC \cdot CH(OH) \cdot CH(OH) \cdot COOH$	150,09
2714	**203 bis 204**	inakt. Zimtsäuredibromid	$C_9H_8O_2Br_2$	$C_6H_5 \cdot CHBr \cdot CHBr \cdot COOH$	307,96

Aggregat-zustand Farbe	Spez. Gewicht	Siede-punkt °C	Beilstein-Zitat	Physikalische Konstanten und Eigenschaften	Löslichkeit	Reaktionen
7	8	9	10	11	12	13
weiße Krist.						wss. Lsg. + $Fe(NO_3)_3$ → unverändert + $HgCl_2$ (alkalisch) → gelber Nd.
Prismen (A)		subl.	XXIII 437	$[\alpha]_D$ —107,9°	0,025 W 20° 4,74 A 17° 0,26 Ae 32°	Kalischmelze → blaugrün Chromsäure → gelber Nd. in salzsaurer Lsg. $CuSO_4$-Lsg. → smaragdgrün + Lsg. von Ammoniummolybdat → tiefblau beim Erwärmen mit einigen Tropfen HCl
Blättchen (verd. A)			XIII 370		ll. in h. W; A	
Nadeln (verd. A)			IV 413		ll. in W unl. in A, Ae	
weiße Krist.					ll. in W wl. in A unl. in Ae, Bzl.	alkalische HgJ_2-Lsg. → gelber, käsiger Nd.
Nadeln (A)		expl.	V 564		wl. in A	
Nadeln (verd. A)		subl.	IX 346		unl. in k. W ll. in A, Ae, Bzl.	
Krist. + H_2O (W)	$1{,}697^{20°}$		III 522		20,6 W 20° 184,6 W 100° 2,08 A 15° 1,08 Ae 15°	wss. Lsg. + $Fe(NO_3)_3$-Lsg. → zitronengelb 1 mg Subst. in Lsg. von 5 mg β-Naphthol in 1 ml konz. H_2SO_4 eingetragen beim Erhitzen im sd. W-Bad → grün, bei starker Beleuchtung blaue Fluoreszenz. Bei längerem Erhitzen und darauffolgender Abkühlung → Fluoreszenz violett Dimethylester *Fp* 85°, monokline Kristalle
Krist. (Chlf.)			IX 518		ll. in A, Ae swl. in CS_2	durch sd. W Zers.

Lfd. Nr.	*Fp*	Name	Summenformel	Strukturformel	Mol.-Gewicht
1	2	3	4	5	6
2715	**203** bis **205**	Narcotinchlorhydrat	$C_{27}H_{24}O_7NCl$	vgl. Nr. 2420	509,93
2716	**203** bis **205**	p-Oxyphenyl-(α-oxy-β-methylamino)-propanchlorhydrat (Suprifen)	$C_{10}H_{16}O_2NCl$	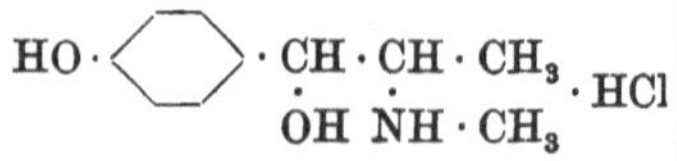	217,68
2717	**203,5**	Isatin	$C_8H_5O_2N$	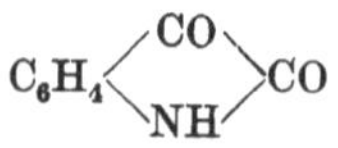	147,13
2718	**203,5** bis **204,5**	Japaconitin	$C_{34}H_{47}O_{11}N$		645,72
2719	**204** (Z.)	3-Nitroanthranilsäure	$C_7H_6O_4N_2$	$H_2N \cdot C_6H_3(NO_2) \cdot COOH$	182,12
2720	**204**	2,3-Dioxybenzoesäure	$C_7H_6O_4$	$(HO)_2C_6H_3 \cdot COOH$	154,12
2721	**204**	5-Methyl-2-chlormercurithiophen	C_5H_5ClSHg	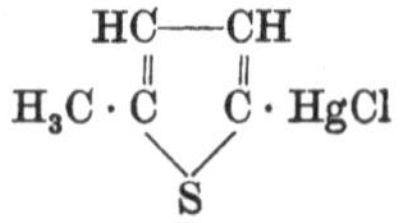	333,22
2722	**204** bis **205**	3,5-Dinitrobenzoesäure	$C_7H_4O_6N_2$	$(O_2N)_2C_6H_3 \cdot COOH$	212,12
2723	**204** bis **205**	4-Oxyphthalsäure	$C_8H_6O_5$	$HO \cdot C_6H_3(COOH)_2$	182,13
2724	**204** bis **205**	Thionaphthen-2,3-dicarbonsäurediamid	$C_{10}H_8O_2N_2S$	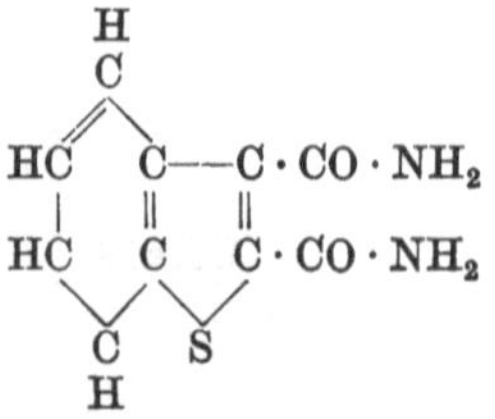	220,24

Aggregat-zustand Farbe	Spez. Gewicht	Siede-punkt °C	Beilstein-Zitat	Physikalische Konstanten und Eigenschaften	Löslichkeit	Reaktionen
7	8	9	10	11	12	13
weiße Krist.				bitterer Geschmack; geruchlos		1. + 1 ml H_2SO_4 → gelb + Paraform (20 mg) intensiv violett + HNO_3-H_2SO_4 → intensiv orange → rosa → braunorange 2. + 10—20 mg Paraform + 1 ml. H_2SO_4 → intensiv blauviolett + HNO_3-H_2SO_4 → violett → intensiv braunorange
weiße Krist.				geruchlos; Geschmack bitter	l. in W	wss. Lsg. + $Fe(NO_3)_3$-Lsg. → blauviolettstichig H_2O_2-Lsg. oxydiert zu Methylsuprarenin 1 mg Subst. + 2 Tropfen Fe-H_3PO_4 bis zur ersten Bräunung erhitzt, nach Erkalten + 1 ml konz. H_2SO_4 → intensiv violettrot
gelbrote Prismen (A)			XXI 432		wl. in k. W l. in sd. W ll. in sd. A wl. in Ae l. in konz. KOH	Lsg. in Alkalien → violettrot
farblose Rosetten od. Nadeln (A, Ae od. Chlf.)				$[\alpha]_D^{18,5}$ + 23,6° (A) $[\alpha]_D^{19,5}$ + 19,41° (Chlf.)	wl. in W ll. in A, Ae, Chl.	
gelbeNadeln (W)	$1{,}558^{15°}$		XIV 373		ll. in A, Ae	
Nadeln + $2H_2O$ (W)			X 375		0,062 W 25° 0,56 W 75° l. in W, A, Ae	
Krist. (W oder A)	1,683	subl.	IX 413		1,32 W 25° 1,9 sd. W ll. in A wl. in Bzl., Ae, CS_2	
Krist. (W)			X 499		ll. in A, Ae	erhitzen → Anhydrid

Lfd. Nr.	*Fp*	Name	Summenformel	Strukturformel	Mol.-Gewicht
1	2	3	4	5	6
2725	**204 bis 206**	dl-Cineolsäure	$C_{10}H_{16}O_5$	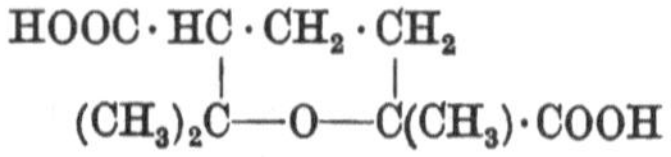	216,22
2726	**204 bis 206**	Erysimolacton	$C_{24}H_{36}O_8$		452,53
2727	**204,1**	3,4-Dichlorbenzoesäure	$C_7H_4O_2Cl_2$	$Cl_2C_6H_3 \cdot COOH$	191,02
2728	**205**	Acetophenoncarbon-säure-(4)	$C_9H_8O_3$	$CH_3 \cdot CO \cdot C_6H_4 \cdot COOH$	164,15
2729	**205**	Dijodtyrosin (Jodgorgo-säure, Dityrin, Jodoglobin)	$C_9H_9O_3NJ_2$	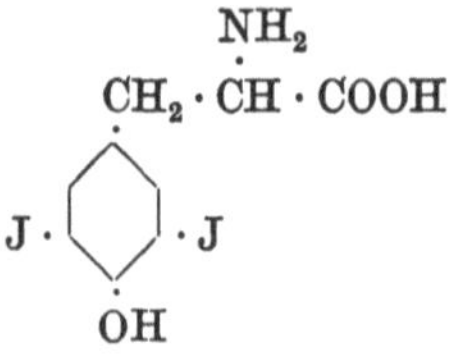	417,01
2730	**205**	*l*-Ekgonin	$C_9H_{15}O_3N$	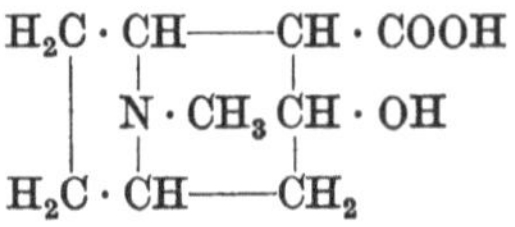	185,21
2731	**205** (Z.)	Oxalursäure	$C_3H_4O_4N_2$	$H_2N \cdot CO \cdot NH \cdot CO \cdot COOH$	132,08
2732	**205** (Z.)	4,4′,4″-Triaminotriphenyl-carbinol	$C_{19}H_{19}ON_3$	$(H_2N \cdot C_6H_4)_3C \cdot OH$	305,06
2733	**205**	Veratrin	$C_{32}H_{49}O_9N$		591,72
2734	**205 bis 206**	Äthylnarceinchlorhydrat (Narcyl)	$C_{25}H_{32}O_8NCl$	vgl. Nr. 2569	509,97

Aggregat-zustand Farbe	Spez. Gewicht	Siede-punkt °C	Beilstein-Zitat	Physikalische Konstanten und Eigenschaften	Löslichkeit	Reaktionen
7	8	9	10	11	12	13
Krist. (W)			XVIII 322		0,75 W 8° 6,6 sd. W ll. in h. A; Ae	Dimethylester *Fp* 31°
				$[\alpha]_D$ +555° α_D +0,71°	ll. in A, Aceton, Chlf., Pyridin, Eg. wl. in W unl. in Ae, Bzl., PAe, Xylol	+ Phenyldiazonium-Lsg. → blau + Lauge → Isoverbindung *Fp* 212—216°
Nadeln (W)			IX 343	mit Dampf flüchtig	l. in h. W ll. in A	
Nadeln (W)		subl.	X 694		wl. in k. W l. in h. W wl in A, Ae	Methylester *Fp* 92°
gelbe Krist.				geruchlos, geschmacklos	swl. in W l. in A, Ae, Säure, Lauge	gegen Phenolphthalein neutralisierte Lsg. + $Fe(NO_3)_3$-Lsg. → gallertigen violetten Nd. + 10—20 mg Paraform + 1 ml H_2SO_4 → violettrot + $Fe\text{-}H_3PO_4$ → bräunlich + $HNO_3\text{-}H_2SO_4$ → braun, rötlich gelb
Prismen (A)			XXII 196		21,74 W 17° 2 95%ig. A 17° swl. in Ae unl. in Chlf.	
Krist.			III 64		swl. in W	sd. W → Oxalsäure + Harnstoff
farblose Blättchen			XIII 750		swl. in W ll. in A unl. in Ae	
rhombische Prismen (A)				optisch inaktiv	unl. in W ll. in h. A; Ae l. in Chlf.	+ H_2SO_4 → (kalt) gelb; (warm) violett bis blutrot + alkohol. KOH → braunrot + HCl (1,19) in der Wärme kirschrot + p-Dimethylbenzaldehyd · H_2SO_4, bei schwachem Erwärmen → tiefgrün → sepiabraun + wss. KOH → kirschrot → braungelb → schmutzig violett
weiße, seidig glänzende Nadeln				Geschmack bitter		+ 1 ml H_2SO_4 → intensiv gelb → grüngelb → langsam hellbraun + $Fe\text{-}H_3PO_4$ → oliv → braun → grün + Paraform → intensiv violettrot → braun + $HNO_3\text{-}H_2SO_4$ undurchsichtig → graugrün → intensiv orangerot

Lfd. Nr.	*Fp*	Name	Summenformel	Strukturformel	Mol.-Gewicht
1	2	3	4	5	6
2735	**205 bis 206**	3,4'-Dioxybenzophenon	$C_{13}H_{10}O_3$	$HO \cdot C_6H_4 \cdot CO \cdot C_6H_4 \cdot OH$	214,21
2736	**205 bis 207**	8-Aminonaphthol-(2)	$C_{10}H_9ON$	$H_2N \cdot C_{10}H_6 \cdot OH$	159,18
2737	**205 bis 210**	syn-Benzilosazon	$C_{26}H_{22}N_4$	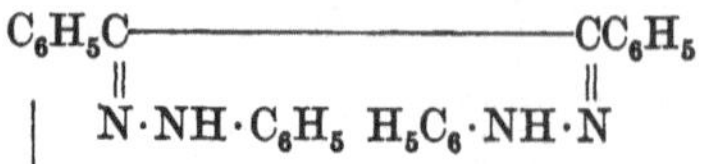	390,46
2738	**205 bis 210**	Pyron-(2)-carbonsäure-(5) (Cumalinsäure)	$C_6H_4O_4$	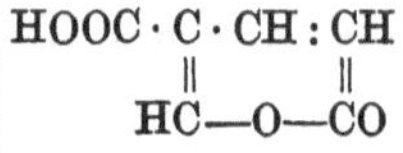	140,09
2739	**206**	Acetylglycin	$C_4H_7O_3N$	$CH_3 \cdot CO \cdot NH \cdot CH_2 \cdot COOH$	117,10
2740	**206**	4,5,9(oder 10)-Trioxy-2-methylanthracen	$C_{15}H_{12}O_3$	$HO \cdot C_6H_3\left\{\begin{matrix} C(OH) \\ CH \end{matrix}\right\}C_6H_2(CH_3) \cdot OH$	240,24
2741	**206 bis 207**	*β*-Benzildioxim	$C_{14}H_{12}O_2N_2$	$[C_6H_5 \cdot C(:N \cdot OH)—]_2$	240,25
2742	**206 bis 207**	3,4-Dichlor-2-chlor-mercurithiophen	C_4HCl_3SHg	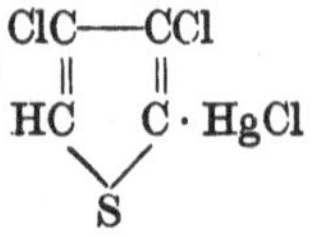	388,09
2743	**206 bis 207**	*β*-Truxinsäure	$C_{18}H_{16}O_4$	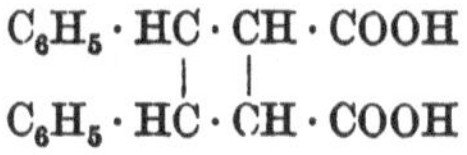	296,30
2744	**206 bis 207**	3-Oxy-p-toluylsäure	$C_8H_8O_3$	$HO \cdot C_6H_3(CH_3) \cdot COOH$	152,14
2745	**206 bis 207**	3,4,5,6-Tetrabrom-o-kresol	$C_7H_4OBr_4$	$CH_3 \cdot C_6Br_4 \cdot OH$	423,77
2746	**206 bis 208**	dl-Oxybiotin	$C_{10}H_{16}O_4N_2$	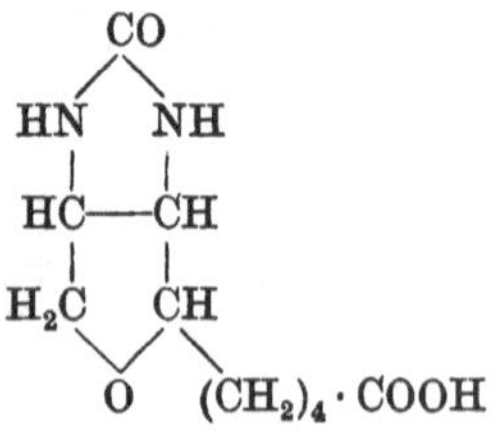	228,24
2747	**207**	d-Arginin	$C_6H_{14}O_2N_4$	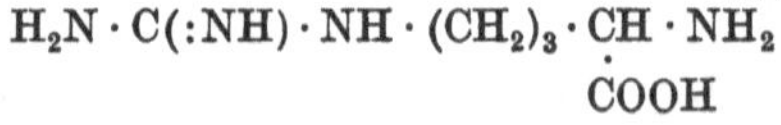	174,20
2748	**207**	2-Bromanthrachinon	$C_{14}H_7O_2Br$	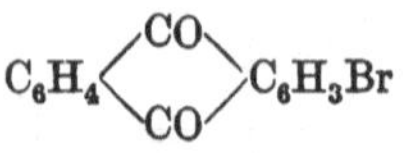	287,11
2749	**207** (Z.)	2,5-Dioxyzimtsäure	$C_9H_8O_4$	$(HO)_2C_6H_3 \cdot CH:CH \cdot COOH$	180,15

Aggregat-zustand Farbe	Spez. Gewicht	Siede-punkt °C	Beilstein-Zitat	Physikalische Konstanten und Eigenschaften	Löslichkeit	Reaktionen
7	8	9	10	11	12	13
Nadeln (W)			VIII 316			
Nadeln (W oder Ae)		subl.	XIII 685		ll. in h. W; A l. in Ae	
gelbe Nadel (A + Bzl.)			XV 173		wl. in k. A l. in Ae ll. in Bzl.	
Prismen (Methanol)		218 (120mm)	XVIII 405		wl. in k. W l. in A wl. in Ae unl. in Bzl., Chlf.	Äthylester *Fp* 36°
Nadeln (W)			IV 354		2,7 W 15° l. in A unl. in Ae	+ $FeCl_3$ → rot
gelbe Blättchen (Bzl.)					wl. in k. A ll. in Chlf. l. in Alkali	
Nadeln (A)			VII 761		wl. in h. W 15,26 A 17° ll. in Eg, Ae l. in NaOH	
Krist. (A)		Z.	IX 951		l. in A	erhitzen → Zimtsäure und Stilben
Nadeln (W)		subl.	X 237		wl. in k. W ll. in A, Ae	Äthylester *Fp* 74—75°
Nadeln (Eg. oder Chlf.)			VI 362		unl. in W l. in A. Bzl. ll. in Ae	
Nadeln (W)					wl. in W l. in A	
Tafeln			IV 420		ll. in W swl. in A	Cu-Salz *Fp* 226° + α-Naphthol in NaOH u. Hypochlorit → rot Chlorhydrat *Fp* 220° Pikrat *Fp* 217—218°, Nadeln
gelbe Krist. (Eg.)			VII 789			
Krist. (W.)			X 435		wl. in k. W	

Lfd. Nr.	Fp	Name	Summenformel	Strukturformel	Mol.-Gewicht
1	2	3	4	5	6
2750	**207**	2-Methylanthracen	$C_{15}H_{12}$	$C_6H_4\{CH, CH\}C_6H_3 \cdot CH_3$	192,24
2751	**207**	Phenanthrachinon	$C_{14}H_8O_2$	C_6H_4—C_6H_4 über $CO \cdot CO$	208,20
2752	**207**	Chlcrsalioylsäure	$C_7H_5O_3Cl$	$HO \cdot C_6H_3Cl \cdot COOH$	172,59
2753	**207**	4,4′,4″-Triaminotriphenylmethan	$C_{19}H_{19}N_3$	$(H_2N \cdot C_6H_4)_3CH$	289,36
2754	**207**	2,4,5-Trichlor-3-brommercurithiophen	C_4Cl_3BrSHg	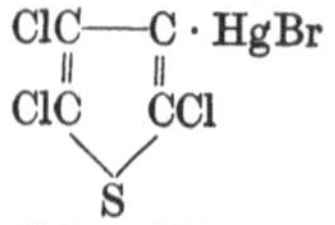	467,00
2755	**207**	3,4,5-Trichlor-2-brommeı curithiophen	C_4Cl_3BrSHg	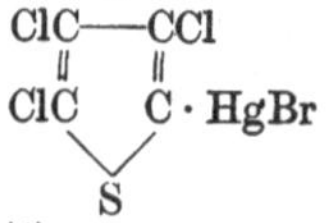	467,00
2756	**207**	Vanillinsäure	$C_8H_8O_4$	$^{(4)}HO \cdot C_6H_3(O \cdot CH_3)^{(3)} \cdot COOH^{(1)}$	168,14
2757	**207 bis 208**	3,4,5-Trimethyl-2-thiophensäure	$C_8H_{10}O_2S$	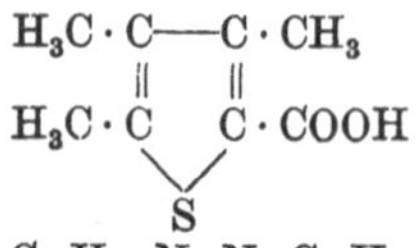	170,22
2758	**208**	2,2′-Azonaphthalin	$C_{20}H_{14}N_2$	$C_{10}H_7 \cdot N : N \cdot C_{10}H_7$	282,33
2759	**208**	α-Benzpinakolin	$C_{26}H_{20}O$	$(C_6H_5)_2C$—$C(C_6H_5)_2$ über O	348,42
2760	**208**	d-Borneol	$C_{10}H_{18}O$	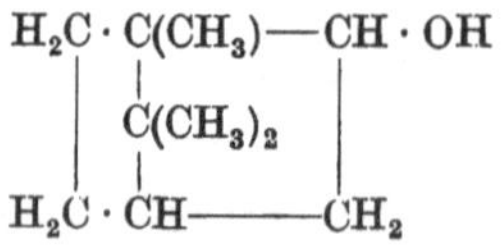	154,24
2761	**208**	Phthalanil	$C_{14}H_9O_2N$	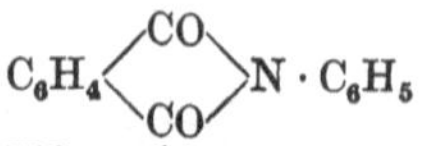	223,22
2762	**208**	Triphenyl-[2-thienyl]-blei	$C_{22}H_{18}SPb$	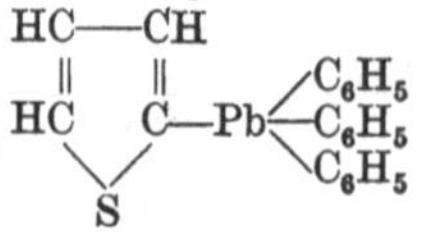	521,63

Aggregat-zustand Farbe	Spez. Gewicht	Siede-punkt °C	Beilstein-Zitat	Physikalische Konstanten und Eigenschaften	Löslichkeit	Reaktionen
7	8	9	10	11	12	13
Blättchen		subl.	V 674		unl. in W wl. in A Ae sll. in Bzl. CS.	
orange Nadeln (A)	1,405	>360	VII 797		swl. in k. W wl. in h. W l. in Ae 0,54 Bzl. 20° ll. in Eg.	+ H_2SO_4 → grün + $SbCl_5$ → tiefrot Chinhydron *Fp* 167—169°, lange schwarze Nadeln Monoimid *Fp* 158—159°, goldgelbe Nadeln Semicarbazon *Fp* 220°, goldgelbe Nadeln
Nadeln (W)			X 101		sl. in W ll. in A, Bzl., Chlf.	wss. Lsg. + $FeCl_3$ → violett
Blättchen (W, A od. Bzl.)			XIII 313		wl. in W, A	
Nadeln (W)		subl.	X 392		0,15 W 14° 2,56 W 100° ll. in A l. in Ae	
rote Blättchen (Bzl.)		subl.	XVI 80		swl. in A, Ae l. in h. Bzl.	
Nadeln (Chlf. + A)		Z.	XVII 94		unl. in W; k. A l. in Ae ll. in Bzl.	>208° → 4-Benzoyl-triphenylmethan u. a.
Tafeln (PAe)	1,011	subl. 212	VI 73	$[\alpha]_D^{37}$ +37° (A); kryoskop. Konst. 35 8; riecht wie Campher; schmeckt brennend; subl. schon bei Zimmertemperatur	swl. in W ll. in A, Ae 25 Bzl. 20°	Acetat *Fp* 29° Phenylurethan *Fp* 137 bis 138° α-Naphthylurethan *Fp* 132°, Prismen Chloralverbindung *Fp* 55 bis 56°, harte Prismen
Nadeln (A)		subl.	XXI 464		unl. in W l. in A, Ae	

Lfd. Nr.	*Fp*	Name	Summenformel	Strukturformel	Mol.-Gewicht
1	2	3	4	5	6
2763	208 bis 209	4,5-Dibrom-2-chlor-mercuri-3-thiotolen	$C_5H_3ClBr_2SHg$	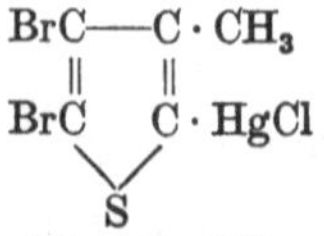	491,03
2764	208 bis 209	4-Jod-3-methyl-2-thiophensäure	$C_6H_5O_2JS$	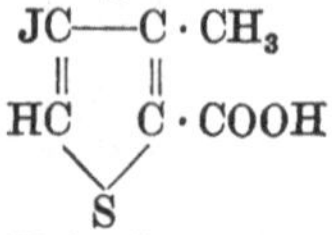	268,08
2765	208 bis 209	5-Jod-2-chlormercuri-4-thiotolen	$C_5H_4ClJSHg$	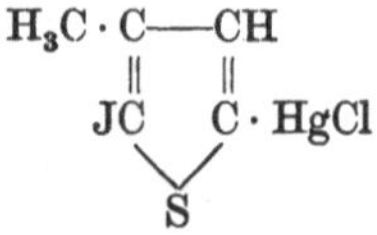	459,13
2766	208 bis 209	6-Oxynaphthoesäure-(1)	$C_{11}H_8O_3$	$HO \cdot C_{10}H_6 \cdot COOH$	188,17
2767	208 bis 213	α-Phenyl-γ-chinolincarbon-säure (Atophan)	$C_{16}H_{11}O_2N$	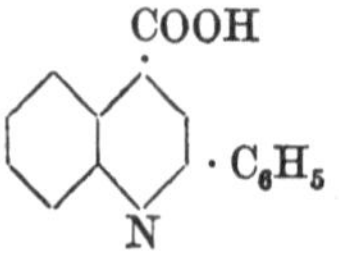	249,25
2768	209	Dicyandiamid	$C_2H_4N_4$	$H_2N \cdot C(:NH) \cdot NH \cdot CN$	84,08
2769	209	Thioxanthon	$C_{13}H_8OS$	$C_6H_4\left\{\begin{matrix}CO\\S\end{matrix}\right\}C_6H_4$	212,25
2770	209 bis 210	9,10-Dichloranthracen	$C_{14}H_8Cl_2$	$C_6H_4\left<\begin{matrix}CCl\\CCl\end{matrix}\right>C_6H_4$	247,12
2771	209 bis 210	Bis-[5-tolylthienyl-(2)]-quecksilber	$C_{22}H_{18}S_2Hg$	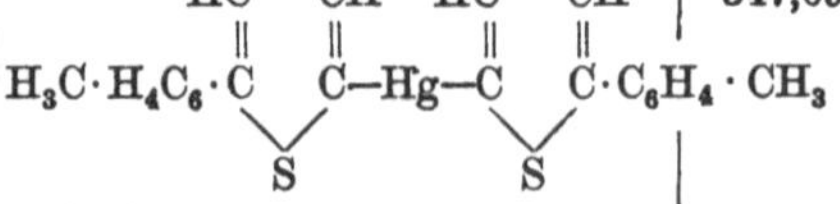	547,09
2772	210	Apochinin	$C_{19}H_{22}O_2N_2$	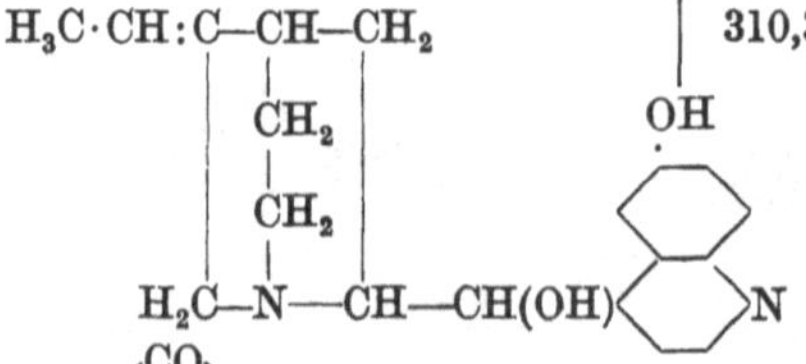	310,38
2773	210	2-Chloranthrachinon	$C_{14}H_7O_2Cl$	$C_6H_4\left<\begin{matrix}CO\\CO\end{matrix}\right>C_6H_3Cl$	242,65

Aggregatzustand Farbe	Spez. Gewicht	Siedepunkt °C	Beilstein-Zitat	Physikalische Konstanten und Eigenschaften	Löslichkeit	Reaktionen
7	8	9	10	11	12	13
Nadeln (W)			X 330		swl. in k. W ll. in sd. W l. in A, Ae wl. in Bzl., Chlf.	+ $FeCl_3$ → braun Acetylderivat *Fp* 209 bis 210°, Nadeln Anilid *Fp* 193—194°, Nadeln
schwach-gelbe Nadeln (A)			XXII 103	geruchlos; schmeckt bitter	unl. in W 5 sd. A 0,4 sd. Bzl. l. in Alkalien, Säuren	Lsg. in Säure + 1 Tropfen Jodlsg. → braunes Perjodid gelbe Lsg. in Paraform-H_2SO_4 beim Erhitzen → rotbraun 2 mg Subst. lösen in 1 Tropfen 2n-NH_3 und 1 ml H_2O + $AgNO_3$ → weißer, flockiger Nd.
Blättchen (W)	$1{,}404^{14°}$		III 91		2,26 W 13° 1,26 A 13° 0,01 Ae 13° ll. in h. W sehr schwer lösl. in HNO_3	Diacetyl in alkal. Lsg. → rosa, in konz. Lsg. violettrot Silbersalz $C_2H_4N_4 \cdot AgNO_3$, glänzende Nadeln
gelbe Nadeln (Chlf.)		372 (175mm)	XVII 357		unl. in W wl. in A ll. in Bzl., Chlf.	l. in H_2SO_4 → grüne Fluoreszenz
gelbe Nadeln			V. 664		wl. in A, Ae ll. in Bzl.	
Nadeln (Ae)			XXIII 504		ll. in A, Bzl., Chlf. l. in Ae ll. in NaOH	
gelbe Nadeln (A)		subl.	VII 787		wl. in sd. A ll. in sd. Eg.	

Lfd. Nr.	*Fp*	Name	Summenformel	Strukturformel	Mol.-Gewicht
1	2	3	4	5	6
2774	210 (Z.)	3,4-Diaminobenzoesäure	$C_7H_8O_2N_2$	$(H_2N)_2C_6H_3 \cdot COOH$	152,15
2775	210	4,4'-Dioxybenzophenon	$C_{13}H_{10}O_3$	$HO \cdot C_6H_4 \cdot CO \cdot C_6H_4 \cdot OH$	214,21
2776	210	*l*-Ephedrinchlorhydrat (1-Phenyl-1-oxy-2-methylamino-propanchlorhydrat)	$C_{10}H_{16}ONCl$	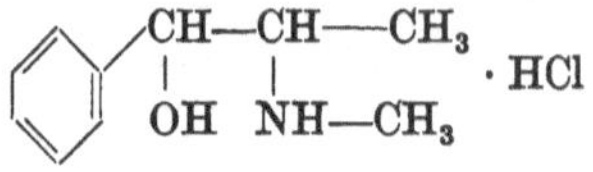	202,70
2777	210	Hydrastininchlorid (2-Methyl-6,7-methylendioxy-3,4-dihydro-isochinoliniumchlorid)	$C_{11}H_{12}O_2NCl$	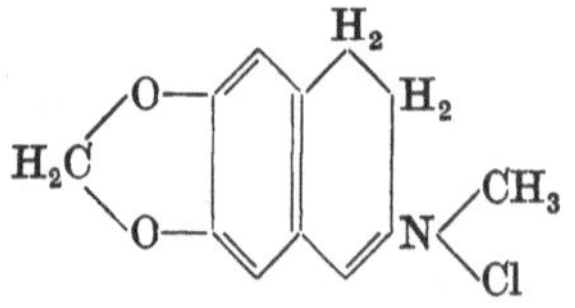	237,68
2778	210 (Z.)	Oxamidsäure	$C_2H_3O_3N$	$H_2N \cdot CO \cdot COOH$	89,05
2779	210	o-Carboxyoxanilsäure (Kynursäure)	$C_9H_7O_5N$	$HOOC \cdot CO \cdot NH \cdot C_6H_4 \cdot COOH$	209,15
2780	210	5-Oxy-m-toluylsäure	$C_8H_8O_3$	$HO \cdot C_6H_3(CH_3) \cdot COOH$	152,14
2781	210 bis 211	5-Oxynaphthoesäure-2	$C_{11}H_8O_3$	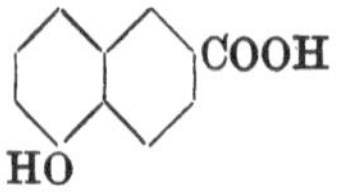	188,17
2782	210 bis 211	α,α,α-Quaterthienyl	$C_{16}H_{10}S_4$	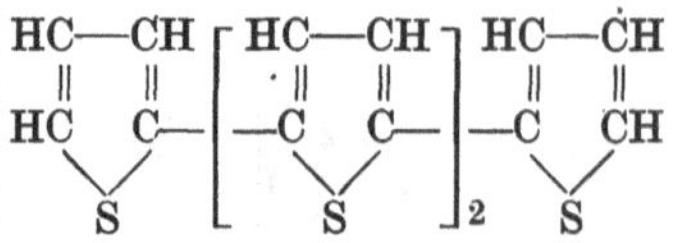	330,48
2783	210 bis 212	3,4-Dioxyphthalsäure	$C_8H_6O_6$	$(HO)_2C_6H_2(COOH)_2$	198,13
2784	210 bis 212	Pseudoakonitin	$C_{36}H_{51}O_{12}N$		689,78
2785	210 bis 213	4-Oxyzimtsäure	$C_9H_8O_3$	$HO \cdot C_6H_4 \cdot CH : CH \cdot COOH$	164,15
2786	210 bis 215 (Z.)	Dehydroindigo	$C_{16}H_8O_2N_2$	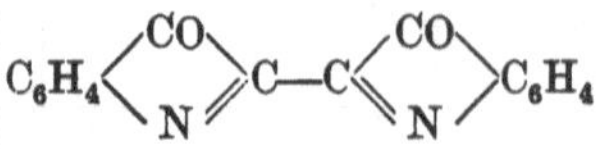	260,24

Aggregat-zustand Farbe	Spez. Gewicht	Siede-punkt °C	Beilstein-Zitat	Physikalische Konstanten und Eigenschaften	Löslichkeit	Reaktionen
7	8	9	10	11	12	13
Blättchen		Z.	XIV 450		wl. in k. W l. in h. W	erhitzen → CO_2-Abspaltung
Krist. (W)			VIII 316		wl. in k. W ll. in A, Ae unl. in Bzl. l. in Alkali	Kalischmelze → Phenol + CO_2
weiße Krist.				geruchlos; Geschmack salzig bitter	ll. in W, A wl. in Chlf.	die mit Lauge und 1 Tropfen verd. $CuSO_4$-Lsg. versetzte Lsg. → blauviolett
schwach-gelbe Nadeln				bitterer Geschmack	l. in Lauge,	wss. Lsg. fluoresziert blau + 1 ml H_2SO_4 → grünstichig gelb + Fe-H_3PO_4 → rötlich gelb + Paraform → langsam rotviolett + HNO_3-H_2SO_4 → blau, blauviolett
Krist. (W)			II 543		wl. in W swl. in A, Ae	
Nadeln (W)			XIV 342		0,1 W 10° ll. in A, Ae	+ $FeCl_3$ → rot
Nadeln (W)		subl.	X 227	mit Dampf nicht flüchtig	l. in W ll. in A, Ae	
Nadeln (W)			X 328		l. in W, A	wss. alkohol. Lsg. + $FeCl_3$ → schmutzigroter Nd. → violett → schwarz Acetylderivat *Fp* 214 bis 215°, Nadeln Äthylester *Fp* 150—151°, Nadeln Anilid *Fp* 163—164°, Nadelbüschel
chromgelb						
Tafeln, Säulen (W)			X 543			bei 212° Zers. → Anhydrid *Fp* 238°
Krist. (Ae)				brennender Geschmack	unl. in W swl. in Ae ll. in A	Hydrobromid *Fp* 191° Nitrat *Fp* 185—186° Lsg. in H_2SO_4 + Vanadinschwefelsäure in der Wärme → rotviolett (Unterschied von Aconitin) +H_3PO_4 → beim Erwärmen keine Färbung (Unterschied von Aconitin)
Nadeln (W)			X 297		swl. in k. W ll. in h. W sll. in h. A; Ae	
rotgelbe Tafeln			XXIV 435		unl. in W swl. in Ae ll. in A, Chlf., Nitrobenzol	bei *Fp* Zers. → Indigo

Lfd. Nr.	*Fp*	Name	Summenformel	Strukturformel	Mol.-Gewicht
1	2	3	4	5	6
2787	**210 bis 215**	Sarkosin	$C_3H_7O_2N$	$CH_3 \cdot NH \cdot CH_2 \cdot COOH$	89,09
2788	**210 bis 220**	Papaverinchlorhydrat	$C_{20}H_{22}O_4NCl$	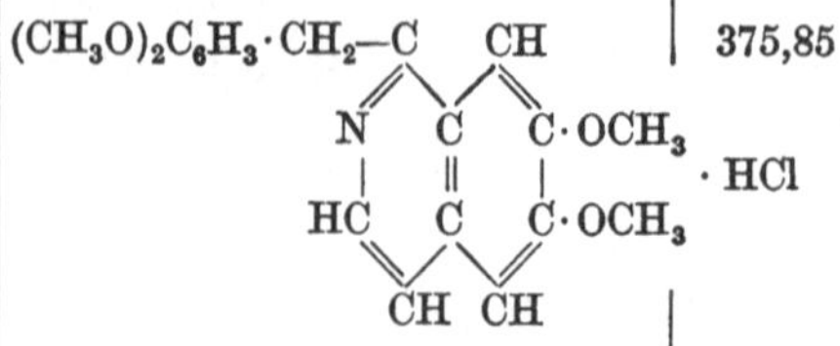	375,85
2789	**211**	Coniinbromhydrat	$C_8H_{18}NBr$	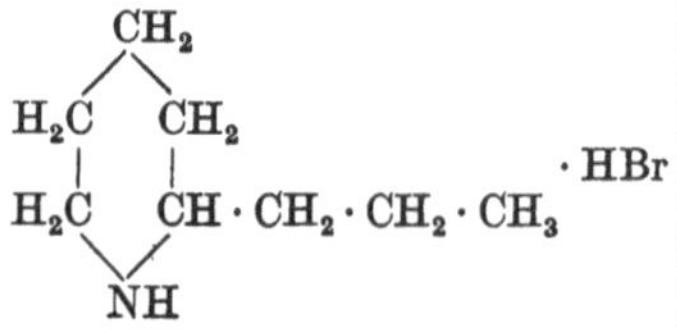	208,15
2790	**211**	α,α,β,β-Tetraphenyläthan	$C_{26}H_{22}$	$(C_6H_5)_2CH \cdot CH(C_6H_5)_2$	334,43
2791	**211**	3,4,5-Trichlor-2-chlor-mercurithiophen	C_4Cl_4SHg	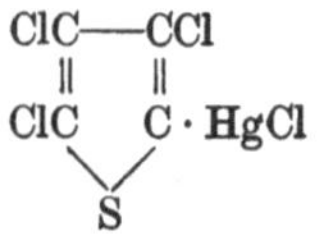	422,54
2792	**211 bis 212**	2,4,5-Trichlor-3-chlor-mercurithiophen	C_4Cl_4SHg	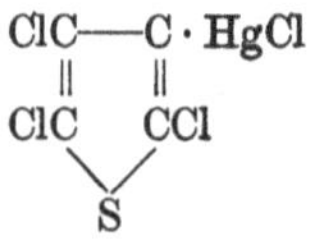	422,54
2793	**211,5 bis 212,5**	3,3',4,4',5,5'-Hexachlor-2,2'-dithienyl	$C_8Cl_6S_2$	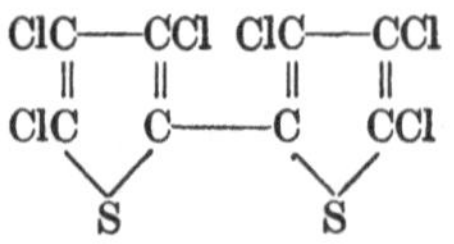	372,94
2794	**211,5 bis 212,5**	Benzothiophanthren-chinon (Phthaloyl-2,3-thio-naphthen)	$C_{16}H_8O_2S$	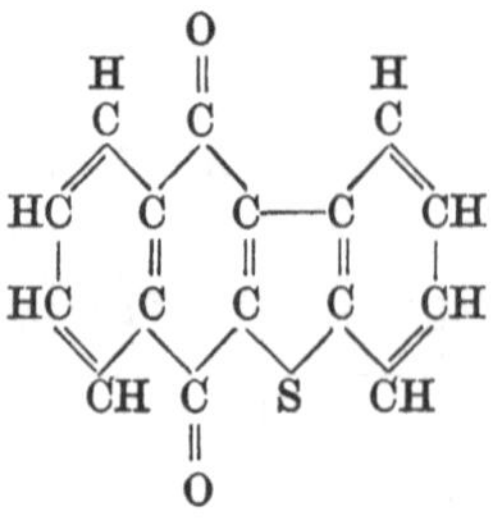	264,28

Aggregat-zustand Farbe	Spez. Gewicht	Siede-punkt °C	Beilstein-Zitat	Physikalische Konstanten und Eigenschaften	Löslichkeit	Reaktionen
7	8	9	10	11	12	13
Säulen (verd. A)			IV 345		ll. in W wl. in A unl. in Ae	
rhomb. Prismen (W oder A)				Geschmack sehr schwach bitter	wl. in W ll. in h. A; Ae	1. H_2SO_4 + Fe-H_3PO_4 → blaßgrün + HNO_3-H_2SO_4 → blauviolett → rotviolett → braun → violettrot 2. 10—20 mg Paraform + 1 ml H_2SO_4 → sehr blaßgrün oder gelb → farblos → langsam violett + Fe-H_3PO_4 → langsam blauviolett + HNO_3-H_2SO_4 → blauviolett → violettrot → braun
derbe Krist.					wl. in W l. in A, Ae	+ alkal. HgJ_2-Lsg. gibt einen weißen Nd., der sich beim Erwärmen löst
Nadeln (Eg.)	1,182	379-383	V 739		0,78 sd. A 14,3 sd. Bzl. l. in Eg.	
						leuchtend violette Lumineszenz
						schwach violette Lumineszenz

Lfd. Nr.	*Fp*	Name	Summenformel	Strukturformel	Mol.-Gewicht
1	2	3	4	5	6
2795	**211,5 bis 212,5**	3,3',5,5'-Tetrachlor-4,4'-dibrom-2,2'-dithienyl	$C_8Cl_4Br_2S_2$	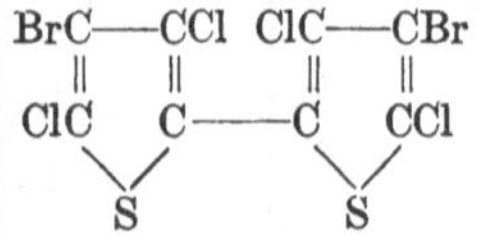	461,86
2796	**212**	Arsenobenzol	$C_{12}H_{10}As_2$	$C_6H_5 \cdot As : As \cdot C_6H_5$	304,02
2797	**212**	Isoborneol	$C_{10}H_{18}O$	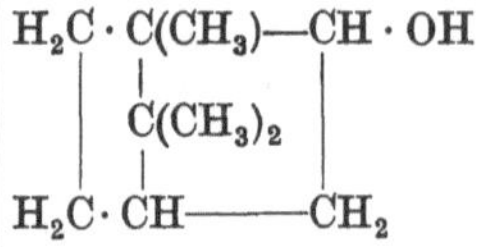	154,24
2798	**212 bis 213**	1,4-Diphenylbenzol	$C_{18}H_{14}$	$C_6H_4(C_6H_5)_2$	230,29
2799	**213** (Z.)	2,4-Dioxybenzoesäure (β-Resorcylsäure)	$C_7H_6O_4$	$(HO)_2C_6H_3 \cdot COOH$	154,12
2800	**213**	Methylhydrastininchlorid	$C_{12}H_{14}O_2NCl$	vgl. Nr. 2777	239,70
2801	**213**	α-Disalicylid	$C_{14}H_8O_4$	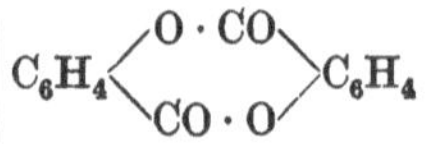	240,20
2802	**213** (Z.)	Schleimsäure	$C_6H_{10}O_8$	$HOOC \cdot [CH(OH)]_4 \cdot COOH$	210,14
2803	**213**	4,4,6,7-Tetrachlor-5-keto-4,5-dihydrothionaphthen-2-carbonsäure	$C_9H_2O_3Cl_4S$	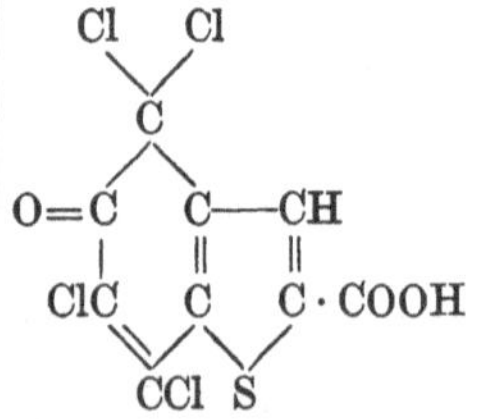	331,99
2804	**213 bis 214**	4,5-Dimethyl-2-chlormercurithiophen	C_6H_7ClSHg	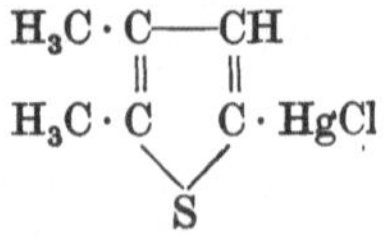	347,24
2805	**213 bis 214**	Ergotamin	$C_{33}H_{35}O_5N_5$		581,65
2806	**213 bis 214**	Hordeninsulfat	$C_{10}H_{15}ON \cdot H_2SO_4$	vgl. Nr. 1681 a	263,30

Aggregatzustand Farbe	Spez. Gewicht	Siedepunkt °C	Beilstein-Zitat	Physikalische Konstanten und Eigenschaften	Löslichkeit	Reaktionen
7	8	9	10	11	12	13
Nadeln (Bzl.)			XVI 887		unl. in W, Ae swl. in A l. in Bzl., Chlf., CS_2	
Tafeln (PAe)		subl.	VI 86		unl. in W ll. in A, Ae, Chlf. 40 Ligroin 20°	Oxydation → Campher
Blättchen (A) Nadeln (Bzl.)	1,234$^{0^\circ}$	subl. 220-230 (12 mm)	V 695		swl. in sd. A l. in sd. Ae ll. in sd. Bzl.	
Nadeln (Ae)			X 377		0,26 W 17° ll. in h. W; A, Ae	bei 213° → Resorcin + CO_2
gelbe Krist.				bitterer Geschmack	l. in W ll. in A, Säuren, Alkalien	wss. Lsg schwach gelb, blau fluoreszierend, Fluoreszenz verschwindet in der Hitze Lsg. in Alkalien goldgelb
Krist. (Chlf.)			E_1 XIX 685		unl. in W wl. in A, Ae 0,69 Chlf. 16°	+ verd. Alkali → Salicylate
Prismen (W)			III 581		0,33 W 14° 1,67 W 100° unl. in A	Dimethylester *Fp* 205°, Nadeln oder Prismen Diäthylester *Fp* 192°, Blättchen Phenylhydrazid *Fp* 238°
gelb						
				$[\alpha]_D^{20}$ —155 (Chlf.)	unl. in W, PAe l. in A, Ae	
farbl. Krist.					ll. in W swl. in A unl. in Ae	

Lfd. Nr.	*Fp*	Name	Summenformel	Strukturformel	Mol.-Gewicht
1	2	3	4	5	6
2807	213 bis 215	p-Aminobenzoesäure-α.β-dimethyl-γ-dimethyl-aminopropylesterchlor-hydrat (Tutocainchlorhydrat)	$C_{14}H_{23}O_2N_2Cl$	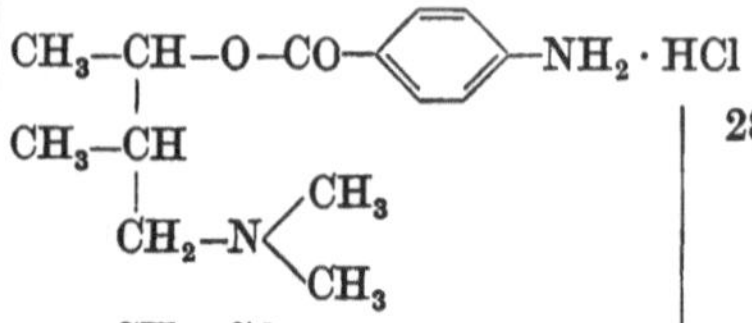	286,80
2808	213 bis 215	Filicinsäure	$C_8H_{10}O_3$	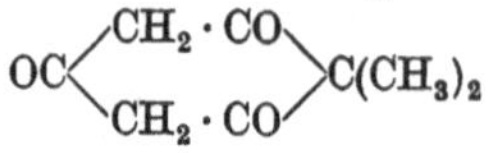	154,16
2809	214	γ-Aminovaleriansäure	$C_5H_{11}O_2N$	$CH_3\cdot CH(NH_2)\cdot CH_2\cdot CH_2\cdot COOH$	117,14
2810	214	Anthrachinonsulfon-säure-(1)	$C_{14}H_8O_5S$	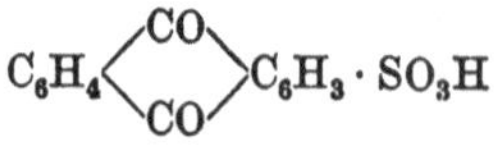	288,26
2811	214	5-Bromthiophen-2,4-di-sulfonsäureamid	$C_4H_5O_4N_2BrS_3$	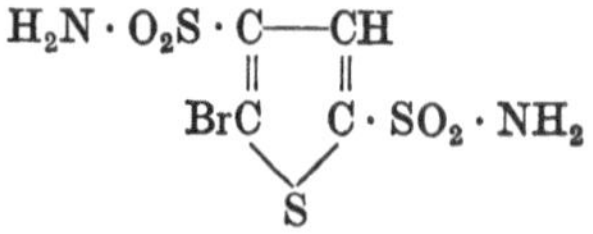	321,19
2812	214 (Z.)	Dialursäure	$C_4H_4O_4N_2$	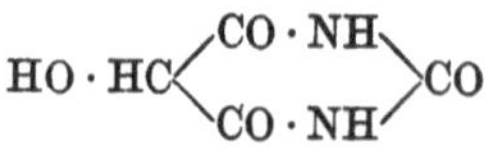	144,09
2813	214	Ergocristinin	$C_{35}H_{39}O_5N_5$		609,70
2814	214	4-Nitroacetanilid	$C_8H_8O_3N_2$	$CH_3\cdot CO\cdot NH\cdot C_6H_4\cdot NO_2$	180,16
2815	214 (Z.)	2-Nitrosobenzoesäure	$C_7H_5O_3N$	$ON\cdot C_6H_4\cdot COOH$	151,12
2816	214	trans-2-Oxyzimtsäure (Cumarsäure)	$C_9H_8O_3$	$HO\cdot C_6H_4\cdot CH:CH\cdot COOH$	164,12
2817	214	Phenylquecksilberphthalat	$C_{20}H_{14}O_4Hg_2$	$C_6H_4(\cdot CO\cdot O\cdot HgC_6H_5)_2$	518,92
2818	214	2,4,6-Trioxytoluol	$C_7H_8O_3$	$CH_3\cdot C_6H_2(OH)_3$	140,13
2819	214 bis 215	4-Oxybenzoesäure	$C_7H_6O_3$	$HO\cdot C_6H_4\cdot COOH$	138,12
2820	214 bis 215	3,5,5′-Trichlor-4,3′,4′-tri-brom-2,2′-dithienyl	$C_8Cl_3Br_3S_2$	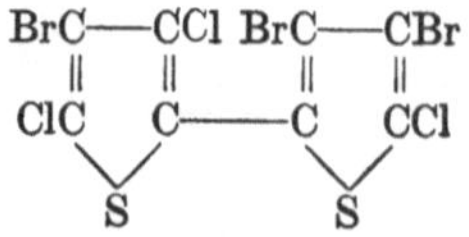	506,32

Aggregatzustand Farbe	Spez.-Gewicht	Siedepunkt °C	Beilstein-Zitat	Physikalische Konstanten und Eigenschaften	Löslichkeit	Reaktionen
7	8	9	10	11	12	13
weiße Krist.				geruchlos; schwach bitterer Geschmack; anästhesierend	l. in W	Perjodid → amorph
Würfel		subl.	VII 856		1,4 sd. W 10 sd. A wl. in Ae	+ $FeCl_3$ → rot
Krist.		Z.	IV 418		ll. in W swl. in A unl. in Ae	erhitzen → 2-Methyl-pyrrolidon-(5) + H_2O
Blättchen (Eg.)			XI 335		ll. in sd. Eg., W	Chlorid *Fp* 218°, gelbe Nadeln Methylester *Fp* 192—193°, hellorange Krist. Anilid *Fp* 216°, goldgelbe Nadeln
Prismen + H_2O			XXV 25		wl. in k. W ll. in sd. W	in Wasser → Alloxanthin beim Erhitzen → Hydurilsäure
				$[\alpha]_D^{20}$ +371°	unl. in W, PAe l. in A, Ae	
Prismen			XII 719		0,22 k. W l. in KOH	
Krist. (A oder Eg.)			IX 368		l. in A swl. in Ae, Bzl.	Lsgg. in A, Eg. und NH_3 → grün
Nadeln (W)		subl.	X 288		wl. in k. W ll. in A swl. in Ae unl. in Chlf. l. in Alkali → gelb	Äthylester *Fp* 87°
Nadeln						
Tafeln (W)		subl.	VI 1009		ll. in W, A, Ae	
Tafeln (W oder verd. A)	$1,497^{20°}$		X 149		0,49 W 20° 2,74 W 55° ll. in A l. in Ae 0,02 Bzl. 11° 0,06 Bzl. 80° swl. in Chlf. unl. in CS_2	+ $FeCl_3$ → gelber Nd., lösl. im Überschuß des Reagens Methylester *Fp* 131°, Nadeln Äthylester *Fp* 116° Phenylester *Fp* 176°, Tafeln Amid *Fp* 162°, Nadeln p-Phenylphenacylester *Fp* 240°

Lfd. Nr.	*Fp*	Name	Summenformel	Strukturformel	Mol.-Gewicht
1	2	3	4	5	6
2821	**214 bis 216**	Amygdalin	$C_{20}H_{17}O_{11}N$	$C_6H_5 \cdot CH(CN) \cdot O \cdot C_{12}H_{11}O_{10}$	447,34
2822	**215**	Homatropinbromhydrat	$C_{16}H_{22}O_3NBr + 3\,H_2O$	$C_{16}H_{21}O_3N \cdot HBr + 3H_2O$	410,31
2823	**215**	Oktachlortetrahydrothiophen	C_4Cl_8S	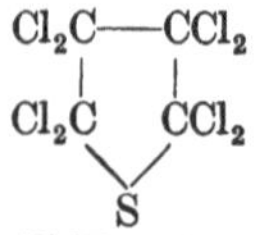	363,76
2824	**215 bis 217**	Diäthylaminhydrochlorid	$C_4H_{12}NCl$	$(C_2H_5)_2NH + HCl$	109,60
2825	**215 bis 218**	3-Jod-4-methyl-2-thiophensäure	$C_6H_5O_2JS$	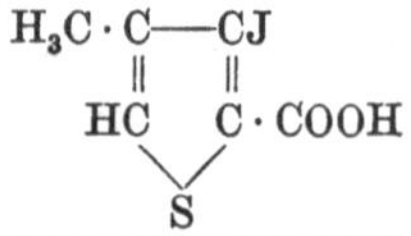	268,08
2826	**215 bis 220** (Z.)	Glycylglycin	$C_4H_8O_3N_2$	$H_2N \cdot CH_2 \cdot CO \cdot NH \cdot CH_2 \cdot COOH$	132,12
2827	**215 bis 220**	1,2,4,5-Tetraoxybenzol	$C_6H_6O_4$	$C_6H_2(OH)_4$	142,11
2828	**216** (Z.)	Adrenalin (Suprarenin, 3,4-Dioxyphenyläthanolmethylamin)	$C_9H_{13}O_3N$	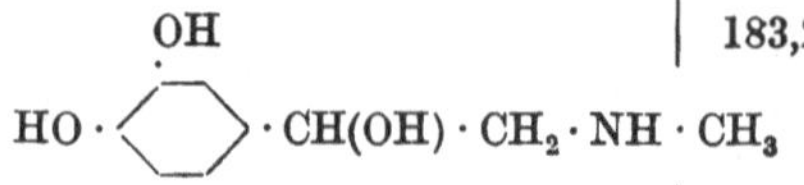	183,20
2829	**216**	Apocinchonin	$C_{19}H_{22}ON_2$	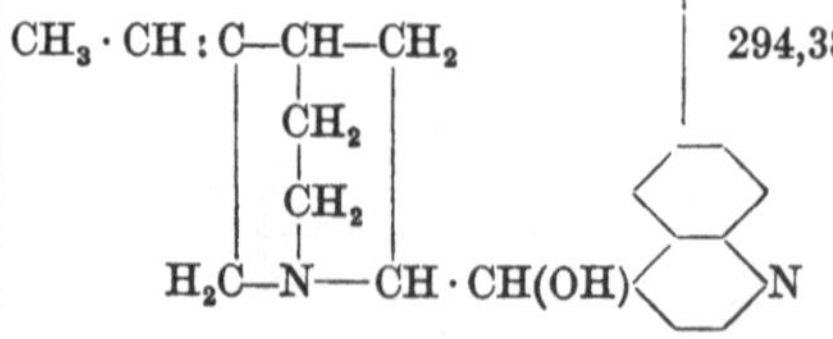	294,38
2830	**216** (Z.)	p,p'-Azophenol	$C_{12}H_{10}O_2N_2$	$HO \cdot C_6H_4 \cdot N : N \cdot C_6H_4 \cdot OH$	214,21

Aggregat-zustand Farbe	Spez. Gewicht	Siede-punkt °C	Beilstein-Zitat	Physikalische Konstanten und Eigenschaften	Löslichkeit	Reaktionen
7	8	9	10	11	12	13
Krist. (W)				geruchlos; Geschmack schwach bitter	8,5 W 10° ∞ W 100° 0,11 A 10° 9 A 78° unl. in Ae	Spaltung → Benzaldehyd, Glucose, HCN Lsg. in konz. H_2SO_4 → rosa, nach 5—10 Min. → blaue Fluoreszenz, beim Erwärmen violett mit α-Naphthol und konz. H_2SO_4 beim Erwärmen → intensiv violettrot alkalische HgJ_2-Lsg. beim Erwärmen → rotbrauner Nd.
weiße Krist.				bitterer Geschmack	ll. in W l. in A 9° wl. in A abs.	+ 1 Tropfen HNO_3-H_2SO_4 vorsichtig in sd. Wbad erhitzt → blau bis blaugrün + H_2SO_4 in sd. W-Bad → schwach gelb + α-Naphthol → violettrot + Paraform-H_2SO_4 gelinde erwärmt → grünstichig gelb
Blättchen (A + Ae)	$1{,}048^{21°}$	320-330	IV 97		2,32 W 25° l. in A unl. in Ae 29,5 Chlf. 25°	
Blättchen (verd. A)			IV 371		ll. in h. W wl. in A unl. in Ae	
Blättchen (Eg.)			VI 1155	leicht oxydierbar	ll. in W, A, Ae	Tetraacetat *Fp* 226—227°
grauweiße Krist. (Lamellen)			XIII 830	$[\alpha]_D^{20}$ —51,4° (in HCl-Lsg.)	0,09 W 20° swl. in A unl. in Ae l. in Alkalien sll. in Eg.	Chlorhydrat *Fp* 161° 1—2 mg Subst. in 1 ml H_2O + 0,5 ml $Fe(NO_2)_3$-Lsg. → grün + NH_3 → karminrot + Hexamethylentetramin → blau → blauviolett
Prismen (A)			XXIII 417	$[\alpha]_D$ +167° (A abs.)	unl. in W 3,85 A 20° swl. in Ae, Bzl.	
gelbbraune Tafeln			XV 110		swl. in W ll. in A, Ae wl. in Bzl.	

Lfd. Nr.	*Fp*	Name	Summenformel	Strukturformel	Mol.-Gewicht
1	2	3	4	5	6
2831	216	4,4'-Dinitrodiphenylamin	$C_{12}H_9O_4N_3$	$O_2N \cdot C_6H_4 \cdot NH \cdot C_6H_4 \cdot NO_2$	259,21
2832	216	6-Methyl-2-phenylchinolin-4-carbonsäure (Paratophan)	$C_{17}H_{13}O_2N \cdot$	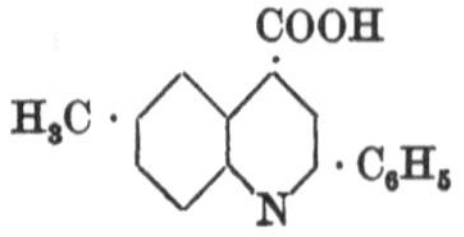	263,28
2833	216	3-Oxynaphthoesäure-(2)	$C_{11}H_8O_3$	$HO \cdot C_{10}H_6 \cdot COOH$	188,17
2834	216	Phenylbordihydroxyd	$C_6H_7O_2B$	$C_6H_5 \cdot B(OH)_2$	121,93
2835	216 bis 217	3,5-Dibrom-4-methyl-2-thiophensäure	$C_6H_4O_2Br_2S$	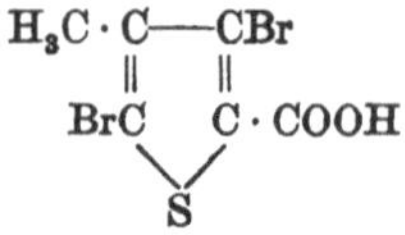	299,98
2836	216 bis 217	Piperinsäure	$C_{12}H_{10}O_4$		218,20
2837	216 bis 217	Purin	$C_5H_4N_4$	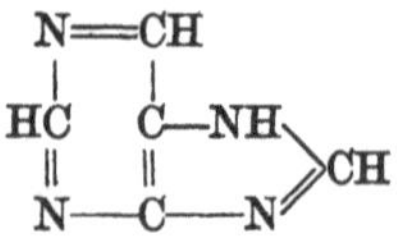	120,11
2838	216 bis 218	Piperidyläthylbarbitursäure (Eldoral)	$C_{11}H_{17}O_3N_3$	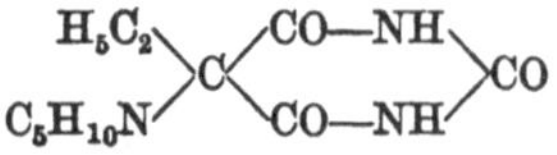	239,27
2839	216,5 bis 218	3,4-Dijod-5-chlormercuri-2-thiotolen	$C_5H_3ClJ_2SHg$	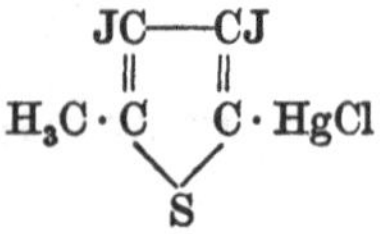	585,04
2840	217	β-Aminoisovaleriansäure	$C_5H_{11}O_2N$	$(CH_3)_2C(NH_2) \cdot CH_2 \cdot COOH$	117,14
2841	217	Anthracen	$C_{14}H_{10}$		178,22

Aggregat-zustand Farbe	Spez. Gewicht	Siede-punkt °C	Beilstein-Zitat	Physikalische Konstanten und Eigenschaften	Löslichkeit	Reaktionen
7	8	9	10	11	12	13
gelbe Nadeln (A) gelbliche Nadeln			XII 716		swl. in W wl. in A, Bzl.	+ NaOH → violett
gelbe Blättchen (W)			X 333		unl. in k. W wl. in h. W ll. in A, Ae l. in Bzl., Chlf.	+ $FeCl_3$ → blau Methylester *Fp* 73—74°, gelbe Nadeln Phenylester *Fp* 128—129°, Blätter
Nadeln (W)		Z.	XVI 920		wl. in k. W ll. in h. W l. in A, Ae	erhitzen → Phenylboroxyd *Fp* 190° + H_2O
Nadeln (A)		subl.	XIX 281		swl. in W 2 sd. W wl. in Ae	+ H_2SO_4 → blutrot
Nadeln (A)		Z.	XXVI 354		ll. in W, h. A swl. in Ae	Pikrat → *Fp* ~208°
weiße Krist.					swl. in W l. in Säure ll. in Alkalien	2—3 mg Subst. in 1 ml methylalkoholischer $Co(NO_3)_2$-Lsg. + 20 mg Piperazin → rotviolett
Nadeln (A + Ae)		subl.	IV 426		ll. in W wl. in A unl. in Ae	
Tafeln (A)	1,242	351	V 657	kryoskop. Konst. 11,65; reines Anthracen fluoresziert (auch in alkohol. oder benzolischer Lsg.) violett; verunreinigtes gar nicht oder gelbgrünlich	unl. in W 0,076 A 16° 0,83 sd. A 0,70 Ae 15° 1,04 Bzl. 15°	β-Methylanthracen *Fp* 290 bis 292°, Flocken beim Schmelzen mit Mellitsäureanhydrid → blauviolett mit $SbCl_5$ in CCl_4 → grüner Nd. mit Tetranitromethan → rosenrot 2,7-Dinitroanthrachinon *Fp* 263—264°, violette Blättchen Pikrat *Fp* 138°, rubinrote Nadeln

Lfd. Nr.	*Fp*	Name	Summenformel	Strukturformel	Mol.-Gewicht
1	2	3	4	5	6
2842	217 (Z.)	Anthracencarbonsäure-(9)	$C_{15}H_{10}O_2$	$C_6H_4\left\{\begin{matrix}C(COOH)\\CH\end{matrix}\right\}C_6H_4$	222,23
2843	217	Cyclohexen-(2)-dicarbonsäure-(1,2)	$C_8H_{10}O_4$	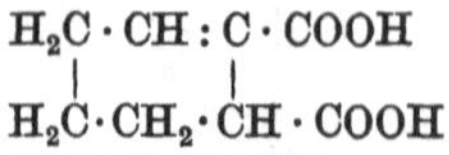	170,16
2844	217	2,5-Dimethylhydrochinon	$C_8H_{10}O_2$	$(CH_3)_2C_6H_2(OH)_2$	138,16
2845	217	2,2'-Dithienyl-5,5'-bis-[essigsäure]	$C_{12}H_{10}O_4S_2$	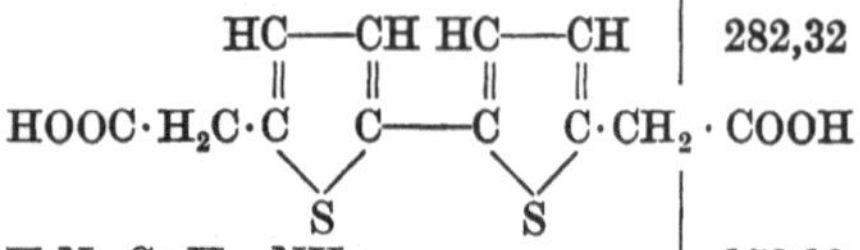	282,32
2846	217	Naphthylendiamin-(2,6)	$C_{10}H_{10}N_2$	$H_2N\cdot C_{10}H_6\cdot NH_2$	158,19
2847	217	Tri-[2-thienyl]-antimonoxyd	$C_{12}H_9OS_3Sb$	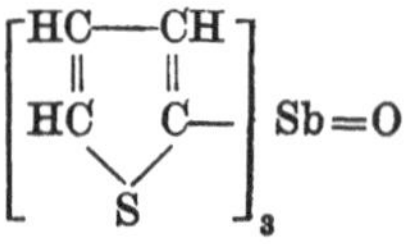	387,13
2848	217 bis 218	α,α'-4,4'-Dinitrotetraphenylthiophen	$C_{28}H_{18}O_4N_2S$	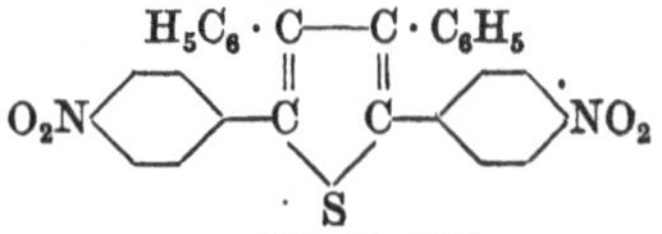	474,47
2849	217 bis 218	3,5,7-Trioxyflavon (Galangin)	$C_{15}H_{10}O_5$	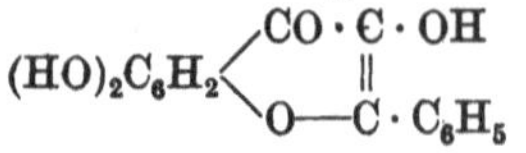	270,23
2850	217 bis 219	Phloroglucin	$C_6H_6O_3$	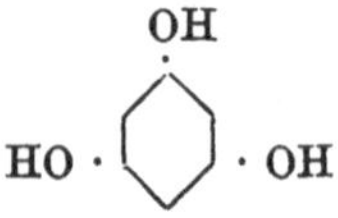	126,11
2851	217 bis 222	5-Brom-2-chlormercuri-3-thiotolen	$C_5H_4ClBrSHg$	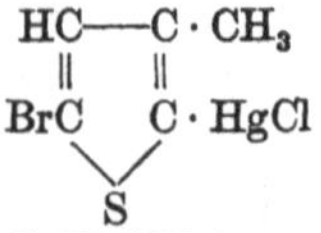	412,12
2852	217,5	1,5-Dinitronaphthalin	$C_{10}H_6O_4N_2$	$C_{10}H_6(NO_2)_2$	218,16
2853	218	Cantharidin	$C_{10}H_{12}O_4$	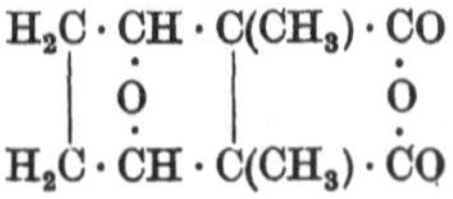	196,19

Aggregatzustand Farbe	Spez. Gewicht	Siedepunkt °C	Beilstein-Zitat	Physikalische Konstanten und Eigenschaften	Löslichkeit	Reaktionen
7	8	9	10	11	12	13
gelbe Nadeln (A) Prismen			IX 770		unl. in k. W wl. in h. W l. in A 0,88 W 10°	bei Erhitzung CO_2-Abspaltung bei 220° → Anhydrid
Blättchen (W)		subl.	VI 915		l. in h. W ll. in A, Ae	
Nadeln oder Blättchen (W)			XIII 208		swl. in h. W wl. in A, Ae	
hellgelbe Tafeln (A)		subl.	XVIII 184		unl. in W, A ll. in Ae l. in Alkali, H_2SO_4	+ $FeCl_3$ → grün
schwach gelbliche Tafeln und Blättchen		subl. (Z.)	VI 1092	geruchlos; schmeckt süß; subl. zum Teil unzersetzt	1,07 W 20° ll. in A, Ae	Triacetat *Fp* 104—106°, Prismen 1. 1 mg Subst. + 1 Tropfen $Fe(NO_3)_3$-Lsg. → blaß blauviolett + 3 Tropfen 2n-HCl → entfärbt + 1Tropfen Nitritlsg. → langsam blaßgrün + NH_3 → tiefgrün 2. mit konz. HCl Holz oder holzhaltiges Papier angefeuchtet + Phloroglucin → kirschrot
Nadeln (Eg.)		subl.	V 558		unl. in W wl in A, k. Bzl.	
Krist. (Aceton)		subl.	XIX 161	zieht auf der Haut Blasen	0,003 k. W 0,030 in 92%ig. A 18° 0,11 Ae 18° l. in Eg.; konz. H_2SO_4	

Lfd. Nr.	*Fp*	Name	Summenformel	Strukturformel	Mol.-Gewicht
1	2	3	4	5	6
2854	218	2,6-Dioxynaphthalin	$C_{10}H_8O_2$	$C_{10}H_6(OH)_2$	160,16
2855	218	2,2'-Dioxydinaphthyl-(1,1')	$C_{20}H_{14}O_2$	$HO \cdot C_{10}H_6 \cdot C_{10}H_6 \cdot OH$	286,31
2856	218	Trigonellin	$C_7H_7O_2N$	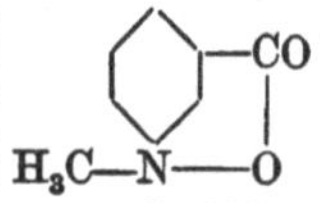	137,13
2857	218	Trimethylentrisulfid	$C_3H_6S_3$	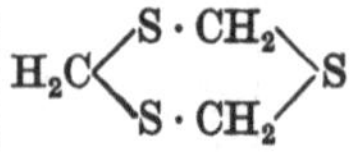	138,26
2858	218	1,3,8-Trinitronaphthalin	$C_{10}H_5O_6N_3$	$C_{10}H_5(NO_2)_3$	263,16
2859	218	2,4,6-Trioxyacetophenon	$C_8H_8O_4$	$(HO)_3 \cdot C_6H_2 \cdot CO \cdot CH_3$	168,14
2860	218 bis 219	Acetylharnstoff	$C_3H_6O_2N_2$	$CH_3 \cdot CO \cdot NH \cdot CO \cdot NH_2$	102,09
2861	218 bis 219	Benzamaron	$C_{35}H_{28}O_2$	$C_6H_5 \cdot CH[CH(C_6H_5) \cdot CO \cdot C_6H_5]_2$	480,57
2862	218 bis 219	5-Chlor-2-chlormercuri-thiophen	$C_4H_2Cl_2SHg$	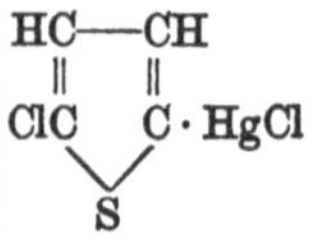	353,64
2863	218 bis 220	Phenylglycin-o-carbon-säure	$C_9H_9O_4N$	$HOOC \cdot C_6H_4 \cdot NH \cdot CH_2 \cdot COOH$	195,17
2864	219	3,5-Dibrombenzoesäure	$C_7H_4O_2Br_2$	$Br_2C_6H_3 \cdot COOH$	279,93
2865	219	3,5-Dichlorsalicylsäure	$C_7H_4O_3Cl_2$	$HO \cdot C_6H_2Cl_2 \cdot COOH$	207,02
2866	219	Dihydrooxykodeinon	$C_{18}H_{21}O_4N$	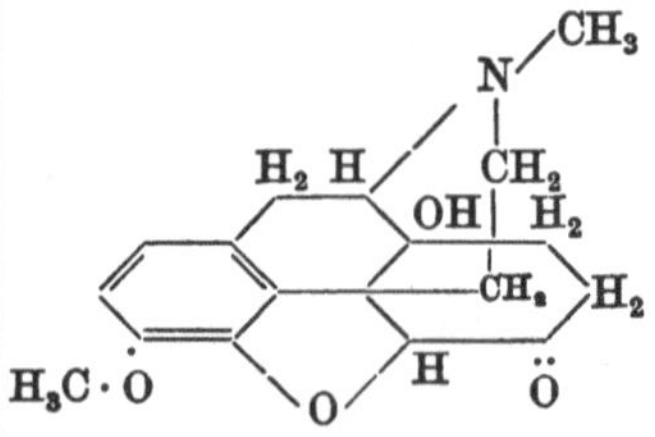	286,34
2867	219	Phthalamid	$C_8H_8O_2N_2$	$C_6H_4(CO \cdot NH_2)_2$	164,16
2868	219	Thiophen-2,4-disulfon-säureamid	$C_4H_6O_4N_2S_3$	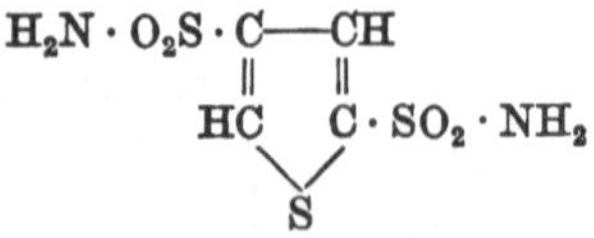	242,28
2869	219	4,4',4''-Tris-[dimethyl-amino]-triphenyl-carbinol	$C_{25}H_{31}ON_3$	$[(CH_3)_2N \cdot C_6H_4]_3C \cdot OH$	389,52

Aggregat-zustand Farbe	Spez. Gewicht	Siede-punkt °C	Beilstein-Zitat	Physikalische Konstanten und Eigenschaften	Löslichkeit	Reaktionen
7	8	9	10	11	12	13
Tafeln (W)		subl.	VI 984		0,108 W 14⁰ ll. in A, Ae	Diacetat *Fp* 175⁰
Nadeln (A)		subl.	VI 1051		unl. in W unl. in A, Alkali	Diacetat *Fp* 109⁰
Blättchen (Toluol)					ll. in Ae	
Nadeln (W)					l. in W, A	Chlorhydrat *Fp* 248⁰, Säulen oder Tafeln Goldsalz *Fp* 198⁰, Blättchen oder Prismen
Prismen (Chlf.)		subl.	XIX 382		unl. in W wl. in A, Ae ll. in Bzl.	
Krist. (A)			V 563		unl. in W 0,05 in 88%ig. A	
Nadeln (W)			E_1 VIII 687		swl. in k. W ll. in A, Ae	
Nadeln (A)			III 61		1,3 W 15⁰ 1 k. A 10 sd. A	Erhitzen → Acetamid + Cyanursäure
Krist.			VII 849	zers. sich bei Vak.-Destillation	wl. in W, A 116 Bzl. 12⁰	
Nadeln (Methanol)					l. in A, Ae swl. in Bzl.	Kalischmelze → Indigo
Nadeln (W)		subl.	IX 359		wl. in W ll. in A	
Blättchen (A)						
Säulen oder Nadeln (verd. A)		subl.	X 104		swl. in h. W ll. in A, Ae	
weiße Krist.				bitterer Geschmack	unl. in W ll. in Chlf.	+ H_2SO_4 + Fe-H_3PO_4 in der Wärme gelb + Paraform → graugrün bis graublau + HNO_3-H_2SO_4 → violett → hellbraun
Krist.			IX 814		swl. in k. W, A	
farblose Prismen (Bzl.)			XIII 755		unl. in W wl. in A l. in Ae, Chlf.	

Lfd. Nr.	*Fp*	Name	Summenformel	Strukturformel	Mol.-Gewicht
1	2	3	4	5	6
2870	219 bis 220	2,5-Dibromthiophen-3,4-disulfonsäurechlorid	$C_4O_4Cl_2Br_2S_3$	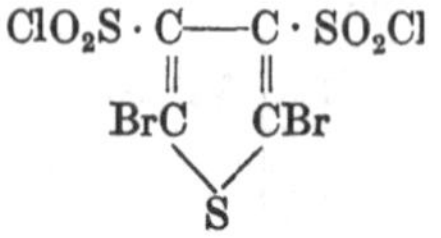	438,97
2871	220 (Z.)	4-Aminosalicylsäure	$C_7H_7O_3N$	$H_2N \cdot C_6H_3(OH) \cdot COOH$	153,13
2872	220 (Z.)	3,6-Dioxyphthalsäure	$C_8H_6O_6$	$(HO)_2C_6H_2(COOH)_2$	198,13
2873	220	Hydantoin	$C_3H_4O_2N_2$	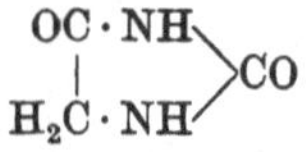	100,08
2874	220	3-Nitro-2,5-diacetoxymercurithiophen	$C_8H_7O_6NSHg_2$	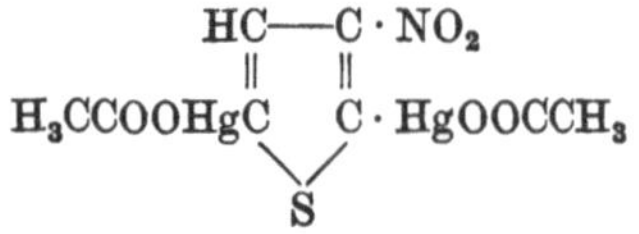	646,42
2875	220	Pyrogallolcarbonsäure-(4)	$C_7H_6O_5$	$(HO)_3C_6H_2 \cdot COOH$	170,12
2876	220 bis 221	3,4-Dichlor-5-oxymethyl-2-thiophensäure	$C_6H_4O_3Cl_2S$	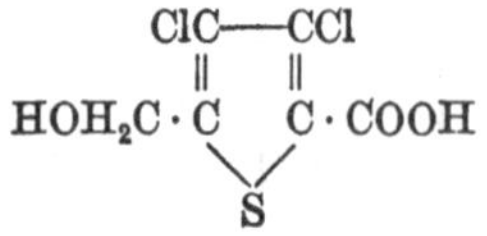	228,07
2877	220 bis 222 (Z.)	*l*-Prolin (Pyrrolidin-α-carbonsäure)	$C_5H_9O_2N$	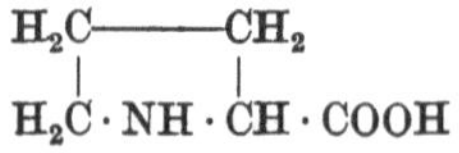	115,13
2878	220 bis 225	Antipyrin-Eisenchlorid (Ferripyrin)		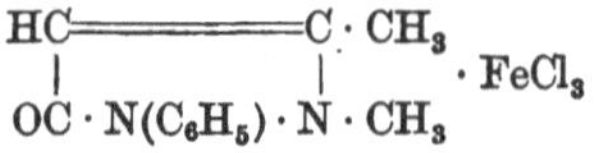	350,47
2879	220 bis 225	d-Benzoylpseudotropincarbonsäurepropylesterchlorhydrat (Psicain-Neu)	$C_{19}H_{26}O_4NCl$	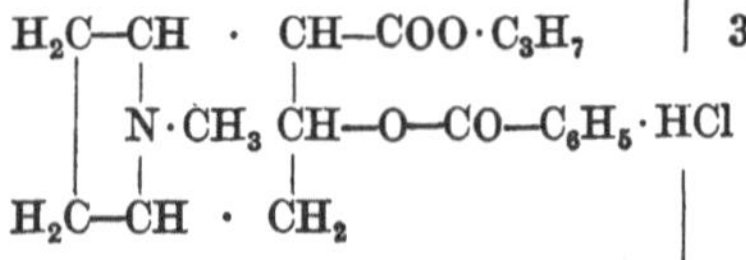	340,86
2880	220 bis 236	4,4′-Dinitrodiazoaminobenzol	$C_{12}H_9O_4N_5$	$O_2N \cdot C_6H_4 \cdot N{:}N \cdot NH \cdot C_6H_4 \cdot NO_2$	287,23

Aggregatzustand Farbe	Spez. Gewicht	Siedepunkt °C	Beilstein-Zitat	Physikalische Konstanten und Eigenschaften	Löslichkeit	Reaktionen
7	8	9	10	11	12	13
Krist. (A + Ae)			XIV 579		ll. in W, A wl. in Ae	
Krist. (verd. H_2SO_3)			X 551		wl. in k. W	
Blättchen (W)			XXIV 242		40 h. W 1,6 sd. A unl. in Ae	
Nadeln (W)		subl.	X 464		0,13 W 12° l. in A wl. in Ae	+ verd. $FeCl_3$ → violett + W → CO_2-Abspaltung
Nadeln (A + Ae)			XXII 2	schmeckt süß	ll. in W, A unl. in Ae	Pikrat *Fp* 153°, gelbe Krist. Kupfersalz, dunkelblaue tafelähnliche Krist. Chloraurat *Fp* 160—162°, Blättchen
feines intensiv orange Plv.			XXIV 31	säuerlicher, zusammenziehender Geschmack	l. in W	wss. Lsg. → orangegelb + einige Tropfen $Fe(NO_3)_3$ → intensiv rot + Jodlsg. → Antipyrinperjodid
weiße Krist.				$[\alpha]_D^{20}$ +43°; bitterer Geschmack; anästhesierend		+ Fe-H_3PO_4 erhitzen → Geruch nach Fettsäure + 0,5 ml konz. H_2SO_4 + 0,5 ml W + 1 Tropfen CH_3OH — erhitzen → Geruch Benzoesäuremethylester 5 mg Subst. + 1 Tropfen n/10-$KMnO_4$ auf Uhrglas mit Glasstab → sehr feine Trübung (MnO_2) 5 mg + 1 Tropfen $K_2Cr_2O_7$ → schmierige Abscheidung + 1 Tropfen konz. HCl → hart → klebrig
gelbe Nadeln (A)			XVI 700	Salze explosiv	unl. in W wl. in h. W l. in h. Alkali	Lsgg. in Alkali → rot

Lfd. Nr.	*Fp*	Name	Summenformel	Strukturformel	Mol.-Gewicht
1	2	3	4	5	6
2881	221	Benzoltricarbonsäure-(1,2,4) (Trimellitsäure)	$C_9H_6O_6$	$C_6H_3(COOH)_3$	210,14
2882	221	d-Camphersäureanhydrid	$C_{10}H_{14}O_3$	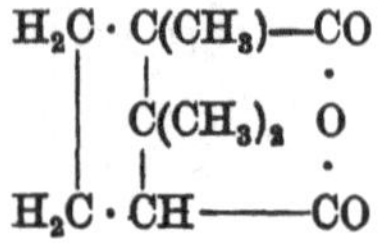	182,21
2883	221	d-Coniinhydrochlorid	$C_8H_{18}NCl$	vgl. Nr. 2789	163,69
2884	221	trans-Cyclohexandicarbonsäure-(1,2)	$C_8H_{12}O_4$	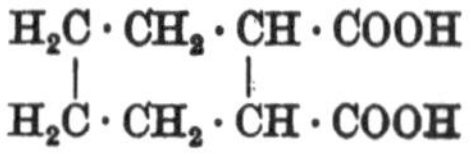	172,17
2885	221 bis 222	9,10-Dibromanthracen	$C_{14}H_8Br_2$	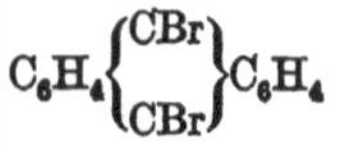	336,03
2886	221 bis 222	5,5′-Dichlor-3,3′,4,4′-tetrabrom-2,2′-dithienyl	$C_8Cl_2Br_4S_2$	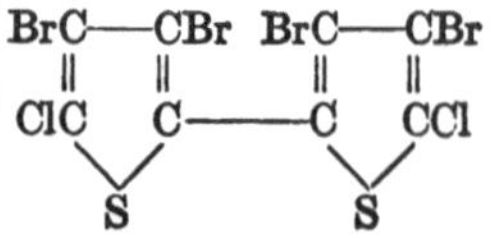	550,78
2887	221 bis 222	2,5-Diphenyl-3-chlormercurithiophen	$C_{16}H_{11}ClSHg$	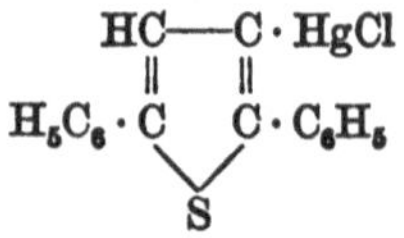	471,38
2887a	222	3-Nitrophthalsäure	$C_8H_5O_6N$	$O_2N \cdot C_6H_3(COOH)_2$	211,13
2887b	222 bis 223	2,4′-Dinitrodiphenylamin	$C_{12}H_9O_4N_3$	$O_2N \cdot C_6H_4 \cdot NH \cdot C_6H_4 \cdot NO_2$	259,21
2888	222 bis 223	Methylatropiniumbromid	$C_{18}H_{26}O_3NBr$	$C_{17}H_{23}O_3N \cdot CH_3Br$ (vgl. Nr. 1641)	384,31
2889	223	3,5-Diphenyl-2-chlormercurithiophen	$C_{16}H_{11}ClSHg$	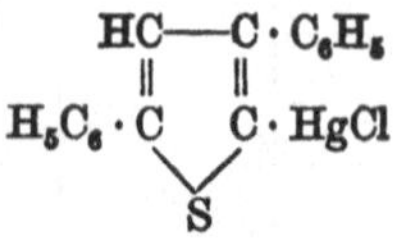	471,38
2890	223,7	2-Oxy-4-methylchinolin (4-Methylcarbostyril)	$C_{10}H_9ON$	$C_9H_5N(CH_3) \cdot OH$	159,18

Aggregat-zustand Farbe	Spez. Gewicht	Siede-punkt °C	Beilstein-Zitat	Physikalische Konstanten und Eigenschaften	Löslichkeit	Reaktionen
7	8	9	10	11	12	13
Nadeln (W)			IX 977		l. in W, Ae, Eg.	über 221° → Anhydrid Fp 158° Imidcarbonsäure Fp 266 bis 268°
Tafeln (Ae)	$1{,}194^{21°}$	>270	XVII 455	$[\alpha]_D$ —7° (Bzl.)	wl. in W 0,81 in 95%ig. A 14° 1,5 Ae 14° 5,9 Bzl. 14°	
Krist. (A)			XX 111		25 W 15° 19,3 A 15° 0,2 Ae 15°	
Blättchen (W) Nadeln (Aceton)			IX 731		0,23 W	
gelbe Nadeln (Toluol)		subl.	V 665		swl. in A, Ae l. in h. Bzl.	
hellgelbe Prismen oder Tafeln (W)			IX 823	Fp in geschlossenem Rohr	205 W 25° ll. in sd. W l. in A wl. in Ae unl. in Bzl. 7,5 Eg. 25°	
rote Nadeln (Eg.)			XII 715		unl. in W wl. in A, Ae	
weiße Krist.				bitterer Geschmack	l. in W	wss. Lsg. öliges Perjodid alkal. HgJ_2-Lsg. → gelblichen, käsigen Nd., der sich unter Erwärmen löst, beim Erkalten wieder bildet
Nadeln (W) Blättchen (A)		270 (17 mm)	XXI 107		wl. in h. W ll. in h. A swl. in Ae, Chlf.	Pikrat Fp 165—167°

Lfd. Nr.	*Fp*	Name	Summenformel	Strukturformel	Mol.-Gewicht
1	2	3	4	5	6
2891	**224**	3,4-Dibrom-5-methyl-2-thiophensäure	$C_6H_4O_2Br_2S$	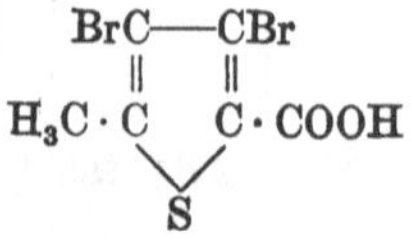	299,98
2892	**224**	Diphenylcarbonsäure-(4)	$C_{13}H_{10}O_2$	$C_6H_5 \cdot C_6H_4 \cdot COOH$	198,21
2893	**224** (Z.)	5-Oxychinolin	C_9H_7ON	$C_9H_6N \cdot OH$	145,15
2894	**224**	3,4,5-Trichlor-2-thiophensäure	$C_5HO_2Cl_3S$	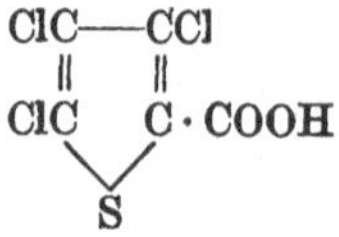	231,49
2895	**224** bis **225**	d-Glutaminsäure	$C_5H_9O_4N$	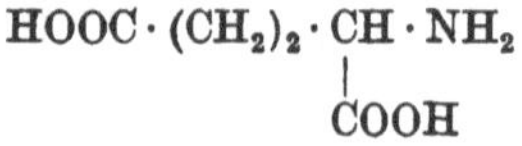	147,13
2896	**224,5** bis **225,5**	1,8-Dioxy-3-oxymethyl-anthrachinon (Aloeemodin)	$C_{15}H_{10}O_5$	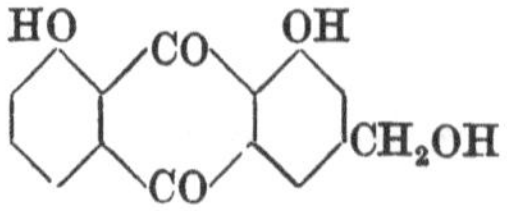	270,23
2897	**225**	anti-Benzilosazon	$C_{26}H_{22}N_4$	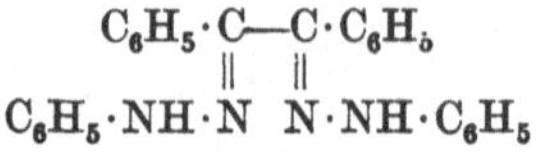	390,46
2898	**225**	5-Brom-2-chlormercuri-thiophen	$C_4H_2ClBrSHg$	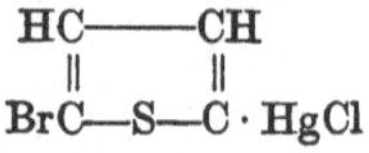	398,10
2899	225	Cellobiose	$C_{12}H_{22}O_{11}$	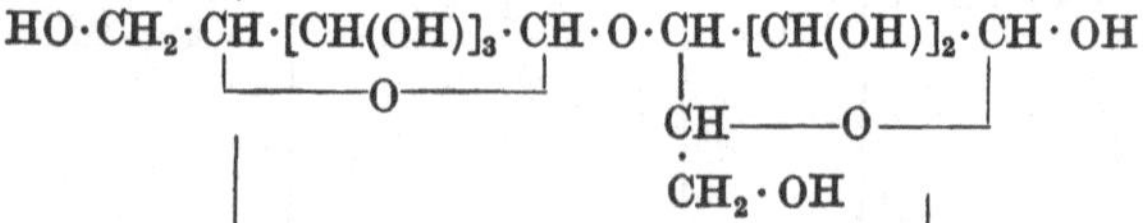	342,29
2900	**225** (Z.)	1,8-Dioxyanthracen	$C_{14}H_{10}O_2$	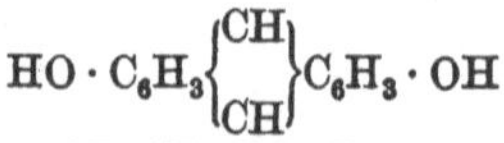	210,22
2901	**225**	Quercit (d-Cyclohexanpentol)	$C_6H_{12}O_5$	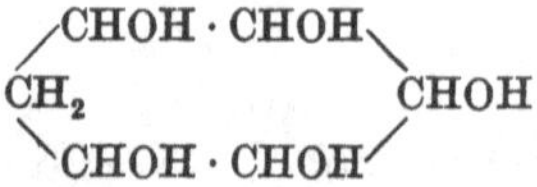	164,15
2902	**225** (Z.)	Iminodiessigsäure	$C_4H_7O_4N$	$HN(CH_2 \cdot COOH)_2$	133,10

Aggregat-zustand Farbe	Spez. Gewicht	Siede-punkt °C	Beilstein-Zitat	Physikalische Konstanten und Eigenschaften	Löslichkeit	Reaktionen
7	8	9	10	11	12	13
Nadeln (A)		subl.	IX 671		unl. in k. W swl. in sd. W ll. in A, Ae	
Nadeln (A)		subl.	XXI 84		l. in h. W ll. in A wl. in Ae	
Krist.-Blättchen (W)	$1{,}538^{20^{0}}$		IV 488	schmeckt schwach sauer	1 W 16° 0,066 in 80%ig. A 15° 0,07 A 25° unl. in Ae	Chlorhydrat *Fp* 202° (Z.), rhomb. Tafeln dl-Benzoylglutaminsäure *Fp* 155—157°, Blättchen Ninhydrinreaktion, dient zur Unterscheidung von Pyrrolidoncarbonsäure Cu-Salz, kleine blaue Nadelkugeln
orangegelbe Nadeln (Eg.)		subl.	VIII 524	subl. im CO_2-Strom	wl. in W l. in A, Ae, Eg., Chlf., Bzl., Toluol, NH_3 H_2SO_4	$+ NH_4OH$ $+ H_2SO_4$ } → kirschrot Trimethyläther *Fp* 163°, rotgelbe Nadeln Triacetat *Fp* 165—175°, hellgelbliche Nadeln Tribenzoat *Fp* 232°
Nadeln (Bzl.)		Z.	XV 174		wl. in A, Ae ll. in Bzl., h. Chlf.	
Nadeln (W)				$[\alpha]_D$ +22,4 bis +35,2° (W)	ll. in W swl. in A	Spaltung → Glucose
gelbe Nadeln (verd. A)			VI 1033		unl. in W l. in A, Ae l. in Alkalien	Diacetat *Fp* 184° l. in NaOH → grün
Prismen (W)	$1{,}584^{13^{0}}$	Z.	VI 1186	vgl. Nr. 2961	l. in W wl. in A unl. in Ae	
Prismen			IV 365		2,43 W 5° unl. in A, Ae	

Lfd. Nr.	*Fp*	Name	Summenformel	Strukturformel	Mol.-Gewicht
1	2	3	4	5	6
2903	225	inakt. Inosit	$C_6H_{12}O_6$	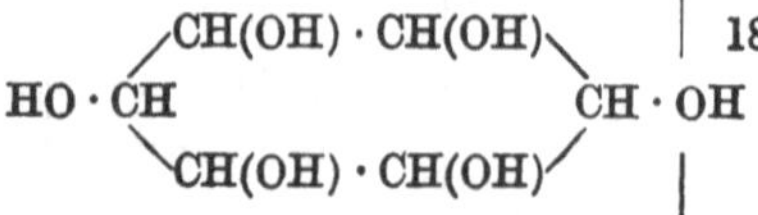	180,15
2904	225	5-Jod-2-chlormercuri-thiophen	$C_4H_2ClJSHg$	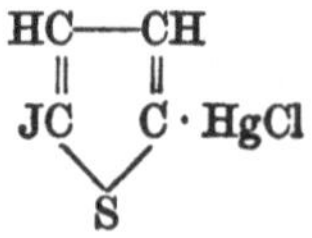	445,10
2905	225	5-Methyl-5′-chlormercuri-2,2′-dithienyl	$C_9H_7ClS_2Hg$	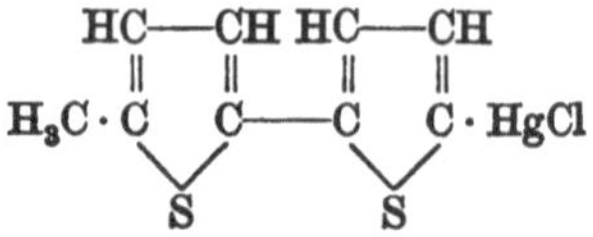	415,33
2906	225	Phenolphthalin	$C_{20}H_{16}O_4$	$(HO \cdot C_6H_4)_2CH \cdot C_6H_4 \cdot COOH$(2)	320,32
2907	225 bis 225,5	3-Brom-4-methyl-2-thiophensäure	$C_6H_5O_2BrS$	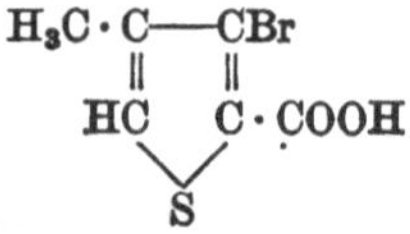	221,07
2908	225 bis 226	Zinntetraphenyl	$C_{24}H_{20}Sn$	$(C_6H_5)_4Sn$	427,10
2909	226	2,4-Diaminoazobenzol-4′-sulfonsäureamid (Prontosil rubrum, Sulfamidochrysoidin)	$C_{12}H_{13}O_2N_5S$	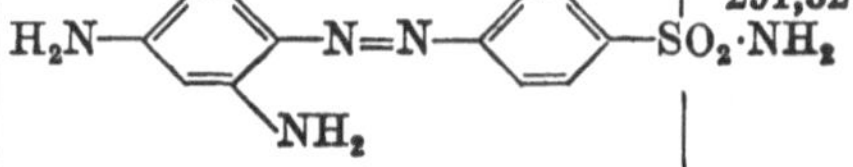	291,32
2910	226 bis 227	*l*-Asparagin	$C_4H_8O_3N_2$	$HOOC \cdot CH(NH_2) \cdot CH_2 \cdot CO \cdot NH_2$	132,12
2911	227	Berberinsulfat	$C_{20}H_{19}O_5N \cdot H_2SO_4$	vgl. Nr. 2032	451,44

Aggregat-zustand Farbe	Spez. Gewicht	Siede-punkt °C	Beilstein-Zitat	Physikalische Konstanten und Eigenschaften	Löslichkeit	Reaktionen
7	8	9	10	11	12	13
Krist. (W)	$1{,}752^{15^\circ}$	319 (15 mm)	VI 1194	schmeckt stark süß	16,3 W 19° unl. in A, Ae	Spur Subst. in 1—2 Tropfen HNO_3(1,2) + 1 Tropfen 10%ig. $CaCl_2$ + 1 Tropfen 1—2%ig. $PtCl_4$, vorsichtig verdampfen → rosa bis ziegelrot, an feuchter Luft orange Hexabenzoat *Fp* 258°, Nadeln
Nadeln (W)			X 455		0,0175 W 20°	Oxydation → Phenolphthalein Reagens auf HCN
Prismen (Chlf.) Nadeln (Pyridin)		>420	XVI 914		unl. in W swl. in A, Ae ll. in sd. Bzl., sd. Chlf., sd. Pyridin	
rotbraunes Plv.					l. in Alkalien, Säuren	mit Nitrit, α-Naphthol und NH_3 → violettroter Azofarbstoff mit Zn und HCl entfärbte Lsg. wird mit Chlorwasser → rot und gibt Indophenolreaktion
Krist.	$1{,}543^{15^\circ}$		IV 476	$[\alpha]_D^{20}$ —5,4° (W); geruchlos; Geschmack süß	2,1 W 17° 52,5 W 98° swl. in A unl. in Ae	wss. Lsg. + $Fe(NO_3)_3$-Lsg. → rötlichgelb bis olivbraun alkohol. HgJ_2-Lsg. gibt beim Erwärmen eigelben Nd. (Unterschied von Alanin und Glykokoll)
intensiv gelbes Plv.				Geschmack stark bitter	wl. in k. W ll. in h. W, A	+ H_2SO_4 → olivgrün → gelb + HNO_3 → rotbraun + $HgCl_2$ → gelber Nd. 1—2 mg Subst. + 10 mg Paraform + 1 ml H_2SO_4 → intensiv oliv → braun + Fe-H_3PO_4 → braun + HNO_3-H_2SO_4 → intensiv rot → rosa

Lfd. Nr.	*Fp*	Name	Summenformel	Strukturformel	Mol.-Gewicht
1	2	3	4	5	6
2912	227	4,4′-Diaminostilben	$C_{14}H_{14}N_2$	$H_2N \cdot C_6H_4 \cdot CH{=}CH \cdot C_6H_4 \cdot NH_2$	210,27
2913	227	Pyridintricarbon-säure-(2,4,6) (Trimesitinsäure)	$C_8H_5O_6N$	$C_5H_2N(COOH)_3$	211,13
2914	227	Tetraphenyläthylen	$C_{26}H_{20}$	$(C_6H_5)_2C:C(C_6H_5)_2$	332,42
2915	227 (Z.)	2-Thiohydantoin	$C_3H_4ON_2S$	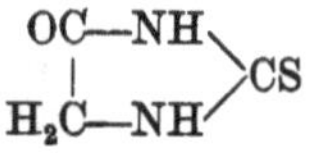	116,14
2916	227 bis 228 (Z.)	Betainchlorhydrat (Acidol)	$C_5H_{12}O_2NCl$	$HOOC \cdot CH_2 \cdot N(CH_3)_3$ · Cl	153,61
2917	227 bis 228	4,5-Dibrom-2-thiophen-säure	$C_5H_2O_2Br_2S$	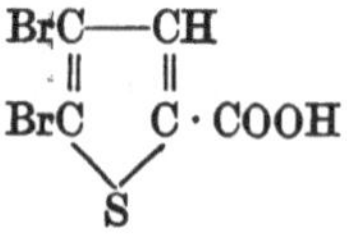	285,96
2918	227 bis 228	Methylaminhydro-chlorid	CH_6NCl	$CH_3 \cdot NH_2 \cdot HCl$	67,52
2919	227 bis 228	Pyron-(2)-carbonsäure-(6)	$C_6H_4O_4$	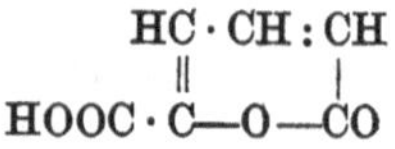	140,09
2920	227,6	Hexachlorbenzol	C_6Cl_6	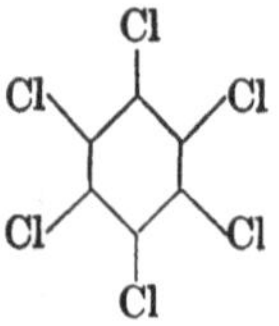	284,80
2921	227,7	Bleitetraphenyl	$C_{24}H_{20}Pb$	$(C_6H_5)_4Pb$	515,61
2922	228 (Z.)	4,5-Dijod-2-chlormercuri-thiophen	C_4HClJ_2SHg	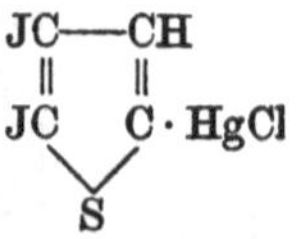	571,02
2923	228	Diphensäure	$C_{14}H_{10}O_4$	$^{(2)}HOOC \cdot C_6H_4 \cdot C_6H_4 \cdot COOH^{(2')}$	242,22
2924	228	Ergosin	$C_{30}H_{35}O_5N_5$		547,34
2925	228	Ergosinin	$C_{30}H_{35}O_5N_5$		545,62

Aggregatzustand Farbe	Spez. Gewicht	Siedepunkt °C	Beilstein-Zitat	Physikalische Konstanten und Eigenschaften	Löslichkeit	Reaktionen
7	8	9	10	11	12	13
gelbe Blättchen oder Nadeln (A)		subl.	XIII 267		wl. in W l. in A, Ae	N,N'-Diacetylderivat *Fp* 312° (Z.)
Nadeln (W)		Z.	XXII 185		wl. in k. W, A, Ae	erhitzen → Pyridincarbonsäure-(4)
Spieße (Bzl.)		415-415	V 743		unl. in W swl. in A, Ae ll. in h. Bzl.	
gelbe Prismen			XXIV 26		ll. in h. W, h. A	
farblose monokline Tafeln od. Prismen					ll. in W	
Tafeln (A)		225-230 (15 mm)	IV 36		ll. in W 23,01 sd. A unl. in Ae, Chlf.	
Nadeln oder Platten (konz. HCl)			XVIII 404		wl. in h. W, A unl. in Bzl. Chlf.	Äthylester *Fp* 59—60°
Prismen (Bzl. + A)	$2{,}044^{23°}$	322	V 205	kryoskop. Konst. 20,75	unl. in W; k. A swl. in sd. A ll. in h. Ae	
Nadeln (Bzl.)	$1{,}530^{20°}$	270 (Z.)	XVI 917		unl. in W 0,1 A 30° 1,7 Bzl. 30° 1,7 Chlf. 50°	
Blättchen (W)		subl.	IX 922	subl. in Nadeln	wl. in W ll. in A, Ae	Anhydrid *Fp* 217°, lange Nadeln oder Säulen Dimethylester *Fp* 73—74°, harte Prismen oder Tafeln Diäthylester *Fp* 42°, Würfel
				$[\alpha]_D^{20}$ —161° (Chlf.)	unl. in W, PAe l. in A, Ae	
				$[\alpha]_D^{20}$ +420°	unl. in W, PAe l. in A, Ae	

Lfd. Nr.	*Fp*	Name	Summenformel	Strukturformel	Mol.-Gewicht
1	2	3	4	5	6
2926	228	Isoferulasäure	$C_{10}H_{10}O_4$	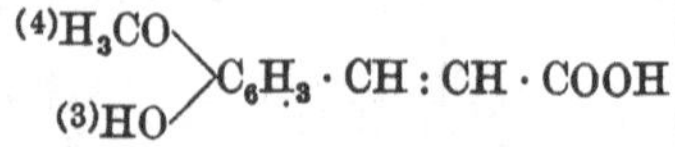	194,18
2927	228	Saccharin	$C_7H_5O_3NS$	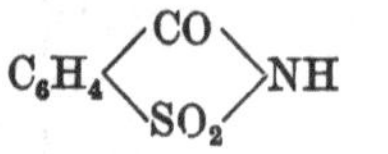	183,18
2928	228	Umbelliferon	$C_9H_6O_3$	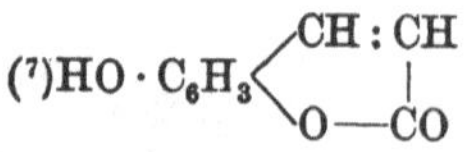	162,14
2929	228 bis 229	4,5-Dibrom-3-methyl-2-thiophensäure	$C_6H_4O_2Br_2S$	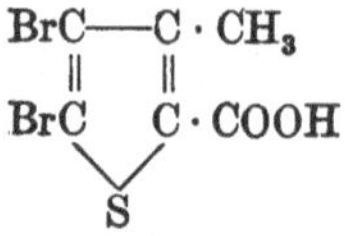	299,98
2930	228 bis 229	2,4-Dijod-5-chlormercuri-3-thiotolen	$C_5H_3ClJ_2SHg$	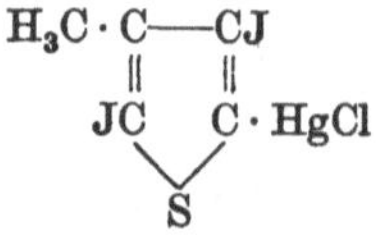	585,04
2931	228 bis 229	5-Nitrosalicylsäure	$C_7H_5O_5N$	$HO \cdot C_6H_3(NO_2) \cdot COOH$	182,12
2932	228 bis 229	8-Oxynaphthoesäure-2	$C_{11}H_8O_3$	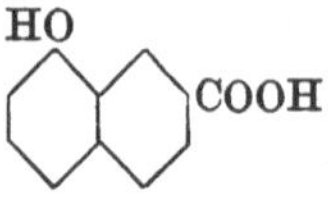	188,17
2933	228,7	2,4,6-Trinitrobenzoesäure	$C_7H_3O_8N_3$	$(O_2N)_3C_6H_2 \cdot COOH$	257,07
2934	230	Diacetylmorphinchlorhydrat (Heroinchlorhydrat)	$C_{21}H_{24}O_5NCl$	$C_{17}H_{17}ON(O \cdot COCH_3)_2 \cdot HCl$ (vgl. Nr. 3084)	405,87
2935	229	Piperonylsäure	$C_8H_6O_4$	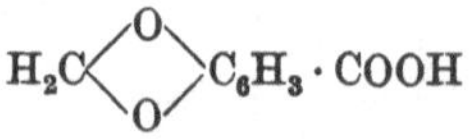	166,13
2936	230	1-Nitroanthrachinon	$C_{14}H_7O_4N$	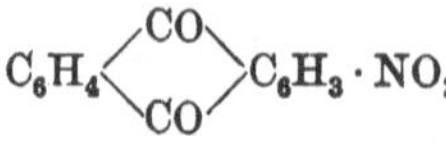	253,20

Aggregat-zustand Farbe	Spez. Gewicht	Siede-punkt °C	Beilstein-Zitat	Physikalische Konstanten und Eigenschaften	Löslichkeit	Reaktionen
7	8	9	10	11	12	13
Nadeln			X 437		wl. in k. W ll. in A, Ae wl. in Bzl.	
Krist. (A)	0,828	subl.	XXVII 168	Geschmack sehr süß	0,43 W 25° 2 A 20° wl. in Ae l. in Alkali	
Nadeln (W)		subl.	XVIII 27		swl. in k. W l. sd. W ll. in A wl. in Ae	Lsgg. in W, Alkali und H_2SO_4 fluoreszieren blau
Nadeln (W)	$1{,}650^{20°}$		X 116		0,07 W 16° 0,18 W 22° ll. in A, Ae	
Nadeln (W)			X 328	alkalische Lsgg. fluoreszieren stark grün	l. in W	+ $FeCl_3$ → schmutzig rot → violett → schwarz Acetylderivat *Fp* 176 bis 177°, Nadelbüschel Äthylester *Fp* 135—137°, Nadelbüschel Anilid *Fp* 239—240°, Nadeln
Krist. (W)			IX 417		2,05 W 23° 4,18 W 50° 26,59 A 25° 14,71 Ae 25°	
Krist.				geruchlos; bitterer Geschmack	l. in A, CH_3OH, Chlf. unl. in Bzl.	1. + H_2SO_4 + Fe-H_3PO_4 → blau + Paraform → blaugrün → grün + HNO_3-H_2SO_4 → violett → braun 2. + 10—20 mg Paraform + 1 ml H_2SO_4 → intensiv rotviolett + Fe-H_3PO_4 → intensiv blau + HNO_3-H_2SO_4 → braun → violettrot
Nadeln (A)		subl.	XIX 269		swl. in W wl. in k. A; Ae	
Nadeln (Eg.)		270 (7 mm)	VII 791		unl. in W swl. in A, Ae	

Lfd. Nr.	*Fp*	Name	Summenformel	Strukturformel	Mol.-Gewicht
1	2	3	4	5	6
2937	**230** (Z.)	Nitroguanidin	$CH_4O_2N_4$	$H_2N \cdot C(:NH) \cdot NH \cdot NO_2$ oder $(H_2N)_2C : N \cdot NO_2$	104,07
2938	**230**	Terephthalsäure	$C_8H_6O_4$	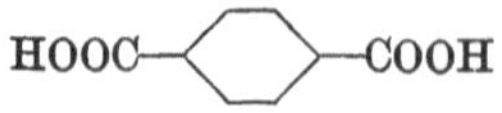	166,13
2939	**230** bis **231**	Gramicidin	$C_{146}H_{202}O_{26}N_{30}$		2800,32
2940	**230,5** bis **231**	4,5-Dichlor-2-chlormercuri-3-thiotolen	$C_5H_3Cl_3SHg$	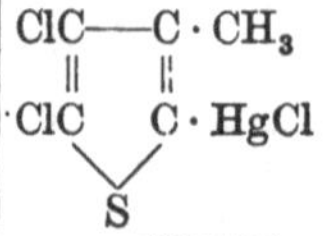	402,12
2941	**231**	Phthalsäure	$C_8H_6O_4$	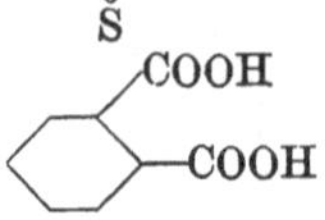	166,13
2942	**231** (Z.)	dl-Thyroxin	$C_{15}H_{11}O_4NJ_4$	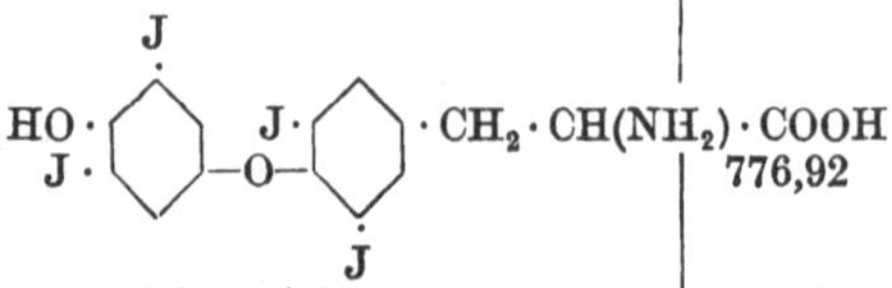	776,92
2943	**231** bis **232**	5,5′-Diaceto-2,2′-dithienyl	$C_{12}H_{10}O_2S_2$	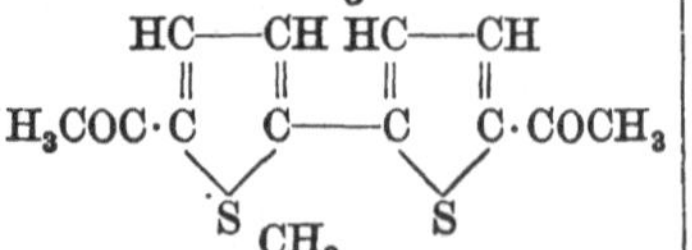	250,32
2944	**231** bis **233** (Z.)	1-Phenyl-2,3-dimethyl-pyrazolon-4-amino-methansulfonsaures Natrium (Melubrin)	$C_{12}H_{14}O_4N_3SNa$	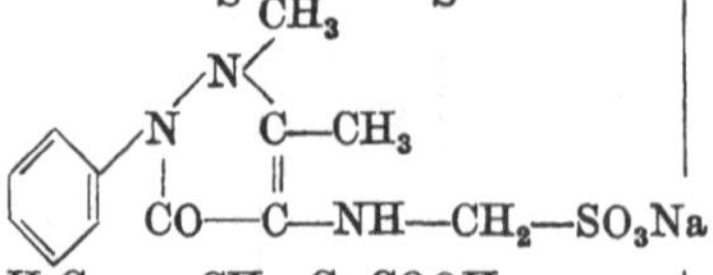	319,31
2945	**232**	Arecaidin	$C_7H_{11}O_2N$	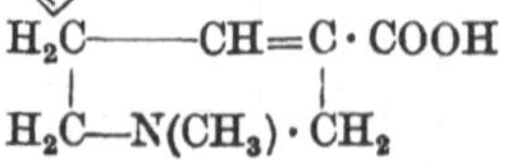	141,66
2946	**232** bis **234**	Hydrochinonphthalein	$C_{20}H_{12}O_5$	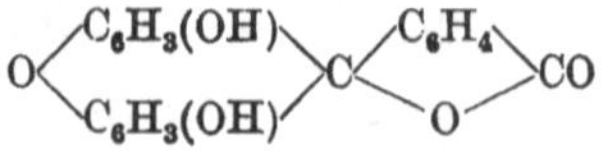	332,29

Aggregatzustand Farbe	Spez. Gewicht	Siedepunkt °C	Beilstein-Zitat	Physikalische Konstanten und Eigenschaften	Löslichkeit	Reaktionen ●
7	8	9	10	11	12	13
Nadeln (W)			III 126		0,27 W 19° 9 sd. W swl. in A unl. in Ae ll. in Alkali	
Nadeln			IX 841	subl. in mikroskopischen Nadeln	unl. in W wl. in A	reagiert nicht mit Thionylchlorid gibt kein Anilid beim Kochen mit Anilin Dichlorid *Fp* 79—80°, Nadeln Phenacylester *Fp* 192° Diphenylester *Fp* 191°, Nadeln Diäthylester *Fp* 44°, Prism.
					unl. in W	
monokline Tafeln	1,59		IX 791	*Fp* im geschlossenen Rohr *Fp* 191°	0,54 W 14° 18 W 99° 11,7 A 18° 0,68 Ae 15° unl. in Chlf.	erhitzen → Phthalsäureanhydrid Phenacylester *Fp* 154,4° p-Nitrobenzylester *Fp* 155,5° Fluorescein-Rk. 0,1 g Resorcin, 0,1 g Phthalsäure, 1 Tropfen H_2SO_4. 3 Min. auf 160° erhitzen + 2 ml 10%ig. NaOH, in ½ l W gießen → starke grüne Fluoreszenz
gelbe Krist.			E_1 XIV 671	geruchlos	swl. in W unl. in A, Ae l. in Alkalien (gelb)	wss.Suspensionen + 1 Tropfen 2n-HN_3 + $AgNO_3$ nach Abkühlem gallertartige Flocken
weißes Krist.-Plv.			E_1 XXIV 300		ll. in W l. in A	
Tafeln (verd. A)			XXII 15		ll. in W swl. in A unl. in Ae, Bzl.	
Nadeln (Ae)			XIX 219		swl. in h. W ll. in A, Ae l. in Alkalien und NH_4OH → violett	

Lfd. Nr.	*Fp*	Name	Summenformel	Strukturformel	Mol.-Gewicht
1	2	3	4	5	6
2947	**232** bis **235**	Ölsäure-Na-Salz (Natriumoleat)	$C_{18}H_{33}O_2Na$	vgl. Nr. 508	304,43
2948	**232** bis **236** (Z.)	Glycin (Aminoessigsäure, Glykokoll)	$C_2H_5O_2N$	$H_2N \cdot CH_2 \cdot COOH$	75,07
2949	**233**	Acedicon (Enolacetat des Dihydrocodeinon-chlorhydrats)	$C_{20}H_{24}O_4NCl$		377,87
2950	**233**	3-Oxy-4-methylthiophen-2,5-dicarbonsäuremonoäthylester	$C_9H_{10}O_5S$	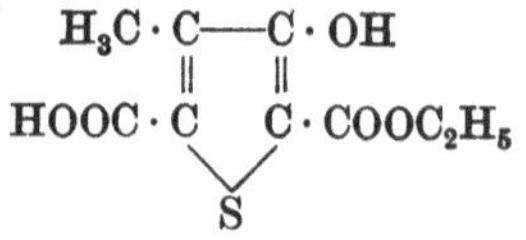	230,23
2951	**233**	Insulin	$C_{45}H_{69}O_{14}N_{11}S + 3H_2O$		1084,99
2952	**233** bis **234**	5-Jod-2-thienylarsinoxyd	C_4H_2OJSAs	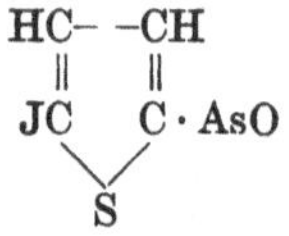	299,95
2953	**234**	Dimethylglyoxim	$C_4H_8O_2N_2$	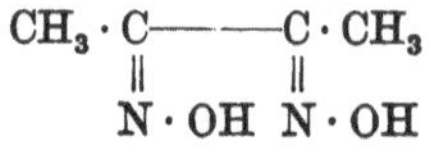	116,12
2954	**234** (Z.)	saures Natriumtartrat	$C_4H_5O_6Na + H_2O$	$HOOC \cdot (CHOH)_2 \cdot COONa + H_2O$	190,09
2955	**234**	5-Phenyl-2-chlormercuri-thiophen	$C_{10}H_7ClSHg$	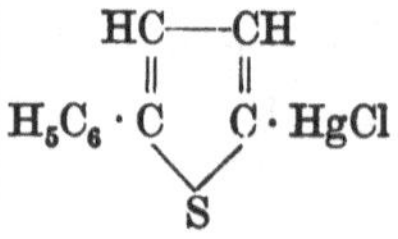	395,28
2956	**234** bis **236**	3,5-Dijodsalicylsäure	$C_7H_4O_3J_2$	$J_2C_6H_2(OH) \cdot COOH$	389,94
2957	**235** (Z.)	3-Aminosalicylsäure	$C_7H_7O_3N$	$H_2N \cdot C_6H_3(OH) \cdot COOH$	153,13
2958	**235** (Z.)	Anhydroekgonin	$C_9H_{13}O_2N$	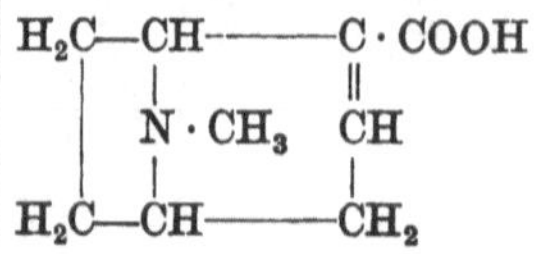	167,20

Aggregatzustand Farbe	Spez. Gewicht	Siedepunkt °C	Beilstein-Zitat	Physikalische Konstanten und Eigenschaften	Löslichkeit	Reaktionen
7	8	9	10	11	12	13
Krist. (abs. A)			II 465		10 W 12° 4,8 A 13° 10 A 32° 1 sd. Ae	
monokline Tafeln	1,61		IV 333	schmeckt süß; geruchlos	23,3 W (k.) unl. in A, Ae	wss. Lsg. + $FeCl_3$ → rot + o-Phthalaldehyd und konz. HCl → intensiv violett Pikrat *Fp* 190°, gelbliche Blättchen
weiße Krist.				geruchlos; bitterer Geschmack		Fe-H_2SO_4 bleibt in der Wärme unverändert (Unterschied von Codein und Eukodal) 10—20 mg + 10—20 mg Paraform + 1 ml H_2SO_4 → gelb → langsam violett + Fe-H_3PO_4 → langsam blau bis graublau + HNO_3-H_2SO_4 → violett → olivgrün → hellbraun
Krist. (verd. A)		subl.	I 772		unl. in W ll. in A, Ae	+ Nickelsalze → roter Nd.
Säulen			III 493		6,63 W 18°	
weißlich-gelbe Krist.				schmeckt süß; geruchlos	wl. in W l. in Laugen ll. in A, Ae	heiß bereitete und abgekühlte Lsg. + $Fe(NO_3)_3$ → violettblau und trübe
Krist.			XIV 577		l. in W unl. in A	Methylester *Fp* 90°
Krist.			XXII 31	$[\alpha]_D^{15}$ —62,7°	swl. in W wl. in A swl. in Ae	

Lfd. Nr.	*Fp*	Name	Summenformel	Strukturformel	Mol.-Gewicht
1	2	3	4	5	6
2959	**235** (Z.)	Codeinphosphat	$C_{18}H_{24}O_7NP + 2H_2O$	vgl. Nr. 2150	397,39
2960	**235**	Rubijervin	$C_{26}H_{43}O_2N + H_2O$		419,65
2961	**235**	Quercit	$C_6H_{12}O_5$	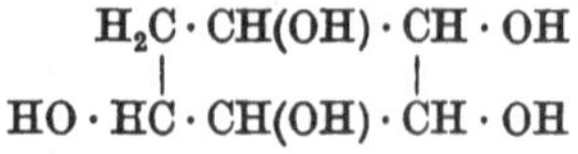	164,15
2962	**235**	Yohimbin	$C_{21}H_{26}O_3N_2$		354,42
2963	**235**	3,4,5-Trijod-2-chlor-mercurithiophen	C_4ClJ_3SHg	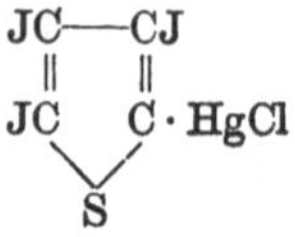	696,93
2964	**235**	2,4,6-Trinitrosomesitylen	$C_9H_9O_6N_3$	$(O_2N)_3C_6(CH_3)_3$	255,18
2965	**235** bis **236**	5-Oxynaphthoesäure-(1)	$C_{11}H_8O_3$	$HO \cdot C_{10}H_6 \cdot COOH$	188,17
2966	**235** bis **237**	Coffein (1,3,7-Trimethyl-2,6-dioxypurin)	$C_8H_{10}O_2N_4$	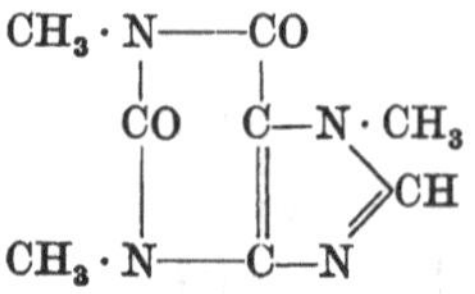	194,19
2967	**236**	3,4-Dijod-5-methyl-2-thiophensäure	$C_6H_4O_2J_2S$	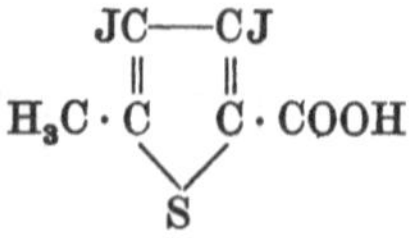	394,35

Aggregatzustand Farbe	Spez. Gewicht	Siedepunkt °C	Beilstein-Zitat	Physikalische Konstanten und Eigenschaften	Löslichkeit	Reaktionen
7	8	9	10	11	12	13
weiße Nadeln				bitterer Geschmack	44,9 W 25° 227 W 80° 0,38 92%ig. A 25° 0,07 Ae 25°	+ HNO_3 → braunrot + H_2SO_4 + $FeCl_3$ → blau + HNO_3 → tiefrot + Paraform-H_2SO_4 → blauviolett + p-Dimethylaminobenzaldehyd-H_2SO_4 → hellrot
Prismen (h. A)						Aurochlorat unl. gelber Nd. + H_2SO_4 → goldgelb → orangerot → dunkelrot
Prismen (W)	$1{,}584^{13°}$	Z.	VI 1186	vgl. Nr. 2901	l. in W wl. in A unl. in Ae	
weiße Nadeln				$[\alpha]_D$ +1,5° (1%ige wss. Lsg.)	ll. in A, Ae, Chlf., Aceton, Essigester unl. in Bzl. swl. in W	+ konz. HNO_3 → farblos → intensiv gelb + NaOH → orangerot
Nadeln (A)			V 412		unl. in W swl. in h. A, Ae	
Nadeln (W)		subl.	X 330	sublimierbar	l. in sd. W wl. in k. A ll. in h. A, Eg., Ae	+ $FeCl_3$ in wss. Lsg. violetter Nd. Äthylester *Fp* 73° Methoxynaphthoesäure *Fp* 227—228,5°, Tafeln
Nadeln (A)	$1{,}23^{19°}$	180° subl.	XXVI 461	geruchlos; bitterer Geschmack; subl. leicht	1,46 W 20° 19,23 W 80° 2,3 85%ig. A 16° 0,044 Ae 16° 13 Chlf. 16° l. in Bzl., CS_2	+ konz. HNO_3 → farblos, eindampfen → gelber Fleck + NH_3 → purpurrot (Murexid-Rk.) kleine Mengen + Perhydrol-Salzsäure (+ etwas kolloider Pt-Lsg.) auf W-Bad verdampft → zwiebelroter Nd. + NH_3 → purpurrot Kaliumferricyanid in HNO_3 gelöst + Subst. → Berliner Blau beim Eindampfen mit $KClO_3$ und konz. HCl entstehender rötlicher Rückstand + 1 Tropfen NH_3 → rot

Lfd. Nr.	*Fp*	Name	Summenformel	Strukturformel	Mol.-Gewicht
1	2	3	4	5	6
2968	**236**	1,2-Dioxyphenazin-N,N'-dioxyd (Jodinin)	$C_{12}H_8O_4N_2$	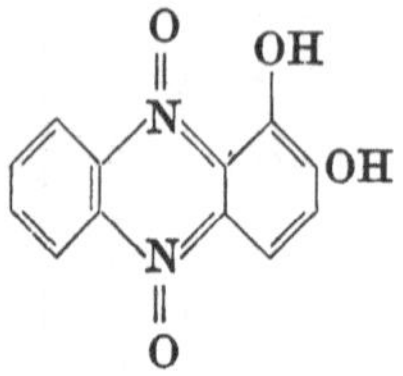	244,20
2969	**236**	Tetrachlorhydrochinon	$C_6H_2O_2Cl_4$	$HO \cdot C_6Cl_4 \cdot OH$	247,90
2970	**236**	Thionaphthen-2-carbonsäure	$C_9H_6O_2S$	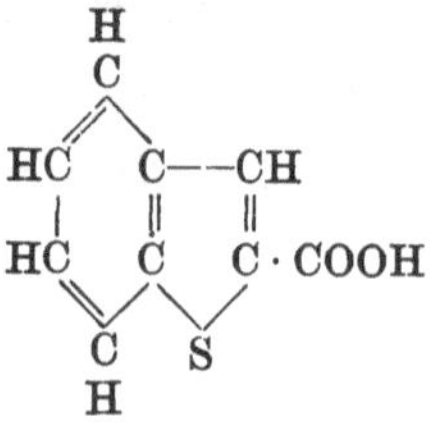	178,20
2971	**236**	3,4,5-Tribrom-2-chlormercurithiophen	C_4ClBr_3SHg	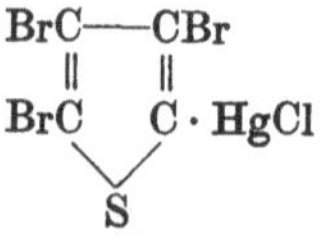	555,92
2972	**236** bis **237**	2-Aminoanthracen	$C_{14}H_{11}N$	$C_6H_4\left\{\begin{matrix}CH\\CH\end{matrix}\right\}C_6H_3 \cdot NH_2$	193,23
2973	**236** bis **237**	Thionaphthen-2,3-dicarbonsäureimid	$C_{10}H_5O_2NS$	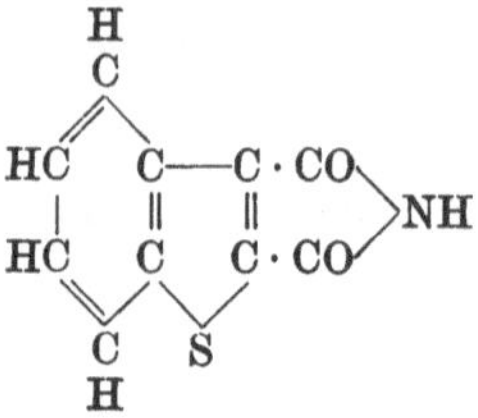	207,21
2974	**237** (Z.)	α-Benzildioxim	$C_{14}H_{12}O_2N_2$	$[C_6H_5 \cdot C(:N \cdot OH)-]_2$	240,25
2975	**237**	4,4'-Dinitrodiphenyl	$C_{12}H_8O_4N_2$	$O_2N \cdot C_6H_4 \cdot C_6H_4 \cdot NO_2$	244,20
2976	**237**	5-Nitrothionaphthen-2-carbonsäure	$C_9H_5O_4NS$	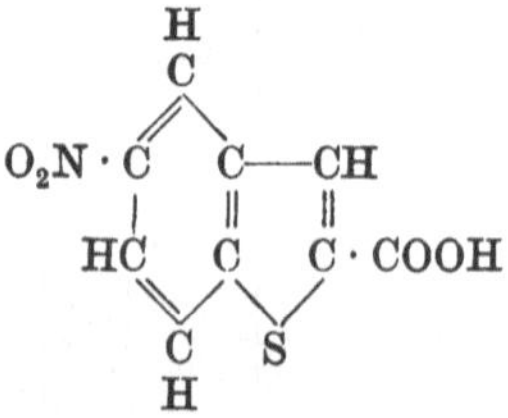	223,30
2977	**237**	Pyridincarbonsäure-(3) (Nicotinsäure, Niacin)	$C_6H_5O_2N$	$C_5H_4N \cdot COOH$	123,11

Aggregat-zustand Farbe	Spez. Gewicht	Siede-punkt °C	Beilstein-Zitat	Physikalische Konstanten und Eigenschaften	Löslichkeit	Reaktionen
7	8	9	10	11	12	13
tiefpurpurn, Kupfer-glanz					unl. in W, Säuren l. in Alkali	
Säulen (Bzl.)		subl. (Z.)			unl. in W ll. in A, Ae l. in KOH	Oxydation → Chloranil
gelbe Blätter (A)		subl.	XII 1335		swl. in W wl. in A, Ae	Acetylderivat *Fp* 240°
Blättchen (Aceton)			VII 760	Komplexsalze mit Schwer-metallen	unl. in W 0,05 A 17° swl. in Ae l. in konz. NaOH	
Nadeln (A oder Eg.)	1,445		V 584		unl. in W swl. in k. A l. in Bzl.	
Nadel (W oder A)		subl.	XXII 38	subl. unzersetzt	ll. in h. W; h. A swl. in Ae	Amid *Fp* 122°, Nadeln Chlorhydrat *Fp* 240°, Nadeln Phenylester *Fp* 72°

Lfd. Nr.	*Fp*	Name	Summenformel	Strukturformel	Mol.-Gewicht
1	2	3	4	5	6
2978	**237**	Pyridindicarbonsäure-(2,6) (Dipicolinsäure)	$C_7H_5O_4N$	$C_5H_3N \cdot (COOH)_2$	167,12
2979	**237** bis **239**	3-Brom-5-chlormercuri-2-thiotolen	$C_5H_4ClBrSHg$	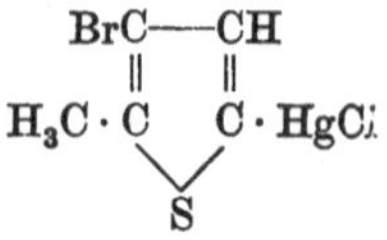	412,13
2980	**237** bis **240**	4,5-Dimethyl-2,3-diacetoxymercurithiophen	$C_{10}H_{12}O_4SHg_2$	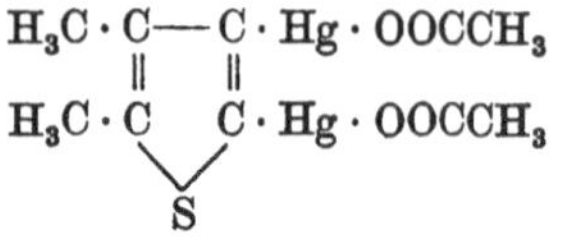	629,48
2981	**237** bis **240**	3,5-Dioxybenzoesäure (α-Resorcylsäure)	$C_7H_6O_4$	$(HO)_2C_6H_3 \cdot COOH$	154,12
2982	**238** (Z.)	Allantoin	$C_4H_6O_3N_4$	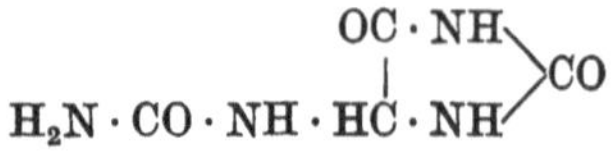	158,12
2983	**238**	2-Sulfanilamido-4-methylthiazol (Sulfamethylthiazol, Ultraseptyl)	$C_{10}H_{11}O_2N_3S_2$	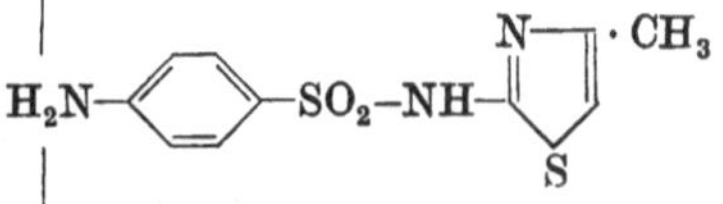	269,32
2984	**238**	Benzolpentacarbonsäure	$C_{11}H_6O_{10}$	$C_6H(COOH)_5$	298,16
2985	**238**	Carbazol	$C_{12}H_9N$		
2986	**238** (Z.)	3,3′-Diamino-2,2′-dithionaphthenyl	$C_{16}H_{12}N_2S_2$	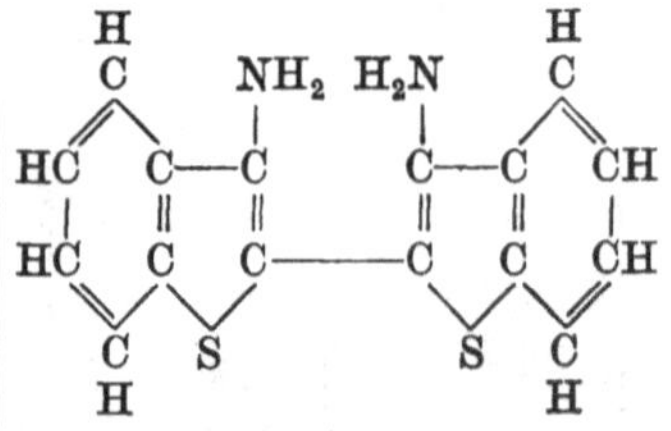	296,39
2987	**238**	N,N′-Dibenzoylhydrazin	$C_{14}H_{12}O_2N_2$	$C_6H_5 \cdot CO \cdot NH—HN \cdot CO \cdot C_6H_5$	240,25

Aggregat-zustand Farbe	Spez. Gewicht	Siede-punkt °C	Beilstein-Zitat	Physikalische Konstanten und Eigenschaften	Löslichkeit	Reaktionen
7	8	9	10	11	12	13
Prismen, Nadeln (W)			XXII 154		wl. in W, k. A ll. in sd. A wl. in Ae	erhitzen → Pyridin + $FeSO_4$ → gelbrot Dimethylester *Fp* 121°, rhomboedr. Krist.
Prismen (W)			X 404		l. in k. W ll. in h. W; A, Ae	
Krist. (W)			XXV 474		0,53 W 25° 10 sd. W unl. in A, Ae l. in Alkali	
weiße Krist.				geruchlos; geschmacklos	swl. in k. W l. in Alkalien, Säuren	+ Fe-H_3PO_4 → violett → braun mit einigen Tropfen 2n-HCl in der Kälte gelöst + 1 Tropfen Nitritlsg. → gelborange + einige Tropfen konz. NH_3 → orangeroter Nd. und Lsg.
Nadeln + $5H_2O$			IX 1006	zers. bei 240 bis 250°; gibt bei 270—300° Pyromellitsäure	ll. in h. W l. in A wl. in Ae	Pentamethylester *Fp* 150,5°; $Kp._{0,1}$ 205° Trikaliumsalz mit $4H_2O$, Tafeln
Blättchen (Xylol)		354-355	XX 433	kryoskop. Konst. 12,3; subl.	unl. in W 0,92 A 14° 3,88 sd. A 2,5 Ae 16° 1,7 Bzl. 16° 5 Bzl. 50°	+ H_2SO_4 → goldgelb + Spur HNO_3 → blaugrün mit Glucose und H_2SO_4 → violettrot + $SbCl_3$ in CCl_4 → grüner Nd. + Formaldehyd-H_2SO_4 → blau Pikrat *Fp* 186°, rote Säulen Acetylderivat *Fp* 69°, Nadeln
Nadeln (A oder Eg)			IX 324		swl. in k. W; Ae 0,1 h. W 0,63 A 25°	bei 250° → 2,5-Diphenyl-1,3,4-oxdiazol

Lfd. Nr.	*Fp*	Name	Summenformel	Strukturformel	Mol.-Gewicht
1	2	3	4	5	6
2988	**238**	Phthalimid	$C_8H_5O_2N$	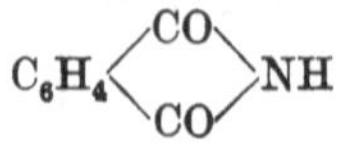	147,13
2989	**238**	Bis-[2,5-dichlor-4-jod-thienyl-(3)]-quecksilber	$C_8Cl_4J_2S_2Hg$	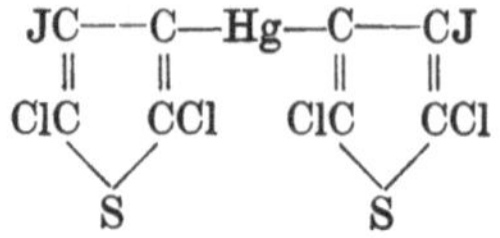	756,48
2990	**238** bis **239** (Z.)	Atropinschwefelsäureester (Atrinal)	$C_{17}H_{23}O_6NS$	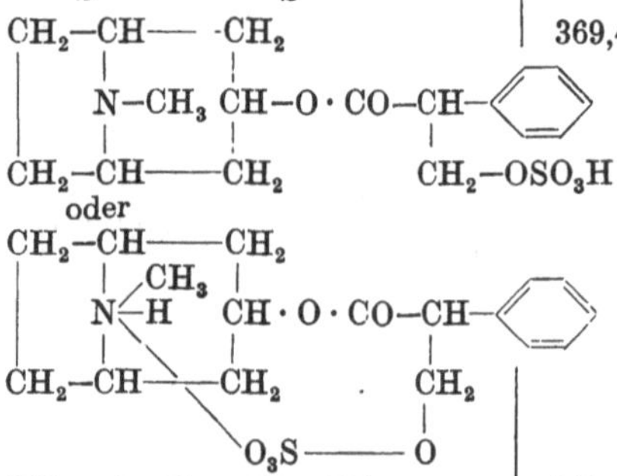	369,42
2991	**238** bis **239**	Bis-[4,5-dichlor-2-brom-thienyl-(3)]-quecksilber	$C_8Cl_4Br_2S_2Hg$	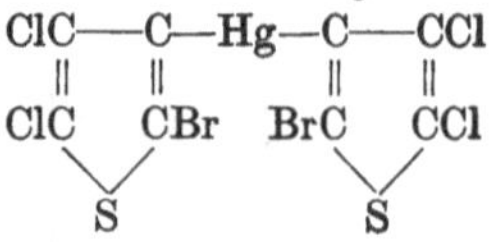	662,47
2992	**239**	N,N′-Diphenylharnstoff	$C_{13}H_{12}ON_2$	$C_6H_5 \cdot NH \cdot CO \cdot NH \cdot C_6H_5$	212,24
2993	**239** (Z.)	d-Ergotinin	$C_{35}H_{39}O_5N_5$		609,69
2994	**239** bis **240**	Gallussäure	$C_7H_6O_5$	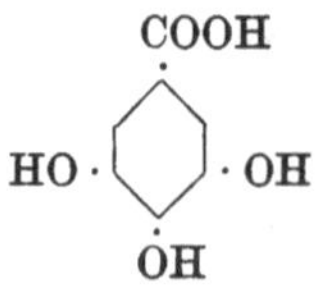	170,12

Aggregat-zustand Farbe	Spez. Gewicht	Siede-punkt °C	Beilstein-Zitat	Physikalische Konstanten und Eigenschaften	Löslichkeit	Reaktionen
7	8	9	10	11	12	13
Nadeln (W)		subl.	XXI 458		0,06 W 20° 0,4 sd. W 5 sd. A l. in sd. Eg. ll. in KOH	
weiße Prismen (W)					l. in Alkalien und Säuren unl. in A 0,5 W 15° 1 W 30°	SO_4''-Nachweis nach dem Kochen mit HCl
Prismen (A)	1,239	260	XII 352		0,015 W 25° wl. in A l. in Ae	
Prismen, Nadeln (verd. A)				$[\alpha]_D$ +334 bis 336° (A); lichtempfindlich	unl. in W wl. in A, Ae l. in sd. A ll. in Bzl., Chlf.	alkohol. Lsg. an der Luft → grün → braun saure Lsg. → rot, violette Fluoreszenz Subst. + Essigester + H_2SO_4 → orangerot → violett → blau
weiße Nadeln	1,694	Z.	X 470	Geschmack zusammenziehend, sauer	1,2 W 20° 33 sd. W 22,2 A 15° 2,5 Ae 15° unl. in Bzl., Chlf.	p-Phenylphenacylester *Fp* 195—198° + KCN-Lsg. → rot erhitzen CO_2-Abspaltung absorbiert in alkalischer Lsg. O_2 → gelb → Rotfärbung → braun Lsg. + Na_2CO_3 beim Durchschütteln mit Luft intensiv grün sehr verd. $Fe(NO_3)_3$-Lsg. färbt wss. Lsg. intens. blau + $(CH_2)_6N_4$ → intensiv violett 1 mg Subst. + 10 mg $(CH_2)_6N_4$ + 1 Tropfen Fe-H_3PO_4 schütteln + 1 ml konz. H_2SO_4 → grün; nach Erwärmen → intensiv blau

Lfd. Nr.	*Fp*	Name	Summenformel	Strukturformel	Mol.-Gewicht
1	2	3	4	5	6
2995	**239** bis **240**	Oxychrysazin (1,2,8-Trioxyanthrachinon)	$C_{14}H_8O_5$	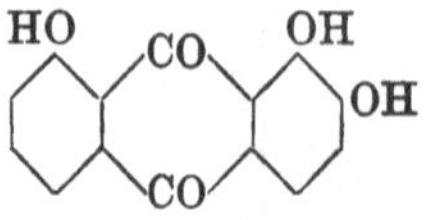	256,20
2996	**239** bis **241**	Naphthalin-2,3-dicarbonsäure	$C_{12}H_8O_4$	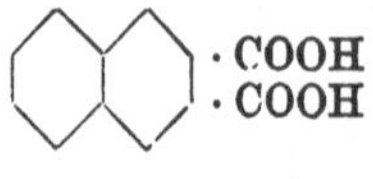	216,18
2997	**239,5**	Chrysochinon-(1,2)	$C_{18}H_{10}O_2$	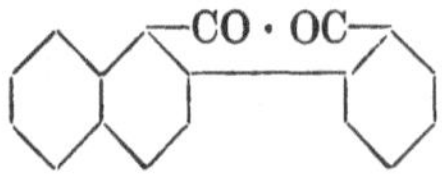	258,26
2998	**240**	Ninhydrin	$C_9H_6O_4$	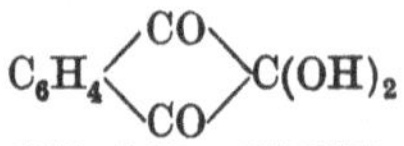	178,13
2999	**240** (Z.)	p,p′-Azoxybenzoesäure	$C_{14}H_{10}O_5N_2$	$ON_2(C_6H_4 \cdot COOH)_2$	286,23
3000	**240** (Z.)	p-Chinondioxim	$C_6H_6O_2N_2$	$HO \cdot N : C_6H_4 : N \cdot OH$	138,12
3001	**240**	3,5-Diaminobenzoesäure	$C_7H_8O_2N_2$	$(H_2N)_2C_6H_3 \cdot COOH$	152,15
3002	**240**	2,7-Dimethylanthracen	$C_{16}H_{14}$	$CH_3 \cdot C_6H_3\left\{\begin{matrix}CH\\CH\end{matrix}\right\}C_6H_3 \cdot CH_3$	206,27
3003	**240** (Z.)	2,4-Dioxyzimtsäure (Umbellsäure)	$C_9H_8O_4$	$(HO)_2C_6H_3 \cdot CH : CH \cdot COOH$	180,15
3004	**240**	Euxanthon	$C_{13}H_8O_4$	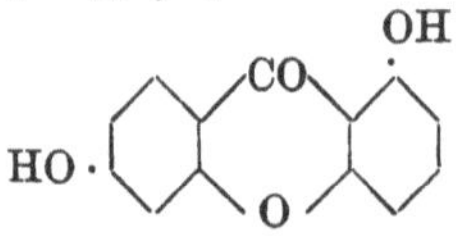	228,19
3005	**240**	4-Nitrobenzoesäure (p-Nitrobenzoesäure)	$C_7H_5O_4N$	$O_2N \cdot C_6H_4 \cdot COOH$	167,12
3006	**240**	2-Nitrozimtsäure	$C_9H_7O_4N$	$O_2N \cdot C_6H_4 \cdot CH : CH \cdot COOH$	193,15
3007	**240**	Phenylhydrazinchlorhydrat	$C_6H_9N_2Cl$	$C_6H_5 \cdot NH \cdot NH_2 \cdot HCl$	144,60

Aggregat-zustand Farbe	Spez. Gewicht	Siede-punkt °C	Beilstein-zitat	Physikalische Konstanten und Eigenschaften	Löslichkeit	Reaktionen
7	8	9	10	11	12	13
orange Nadeln (Eg.)				subl. in roten Nadeln	unl. in W l. in A, Ae, Eg. l. in Alkalien, H_2SO_4, Borsäure	+ Alkalien → violett b. blau + H_2SO_4 → karmoisinrot + Borsäure → violett Trimethyläther *Fp* 157°, hellgelbe Nadeln Triacetat *Fp* 223—224°, hellgelbe Nädelchen
Spieße (W)			IX 917		ll. in W, Eg.	Cu-Salz, grüne Spieße Anhydrid *Fp* 246°, Täfelchen (Eg.) Imid *Fp* 275°, mikroskop. kleine Nädelchen Phenylimid *Fp* 277–278°, silberglänzende Täfelchen
orange Nadeln (Bzl.)		350-400 subl.	VII 827		unl. in W wl. in A swl. in Ae	konz. H_2SO_4 löst langsam m. violettstich. blauer Farbe Monoxim *Fp* 160—161°, orangegelb
Prismen (W)			E_1 VII 475	stark giftig	ll. in h. W sll. in Ae	mit 10%ig. wss. Pyridin → gelb
gelb amorph			XVI 647		unl. in W swl. in A, Ae	Dimethylester *Fp* 207°
Krist. (W)			VII 627		l. in W, A, Ae unl. in NH_4OH	
Nadeln (W)		Z.	XIV 453		1,1 W 8° ll. in A, Ae	erhitzen → CO_2-Abspaltung
grünliche Blätter (Toluol)			V 679		unl. in W wl. in A ll. in sd. Bzl.	
gelbliches Plv.			X 434		l. in h. W; A unl. in Ae, Bzl.	
gelbe Nadeln od. Blättchen (A)		subl. (Z.)	XVIII 113		wl. in W ll. in h. A wl. in Ae l. in KOH	
gelblich- weiße Blättchen (W)	$1{,}610^{20}$	subl.	IX 389		0,02 W 15° 0,3 sd. W 0,09 A 10° 0,23 Ae 13° 0,007 Chlf. 11°	
Nadeln (A)		subl.	IX 604		unl. in W 0,21 A 25° 0,03 Bzl. 18°	Äthylester *Fp* 42° Amid *Fp* 185°
Blättchen (A)		subl.	XV 108		ll. in W l. in A unl. in Ae	wss. Lsg. + 1 Tropfen HNO_3 → orangegelb → erwärmen → intens. rot wss. Lsg. + A + α-Naphthol + konz. NH_3 → intensiv violettrot wss. Lsg. + Chlorw. + Phenol + NH_3 → intens. gelb wss. Lsg. + einige mg Glucose + Natriumacetat → abkühlen → orangegelbe Blättchen wss. Lsg. + Nitroprussidnatr. + Lauge + Formaldehyd → intensiv blau

Lfd. Nr.	*Fp*	Name	Summenformel	Strukturformel	Mol.-Gewicht
1	2	3	4	5	6
3008	240	Taurin	$C_2H_7O_3NS$	$H_2N \cdot CH_2 \cdot CH_2 \cdot SO_3H$	125,14
3009	240	Thiophen-2,5-disulfonsäureamid	$C_4H_6O_4N_2S_3$	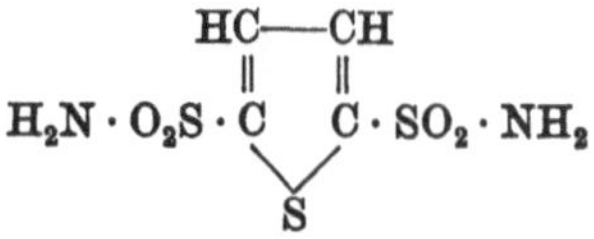	242,28
3010	240 bis 245	1,5-Naphthalindisulfonsäure	$C_{10}H_8O_6S_2$	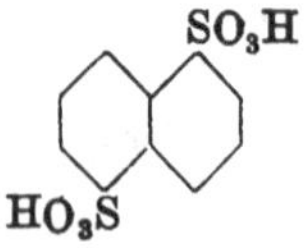	288,00
3011	240,5 bis 242	3,5-Dijod-4-methyl-2-thiophensäure	$C_6H_4O_2J_2S$	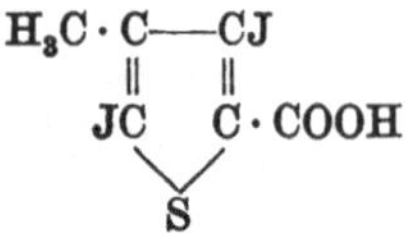	393,99
3012	241	Benzol-1,2,3,4-tetracarbonsäure (Mellophansäure)	$C_{10}H_6O_8$	$C_6H_2(COOH)_4$	254,15
3013	241	Chinophthalon	$C_{18}H_{11}O_2N$	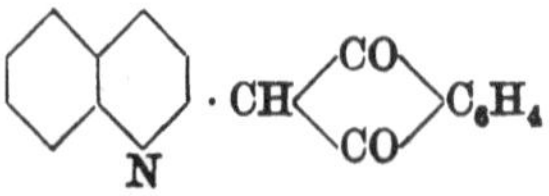	273,27
3014	241	4,4'-Diaminobenzophenon	$C_{13}H_{12}ON_2$	$CO(C_6H_4 \cdot NH_2)_2$	212,24
3015	241	Jervin	$C_{26}H_{37}O_3N + 2H_2O$		447,60
3016	241	4-Oxy-2-methylchinolin	$C_{10}H_9ON$	$C_9H_5N(CH_3) \cdot OH$	159,18
3017	241,5	4-Chlorbenzoesäure	$C_7H_5O_2Cl$	$Cl \cdot C_6H_4 \cdot COOH$	156,57
3018	242	O,O-Diacetyl-bis-[p-oxyphenyl]-isatin (Isacen)	$C_{24}H_{19}O_5N$	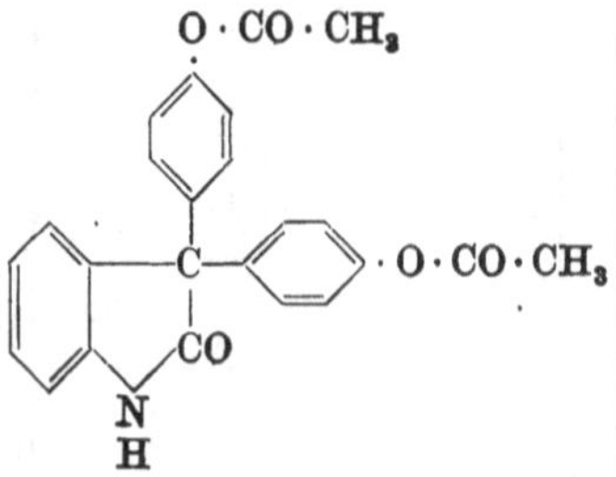	401,40

Aggregatzustand Farbe	Spez. Gewicht	Siedepunkt °C	Beilstein-Zitat	Physikalische Konstanten und Eigenschaften	Löslichkeit	Reaktionen
7	8	9	10	11	12	13
Säulen		>240	IV 528		8,78 W 20° 33,05 W 70° 0,004 95%ig. A 17° unl. in abs. A, Ae	mit Phenol und Hypochlorit → intensive Blaufärbung, gibt intensive Ninhydrinreaktion Phenylisocyanattaurin *Fp* 175°, Nadeln
perlmutterglänzende Tafeln			XI 212	eigentümlicher, bitterlich-adstringierender Geschmack		Dichlorid *Fp* 183°, Prismen Amid, Nadeln Anilid *Fp* 248—249°
Prismen (verd. A)			IX 997		ll. in W wl. in A, Ae ll. in Aceton	Tetramethylester *Fp* 133 bis 135°, Nadeln Calciumsalz — in der Hitze flockiger Nd., der sich beim Erkalten wieder löst Dianhydrid *Fp* 238°
gelbe Nadeln (A)		subl.	XXI 542		unl. in W swl. in A, Ae ll. in Chlf. l. in konz. HCl H_2SO_4 → rot	
Nadeln (verd. A)			XIV 88		unl. in k. W wl. in h. W ll. in A	durch sd. W Zers.
nadelförmige Prismen (A)					ll. in A, Chlf., Aceton swl. in Ae unl. in Bzl., PAe	+ konz. H_2SO_4 → gelb → grün → schmutziggrün + Bromwasser → gelber Nd.
Krist. (W)		>360 (Z.)	XXI 109		1 in k. W 10 in sd. W ll. in A swl. in Ae	+ $FeCl_3$ → rot
Tafeln und Prismen (A + Ae)	1,541$^{24°}$	subl.	IX 340		0,0077 W 25° ll. in A, Ae	
weißes, lockeres Plv.				geruchlos; geschmacklos	unl. in W, Alkalien, Säuren swl. in org. Lsgm.	+ Fe-H_2SO_4 — gelinde erwärmt → violettrot + 1 Tropfen HNO_3-H_2SO_4 auf 1 mg Subst. innerhalb 1 Min. → gelb → orange

Lfd. Nr.	*Fp*	Name	Summenformel	Strukturformel	Mol.-Gewicht
1	2	3	4	5	6
3019	242 bis 243	2,2′,3,3′,4,4′-Hexachlor-5,5′-mercuridithienyl	$C_8Cl_6S_2Hg$	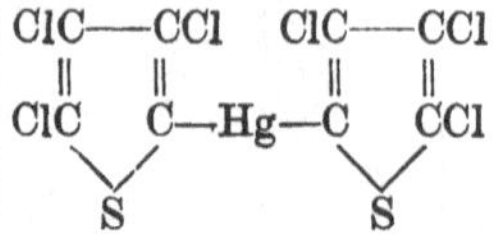	573,55
3020	242 bis 243	2,2′,3,3′,5,5′-Hexachlor-4,4′-mercuridithienyl	$C_8Cl_6S_2Hg$	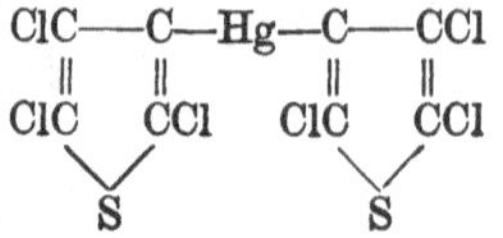	573,35
3021	242 bis 244	Parabansäure	$C_3H_2O_3N_2$	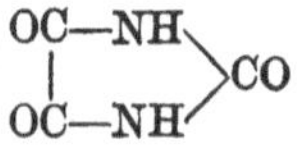	114,06
3022	243	Pyridintricarbon-säure-(2,4,5) (Berberonsäure)	$C_8H_5O_6N$	$C_5H_2N(COOH)_3$	211,13
3023	244	2,6-Dimethylanthracen	$C_{16}H_{14}$	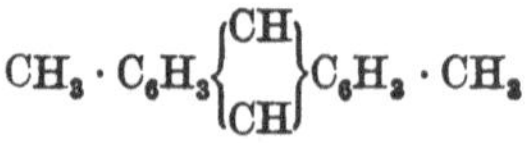	206,27
3024	244 (Z.)	3-Nitroalizarin	$C_{14}H_7O_6N$	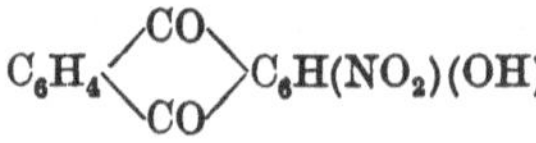	285,20
3025	244	2-Oxyisophthalsäure	$C_8H_6O_5$	$HO \cdot C_6H_3(COOH)_2$	182,13
3026	244	Urazol	$C_2H_3O_2N_3$	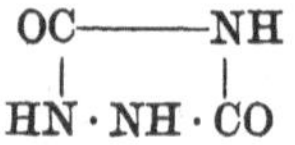	101,07
3027	245	1-Aminoanthrachinon	$C_{14}H_9O_2N$	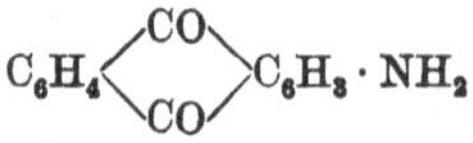	223,22
3028	245	Anthracencarbonsäure-(1)	$C_{15}H_{10}O_2$	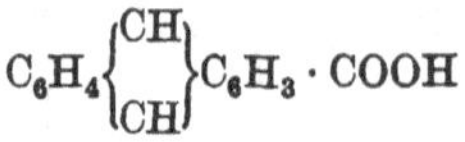	222,23
3029	245	o,o′-Azobenzoesäure	$C_{14}H_{10}O_4N_2$	$HOOC \cdot C_6H_4N : NC_6H_4 \cdot COOH$	270,23
3030	245	Barbitursäure	$C_4H_4O_3N_2$	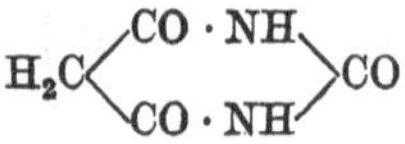	128,09
3031	245	2,2′-Dijod-5,5′-mercuri-dithienyl	$C_8H_4J_2S_2Hg$	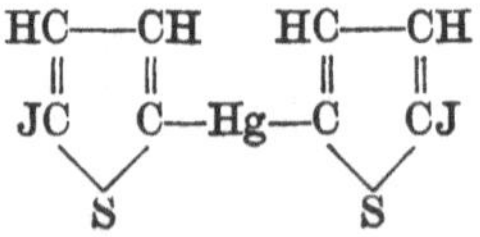	418,07
3032	245 (Z.)	2,4,6,2′,4′,6′-Hexanitro-diphenylamin	$C_{12}H_5O_{12}N_7$	$(O_2N)_3C_6H_2 \cdot NH \cdot C_6H_2(NO_2)_3$	439,22

Aggregatzustand Farbe	Spez. Gewicht	Seidepunkt °C	Beilstein-Zitat	Physikalische Konstanten und Eigenschaften	Löslichkeit	Reaktionen
7	8	9	10	11	12	13
						stark violette Lumineszenz
						schwach violette Lumineszenz
Nadeln (W)			XXIV 449		4,7 W 8° ll. in h. A 0,7 sd. Ae	
Prismen $+ 2H_2O$ (verd. HCl)		Z.	XXII 185		wl. in k. W swl. in sd. A unl. in Ae	erhitzen → Pyridincarbonsäure-(3) und -(4)
Blättchen (A)			V 678		unl. in W wl. in A l. in Bzl.	
orangegelbe Blätter (Bzl.)		subl. (Z.)	VIII 447		wl. in W l. in A l. in verd. Alkali (rot)	Diacetat *Fp* 218°
Nadeln $+ 1H_2O$ (W)		Z.	X 501		0,14 W 24° 2,5 W 100° ll. in A, Ae	erhitzen → Salicylsäure $+ CO_2$
Blättchen (W)			XXVI 192	reagiert sauer	ll. in W wl. in A swl. in Ae	
rote Nadeln (A)		subl.	XIV 177		unl. in W l. in A, Ae, Bzl.	Acetylderivat *Fp* 215°
gelbe Nadeln		subl.	IX 704		unl. in W l. in A, Ae wl. in Bzl.	
gelbe Nadeln (A)			XVI 228		swl. in h. W l. in k. A sll. in h. A	Dimethylester *Fp* 101°
Prismen $+ 2H_2O$ (W)			XXIV 467		wl. in k. W l. in HCl, HNO_3	+ sd. KOH → Malonsäure
gelbe Krist.			XII 766	verursacht Hautentzündung; greift Schleimhäute an	unl. in W, A, Ae	

Lfd. Nr.	*Fp*	Name	Summenformel	Strukturformel	Mol.-Gewicht
1	2	3	4	5	6
3033	**245**	6-Oxynaphthoesäure-(2)	$C_{11}H_8O_3$	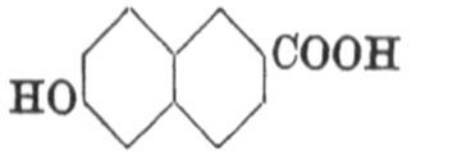	188,17
3034	**245** bis **247**	3-Jod-2,5-dichlormercuri-thiophen	$C_4HCl_2JSHg_2$	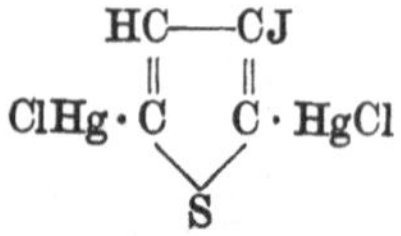	680,16
3035	**246**	Azophenin	$C_{30}H_{24}N_4$	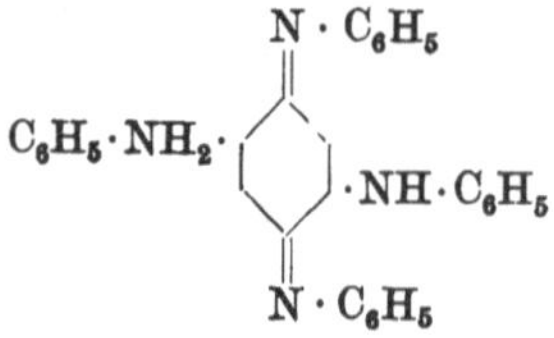	440,52
3036	**246**	Dihydrocodeinchlorhydrat (Paracodinchlorhydrat)	$C_{18}H_{24}O_3NCl$	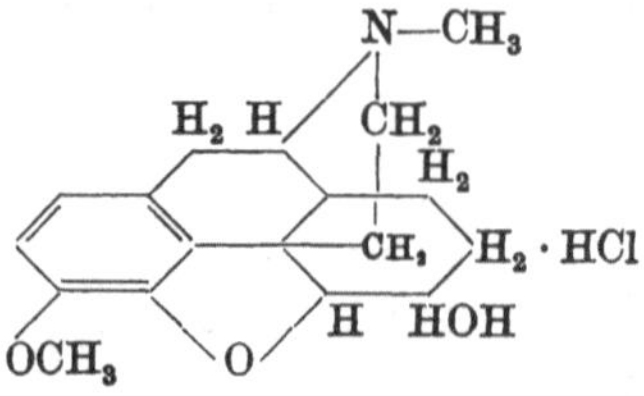	337,84
3037	**246** (Z.)	dl-Serin	$C_3H_7O_3N$	$HO \cdot CH_2 \cdot CH(NH_2) \cdot COOH$	105,09
3038	**246**	1,4,5,8-Tetraoxyanthra-chinon	$C_{14}H_8O_6$	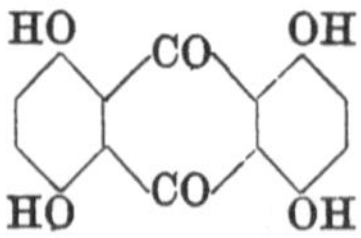	272,20
3039	**246** (Z.)	Diglycylglycin	$C_6H_{11}O_4N_3$	$CH_2 \cdot NH \cdot CO \cdot CH_2 \cdot NH_2$ | $CO \cdot NH \cdot CH_2 \cdot COOH$	189,16

Aggregatzustand Farbe	Spez. Gewicht	Siedepunkt °C	Beilstein-Zitat	Physikalische Konstanten und Eigenschaften	Löslichkeit	Reaktionen
7	8	9	10	11	12	13
Nadeln (W)			X 328	alkalisch-wss. Lsg. fluoresziert purpurn bis blau	l. in W, A, Eg.	+ $FeCl_3$ → orangebraun bis braun Acetylderivat *Fp* 221 bis 223°, Nadelbüschel Äthylester *Fp* 111—112°, Nadeln Anilid *Fp* 197—198°, Nadelbüschel
rote Blättchen od. Nadeln (Bzl.)		360 (Z.)	XIV 140		unl. in W, A, Ae l. in Chlf.	1. Lsg. in 1 ml konz. H_2SO_4 + Fe-H_2PO_4 → gelb + Paraform → rötlich gelb → blau + HNO_3-H_2SO_4 → intensiv grün → braunrot 2. 10—20 mg Paraform + 1 ml H_2SO_4 → orange → intensiv lila + Fe-H_3PO_4 → intensiv blauviolett → intensiv blau + HNO_3-H_2SO_4 → grünblau → hellgrün → hellbraun
weiße Krist.				bitterer Geschmack	sll. in W	
Blättchen (W)			IV 511	schmeckt stark süß	4,32 W 20° 17,1 W 70° unl. in A, Ae	β-Naphthylsulfoserin *Fp* 214, Nadeln Pikrolonat *Fp* 265° (Z.) Chloracetylserin *Fp* 122 bis 123°
bronzefarbige Nadeln (Bzl.)			VIII 548	Lsgg. in Xylol zeigen verdünnt feurigrote Fluoreszenz	l. in A, Bzl., Xylol, Toluol, H_2SO_4, Alkalien	+ H_2SO_4 → blau mit roter Fluoreszenz + Alkalien → kornblumenblau Tetramethyläther *Fp* 317°, orange Blättchen Tetraacetat *Fp* 250°, hellgelbe Nadeln
Nadeln (A + W)			IV 374		ll. in h. W unl. in A, Ae	Äthylesterchlorhydrat *Fp* 214—219°, seideglänzende Nadeln

Lfd. Nr.	*Fp*	Name	Summenformel	Strukturformel	Mol.-Gewicht
1	2	3	4	5	6
3040	246 bis 247	Thymolphthalein	$C_{28}H_{30}O_4$	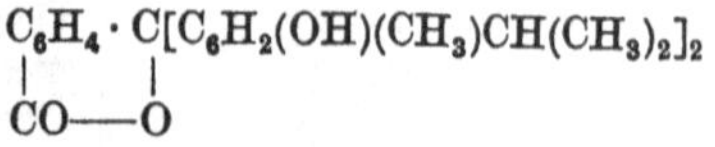	430,51
3041	247	Amaron	$C_{28}H_{20}N_2$	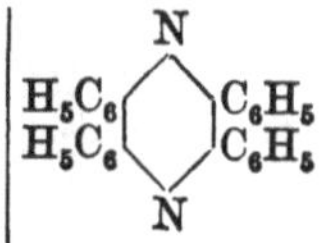	384,15
3042	247	5,5′-Diphenyl-2,2′-dithienyl	$C_{20}H_{14}S_2$	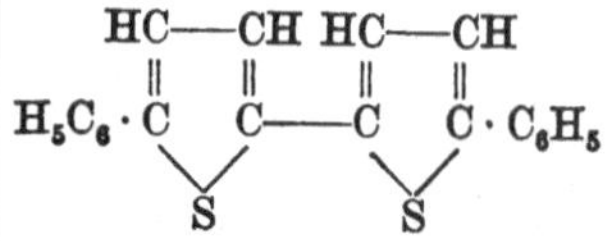	318,43
3043	247	Oxanilid	$C_{14}H_{12}O_2N_2$	$C_6H_5 \cdot NH \cdot CO \cdot CO \cdot NH \cdot C_6H_5$	240,25
3044	247 bis 248	Tetrophan	$C_{18}H_{13}O_2N$	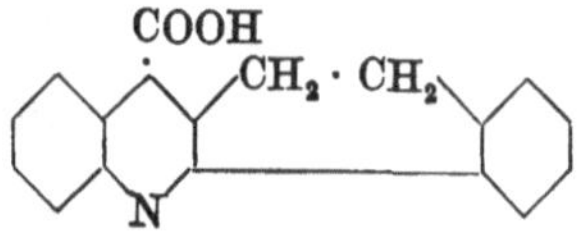	275,29
3045	248	3-Acetaminobenzoesäure	$C_9H_9O_3N$	$CH_3 \cdot CO \cdot NH \cdot C_6H_4 \cdot COOH$	179,17
3046	248	dl-Isoserin	$C_3H_7O_3N$	$H_2N \cdot CH_2 \cdot CH(OH) \cdot COOH$	105,09
3047	248 bis 249	Aposafranon	$C_{18}H_{12}ON_2$	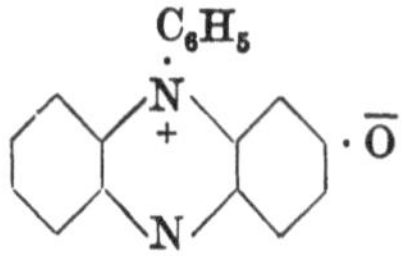	272,29
3048	248 bis 249	3-Oxynaphthoesäure-(1)	$C_{11}H_8O_3$	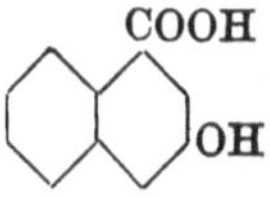	188,17
3049	248 bis 250	4-Methyl-5-äthyl-2,3-diacetoxymercuri-thiophen	$C_{11}H_{14}O_4SHg_2$	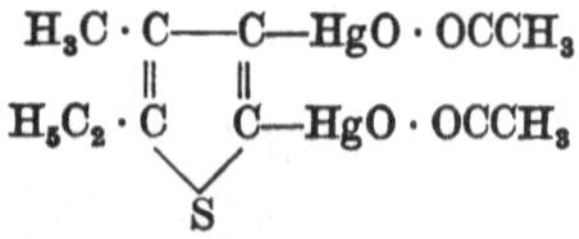	643,50
3050	248 bis 250	Pyridindicarbonsäure-(2,4) (Lutidinsäure)	$C_7H_5O_4N$	$C_5H_3N(COOH)_2$	167,12

Aggregat-zustand Farbe	Spez. Gewicht	Siede-punkt °C	Beilstein-Zitat	Physikalische Konstanten und Eigenschaften	Löslichkeit	Reaktionen
7	8	9	10	11	12	13
Prismen (A)			E_1 XVIII 381		l. in A, Ae, Alkali	
Nadeln (A)			XXIII 343		unl. in W wl. in A, Ae ll. in Bzl., Chlf.	+ H_2SO_4 → rot
zitronen-gelbe Krist.						
Schuppen (Bzl.)		>360	XII 284		unl. in W, Ae wl. in sd. A l. in Bzl.	
gelbliche Krist.					swl. in W l. in Alkalien	+ HNO_3 → blaß gelb + wenig Jod-Lsg. → blau + mehr Jod-Lsg. → rot-braunes Perjodid Lsg. in Paraform-H_2SO_4 erwärmen → braun
Nadeln (A)		subl.	XIV 396		swl. in W l. in sd. A swl. in Ae	
Krist.			IV 503		1,53 W 20° ll. in h. W	
braune, grün-glänzende Krist. (A)			XXIII 413	Lösungen sind fuchsinrot	wl. in h. W ll. in A	
Nadeln (verd. A)			X 328	verd. wss. Lsg. des Na-Salzes fluoresziert purpurrot; wss. Lsg. der Subst. fluo-resziert blau		Acetylderivat *Fp* 169 bis 170°, Nadeln Benzoylderivat *Fp* 222 bis 223° Amid *Fp* 209–211°, Prismen Anilid *Fp* 112–113°, Nadeln Methylester *Fp* 91—92°, Nadelbüschel
Blättchen + H_2O (W)			XXII 153	schmeckt stark bitter und widerlich	0,45 W 25° ll. in h. W l. in A swl. in Ae	erhitzen → Pyridincarbon-säure-(4) + Ferrosulfat in wss. Lsg. gelbrot, in alkohol. Lsg. violettrot Dimethylester *Fp* 58°, Nadeln Diphenylester *Fp* 136°, Nadeln Diamid *Fp* 254—255°, Nadeln

Lfd. Nr.	*Fp*	Name	Summenformel	Strukturformel	Mol.-Gewicht
1	2	3	4	5	6
3051	248 bis 250	Solanin t	$C_{45}H_{73}O_{15}N$		868,03
3052	249 (Z.)	Pyridintricarbon-säure-(2,3,4) (α-Carbocinchomeron-säure)	$C_8H_5O_6N$	$C_5H_2N(COOH)_3$	211,13
3053	249 bis 250	1,4-Dioxyanthrachinon-carbonsäure-(2)	$C_{15}H_8O_6$	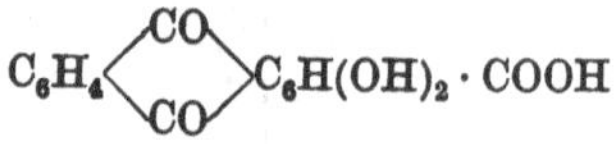	284,21
3054	250 (Z.)	Aneurinchlorhydrat (Vitamin B_1, Thiamin, Torulin, Oryzanin)	$C_{12}H_{18}ON_4Cl_2S$	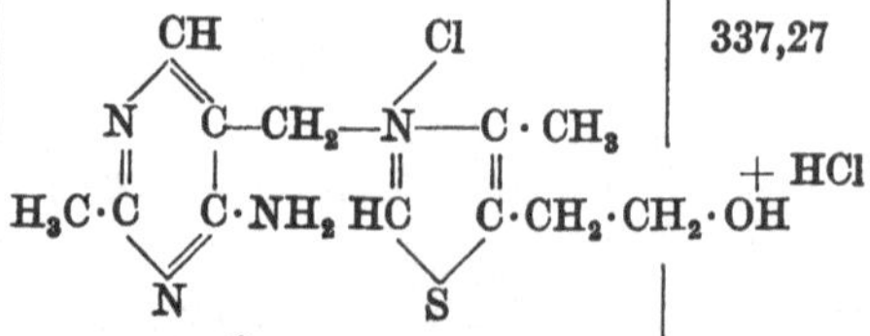	337,27
3055	250	Isovanillinsäure	$C_8H_8O_4$	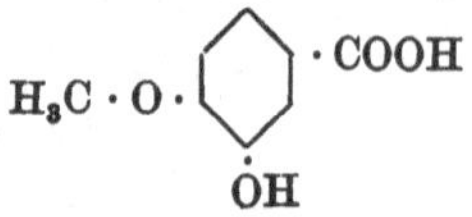	168,14
3056	250 (Z.)	Mesobenzdianthron (Helianthron)	$C_{28}H_{16}O_2$	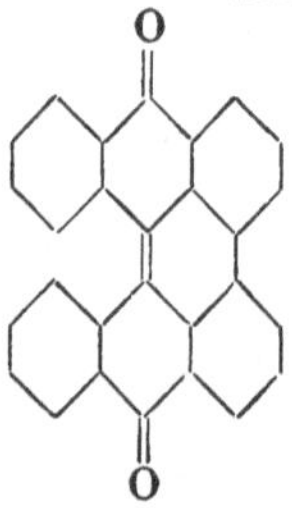	382,41
3057	>250	Naphthol-(1)-sulfon-säure-(2)	$C_{10}H_8O_4S$	$HO \cdot C_{10}H_6 \cdot SO_3H$	224,22
3058	250 (Z.)	Pyron-(4)-carbonsäure-(2)	$C_6H_4O_4$	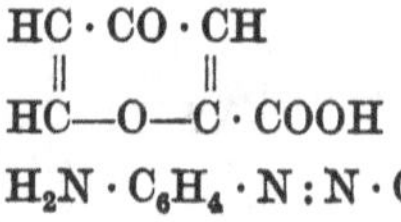	140,09
3059	250 bis 251	4,4'-Diaminoazobenzol	$C_{12}H_{12}N_4$	$H_2N \cdot C_6H_4 \cdot N : N \cdot C_6H_4 \cdot NH_2$	212,25
3060	250 bis 251	Thionaphthen-2,3-di-carbonsäure	$C_{10}H_6O_4S$	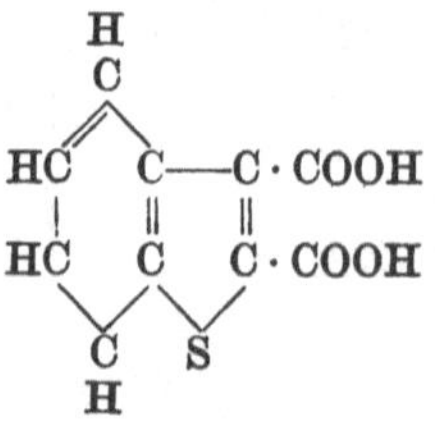	222,21

Aggregatzustand Farbe	Spez. Gewicht	Siedepunkt °C	Beilstein-Zitat	Physikalische Konstanten und Eigenschaften	Löslichkeit	Reaktionen
7	8	9	10	11	12	13
Krist.				bitterer, brennender Geschmack	ll. in 85%igem h. A l. in abs. A, Ae unl. in Bzl., Chlf., PAe, Essigester l. in 2n-Säure unl. in W und Alkalien	+ H_2SO_4 → braun → am Rand rotviolett + alkohol KOH → gelb → blau → rotviolett + H_2SO_4 + A → hellgrüne Subst. in rosa Lsg. + H_2SO_4 + Furfuro → ockergelb 0,5 mg Subst. + 5 mg α-Naphthol + 1 ml konz. H_2SO_4 → erwärmen intensiv violettrot
Blättchen + 1½H_2O (verd. H_2SO_4)			XXII 182		1,2 W 15° ll. in h. W wl. in A swl. in Ae, Bzl.	
rote Nadeln			E_1 X 509		wl. in A, Ae l. in h. Eg., Azeton	Lsgg. orangerot + H_2SO_4 → blaurot
Krist.-Nadeln				Absorptionsmaximum 240 bis 260 mμ (wss. Lsg.)	l. in W, verd. A unl. in Ae l. in Eg.	Chloroaurat *Fp* 198° (Z.)
Prismen (W)		subl.	X 393		0,06 W 14° 0,6 W 100° ll. in A, Ae	
blaue Nadeln (Xylol)			E_1 VII 460	Lsgg. in A, Ae → gelb, mit grüner Fluoreszenz	unl. in W swl. in A, Ae	
Tafeln (W)			XI 269		wl. in k. W l. in A unl. in Ae	
Prismen			XVIII 405		wl. in k. W	erhitzen → CO_2-Abspaltung Methylester *Fp* 103°
gelbe Nadeln (verd. A)			XVI 334		wl. in W, Bzl. l. in A	

Lfd. Nr.	*Fp*	Name	Summenformel	Strukturformel	Mol.-Gewicht
1	2	3	4	5	6
3061	**250 bis 252**	5,5'-Dibenzoyl-2,2'-dithienyl	$C_{22}H_{14}O_2S_2$	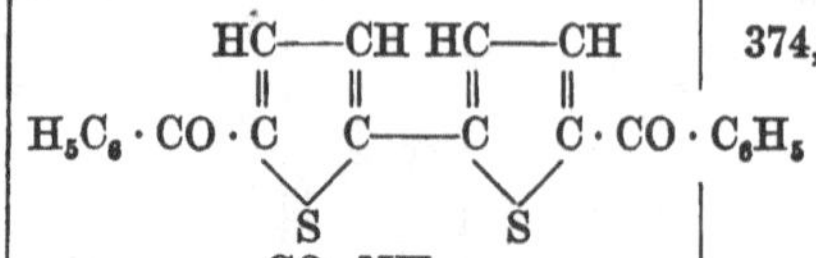	374,45
3062	**250 bis 252**	Violursäure	$C_4H_3O_4N_3$	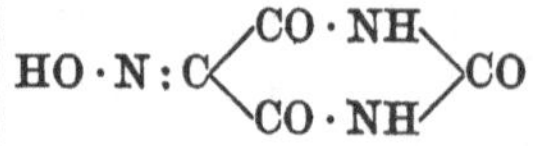	157,09
3063	**250 bis 255**	2-Methylthiophen-3,4-disulfonsäureamid	$C_5H_8O_4N_2S_3$	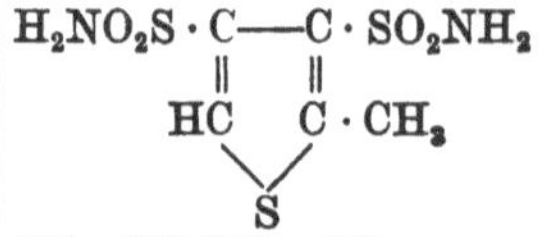	256,31
3064	**250 bis 260** (Z.)	Lactylmilchsäure	$C_6H_{10}O_5$	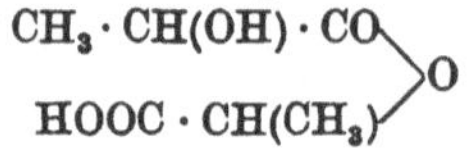	162,14
3065	**250 bis 260** (Z.)	4-Methylaminophenolsulfat	$C_{14}H_{20}O_6N_2S$	$2C_7H_9ON + H_2SO_4$	344,37
3066	**251**	2-Brom-5-chlormercuri-3-thiotolen	$C_5H_4ClBrSHg$	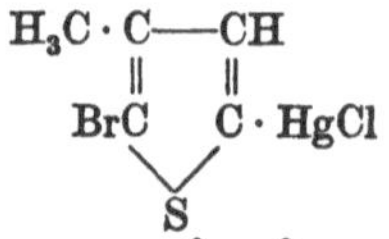	412,13
3067	**251**	Chrysen	$C_{18}H_{12}$	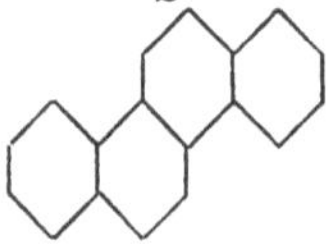	228,27
3068	**251**	1,10-Dibrom-α,α,α-quaterthienyl	$C_{16}H_8Br_2S_4$	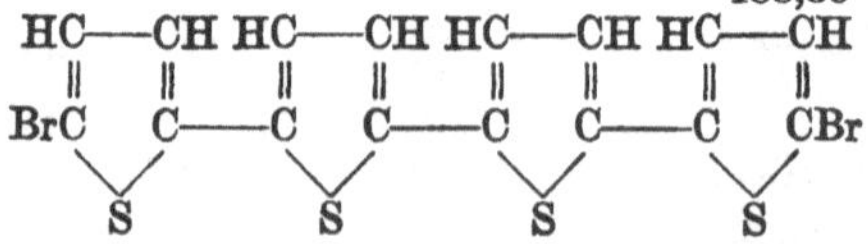	488,30
3069	**251**	Guajakolbenzein	$C_{26}H_{22}O_4$		398,44
3070	**251**	Phenylquecksilberchlorid	C_6H_5ClHg	$C_6H_5 \cdot HgCl$	313,17
3071	**252**	Benzoltetracarbonsäure-(1,2,3,5) (Prehnitsäure)	$C_{10}H_6O_8$	$C_6H_2(COOH)_4$	254,15

Aggregatzustand Farbe	Spez. Gewicht	Siedepunkt °C	Beilstein-Zitat	Physikalische Konstanten und Eigenschaften	Löslichkeit	Reaktionen
7	8	9	10	11	12	13
Krist. + 1 H_2O (W)			XXIV 506		l. in W (violett) l. in A (farblos)	Lsg. + $FeSO_4$ → blau Salze rotviolett
gelbes Plv.			III 282		swl. in W l. in A, Ae	+ sd. W → Milchsäure
Nadeln (W)			XIII 442		4 W 25° 16,7 sd. W	
Tafeln (Bzl.)		448	V 718	fluoresziert rotviolett; CS_2 zur Trennung von Pyren; sublimierbar	unl. in W 0,097 A 16° 0,17 sd. A wl. in k. Ae unl. in CS_2	mit Mellitsäureanhydrid bordeauxrote Schmelze Pikrat orangegelbe bis rote Nadeln mit 2,7-Dinitroanthrachinon *Fp* 294°, rote Nadeln mit 1,3,5-Trinitrobenzol *Fp* 186°, gelbe Nadeln Dibromchrysen *Fp* 275°, Nadeln Nitrochrysen *Fp* 209°, chromrote dicke Krist.
violettbraunes Plv.				schwach riechend	swl. in W l. in Alkalien	Lsgg. in Alkalien tiefviolett + Säuren → violettrot
Tafeln (Bzl.)		subl.	XVI 953		unl. in W swl. in k. A l. in Ae	
Prismen + H_2O (W)			IX 997		l. in W, Ae	Tetramethylester *Fp* 108 bis 109°, Nadeln Ba-Salz, Nadeln oder Prismen (schwer löslich) Dimethylester *Fp* 176—177° Triäthylester *Fp* 108 bis 110°, Nadelbüschel

Lfd. Nr.	Fp	Name	Summenformel	Strukturformel	Mol.-Gewicht
1	2	3	4	5	6
3072	252	Ergotaminin	$C_{33}H_{35}O_5N_5$		581,65
3073	252	Tricarballylsäuretrianilid	$C_{24}H_{23}O_3N_3$	$CH_2 \cdot CO \cdot NH \cdot C_6H_5$ $CH \cdot CO \cdot NH \cdot C_6H_5$ $CH_2 \cdot CO \cdot NH \cdot C_6H_5$	401,42
3074	252 bis 253	Thionaphthindol	$C_{14}H_9NS$	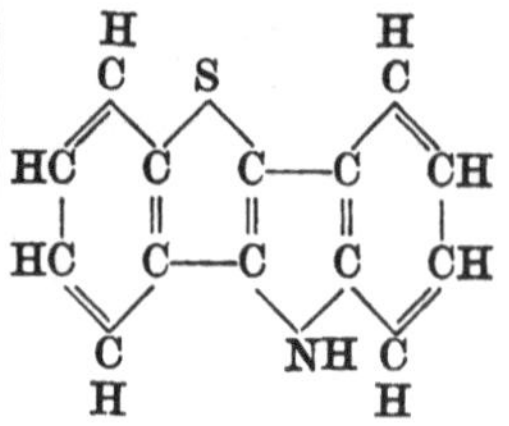	223,27
3075	253	Dibenzothiophen-3-carbonsäure	$C_{13}H_8O_2S$	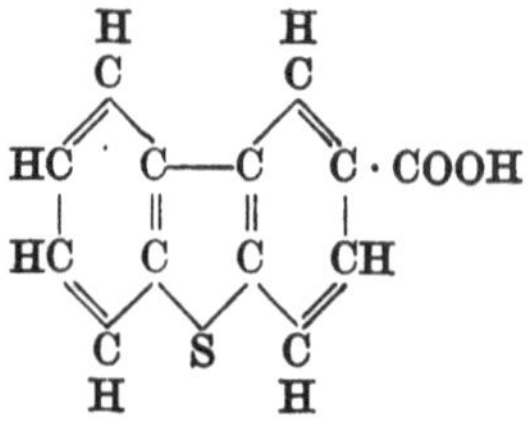	228,25
3076	253	Pentaerythrit	$C_5H_{12}O_4$	$C(CH_2 \cdot OH)_4$	136,14
3077	253	α-Quinquithienyl	$C_{20}H_{12}S_5$	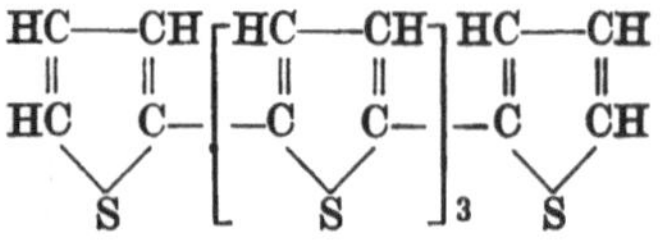	412,60
3078	253 bis 254	Chinolincarbonsäure-(4) (Cinchoninsäure)	$C_{10}H_7O_2N$	$C_9H_6N \cdot COOH$	173,16
3079	252 bis 254	1,4-Dioxybenzothiophanthren-5,11-chinon	$C_{16}H_8O_4S$	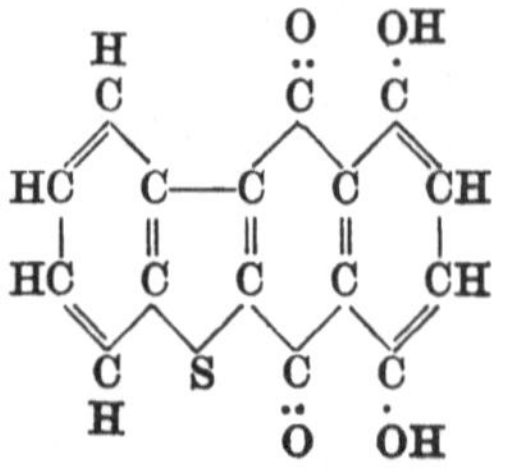	296,29

Aggregat-zustand Farbe	Spez. Gewicht	Siede-punkt °C	Beilstein-Zitat	Physikalische Konstanten und Eigenschaften	Löslichkeit	Reaktionen
7	8	9	10	11	12	13
				$[\alpha]_D^{20}$ +385° (Chlf.)	unl. in W, PAe l. in A, Ae	
Nadeln (Nitrobenzol)			XII 317		unl. in den gewöhnl. Lösungsmm.	
tetragonale Krist. (W)			I 528		5,56 W 18°	Tetranitrat *Fp* 138—140° reduziert nicht Fehlingsche Lsg. (Unterschied von Erythrit) Dibenzalpentaerythrit *Fp* 160°
orange Krist.						
Krist. (W)			XXII 74		swl. in W, A unl. in Ae	Amid *Fp* 181°, feine Nadeln Golddoppelsalz *Fp* 242°, matte, goldgelbe Drusen Phenylester *Fp* 112°, glänzende Blättchen

Lfd. Nr.	*Fp*	Name	Summenformel	Strukturformel	Mol.-Gewicht
1	2	3	4	5	6
3080	253 bis 254	7-Oxynaphthoesäure-(1)	$C_{11}H_8O_3$	$HO \cdot C_{10}H_6 \cdot COOH$	188,17
3081	253 bis 254	Triäthylaminchlorhydrat	$C_6H_{16}NCl$	$(C_2H_5)_3N + HCl$	137,65
3082	254 (Z.)	o,o′-Azoxybenzoesäure	$C_{14}H_{10}O_5N_2$	$ON_2(C_6H_4 \cdot COOH)_2$	286,23
3083	254	4-Brombenzoesäure	$C_7H_5O_2Br$	$Br \cdot C_6H_4 \cdot COOH$	201,03
3084	254	Morphin	$C_{17}H_{19}O_3N$	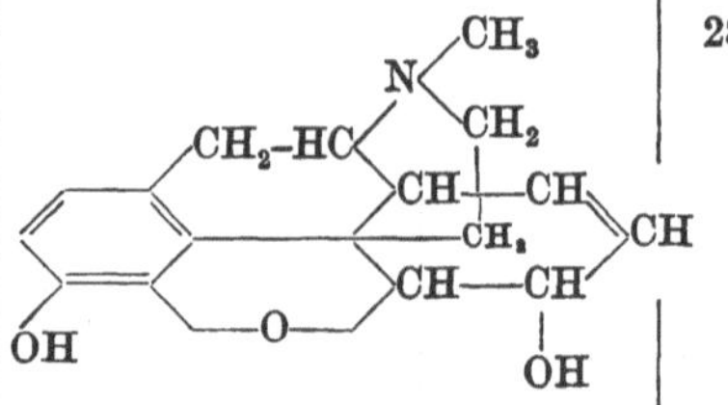	285,33
3085	254	Phenolphthalein	$C_{20}H_{14}O_4$	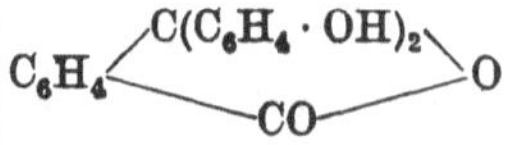	318,31
3086	254 (Z.)	Pyridindicarbonsäure-(2,5) (Isocinchomeronsäure)	$C_7H_5O_4N$	$C_5H_3N(COOH)_2$	167,12
3087	254 bis 258	2-Oxyanthracen	$C_{14}H_{10}O$	$C_6H_4\left\{\begin{matrix}CH\\CH\end{matrix}\right\}C_6H_3 \cdot OH$	194,22
3088	255 (Z.)	Mesodibrombernsteinsäure	$C_4H_4O_4Br_2$	$HOOC \cdot [CHBr]_2 \cdot COOH$	275,90
3089	255	3,3′,4,4′,5,5′-Hexabrom-2,2′-dithienyl	$C_8Br_6S_2$	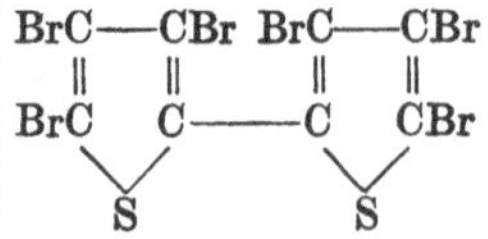	639,70
3090	255	Natriumformiat	CHO_2Na	$H \cdot CO \cdot ONa$	68,02
3091	255	5-Nitroisophthalsäure	$C_8H_5O_6N$	$O_2N \cdot C_6H_3(COOH)_2$	211,13

Aggregat-zustand Farbe	Spez. Gewicht	Siede-punkt °C	Beilstein-Zitat	Physikalische Konstanten und Eigenschaften	Löslichkeit	Reaktionen
7	8	9	10	11	12	13
Nadeln (W)			X 330		swl. in k. W l. in A, Ae	+ $FeCl_3$ → braun Acetylderivat *Fp* 221 bis 222°, Nadeln Anilid *Fp* 209—210°, kleine Nadeln
Krist. (A)	1,0689$^{21°}$	subl.	IV 101		137 W 25° l. in A unl. in Ae 17,37 Chlf. 25°	
Krist. (A)			XVI 644		wl. in sd. W; Ae l. in h. A ll. in Pyridin	Dimethylester *Fp* 116 bis 117°
Blättchen (W)	1,894$^{20°}$		IX 351		swl. in k. W l. in A, Ae	
weiße Krist. + H_2O (A)	1,317	192 (Vak.)	XXVII 131	$[\alpha]_D$ —130,9° (Methylalkohol); bitterer Geschmack	0,025 W 20° 0,25 h. W 0,60 A 25° 0,01 Ae 20° l. in Alkalien, Säuren	wss. Lsg. + $Fe(NO_3)_3$-Lsg. → grünstichig blau 1. + H_2SO_4 + Fe-H_3PO_4 → (warm) blau +Paraform → blaugrün, grün + HNO_3-H_2SO_4 → violettrot und braun 2. 5—10 mg Subst. + 2 bis 10 mg Hydrazin + H_2SO_4 → violett 3. Subst. + je 1 Tropfen $SnCl_2$-Lsg. und H_2SO_4 → violett bis purpurrot
weißes Krist.-Plv.		subl.	XVIII 143	geruchlos, geschmacklos	0,0175 W 20° 20,9 A 20° 5,29 Ae 20°	+ Alkali → intensiv rot
Blättchen oder Prismen (W)			XXII 153		unl. in k. W, k. A, Ae wl. in sd. W	erhitzen → Pyridincarbonsäure-(3) + Ferrosalz → rötlichgelb Dimethylester *Fp* 164°, farnkrautähnliche Krist.
braune Nadeln oder Blättchen (verd. A)			VI 702		unl. in W, NH_3 ll. in A, Ae l. in KOH	
Krist.			II 623	*Fp* im geschlossenen Rohr	2,04 W 17° ll. in h. W; A, Ae	bei Zers. HBr-Abspaltung
Krist.	1,919		II 14		70,6 W 15° 160 W 100° wl. in A unl. in Ae	
Blättchen + 1 H_2O (W)			IX 840		0,16 W 25° ll. in h. W; A, Ae	

Lfd. Nr.	*Fp*	Name	Summenformel	Strukturformel	Mol.-Gewicht
1	2	3	4	5	6
3092	**255**	Oestron (Follikelhormon)	$C_{18}H_{22}O_2$	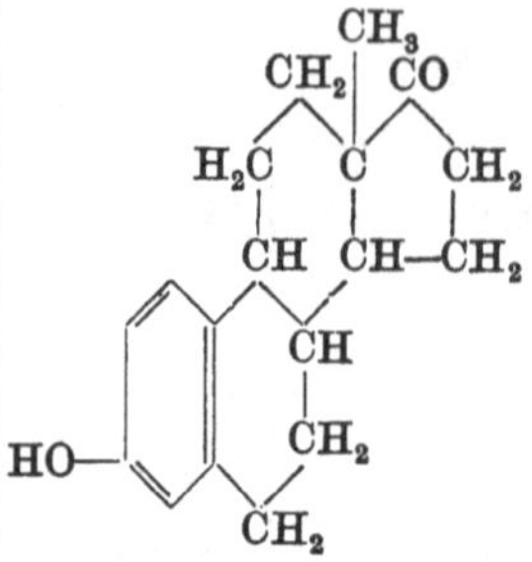	270,35
3093	**255**	3,3',4,4'-Tetrabrom-5,5'-dimethyl-2,2'-dithienyl	$C_{10}H_6Br_4S_2$	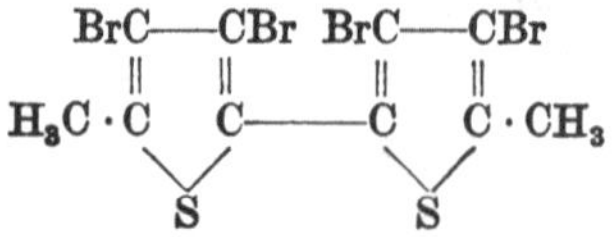	509,93
3094	**255 bis 256**	7,8-Dioxycumarin (Daphnetin)	$C_9H_6O_4$	$(HO)_2C_6H_2\langle$ CH : CH / O · CO	178,14
3095	**256** (Z.)	Alloxan	$C_4H_2O_4N_2$	OC$\langle$ CO · NH / CO · NH $\rangle$CO	142,07
3096	**256**	Terephthalaldehydsäure	$C_8H_6O_3$	OHC · C_6H_4 · COOH	150,13
3097	**256**	Tetrachlorphthalsäure-anhydrid	$C_8O_3Cl_4$	$Cl_4C_6\langle$ CO / CO $\rangle$O	285,91
3098	**256**	1,2,4-Trioxyanthrachinon (Purpurin)	$C_{14}H_8O_5$	$C_6H_4\langle$ CO / CO $\rangle C_6H(OH)_3$	256,20
3099	**256 bis 258**	1,3,4,7,8,10-Hexabrom-*α,α,α*-quaterthienyl	$C_{16}H_4Br_6S_4$	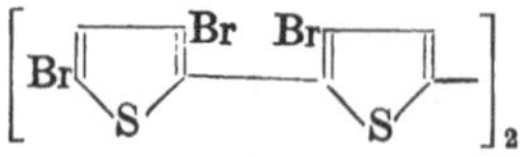	803,93
3100	**256,5**	4-Acetaminobenzoesäure	$C_9H_9O_3N$	CH_3 · CO · NH · C_6H_4 · COOH	179,17
3101	**258**	*l*-Cystin	$C_6H_{12}O_4N_2S$	HOOC · CH(NH_2) · CH_2 / HOOC · CH(NH_2) · CH_2 $\rangle$S	240,29
3102	**258**	1,5-Dioxynaphthalin	$C_{10}H_8O_2$	$C_{10}H_6(OH)_2$	160,16

Aggregatzustand Farbe	Spez. Gewicht	Siedepunkt °C	Beilstein-Zitat	Physikalische Konstanten und Eigenschaften	Löslichkeit	Reaktionen
7	8	9	10	11	12	13
Krist. (verd. A)		130-160 (0,02 mm)		$[\alpha]_D$ +156°; Absorptionsmaximum 280 mμ	l. in A, Ae, Bzl.	Oxim *Fp* 233° Acetat *Fp* 126°
gelbliche Nadeln (A)			XVIII 100		l. in sd. W ll. in h. verd. A swl. in Ae	
gelbe Krist. (Eg. oder Aceton)		subl.	XXIV 500	färbt die Haut rot; giftig; aus Harnsäure durch Oxydation	ll. in W l. in A unl. in Ae wl. in Chlf.	+ $Fe(NO_3)_3$ (in schwach alkalischer Lsg.) blau
Nadeln (W)		subl.	X 671	*Fp* im geschlossenem mit CO_2 gefülltem Rohr	wl. in h. W, h. A, Ae, Chlf.	
Nadeln		subl.	XVII 484		unl. in k. W wl. in Ae	
orangerote Nadeln (verd. A)		subl. (Z.)	VIII 509	subl. von 150° an	l. in W, Ae ll. in A l. in Alkali H_2SO_4	+ H_2SO_4 → rosarot + Alkalien → hochrot Triacetat *Fp* 198—200°, gelbe Stäbchen 2-Methyläther *Fp* 240°, orangerote Krist.
Nadeln			XIV 432		wl. in W l. in A	
Tafeln (verd. HCl)			IV 507		0,011 W 19° 0,045 W 70° unl. in A, Ae ll. in Alkali	erwärmen mit alkal. Bleilösung → schwarz Hydantoin *Fp* 117° (quantitativ) kolorometrisch mit β-Naphthochinon) Cu-Salz hellgraublaue Nadeln
Prismen (W)			VI 980		wl. in W l. in A ll. in Ae	Diacetat *Fp* 159—160°

Lfd. Nr.	*Fp*	Name	Summenformel	Strukturformel	Mol.-Gewicht
1	2	3	4	5	6
3103	**258 bis 259**	Pyridindicarbonsäure-(3,4) (Cinchomeronsäure)	$C_7H_5O_4N$	$C_5H_3N(COOH)_2$	167,12
3104	**259**	4,5,7-Trioxy-2-methyl-anthrachinon (Emodin, Frangulaemodin)	$C_{15}H_{10}O_5$	$(HO)_2C_6H_2\langle{}^{CO}_{CO}\rangle C_6H_2(CH_3)\cdot OH$	270,23
3105	**259 bis 260**	Dihydromorphinon (Dilaudid)	$C_{17}H_{19}O_3N$	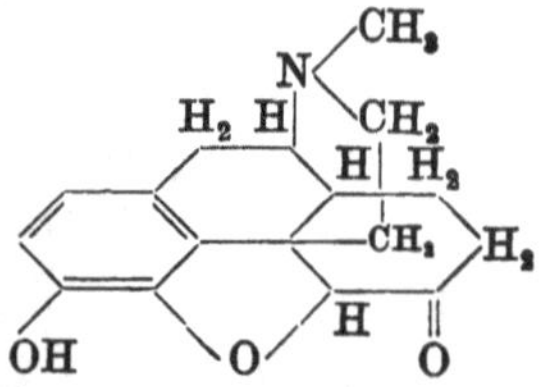	285,33
3106	**259 bis 260**	p-Sulfobenzoesäure	$C_7H_6O_5S$	$HO_3S\cdot C_6H_4\cdot COOH$	202,18
3107	**260**	Äthylaminoacetobrenz-catechinchlorhydrat (Homorenonchlor-hydrat)	$C_{10}H_{14}O_3NCl$	$(OH)_2\cdot C_6H_3\cdot CO\cdot CH_2\cdot NH(C_2H_5)$; HCl	232,69
3108	>**260**	2,3-Dioxyanthrachinon (Hystazarin)	$C_{14}H_8O_4$	$C_6H_4\langle{}^{CO}_{CO}\rangle C_6H_2(OH)_2$	240,20
3109	**260**	2,5-Diphenyl-3,4-phen-anthrenothiophen	$C_{28}H_{18}S$	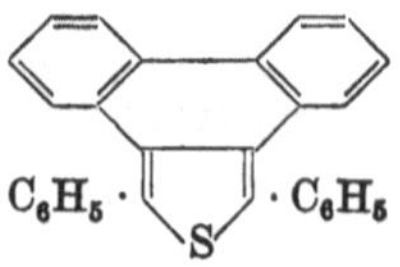	386,47
3110	**260**	Succinamid	$C_4H_8O_2N_2$	$H_2N\cdot CO\cdot CH_2\cdot CH_2\cdot CO\cdot NH_2$	116,12
3111	**260**	3,4,5-Tribrom-2-thiophen-säure	$C_5HO_2Br_3S$	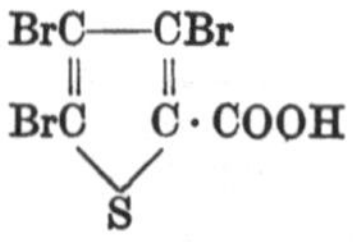	364,87

Aggregat-zustand Farbe	Spez. Gewicht	Siede-punkt °C	Beilstein-Zitat	Physikalische Konstanten und Eigenschaften	Löslichkeit	Reaktionen
7	8	9	10	11	12	13
Nadeln oder Blättchen (W)			XXII 155		swl. in sd. W wl. in A unl. in Ae	erhitzen → Pyridincarbon-säure-(3) und -(4) Anhydrid *Fp* 78°, Tafeln oder Prismen Diamid *Fp* 175—176°, würfelähnliche Krist. Imid *Fp* 229—230°, Nadeln Dianilid *Fp* 199—206°, Nädelchen
orangerote Nadeln (Eg.)		subl.	VIII 520	leicht sublimierbar im Vakuum	unl. in W l. in A, Ae l. in H_2SO_4, Alkalien rot	Lsg. in A orangerot + $Fe(NO_3)_3$-Lsg. → intensiv rot; Barytwasser → dunkelviolette Flocken und violette Färbung + H_2SO_4 → rot Trimethyläther *Fp* 226 bis 227°, hellgelbe Nadeln Triacetat *Fp* 197—198°, hellgelbe Nadeln
weiße Krist.				geruchlos; bitterer Geschmack	l. in W, A unl. in Ae l. in Alkalien, Säuren	wss. Lsg. + $Fe(NO_3)_3$ → blaugrün Fe-H_2SO_4 wird in der Wärme nicht blau (Unterschied von Morphin)
Nadeln (W)			XI 389		ll. in W, A	
farblose Krist.-Nadeln				geruchlos; bitterer Geschmack	ll. in W l. in A	0,05 g Subst. in 2 ml W + $FeCl_3$ → smaragdgrün + NH_4OH → karminrot
gelbbraune Nadeln (Eg.)			VIII 462		swl. in h. A, Ae unl. in Bzl.	+ H_2SO_4 → blutrot + Alkali → blau + NH_3 → violett Dimethyläther *Fp* 241 bis 242°, gelbliche Nadeln Diäthyläther *Fp* 160 bis 163°, hellgelbe Nadeln Diacetat *Fp* 213°, gelbe Nädelchen
gelbliche Krist.						
Nadeln (W)			II 614		3 W 15° 6,7 sd. W l. in A	

Lfd. Nr.	*Fp*	Name	Summenformel	Strukturformel	Mol.-Gewicht
1	2	3	4	5	6
3112	260 bis 261	2,2′,5,5′-Tetraphenyl-3,3′-mercuridithienyl	$C_{32}H_{22}S_2Hg$	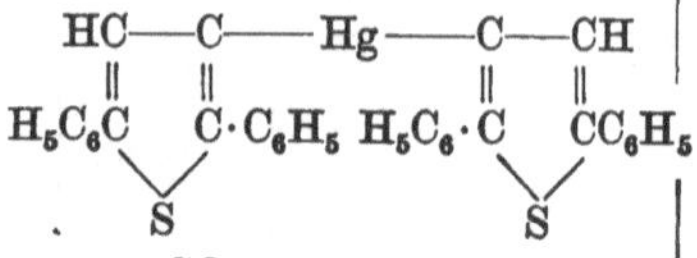	671,23
3113	261	Acenaphthenchinon	$C_{12}H_6O_2$	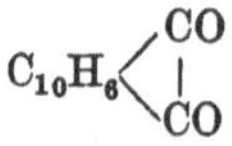	182,17
3114	261	Codeinbrommethylat (Eucodin)	$C_{19}H_{24}O_3NBr$	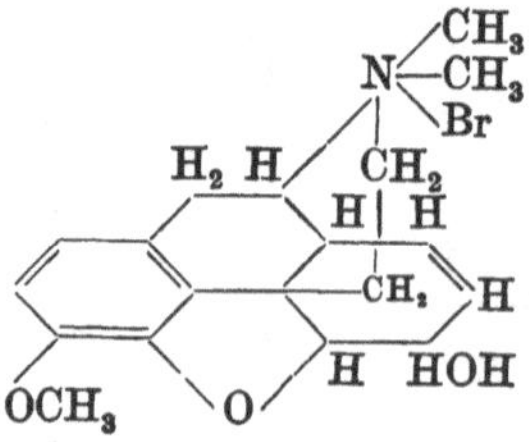	382,30
3115	261	Pyridintricarbonsäure-(3,4,5) (β-Carbocinchomeronsäure)	$C_8H_5O_6N$	$C_5H_2N(COOH)_3$	211,13
3116	261 bis 262	Rosindon	$C_{22}H_{14}ON_2$	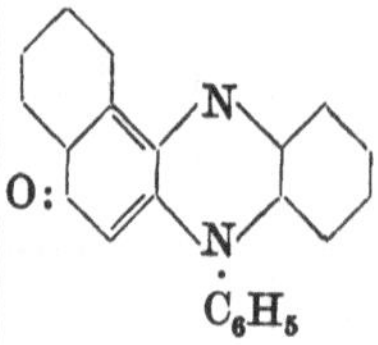	322,35
3117	262	Banisterin (Harmin)	$C_{13}H_{12}ON_2$	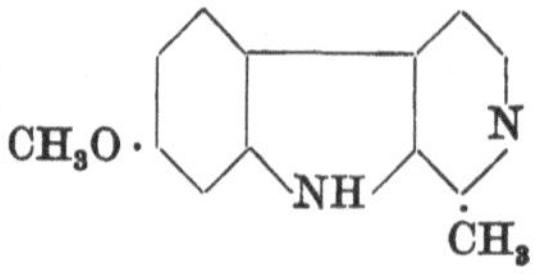	212,24
3118	262	Chelidonsäure	$C_7H_4O_6$	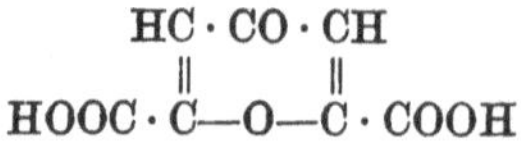	184,10
3119	262	1,8-Diaminoanthrachinon	$C_{14}H_{10}O_2N_2$	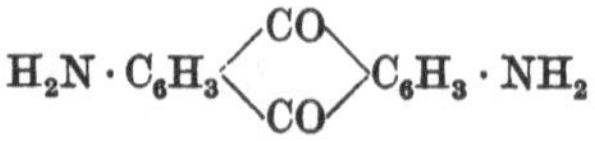	238,23
3120	264	1,3-Dioxyanthrachinon (Xanthopurpurin, Purpuroxanthin)	$C_{14}H_8O_4$	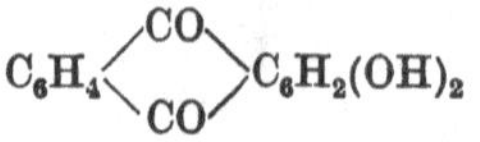	240,20

Aggregatzustand Farbe	Spez. Gewicht	Siedepunkt °C	Beilstein-Zitat	Physikalische Konstanten und Eigenschaften	Löslichkeit	Reaktionen
7	8	9	10	11	12	13
gelbe Nadeln (Eg.)		subl.	VII 744		swl. in A l. in h. Bzl. 0,15 Eg. 15°	Monoxim *Fp* 230°, Prismen Semicarbazon *Fp* 192 bis 193°, Prismen Monophenylhydrazon *Fp* 178°, orange Nädelchen
Krist.-Plv.					ll. in W wl. in A, Ae, Chlf.	
Blättchen $+3H_2O$			XXII 186		swl. in A l. in h. Bzl. 0,15 Eg. 15° wl. in k. W	
rote Tafeln (A)			XXIII 453		unl. in W wl. in h. A ll. in Eg. unl. in wss. Alkali	$+ H_2SO_4 \rightarrow$ schmutziggrün
weiße Krist.				bitterer Geschmack; wss. Lsg. blauviolett Fluoreszenz	l. in W	Subst. + 1 ml konz. H_2SO_4 $\rightarrow$ intensiv gelb intensiv grün fluoreszierend $\rightarrow$ farblos + Paraform $\rightarrow$ lila $\rightarrow$ orangerot $+ HNO_3$-H_2SO_4 $\rightarrow$ grün $\rightarrow$ oliv $\rightarrow$ braun
weiße Nadeln $+1H_2O$ (W)		(Z.)	XVIII 490	geruchlos; geschmacklos	0,98 W 13° 3,8 sd. W wl. in A	Dest. $\rightarrow$ Pyron-(4) wss. Lsg. + 1—2 Tropfen 0,06%ige H_2O_2-Lsg. $\rightarrow$ violettstichig rot $\rightarrow$ braun
rote Krist. (A)			XIV 212		ll. in A wl. in Ae ll. in Pyridin	
gelbe Blättchen (Bzl.)		subl.	VIII 448	subl. in gelben Nadeln	l. in A ll. in h. Eg l. in Alkali (rot)	Diacetat *Fp* 183—184°, hellgelbe Nadeln Dimethyläther *Fp* 187°, gelbe Nadeln Diäthyläther *Fp* 170°, gelbe Nadeln Subst. + konz. H_2SO_4 $\rightarrow$ gelb + Borsäure $\rightarrow$ gelb + Alkalien $\rightarrow$ rot

Lfd. Nr.	*Fp*	Name	Summenformel	Strukturformel	Mol.-Gewicht
1	2	3	4	5	6
3121	**264**	2′,3,3′,4,4′-Pentabrom-2-chlormethyl-5,5′-dithienyl	$C_9H_2ClBr_5S_2$	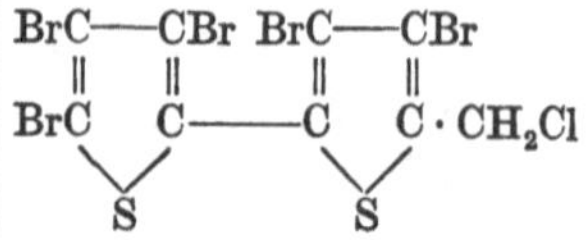	609,22
3122	**264 bis 265**	Perylen	$C_{20}H_{12}$	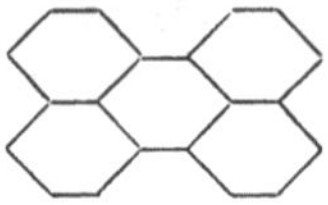	252,29
3123	**264 bis 271**	Phloretin	$C_{15}H_{14}O_5$	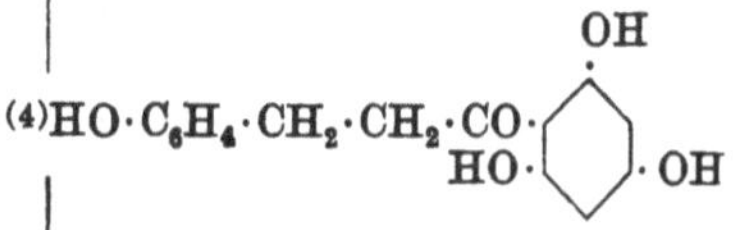	274,26
3124	**264,5**	4,5-Dijod-3-methyl-2-thiophensäure	$C_6H_4O_2J_2S$	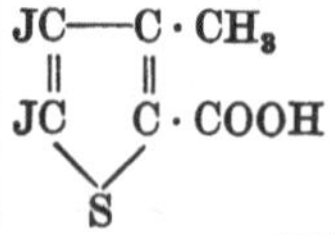	393,99
3125	**265** (Z.)	Morphinbrommethylat (Morphosan)	$C_{18}H_{22}O_3NBr$	$C_{17}H_{19}O_3N\langle^{CH_3}_{Br} + H_2O$	380,26
3126	~**265** (Z.)	1,5-Dioxyanthracen	$C_{14}H_{10}O_2$	$HO \cdot C_6H_3\langle^{CH}_{CH}\rangle C_6H_3 \cdot OH$	210,22
3127	**265**	Naphthalin-1,7-dicarbonsäure	$C_{12}H_8O_4$	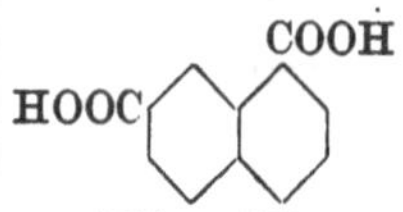	216,18
3128	**265**	5-Phenyl-2-jodmercurithiophen	$C_{10}H_7JSHg$	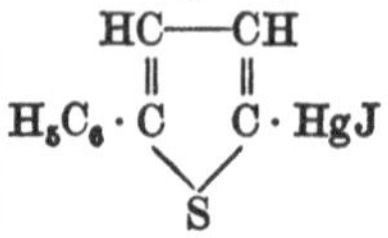	486,75
3129	**265**	Protoveratridin	$C_{31}H_{49}O_9N$		579,71
3130	**265**	Thionessalsulfon	$C_{28}H_{20}O_2S$	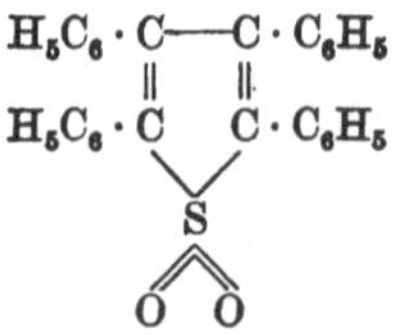	420,50
3131	**266**	Anthrachinon	$C_{14}H_8O_2$	$C_6H_4\langle^{CO}_{CO}\rangle C_6H_4$	208,20

Aggregat-zustand Farbe	Spez. Gewicht	Siede-punkt °C	Beilstein-Zitat	Physikalische Konstanten und Eigenschaften	Löslichkeit	Reaktionen
7	8	9	10	11	12	13
bronze-glänzende Blättchen (Bzl.)		subl. 350-400	E_1 V 363	kryoskop.Konst. 25,7; konz. Lsgg. sind rot-gelb; verd. Lsgg. fluo-reszieren stark blau	unl. in W swl. in A, Ae ll. in Chlf., CS_2	+ H_2SO_4 rotviolett, beim Verdünnen gelbe Flocken von Perylen Dibenzoylperylen *Fp* 280 bis 285°, gelbe Krist., Lsgg. fluoreszieren prachtvoll grün
Nadeln (verd. A)			VIII 498		wl. in h. W l. in A 0,81 Ae 21° sll. in Aceton	
Nadeln (W)						
gelbe Nadeln (verd. A)			VI 1032		unl. in W l. in A, Ae	+ NaOH → hellgrün Diacetat *Fp* 196—198°
Flocken (W)			IX 917		l. in W ll. in A, Ae, Eg.	
vierseitige kleine farblose Platten					swl. in org. Lsgg.	+ konz. H_2SO_4 → violett → kirschrot → blutrot → karminrot + konz. HCl — erwärmen → hellrot
gelbe Prismen						
Krist. (A + Bzl.)	1,419	377	VII 781	kryoskop.Konst. 14,8; subl. in gelben Nadeln; Lsgg. fluo-reszieren nicht	unl. in W 0,05 A 18° 0,44 A 25° 2,25 sd. A 0,10 Ae 25°	Spur. Subst. + 2 Tropfen Lauge + Zn-Plv. + etwas W beim Kochen → rot + Natriumamalgam und abs. A → grün + $SbCl_3$ in CS_2 → gelb → zinnoberroter Nd.

Lfd. Nr.	*Fp*	Name	Summenformel	Strukturformel	Mol.-Gewicht
1	2	3	4	5	6
3132	**266**	2,2'-Dimethyl-3,3'-dibrom-5,5'-mercuridithienyl	$C_{10}H_8Br_2S_2Hg$	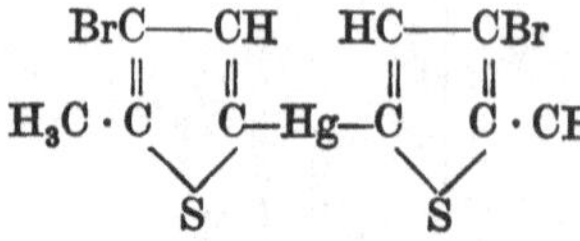	521,67
3133	**267**	Gentisin	$C_{14}H_{10}O_5$	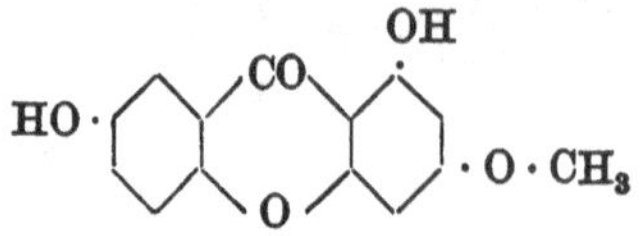	258,22
3134	**267**	4-Jodbenzoesäure	$C_7H_5O_2J$	$J \cdot C_6H_4 \cdot COOH$	248,03
3135	**267**	Triphenylessigsäure	$C_{20}H_{16}O_2$	$(C_6H_5)_3C \cdot COOH$	288,32
3136	**267 bis 268**	4,5-Dibrom-3-jod-2-thiophensäure	$C_5HO_2Br_2JS$	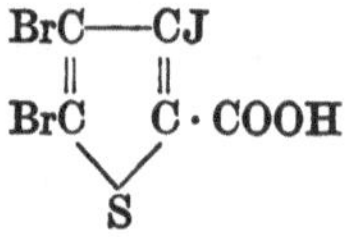	411,87
3137	**267 bis 270**	Chrysanilin	$C_{19}H_{15}N_3$	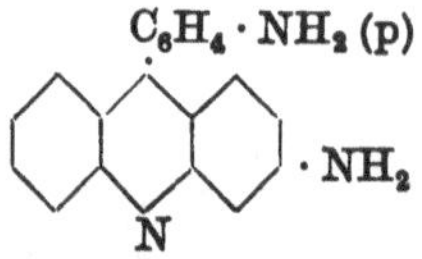	285,33
3138	**268**	1,4-Diaminoanthrachinon	$C_{14}H_{10}O_2N_2$	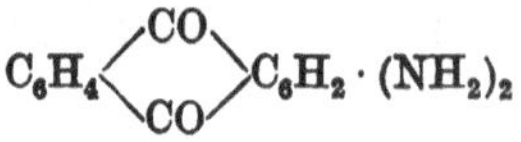	238,23
3139	**268**	Strychnin	$C_{21}H_{22}O_2N_2$	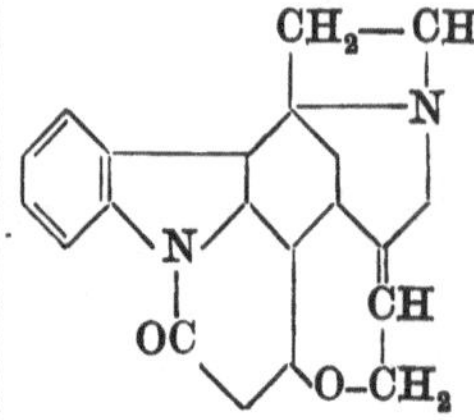	334,40
3140	**268**	Theophyllin (1,3-Dimethylxanthin, 1,3-Dimethyl-2,6-dioxypurin, Theocin)	$C_7H_8O_2N_4$	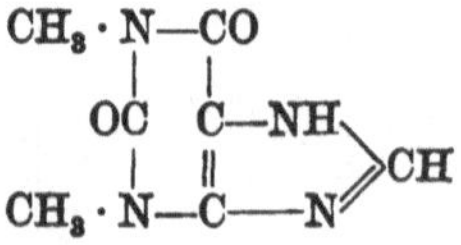	180,16

Aggregatzustand Farbe	Spez. Gewicht	Siedepunkt °C	Beilstein-Zitat	Physikalische Konstanten und Eigenschaften	Löslichkeit	Reaktionen
7	8	9	10	11	12	13
gelbe Nadeln		subl. 300-340 (Z.)	XVIII 173		0,03 W 16° wl. in A 0,05 Ae l. in Alkali (goldgelb)	
Blättchen	$2{,}184^{20°}$	subl.	IX 366		wl. in W l. in A	
Prismen (A)			IX 712		l. in A wl. in Chlf.	
gelbe Nadeln $+ 2\,H_2O$ (verd. A)			XXII 491		swl. in W wl. in A	$HNO_3 \rightarrow$ rote Nadeln
violette Nadeln (wss. Pyridin)			XIV 197		wl. in h. W l. in A ll. in Pyridin sll. in Bzl.	
Prismen (A)	$1{,}359^{18°}$	270 (5 mm)		$[\alpha]_D$ —132 bis 136° (A); sehr giftig; erregt Starrkrampf; unangenehm bitterer, metallischer Geschmack	0,016 W 25° 0,7 A 25° 7,88 Ae 25°	wss. Lsg. + 3 Tropfen 2n HNO_3 erhitzen $\rightarrow$ orange bis violett farblose Lsg. in konz. H_2SO_4 + Spur $K_2Cr_2O_7 \rightarrow$ blauviolett und rotviolett 1 mg Subst. + 1 Tropfen konz. HNO_3, 3 Min. im sd. W-Bad erhitzen + einige ml A + 3 bis 4 Plätzchen KOH $\rightarrow$ weinrot (neben KNO_3)
Tafeln $+ 1\,H_2O$ (W)			XXVI 455	geruchlos; sublimierbar; schwach bitter	0,44 W 15° 1,3 W 37° 1,25 A unl. in Ae l. in Alkali, NH_4OH	mit Chlorwasser versetzte Lsg. eindampfen, scharlachroter Rückstand + $NH_3 \rightarrow$ violett 2—3 mg Subst. in 1 ml methylalkoh. $Co(NO_3)_2$-Lsg. + 20 mg Piperazin $\rightarrow$ violettrot wss. Lsg. + Jod-Lsg. $\rightarrow$ klar + 2n HCl $\rightarrow$ dunkles Perjodid wss. Lsg. + einige Krist. $KClO_3$ + 10 Tropfen konz. HCl eindampfen, Rückstand + 1 Tropfen $NH_3 \rightarrow$ violettrot

Lfd. Nr.	*Fp*	Name	Summenformel	Strukturformel	Mol.-Gewicht
1	2	3	4	5	6
3141	**268 bis 269**	Oktabrom-α,α-trithienyl	$C_{12}Br_8S_3$	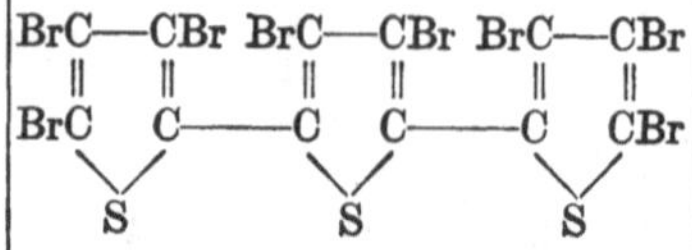	879,63
3142	**268 bis 270**	Dihydrooxykodeinon-chlorhydrat (Eukodal)	$C_{18}H_{22}O_4NCl$	vgl. Nr. 2866	351,82
3143	**268 bis 270**	6,7-Dioxycumarin (Aesculetin)	$C_9H_6O_4$	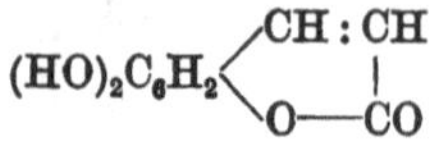	178,14
3144	**268,8**	Cinchonin	$C_{19}H_{22}ON_2$	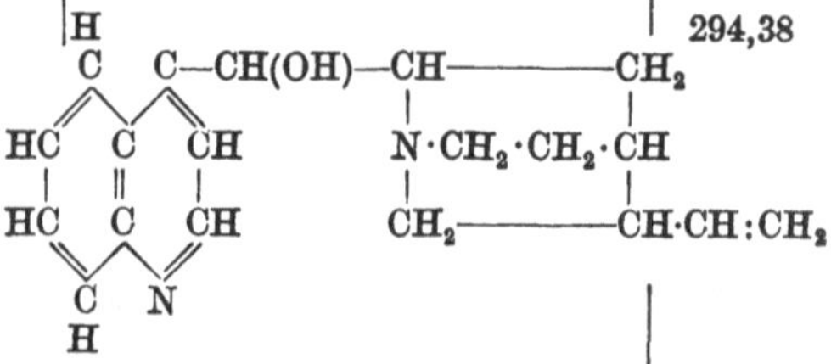	294,38
3145	**269 bis 270**	4,5-Dichlor-2-chlormercuri-thiophen	C_4HCl_3SHg	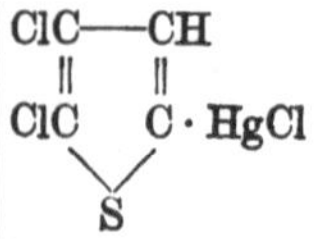	388,09
3146	**269 bis 270**	7-Oxynaphthoesäure-2	$C_{11}H_8O_3$	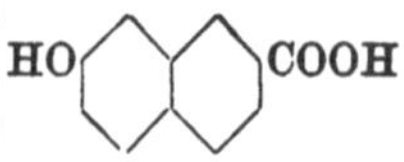	188,17
3147	**270**	Aceanthrenchinon	$C_{16}H_8O_2$	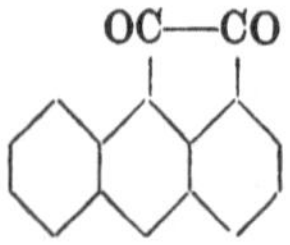	232,22
3148	**270**	Alizarinblau	$C_{17}H_9O_4N$	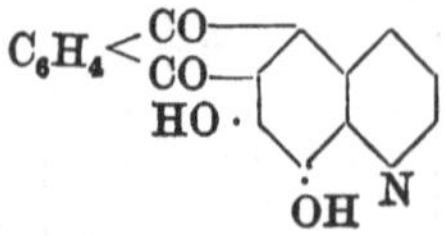	291,25
3149	**270**	*l*-Asparaginsäure	$C_4H_7O_4N$	HOOC · CH(NH₂) · CH₂ · COOH	133,10
3150	**270**	2,5-Dibromthiophen-3,4-disulfonsäureamid	$C_4H_4O_4N_2Br_2S_3$	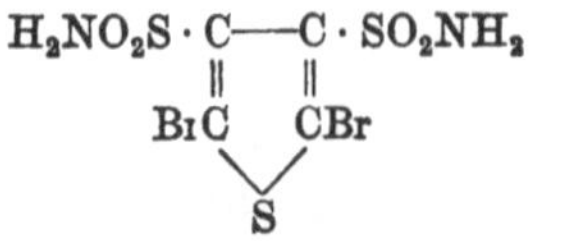	399,10

Aggregat-zustand Farbe	Spez.-Gewicht	Siede-punkt °C	Beilstein-Zitat	Physikalische Konstanten und Eigenschaften	Löslichkeit	Reaktionen
7	8	9	10	11	12	13
gelblich-weißes Krist.-Plv.					l. in W	freie Base *Fp* 222°
Prismen (Eg.) Nadeln (W)			XVIII 98	wss. Lsg. schwache blaue Fluoreszenz	wl. in sd. W ll. in h. A wl. in Ae	+ $FeCl_3$ → grün
Prismen oder Nadeln (A)		subl. (220°)	XXIII 424	$[\alpha]_D^{20}$ +224,5° (A)	0,027 W 20° 0,87 A 25° 0,56 Ae 25° l. in H_2SO_4	Cinchonin wird in wss. Furfurol-Lsg. beim Überschichten über konz. H_2SO_4 → braun, diese Färbung ruht auf einem kirschroten Ring
Nadel-büschel (A)			X 328		l. in W, A	+ $FeCl_3$ → orange Acetylderivat *Fp* 209 bis 210°, Nadeln Anilid *Fp* 219—220°, Nadelbüschel
rote Prismen (Bzl.)			E_1 VIII 436		swl. in A	Monooxim *Fp* 251° (Z.) Monophenylhydrazon *Fp* 203°
braun-violette Nadeln (Bzl.)		subl.	XXI 632		unl. in W swl. in A, Ae l. in Eg.	+ H_2SO_4 → rot + NH_4OH → blau
Blättchen oder Säulen	$1{,}6613_{12°}^{12°}$		IV 472	$[\alpha]_D^{20}$ +4,4 (W); schmeckt stark sauer	0,61 W 20° 5,37 W 97°	+ salpetrige Säure → Äpfelsäure Cu-Salz → hellblaue Nadeln Ag-Salz *Fp* 216—217° (Z.)

Lfd. Nr.	*Fp*	Name	Summenformel	Strukturformel	Mol.-Gewicht
1	2	3	4	5	6
3151	270	Diharnstoff	$C_2H_4O_2N_4$	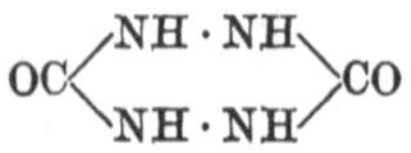	116,08
3152	270 (Z.)	5-Nitromethylthienyl-2-arsinsäure	$C_5H_6O_5NSAs$	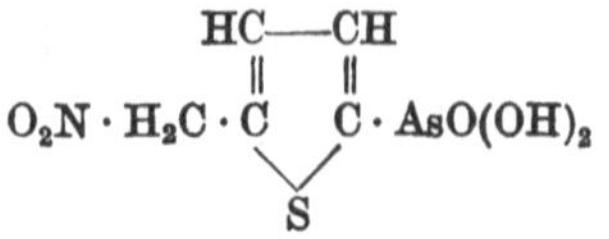	250,07
3153	270	Natriumpalmitat	$C_{16}H_{31}O_2Na$	$CH_3 \cdot (CH_2)_{14} \cdot CO \cdot ONa$	278,40
3154	270	Nitroterephthalsäure	$C_8H_5O_6N$	$O_2NC_6H_3 \cdot (COOH)_2$	211,13
3155	270	3,4-Phenanthrenothiophen-2,5-dicarbonsäure	$C_{18}H_{10}O_4S$	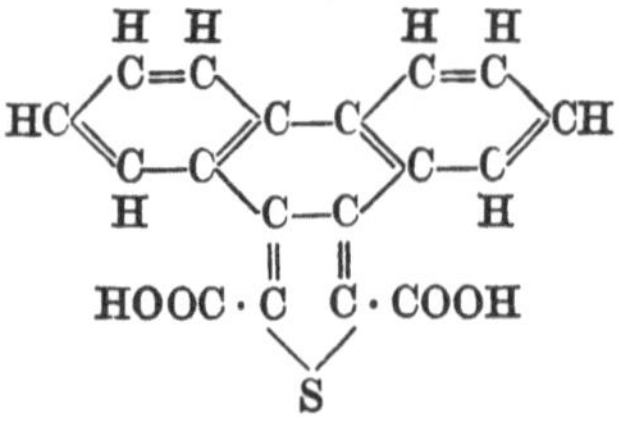	322,32
3156	270	1,2,5,8-Tetranitronaphthalin	$C_{10}H_4O_8N_4$	$C_{10}H_4(NO_2)_4$	308,16
3157	270	Thiophen-2,3-dicarbonsäure	$C_6H_4O_4S$	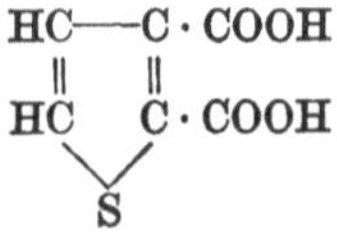	172,15
3158	270	2,4,5-Tribrom-3-chlormercurithiophen	C_4ClBr_3SHg	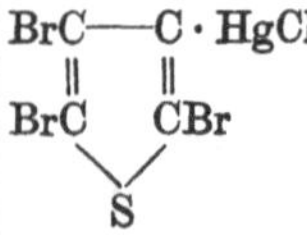	555,92
3159	270 bis 272	p-Oxy-β-phenyläthylaminchlorhydrat (Tyraminchlorhydrat)	$C_8H_{12}ONCl$	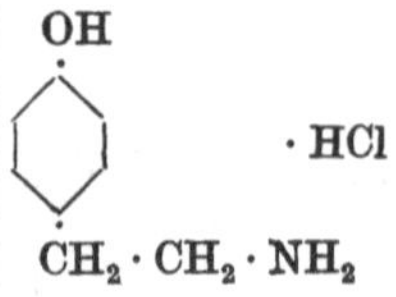	173,64
3160	271 (Z.)	Tropacocainchlorhydrat (Chlorhydrat des Tropinbenzoates)	$C_{15}H_{20}O_2NCl$	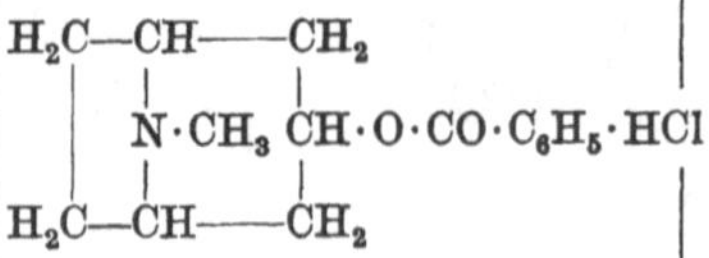	262,32
3161	271 bis 273	dl-Phenylalanin	$C_9H_{11}O_2N$	$C_6H_5 \cdot CH_2 \cdot CH(NH_2) \cdot COOH$	165,18
3162	272 (Z.)	Naphthylamin-(1)-sulfonsäure-(2)	$C_{10}H_9O_3NS$	$H_2N \cdot C_{10}H_6 \cdot SO_3H$	223,24

Aggregatzustand Farbe	Spez. Gewicht	Siedepunkt °C	Beilstein-Zitat	Physikalische Konstanten und Eigenschaften	Löslichkeit	Reaktionen
7	8	9	10	11	12	13
Blättchen (A)			II 372		l. in W, A	
Nadeln (W)			IX 851		ll. in h. W, h. A, Ae l. in H_2SO_4	
Prismen (HNO_3)			V 564		swl. in W, A, Chlf., Eg.	
lange Nadeln					ll. in W, A, Methanol zll. in Chlf. unl. in Bzl., Ae	
weiße rhomb. Krist. oder Nadeln				geruchlos; Geschmack salzig; stark anästhesierend	l. in W ll. in A, Ae	5 mg Subst. mit 1 Tropfen n/10-$KMnO_4$-Lsg. mit Glasstab auf Uhrglas verreiben → dunkle Krist. + $AuCl_3$ + NaBr → bräunlich-gelbe Dendrite (1 : 10000)
Blättchen (verd. A)		subl.	XIV 498		swl. ink. W, sd. A unl. in Ae	
Nadeln (W)			XIV 757		0,91 W 20° 3,19 W 100°	

Lfd. Nr.	*Fp*	Name	Summenformel	Strukturformel	Mol.-Gewicht
1	2	3	4	5	6
3163	273	1,8-Diphenyl-α-trithienyl	$C_{24}H_{16}S_3$	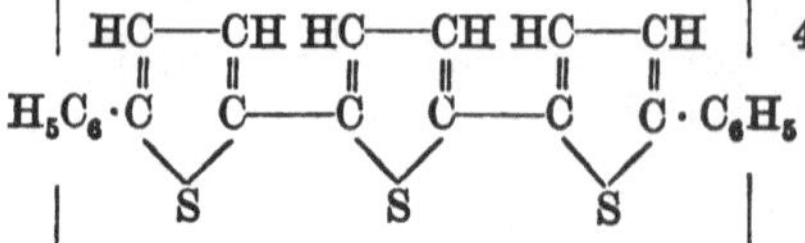	400,55
3164	273	α,β; α′,β′-Thiopheno-bis-[thiochromon]	$C_{18}H_8O_2S_3$	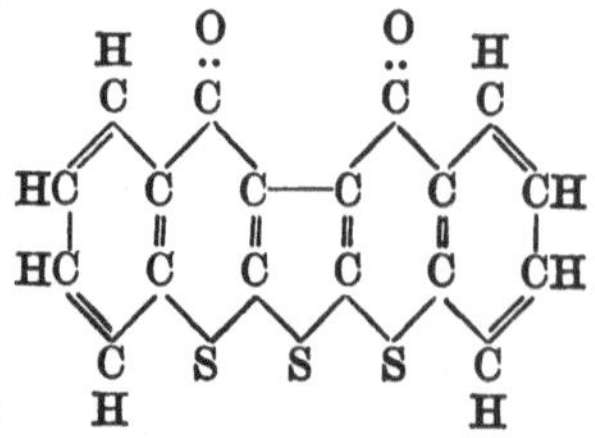	352,42
3165	274	Naphthalsäureanhydrid	$C_{12}H_6O_3$	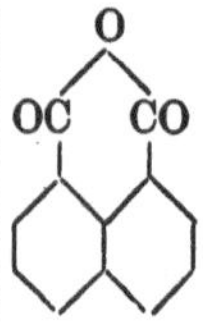	198,17
3166	274 bis 275	p,p′-Diphenol	$C_{12}H_{10}O_2$	$HO \cdot C_6H_4 \cdot C_6H_4 \cdot OH$	186,20
3167	274 bis 276	5,5′-Dimethyl-3-oxy-2,3′-dithienyl-4,4′-dicarbonsäure	$C_{12}H_{10}O_5S_2$	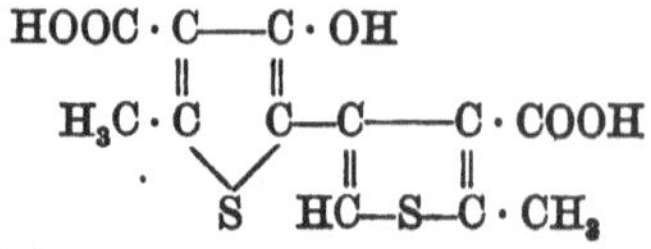	298,32
3168	275	Benzoltetracarbonsäure-(1,2,4,5) (Pyromellitsäure)	$C_{10}H_6O_8$	$C_6H_2(COOH)_4$	254,15
3169	275 (Z)	3-Chlor-2,5-dichlormercurithiophen	$C_4HCl_3SHg_2$	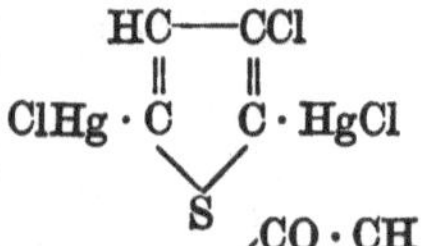	553,24
3170	275	5,7-Dioxyflavon (Chrysin)	$C_{15}H_{10}O_4$	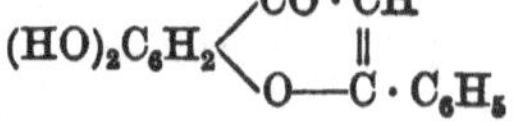	254,23
3171	275	Hexamethyldiaminoisopropanoldijodid (Endojodin)	$C_9H_{24}ON_2J_2$	$[(CH_3)_3N(J)CH_2]_2CH \cdot OH$	426,11
3172	275	Lophin	$C_{21}H_{16}N_2$	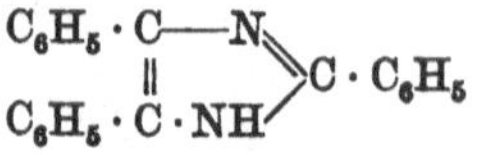	296,35

Aggregatzustand Farbe	Spez. Gewicht	Siedepunkt °C	Beilstein-Zitat	Physikalische Konstanten und Eigenschaften	Löslichkeit	Reaktionen
7	8	9	10	11	12	13
Nadeln (A)			XVII 521		wl. in A swl. in Ae	+ H_2SO_4 → gelb, blaue Fluoreszenz
Blättchen oder Nadeln	1,25	subl.	VI 991		wl. in W ll. in A, Ae	+ $FeCl_3$ keine Färbung Diacetat *Fp* 159—160° konz. H_2SO_4 → intensiv gelbgrüne Fluoreszenz
Tafeln + $2H_2O$ (W)			IX 997		1,42 W 16° ll. in A	>275° → Dianhydrid *Fp* 286°; wird mit Dimethylanilin → rot; mit Anthracen → dunkelrot Tetramethylester *Fp* 143°, Blätter Tetraäthylester *Fp* 53°, platte Nadeln Tetraphenylester *Fp* 179,5°, Nadeln
hellgelbe Tafeln		subl.	XVIII 124		unl. in W 0,55 k. A 2 h. A wl. in Ae l. in Alkali	Diacetat *Fp* 185°
weiße Krist.				verfärbt sich bei 240°; geruchlos; Geschmack bitter	l. in W	wss. Lsg. + $Fe(NO_3)_3$-Lsg. → gelb bis orange → trübe (Perjodid)
Nadeln (A)		subl.	XXIII 318		wl. in W 0,9 A 21° 2,75 sd. A 0,32 Ae 21°	

Lfd. Nr.	*Fp*	Name	Summenformel	Strukturformel	Mol.-Gewicht
1	2	3	4	5	6
3173	275 bis 276	Indolo-thiotolencarbonsäure	$C_{12}H_9O_2NS$	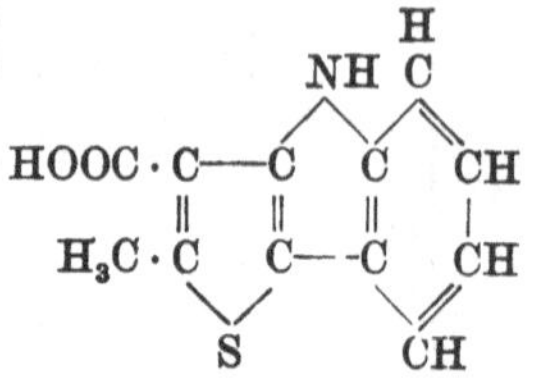	243,27
3174	275,5	Muscarufin	$C_{25}H_{16}O_9$	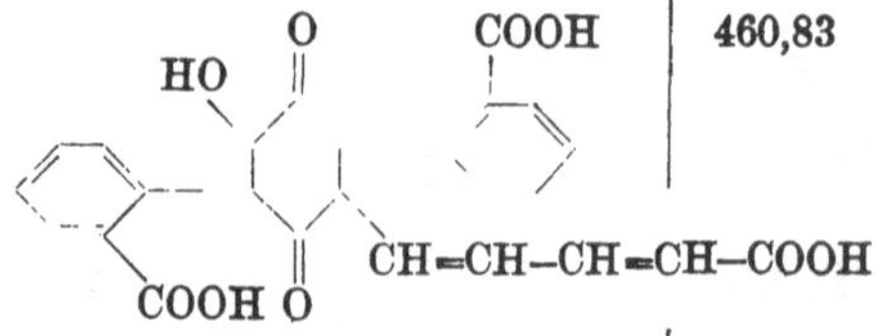	460,83
3175	276	1,6-Dioxyanthrachinon	$C_{14}H_8O_4$	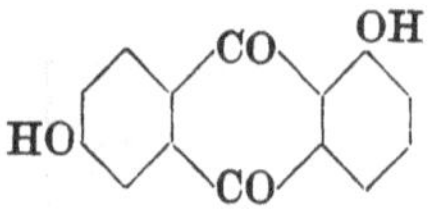	240,20
3176	276	3,5,7,4′-Tetraoxyflavon (Kämpferol)	$C_{15}H_{10}O_6$	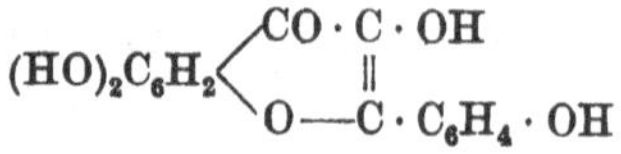	286,23
3177	276 bis 278	Oxindigo	$C_{16}H_8O_4$	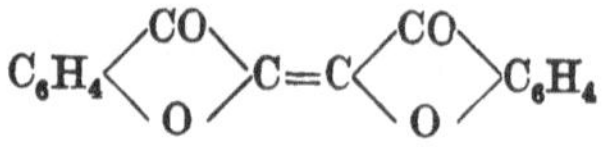	264,22
3178	276 bis 278 (Z.)	Pinacyanol	$C_{25}H_{25}N_2J$	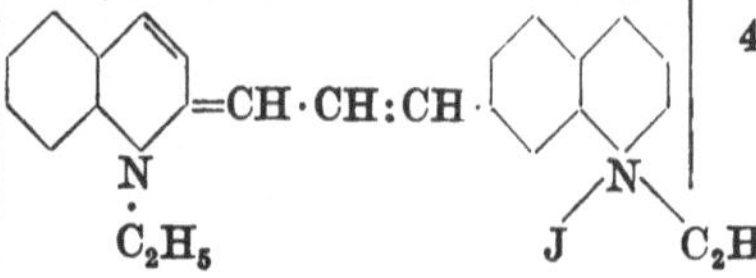	480,39
3179	277 bis 278 (Z.)	Trimethylaminchlorhydrat	$C_3H_{10}NCl$	$(CH_3)_3N \cdot HCl$	95,57
3180	278 (Z.)	5-Aminothionaphthen-2-carbonsäure	$C_9H_7O_2NS$	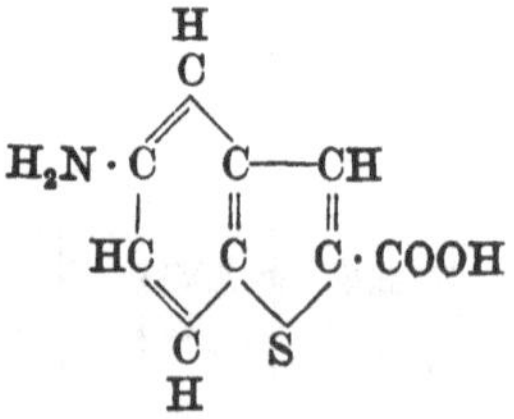	179,21
3181	278 (Z.)	Codeinsulfat	$C_{36}H_{44}O_{10}N_2S$	vgl. Nr. 2150	696,78
3182	278	Di-peri-naphthylenthiophen	$C_{24}H_{12}S$	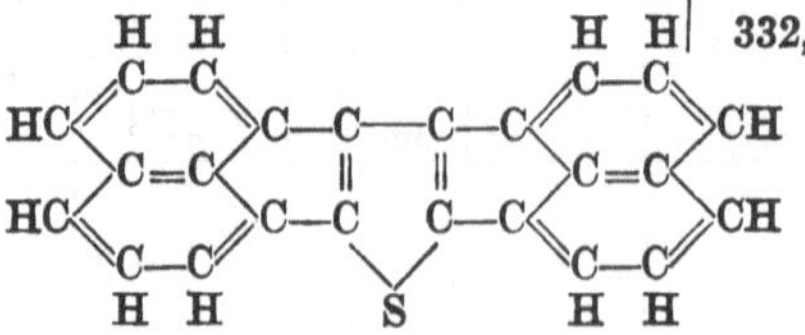	332,40

Aggregatzustand Farbe	Spez. Gewicht	Siedepunkt °C	Beilstein-Zitat	Physikalische Konstanten und Eigenschaften	Löslichkeit	Reaktionen
7	8	9	10	11	12	13
orangerote rhomb. Krist. (W) Nadeln (A)				opt. inaktiv	l. in W, A, h. Eg unl. in Ae, Bzl., Chlf.	Na-Salz tiefrot + H_2SO_4 purpurrot
gelbe Nadeln (Eg.)			VIII 439		wl. in W ll. in A, Ae l. in Alkalien	in verd. Alkalien → gelbrot Dimethyläther *Fp* 185°, gelbliche Blättchen Diacetylderivat *Fp* 205 bis 206°, gelbe Nadeln
gelbe Nadeln + 1 H_2O (A)			XVIII 214		unl. in W ll. in A, Ae l. in Alkali gelb, konz. HNO_3 rot	
gelbe Prismen (Eg.)		subl.	XIX 177		unl. in W swl. in A, Ae l. in KOH, H_2SO_4 rot	
grünglänzende Krist. (Methanol)			XXIII 320		wl. in W l. in A, Pyridin (blau)	
zerfließliche Krist. (A)			IV 46		ll. in W, A unl. in Ae	
Krist. + 5 H_2O					3,3 W 25° 0,1 in 92%ig. A 25°	
rote Nadeln						

Lfd. Nr.	*Fp*	Name	Summenformel	Strukturformel	Mol.-Gewicht
1	2	3	4	5	6
3183	278	Hydrocinchonin	$C_{19}H_{24}ON_2$	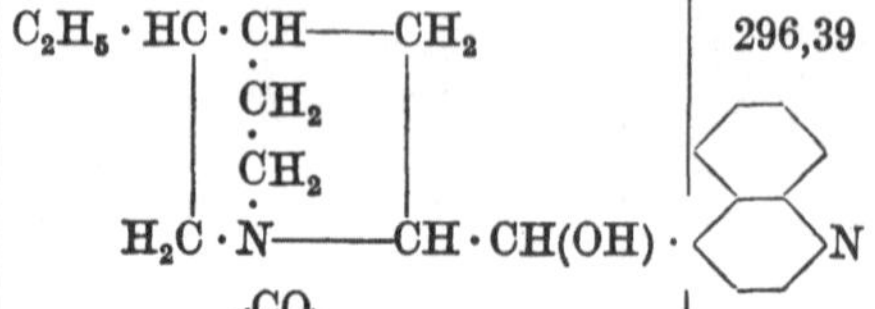	296,39
3184	278	1,2,5-Trioxyanthrachinon (Oxyanthrarufin)	$C_{14}H_8O_5$	$HO \cdot C_6H_3\langle{}^{CO}_{CO}\rangle C_6H_2(OH)_2$	256,20
3185	278 bis 279	3,8-Di-[2-thenoyl]-pyren	$C_{26}H_{14}O_2S_2$	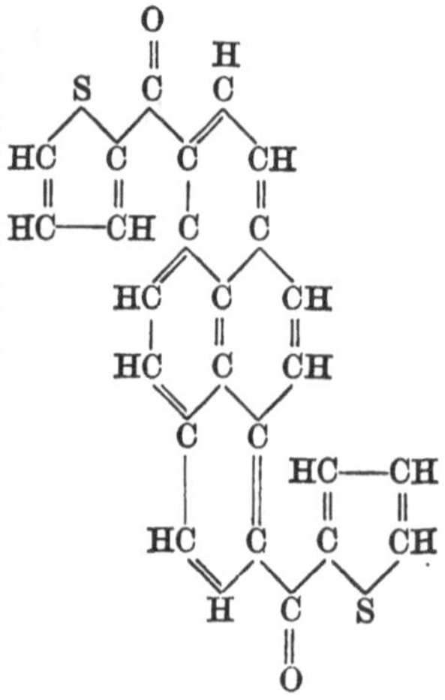	434,44
3186	280 (Z.)	Anilinsulfonsäure-(4) (Sulfanilsäure)	$C_6H_7O_3NS$	$H_2N \cdot C_6H_4 \cdot SO_3H$	173,18
3187	280	Anthracen-2-carbonsäure	$C_{15}H_{10}O_2$	$C_6H_4\{{}^{CH}_{CH}\}C_6H_3 \cdot COOH$	222,23
3188	280 (Z)	Benzoesäure-p-sulfamid	$C_7H_7O_4NS$	$H_2N \cdot SO_2 \cdot C_6H_4 \cdot COOH$	201,19
3189	280	2,7-Dinitroanthrachinon	$C_{14}H_6O_6N_2$	$O_2N \cdot C_6H_3\langle{}^{CO}_{CO}\rangle C_6H_3 \cdot NO_2$	298,20
3190	280	1,5-Dioxyanthrachinon (Anthrarufin)	$C_{14}H_8O_4$	$HO \cdot C_6H_3\langle{}^{CO}_{CO}\rangle C_6H_3 \cdot OH$	240,20
3191	280	2,3-Dioxynaphtho-chinon-(1,4) (Isonaphthazarin)	$C_{10}H_6O_4$	$C_6H_4\langle{}^{CO \cdot C \cdot OH}_{CO \cdot C \cdot OH}$ (C=C)	190,15

Aggregat-zustand Farbe	Spez. Gewicht	Siede-punkt °C	Beilstein-Zitat	Physikalische Konstanten und Eigenschaften	Löslichkeit	Reaktionen
7	8	9	10	11	12	13
Prismen (A)			XXIII 404	$[\alpha]_D^{15}$ +205,5 (abs. A)	0,07 W 16° 0,7 A 20° 0,19 Ae 16°	
rote Nadeln (Eg.)		subl.	VIII 512	subl. in roten Nädelchen	l. in H_2SO_4 l. in alkohol. KOH	+ H_2SO_4 → rotviolett + Borsäure → blau +alkohol. KOH → violett-blau Triacetat *Fp* 229°, gelbe Nadeln Trimethyläther *Fp* 203 bis 204°, goldgelbe Blättchen
gelbe Blättchen						
Tafeln + 1 H_2O (W)			XIV 695		1,1 W 20° 6,7 W 100° unl. in A, Ae	
gelbe Blättchen (A)		subl.	IX 705		unl. in W wl. in A	
Prismen (W)			XI 390		unl. in k. W wl. in h. W ll. in A swl. in Bzl.	
Nadeln (Eg.)		subl.	VII 795		wl. in A, Ae l. in sd. Eg.	
hellgelbe Blättchen (Eg.)		subl.	VIII 453	subl. in hellgelben, gezackten Blättern	unl. in W, NH_4OH wl. in Eg. ll. in Bzl. l. in H_2SO_4, KOH	+ H_2SO_4 → karmoisinrot + Borsäure → rotviolett + KOH → rötlich gelb Dimethyläther *Fp* 236°, gelbe Nadeln Diäthyläther *Fp* 178°, gelbe Nädelchen Diacetat *Fp* 244—245°, gelbe Nadeln
rote Nadeln (Toluol)		subl.	VIII 411		wl. in h. W, A swl. in Ae ll. in Aceton l. in NaOH	+ NaOH → blau

Lfd. Nr.	*Fp*	Name	Summenformel	Strukturformel	Mol.-Gewicht
1	2	3	4	5	6
3192	280	akt. 3,4-Dioxyphenyl-alanin (akt. Dopa)	$C_9H_{11}O_4N$	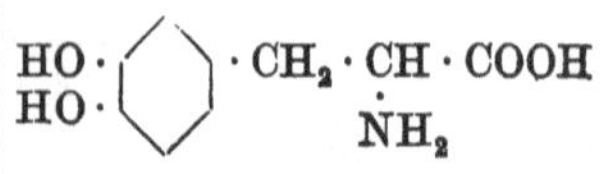	197,18
3193	280	d-Isoleucin	$C_6H_{13}O_2N$	$C_2H_5 \cdot CH(CH_3) \cdot CH \cdot NH_2$ │ COOH	131,17
3194	280	Thioindigo	$C_{16}H_8O_2S_2$	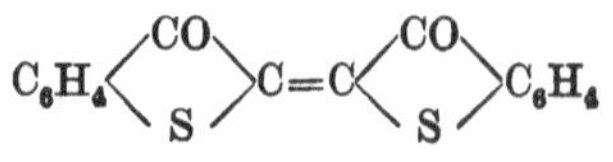	296,34
3195	280 (Z.)	Thiophen-3,4-disulfon-säureamid	$C_4H_6O_4N_2S_3$	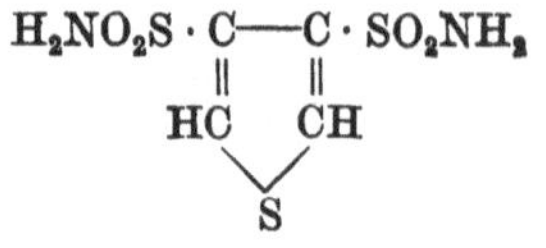	252,28
3196	282 (Z.)	Pyrenchinon	$C_{16}H_8O_2$	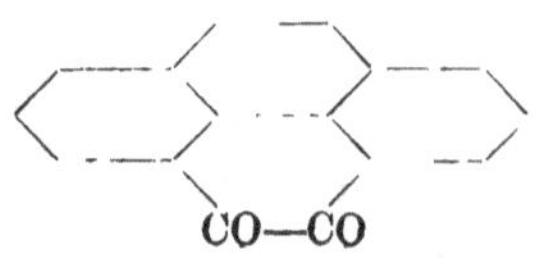	232,22
3197	282 bis 283	2-[3'-Carboxythio-naphthenyl-(2')]-chinolin-4-carbonsäure	$C_{19}H_{11}O_4NS$	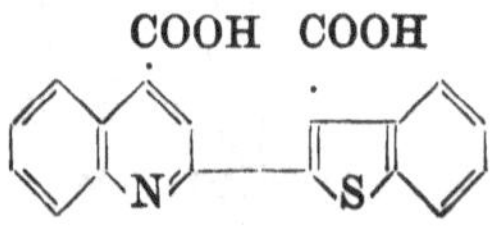	346,34
3198	283	5-Aminosalicylsäure	$C_7H_7O_3N$	$H_2N \cdot C_6H_3(OH) \cdot COOH$	153,13
3199	283 (Z.)	Methionin	$C_5H_{11}O_2NS$	$CH_3 \cdot S \cdot CH_2 \cdot CH_2 \cdot CH \cdot NH_2$ │ COOH	149,20
3200	283 (Z.)	*l*-Phenylalanin	$C_9H_{11}O_2N$	$C_6H_5 \cdot CH_2 \cdot CH(NH_2) \cdot COOH$	165,18
3201	283 bis 284	Chloranilsäure	$C_6H_2O_4Cl_2$	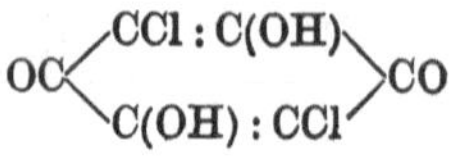	208,99

Aggregatzustand Farbe	Spez. Gewicht	Siedepunkt °C	Beilstein-Zitat	Physikalische Konstanten und Eigenschaften	Löslichkeit	Reaktionen
7	8	9	10	11	12	13
weiße Krist.				geruchlos; Geschmack schwach süß	wl. in W l. in Säuren, Alkalien, A, Ae	gelbe alkal. Lsg. schütteln mit Luft → violettrot → orange Lsg. + $Fe(NO_3)_3$-Lsg. → grün → gelbgrün 1—2 mg Subst. in 0,5 ml W + 1 ml. verd. $Fe(NO_3)_3$-Lsg. → grün + $(CH_2)_6N_4$ → intensiv blauviolett Subst. beim Eintragen in schwach angesäuerte Nitritlsg. → Entwicklung von N_2 → orange Lsg. + Lauge → kirschrot
Tafeln (A)		subl.	IV 454	*Fp* im geschlossenen Rohr	3,87 W 15,5° l. in h. A unl. in Ae	
rote Krist. (Bzl.)		subl.	XIX 177		unl. in W swl. in sd. A ll. in Nitrobenzol l. in H_2SO_4	+ H_2SO_4 → blaugrün
hellziegelrote Nadeln (Eg.)						Chinhydron mit Hydrochinon Nadeln, 200 μ, ausgezeichnet durch auffallenden Dichroismus, axial blaßgrün, basal ziegelrot
Nadeln (W)		Z.	XIV 579		wl. in h. W unl. in A	zers. sich in 4-Aminophenol Methylester *Fp* 96°
Platten					l. in k. W unl. in Ae	
Blättchen, Nadeln (W)		subl.	XIV 495	$[\alpha]_D^{20}$ —35° (W)	2,74 W 20° 6,11 W 70° wl. in A	
rote Blättchen + $2H_2O$ (W)			VIII 379		0,19 W 14° 1,4 W 99°	

Lfd. Nr.	*Fp*	Name	Summenformel	Strukturformel	Mol.-Gewicht
1	2	3	4	5	6
3202	283 bis 284	2-(4′-Oxy-3′-carboxy-phenyl)-chinolin-4-carbonsäure	$C_{17}H_{11}O_5N$	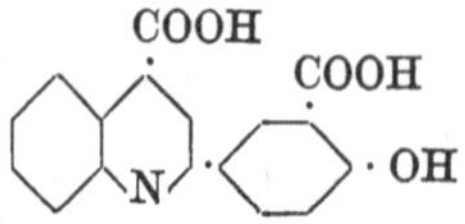	309,27
3203	284 bis 285	2,2′,3,3′,4,4′-Hexajod-5,5′-dithienyl	$C_8J_6S_2$	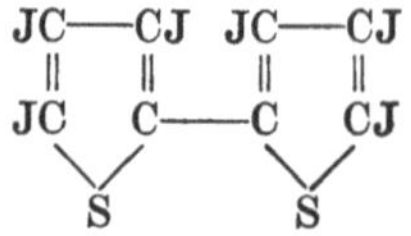	921,72
3204	285	Thionaphtheno-[2,3:2′,3′]-anthrachinon	$C_{20}H_{10}O_2S$	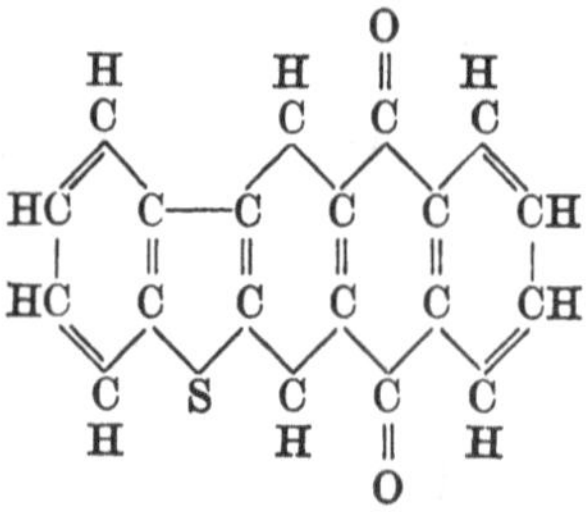	314,34
3205	285	Tetraphenylmethan	$C_{25}H_{20}$	$(C_6H_5)_4C$	320,41
3206	285	*α*-Truxillsäure	$C_{18}H_{16}O_4$	$C_6H_5 \cdot HC \cdot CH \cdot COOH$ $HOOC—HC \cdot CH \cdot C_6H_5$	296,30
3207	285 bis 286	Fluortyrosin (Pardinon)	$C_9H_{10}O_3NF$	$HO \cdot C_6H_3F \cdot CH_2 \cdot CH(COOH) \cdot NH_2$	200,19
3208	285 bis 290	Yohimbinchlorhydrat	$C_{21}H_{27}O_3N_2Cl$	$C_{21}H_{26}O_3N_2 \cdot HCl$	390,97
3209	286	*l*-Histidin	$C_6H_9O_2N_3$	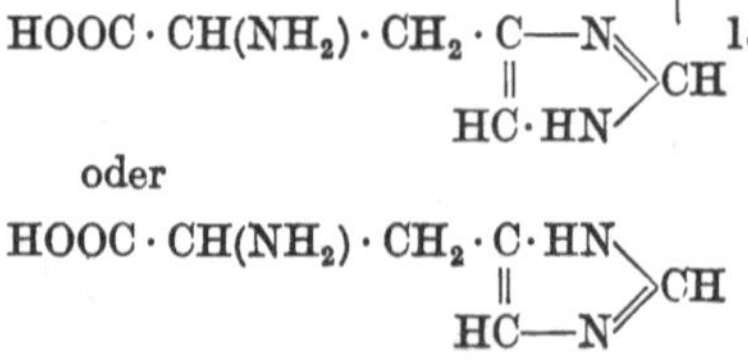	155,15
3210	286	4-Nitrozimtsäure	$C_9H_7O_4N$	$O_2N \cdot C_6H_4 \cdot CH:CH \cdot COOH$	193,15

Aggregatzustand Farbe	Spez. Gewicht	Siedepunkt °C	Beilstein-Zitat	Physikalische Konstanten und Eigenschaften	Löslichkeit	Reaktionen
7	8	9	10	11	12	13
ockergelbes Pulver					unl. in W, Ligroin wl. in A, Methanol, Essigester	
Krist. (Bzl.)		431	V 738		unl. in W, A, Ae l. in h. Bzl.	
Nadeln (verd. A)		subl.	IX 952	$[\alpha]_D$ —39,7° (W)	swl. in sd. W, Ae l. in h. A, h. Eg.	
weiße Krist.				geruchlos; geschmacklos	wl. in W l. in Säuren, Alkalien	wss. Lsg. + $Fe(NO_3)_3$ → olivstichig violett Lsg. in 2n-HNO_3 erwärmt → tiefgelb + NH_3 Farbe verstärkt
weiße Krist.				$[\alpha]_D^{20}$ +103 bis 104°; bitterer Geschmack, schwach anästhesierend	l. in k. W ll. in h. W, A	1 mg Subst. + 10 mg $(CH_2)_6N_4$ + 1 ml konz. H_2SO_4 gelinde erwärmen, durchschütteln → intensiv violett → grauviolett abgekühlte Lsg. + HNO_3-H_2SO_4 → grün → olivbraun wss. Lsg. + 1 Körnchen $K_2Cr_2O_7$ → violett → schieferblau → schmutzig grün
Blättchen (verd. A oder W)			XXV 513		l. in W swl. in A unl. in Ae, Chlf.	mit p-Diazobenzolsulfonsäure → rot + Bromwasser bis Gelbfärbung, erhitzen → Entfärbung → dunkelweinrot → schwarze Flocken
gelbliche Prismen (A)			IX 606		swl. in W 0,1 A 25° swl. in Ae	Äthylester *Fp* 141—142° Amid *Fp* 155—160°

Lfd. Nr.	*Fp*	Name	Summenformel	Strukturformel	Mol.-Gewicht
1	2	3	4	5	6
3211	**286 bis 287**	Fumarsäure	$C_4H_4O_4$	HOOC · C · H ‖ H · C · COOH	116,07
3212	**287** (Z.)	Di-[5-nitro-2-thienyl]-arsinsäure	$C_8H_5O_6N_2S_2As$	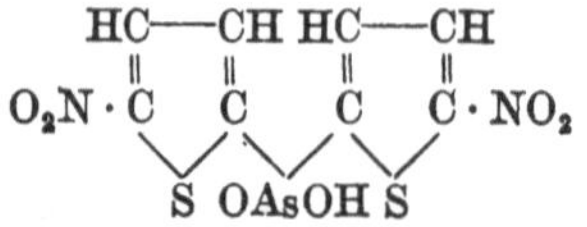	364,12
3213	**287**	2-Phenylbenzimidazol	$C_{13}H_{10}N_2$	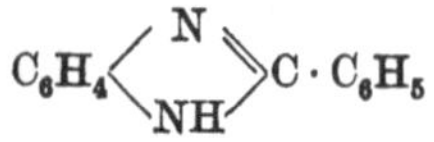	194,22
3214	**288**	Benzolhexacarbonsäure (Mellitsäure)	$C_{12}H_6O_{12}$	$C_6(COOH)_6$	342,17
3215	**288**	5-Oxyisophthalsäure	$C_8H_6O_5$	$HO \cdot C_6H_3(COOH)_2$	182,13
3216	**289** (Z.)	4-Nitroalizarin	$C_{14}H_7O_6N$	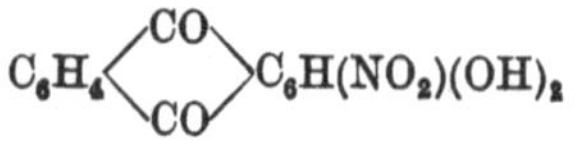	285,20
3217	**289**	*l*-Tryptophan	$C_{11}H_{12}O_2N_2$	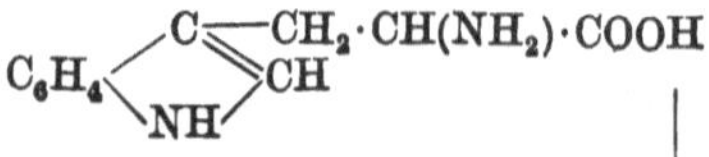	204,22
3218	**289 bis 290**	1,2-Dioxyanthrachinon (Alizarin)	$C_{14}H_8O_4$	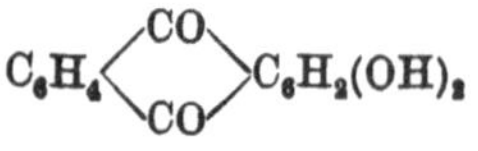	240,20
3219	**290**	Chloranil (Tetrachlor-chinon)	$C_6O_2Cl_4$	$O : C_6Cl_4 : O$	245,89
3220	**290**	2,7-Dinitrodiphenylen-sulfon	$C_{12}H_6O_6N_2S$	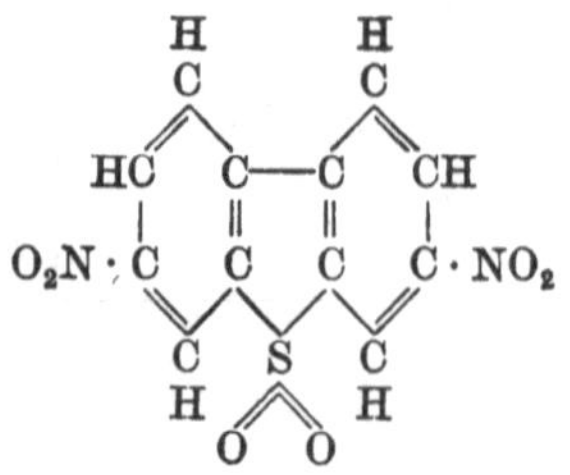	306,24

Aggregatzustand Farbe	Spez. Gewicht	Siedepunkt °C	Beilstein-Zitat	Physikalische Konstanten und Eigenschaften	Löslichkeit	Reaktionen
7	8	9	10	11	12	13
Nadeln oder Blättchen	1,625	subl.	II 737		swl. in W 0,1 in A 25° swl. in Ae, Chlf.	p-Nitrobenzylester *Fp* 150,8° Phenacylester *Fp* 204–205°
Tafeln (Eg.) Nadeln (W)			XXIII 230		wl. in W l. in A wl. in Bzl.	
Nadeln (Ae)		Z.	IX 1008	*Fp* im geschlossenen Rohr	l. in W l. in A wl. in HNO_3	vor Kp. (Z.) → Dianhydrid der Benzoltetracarbonsäure-(1,2,4,5) Chlorid *Fp* 190°, prismat. Krist. Hexamethylester *Fp* 187 bis 188°, Nadeln Hexaäthylester *Fp* 72,5 bis 73°, Rauten
Nadeln $+ 2H_2O$ (W)		subl.	X 504		0,06 W 15° 18,5 W 99° ll. in A, Ae, Bzl.	
gelbe Nadeln (A)			VIII 447		swl. in W wl. in A l. in KOH (blauviolett)	Diacetat *Fp* 194—195°
Tafeln (verd. A)			XXII 546		1,06 W 20° 2,51 W 70° ll. in sd. W wl. in A unl. in Chlf.	+ Chlorwasser → violettrot, + Pyridin → blau + p-Dimethylaminobenzaldehyd u. HCl → kirschrot + HCl + Nitrit + Formaldehyd → violett + verd. Glyoxylsäurelsg. + konz. H_2SO_4 → violett (E 1 : 200000)
orangerote Nadeln (A)		430	VIII 439	sublimierbar	0,034 W 100° l. in A, Ae l. in Alkali (blauviolett)	+ konz. H_2SO_4 → weinrot + Borsäure → violett Diacetat *Fp* 186—187°, blaßgelbe Nadeln Dimethyläther *Fp* 215°, gelbe Nadeln Diäthyläther *Fp* 162°, gelbe Nadeln
gelbe Blättchen (Eg.)		subl.	VII 636	*Fp.* im geschlossenen Rohr subl. unzersetzt	unl. in W wl. in h. A l. in Ae	+ Phenylhydrazin *Fp* 229 bis 230°, hellbraune Nadeln + Hexamethylbenzol *Fp* 198—202°, violettbraune Nadeln

Lfd. Nr.	*Fp*	Name	Summenformel	Strukturformel	Mol.-Gewicht
1	2	3	4	5	6
3221	**290** (Z.)	4-Oxychinolincarbon-säure-(2) (Kynurensäure)	$C_{10}H_7O_3N$	$C_9H_5N(OH) \cdot COOH$	189,16
3222	**290** (Z.)	3,5,7,2′,4′-Pentaoxyflavon (Morin)	$C_{15}H_{10}O_7$	$(HO)_2 \cdot C_6H_2 < (CO \cdot C{-}OH) (O \cdot C{-}C_6H_3(OH)_2) >$	302,23
3223	**290**	dl-Tyrosin	$C_9H_{11}O_3N$	$^{(4)}HO \cdot C_6H_4 \cdot CH_2 \cdot CH(COOH) \cdot NH_2$	181,18
3224	**290**	*l*-Tyrosin (β-[p-Oxyphenyl]-α-aminopropionsäure)	$C_9H_{11}O_3N$	$^{(4)}HO \cdot C_6H_4 \cdot CH_2 \cdot CH(COOH) \cdot NH_2$	181,18
3224a	**290**	2,2′,3,3′-Tetrajod-4,4′-di-methyl-5,5′-mercuri-dithienyl	$C_{10}H_6J_4S_2Hg$	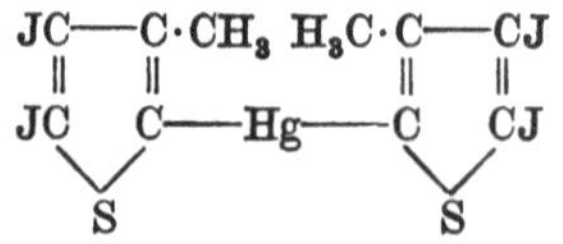	898,56
3225	**290 bis 291**	5-Methylisophthalsäure	$C_9H_8O_4$	$CH_3 \cdot C_6H_3(COOH)_2$	180,15
3226	**290 bis 292**	Anthrachinoncarbon-säure-(2)	$C_{15}H_8O_4$	$C_6H_4 < (CO)(CO) > C_6H_3 \cdot COOH$	252,21
3227	**291**	2,2′,3,3′,4,4′-Hexabrom-5,5′-mercuridithienyl	$C_8Br_6S_2Hg$	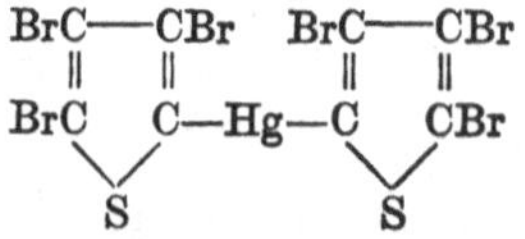	840,31
3228	**291,5**	α-Aminovaleiiansäure	$C_5H_{11}O_2N$	$C_2H_5 \cdot CH_2 \cdot CH(NH_2) \cdot COOH$	117,14
3229	**292**	Lactoflavin (Wachstumsvitamin B_2, Vitamin B_2, 6,7-Dimethyl-9-d-ribo-flavin)	$C_{17}H_{20}O_6N_4$	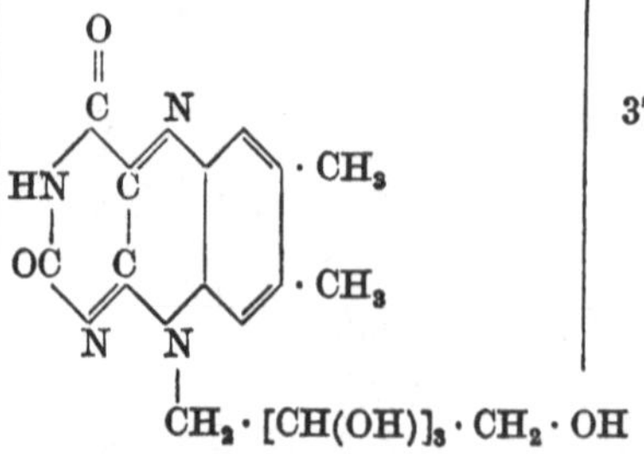	376,36

Aggregatzustand Farbe	Spez. Gewicht	Siedepunkt °C	Beilstein-Zitat	Physikalische Konstanten und Eigenschaften	Löslichkeit	Reaktionen
7	8	9	10	11	12	13
Nadeln (verd. Essigsäure)			XXII 230		0,09 sd. W wl. in A, Ae ll. in NaOH	
Nadeln + 1 H_2O (A)			XVIII 239		0,025 W 20° ll. in A wl. in Ae l. in Alkali (gelb)	
Blättchen (W)			XIV 621		0,041 W 20° 0,05 W 100° swl. in h. A unl in Ae	
Nadeln (W)			XIV 605	$[\alpha]_D$ —8,64° (in 21%iger HCl); geruchlos; geschmacklos	0,04 W 17° 0,01 95%ig. A 17° unl. in Ae 0,19 sd. Eg. l. in Alkalien, Säuren, NH_4OH	+ $Hg(NO_3)_2$ in Gegenwart von salpetriger Säure → rot kochen mit Formaldehyd + H_2SO_4 → grün α-Naphthylurethan *Fp* 205 bis 206°, Nadeln Pikrolonat *Fp* 260° (Z.), Stäbchen Kupfersalz dunkelrote Prismen oder Nadeln + $Fe(NO_3)_3$-Lsg. → olivstichig gelb Lsg. in HNO_3 — erwärmen tiefgelb
Nadeln (W)		subl.	IX 864		swl. in sd. W ll. in A, Ae	
gelbliche Nadeln (A)			X 835		swl. in A unl. in Ae, Bzl., Chlf. ll. in Aceton	Äthylester *Fp* 147°
Nadeln oder Blättchen (A od. W)		subl.	IV 416		10,7 W 15° wl. in A unl. in Ae	
gelbe Nadeln				$[\alpha]_D$ —115° (NaOH)	ll. in W	wss. Lsg. grüne Fluoreszenz

Lfd. Nr.	*Fp*	Name	Summenformel	Strukturformel	Mol.-Gewicht
1	2	3	4	5	6
3230	**292 bis 293**	1,7-Dioxyanthrachinon	$C_{14}H_8O_4$	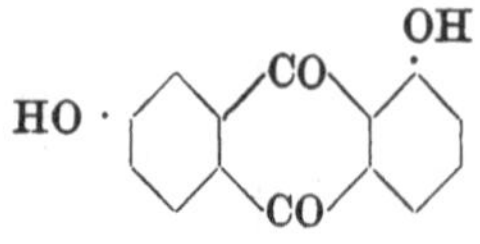	240,20
3231	**293**	Betain	$C_5H_{11}O_2N$	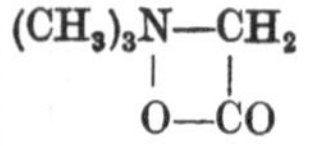	117,14
3232	**293 bis 294**	Anthrachinoncarbon-säure-(1)	$C_{15}H_8O_4$	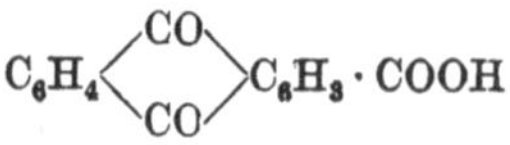	252,21
3233	**293 bis 294** (Z.)	1,8-Anthrachinondisulfon-säure	$C_{14}H_8O_8S_2$	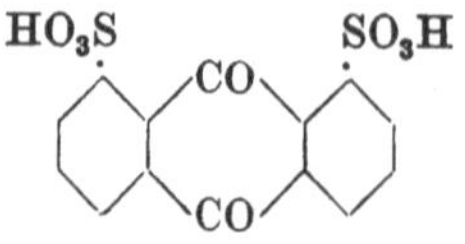	368,90
3234	**294**	dl-Leucin	$C_6H_{13}O_2N$	$(CH_3)_2CH \cdot CH_2 \cdot CH(NH_2) \cdot COOH$	131,17
3235	**294**	*l*-Leucin	$C_6H_{13}O_2N$	$(CH_3)_2CH \cdot CH_2 \cdot CH(NH_2) \cdot COOH$	131,17
3236	**295**	dl-Alanin	$C_3H_7O_2N$	$CH_3 \cdot CH(NH_2) \cdot COOH$	89,09
3237	**295**	Kaliumacetat	$C_2H_3O_2K$	$CH_3 \cdot COOK$	98,14
3238	**295 bis 297** (Z.)	3-Äthyl-2,5-dichlor-mercurithiophen	$C_6H_6Cl_2SHg_2$	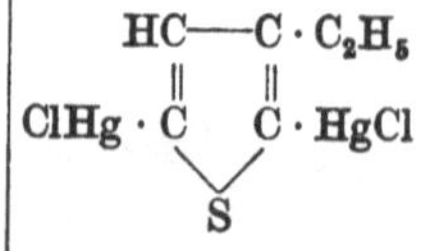	582,30
3239	**297** (Z.)	d-Alanin (α-Aminopropionsäure)	$C_3H_7O_2N$	$CH_3 \cdot CH(NH_2) \cdot COOH$	89,09
3240	**297**	β-Benzolhexachlorid	$C_6H_6Cl_6$	vgl. Nr. 2176	290,85

Aggregatzustand Farbe	Spez. Gewicht	Siedepunkt °C	Beilstein-Zitat	Physikalische Konstanten und Eigenschaften	Löslichkeit	Reaktionen
7	8	9	10	11	12	13
gelbe Nadeln (A)			X 328	subl. in gelben Nadeln	wl. in W ll. in A, Ae, Eg. l. in Alkalien, in H_2SO_4	in verd. Alkalien → gelb in konz. H_2SO_4 → braungelb Dimethyläther *Fp* 191°, gelbe Nadeln Diacetylderivat *Fp* 199°, hellgelbe Nadeln Natriumsalz orangerote Nad.; unl. in konz. NaOH
Blättchen oder Prismen (A)			IV 346	schmeckt süß mit bitterem Nachgeschmack	157 W 19° 8,59 A 18° swl. in Ae	bei 300° → teilweise Dimethylaminoessigsäuremethylester Chlorhydrat *Fp* 250°, Tafeln (W) Pikrat *Fp* 181°, hellgelbe Prismen oder Nadeln
hellgelbe Nadeln (W)			X 834		wl. in W, sd. A swl. in Ae ll. in Aceton	Äthylester *Fp* 170°
hellgelbe Nadeln (HCl)					l. in W, A, HCl	Dichlorid *Fp* 222—223°, gelbe Prismen Dimethylanilinsalz *Fp* 278°, Platten Dianilid *Fp* 237—238°, Krist.-Plv. Kaliumsalz, gelbe Nadeln Bariumsalz, farbl. Nadeln
Blättchen (W)		subl.	IV 447	*Fp* im geschlossenen Rohr; fader Geschmack, schwach bitter	0,97 W 15° swl. in A unl. in Ae	} Ninhydrinreaktion E 1:25000 Pikrolonat *Fp* 145—150° dl-Benzolsulfoleucin *Fp* 146°, Prismen dl-Benzoylleucin *Fp* 137—141°, Platten
Blättchen (verd. A)			IV 447	*Fp* im geschlossenen Rohr	2,2 W 20° 6,6 h. W wl. in A unl. in Ae	}
Krist. (W)			IV 387	subl. bei 200°	22 W 17° unl. in Ae	
Säulen (W)			II 108		228 W 14° 33 k. A 50 h. A unl. in Ae	
Krist.-Nadeln (W)			IV 381	$[\alpha]_D^{20}$ +10,3° (W); süß mit fadem Nachgeschmack	20,5 W 45°	wenig Subst. mit 3—4 ml 10%ig. Na_2CO_3 zum Sieden erhitzen + etwas p-Nitrobenzoylchlorid → dunkelblaurot p-Nitrobenzylester *Fp* 228—230°
Krist.	$1{,}89^{19°}$	subl.	V 23		unl. in W wl. in A 0,13 Chlf. l. in Bzl.	

Lfd. Nr.	*Fp*	Name	Summenformel	Strukturformel	Mol.-Gewicht
1	2	3	4	5	6
3241	**297**	4-Jod-3-methyl-2,5-dichlormercurithiophen	$C_5H_3Cl_2JSHg_2$	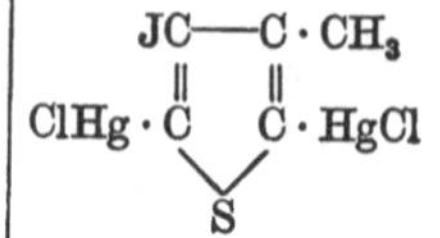	694,19
3242	**298** (Z.)	Muconsäure	$C_6H_6O_4$	HOOC · CH:CH · CH:CH · COOH	142,11
3243	**298** (Z.)	dl-Valin	$C_5H_{11}O_2N$	$(CH_3)_2CH \cdot CH(NH_2) \cdot COOH$	117,14
3244	**300** (Z.)	Benzidindicarbonsäure-(3,3′)	$C_{14}H_{12}O_4N_2$	$[NH_2 \cdot C_6H_3(COOH)—]_2$	272,25
3245	**300**	5,5′-Bis-[2-carboxybenzoyl]-2,2′-dithienyl	$C_{24}H_{14}O_6S_2$	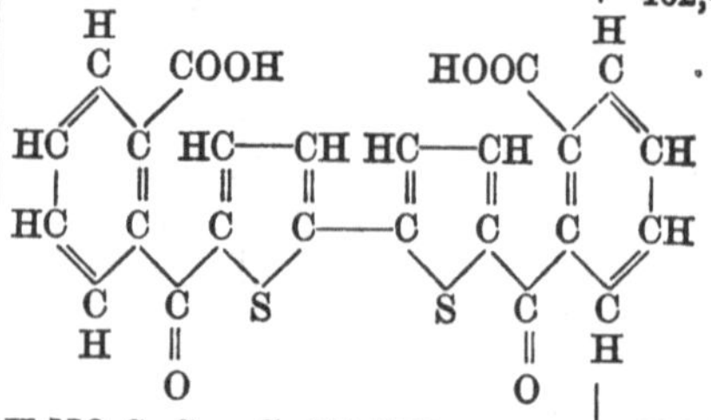	462,47
3246	**300** (Z.)	5-Brom-2-methylthiophen-3,4-disulfonsäureamid	$C_5H_7O_4N_2BrS_3$	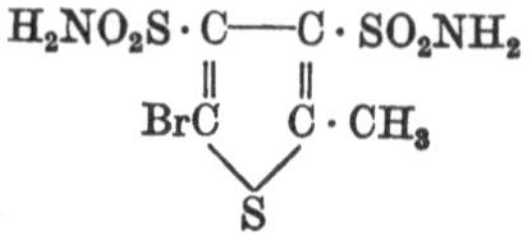	334,22
3247	**300**	Cyclohexen-(1)-dicarbonsäure-(1,4)	$C_8H_{10}O_4$	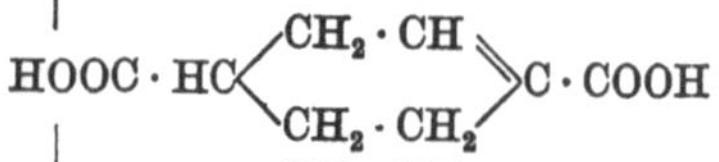	170,16
3248	**300**	trans-Cyclohexan-dicarbonsäure-(1,4)	$C_8H_{12}O_4$	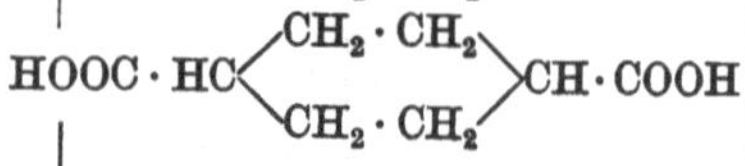	172,17
3249	**300**	Dianthron	$C_{28}H_{16}O_2$	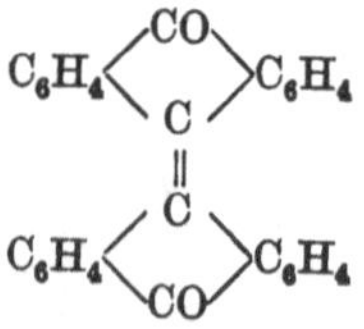	384,40
3250	**300**	4,5-Dibrom-2,3-dichlormercurithiophen	$C_4Cl_2Br_2SHg_2$	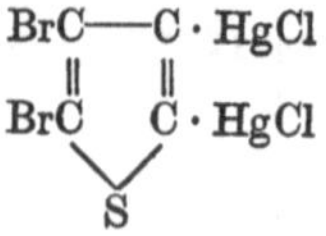	721,07
3251	**300**	4,4′-Dioxydinaphthyl-(1,1′)	$C_{20}H_{14}O_2$	$HO \cdot C_{10}H_6 \cdot C_{10}H_6 \cdot OH$	286,31
3252	**300**	3,4-Diphenylthiophen-2,5-dicarbonsäure	$C_{18}H_{12}O_4S$	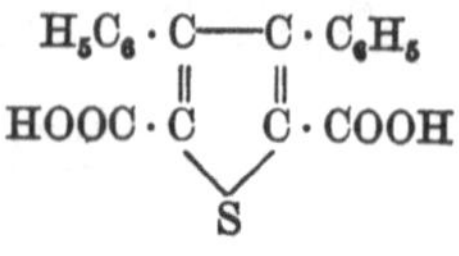	324,34

Aggregat-zustand Farbe	Spez. Gewicht	Siede-punkt °C	Beilstein-Zitat	Physikalische Konstanten und Eigenschaften	Löslichkeit	Reaktionen
7	8	9	10	11	12	13
Nadeln (W)			II 803		0,02 k. W 1 k. A l. in Eg.	Dimethylester *Fp* 157°, lange Nadeln Diäthylester *Fp* 63—64°, Tafeln
Blättchen (A)		subl.	IV 430	*Fp* im geschlossenen Rohr	7 W 25° swl. in k. A unl. in Ae	
Nadeln			XIV 568		wl. in A, Ae	bei 300° → Benzidin
Prismen (W)			IX 773		0,02 k. W	
Prismen (W) Tafeln (Aceton)			IX 734		0,087 W 17° 1,33 sd. W ll. in A wl. in Ae unl. in Chlf.	
gelbe Kri			VII 848		unl. in W wl. in A, Ae l. in H_2SO_4 rot	
Tafeln (A)			VI 1053		unl. in W l. in A ll. in Ae	

Lfd. Nr.	*Fp*	Name	Summenformel	Strukturformel	Mol.-Gewicht
1	2	3	4	5	6
3253	**300**	Tetrabromchinon	$C_6O_2Br_4$	$O:C_6Br_4:O$	423,72
3254	**300** bis **305**	2,5-Dibrom-3,4-dichlor-mercurithiophen	$C_4Cl_2Br_2SHg_2$	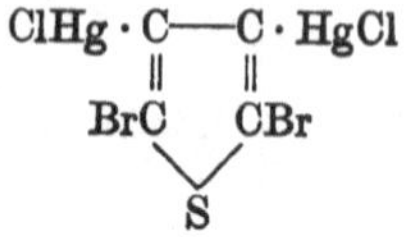	712,07
3255	**301** bis **303**	2,7-Dinitrophenanthren-chinon	$C_{14}H_6O_6N_2$	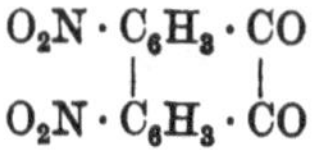	298,20
3256	**302**	2-Aminoanthrachinon	$C_{14}H_9O_2N$	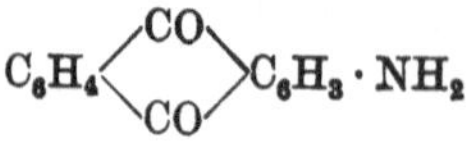	223,22
3257	**302**	2-Oxyanthrachinon	$C_{14}H_8O_3$	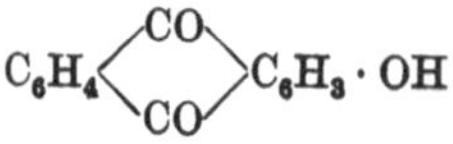	224,20
3258	**302**	Tetranitrothionessal	$C_{28}H_{16}O_8N_4S$	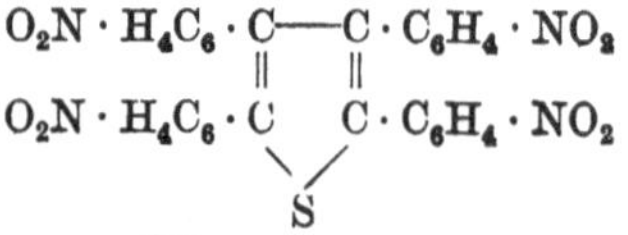	568,50
3259	**303** bis **304**	1,2-Diaminoanthrachinon	$C_{14}H_{10}O_2N_2$	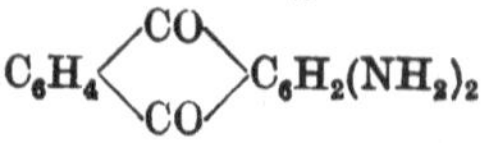	238,23
3260	**304**	Dodekabrom-*α,α,α,α*-quinquithienyl	$C_{20}Br_{12}S_5$	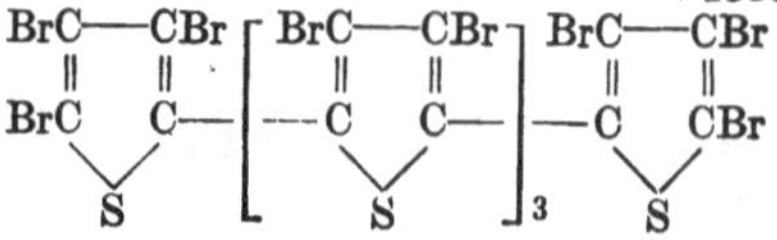	1359,49
3261	**304**	Pseudojervin	$C_{29}H_{43}O_7N$		517,64
3262	**306**	Rubicen	$C_{26}H_{14}$	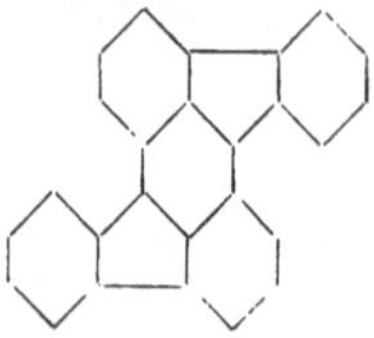	326,37
3263	**307** (Z.)	dl-*α*-Aminobuttersäure	$C_4H_9O_2N$	$C_2H_5 \cdot CH(NH_2) \cdot COOH$	103,12
3264	**310**	Benzimidazolon	$C_7H_6ON_2$	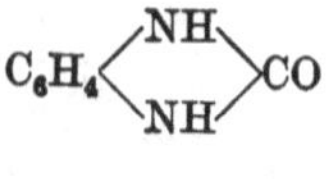	134,13
3265	**310**	Caryophyllin	$C_{30}H_{48}O_3$		456,67

Aggregatzustand Farbe	Spez. Gewicht	Siedepunkt °C	Beilstein-Zitat	Physikalische Konstanten und Eigenschaften	Löslichkeit	Reaktionen
7	8	9	10	11	12	13
gelbe Blättchen (Eg.)		subl.	VII 642		unl. in W wl. in k. A, Ae	
gelbe Krist. (Eg.)			VII 807		unl. in W wl. in A, Eg.	
rote Nadeln		subl.	XIV 191		unl. in W l. in A, Bzl.	Acetylderivat *Fp* 257°
gelbe Nadeln (A)		subl.	VIII 342	sublimierbar in gelben Blättchen	swl. in W ll. in A, Ae l. in wss. NH_3	+ konz. H_2SO_4 → rotgelb Methyläther *Fp* 195 bis 196°, hellgelbe Nadeln Acetat *Fp* 159°, gelbliche Nadeln
violette Nadeln (Nitrobenzol)			XIV 197		swl. in A, Ae l. in Anilin, Pyridin	
Tafeln (A)					ll. in Chlf. wl. in A, Bzl. unl. in Ae, Toluol	+ H_2SO_4 → gelb → grün
rote Krist. (A) (Bzl.)			E_1 V 385		unl. in W, A swl. in Ae ll. in h. Nitrobenzol	
Blättchen (verd. A)		subl.	IV 408	schmeckt süß	29 k. W 0,18 sd. A unl. in Ae	
Blättchen (W od. A)			XXIV 116		wl. in W ll. in A, NaOH unl. in verd. Säure	
Nadeln + $2H_2O$ (A)					unl. in W 0,9 A 20° 3 sd. A 1,6 Ae	

Lfd. Nr.	*Fp*	Name	Summenformel	Strukturformel	Mol.-Gewicht
1	2	3	4	5	6
3266	**310**	Naphthalin-1,6-dicarbonsäure	$C_{12}H_8O_4$	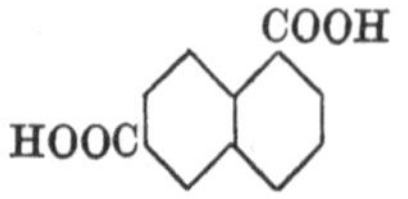	216,18
3267	**310**	4-Oxyisophthalsäure	$C_8H_6O_5$	$HO\cdot C_6H_3(COOH)_2$	182,13
3268	**310**	3,3′,5,5′-Tetraoxydiphenyl	$C_{12}H_{10}O_4$	$(OH)_2C_6H_3\cdot C_6H_3(OH)_2$	218,20
3269	**310** bis **311**	1,5-Anthrachinondisulfonsäure	$C_{14}H_8O_8S_2$	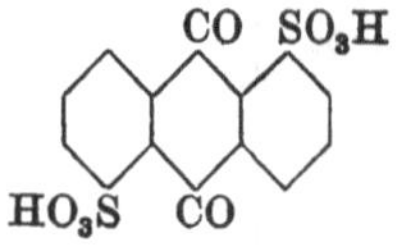	368,90
3270	**310** bis **312**	Dithionaphthenylenchinon	$C_{18}H_8O_2S_2$	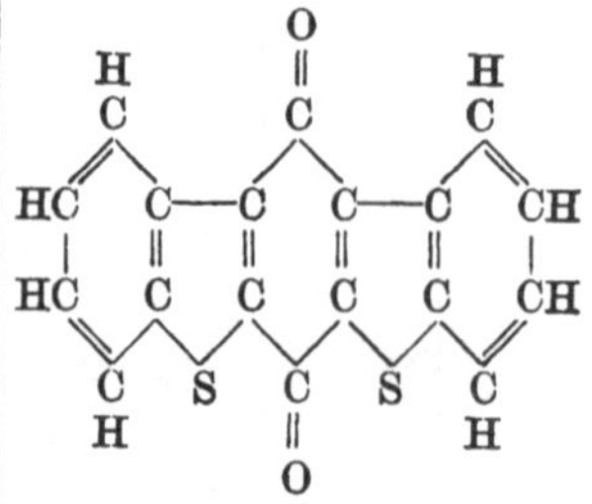	320,30
3271	**310** bis **320** (Z.)	2,6-Diaminoanthrachinon	$C_{14}H_{10}O_2N_2$	$H_2N\cdot C_6H_3\langle{}^{CO}_{CO}\rangle C_6H_3\cdot NH_2$	238,23
3272	**310** bis **320**	Uramil	$C_4H_5O_3N_3$	$H_2N\cdot HC\langle{}^{CO\cdot NH}_{CO\cdot NH}\rangle CO$	143,11
3273	**311** bis **312**	2,5-Dioxopiperazin (Glycinanhydrid)	$C_4H_6O_2N_2$	$HN\langle{}^{CH_2\cdot CO}_{CO\cdot CH_2}\rangle NH$	114,10
3274	**312**	2,7-Dibromdiphenylensulfon	$C_{12}H_6O_2Br_2S$	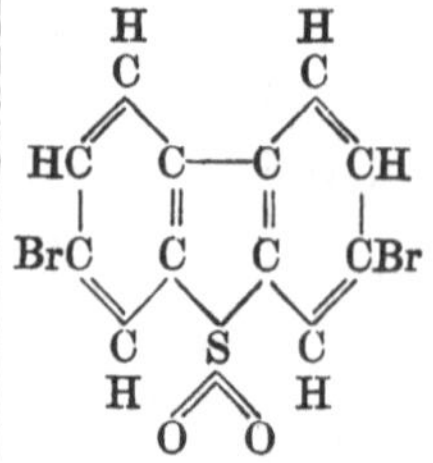	342,00
3275	**312**	1,8-Dinitroanthrachinon	$C_{14}H_6O_6N_2$	$O_2N\cdot C_6H_3\langle{}^{CO}_{CO}\rangle C_6H_3\cdot NO_2$	298,20

Aggregatzustand Farbe	Spez. Gewicht	Siedepunkt °C	Beilstein-Zitat	Physikalische Konstanten und Eigenschaften	Löslichkeit	Reaktionen
7	8	9	10	11	12	13
Nadeln (A)					ll. in A, Eg.	Dimethylester *Fp* 99°, nadelförmige Rosetten
Nadeln (W) Blättchen (verd. A)			X 502		0,02 W 10° 0,65 W 100° ll. in A, Ae unl. in Chlf.	
Nadeln + $2H_2O$ (W)			VI 1164		wl. in k. W ll. in h. W	
Tafeln (verd. Ameisensäure)				nicht hygroskopisch	wl. in W l. in verd. Essigsäure, verd. Ameisensäure	Dichlorid *Fp* 265—270°, gelbe Nadeln Diamid *Fp* >350° Pyridinsalz *Fp* 245—246° gelbliche Blättchen Dianilid *Fp* 269—270°, rötlichgelbe Prismen
rote Nadeln						
rotbraune Prismen (wss. Pyridin)			XIV 215		wl. in W, A l. in Anilin	
Nadeln oder Blättchen (W)			XXV 492		unl. in k. W, Ae, Chlf. wl in sd. W l. in verd. KOH u. NH_4OH	färbt sich an der Luft rot
Tafeln (W)		subl.	XXIV 264		swl. in k. W, sd. A	
gelbe Prismen (Acetanilid)			VII 795			

Lfd. Nr.	*Fp*	Name	Summenformel	Strukturformel	Mol.-Gewicht
1	2	3	4	5	6
3276	**312** bis **313**	1,2,3-Trioxyanthrachinon (Anthragallol)	$C_{14}H_8O_5$	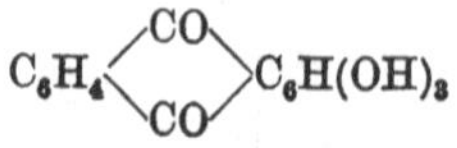	256,20
3277	**313** bis **314**	3,5,7,3',4'-Pentaoxyflavon (Quercetin)	$C_{15}H_{10}O_7$	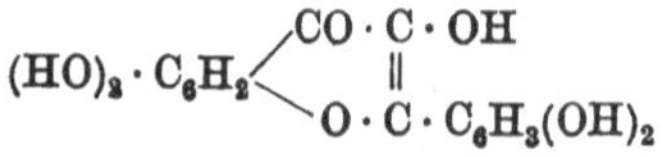	302,23
3278	**314** bis **315**	2,5-Dichlor-3,4-dichlor-mercurithiophen	$C_4Cl_4SHg_2$	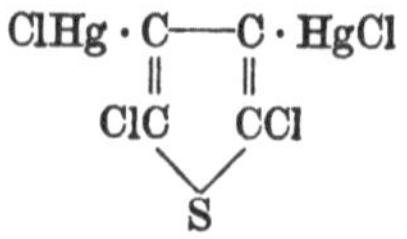	623,15
3279	**314** bis **315**	3,4-Dichlorthiophen-2,5-dicarbonsäure	$C_6H_2O_4Cl_2S$	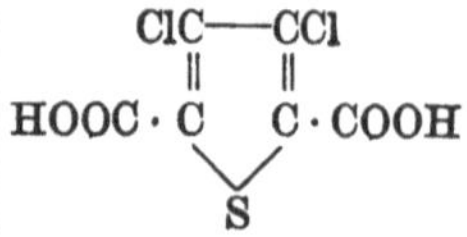	241,05
3280	**314** bis **316**	Fluorescein (Resorcinphthalein)	$C_{20}H_{12}O_5$	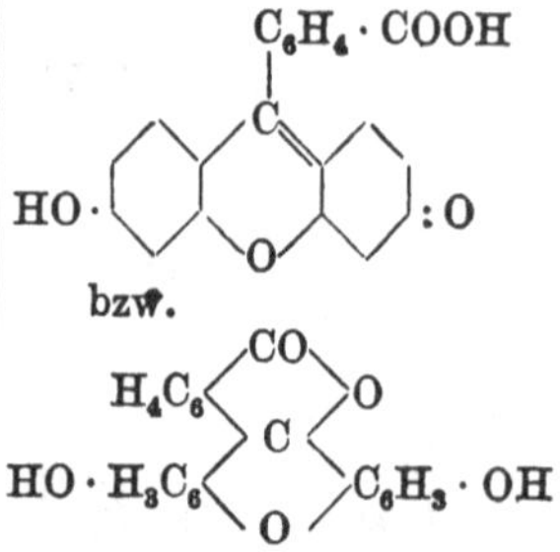	332,29
3281	**315**	d-Valin	$C_5H_{11}O_2N$	$(CH_3)_2CH \cdot CH(NH_2) \cdot COOH$	117,14
3282	**316**	Hexabrombenzol	C_6Br_6	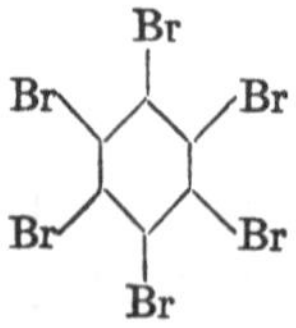	551,96
3283	**317**	3,4-Dibrom-2,5-dichlor-mercurithiophen	$C_4Cl_2Br_2SHg_2$	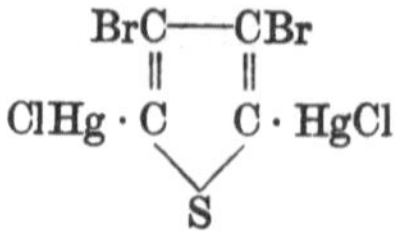	712,07

Aggregat-zustand Farbe	Spez. Gewicht	Siede-punkt °C	Beilstein-Zitat	Physikalische Konstanten und Eigenschaften	Löslichkeit	Reaktionen
7	8	9	10	11	12	13
orange Nadeln (A + Eg.)		subl.	VIII 505	subl. bei etwa 290° in orangefarbenen Nadeln	swl. in W l. in A, Ae l. in H_2SO_4, h. konz. NH_4OH (blau)	Triacetat *Fp* 181—182°, hellgelbe Nadeln + konz. H_2SO_4 → braunrot +Borsäure→violettbraun + Laugen → grün; h. NH_4OH → blau Trimethyläther *Fp* 168°, zitronengelbe Nadeln 2,3-Diacetylderivat *Fp* 188 bis 189°, hellgelbe Nadeln
gelbe Nadeln + $2H_2O$ (verd. A)			XVIII 242		swl. in h. W 0,44 k. A 5,5 sd. A swl. in Ae ll. in verd. Alkalien, konz. H_2SO_4	
rote Krist. (A)		subl.	XIX 222		0,005 W 20° wl. in A swl. in Ae l. in H_2SO_4	+ H_2SO_4 → rot wss. Lsg —gelb, alkohol. Lsg. — gelbrot } grüne Fluoreszenz Lsg. in verd. Alkali fluoresziert gelbgrün
Blättchen (verd. A)		subl. (Z.)	IV 427	*Fp* im geschlossenen Rohr; schmeckt schwach süß und gleichzeitig bitter	l. in W wl. in A unl. in Ae	Phenylharnstoffderiv. *Fp* 147°, Prismen Pikrolonat *Fp* 170—180°
Nadeln (Bzl.)		subl.	V 215		unl. in W, A, Ae l. in sd. Bzl.	

Lfd. Nr.	*Fp*	Name	Summenformel	Strukturformel	Mol.-Gewicht
1	2	3	4	5	6
3284	**317**	1,10-Diphenyl-α-quaterthienyl	$C_{28}H_{18}S_4$	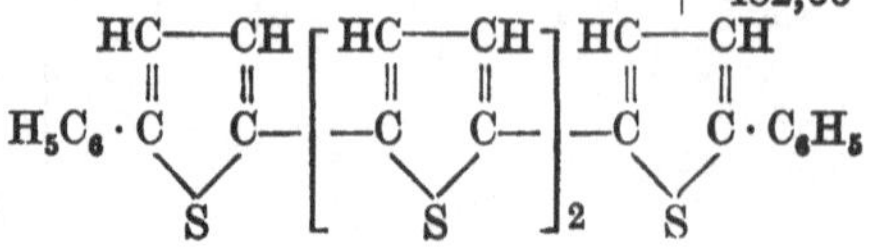	482,66
3285	**317**	Pyridincarbonsäure-(4) (Isonicotinsäure)	$C_6H_5O_2N$	$C_5H_4N \cdot COOH$	123,11
3286	**317**	Tetrachlorphenolphthalein	$C_{20}H_{10}O_4Cl_4$	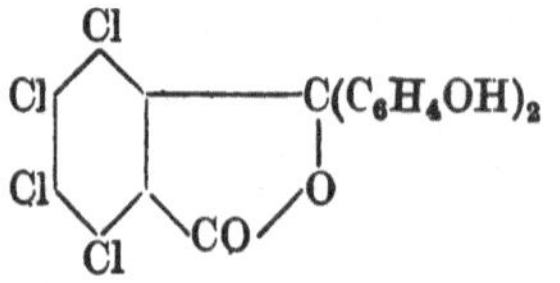	456,28
3287	**319**	1,5-Diaminoanthrachinon	$C_{14}H_{10}O_2N_2$	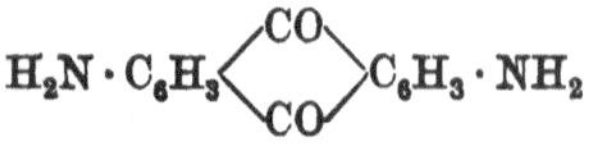	238,23
3288	**320**	m,m'-Azoxybenzoesäure	$C_{14}H_{10}O_5N_2$	$ON_2(C_6H_4 \cdot COOH)_2$	286,23
3289	**320**	4,4'-Diphenyldiphenyl	$C_{24}H_{18}$	$C_6H_5 \cdot C_6H_4 \cdot C_6H_4 \cdot C_6H_5$	306,38
3290	**320**	Natriumacetat	$C_2H_3O_2Na$	$CH_3 \cdot COONa$	82,06
3291	**320** bis **322** (Z.)	Bis-[thiopheno-α,β-thiochromylen]	$C_{22}H_{12}S_4$	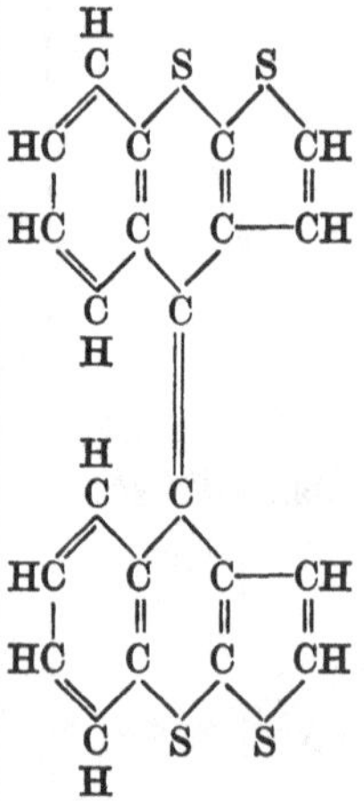	404,56
3292	**320** bis **325**	Cytosin	$C_4H_5ON_3$	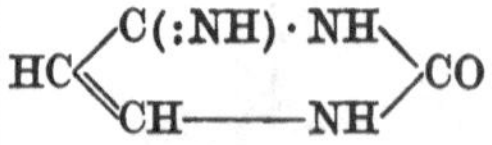	111,10
3293	**321**	Anthracendicarbonsäure-(1,4)	$C_{16}H_{10}O_4$	$C_6H_4\left\{\begin{matrix}CH\\CH\end{matrix}\right\}C_6H_2(COOH)_2$	266,24

Aggregat-zustand Farbe	Spez. Gewicht	Siede-punkt °C	Beilstein-Zitat	Physikalische Konstanten und Eigenschaften	Löslichkeit	Reaktionen
7	8	9	10	11	12	13
rotorange Krist.						
Nadeln (W)		subl. (Z.)	XXII 45	*Fp* im geschlossenen Rohr; sublimierbar; schmeckt angenehm sauer	wl. in k. W swl. in sd. A wl. in Ae, Bzl.	Amid *Fp* 155° Chlorhydrat *Fp* 270°, Nadeln Phenylester *Fp* 70°, Blättchen
Platten (Methanol)			XVIII 148		l. in A, Aceton, Ae, Eisessig wl. in Chlf., Bzl.	violettrote alkal. Lsgg. werden durch Säuren sofort entfärbt
rote Nadeln (A + Eg.)		subl.	XIV 203		swl. in W wl. in A, Ae, Bzl.	
Krist. (Eg.)			XVI 646		unl. in W wl. in A, Ae	Dimethylester *Fp* 136°
Blättchen (Bzl.)		310-320 (50 mm)	V 736		unl. in W, A, Ae ll. in Nitrobenzol	
Blättchen (W)	1,529		II 107		123 W 20° 170 W 100° 2,3 A 19°	
Platten + 1 H_2O (W)			XXIV 314		0,78 W 25° swl. in A unl. in Ae	
hellbraunes Krist.-Plv. (A)			IX 959		swl. in sd. W, A, Ae sll. in W	

Lfd. Nr.	*Fp*	Name	Summenformel	Strukturformel	Mol.-Gewicht
1	2	3	4	5	6
3294	**321** (Z.)	Thymin	$C_5H_6O_2N_2$	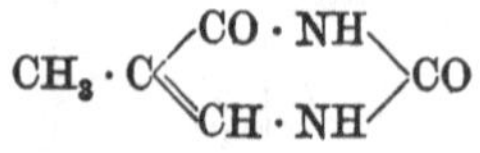	126,11
3295	**321** bis **321,5**	1,8-Dioxyanthrachinon-3-carbonsäure (Rhein)	$C_{15}H_8O_6$	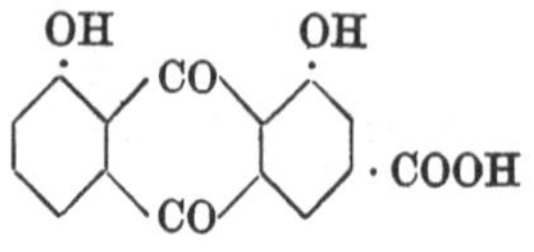	284,21
3296	**323** (Z.)	Pyridindicarbonsäure-(3,5) (Dinicotinsäure)	$C_7H_5O_4N$	$C_5H_3N(COOH)_2$	167,12
3297	**326**	Dekabrom-α,α,α-quaterthienyl	$C_{16}Br_{10}S_4$	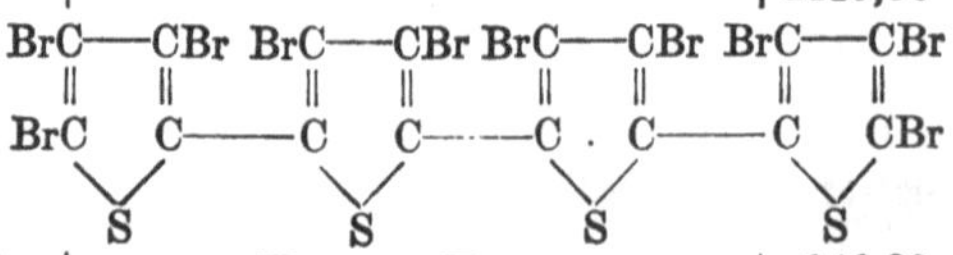	1119,56
3298	**327**	2,7-Diaminodiphenylensulfon	$C_{12}H_{10}O_2N_2S$	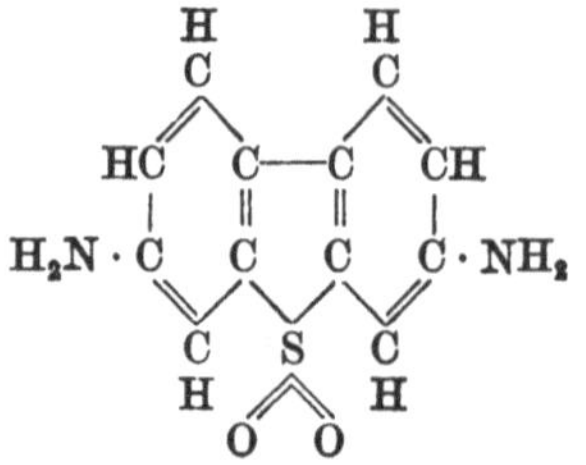	246,28
3299	**328** bis **329**	5,7,3',4'-Tetraoxyflavon (Luteolin)	$C_{15}H_{10}O_6$	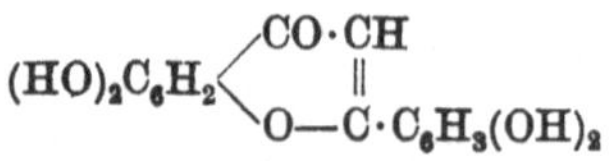	286,23
3300	**329**	Naphthalin-1,4-dicarbonsäure	$C_{12}H_8O_4$	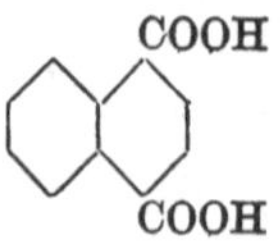	216,18
3301	**330**	p,p'-Azobenzoesäure	$C_{14}H_{10}O_4N_2$	$HOOC \cdot C_6H_4 \cdot N:N \cdot C_6H_4 \cdot COOH$	270,23
3302	>**330**	2,6-Dioxyanthrachinon (Anthraflavinsäure)	$C_{14}H_8O_4$	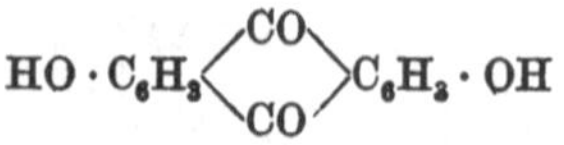	240,20

Aggregatzustand Farbe	Spez. Gewicht	Siedepunkt °C	Beilstein-Zitat	Physikalische Konstanten und Eigenschaften	Löslichkeit	Reaktionen
7	8	9	10	11	12	13
Tafeln (W)		subl.	XXIV 353		0,4 W 25° wl. in A swl. in Ae	
gelbe Nadeln (Methanol)			X 1033	sublimierbar	wl. in W, A l. in h. Pyridin l. in NH_4OH, Alkalien	+ NH_4OH → violettstichig rot + Alkali-Lsg. → rot + $FeCl_3$ in alkohol. Lsg. → braunrot Dimethyläther *Fp* 283 bis 284°, hellbraune Nadeln Methylester *Fp* 174°, orange Nadeln Phenylester *Fp* 215°, gelbe Nadeln
Krist. (verd. HCl)		subl.	XXII 160		swl. in W, Ae, Eg.	erhitzen → Pyridincarbonsäure-(3) Dimethylester *Fp* 84 bis 85°, Nadeln Dihydrazid (Acetonverbindung) *Fp* 230—232°, Nadeln
gelbe Nadeln + 1 H_2O (verd. A)		subl.	XVIII 211		0,02 sd. W 2,7 A 0,15 Ae l. in Alkali gelb	
Stäbchen (Eg.)				alkohol. Lsg. fluoresziert blau	l. in A, Ae ll. in Eg.	Dichlorid *Fp* 90—92° Dimethylester *Fp* 64°, Spieße
rote Nadeln (Eg.)			XVI 236		swl. in W, A, Ae	Dimethylester *Fp* 242°
gelbe Nadeln (A)			VIII 463	lösl. in heißem Barytwasser	1,4 A 17° unl. in Ae, Bzl. wl. in Eg. l. in H_2SO_4 l. in Alkali (gelbrot)	lösl. in H_2SO_4 → rot; in verd. Alkali → gelbrot Diäthyläther *Fp* 232°, gelbe Nadeln Dimethyläther *Fp* 250°, gelbe Nadeln Diacetylderivat *Fp* 228 bis 229°, blaßgelbe Krist.

Lfd. Nr.	*Fp*	Name	Summenformel	Strukturformel	Mol.-Gewicht
1	2	3	4	5	6
3303	>330	2,7-Dioxyanthrachinon (Isoanthraflavinsäure)	$C_{14}H_8O_4$	$HO \cdot C_6H_3 <^{CO}_{CO}> C_6H_3 \cdot OH$	240,20
3304	330	Oxyterephthalsäure	$C_8H_6O_5$	$HO \cdot C_6H_3(COOH)_2$	182,13
3305	330	3,7,3′,4′-Tetraoxyflavon (Fisetin)	$C_{15}H_{10}O_6$	$HO \cdot C_6H_3 <^{CO \cdot C \cdot OH}_{O—C \cdot C_6H_3(OH)_2}$ (C=C, ‖)	286,23
3306	330	5,6,7,4′-Tetraoxyflavon (Scutellarein)	$C_{15}H_{10}O_6$	$(HO)_3C_6H <^{CO \cdot CH}_{O—C \cdot C_6H_4 \cdot OH}$ (C=C, ‖)	286,23
3307	>330	1,2,6-Trioxyanthrachinon (Flavopurpurin)	$C_{14}H_8O_5$	$HO \cdot C_6H_3 <^{CO}_{CO}> C_6H_2(OH)_2$	256,20
3308	333	Resorcinbenzein	$C_{19}H_{12}O_3$	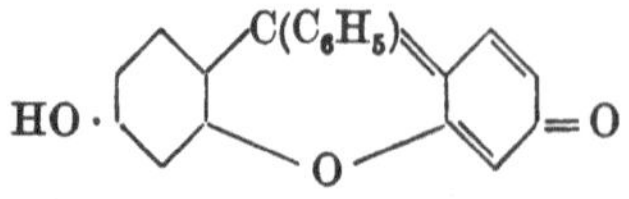	228,28
3309	334 bis 350	Diphthalyl	$C_{16}H_8O_4$	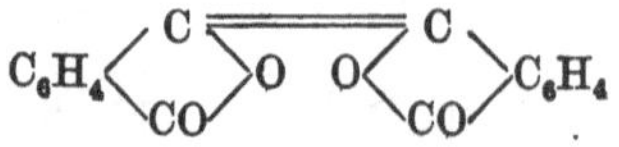	264,22
3310	335 (Z.)	Uracil	$C_4H_4O_2N_2$	$HC <^{CO \cdot NH}_{CH \cdot NH}> CO$	112,09
3311	338 bis 340	Chinolincarbonsäure-(5)	$C_{10}H_7O_2N$	$C_9H_6N \cdot COOH$	173,16
3312	340 (Z.)	m,m′-Azobenzoesäure	$C_{14}H_{10}O_4N_2$	$HOOC \cdot C_6H_4 \cdot N{:}N \cdot C_6H_4 \cdot COOH$	270,23
3313	347	5,7,4′-Trioxyflavon (Apigenin)	$C_{15}H_{10}O_5$	$(HO)_2C_6H_2 <^{CO \cdot CH}_{O—C \cdot C_6H_4 \cdot OH}$ (C=C, ‖)	270,23

Aggregatzustand Farbe	Spez. Gewicht	Siedepunkt °C	Beilstein-Zitat	Physikalische Konstanten und Eigenschaften	Löslichkeit	Reaktionen
7	8	9	10	11	12	13
gelbe Nadeln (verd. A)		subl.	VIII 466	subl. in glänzenden Blättchen oder Nadeln	l. in A swl. in Ae wl. in Eg. l. in H_2SO_4 (blaurot), Alkali (rot)	+ H_2SO_4 → blaustichig rot, in der Hitze tiefrot + Alkalien → tiefrot Dimethyläther *Fp* 215°, gelbe Nadeln Diäthyläther *Fp* 193 bis 194°, hellgelbe Nadeln Diacetylderivat *Fp* 191°, farblose Blättchen
Krist. (W)		subl.	X 505		wl. in W ll. in A l. in Ae	
gelbe Nadeln + 1 H_2O (verd. A)			XVIII 221		unl. in W ll. in A wl. in Ae	
gelbe Blättchen (Methanol)			E_1 XVIII 411		swl. in W l. in A wl. in Ae l. in KOH (rotgelb), in $Ba(OH)_2$ (grün)	
gelbe Nadeln (A)		459 (Z.)	VIII 513	subl. von 160° an in langen Nadeln	wl. in sd. W ll. in A, Bzl. wl. in Ae l. in H_2SO_4 (rotviolett) l. in KOH (purpur)	Triacetat *Fp* 202—203°, gelbe Nadeln Trimethyläther *Fp* 225 bis 226°, gelbe Nädelchen + NH_4OH u. Na_2CO_3 → gelbrot + Lauge → purpurrot + H_2SO_4 → rotviolett
rote Nadeln (Nitrobenzol) gelbes Plv. (Alkali)			XVIII 68		unl. in W ll. in A swl. in Ae l. in H_2SO_4 (gelb)	
Nadeln (Eg.)		subl.	XIX 176		unl. in W swl. in A, Ae l. in sd. Eg., H_2SO_4	
Nadeln (W)			XXIV 312		wl. in k. W ll. in h. W unl. in A, Ae ll. in NH_4OH	
Krist.		subl.	XXII 78		swl. in W, A unl. in Ae ll. in Säuren, Alkali	
gelbe Nadeln (Eg.)			XVI 233		0,24 sd. 88%ig. A	Dimethylester *Fp* 163°
Blättchen (A)			XVIII 181		unl. in W l. in A ll. in NaOH, in H_2SO_4 (gelb)	

Lfd. Nr.	*Fp*	Name	Summenformel	Strukturformel	Mol.-Gewicht
1	2	3	4	5	6
3314	**347 bis 349**	3,4-Dichlor-2,5-dichlor-mercurithiophen	$C_4Cl_4SHg_2$	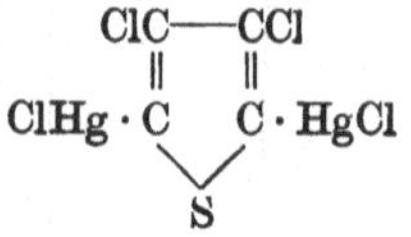	623,15
3315	**348,5**	Isophthalsäure	$C_8H_6O_4$	$C_6H_4(COOH)_2$(1,3)	166,13
3316	**351**	Theobromin (3,7-Dimethyl-2,6-dioxypurin)	$C_7H_8O_2N_4$	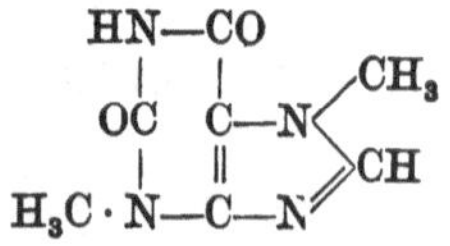	180,16
3317	**354**	Acridon	$C_{13}H_9ON$	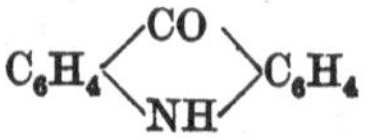	195,21
3318	**355**	2,4-Dioxychinolin	$C_9H_7O_2N$	$C_9H_5N(OH)_2$	161,15
3319	**359 bis 360**	*β*,*α*; *α'*,*β'*-Thiophenobis-[thiochromon]	$C_{18}H_8O_2S_3$	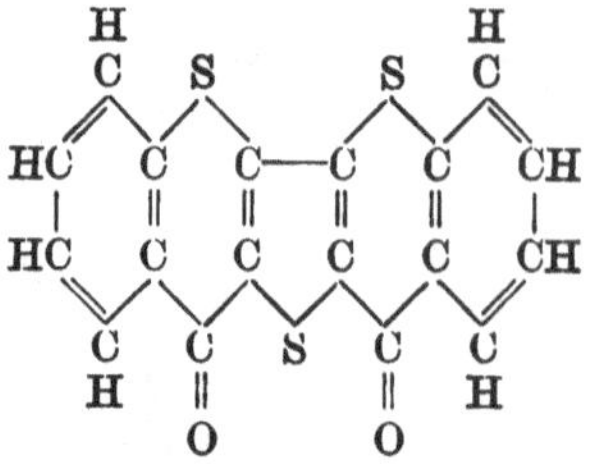	352,42
3320	**360**	Benzophenondicarbon-säure-(4,4')	$C_{15}H_{10}O_5$	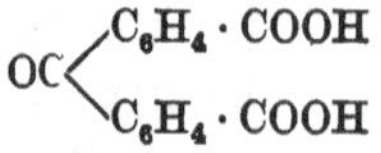	270,23
3321	>**360**	1,3,5,7-Tetraoxyanthra-chinon (Anthrachryson)	$C_{14}H_8O_6$	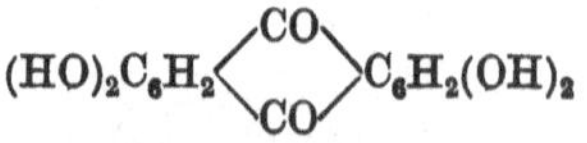	272,20
3322	**360 bis 365**	Adenin (6-Aminopurin)	$C_5H_5N_5$	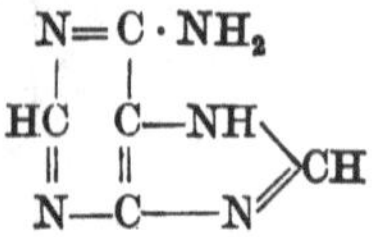	135,13

Aggregatzustand Farbe	Spez. Gewicht	Siedepunkt °C	Beilstein-Zitat	Physikalische Konstanten und Eigenschaften	Löslichkeit	Reaktionen
7	8	9	10	11	12	13
Nadeln (W od. A)		subl.	IX 832	subl. in glänzenden Prismen; beim Erhitzen kein Anhydrid	0,013 W 25° 0,22 sd. W ll. in A l. in Eg. unl. in Bzl.	p-Nitrobenzylester *Fp* 202,5° Diamid *Fp* >300°, Blättchen Dimethylester *Fp* 67 bis 68°, Nadeln Diphenylester *Fp* 120°, Nadeln Phenacylester *Fp* 191°
weiße Prismen (W)		290-295 subl.	XXVI 457	*Fp* im geschlossenen Rohr, schmeckt bitter	0,03 W 18° 0,67 W 100° 0,023 A 17° wl. in Ae	der beim Eindampfen mit einigen Kristallen $KClO_3$ und 10 Tropfen konz. HCl bleibende rötliche Rückstand + NH_3-Dampf (oder 9 Tropfen NH_3) wird violettrot
gelbe Nadeln (A)			XXI 335		unl. in W ll. in h. A, Eg. swl. in Ae, Bzl. l. in alkohol. KOH	
Krist. (A)		subl.	XXI 171		wl. in sd. A unl. in Ae ll. in alkohol. HCl	
Nadeln (A)			X 883		unl. in W swl. in A, Ae l. in Eg.	
gelbe Nadeln + $2H_2O$ (A)		subl. (Z.)	VIII 551	subl. unter teilweiser Verkohlung in gelben Blättchen	unl. in W l. in A swl. in Ae l. in Alkalien, in H_2SO_4	Tetraacetat *Fp* 253°, Nadeln Tetramethyläther *Fp* 294°, goldgelbe Prismen + Alkalien → gelbrot + H_2SO_4 → rot
Krist. + $2H_2O$ (W)		subl.	XXVI 420	subl. bei 220° in Nadeln	0,09 k. W wl. in A unl. in Ae l. in Alkali u. Säuren	gesättigte wss. Lsg. + $Fe(NO_3)_3$-Lsg. → gelbrot + Chlorwasser + $2n NH_3$ → gelb Pikrat *Fp* 279-281°, hellgelbe Prismen Chloroaurat *Fp* 215—216°, orange Würfel Benzoyladenin *Fp* 234 bis 235°, Nadeln

Lfd. Nr.	*Fp*	Name	Summenformel	Strukturformel	Mol.-Gewicht
1	2	3	4	5	6
3323	**364**	Picen	$C_{22}H_{14}$	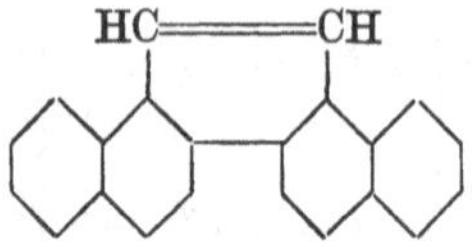	278,33
3324	**368** bis **379**	Perbrom-α-sexithienyl	$C_{24}Br_{14}S_6$	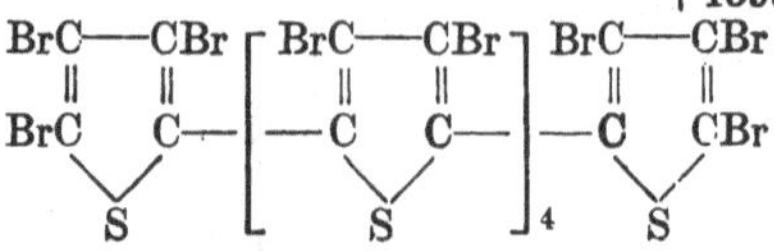	1599,42
3325	**369**	1,2,7-Trioxyanthrachinon (Anthrapurpurin)	$C_{14}H_8O_5$	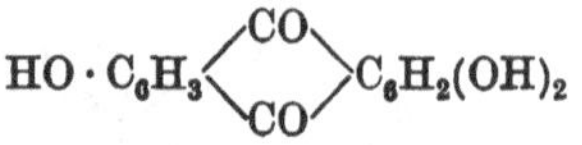	256,20
3326	**380**	Benzoltricarbon-säure-(1,3,5) (Trimesinsäure)	$C_9H_6O_6$	$C_6H_3(COOH)_3$	210,14
3327	**390** bis **391** (Z.)	Indigo	$C_{16}H_{10}O_2N_2$	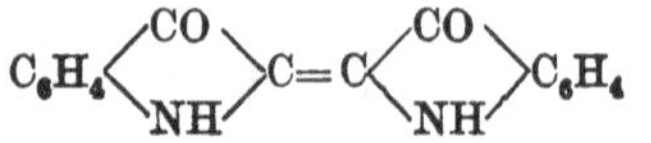	262,25
3328	**391** bis **392**	Flavophen	$C_{28}H_{14}S$	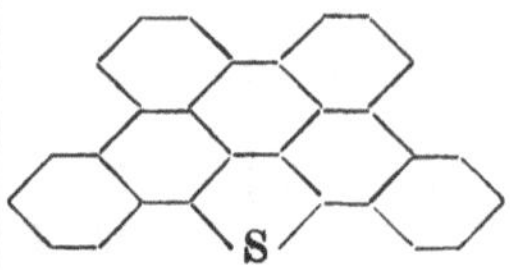	348,45
3329	**400** (Z.)	Harnsäure	$C_5H_4O_3N_4$	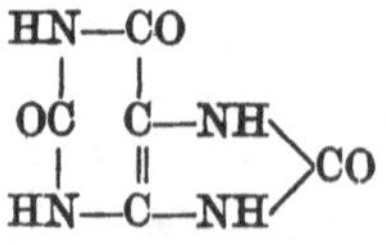	168,11
3330	**418** (Z.)	Oxamid	$C_2H_4O_2N_2$	$H_2N \cdot CO \cdot CO \cdot NH_2$	88,07
3331	**422**	1,5-Dinitroanthrachinon	$C_{14}H_6O_6N_2$	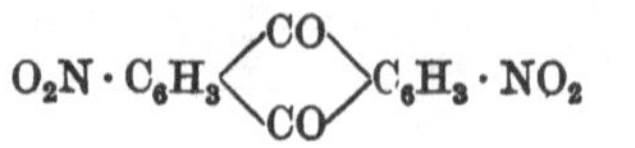	298,20

Aggregatzustand Farbe	Spez. Gewicht	Siedepunkt °C	Beilstein-Zitat	Physikalische Konstanten und Eigenschaften	Löslichkeit	Reaktionen
7	8	9	10	11	12	13
Blättchen		518-520	V 735		unl. in W swl. in A, Ae wl. in sd. Bzl.	
orange Nadeln (A)		462 (Z.)	VIII 516		wl. in sd. W ll. in sd. A wl. in Ae l. in H_2SO_4 l. in KOH	+ H_2SO_4 → rotbraun + KOH → violett Trimethyläther *Fp* 201°, gelbe Nadeln Triacetat *Fp* 226—228°, hellgelbe Schuppen
Prismen (W)		subl.	IX 978	sublimierbar	0,38 W 16° 2,69 W 23° ll. in A l. in Ae	Trimethylester *Fp* 144°, seidenglänzende Nadeln Triäthylester *Fp* 133,5 bis 134,5°, Prismen oder Nadeln Trisbenzalhydrazid *Fp* 224°
blaue, kupferrot glänzende Krist. (Anilin)	1,35	subl.	XXIV 417	*Fp.* im geschlossenen Rohr	unl. in W wl. in sd. A, Ae, Chlf. l. in h. Eg, h. Anilin	leitet man in die kalte Eisessiglsg. Salzsäuregas, so wird durch Ae das Chlorhydrat in dunkelblaue Flittern, analog das Monosulfat in blauen Nadeln erhalten Lsg. in Anilin blau, in Petroleum oder Paraffin fuchsinrot + Pikrinsäure → rote Schmelze (Hexanitroderivat) in org. Lsgm. blaue Fluoreszenz
Tafeln (W)	1,893		XXVI 513		0,0002 W 0° 0,0088 W 30° 0,625 W 100° unl. in A, Ae l. in H_2SO_4	Murexidreaktion. Mit verd. HNO_3 eindampfen, Rückstand in NH_3 lösen → purpurrot, mit Lauge tiefblau mit Phosphormolybdänsäure und Lauge dunkelblauer Nd.
Nadeln (W)	1,667		II 545	*Fp* im geschlossenen Rohr	0,037 W 70° 0,6 sd. W swl. in A	
gelbe Nadeln (Xylol)			VII 793		unl. in W, A, Ae ll. in sd. Nitrobenzol l. in H_2SO_4	+ H_2SO_4 → rot

Lfd. Nr.	*Fp*	Name	Summenformel	Strukturformel	Mol.-Gewicht
1	2	3	4	5	6
3332	**450** bis **480** (Z.)	Ellagsäure (Alizaringelb)	$C_{14}H_6O_8$	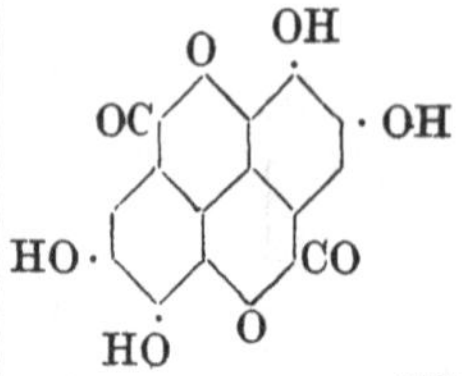	302,19
3333	**470**	Indanthren	$C_{28}H_{14}O_4N_2$	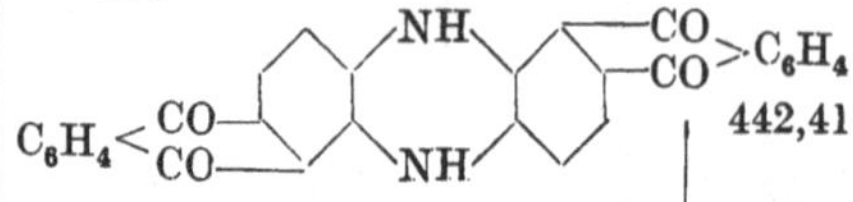	442,41
3334	**507**	Bis-[5,6-benzo-4,7-diketodihydrothio-naphthenyl-(2)]	$C_{24}H_{10}O_4S_2$	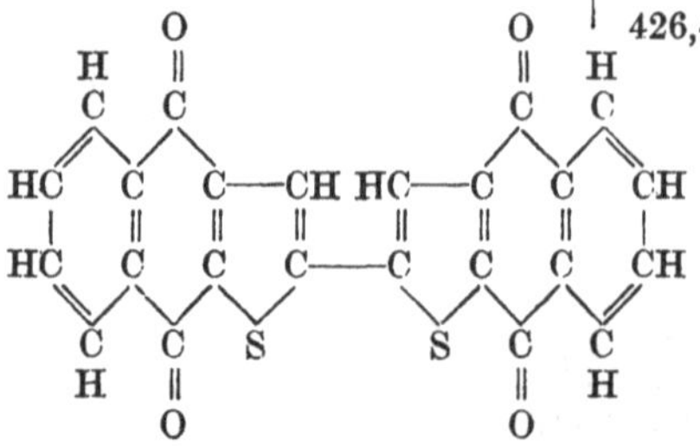	426,44

Aggregatzustand Farbe	Spez. Gewicht	Siedepunkt °C	Beilstein-Zitat	Physikalische Konstanten und Eigenschaften	Löslichkeit	Reaktionen
7	8	9	10	11	12	13
gelbe Prismen + $2H_2O$ (A)			XIX 261		unl. in W wl. in A unl. in Ae	
blaue, kupferglänzende Nadeln (Nitrobenzol od. Chinolin)		subl.	XXIV 522		unl. in W, A, Ae 0,2 sd. Chinolin (blau) 0,02 sd. Nitrobenzol (grünblau)	
leuchtendroter Körper						

REGISTER

Die Anordnung der Verbindungen in dem Trivialnamen- und Formelregister entspricht den Gepflogenheiten des Chemischen Zentralblattes, jedoch sind Äthyl- und Methylester von Carbonsäuren sowie Salze (Na-Salz, Hydrochlorid usw.) unter ihrer Gesamtformel registriert. Das Formelregister enthält alle organischen Verbindungen, deren *Fp* angegeben ist. Ein Stern hinter der Nummer der Verbindung bedeutet, daß diese in Spalte 13 vorkommt, wo sie zur Charakterisierung oder als Umsetzungsprodukt der Hauptverbindung aufgeführt wurde.

Das Trivialnamenregister soll das leichtere Auffinden von Naturprodukten, Arzneimitteln und dergl. ermöglichen und unter Zuhilfenahme der Zusammenstellung der Element- und Radikalbezeichnungen (vgl. S. IX) die Ausrechnung der Summenformeln der Derivate erleichtern.

TRIVIALNAMENREGISTER

FORMELREGISTER

C_1-Gruppe

C_2-Gruppe

C_3-Gruppe

C_4-Gruppe

C_6-Gruppe

C_7-Gruppe

C_8-Gruppe

C_9-Gruppe

C_{12}-Gruppe

C_{13}-Gruppe

C_{19}-Gruppe

C_{20}-Gruppe

C_{21}-Gruppe

C_{22}-Gruppe

C_{23}-Gruppe

C_{24}-Gruppe

C_{25}-Gruppe

C_{26}-Gruppe

C_{27}-Gruppe

Um Beachtung nachfolgender Verlags-Anzeigen wird gebeten